国外经典数学译丛

大学文科数学 量化与推理（第7版）下册

USING & UNDERSTANDING MATHEMATICS

A QUANTITATIVE REASONING APPROACH (SEVENTH EDITION)

杰弗里·班尼特（Jeffrey Bennett）
威廉·布里格斯（William Briggs） 著

龙永红 王红艳 魏二玲 译

中国人民大学出版社
·北京·

前　言

给学生的话

我们不能忽视数学在现代世界中的重要性. 然而，对于大多数人来说，数学的重要性不在于它的抽象概念，而在于它在个人问题和社会问题中的应用. 本书就是基于实际应用角度而设计的. 具体来讲，本书的设计有三个明确的目标:

- 帮助你更好地理解大学课程（特别是社会和自然科学的核心课程）中的数学知识;
- 提高量化推理能力，帮助你在未来的职业生涯中取得成功;
- 掌握批判性思维和量化推理的方法，帮助你更好地理解生活中遇到的重大问题.

我们希望本书对每个人都有所帮助，但它主要是为那些未来不打算在高等数学相关领域工作的人设计的. 特别是，如果你对数学感到恐惧或焦虑，那么本书也同样适合你. 我们希望，通过阅读本书，你会发现数学比你想象的要重要得多，而且和生活的关系也比你想象的要密切，但没有你以前想象的那么难.

无论你的兴趣是什么——社会科学，环境问题，政治，商业和经济，艺术和音乐，以及任何其他主题——你都会在本书中找到许多与之相关的最新的例子. 但是，本书中最重要的观点是，数学可以帮助你理解各种观点和问题，使你成为一个更有思想和受教育程度更高的公民. 学习完本书后，你应该就能够理解以后将要遇到的大多数定量问题.

给教师的话

无论你是多次教授这门课程还是第一次教授这门课程，毫无疑问你都会意识到非数学专业的数学课程带来的挑战与传统课程带来的挑战不同. 首先，对于这些课程究竟应该教授什么内容，甚至都没有明确的共识. 对于科学、技术、工程和数学（STEM）专业的学生，教师应该教哪些数学内容，人们很少有争议——例如，这些学生都需要学习代数和微积分——而对于非 STEM 专业的学生，特别是那些在工作或日常生活中不会用到高等数学的大多数人，教师应该教哪些内容，目前还没有定论.

由于存在争议，目前非 STEM 专业的学生所学的核心数学课程种类很多且范围很广. 有些学校要求这些学生学习传统的微积分课程，如高等数学. 有些学校还开设了数学课程，向学生讲授当代数学对社会的贡献，还有一些学校开设了与金融相关的数学课程. 每种不同的课程类型都有其优点，但要注意到一个重要事实: 绝大多数（通常 95%）的非 STEM 学生在完成了核心课程的要求后，就再也不会选择学习其他大学数学课程了，所以我们应该慎重地选择要讲授哪些核心数学课程.

鉴于以上事实，我们认为有必要向这些学生讲授他们在其他大学课程、职业生涯和日常生活中所需的数学思想. 换句话说，我们必须把重点放在那些对这些学生未来成功真正重要的内容，我们必须涵盖这些内容所涉及的广泛范围. 这些内容的重点不在于规范的计算——尽管有些计算是必须要会的——更多的是教学生如何用数字或数学信息进行批判性思考. MAA、AMATYC 和其他数学组织也都要求学生学会量化推理并具备量化知识. 最近，针对非 STEM 专业学生开设的量化推理课程比以前更受欢迎了. 我们多年来一直致力于推广量化推理，在教授量化推理方面的教材中，本书处于领先地位.

■ 教学成功的关键：应用驱动

从广义上讲，数学的教学方法可分为两类：

- 内容驱动：该方法主要是介绍各种数学概念和思想. 在讲完每个数学主题之后，再介绍其应用的例子.
- 应用驱动：该方法主要是介绍数学应用. 通过应用来推动课程，并根据应用的需要来介绍相应的数学思想.

两种方法都可以涵盖相同的内容，但应用驱动的方法有一个很大的优势：它通过直接向学生展示数学对他们生活的影响来激励学生. 相比之下，内容驱动的方法倾向于向学生展示“学习这些内容，因为它们对你有好处”，导致许多学生还没有看到实际应用就失去了兴趣. 更多详细信息请参阅我们的文章《数学通识教育：新千年的新方法》(“General Education Mathematics：New Approaches for a New Millennium”, *AMATYC Review*, Fall 1999) 或杰弗里·班尼特撰写的《生活中的数学》(*Math for Life*, Big Kid Science, 2014) 一书中的结语评论.

■ 最大的挑战：征服学生

教授数学课程的最大挑战可能在于如何征服学生，也就是说，说服他们相信你教给他们的很有用. 之所以有这种挑战，是因为许多学生上大学时不喜欢或害怕数学. 事实上，对于绝大多数学习数学课程的学生，因为这些课程是毕业所必需的，所以他们没有选择. 因此，教授学生需要你热情地引导，让他们相信，学习数学是有用的，并且是快乐的.

本书主要围绕两个重要的策略来讲，旨在帮助说服学生.

- 面对数学的负面态度，向学生展示他们的恐惧或厌恶是无根据的，数学实际上与他们的生活息息相关. 这个策略体现在本书的序言中，我们强烈建议教师在课堂上强调这一点. 它也隐含地贯穿在整本书中.
- 关注对学生有意义的目标，即学习数学对大学、未来的职业生涯和日常生活的影响. 因为学生在学习中将会看到数学是如何影响他们的生活的，所以他们就会学习数学了. 每节都是围绕与大学、未来的职业生涯和日常生活相关的主题来讲述的，因此可以说这个策略是本书的支柱.

■ 本书的模块化结构

虽然我们写这本书是希望读者从头到尾把它作为一个故事来阅读，但我们认识到，许多教师可能希望以不同的顺序来讲授这些内容，或者在时间允许的情况下，为不同程度或水平的学生及班级选择本书中的某些部分来讲. 因此，对本书我们采取了模块化结构，这样教师就可以根据本书来定制属于自己的课程. 这 12 章内容涉及的背景领域非常广泛. 每一章又分为几个独立的节，每节都专注于某个特定概念或应用. 在大多数情况下，教师可以按照任意顺序来讲授每一章节，也可以跳过某些对你的课程来说相对简单的章节. 下面列出了每一章的主要内容：

概述　每章都以概述开始，包括一个介绍性段落和一道选择题，旨在说明章节内容与本书的三大主题 (大学、未来的职业生涯和日常生活) 之间的关系. 概述还包括每节的主要内容，旨在介绍这一章的组成部分，帮助教师确定在课堂上需讲授哪些单元.

实践活动　接下来，每一章都安排了一个实践活动，旨在激发学生对本章所涵盖的主题做一些有趣的讨论. 讨论可以让学生单独进行，也可以小组的形式进行.

带编号的节　每一章都由几个带编号的节组成 (例如，1.1 节，1.2 节，……). 每节都以简短的介绍开始，并包括以下主要内容：

- **包含主题关键字的标题** 为了与模块化结构保持一致，把节中的每个子主题清晰地标识出来，以便学生理解他们将要学习的内容.
- **摘要框** 为便于读者参考，把关键的定义和概念在摘要框中突出显示出来.
- **例子和案例研究** 带编号的例子旨在帮助理解，并为练习中出现的问题类型提供指导. 每个例子都附有一个“做习题……”的建议，将例子与相关习题联系起来. 一些案例研究要比带编号的例子更复杂一些.
- **习题** 每节都包含一组练习，有以下几种类型：
  - **测验** 包含十个问题的测验被置于每节的末尾，可以帮助学生在开始练习之前检验自己是否理解该节中的主要概念. 注意，测验不仅要求学生选出选择题中的正确答案，还要求他们写一个简短的解释来说明选择的原因.
  - **复习** 这些问题主要是为学生自学而设计的，要求学生总结本节涉及的重要思想，一般只要进行了复习，就能回答.
  - **是否有意义？** 这些问题要求学生判断一个简短的陈述是否正确，并解释原因. 一旦学生理解了特定的概念，通常做这些练习就很容易，反之就很难. 因此，用它们可以很好地检验学生是否理解了这些概念.
  - **基本方法和概念** 这些问题是为本节所讲的概念设置的练习. 它们可以用来布置家庭作业或让学生自学. 这些问题在每节中以“做习题……”的形式出现.
  - **进一步应用** 这些练习介绍了一些其他应用，扩展了本节所涵盖的思想和方法.
  - **实际问题探讨** 这些问题旨在激发学生做进一步的研究或讨论，帮助他们将本节内容与学习、工作和生活这些主题联系起来.
  - **实用技巧练习** 这些练习出现在那些包含一个或多个使用方法的章节，它们主要是为了让学生练习章节中所介绍的计算器或软件. 其中有些练习是用 StatCrunch 软件来完成的. 该软件是基于 Web 的统计软件，功能强大，用户可以用来收集数据、分析数据，并得到令人信服的结果. 我们首次把 StatCrunch 软件的应用纳入新版本中.

总结 在每一章的结尾，都以总结的形式对整章的内容做了简要概述，学生可以用来作为学习指南.

其他教学特色 除了以上列出的所有章节的共同特征外，本书还有其他一些教学特色：

- **思考** 这部分提出一些简短的概念性问题，旨在帮助学生思考刚刚学过的一些重要概念. 它们可以用于课堂讨论，有时能够激发学生进行更加深入的探讨.
- **简要回顾** 这部分主要出现在介绍一些重要的数学方法（包括分数、幂和根、基本代数运算，等等）的内容中；“回顾”一词表明大多数学生以前都学过这些方法，但许多人还是需要复习和练习. 习题中有相关的练习题目，在简要回顾部分的末尾也会用“做习题……”来提示.
- **在你的世界里** 这部分主要讨论学生可能会遇到的问题，包括新闻、消费者决策和政治话题. 这些例子包括如何理解珠宝买卖、如何明智地投资以及如何评估选举前民意调查的可靠性.（注意：这些内容不一定与习题中“实际问题探讨”部分直接相关，但都与学生直接相关.）
- **使用技巧** 这部分为学生提供了使用各种计算技术的清晰说明，包括科学计算器、Microsoft Excel 和谷歌内置的在线软件.
- **注意！** 这是第 7 版的新内容，在例子或文本中增加了这些简短的注释，把学生要小心避免的常见错误突出显示出来.

- **数学视角** 这一部分出现的频率比其他部分要低，它建立在书中叙述的主要数学思想的基础上，但在某种程度上超出了书中其他内容的水平. 涵盖的例子有勾股定理的证明、芝诺悖论，以及用于储蓄计划和抵押贷款的金融公式的推导.
- **脚注** 脚注包含几种类型的简短注释："顺便说说"，是与当前主题相关的有趣注释和旁白；"历史小知识"，介绍与当前主题相关的历史知识；"说明"，介绍与当前主题相关的数学知识，但一般不会影响学生对素材的理解.

数学背景要求

由于本书采取模块化结构并且包含简要回顾部分，所以有简单数学基础的学生都可以使用本书. 许多章节只要求具备算术知识和用新方法思考定量问题. 只有少数章节要求具备代数或几何学知识，不过在用到这些知识的地方我们都有复习. 因此，只要学完两年或两年以上高中数学的学生都能看懂本书. 然而，本书并不是高中知识的补充：尽管本书的大部分内容依赖于中学所学的数学方法，但是这些方法的应用在高中是没有教过的，它们主要是培养学生的批判性思维能力.

关于"发展数学"的说明 经常有人问，数学成绩不好的学生是否适合学习本书。多数情况下，我们认为是适合的。经验表明，很多数学成绩不好的学生，其实力并不像成绩反映出来的那样差。本书中包含很多基础内容，很多学生都曾了解并掌握过，通过学习书中"简要回顾"部分，他们很快就能重新掌握。事实上，我们相信用本书来学习量化推理课程更能提高学生的数学水平.

第 7 版的变化

我们很高兴看到许多读者对本书旧版的积极反馈. 但是，由于本书主要建立在事实和数据的基础上，所以为了与时俱进，就需要进行大量更新，同时为了讲述得更清楚，我们也一直在修改. 用过以前版本的读者会发现新版对本书的许多章节都做了改写或实质性的修改. 由于变化太多而不能一一列出，下面列出一些比较重要的变化.

第一章 为了更好地帮助学生学会如何评估媒体信息并识别"假新闻"，我们对 1.1 节和 1.5 节做了较大的改动.

第二章 为了在 2.1 节中更好地介绍解决问题的策略，我们重新编写了整章内容. 同时，我们把旧版中提出的四步策略改为更简单的三步策略，称为"理解—求解—解释". 我们发现这一策略更容易让学生记住，因此更容易付诸实践.

第三章和第四章 这两章的几节都是讨论经济数据，如人口统计数据、消费者价格指数、利率、税收和联邦预算. 鉴于自上一版至今（2019 年）四年来美国经济发生的变化，这些数据显然需要更新. 同时，我们在 4.1 节的个人财务讨论中加入了有关健康保险的概念.

第五章和第六章 这些章节侧重于统计数据，我们利用当前最新的数据更新或替换了章节的大部分内容.

第七章 为了表述更清晰并且更新数据，我们大幅修订了 7.4 节中的风险管理部分.

第八章和第九章 8.2 节、8.3 节和 9.3 节在很大程度上都依赖于人口数据，我们利用最新的全球人口数据对这几节的主要内容都进行了修改.

第十二章 12.1 节中讨论选举策略部分增加了与 2016 年美国总统选举有关的例子. 此外，本章还增加了很多数学和政治交叉领域中有趣的新例子和习题.

在你的世界里 我们增加了 7 个“在你的世界里”部分，所以现在每一章都至少有一个，这部分内容更清晰地介绍了大学、未来的职业生涯和日常生活中用到的数学.

注意！ 新版本增加了这些强调常见错误的简短注释.

习题 我们对习题部分做了很多修改，超过 30% 的习题是修改过的或新增的.

StatCrunch StatCrunch 部分已经被新整合到相关习题中.

杰弗里 · 班尼特
威廉 · 布里格斯

序言：现代世界的文化素养

你可能和大多数选过这门课程、学习过本书的学生一样，对于数学没什么兴趣. 但是在本书中你将会看到，现在几乎每一个职业都需要用到并且理解一些数学知识. 同时，作为现代科技社会中的公民，量化推理能力对我们来说至关重要. 在序言中，我们会讨论为什么数学这么重要，为什么你可能比你想象的学得更好，以及这门课程如何为你的其他大学课程、未来的职业生涯和日常生活提供所需的量化思维方法.

问题：想象一下，在一个聚会上，你正和一位资深的律师聊天. 在你们的谈话中，你最有可能听到她说以下哪句话?

A. "我真的不知道如何去很好地阅读."
B. "我写的句子总是有语法错误."
C. "我不擅长和人打交道."
D. "我缺乏逻辑思维能力."
E. "我数学很差."

解答：我们都知道答案是 E，因为我们已经听过很多次了. 不仅仅是律师在说，还有商人、演员、运动员、建筑工人和销售员，有时甚至是教师和首席执行官. 如果这些人选择 A 到 D，人们往往难以接受，但是很多人认为，可以接受他们说"数学不好". 然而，这种可接受性带来了一些非常消极的社会后果.(请参阅"误解七"部分的讨论.)

实践活动

本书的每一章都以一项实践活动开始，你可以单独或分组进行. 在序言中，我们首先通过下面的实践活动来帮助你了解数学在职业生涯中的作用.

每个人都希望找到一条能带来终身工作满足感的职业道路，但是哪种职业最有可能做到这一点呢？最近有一项调查，根据五个标准——薪酬、长期就业前景、工作环境、身体要求和压力，评估了 200 种不同的职业. 右侧的表格列出了本次调查得出的排名前 20 位的职业. 注意，排名前 20 位的职业中大多数都需要掌握数学技能，而且所有这些工作都需要具备量化推理能力.

你和你的同学可以做一个小型的工作满意度调查研究. 你们可以有很多方法来做调查，我们建议按照下面的步骤来试一试：

① 每个人都应该至少找到三个有全职工作的人并和他们做一次简短的面谈. 你可以选择父母、朋友、熟人或是其工作让你感兴趣的人.

② 确认每个受访者的职业（类似于右侧表格中列出的）. 根据以下五个标准——薪酬、长期就业前景、工作环境、身体要求和压力，要求每个受访者对每一个标准用 1 （最差）到 5 （最好）的等级来评定其职业. 然后，你可以对五个标准设定权重，从而得到每种职业的“工作满意度”评级.

③ 把调查结果汇总起来，可以对调查的所有职业进行排序. 最终按工作满意度的值从高到低将所有职业列在一个表格中.

④ 对结果进行讨论. 它们是否与表中显示的调查结果一致？有哪些地方让你感到惊讶？它们会对你自己的职业规划产生影响吗？

满意度排名前 20 位的职业

1. 数学家
2. 精算师（与保险统计有关）
3. 统计学家
4. 生物学家
5. 软件工程师
6. 计算机系统分析员
7. 历史学家
8. 社会学家
9. 工业设计师
10. 会计师
11. 经济学家
12. 哲学家
13. 物理学家
14. 假释官
15. 气象学家
16. 医学实验室技术员
17. 律师助理
18. 计算机程序员
19. 动态影像编辑员
20. 天文学家

资料来源：JobsRated.com.

什么是量化推理？

语言能力是读写的能力，它可以分为不同程度. 有些人只认识几个字，只能写出自己的名字；有些人能够用多种语言阅读和书写. 教育的一个主要目标是使公民的文化水平达到能够对我们当下的重点问题进行读、写和推理的水平.

今天，对量化信息——涉及数学思想或数字的信息——进行解释和推理的能力是文化素养的至关重要的部分. 这些能力通常被称为量化推理或量化文化，对于我们理解每天出现在新闻中的时事非常重要. 本书的目的是为你提供量化推理方法，帮助你解决将会在以下几方面遇到的问题：

- 大学课程
- 未来职业生涯
- 日常生活

量化推理与文化

量化推理丰富了古代和现代文化. 据历史记载，几乎所有文化都将大量精力投入数学和科学（或现代科学之前的观察性研究）中. 如果不了解艺术、建筑和科学中如何使用定量概念，就无法完全理解中美洲玛雅人、非洲津巴布韦大城市的建设者、古埃及人和古希腊人、早期波利尼西亚水手等的惊人成就.

> 数学是一门不分种族、没有国界的学科，数学王国本身就是一个国家.
>
> ——戴维 · 希尔伯特 (David Hilbert, 1862—1943)，德国数学家

同样，量化概念可以帮助你理解和欣赏伟大艺术家的作品. 数学概念在文艺复兴时期的艺术家（如达 · 芬奇和米开朗基罗）的作品以及《生活大爆炸》(*The Big Bang Theory*) 等电视剧的流行文化中发挥了重要作用.

数学和艺术之间的联系还体现在现代和古典音乐以及音乐的数字化产业中. 实际上，很难找到完全不依赖于数学的流行艺术、电影或文学作品.

工作与量化推理

对于工作来说，量化推理非常重要. 缺乏量化推理技能就无法从事许多最具挑战性和收入最高的工作. 表 P.1 定义了语言和数学的技能水平，范围为 1 到 6，表 P.2 给出了许多工作所需的相应水平.

注意，需要高技能水平的工作通常是最负盛名和薪酬最高的. 人们通常认为，如果你擅长语言，就不必擅长数学，或者反过来. 需要注意的是，表中显示的结果表明，大多数工作所需的语言和数学方面的技能水平都很高，这和人们通常的认知相反.

表 P.1　技能水平

等级	语言能力	数学能力
1	读懂标牌和基本新闻报道；写和说简单句子.	会加法和减法；对钱、体积、长度和重量进行简单的计算.
2	能阅读短篇小说和说明书；用正确的语法和标点符号写复合句.	算术；会计算比率、速率和百分比. 会绘制并解释条形图.
3	能阅读小说和杂志，以及安全规则和设备说明. 能以适当的格式和标点符号写报告.	基本几何和代数. 计算折扣、利息和损益.
4	阅读小说、诗歌和报纸. 撰写商业信函、摘要和报告. 参加小组讨论和辩论.	具备量化推理能力：掌握逻辑、解决问题的方法、统计和概率的思想，并能构建数学模型.
5	阅读文献、书籍、游戏评论、科技期刊、财务报告和法律文件. 可以撰写社论、演讲稿和批判性文章.	微积分和统计.
6	与 5 级相同的技能，但要求更高.	高等微积分，近世代数和高级统计学.

资料来源：改编自《华尔街日报》中描述的等级水平.

表 P.2　所需技能水平

职业	语言等级	数学等级	职业	语言等级	数学等级
生物化学家	6	6	网页设计师	5	4
计算机工程师	6	6	企业高管	5	5
数学家	6	6	电脑销售代理	4	4
心脏病专家	6	5	运动员经纪人	4	4
社会心理学家	6	5	管理培训人员	4	4
律师	6	4	保险销售代理	4	4
税务律师	6	4	零售店经理	4	4
报纸编辑	6	4	泥瓦匠	3	3
会计	5	5	家禽饲养员	3	3
人事部主管	5	4	瓷砖安装工	3	3
公司总裁	5	5	旅游代理商	3	3
气象预报员	5	5	门卫	3	2
中学教师	5	5	快餐厨师	3	2
小学教师	5	4	流水线工人	2	2
财务分析师	5	5	收费员	2	2
记者	5	4	洗衣工	1	1

资料来源：数据来自《华尔街日报》.

对数学的误解

你认为自己有“数学恐惧症”（害怕数学）或“厌恶数学”（不喜欢数学）吗？我们希望不是——但如果你是，你也并不孤单. 许多成年人都很害怕或讨厌数学，更糟糕的是，有些课程把数学看作一门模糊深奥而且枯燥的学科，这更强化了人们对数学的这种态度.

事实上，数学远没有在学校里学的那么枯燥. 实际上，人们对数学的态度往往不是来自数学本身，而是来自对数学的一些常见误解. 接下来，我们来分析一下其中的一些误解以及它们背后的实际情况.

误解一：学好数学需要特殊的大脑

最普遍的错误观念是，因为学习数学需要特殊或罕见的能力，所以有些人学不好数学. 现实是，几乎每个人都可以学好数学. 所需要的只是自信和努力——这与学习阅读，掌握一种乐器或一个运动项目是一样的. 事实上，数学是少数精英所具备的特殊才能，这一想法只存在于美国. 在其他国家，特别是在欧洲和亚洲，要求所有学生都要学好数学.

当然，不同的人学习数学的方式和快慢是不同的. 例如，有些人通过专注于某些具体问题来学习，有些人通过视觉思维来学习，有些人则通过抽象思维来学习. 无论你喜欢什么样的思维方式，都可以学好数学.

我们都是数学家……(你的) 特长在于驾驭复杂的社交网络，权衡情感与历史，计算反应，以及管理一个信息系统，这些信息一旦罗列出来，会让电脑都大吃一惊.

——A.K. 杜德尼 (A.K.Dewdney)，《一无所有》(*260% of Nothing*)

误解二：现代问题中的数学太复杂了

有些人认为，许多当今社会问题背后涉及的数学概念太高深、太复杂，一般人理解不了. 确实，只有少数人受过训练，学会应用或者研究高等数学的内容. 但是，大多数人都能够充分理解重大社会问题背后的数学基础知识，并且提出明智合理的意见.

其他领域的情况也是类似的. 例如，要成为一名出色的专业作家需要多年的学习和实践，但要读懂一本书，大多数人都能做到. 要成为一名律师需要努力工作并且获得法学学位，但要理解法律条文及其作用，大多数人都能做到. 虽然很少有人拥有莫扎特的音乐天赋，但任何人都可以学会欣赏他的音乐. 数学也不例外. 如果你在学校里学好数学，你就可以理解并掌握足够多的数学知识，成为有良好素养的公民.

解题技巧之于数学，就像音阶之于音乐或者拼写之于写作. 学习拼写是为了写作，学习音阶是为了演奏音乐，学习解题技巧是为了解决问题———不仅仅是为了掌握技巧.

——美国国家研究委员会的报告《人人有份》(Everybody Counts)

误解三：数学使你不那么敏感

有些人认为，学习数学会使他们在生活中的浪漫和审美方面不那么敏感. 事实上，数学能帮助我们理解日落的颜色或艺术作品中的几何美，这样只会增强我们的审美能力. 此外，许多人在数学中发现了美丽和优雅. 许多在数学方面受过训练的人在艺术、音乐和许多其他领域做出了重要贡献，这绝非偶然.

数学家必然是灵魂诗人.

——索菲娅 · 科瓦列夫斯卡娅 (Sophia Kovalevskaya，1850—1891)，俄罗斯数学家

误解四：数学不允许创新

许多数学教科书中对问题的“推导”可能会给人一种印象：数学不能有创新. 虽然很多数学公式、定理、方法都很简洁明了，但使用这些数学工具需要创造力. 例如，我们考虑设计和建造房屋. 要建好房子需要具备打地基和搭建框架结构、安装管道和布线以及刷墙这些技能. 但整个过程 (包括建筑设计、应对施工期间的现场问题以及根据预算和建筑规范考虑限制因素等) 都需要创造力. 你在学校学到的数学技能就像木工或管道工的技能. 应用数学就像建造房屋的创造性过程.

告之，则恐遗忘. 师之，铭记于心. 引之，学以致用.

——孔子 (公元前 551—前 479 年)

误解五：数学必须给出精确的答案

在学校的课堂上，使用数学公式进行推导将得到一个固定的结果，并且要给这个结果做一个判定：对或错. 但是当你在现实生活中使用数学时，答案永远不会那么明确. 例如：

银行提供 3% 的利息，并在一年结束时支付 (即一年后银行向你支付你账户余额的 3%) . 如果你今天存入 1 000 美元并且不再存款或取款，一年后你的账户中会有多少钱？

如果直接进行数学计算似乎很简单：1 000 美元的 3% 是 30 美元，所以你应该在一年结束时有 1 030 美元. 但是你的余额将如何受到服务费或所得利息税的影响？如果银行倒闭怎么办？如果银行所在国家在年内货币崩溃了，该怎么办？如何选择一家可以投资的银行是一个真正的数学问题，可能没有一个简单或明确的答案.

对数学最严重的误解可能是，数学本质上是一个计算问题. 相信这一言论相当于认为撰写论文与键入论文一样.

——约翰 · 艾伦 · 保罗 (John Allen Paulos)，数学家

误解六：数学与我的生活无关

无论你的大学、工作和生活是什么样的，你都会发现数学渗透进了其中的方方面面. 本书的主要目标是向你展示数百个数学应用于每个人生活中的例子. 我们希望你会从中发现数学不仅和生活相关，而且是有趣且使人快乐的.

忽视数学会对所有知识都有损害……

——罗杰 · 培根 (Roger Bacon，1214—1294)，英国哲学家

误解七：“数学学得不好”是可以接受的

为了说清楚最后的这一误解，我们回到本序言开头的选择题. 你可能不仅听到许多聪明的人说“我数学学得不好”，而且有的人说的时候甚至带着点骄傲，没有任何尴尬. 然而，这种说法是错误的. 例如，一个成功的律师肯定在学校把包括数学在内的所有科目都学得很好，因此他这样说更有可能是表达一种态度，而不是事实.

你必须要做出在这个世界上你希望看到的改变.

——甘地 (Mahatma Gandhi，1869—1948)

糟糕的是，这种态度会给社会带来很大的危害. 数学是现代社会的基础，从我们所有人必须做出的日常财务决策到我们理解和处理经济、政治和科学的全球问题的方式都需要数学. 如果我们以消极的态度来对待数

学，我们就更不可能理智地去学习它. 而且，这种态度很容易传播给他人. 毕竟，如果一个孩子听到一个受人尊敬的成年人说他“数学学得不好”，那么这个孩子可能也会受影响.

因此，在开始学习之前，请考虑一下自己对数学的态度. 任何人都没有理由说“数学应该会学得不好”，而是我们有很多理由来提高数学思维能力. 凭借良好的态度和努力，在课程结束时，你不仅会数学学得更好，而且会让那些“数学学得不好”的人在社会上无法立足，从而帮助后人.

在你的世界里　学习数学的人

通过学习数学培养的批判性思维在许多工作中都很有用. 下面列出了一小部分学习数学但是以其他领域的工作而著称的代表人物.(许多名字来自罗格斯大学的史蒂文 · 布斯基 (Steven G.Buyske) 编制的一份“著名的非数学学家”名单.)

拉尔夫 · 阿伯纳西 (Ralph Abernathy)，民权领袖，数学学士，亚拉巴马州立大学

塔米 · 鲍德温 (Tammy Baldwin), 美国参议员 (威斯康星州)，史密斯学院数学学士

谢尔盖 · 布林 (Sergey Brin), 谷歌联合创始人，马里兰大学数学学士

马伊姆 · 拜力克 (Mayim Bialik),《生活大爆炸》中的女演员, 在攻读神经科学博士学位时学习数学

哈里 · 布莱克门 (Harry Blackmun), 美国最高法院前法官，哈佛大学数学优等生

詹姆斯 · 卡梅隆 (James Cameron), 电影导演, 在大学毕业前学习物理, 从事海洋和空间研究

刘易斯 · 卡罗尔 (Lewis Carroll) (查尔斯 · 道奇森 (Charles Dodgson))，数学家，《爱丽丝梦游仙境》的作者

菲丽西亚 · 戴 (Felicia Day), 女演员，得克萨斯大学数学学士

戴维 · 丁金斯 (David Dinkins)，纽约前市长，霍华德大学数学学士

阿尔韦托 · 藤森 (Alberto Fujimori)，秘鲁前总统，威斯康星大学数学硕士

阿特 · 加芬克尔 (Art Garfunkel)，音乐家，哥伦比亚大学数学硕士

雷德 · 哈斯汀斯 (Reed Hastings)，网飞 (Netflix) 创始人兼首席执行官，鲍登学院数学学士

格蕾丝 · 赫柏 (Grace Hopper)，计算机先驱，美国海军第一位女少将，耶鲁大学数学博士

梅 · 杰米森 (Mae Jemison)，第一位飞上太空的非洲裔美国女性，在斯坦福大学攻读化学工程学士学位时学习数学

约翰 · 梅纳德 · 凯恩斯 (John Maynard Keynes)，经济学家，剑桥大学数学硕士

海迪 · 拉马尔 (Hedy Lamarr), 女演员, 发明了一种叫作“跳频”的数学技术并获得了专利

李显龙 (Lee Hsien Loong), 新加坡总理，剑桥大学数学学士

布莱恩 · 梅 (Brian May), 皇后乐队的首席吉他手, 2007 年在帝国理工学院获天体物理学博士学位

丹妮卡 · 麦凯拉 (Danica McKellar)，女演员，加州大学洛杉矶分校 (UCLA) 数学学士，同时也是 Chayes-McKellar-Winn 定理的共同发现者

安格拉 · 默克尔 (Angela Merkel), 德国总理, 在莱比锡大学攻读物理学博士学位时学习数学

哈维 · 米尔克 (Harvey Milk), 政治家和同性恋权利活动家，1986 年在纽约州立大学获数学学士学位

埃德温 · 摩西 (Edwin Moses), 三次获得 400 米栏奥运冠军，在莫尔豪斯学院攻读物理学学士学位时学习数学

弗洛伦斯 · 南丁格尔 (Florence Nightingale), 护理先驱, 研究数学并将其应用于工作中

娜塔莉 · 波特曼 (Natalie Portman), 奥斯卡影后，英特尔科学人才搜索半决赛选手，两篇已发表科学论文的合著者

萨莉 · 赖德 (Sally Ride), 第一位进入太空的美国女性，她在斯坦福大学攻读物理学博士学位期间学习数学

戴维 · 罗宾逊 (David Robinson), 篮球明星，美国海军学院数学学士

亚历山大 · 索尔仁尼琴 (Alexander Solzhenitsyn), 诺贝尔奖得主，俄罗斯作家，罗斯托夫大学数学和物理学专业毕业

布莱姆 · 斯托克 (Bram Stoker), 《德古拉》(*Dracula*) 的作者，都柏林圣三一大学数学学士

劳伦斯 · 泰伯 (Laurence Tribe), 哈佛大学数学优等生，哈佛大学法学教授

约翰 · 乌尔舍尔 (John Urschel), 美国国家橄榄球联盟进攻线队员 (巴尔的摩乌鸦), 26 岁退役，在麻省理工学院攻读数学博士学位

弗吉尼亚 · 韦德 (Virginia Wade), 温布尔登冠军，萨塞克斯大学数学学士

什么是数学?

在前面讨论大家对于数学的一些错误观点时，我们明确了数学不是什么. 现在我们来看看数学是什么. 数学这个词源自希腊语 mathematikos，意思是“通过学习获得的知识”. 从字面上讲，数学就是要有好奇心，开发思维，并且总是对学习感兴趣！现在，我们以三种不同的方式来看待数学：其分支的总和、模拟世界的一种方式以及一门语言.

数学作为其分支的总和

随着你在学校学习的深入，你可能学会了将数学的一些分支联系起来. 众所周知的数学分支是:

- 逻辑——推理原理的研究;
- 算术——对数字进行运算的方法;
- 代数——使用未知量的代数方法;
- 几何——大小和形状的研究;
- 三角学——三角形及其用途的研究;
- 概率——机会的研究;
- 统计——分析数据的方法;
- 微积分——对变量的研究.

人们可以将数学视为其分支的总和，但在本书中我们主要是利用数学的不同分支来介绍定量思维和批判性推理.

数学作为模拟世界的一种方式

我们也可以把数学看作创建模型或表示实际问题的工具. 建模并非数学所独有. 例如，道路地图是表示某个地区道路的模型.

数学模型 (mathematical models) 可以像单个方程一样简单，例如预测银行账户中的资金将如何增长；也可以很复杂，例如用于表示全球气候的模型包含数千个相互关联的方程和参数. 通过研究模型，我们可以深入了解一些难题. 例如，全球气候模型可以帮助我们了解天气系统，并研究人类活动如何影响气候. 当一个模型预测出现失误时，也给我们指出了需要进一步研究的领域. 如今，几乎每个研究领域都会用到数学建模. 图 P.1 显示了一部分使用数学建模的学科.

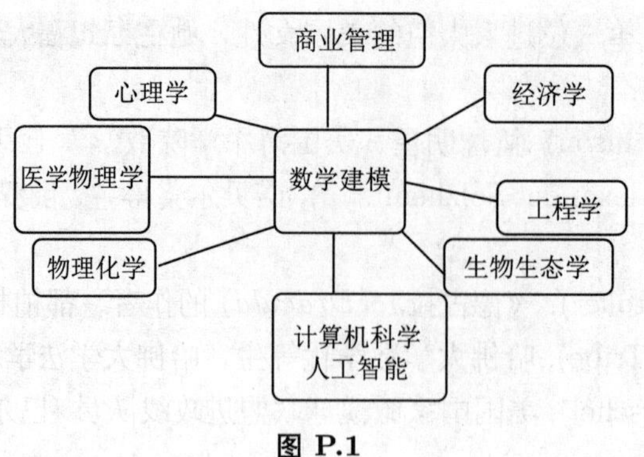

图 P.1

数学是一门语言

第三种看待数学的方式是，数学是一种具有自己的词汇和语法的语言. 实际上，数学通常被称为“自然语言”，因为它对自然界的建模非常有用. 与任何语言一样，数学可能存在掌握的熟练程度有所不同的问题. 从这个角度来看，量化思维是能在当今世界取得成功所需的熟练程度.

将数学作为一种语言，也有助于我们思考如何学习数学. 表 P.3 将学习数学与学习一种语言、一项艺术进行了比较.

表 P.3　学习数学与学习一种语言、一项艺术作类比

学习一种语言	学习艺术的语言	学习数学的语言
学习许多口语和写作风格，如散文、诗歌和戏剧	学习许多艺术风格，如古典、文艺复兴、印象派和现代派	学习许多数学分支的技巧，如算术、代数和几何
了解文学背后的历史和社会背景	了解艺术背后的历史和社会背景	了解数学背后的历史、目的和应用的背景
学习语言的元素——如单词、词性 (名词、动词等)、语法规则——并练习它们的正确用法	学习视觉形式的元素——例如线条、形状、颜色和纹理——并在自己的艺术作品中练习使用它们	学习数学元素——例如数字、变量和运算——并练习使用它们来解决简单的问题
批判性地分析语言，如小说、散文、诗歌、演讲和辩论	批判性地分析艺术作品，包括绘画、雕塑、建筑和摄影	批判性地分析数学模型、统计研究、经济预测、投资策略等中的定量信息
创造性地使用语言来达到自己的目的，例如撰写学期论文或故事或者参与辩论	创造性地运用你的艺术感，例如设计房屋、拍摄照片或制作雕塑	创造性地运用数学来解决你遇到的问题，并帮助你理解现代世界中的问题

如何学好数学？

如果你正在读这本书，那么你可能注册了数学课程. 学好这门课程的关键是，要以开放和乐观的心态去学习，密切关注数学在你生活中的应用和享受数学带来的乐趣，并且高效地去学习. 下面给出了一些学习时的建议.

成功的关键：学习时间

学好任何一门大学课程的唯一的关键是，花足够的时间学习. 一般来讲，你应该计划每周在课外为每个学分学习 2~3 小时. 例如，一个修 15 个学分的学生每周应该花 30~45 小时在课外学习. 加上上课时间，每周

总共有 45~60 小时——这不比一份工作所需要的时间多多少，而且你可以自己分配时间. 当然，如果你在上学期间正在工作或照顾家庭，就需要仔细规划好你的时间.

下表给出了在数学课程中分配学习时间的一些简单指导:

所选课程的学分	阅读指定教材的时间 (每周)	完成作业的时间 (每周)	复习和准备考试的时间 (平均到每周)	学习时间总和
3 学分	1~2 小时	3~5 小时	2 小时	6~9 小时
4 学分	2~3 小时	3~6 小时	3 小时	8~12 小时
5 学分	2~4 小时	4~7 小时	4 小时	10~15 小时

如果你现在花的时间比上面表格中的少，那么建议你多花时间学习来提高成绩. 如果你花的时间比表格中的多，那么你可能是学习效率低；在这种情况下，你应该向老师请教如何更高效地学习.

使用本书

教材的这些章节主要是为了帮助你更有效地学习. 为了充分利用每一章，希望你可以考虑以下学习计划.

- 在做练习之前，请阅读指定的教材内容两遍:
  - 第一遍，通读全文，对内容和概念有一个整体的“感觉”.
  - 第二遍，仔细地阅读，同时在空白处做笔记，这将有助于以后完成课后作业和考试. 一定要用手写的方式做笔记 (如果你有电子文本，也可以打字)，不要用记号笔 (或者高亮工具)，这样太容易了，反而会被忽视.
- 接下来，再返回文中，自己做例题. 也就是说，不要只是看看，而是要试着自己去做，不会做时再去看答案.
- 做本章最后的习题. 首先要确保你能解答测验和复习题. 然后做所有指定的习题，有精力的话你可以做的更多.

学习的一般策略

- 有效地安排时间. 每天学习一两个小时，比作业提交前或考试前通宵学习更有效，痛苦也小得多. 注: 研究表明，为你的学习时间 (或任何其他个人承诺) 建立一份“个人合同”可能会有所帮助，在这份合同中，你可以指定完成合同时给予自己的奖励以及没有完成时受到的惩罚.
- 多动脑. 学习是一个主动的过程，不是被动的. 无论你是在阅读、听课还是写作业，都要确保你的大脑在积极参与. 当你发现自己走神了或睡着了时，可以有意识地努力让自己清醒一下，或者在必要的时候休息一下.
- 别缺课，课前做好充分准备. 听讲座，参加班级活动和讨论，这比课后看别人的笔记或者看一段视频的效果要好得多. 积极参与将有助于你记住所学的知识. 此外，一定要在讨论之前完成所有指定的阅读. 这是至关重要的，因为课堂上的讲解和讨论都是为了强化阅读中的关键思想.
- 早点开始写作业. 你给自己留的时间越多，在写作业遇到困难时，就越有时间寻求帮助. 如果有一个概念你不太理解，那么首先多阅读或学习. 如果你还有困难，就可以寻求帮助: 你肯定可以找到朋友、同龄人或老师来帮助你学习.
- 和朋友一起学习可以帮助你理解难懂的概念. 然而，一定要注意，和你的朋友一起学习时，不要依赖他们.

- 不要试图一心多用. 研究表明，人类根本不擅长同时处理多个任务: 当我们尝试处理多个任务时，可能我们在所有的单个任务上都做得更差. 不要认为自己是一个例外，研究还表明，那些认为自己擅长处理多任务的人往往是做得最差的！所以该学习的时候，要关掉电子设备，找个安静的地方来专心学习.(如果你必须使用电子设备学习，如电子邮件或在线作业，请关闭电子邮件、文本和其他提醒，以免干扰你的注意力.)

考前准备

- 重做课外练习以及习题. 为了更好地理解所学的概念，你可以找一些其他的练习来做. 同时，再重新做一遍本学期以前的作业、测验和考试题.
- 学习课堂笔记，重读课本中的相关章节. 注意老师强调的考试内容.
- 在与朋友组队一起学习之前，自己一定要先单独学习. 只有每个人都学了，都能为小组出谋划策，这个学习小组才能发挥作用.
- 考试前不要熬夜. 在考试前的一小时内不要吃大餐（当血液进入消化系统时，会很难集中精力思考问题）.
- 在考试前和考试期间尽量放松. 如果你平时准备充分，就能考好. 保持放松会使你考试时思路更清晰.

完成布置的作业和任务

你提交的所有作业都应该整洁易读、结构合理、紧扣主题. 老师和未来的老板都会喜欢这种高质量的作业. 此外，虽然提交这种高质量的作业需要付出“额外”的努力，但这对你的学习非常有用:

1. 为了清楚地解释所做的工作，作业中所写的内容能帮助你加深对知识的理解. 写作触发的大脑区域不同于阅读、听力或口语. 因此，即使你认为已经理解了一个概念，你写下来也会加强对它的学习.
2. 把作业写清楚且单独做成一个文档（即要把作业写成你可以阅读而无须参考其他内容的文档），这样当你准备测验或考试时，它就可以作为一份有用的参考资料.

以下建议有助于确保你的作业符合大学标准:

- 使用正确的语法、拼写、句子和段落结构. 不要使用缩写或速记.
- 作业中的所有答案和内容都应完全自成一体. 一个好的检验方法是想象朋友正在读你的作业，那么他是否能准确理解你想表达的意思. 把作业大声地读出来，确保听起来清晰且连贯.
- 在需要计算的问题中:
  - 务必清楚地展示你的过程. 这样，你和你的老师都可以按照你写的过程去检查. 另外，请使用标准数学符号，而不要用“计算机使用的符号”. 例如，乘法要使用符号“×”(不要用星号)，10^5 不能写为 10^5 或 10E5.
  - 用文字来描述的问题应该也用文字来描述答案. 也就是说，在你完成必要的计算之后，任何用文字描述的问题都应该给出一句或几句完整的句子来描述问题和答案的含义.
  - 给出的答案形式要能让大多数人更容易理解. 例如，如果你的结果是 720 小时，那么大多数人会觉得，如果你写成 1 个月，意义会更明确. 同样，如果精确计算得出 9 745 600 年，那么你给出的答案是“将近 1 000 万年”，可能更容易理解.
- 如果有必要，可以附上图片来解释你的答案，但要确保图片简洁明了. 例如，如果你手动绘制图形，请使用标尺画直线. 如果你使用软件作图，请注意不要使用一些不必要的功能以免混淆答案.
- 如果你和朋友一起学习，你一定要独立完成自己的作业——你要避免任何可能的学术造假.

序言

讨论

1. **当代社会问题中的数学**. 描述下面的问题中使用数学的方式.
   例如：新病毒的流行学研究. 在该问题中，数学用于研究被病毒感染的概率，并确定病毒在哪里产生以及如何传播.
   a. 社会保障制度的长期可行性
   b. 联邦汽油税的标准
   c. 国家卫生保健政策
   d. 对妇女或少数族裔的工作歧视
   e. 人口增长 (或下降) 对你所在社区的影响
   f. 标准化测试 (如 SAT) 中可能出现的偏差
   g. 二氧化碳排放造成的风险程度
   h. 美国的移民政策
   i. 公立学校中的暴力行为
   j. 是否应该禁止某些类型的枪支或弹药
   k. 从今天的新闻中选择一个主题
2. **新闻中的数量概念**. 找出今天的新闻中讨论的一个尚未解决的问题. 列出至少三个解决这一问题时所涉及的量化信息.
3. **数学和艺术**. 在你感兴趣的艺术领域选择一个知名的历史人物 (如画家、雕塑家、音乐家或建筑师). 简单描述数学是如何在他的工作中发挥作用或影响他的工作的.
4. **文学的量化信息**. 选择一部你最喜欢的文学作品 (诗歌、戏剧、短篇或长篇小说). 举例说明量化推理有助于你领悟到蕴含于作者意图中的深意.
5. **你的专业中的量化信息**. 描述量化推理在你的研究领域中的重要性.(如果你还没有选择专业，就选一个你正在考虑的专业领域.)
6. **职业准备**. 大多数美国人一生中会换几次职业，从表 P.2 中找出至少三种你感兴趣的职业. 现在你是否掌握了这些职业所需的技能？如果没有，你如何获得这些技能？
7. **对数学的态度**. 你对数学的态度是什么？如果你态度消极，那么这种态度是什么时候形成的？如果你态度积极，能解释一下为什么吗？你如何鼓励持消极态度的人变得更加积极？
8. **“数学学得不好”是一种社会病**. 讨论为什么人们认为“数学学得不好”在社会上是可以接受的，以及整个社会如何改变这种态度. 如果你是一名教师，为了让你的学生对数学产生积极的态度，你会怎样做？

目　录

第六章　开展统计工作 ······ 1
6.1　刻画数据 ······ 3
6.2　量化离散度 ······ 15
6.3　正态分布 ······ 25
6.4　统计推断 ······ 36
第七章　概率：与几率同行 ······ 50
7.1　概率基础 ······ 51
7.2　组合概率 ······ 67
7.3　大数定律 ······ 79
7.4　风险评估 ······ 90
7.5　计数与概率 ······ 100
第八章　神奇的指数增长 ······ 114
8.1　增长——线性的还是指数的 ······ 116
8.2　倍增时间和半衰期 ······ 123
8.3　真实的人口增长 ······ 133
8.4　对数尺度——地震、声音和酸性物质 ······ 142
第九章　模拟我们的世界 ······ 152
9.1　函数——数学模型的基础 ······ 154
9.2　线性模型 ······ 164
9.3　指数模型 ······ 177
第十章　模型中的几何 ······ 192
10.1　几何的基础知识 ······ 193
10.2　用几何解决问题 ······ 210
10.3　分形几何 ······ 226
第十一章　数学与艺术 ······ 237
11.1　数学与音乐 ······ 239
11.2　透视与对称 ······ 245
11.3　比例与黄金比例 ······ 257
第十二章　数学与政治 ······ 266
12.1　投票：半数以上总是会获得控制权吗? ······ 268
12.2　投票理论 ······ 287
12.3　分配：众议院及其他 ······ 298
12.4　分割政治派 ······ 312

第六章　开展统计工作

在第五章，我们已经看到统计学以多种方式被广泛地应用于媒体中，比如民意调查、统计图表、统计研究报告以及确立因果关系. 在这一章，我们将做一些真正的统计计算. 通过学习本章介绍的统计工具，你将进一步地了解强大的统计学.

问题：政府是否应该采取更多措施来帮助穷人和中产阶层? 考虑近来对此问题的争论中，下面两个广为流传的声明：

声明 1：排除通货膨胀因素后，30 多年来美国家庭平均收入增长相对停滞，在此期间上涨幅度不到 10%.

声明 2：排除通货膨胀因素后，最近 30 多年来美国家庭平均收入大幅上涨，在此期间上涨幅度接近 30%.

关于这两个声明，以下哪个说法是正确的?

Ⓐ 声明 1 是对的，声明 2 是错的.

Ⓑ 声明 1 是错的，声明 2 是对的.

Ⓒ 这两个声明是矛盾的，所以其中必然有一个是错的.

Ⓓ 这两个声明都是错的，但我们可以假设，美国家庭平均收入的真实变化在两个声明中给出的值 (10% 和 30%) 之间.

Ⓔ 这两个说法都是对的.

解答：提示一下：第一个声明倾向于是由自由派给出的，而第二个声明则倾向于是由保守派给出的，这样你可能就明白为什么了. 自由派希望证明，普通美国人的生活水平是停滞不前的，因为这支持了他们的论点：希望加强政府的政策来帮助增加收入，尤其是增加贫困阶层和中产阶层的收入. 保守派则想证明收入一直在增加，因为这就意味着普通美国人的生活状况很好，不需要任何额外的政府支持.

因此，哪个声明是真实的看起来就等价于哪一派更诚实. 但这里我们要选的是一个令人惊讶的答案：E. 尽管这两个声明听起来可能相互矛盾，但它们可以都是真实的. 这是因为术语“平均值”有不同的定义方法. 要准确地知道为什么这两个声明可以同时都是对的，请参阅 6.1 节的例 8.

6.1 节

刻画数据：研究描述数据的平均值的方法 (包括均值、中位数和众数) 以及数据的分布.

6.2 节

量化离散度：介绍刻画数据集的离散度或分布的常见方式：极差、五数概要和标准差.

6.3 节

正态分布：研究正态分布或钟形曲线的特征，并了解为什么正态分布如此重要.

6.4 节

统计推断：介绍根据样本的结果推断总体结论时所用的三个关键概念：统计显著性、边际误差和假设检验.

实践活动　我们比父母更聪明吗?

通过下面的实践活动，对本章要分析的各种问题获得一个直观的认识.

孩子往往会认为他们比父母更聪明，孩子有可能是对的吗？智商测试是最常用的衡量智力的方法，测试包含旨在评估先天能力的问题. 设平均 IQ 值为 100，将某个孩子的分数与参加同一测试的其他孩子的分数进行比较，按照一定的计算公式算出最终结果，即为这个孩子的 IQ 值. 换句话说，尽管问题每年都会改变（并且有多种版本的智商测试），但平均 IQ 值总是 100. 此外，IQ 值的分布是按照被称为钟形曲线或正态分布的模式进行缩放的. 我们将在 6.3 节中学习正态分布；现在，请注意关于 IQ 分布的两个事实：

- 大约有 3% 的人 IQ 值高于 130；心理学家称这种分数为“智力超群”；
- 大约有 3% 的人 IQ 值低于 70，这被认为“有智力缺陷”.

20 世纪 80 年代初，政治学教授詹姆斯 · 弗林博士开始关注智商测试中个别问题的测试结果（而不是总的 IQ 得分）. 由于知道测试和问题会随时间而改变，于是他专注于那些没有改变（或容易比较）的问题，这样他就能够比较不同时期的结果. 他惊讶地发现自从数十年前首次进行智商测试以来，测试的实际得分一直在增加，每年增加的分数大约为 0.3 分，而且这种增加的趋势仍在继续. 这种趋势现在被称为弗林效应. 根据弗林效应，从 1930 年到 2010 年这 80 年来，IQ 值大约增长了 $80 \times 0.3 = 24$. 图 6.A 展示了弗林效应. 2010 年的平均 IQ 值仍然是 100，因为平均 IQ 值就是这样定义的. 然而，如果我们把一个在 2010 年得到平均 IQ 值的儿童的分数用 1930 年的智商量表来衡量，那么这个孩子的 IQ 值就高达 124. 总的来说，按照 1930 年的智商量表，今天将近一半的孩子会被认为是“智力超群”的，几乎没有孩子“有智力缺陷”.

看起来弗林效应意味着现在的孩子的确比他们的父母和祖父母更聪明，至少用 IQ 值来衡量时是这样的. 当然，这也导致人们开始质疑 IQ 值是否真的能作为衡量先天智力的标准. 为了进一步理解弗林效应，以分组讨论的形式来回答以下问题：

① 图 6.A 中的横轴上标注的是 1930 年的 IQ 值，这说明 2010 年的 IQ 值比 1930 年的 IQ 值平均高 24. 这也意味着 1930 年获得特殊 IQ 值的人在 2010 年的测试中得分会比较低. 在水平轴上添加第二组标注，标明 2010 年的 IQ 值，2010 年曲线的最高点所对应的 IQ 值应该是 100. 使用 2010 年的坐标来确定 1930 年 IQ 值为 100 分的人在 2010 年 IQ 值会是多少. 使用 2010 年的坐标，1930 年的测试者中大约有多大比例的人会被认为“有智力缺陷”？你认为这个比例能准确代表当时人们的智商水平吗？说明理由.

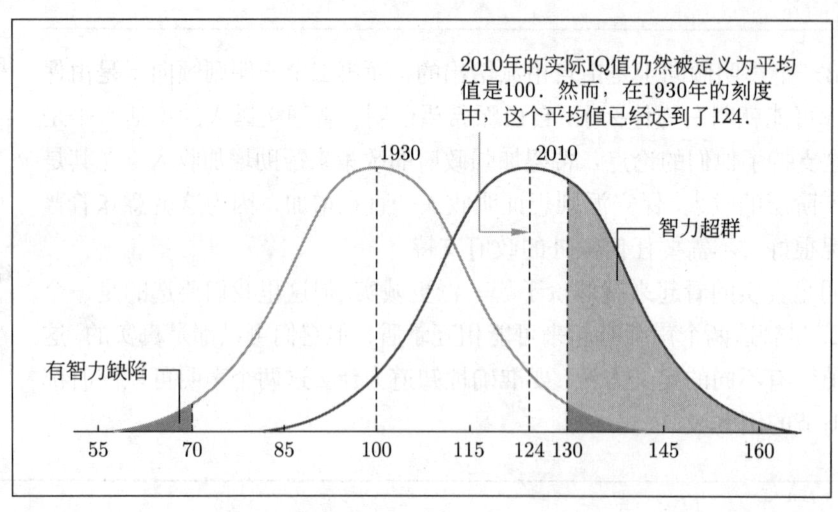

图 6.A

虽然平均 IQ 值仍然被定义为 100，但不同时期的智商测试对比显示，实际分数在以每年 0.3 分的速度增长. 这张图展示的是如果以 1930 年的标准进行评分，2010 年的 IQ 值与 1930 年的 IQ 值的对比. 注意，2010 年有近一半的儿童会在 1930 年的测试中被评为“智力超群”，而没有孩子会被评为“有智力缺陷”.

② 爱因斯坦从未真正参加过智商测试，但我们假设他在 1910 年参加了智商测试. 心理学家估计爱因斯坦的 IQ 值应该排在所有人的前 0.01%，这意味着他在 1910 年的测试中大约能得 160 分. 但是，正如你在问题①中看到的那样，弗林效应意味着此分数将相当于今天的一个较低的分数. 假设得分以每年 0.3 分的速度增加，那么爱因斯坦在 1910 年得到的 160 分将对应 2010 年的多少分呢？对应 2020 年的多少分呢？说明理由.

③ 根据你对问题②的回答以及以上讨论中给出的答案，今天所有人中有多大比例的人智商和爱因斯坦一样高？你认为我们今天真的有这么多“爱因斯坦”吗？说明理由.

④ 社会学家认为弗林效应毫无疑问是真实的，这意味着智商测试成绩真的在不断提高. 然而，关于弗林效应究竟意味着什么却仍有很大的争议. 如之前讨论的，对该效应的一个可能的解释是：今天的孩子比几十年前的孩子的确更聪明. 列出弗林效应的其他可能的解释，并简要说明.

⑤ 这里有一个关于弗林效应的事实是：智商测试中包含各种不同类型的问题. 有些问题测试知识，如词汇或算术，而另一些则测试概念或抽象思维. 通过研究不同类型问题的测试结果，社会学家发现弗林效应几乎只发生在概念和抽象思维问题上；而知识类问题的测试结果几十年来几乎没有变化. 根据这个事实重新考虑问题④. 这是否会使你改变你的解释呢？说明理由.

⑥ 对于你给出的每个解释，提出一种方法来验证它是否正确. 简要地列出为了进行测试，你需要收集哪些数据，并讨论原则上你应该如何获取这些数据.

⑦ 总的来说，你认为今天的孩子真的比他们的父母或祖父母更聪明，还是你对弗林效应有不同的理解？写一份简短的报告来阐述你所在小组的结论.

6.1　刻画数据

频数表（见 5.3 节）向我们展示了数据在各种不同类别中的分布情况，因此我们可以说频数表刻画了变量的**分布**（distribution）. 比如，论文成绩的等级分布展示了分别有多少学生获得了 A、B、C、D 和 F 等级.

定义

变量的**分布**是指其值分布在所有可能取值上的方式. 我们可以通过表格或图形直观地展示分布的情况.

然而，很多时候我们并不想知道完整的分布，而只对可以概括分布特征的几个量感兴趣. 本节我们将研究如何根据分布的中心或平均值以及分布的形状来刻画数据分布的特征.

什么是平均值？

“平均值”这个词的使用频率很高，你可能会惊诧地发现它实际上并不总是代表相同的含义. 我们首先介绍描述数据分布中心的三个常用概念，这三个概念都经常被称为“平均值”.

均值、中位数和众数

表 6.1 列出了最流行的五部科幻系列片中每个系列包含的电影数量（正片和续集或前传）. 这些系列电影平均每部有多少集？回答该问题的一种方法就是计算**均值**（mean）. 我们通过将电影总数除以 5 来求出均值(因为共有五个系列)：

$$均值 = \frac{6+8+13+8+5}{5} = \frac{40}{5} = 8$$

换句话说，这五个系列平均有 8 集影片. 一般，我们通过将所有数据相加后除以数据的总个数来求出任何一组数据的均值. 均值正是大多数人认为的平均值. 实质上，它代表了数据分布的平衡点，如图 6.1 所示.

表 6.1 五部科幻系列片

片名	系列电影集数 (截至 2017 年)
《异形》	6
《人猿星球》	8
《星际迷航》	13
《星球大战》	8
《终结者》	5

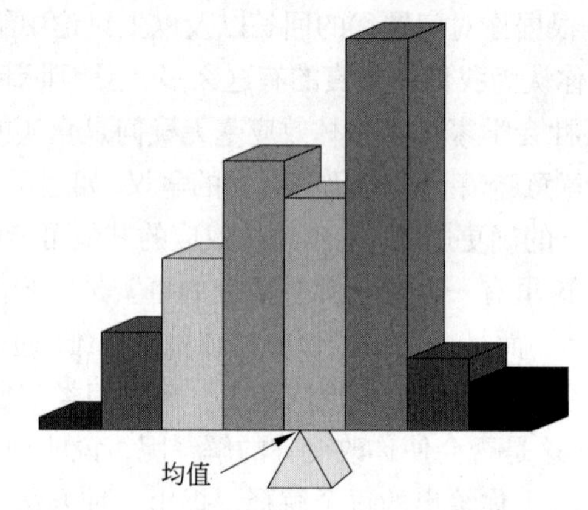

图 6.1 这个柱状直方图在均值处达到平衡点

我们还可以用衡量数据中心的另一个概念，即这组数据的**中位数**（median）来刻画这五部系列片的平均集数. 计算中位数时，我们先将所有数据按照升序（或降序）排列，多次重复出现的数据也要重复排列. 如果共有奇数个数据，那么在排列的正中间就只有一个值，这个值就是中位数. 如果共有偶数个数据，则在排列的正中间有两个值，大小恰好在这两个值正中间的数就是中位数. 将表 6.1 中的数据按升序排列：

$$5, 6, 8, 8, 13$$

因为 8 位于排列的正中间，所以影片集数的中位数是 8.

众数（mode）是一组数据中出现次数最多的一个值（或一组值）. 在本例中，众数是 8，因为这个值在整组数据中出现了两次，而其他值都只出现了一次. 一组数据可能有一个众数、多个众数或没有众数. 有时，众数是指一组紧邻的值而不是单个值.

分布中心的度量

均值是我们通常所说的平均值. 它的计算公式如下：

$$均值 = \frac{所有数据的和}{数据的总个数}$$

中位数是将数据集按照大小排好顺序后，位于中间位置的那个数据，如果数据集共有偶数个数据，则它是位于中间位置的两个数据的均值.

众数是分布中出现次数最多的一个（或一组）值.

例 1 价格数据

八家杂货店分别以如下价格（单位：美元）出售 PR 能量棒：

$$1.09,\ 1.29,\ 1.29,\ 1.35,\ 1.39,\ 1.49,\ 1.59,\ 1.79$$

计算这些价格的均值、中位数和众数.

解　价格的均值是 1.41 美元：

$$\text{均值} = \frac{1.09 + 1.29 + 1.29 + 1.35 + 1.39 + 1.49 + 1.59 + 1.79}{8} = 1.41(\text{美元})$$

为计算中位数，我们首先按升序对这组数据进行排序：

1.09，1.29，1.29，1.35，1.39，1.49，1.59，1.79

由于有 8 个价格（偶数），因此在排列的中间位置有两个值：1.35 美元和 1.39 美元. 中位数位于这两个值的正中间，我们通过将这两个值相加并除以 2 来得到中位数：

$$\text{中位数} = \frac{1.35 + 1.39}{2} = 1.37(\text{美元})$$

众数是 1.29 美元，因为这是唯一一个出现了不止一次的价格.

▶ 做习题 13~18.

实用技巧　Excel中的均值、中位数、众数①

Excel 提供了内置函数，AVERAGE 用于计算均值，MEDIAN 用于计算中位数，MODE 用于计算众数.

异常值的影响

为了说明均值、中位数和众数之间的区别，考虑一个大学篮球队的五名毕业生在美国职业篮球联盟打球的第一年的合同报价（单位：美元，零表示该球员没有收到合同报价）：

0，0，0，0，10 000 000

合同报价的均值是

$$\text{均值} = \frac{0 + 0 + 0 + 0 + 10\ 000\ 000}{5} = 2\ 000\ 000(\text{美元})$$

因此，我们可以说这个篮球队的毕业球员获得了均价为 200 万美元的合同吗？这样说合理吗？

事实当然并非如此. 这样算的问题在于，接受天价合同报价的单个毕业球员使均值变得异常大. 如果我们忽视这名球员而只看其他四名球员，平均合同报价为零！由于这个 10 000 000 美元的数据与其他值相比如此极端，我们称之为**异常值**（outlier，或异常数）. 如上所示，异常值可以使均值明显上升（或下降），从而使均值对整个数据集来说并不具有代表性.②

但是我们注意到，虽然异常值会使平均合同报价变大，但它对合同报价的中位数没有影响，对于五位毕业球员而言，合同报价的中位数仍然是零. 一般来说，异常值并不影响中位数和众数，因为异常值不会在数据集的中间位置，也不会多次出现. 表 6.2 总结了均值、中位数和众数的特征，包括异常值对它们各自的影响.

定义

一组数据中的**异常值**是指一个比其他值都大得多或小得多的数值. 异常值会改变数据集的均值，但不会影响中位数和众数.

---

① 这里略去了原书的 Excel 屏幕截图和具体的计算过程.——译者注

② **顺便说说**：一项调查曾发现，北卡罗来纳大学地理专业毕业生的平均起薪高于其他学校的地理专业毕业生. 后来证实均值变高是由一个异常值引起的，那就是地理专业毕业的篮球巨星迈克尔 · 乔丹. 1999 年，他获得了《体育画报》授予的“世纪运动员”称号.

思考 使用中位数表示五名毕业球员的平均合同报价是否公平？为什么？

确定应该如何处理异常值是统计中相当重要的一个问题. 有时，比如在上面篮球队员的例子中，异常值是正确的数据，为了合理地解释均值和中位数，我们必须正确地理解这个异常值. 而有时，异常值可能表示数据有误. 确定哪些异常值是非常重要的，哪些异常值只是由于错误造成的，有时是非常困难的.

表 6.2 比较均值、中位数和众数

度量方式	定义	是否常用?	存在性	是否考虑到每个数据?	是否受异常值影响?	优点
均值	$\frac{\text{所有数据的和}}{\text{数据的总个数}}$	最常用的“平均值”	总是存在	是	是	容易理解；适用于很多统计方法
中位数	中间值 (数据集按大小排序后)	常用	总是存在	否	否	有异常值时，比均值更能代表“平均值”
众数	出现次数最多的数据	有时会用	可能无众数、有一个或不止一个众数	否	否	更适用于定性数据

例 2 错误？

一位田径教练希望确定运动员在训练过程中合适的心率. 她选择了五名最优秀的运动员，要求他们在训练过程中佩戴心率监测器. 在训练进行到一半的时候，她读取了五名运动员的心率：130，135，140，145，325. 请问此时选择均值还是中位数作为平均值更好？为什么？

解 这五个值中的四个值都相当接近，并且看来是合理的中等锻炼时的心率. 325 是一个异常值. 这个异常值可能是某个错误导致的（比如可能是心率监测器故障导致的），因为任何心率这么快的人都应该已经心脏骤停了. 如果教练使用均值作为平均值，她将会把这个异常值计算在内，这也意味着她将把记录数据时发生的错误也包含在内. 如果她使用中位数作为平均值，就会得到更合理的数值，因为中位数不会受到异常值的影响.

▶ 做习题 19~20.

平均值迷局

“平均值”的不同含义可能会造成混乱. 有时是因为没有说清楚“平均值”到底是均值还是中位数，所以会出现混淆；有时出现混淆只是因为我们不清楚平均值到底是如何计算出来的. 以下两个例子分别说明了这两种情况.

例 3 工资纠纷

一家报纸调查了高科技公司区域的装配工工资，报告称平均工资是每小时 42 美元. 某家大公司的工人立即要求加薪，声称他们与其他公司的员工一样努力，但他们的平均工资仅为每小时 36 美元. 管理层拒绝了他们的要求，并宣称他们得到的报酬其实已经过高了，因为他们的平均工资实际上是每小时 48 美元. 有可能双方都是对的吗？说明理由.

解　如果他们使用不同的平均值概念，双方有可能都是对的. 比如，工人用的可能是中位数，而管理层用的则是均值. 例如，假设公司只有五名工人，他们的工资分别为每小时 36 美元、36 美元、36 美元、36 美元和 96 美元. 这五个数据的中位数是 36 美元（如工人所称），但均值是 48 美元（正如管理层声称的那样）.

▶ 做习题 21~22.

例 4　哪个均值？

在一所小型学院，一年级全体 100 名新生都参加了三门核心课程的学习. 前两门课程是大课堂授课，所有 100 名学生都在一个课堂上课. 第三门课程则分成 10 个班授课，每班 10 人. 学生和教学管理人员争论课堂是否过大. 学生说他们的核心课程课堂的平均规模达到了 70 人. 管理人员说，现在的课堂平均人数只有 25 人. 有可能双方都是对的吗？说明理由.

解　学生计算了每个学生参加的课堂的平均规模. 每个学生参加了三门课程，其中有两门课程每个课堂的规模是 100 人，一门课程是 10 人，所以课堂的平均规模是

$$\frac{\text{学生参加的课堂的总人数}}{\text{学生参加的课堂数}}=\frac{100+100+10}{3}=70$$

管理人员则计算了所有课堂的平均人数. 共有 12 个课堂，其中有两个课堂，每个课堂有 100 名学生，另外 10 个课堂，每个课堂有 10 名学生，所以 12 个课堂共有 300 名学生上课. 每个课堂的平均人数是：

$$\frac{\text{学生总数}}{\text{课堂总数}}=\frac{300}{12}=25$$

这两个关于均值的说法都是对的，但有很大区别，因为学生和管理人员用了不同的均值. 学生计算的是每名学生参加的课堂的平均人数，而管理人员计算的则是所有课堂的平均人数.

▶ 做习题 23~26.

思考　在例 4 中，教学管理人员是否可以重新分配教师与课堂，以使每个课堂都各有 25 名学生？如何分配？讨论这种改变的利弊.

分布的形状

接下来，我们将注意力转向描述分布的整体形状. 我们可以在图形上看到分布的完整形状. 因为我们感兴趣的是分布的大致形状，所以此时使用契合数据的平滑曲线会比使用实际数据更方便一些. 图 6.2 展示了三个用曲线近似数据分布的例子，其中两个分布用直方图展示，另一个分布用折线图展示. 每种情况下，相应的平滑曲线都是原始分布的相当好的近似.

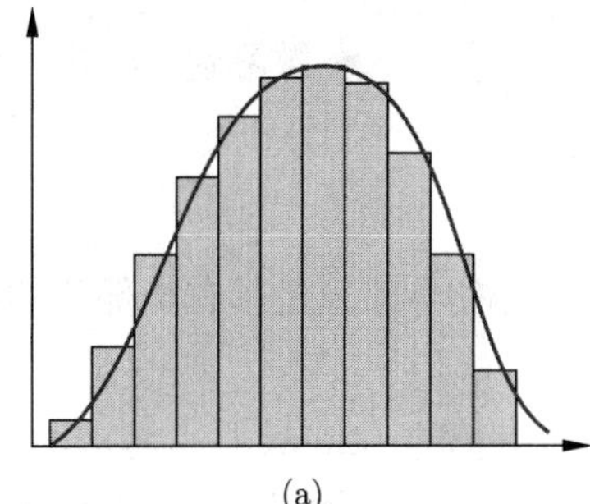

(a)

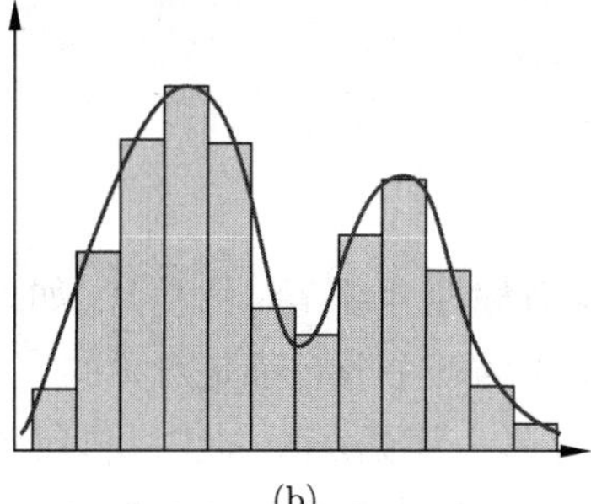

(b)

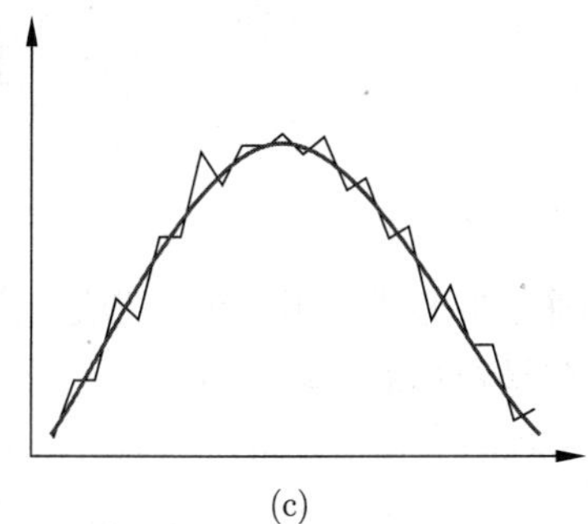

(c)

图 6.2　光滑的曲线近似刻画了分布的形状

注意：(a) 和 (c) 是单峰的（或单众数的），(b) 是双峰的（或双众数的）.

众数的个数

刻画分布形状的第一种方法是其众数或峰值的个数. 图 6.2 (a) 和 (c) 中的分布都只有一个峰值，所以我们说它们是单众数的或单峰的. 图 6.2 (b) 中的分布有两个众数，尽管第二个峰值低于第一个峰值，这仍是一种双众数分布. 也有些分布可能没有众数（这被称为均匀分布）或多于两个众数.

例 5　众数的个数

你认为以下分布各有多少个峰值？为什么？为每个分布绘制一个草图，要求坐标轴有清楚的标注.

a. 1 000 名随机选择的成年女性的身高.

b. 1 000 名随机选择的美国成年人 1 月份在电视上观看橄榄球比赛的时间.

c. 某儿童服饰零售店全年的周销售额.

d. 社会保险号的最后一位数字是某个给定数字（0~9）的人数.

解　图 6.3 画出了每个分布的草图.

a. 女性身高的分布是单峰的（单众数的），因为大部分女性的身高恰好是或接近平均身高，随着身高越来越高或越来越矮，相应的人数都会越来越少.

b. 随机选择的 1 000 名美国成年人在电视上观看橄榄球比赛的时间分布可能是双众数的（即有两个众数）. 一个众数代表狂热球迷的平均观看时间，另一个众数代表普通球迷的平均观看时间.

c. 某儿童服饰零售店的全年周销售额的分布可能有多个众数. 例如，可能春天的夏季服装销售是一个众数，夏末的返校销售是一个众数，还有一个众数是冬季的假期销售.

d. 社会保险号的最后一位数字基本上是随机的，因此最后一位数字是某个给定数字（0~9）的人数应该大致相等. 也就是说，大约 10% 的社会保险号以 0 结尾，10% 的以 1 结尾，依此类推. 因此这是一个没有众数的均匀分布.

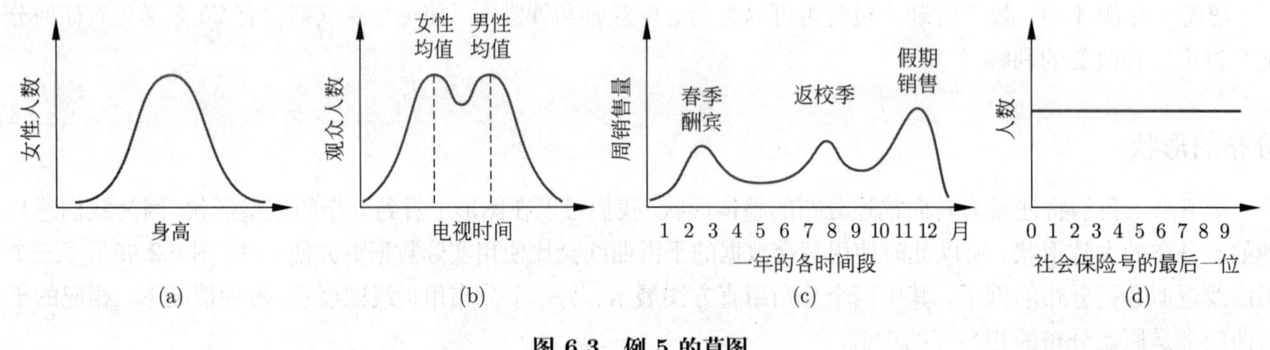

图 6.3　例 5 的草图

▶ 做习题 27~34 (a)(b).

对称性或偏度

刻画分布形状的第二种方法是描述其对称性（或无对称性）. 如果曲线的左半部分是其右半部分的镜像，则称分布是**对称的**（symmetric）. 图 6.4 中的三个分布都是对称的.

不对称的分布一定有一侧的数据分布比另一侧更分散. 此时我们说分布是**有偏的**（skewed）. 考虑图 6.5(a) 刻画的分布，数据在左侧的分布更加分散，这意味着数据集中有非常小的异常值. 这样的分布是**左偏的**（left-skewed，或负偏的），因为这看起来好像是它有个尾巴被拉向左边. 而图 6.5 (b) 刻画的分布则相反，数据在右侧的分布更加分散，使其曲线是**右偏的**（right-skewed，或正偏的）.

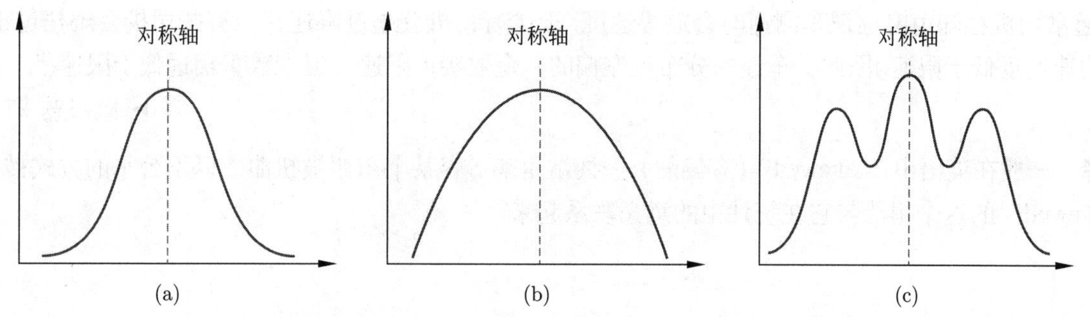

图 6.4　这些分布都是对称分布，因为它们的左半部分是其右半部分的镜像

注意：(a) 和 (b) 是单峰的（或单众数的），(c) 是三峰的（或三众数的）.

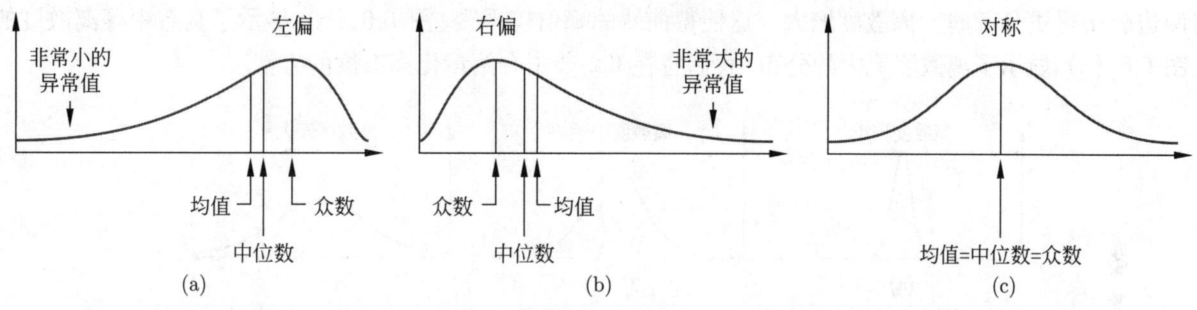

图 6.5　(a) 向左偏斜（左偏的）：均值和中位数小于众数. (b) 向右偏斜（右偏的）：均值和中位数大于众数. (c) 对称分布：均值、中位数和众数相等

图 6.5 还展示了偏度如何影响均值、中位数和众数的相对位置. 根据定义，众数是单峰分布的峰值. 左偏分布将均值和中位数都拉到峰值的左侧；也就是说，都小于峰值. 而且，数据集里非常小的异常值使得均值小于中位数. 类似地，右偏分布将均值和中位数拉到峰值的右侧，而非常大的异常值使得均值大于中位数. 当分布是对称的单峰曲线时，均值和中位数都等于众数.

对称性和偏度

如果一个单峰分布的左半部分是其右半部分的镜像，则称它是**对称的**.

如果一个单峰分布的数据在峰值的左侧更加分散，则称它是**左偏的**.

如果一个单峰分布的数据在峰值的右侧更加分散，则称它是**右偏的**.

思考　在有偏度的分布中，选择中位数还是均值来衡量“平均值”（或分布的中心）更好？为什么？

例 6　偏度

说一说你认为以下各分布是对称的、左偏的还是右偏的. 说明理由.

a. 样本中 100 名女性的身高.

b. 五年级学生在一学年内阅读的书籍数量.

c. 某条路上的车的车速（已知这条路使用可见巡逻车进行雷达测速）.

解　a. 女性身高的分布应该是对称的，因为高于平均身高和低于平均身高的女性数量大致相等，而具有极低或极高身高的女性数量都非常少.

b. 阅读的书籍数量的分布应该是右偏的. 大部分五年级学生在一学年内的阅读量适中，但有一些如饥似渴的读者的阅读量会远远超过大多数学生. 因此，这些学生阅读的书籍数量就成为非常大的异常值，将分布的右半部分拉向右侧，形成长尾.

c. 通常司机在知道有巡逻车测速时会放慢速度. 很少有司机会超过限速，但有些司机会矫枉过正，使得放慢后的速度远低于限速. 因此，车速的分布是左偏的，众数接近限速，但少数车辆远低于限速.①

▶ 做习题 27~34 (c).

思考 一般在英语中，“skewed”（有偏的）一词常用来形容某个东西被扭曲或以不公平的方式被描述. 怎样将“skewed”的这个用法与它在统计中的意义联系起来?

离散度

刻画分布的第三种方法是利用其**离散度**（variation），离散度是用来衡量数据分布的分散程度的. 大多数数据集中在一起的分布具有较小的离散度. 如图 6.6（a）所示，这种分布的曲线有尖锐的峰值. 当数据在中心左右两边分布得更分散时，离散度增大，这使得曲线的峰值较平缓. 图 6.6（b）显示了具有中等离散度的分布，图 6.6（c）显示了离散度更大的分布. 我们将在 6.2 节中介绍量化离散度的方法.

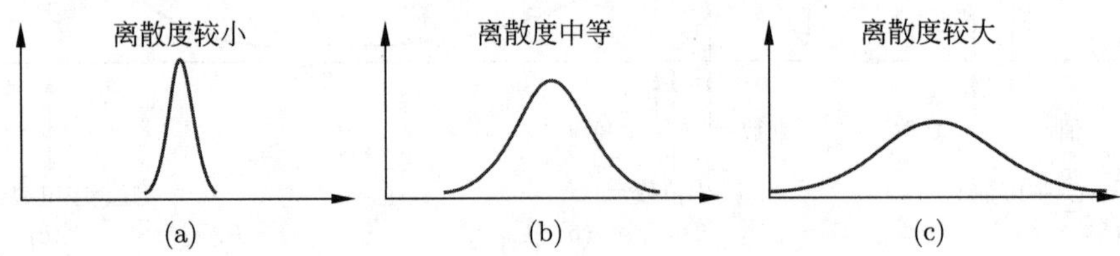

图 6.6 从左往右，这三个分布的离散度越来越大

> **定义**
>
> **离散度**刻画了数据偏离分布中心的分散程度.

例 7 马拉松时间的离散度

你认为奥运会马拉松比赛用时与纽约马拉松比赛用时相比，离散度会有什么区别？说明原因.

解 奥运会的马拉松比赛只有顶尖选手才能参与，他们比赛所用的时间可能会集中在世界最好成绩附近. 纽约的马拉松比赛允许各种各样的选手参加，他们的成绩分布范围会很广（可能从世界最好成绩到大约几小时不等）. 因此，纽约马拉松比赛用时的离散度应该大于奥运会马拉松比赛用时的离散度.

▶ 做习题 27~34 (d).

例 8 家庭收入的离散度

现在我们回到本章的开篇问题，该问题给出了关于最近 30 多年以来家庭平均收入变化的两个看似不同的声明. 一个声明说平均涨幅低于 10%，而另一个声明说平均涨幅接近 30%. 请解释为什么这两种表述可能都是对的，以及这个事实告诉了你关于分布形状的哪些信息.

解 两个声明可以都是对的，因为第一个声明里用的是中位数，而第二个声明里用的是均值. 均值明显高于中位数的事实告诉我们，家庭收入的分布是右偏的（见图 6.5（b））. 这可以理解，因为大多数家庭是中产阶层，所以家庭收入的众数是中产阶层的收入. 但极少数极高收入的家庭将均值拉到比众数或中位数高得多的一个值，从而将分布拉向右侧（高收入）. 一些家庭的收入远远高于其他家庭，这个事实告诉我们分布的离散度相对较大，至少当我们就数据的变化范围来衡量离散度时是这样的.

▶ 做习题 35~36.

① **顺便说说**：速度杀人. 在美国，平均每 12 分钟就有一个人在车祸中丧生. 其中约 1/3 的致命事故与超速驾驶者有关.

测验 6.1

为以下每个问题选择最佳答案，并用一个或多个完整的句子解释原因.

1. 你想计算 51 个南瓜的中位数. 你需要怎么做？(　)

   a. 将南瓜的重量升序排列，并找到位于中间位置的那个南瓜的重量

   b. 称出所有南瓜的总重量并除以南瓜的个数

   c. 数出重量相同的南瓜的个数

2. 在天文学考试中，有 20 名学生得分低于 79 分，有 25 名学生得分高于 79 分. 因此分数的中位数是 (　).

   a. 79　　b. 大于 79　　c. 小于 79

3. 100 名学生参加化学考试. 除了两名学生外，其他所有学生的分数都在 50~70 分之间，这两名学生中有一名学生是 21 分，另一名学生是 98 分. 21 分和 98 分是 (　).

   a. 均值　　b. 有偏度的分数　　c. 异常值

4. 20 名学生参加政治学考试. 18 名学生的分数在 70~75 分之间，另外两名学生的分数都是 100 分. 你能得出什么结论？(　)

   a. 均值高于中位数　　b. 中位数高于均值　　c. 中位数高于众数

5. 一项调查要求学生说明他们每周喝多少次苏打水. 结果显示均值是每周喝 12 次苏打水，中位数是每周喝 8 次苏打水. 你能得出什么结论？(　)

   a. 在计算均值和中位数时一定算错了

   b. 大多数学生每周喝 8~12 次苏打水

   c. 每周至少一名学生喝超过 16 次苏打水

6. 在专业演员中，少数超级巨星比大多数其他演员赚的钱多得多. 因此，演员工资的分布是 (　).

   a. 对称的　　b. 左偏的，有非常小的异常值　　c. 右偏的，有非常大的异常值

7. 公司的工资分布是右偏的，有非常大的异常值. 假设你想要高工资，你会希望你的工资更接近 (　).

   a. 均值　　b. 中位数　　c. 众数

8. 与具有宽的中心峰值的分布相比，具有尖锐中心峰值的分布 (　).

   a. 离散度很小　　b. 离散度很大　　c. 是对称的

9. 将 20 名优秀女子体操运动员的体重分布与 20 名随机选取的女性的体重分布作比较，你会发现就分布的离散度而言，(　).

   a. 体操运动员更大　　b. 随机挑选的女性更大　　c. 两组一样大

10. 某市的市长正在考虑竞选州长. 她进行了一项民意调查，要求登记选民按照从 1 到 5 的等级来评定他们的投票意愿，其中 1 表示“绝对不会投票给她”，5 表示“绝对会投票给她”. 最令人鼓舞的结果是 (　).

    a. 低中位数，高离散度　　b. 高中位数，低离散度　　c. 高中位数，高离散度

习题 6.1

复习

1. 说明均值、中位数和众数的定义和区别.
2. 什么是异常值？描述异常值对均值、中位数和众数的影响.
3. 简要描述会导致“平均值”这一概念产生混淆的至少两种可能原因.
4. 给出单众数（单峰）分布和双众数（双峰）分布的简单例子.
5. 当我们说一个分布是对称的时候，这意味着什么？给出对称分布、左偏分布和右偏分布的简单示例.
6. 什么是分布的离散度？举出一些具有不同离散度的分布的例子.

是否有意义？

确定下列陈述是有意义的（或显然是真实的）还是没意义的（或显然是错误的），并解释原因.

7. 我的数据集有 10 个考试分数，其中任意两个人的分数都不同，而均值是第三高的分数.
8. 我的数据集有 10 个考试分数，其中任意两个人的分数都不同，而中位数是第三高的分数.
9. 我询问了我所住小区里 15 套公寓的租金. 其中一套公寓的租金比其他所有公寓高得多，而这个异常值导致租金均值高于租金的中位数.

10. 两个非常高的人使身高的分布偏向较小的数值.
11. 成绩分布是左偏的，但均值、中位数和众数都相等.
12. 所有人口的年龄的离散度远远大于我大学进修课程班里的学生年龄的离散度，但两者年龄的均值相等.

基本方法和概念

13~18: **均值、中位数和众数**. 计算以下数据集的均值、中位数和众数.

13. 在《战争与和平》一书中随机选择的 9 页上的单词数量:

350 360 345 340 355 375 363 345 358

14. 若干随机选择的正常健康成年人的体温 (单位：华氏度):

98.6 98.6 98.0 98.0 99.0 98.4 98.4 98.4 98.4 98.6

15. 涉及致命交通事故的司机的血液酒精浓度 (来自美国司法部的数据):

0.27 0.17 0.17 0.16 0.13 0.24 0.29 0.24 0.14 0.16 0.12 0.16

16. 美国网球公开赛最近 12 场比赛中所打局数:

48 52 55 45 50 42 52 40 39 43 46 35

17. 用实验测试学生确定一分钟 (60 秒) 是否已过去的能力，统计了学生们参加实验时给出的实际时间 (单位：秒):

53 52 75 62 68 58 49 49

18. 随机选择的 50 磅袋装狗粮的重量 (单位：磅):

48.5 49.6 48.4 49.9 50.2 50.3 47.9 48.3 49.2 49.8

19. **可乐异常值**. 罐装可口可乐的重量略有不同. 测量了 7 罐可乐的重量 (单位：磅) 如下:

0.816 1 0.819 4 0.816 5 0.817 6 0.790 1 0.814 3 0.812 6

计算这些重量的均值和中位数. 你认为这些重量中哪些是异常值？如果排除异常值，均值和中位数是多少？

20. **获胜优势**. 以下数据给出了 2003—2017 年超级碗的获胜分差.

27 3 3 11 12 3 4 14 6 4 3 35 4 14 6

a. 找出获胜分差的均值和中位数.

b. 找出数据集中的异常值. 如果去掉异常值，那么新的均值和中位数是多少？

21~26: **合适的平均值**. 对于下列各分布，你认为均值、中位数和众数中哪一个可以最好地代表分布的中心，解释原因.

21. 纽约市的人均收入.
22. 美国女性首次结婚时的年龄.
23. 人们在其职业生涯中换工作的次数.
24. 奥马哈市 1 月份的日降雪量.
25. 一袋 5 磅重的橘子，其中每个橘子的重量.
26. 一次很难的考试的分数，满分是 200 分.

27~34: **描述分布**. 考虑以下分布.

a. 你认为分布有几个峰值？说明原因.

b. 绘制分布的草图.

c. 你认为分布是对称的、左偏的还是右偏的？说明原因.

d. 你认为分布的离散度小、中或大？说明原因.

27. 50 名学生的考试成绩，其中 5 名学生的分数在 90~100 分之间，10 名学生的分数在 80~89 分之间，20 名学生的分数在 70~79 分之间，15 名学生的分数低于 70 分，最低分是 40 分.
28. 所有使用溜冰场的人的体重，这个溜冰场早上对花样滑冰运动员开放，下午对曲棍球运动员开放.
29. 在美国各地随机抽取的 50 个城市的年降雪量.
30. 街道地址分别以 0，1，2，3，4，5，6，7，8 和 9 结尾的人数 (该数据集共有 10 个值).
31. 阿拉斯加州安克雷奇一家商店一年内防冻剂的月销售额 (如果你从 7 月而不是从 1 月开始，分布看起来是最好的).

32. 某经销商所有的汽车重量，其中约有一半是小型车，另一半是运动型多功能车.
33. 20 个不同品牌的 20 磅包装的狗粮的价格.
34. 去游乐园的顾客的年龄.

35~36：**理解分布**. 对以下给定的考试成绩，简要描述分布的形状和离散度.

35. 100 名学生的考试成绩：中位数 75 分，均值 75 分，最低分 60 分，最高分 90 分.
36. 100 名学生的考试成绩：中位数 60 分，均值 70 分，最低分 50 分，最高分 85 分.

进一步应用

37~40：**平滑分布**. 穿过每个直方图的顶端，绘制一条平滑的曲线，找到分布的重要特征. 然后根据峰值的个数、对称性或偏度以及离散度对分布进行分类.

37. 图 6.7 展示了美国黄石国家公园老忠实喷泉各次喷发的间隔时间分布.
38. 图 6.8 展示了近年来 490 次龙卷风的藤田级数（F-级数）结果.（F-级数从 0 级到 5 级；数字越大表示龙卷风越强.）

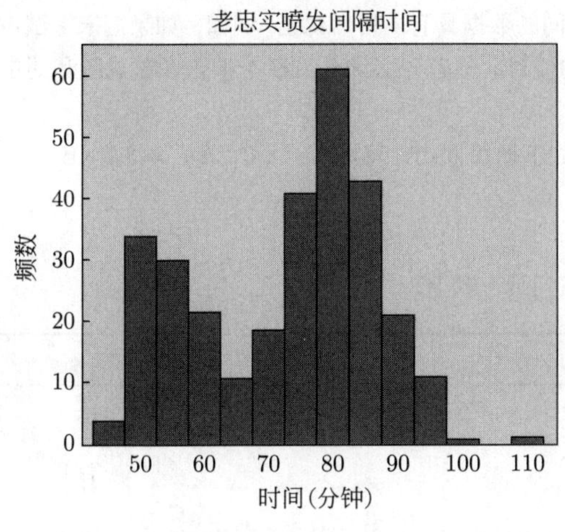

图 6.7

资料来源：Hand et al., Handbook of small Data Sets.

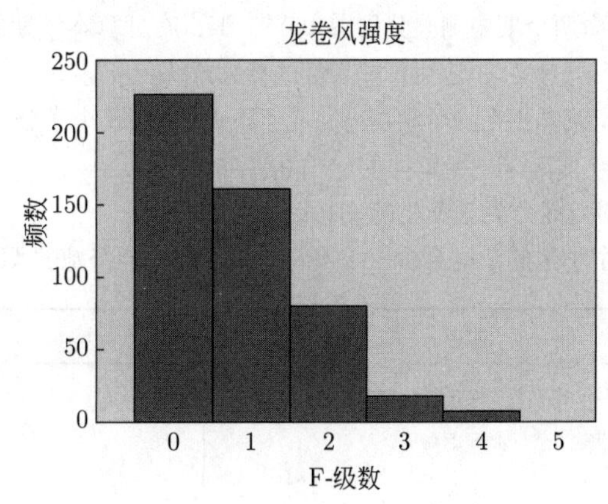

图 6.8

资料来源：美国国家气象局.

39. 图 6.9 展示了 300 名随机选取的成年人的上臂中部臂围.
40. 图 6.10 是加利福尼亚州每日四次彩票抽到的数字的直方图.

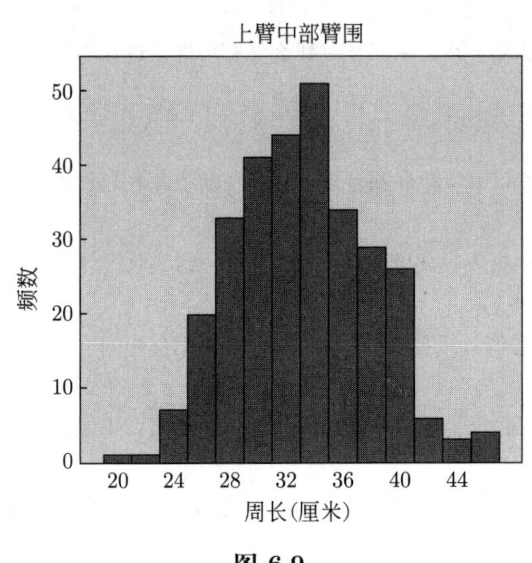

图 6.9

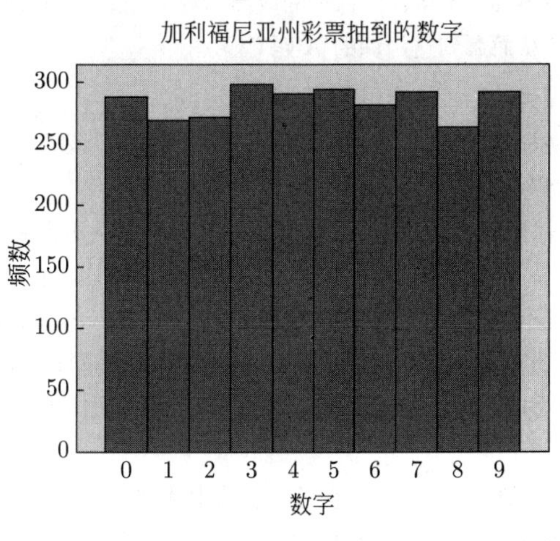

图 6.10

41. **家庭收入**. 假设你通过随机抽取的 300 个家庭来研究家庭收入. 你发现家庭收入的均值是 55 000 美元；中位数是 45 000 美元；最高和最低收入分别是 250 000 美元和 2 400 美元.

a. 绘制家庭收入分布的草图，要求坐标轴有清楚的标注. 说一说分布是对称的、左偏的还是右偏的.

b. 样本中有多少个家庭的收入低于 45 000 美元？说明你从何得知这一点.

c. 根据给出的信息，你能确定有多少个家庭的收入低于 55 000 美元吗？为什么？

42. **航班延误**. 假设你是某大型航空公司的调度员，正在分析某机场一天内航班延误（出发）时间的分布情况. 延误时间的分布具有以下特征：延误时间的均值是 10 分钟，中位数是 6 分钟，众数是 0 分钟，最长延误时间是 25 分钟.

a. 分布中的最短延误时间是多长？绘制分布的草图，要求坐标轴有清楚的标注. 分布是有偏的（如果是，是右偏的还是左偏的）还是对称的？

b. 有多大比例的航班延误时间不到 6 分钟？

c. 有多大比例的航班延误时间超过 6 分钟？

d. 在向公众展示你公司的航班平均延误时间时，讨论一下使用均值和中位数各有什么利弊.

43~44：**加权均值**. 我们经常用到*加权均值*，也就是在计算均值时不同的数据具有*不同的权重*. 例如，如果期末考试占最终成绩的 50%，而两个期中测验分别占 25%，那么在计算本学期的成绩均值时，你首先必须分别赋予期末考试成绩和期中测验成绩 50% 和 25% 的权重. 应用加权均值的概念做练习 43~44.

43. **GPA.** 某学生在一个学期内完成了下表中的 15 个学分. 成绩按如下加权方式计算：A = 4.0；A− = 3.7；B+ = 3.4；B = 3.0；B− = 2.7，C+ =2.4，C = 2.0.

a. 计算这个学期该学生的 GPA.

b. 这个学生的法语至少应该得到什么等级才能将她的 GPA 提高到 3.5 以上？

课程	学分	等级
统计	4	A
东方宗教	3	B+
法语	4	C+
地理	3	B−
地理实验	1	A−

44. **课程等级**. Ryan 在上高等心理学课程，其中期中和期末考试成绩各占最终成绩的 35%，作业占 30%. 考试用百分制，他的期中考试分数为 85.5 分，作业平均分是 94.1 分，期末考试分数为 88.5 分.

a. 用百分制，Ryan 这门课的最终成绩是多少分？

b. 如果 Ryan 希望此门课程的成绩为等级 A，他的最终成绩必须大于等于 93.5 分. 那么他有可能通过在期末考试中获得足够高的分数从而拿到这门课的 A 吗？

实际问题探讨

45. **薪资数据**. 查找你正在考虑的职业的薪资数据. 该职业薪资的均值和中位数分别是多少？这个薪资水平与你感兴趣的其他职业相比如何？

46. **税收统计**. 美国国税局 (IRS) 网站上提供了从所得税、退税等申报表收集的统计数据. 选择一组税收统计数据并研究其分布. 用文字描述该分布，并讨论你从中了解的与美国税收政策相关的内容.

47. **教育统计**. 访问美国国家教育统计中心的网站，查看最新的《教育统计摘要》. 从报告里众多展示分布的表格或图形中选择一个. 描述其展示的变量，讨论其展示的效果，并解释其最终的结论.

48. **新闻中的平均值**. 查找三篇最近的涉及某种平均值的新闻报道. 解释每篇报道中所用的平均值是均值、中位数还是其他类型的平均值.

49. **日常平均值**. 举三个你在自己的生活中遇到的平均值的例子（例如平均成绩或平均击球率）. 解释每个例子中平均值是均值、中位数还是其他类型的平均值. 简要描述对你来说平均值有哪些用处.

50. **新闻中的分布**. 在含有用直方图或折线图展示分布的新闻报道中找到三篇最近的报道. 在每个分布上，画一条光滑的曲线来刻画分布的大致特征. 然后根据峰值的个数、对称性或偏度以及离散度对分布进行分类.

实用技巧练习

利用本节的实用技巧中给出的方法或用 StatCrunch 回答下列问题.

51. **比较平均值**. 以下数据集给出了两支篮球队（A 队和 B 队）的首发球员的体重.

$$A: \{160, 155, 125, 115, 115\}$$

$$B: \{145, 140, 135, 125, 110\}$$

使用计算器、Excel 或 StatCrunch 回答以下问题.

a. 计算两支球队首发队员体重的均值、中位数和众数. 根据结果确定每支球队的教练是否可以说他的球队体重更大.

b. 两支球队放在一起的体重均值是否等于两支球队各自体重均值的均值? 说明原因.

c. 两支球队放在一起的体重中位数是否等于两支球队各自的体重中位数的中位数? 说明原因.

52. **StatCrunch 中的统计摘要**. 加载 StatCrunch 的 “ExerciseHours” 数据集，该数据集给出了 50 名大学生的各种特征（性别、惯用手、每周锻炼时间、每周观看电视时间、脉搏等）.

a. 计算样本中学生每周锻炼时间的均值和中位数.

b. 计算样本中学生每周观看电视时间的均值和中位数.

c. 取每个区间的长度为 5 小时，绘制每周锻炼时间的直方图. 该分布是左偏的、右偏的还是对称的?

d. 样本中有百分之几的学生惯用左手?

53. **StatCrunch 项目**. 在 StatCrunch 网站选择一个你感兴趣的数据集；此时，你可能希望选择一个相对较小和简单的数据集.

a. 确定你选择的数据集，并用一句话简单说明你对其感兴趣的原因.

b. 计算数据集的均值、中位数和众数，并说明三者之间的关系.

c. 绘制一个能有效地展示该数据集分布的图，必要时对数据进行适当的分组. 该分布是左偏的、右偏的还是对称的? 说明原因.

d. 用几句话概述你对数据集所作的分析对于阐明数据集的重要特征有什么帮助.

6.2 量化离散度

在 6.1 节中，我们看到了如何定性地描述离散度. 本节我们开始定量地度量离散度.

为什么离散度很重要

想象一下，客户在两家不同的银行排队[①] 等候柜员服务. 大银行的客户可以选择三条队伍中的任意一条排队，不同队伍对应不同的窗口. 但是在最佳银行，虽然同样也有三个窗口提供服务，但所有客户都排成一队等候. 以下数据是两个银行各自的 11 位客户的等候时间（单位：分钟）. 时间按升序排列.

大银行（三列队伍）: 4.1，5.2，5.6，6.2，6.7，7.2，7.7，7.7，8.5，9.3，11.0

最佳银行（一列队伍）: 6.6，6.7，6.7，6.9，7.1，7.2，7.3，7.4，7.7，7.8，7.8

与最佳银行相比，大银行里可能会有更多不开心的客户，但这不是因为平均等候时间更长. 事实上，你可以验证两家银行的等候时间的均值和中位数都是 7.2 分钟. 客户满意度不同是由两家银行等候时间的离散度不同造成的. 大银行的等候时间在相当大的范围内变化，所以有一些客户等候时间很长，从而有可能会失去耐心. 相比之下，最佳银行等候时间的离散度很小，因此所有客户都觉得他们的待遇大致相同. 图 6.11 中的直方图直观地展示了二者的离散度的区别.

① **顺便说说**: 理解队列是如何形成的（也称排队）是非常重要的，这里排队不仅仅指人的排队，也包括数据的排队. 大型公司经常雇用统计学家来帮它们确保数据在服务器之间和互联网上流畅且无瓶颈地流动.

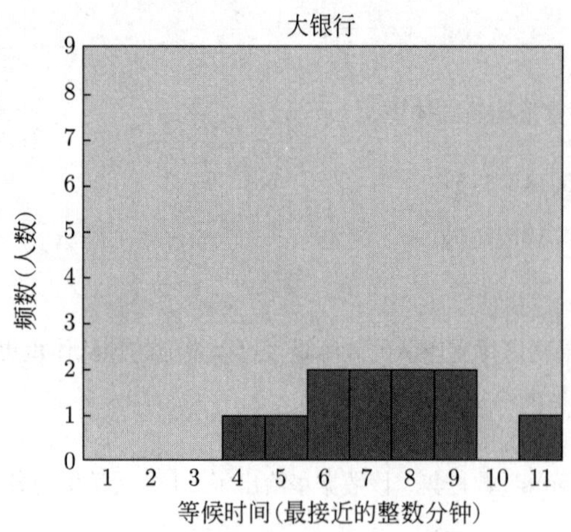

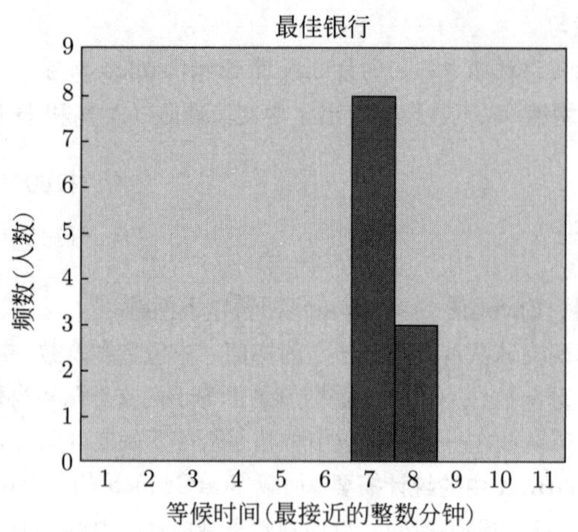

图 6.11 大银行和最佳银行等候时间的直方图，展示时将各数据归入最接近的整数分钟

思考 解释为什么有三列队伍的大银行其等候时间会比最佳银行有更大的离散度. 然后考虑几个需要排队等候而且会有多个柜台提供服务的地方，比如超市、银行、音乐会售票窗口或快餐店，这些地方用的是单列队伍还是多列队伍？如果某处用的是多列队伍，你认为改成一列队伍会不会更好？说明原因.

► 做习题 13~14.

极差

极差 (range) 是刻画数据集的离散度的一种最简单的方法，极差就是最高值（最大值）和最低值（最小值）之间的差值. 例如，大银行的等候时间从 4.1 分钟到 11.0 分钟不等，所以极差是 $11.0 - 4.1 = 6.9$ 分钟. 最佳银行的等候时间从 6.6 分钟到 7.8 分钟不等，所以极差是 $7.8 - 6.6 = 1.2$ 分钟. 大银行的极差要大得多，反映了它具有较大的离散度.

定义

数据集的**极差**是其数据的最大值和最小值之间的差值：

$$极差 = 最高值\ (最大值) - 最低值\ (最小值)$$

虽然极差很有用，而且很容易计算，但正如下例所示，极差偶尔可能会引起误导.

例 1 极差的误会

考虑 9 个学生的以下两组测验分数. 哪一组有更大的极差？你是否会说这个数据集里的分数更为分散？

测验 1： 1 10 10 10 10 10 10 10 10

测验 2： 2 3 4 5 6 7 8 9 10

解 测验 1 的极差是 $10 - 1 = 9$ 分，大于测验 2 的极差 $10 - 2 = 8$ 分. 然而，除了一个极低分（一个异常值）之外，测验 1 中的数据值没有任何变化，因为除了第一个学生之外其他每个学生都得了 10 分. 相反，任意两个学生在测验 2 中得到的分数都不相等，并且分数包含了所有可能的分值. 所以尽管测验 1 的分数极差更大，但测验 2 分数的分布其实是更分散的.

► 做习题 15~18 (a).

四分位数和五数概要

除了最大值和最小值外，我们还可以考虑一些中间的数据来更好地刻画离散度. 一种比较常用的方法是再加入三个**四分位数**（quartiles），也就是将数据集平均划分为四部分的三个数值. 下面列出的还是上述两家银行客户的等候时间，三个四分位数[①]以黑体显示. 注意，将数据集平均分成两半的中四分位数其实就是中位数.

			下四分位数 ↓			中位数 ↓			上四分位数 ↓		
大银行：	4.1	5.2	**5.6**	6.2	6.7	**7.2**	7.7	7.7	**8.5**	9.3	11.0
最佳银行：	6.6	6.7	**6.7**	6.9	7.1	**7.2**	7.3	7.4	**7.7**	7.8	7.8

定义

下四分位数（lower quartile，或第一四分位数）将一组数据中最小的 1/4 的数据和其他 3/4 的数据隔开. 它是较小的一半数据（如果数据共有奇数个，则数据集的中位数不计算在内）的中位数.

中四分位数（middle quartile，或第二四分位数）是整组数据的中位数.

上四分位数（upper quartile，或第三四分位数）将一组数据中最小的 3/4 的数据和其他 1/4 的数据隔开. 它是较大的一半数据（如果数据共有奇数个，则数据集的中位数不计算在内）的中位数.

一旦我们得到了四分位数，就可以用最小值、第一四分位数、中位数、第三四分位数和最大值这五个数值来简要地描述分布，可将其称为**五数概要**（five-number summary）. 对于两家银行的等候时间，它的五数概要是：

大银行：			最佳银行：		
最小值	=	4.1	最小值	=	6.6
第一四分位数	=	5.6	第一四分位数	=	6.7
中位数	=	7.2	中位数	=	7.2
第三四分位数	=	8.5	第三四分位数	=	7.7
最大值	=	11.0	最大值	=	7.8

五数概要

数据集的**五数概要**由以下五个数值组成：

最小值　下四分位数　中位数　上四分位数　最大值

我们可以用**箱线图**[②](boxplot，或箱须图) 来展示五数概要，绘制箱线图的具体步骤如下. 图 6.12 是银行等候时间的箱线图. 大银行的箱子和须线都要比最佳银行长，这表明大银行等候时间的离散度更大.

绘制箱线图

第 1 步：画出一条包含所有数据的数轴.

第 2 步：箱子涵盖从下四分位数到上四分位数的所有数据.（箱子的高度无关紧要.）

第 3 步：在箱子内对应中位数的位置添加一条竖线.

---

① **说明**：对于精确计算四分位数的方法，统计学家并未达成共识，不同的算法可能会导致数值略有不同.

② **历史小知识**：箱线图是由美国统计学家约翰 · 图基（John Tukey）发明的，他被公认为 20 世纪最有成就的统计学家之一. 图基发明了许多强大的统计方法，并开创了一个活跃的统计学领域，这个领域被称为探索性数据分析（EDA）.

第 4 步：加上两条“胡须”(即末端有短的竖线的水平直线)，分别从箱子左右两侧延伸到最小值和最大值.

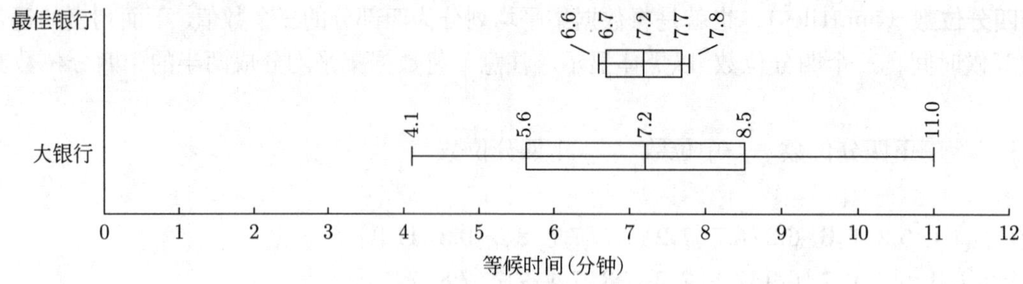

图 6.12 大银行和最佳银行等候时间的箱线图

例 2 赛跑时间

考虑以下两组各 20 个人的 100 米短跑成绩 (单位：秒)：

第一组：

9.92 9.97 9.99 10.01 10.06 10.07 10.08 10.10 10.13 10.13
10.14 10.15 10.17 10.17 10.18 10.21 10.24 10.26 10.31 10.38

第二组：

9.89 9.90 9.98 10.05 10.35 10.41 10.54 10.76 10.93 10.98
11.05 11.21 11.30 11.46 11.55 11.76 11.81 11.85 11.87 12.00

用五数概要和箱线图比较两个数据集的离散度.

解 每个数据集各有 20 个数值，所以中位数介于第 10 和第 11 个数据之间. 下四分位数是下半数据集的中位数，介于第 5 到第 6 个数据之间. 上四分位数是上半数据集的中位数，介于第 15 和第 16 个数据之间. 五数概要如下：

第一组成绩：			第二组成绩：		
最小值	=	9.92	最小值	=	9.89
第一四分位数	=	10.065	第一四分位数	=	10.385
中位数	=	10.135	中位数	=	11.015
第三四分位数	=	10.195	第三四分位数	=	11.655
最大值	=	10.38	最大值	=	12.00

图 6.13 是画在同一个数轴上的相应的箱线图，箱线图清楚地表明第二组的成绩具有较大的离散度.

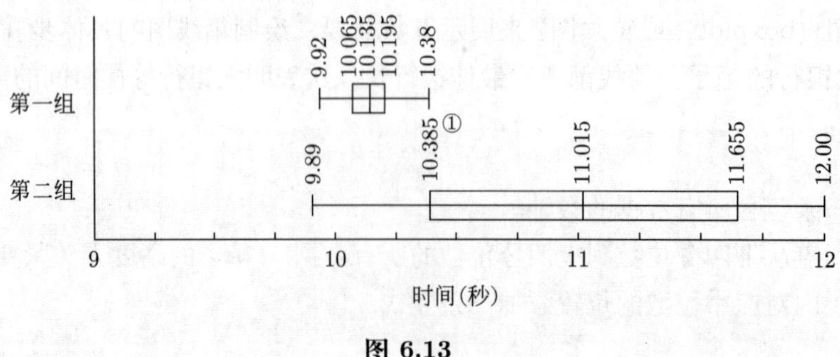

图 6.13

► 做习题 15~18(b).

① 原书此处为 10.38，疑有误.——译者注

标准差

五数概要很好地刻画了离散度，但统计学家通常更喜欢用单一的数字来表示离散度. **标准差**（standard deviation）是最常用来刻画离散度的一个数字，它是衡量数据值偏离数据集的均值的平均程度的量.

为了理解这个概念，我们考虑前面的银行等候时间的数据，大银行和最佳银行等候时间的均值都是 7.2 分钟. 对于 8.2 分钟的等候时间，它与均值的**离差**（deviation）是 $8.2 - 7.2 = 1.0$ 分钟，因为它比均值多 1.0 分钟. 对于 5.2 分钟的等候时间，它与均值的离差为 $5.2 - 7.2 = -2.0$ 分钟，因为它比均值少 2.0 分钟.

标准差的目标是计算每个数据值的离差的平均值，这里的大小不考虑其符号（正或负）. 要做到这一点，我们先把离差取平方，再计算其和，最后在计算结束时取平方根. 下面总结了计算标准差①的完整步骤.

计算标准差

第 1 步：计算数据集的均值. 然后令每个数据减去均值，即可得到每个数据与均值的离差. 也就是说，对于每个数据，

$$离差 = 数据值 - 均值$$

第 2 步：计算所有数据的离差的平方（二次方）；

第 3 步：对所有离差的平方求和；

第 4 步：将此总和除以数据的总个数与 1 的差；

第 5 步：标准差是这个商的平方根.

标准差的计算公式中包含了以上五步：

$$标准差 = \sqrt{\frac{所有数据离差的平方和}{数据值的总个数 - 1}}$$

注意，由于我们在第 2 步对离差进行了平方，又在第 5 步取了平方根，所以标准差的单位与数据的单位是相同的. 例如，如果数据值的单位为分钟，则标准差也以分钟为单位.

例 3　计算标准差

计算大银行和最佳银行的等候时间的标准差.

解　我们按照上述五个步骤来计算标准差. 表 6.3 详细列出了前三步的计算. 每家银行的第一列显示的是等候时间. 第二列显示了该数据值与均值的离差（第 1 步），而这两家银行的均值都是 7.2 分钟. 第三列计算了每个离差的平方（第 2 步）. 我们将所有数据的离差的平方求和，将求和结果写在第三列底部（第 3 步）. 第 4 步，我们将第 3 步得到的总和除以数据值的总个数与 1 的差. 因为有 11 个数据值，所以我们除以 10:

$$大银行:\quad \frac{38.46}{10} = 3.846$$

$$最佳银行:\quad \frac{1.98}{10} = 0.198$$

▲ **注意**！不要忘记，在第 4 步离差平方和要除以数据的总个数与 1 的差.

---

① **说明**：(1) 在这里给出的标准差公式中，我们将离差的平方和除以数据值的总个数与 1 的差，严格来说该公式只适用于样本数据. 如果处理的是总体数据，我们在第 4 步并不减 1. 本书中，我们只使用样本公式. (2) 第 4 步的结果，即标准差的平方，称为方差.

表 6.3 计算标准差

大银行			最佳银行		
时间	离差 (时间 − 均值)	$(离差)^2$	时间	离差 (时间 − 均值)	$(离差)^2$
4.1	$4.1-7.2=-3.1$	$(-3.1)^2=9.61$	6.6	$6.6-7.2=-0.6$	$(-0.6)^2=0.36$
5.2	$5.2-7.2=-2.0$	$(-2.0)^2=4.00$	6.7	$6.7-7.2=-0.5$	$(-0.5)^2=0.25$
5.6	$5.6-7.2=-1.6$	$(-1.6)^2=2.56$	6.7	$6.7-7.2=-0.5$	$(-0.5)^2=0.25$
6.2	$6.2-7.2=-1.0$	$(-1.0)^2=1.00$	6.9	$6.9-7.2=-0.3$	$(-0.3)^2=0.09$
6.7	$6.7-7.2=-0.5$	$(-0.5)^2=0.25$	7.1	$7.1-7.2=-0.1$	$(-0.1)^2=0.01$
7.2	$7.2-7.2=0.0$	$(0.0)^2=0.0$	7.2	$7.2-7.2=0.0$	$(0.0)^2=0.0$
7.7	$7.7-7.2=0.5$	$(0.5)^2=0.25$	7.3	$7.3-7.2=0.1$	$(0.1)^2=0.01$
7.7	$7.7-7.2=0.5$	$(0.5)^2=0.25$	7.4	$7.4-7.2=0.2$	$(0.2)^2=0.04$
8.5	$8.5-7.2=1.3$	$(1.3)^2=1.69$	7.7	$7.7-7.2=0.5$	$(0.5)^2=0.25$
9.3	$9.3-7.2=2.1$	$(2.1)^2=4.41$	7.8	$7.8-7.2=0.6$	$(0.6)^2=0.36$
11.0	$11.0-7.2=3.8$	$(3.8)^2=14.44$	7.8	$7.8-7.2=0.6$	$(0.6)^2=0.36$
均值 = 7.2		**总和** = 38.46	**均值** = 7.2		**总和** = 1.98

最后，第 5 步告诉我们，标准差是第 4 步的数字的平方根：

大银行： 标准差 $=\sqrt{3.846}\approx 1.96$（分钟）

最佳银行：标准差 $=\sqrt{0.198}\approx 0.44$（分钟）

我们据此得出结论：在大银行，客户等候时间的标准差是 1.96 分钟；在最佳银行，客户等候时间的标准差是 0.44 分钟. 这与我们的直觉相吻合，在大银行，客户等候时间的方差更大，这就是与最佳银行相比，大银行会有更多排队的客户不耐烦的原因.

▶ 做习题 15~18 (c).

思考 仔细观察表 6.3 中每个数据的离差. 两个数据集各自的标准差看起来是否像离差的一个合理的“平均值”? 说明理由.

理解标准差

为了加深对标准差的理解，我们考虑一个被称为**极差经验法则**（range rule of thumb）的近似值，总结如下：

极差经验法则

根据极差经验法则，数据集的标准差与极差之间有下面的近似关系：

$$标准差 \approx \frac{极差}{4}$$

如果我们知道一个数据集的极差（极差 = 最大值 − 最小值），我们可以使用这个法则来估计其标准差. 或者，如果知道一个数据集的标准差，我们就可用如下公式来估计数据集的最小值和最大值：

$$最小值 \approx 均值 - (2 \times 标准差)$$

$$最大值 \approx 均值 + (2 \times 标准差)$$

当最大值或最小值是异常值时，极差经验法则不适用.

对于数据分布得相当均匀的数据集来说，极差经验法则的效果相当好. 你必须权衡判断极差经验法则在某些情况下是否适用，并且时刻牢记，用极差经验法则得到的结果只是一个粗略的近似值，并非精确的结果.[①]

实用技巧　Excel中的标准差计算[②]

在 Excel 中，内置函数 "STDEV" 可以计算标准差，你只需要输入数据，然后使用该函数即可.

例 4　极差经验法则的应用

利用极差经验法则估计大银行和最佳银行等候时间的标准差. 将估计值与例 3 中计算得到的实际标准差进行比较.

解　大银行的等候时间从 4.1 分钟到 11.0 分钟不等，这意味着极差是 $11.0 - 4.1 = 6.9$ 分钟. 最佳银行的等候时间从 6.6 分钟到 7.8 分钟不等，极差是 $7.8 - 6.6 = 1.2$ 分钟. 根据极差经验法则，标准差近似等于：

$$大银行：\quad 标准差 \approx \frac{6.9}{4} \approx 1.7 \text{（分钟）}$$

$$最佳银行：标准差 \approx \frac{1.2}{4} \approx 0.3 \text{（分钟）}$$

例 3 中计算得到的实际标准差分别是 1.96 分钟和 0.44 分钟. 对于这两组数据，利用极差经验法则得到的近似值略低于真正的标准差. 但这两个估计值与标准差的真值相差不是太大，这表明极差经验法则还是有用的.

▶ 做习题 15~18 (d).

例 5　估计极差

研究普锐斯汽车的油耗情况，不同驾驶条件下的油耗数据表明，普锐斯汽车每加仑汽油行驶里程的均值是 45 英里，标准差是每加仑 4 英里. 估算一下在普通驾驶条件下，该车每加仑汽油行驶里程的最小值和最大值.[③]

解　利用极差经验法则，每消耗一加仑汽油，汽车里程的最小值和最大值近似为：

$$最小值 \approx 均值 - (2 \times 标准差) = 45 - (2 \times 4) = 37(英里)$$

$$高大值 \approx 均值 + (2 \times 标准差) = 45 + \ 2 \times 4 \ = 53(英里)$$

该车每加仑汽油行驶里程的范围大约为最低 37 英里，最高 53 英里.

▶ 做习题 15~18 (e).

测验 6.2

为以下每个问题选择最佳答案，并用一个或多个完整的句子解释原因.

1. 最低分是 62 分，中位数是 75 分，最高分是 96 分. 极差是（　）.

　a. 34　　　　b. 62　　　　c. 75

---

① **顺便说说：** 数学中著名的切比雪夫定理可以让我们从另一个角度来理解标准差. 该定理指出，对于任何数据集，所有数据中至少有 75% 位于均值的 2 个标准差范围之内，至少有 89% 位于均值的 3 个标准差范围之内.

② 这里略去了原书的 Excel 屏幕截图和具体计算过程.——译者注

③ **顺便说说：** 催化转换器等技术有助于减少汽车排放的许多污染物（每行驶一英里），但降低汽油消耗才是减少二氧化碳排放量的唯一途径，而二氧化碳正是导致全球变暖的原因. 这是汽车制造商要开发高行驶里程的混合动力车和使用电力或燃料电池的零排放汽车的主要原因.

2. 以下哪项不属于五数概要?( )
   a. 最小值　　b. 中位数　　c. 均值
3. 咖啡店工资的下四分位数是 11.25 美元, 上四分位数是 13.75 美元. 你能得出什么结论?( )
   a. 有一半工人的工资在 11.25 美元和 13.75 美元之间
   b. 中位数是 12.50 美元
   c. 极差是 2.50 美元
4. 存在均值小于下四分位数这样的分布吗?( )
   a. 存在; 而且每个分布都是这样　　b. 存在, 但仅在有非常小的异常值时　　c. 不存在
5. 假设你知道某个分布的均值和其中一个数据值. 你能计算什么?( )
   a. 极差　　b. 单个数据值的离差　　c. 标准差
6. 标准差用来度量 ( ).
   a. 数据集的平均值　　b. 数据在均值周围的分布情况　　c. 数据集的中位数
7. 什么样的数据分布具有负标准差?( )
   a. 大多数值为负数的分布　　b. 大多数值低于均值的分布　　c. 不存在这样的分布, 标准差不可能是负的
8. 下列哪一项对任何分布都是对的?( )
   a. 极差至少与标准差一样大　　b. 标准差至少与极差一样大　　c. 极差总是至少是均值的两倍
9. 你认为下列哪个数据集的标准差最大?( )
   a. 新生儿的身高 (身长)　　b. 所有小学生的身高　　c. 一年级男生的身高
10. 史密斯、琼斯和加西亚教授上学期学生评分的均值都是 2.7 分 (B−). 史密斯得分的标准差是 0.2, 琼斯得分的标准差是 0.5, 加西亚得分的标准差是 1.1. 哪位教授从最多的学生那里获得了高分?( )
   a. 史密斯　　b. 琼斯　　c. 加西亚

习题 6.2

复习

1. 考虑两个超市, 二者排队等候时间的均值相等, 但方差不相等. 你认为哪个超市的顾客对等候时间有更多投诉? 说明理由.
2. 说一说我们如何定义和计算分布的极差.
3. 什么是分布的四分位数? 如何计算?
4. 定义五数概要, 并解释如何用箱线图来直观地展示.
5. 说一说计算标准差的步骤. 举一个简单的例子算一算 (例如计算数字 2, 3, 4, 4 和 6 的标准差). 如果所有样本值都相等, 那么标准差是多少?
6. 简要描述如何用极差经验法则来解释标准差. 该法则有什么局限性?

是否有意义?

确定下列陈述是有意义的 (或显然是真实的) 还是没意义的 (或显然是错误的), 并解释原因.

7. 两组考试成绩的极差相同, 所以它们也必然有相同的中位数.
8. 最高考试成绩位于分布的上四分位区.
9. 有 30 名学生参加考试, 最高分是 80 分, 分数的中位数是 74 分, 最低分是 40 分.
10. 我仔细检查了数据, 发现极差大于标准差.
11. 一组 5 岁儿童身高的标准差小于一组年龄范围在 3~15 岁之间儿童身高的标准差.
12. 我们测试的经济型轿车的汽油行驶里程均值是每加仑 34 英里, 标准差是 5 加仑.

基本方法和概念

13. **验算大银行数据**. 计算本节开头给出的大银行等候时间的均值和中位数. 写出详细的计算过程, 并验证两者都等于 7.2 分钟.
14. **验算最佳银行数据**. 计算本节开头给出的最佳银行等候时间的均值和中位数. 写出详细的计算过程, 并验证两者都是 7.2 分钟.

15~18: **比较离散度**. 考虑以下各组数据.
   a. 计算每组数据的均值、中位数和极差.
   b. 给出每组数据的五数概要, 并为每组数据绘制箱线图.

c. 计算每组数据的标准差.

d. 应用极差经验法则估计每组数据的标准差. 每种情况下使用该法则的效果如何? 简要讨论它的效果为什么好或不好.

e. 根据你的所有结果, 比较和讨论这两组数据的中心和离散度.

15. 下表给出了生活成本相对较高的 6 个城市和生活成本相对较低的 6 个城市的 2016 年的生活成本指数 (COLI). 该指数的计算基于住房、水电费、食品、交通、医疗和其他杂项商品以及服务; 其中 100 代表全国均值.

高成本城市		低成本城市	
曼哈顿, NY	228	孟菲斯, TN	83
旧金山, CA	177	图珀洛, MS	83
华盛顿特区	149	阿什兰, OH	82
奥克兰, CA	149	卡拉马祖, MI	80
波士顿, MA	148	里士满, IN	80
西雅图, WA	145	麦克艾伦, TX	76

资料来源: 美国社区和经济研究委员会.

16. 下表列出了 6 个东海岸州和 6 个西部州的平均销售税率 (州与当地之和).

东海岸州		西部州	
FL	6.8%	CA	8.25%
MA	6.25%	AR	1.76%
MD	6.00%	OR	0%
NH	0%	WA	8.92%
NY	8.49%	AZ	8.25%
RI	7.00%	UT	6.76%

资料来源: 税务基金会.

17. 下面显示了 2016 赛季美国和国家联盟中六支棒球大联盟队的获胜率 (精确到千分之一), 其中包括在两个联盟中拥有最佳和最差输赢记录的球队.

国联: 0.420 0.463 0.484 0.537 0.586 0.640

美联: 0.364 0.420 0.500 0.549 0.584 0.586

18. 以下数据集给出了贝多芬的 9 首交响曲和马勒的 9 首交响曲的大致长度 (单位: 分钟).

贝多芬: 28 36 50 33 30 40 38 26 68

马勒: 52 85 94 50 72 72 80 90 80

进一步应用

19~20: **理解离散度**. 下列各题分别给出了四组由七个数字构成的数据集.

a. 为每组数据绘制直方图.

b. 给出每组数据的五数概要并绘制相应的箱线图.

c. 计算每组数据的标准差.

d. 根据你的结果, 简要说明标准差是如何用一个数字来总结数据集的离散度的.

19. 以下四组数据的均值都是 9:

$\{9,9,9,9,9,9,9\}$ $\{8,8,9,9,9,10,10\}$, $\{8,8,8,9,10,10,10\}$, $\{6,6,6,9,12,12,12\}$

20. 以下四组数据的均值都是 6:

$\{6,6,6,6,6,6,6\}$, $\{5,5,6,6,6,7,7\}$, $\{5,5,5,6,7,7,7\}$, $\{3,3,3,6,9,9,9\}$

21. **比萨送餐**. 记录两家比萨店的送餐时间, 你发现一家比萨店送餐时间的均值是 30 分钟, 标准差是 3 分钟. 另一家比萨店送餐时间的均值是 29 分钟, 标准差是 12 分钟. 解释这些数据. 如果你认为这两家比萨的味道差不多, 那么你会订购哪一家的比萨? 为什么?

22. **航班抵达时间**. 两家航空公司统计了航班抵达时间的数据. 到达时间为 +2 分钟意味着航班提前 2 分钟到达. 到达时间为 −5 分钟意味着航班迟到了 5 分钟. Skyview 的平均到达时间是 0.5 分钟，标准差是 9.6 分钟. SkyHigh 的平均到达时间是 −5 分钟，标准差是 4.0 分钟. 解释这些数据，并说明它们为什么会影响你对航空公司的选择.

23. **投资组合的标准差**. 由兹维 · 博迪、亚历克斯 · 凯恩和艾伦 · 马科斯所著的《投资学精要》(*Investments*) 一书中称，单一股票投资组合回报率的标准差是 0.55，而 32 只股票投资组合回报率的标准差是 0.325. 说明如何利用标准差来衡量这两类投资组合的风险.

24. **次品率**. 两家工厂每天各自都生产 1 000 个计算机芯片. A 工厂每天生产的次品芯片个数的均值是 3，标准差是 2.5. B 工厂每天生产的次品芯片个数的均值是 4，标准差是 0.5. 利用这些数据来证明或反驳 A 工厂的制造工艺更可靠的说法.

25. **冰淇淋离散度**. 每天晚上你都要清点当天的销售额和店里冰淇淋的总销售量. 你发现当名字为本的店员上班时，冰淇淋的平均售价是每品脱 2.30 美元，标准差是 0.05 美元. 而在名字为杰瑞的员工上班的晚上，冰淇淋的平均售价是每品脱 2.25 美元，标准差是 0.35 美元. 哪个员工可能会收到更多投诉，说他给的冰淇淋太小了？说明理由.

26. **兽医的数据**. 一位小动物兽医检查了她当天的记录，发现她已经看诊了 8 只狗和 8 只猫，体重分别如下所示（单位：磅）:

    狗：13　23　37　45　55　63　76　102

    猫：4　4　5　9　10　15　19　22

    a. 在分析这些数据之前，猜测哪一组数据具有更大的均值、中位数和标准差. 说明理由.

    b. 计算每组数据的均值和标准差.

27. **奥运会 100 米赛跑**. 下面展示了 2000 年、2008 年和 2016 年夏季奥运会男子 100 米决赛中所有决赛选手的成绩（秒）.

    2000 年：9.87　9.99　10.04　10.08　10.09　10.13　10.17

    2008 年：9.69　9.89　9.91　9.93　9.95　9.97　10.01　10.03

    2016 年：9.81　9.89　9.91　9.93　9.94　9.96　10.04　10.06

    a. 计算每组数据的均值和标准差.

    b. 有没有证据表明在这 16 年里，不管是对于个人还是集体，参赛者们跑得越来越快了？

28. **通勤时间**. 杰克和胡安是邻居，而且在同一个办公室工作. 两人记录的一周内的通勤时间如下. 计算每组数据的均值和标准差，并对你看到的数据之间的差异给出合理的解释.

    杰克：32　38　39　42　45

    胡安：28　29　30　30　31

29. **质量控制**. 一家汽车变速器制造商从两个不同的供应商处购买滚珠轴承. 滚珠轴承的直径必须是 16.30 毫米，误差不超过 ±0.1 毫米. 最近这两家供应商提供的滚珠轴承的直径如下.

    供应商 A：16.25　16.27　16.29　16.31　16.34　16.37　16.41

    供应商 B：16.19　16.22　16.28　16.34　16.39　16.42　16.44

    a. 计算每组数据的均值和标准差.

    b. 为每组数据绘制箱线图，并在每个箱线图上标记允许的误差.

    c. 每个供应商提供的滚珠轴承各有多大比例是符合要求的?

实际问题探讨

30. **网络数据集**. 浏览任意一个提供数据的网站，例如人口普查局、美国能源信息署或美国国家卫生统计中心的网站. 从中选择三个你感兴趣的数据集. 描述每个数据集的分布并讨论分布的离散度. 离散度对于理解数据有什么重要意义？

31. **新闻中的极差**. 在最近的新闻报道中找到两个关于数据分布的例子；数据可以是用表格或图形给出的. 说明每个例子中分布的极差并根据新闻报道的上下文解释其含义.

32. **总结新闻数据集**. 查找最近新闻报道中以表格形式给出的数据分布示例. 给出该分布的五数概要，并为其绘制箱线图.

33. **新闻中的极差法则**. 对于你在习题 31 中找到的两个数据分布的例子，应用极差经验法则来估计每个例子的标准差. 讨论一下你认为这种估计是否对每个例子都是有效的.

实用技巧练习

利用本节的实用技巧中给出的方法或用 StatCrunch 回答下列问题.

34. **计算标准差**. 以下数据集是黄石国家公园老忠实喷泉间歇喷发之间的时间间隔（分钟）.

    98　92　95　87　96　90　65　92　95　93　98　94

a. 使用计算器、Excel 或 StatCrunch 计算数据集的均值、中位数和标准差.

b. 假设老忠实喷泉在第二次时并未喷发，那么数据集将更新为以下新的数据集：

190 95 87 96 90 65 92 95 93 98 94

这个变化将对 a 中计算的均值和标准差产生什么影响?

c. 假设我们在 a 中的原始数据集里添加第 13 个喷发间隔时间，其恰好等于原始数据集的均值（即最开始的 12 个喷发间隔时间的均值）. 那么这个新加的数据是否会改变原来数据集的均值、中位数或标准差?

35. **StatCrunch 里的离散度**. 加载数据集 “ExerciseHours”，其中给出了 50 名大学生的各种特征（性别、惯用手、每周锻炼时间、每周观看电视时间、脉搏等）.

a. 计算每周锻炼时间的极差和标准差.

b. 计算每周观看电视时间的极差和标准差.

c. 为 “ExerciseHours” 数据集绘制箱线图，要求按年级进行分组. 最终绘制的应该是大一学生、大二学生、大三学生和大四学生的四个箱线图. 评论你看到的结果.

d. 为每周观看电视时间绘制箱线图，要求按照惯用手进行分组. 最终绘制的应该是惯用右手的学生、惯用左手的学生的两个箱线图. 评论你看到的结果.

36. **StatCrunch 项目**. 在 StatCrunch 网站选择一个你感兴趣的数据集；此时，你可能希望选择一个相对较小和简单的数据集.

a. 确定你选择的数据集，并用一句话简单说明你对其感兴趣的原因.

b. 计算数据集的均值、中位数、极差和标准差.

c. 绘制一个能清楚地展示离散度的图. 说明你为什么选择这种类型的图（箱线图、直方图等）.

d. 用几句话概述你分别能从这个数据集的均值、中位数和离散度中获知这个分布的哪些特征.

6.3 正 态 分 布

图 6.14 是两个常被称为钟形曲线的例子，它更正式的名字是**正态分布**（normal distribution）. 正态分布很常见，所以在统计中占有非常重要的地位.

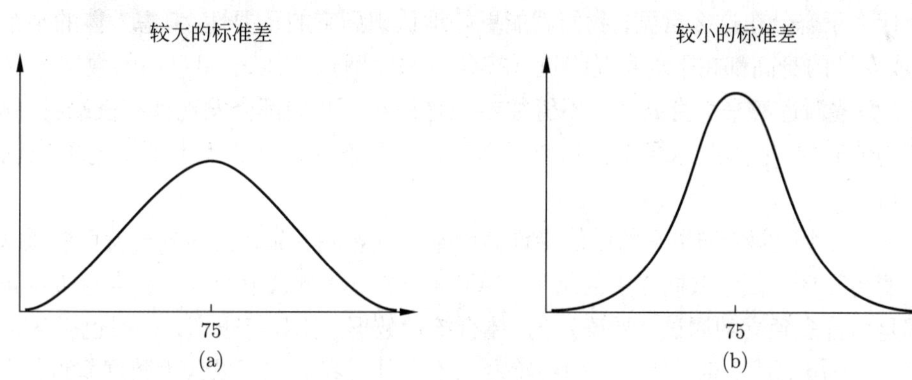

图 6.14 两个分布都是正态分布，且均值都是 75，但分布（a）的标准差较大

所有正态分布的曲线都具有相同的钟形特征，它们都能由两个数字来刻画：均值和标准差（见 6.2 节）. 均值确定钟形曲线峰值的位置，而标准差确定钟形曲线的宽度. 注意，图 6.14 中的正态分布都有相同的均值 75，但（a）中的分布更分散，因为它的标准差较大.

定义

正态分布是单峰的、呈钟形的对称分布. 其峰值等于分布的均值、中位数和众数，我们用分布的标准差来刻画其数据的离散度.

例 1　正态形状

图 6.15 展示了两个分布：(a) 是一个著名数据集的分布，该数据集是大约在 1846 年收集的 5 738 名苏格兰民兵的胸围尺寸；(b) 是美国 50 个州的人口密度的分布. 这两个分布都是正态分布吗？说明理由.

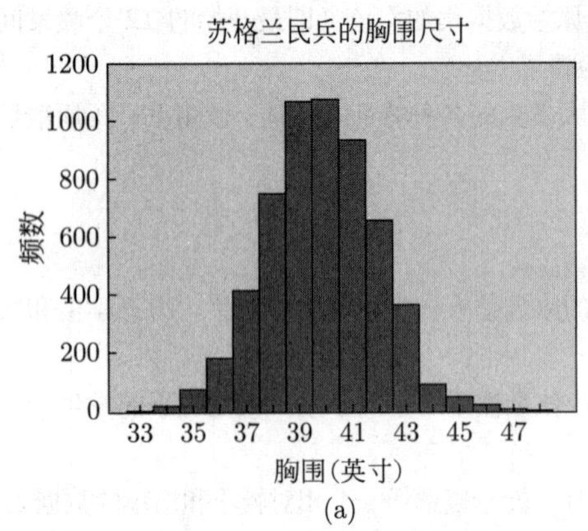

(a)

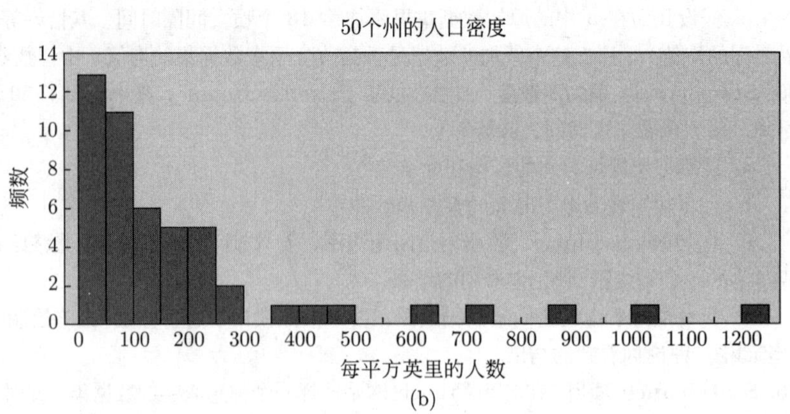

(b)

图 6.15

解　图 6.15 (a) 中胸围尺寸的分布几乎是对称的，均值为 39~40 英寸. 远离均值的数据值比较少，这使得数据的分布呈现了正态分布的钟形，因此它近似服从正态分布. 图 6.15 (b) 中的分布却表明大多数州的人口密度较低，而有少数州的密度则高得多. 这使得分布是右偏的，所以它不是正态分布.

▶ 做习题 11~12.

什么是正态？

如果能了解为什么正态分布这么常见，我们就能更好地认识到它的重要性. 考虑人体的某个特征，以身高为例. 大多数男性或女性的身高都在平均身高附近（按各自的性别），所以一组身高的数据一定会在平均身高处达到峰值. 但当我们逐渐远离平均身高时，不管往左还是往右，我们都会发现拥有极端身高的人越来越少. 身高数据这种远离均值时的“拖尾”现象就会形成正态分布的两条对称的尾巴. 因此，总的来说，身高的分布非常接近于正态分布.①

更进一步地，任何一个变量，如果它的取值受许多因素共同影响，那么它的分布就可能服从正态分布. 成年人的身高是许多遗传和环境因素共同作用的结果. SAT 考试或 IQ 测试中的得分通常也服从正态分布，因为每个考试的分数都是由许多独立的测试问题确定的. 体育统计数据，比如打击率，一般也服从正态分布，因为比赛涉及许多水平各异的运动员. 更一般地，如果符合以下条件，我们就可以认为数据集近似服从正态分布.

正态分布的条件

满足以下四个条件的数据集可能近似服从正态分布：

1. 大多数数据值聚集在均值附近，给出了分布的一个明确的单峰值.
2. 数据值在均值左右对称分布，从而分布是对称的.
3. 距离均值越远的数据值越少，形成了分布的逐渐缩小的尾部.
4. 每个个体的数据均受许多不同因素的共同影响，如遗传和环境因素等.

---

① **历史小知识**: 19 世纪 30 年代，比利时社会学家阿道夫 · 奎特莱特（Adolphe Quetelet）利用法国和苏格兰士兵的数据，发现人体特征比如身高和胸围等都服从正态分布. 通过这一观察结果，他首创了“普通人”（the average man）这个词.

例 2　是正态分布吗？

你认为以下哪些变量服从或近似服从正态分布？

a. 一个非常简单的测试的分数；

b. 随机选择的若干成年女性的鞋码.

解　a. 测试的最高分数（100 分）将数据值限制在一定的范围内. 如果一个测试非常简单，那么均值会很高，许多分数都将接近最高分. 较低的分数较少，最低分有可能远低于均值. 因此我们认为分数的分布是左偏的，而不是正态分布.

b. 脚的长度是由许多遗传和环境因素共同确定的人体特征. 因此，我们认为大部分成年女性的鞋码接近均值，并且越远离均值，数据值越少，在两个方向上都是如此，从而使分布呈现出正态分布的钟形.

▶ 做习题 13~18.

正态分布的标准差

因为所有正态分布都具有钟形，所以正态分布的均值和标准差中含有数据分布的很多信息. 回顾 6.2 节中标准差的概念，标准差度量的是数据值在均值附近的平均分散程度. 有个简单的规则，通常被称为 **68-95-99.7 法则**（68-95-99.7 rule），可以帮助我们估计任何正态分布距离均值 1 个、2 个和 3 个标准差范围内的数据值所占的百分比. 具体法则详见下面的说明以及图 6.16 中的图示.①

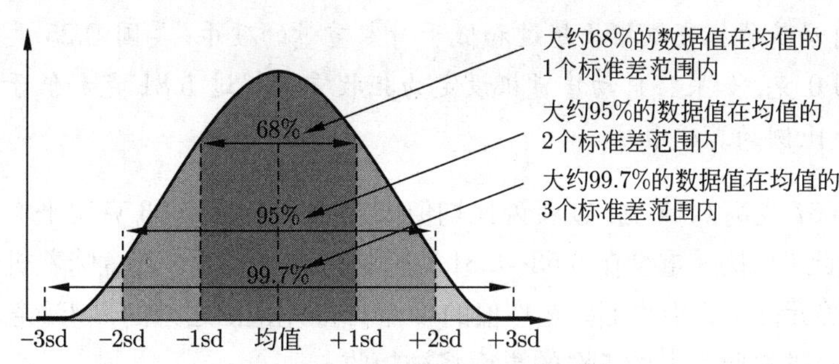

图 6.16　表示 68-95-99.7 法则的正态分布

注意，横轴上标明了均值，以及向左或向右距离均值不超过 1 个、2 个和 3 个标准差的位置；“sd” 是 “标准差” 的缩写.

正态分布的 68-95-99.7 法则

大约 68%（更准确地说是 68.3%）的数据值，或者恰好 2/3 多一点的数据值落在均值的 1 个标准差范围之内.

大约 95%（更准确地说是 95.4%）的数据值落在均值的 2 个标准差范围之内.

大约 99.7% 的数据值落在均值的 3 个标准差范围之内.

例 3　SAT 分数

在设计 SAT 的各部分测试卷时，每个题目的设计都是为了使其得分的分布服从均值是 500 分、标准差是 100 分的正态分布（得分范围为 200~800 分）. 解释一下这个说法.

① **顺便说说：** 虽然我们在图 6.16 中将 “标准差” 缩写为 “sd”，但在统计中，更常用的标准差的缩写是希腊字母 σ，而均值的缩写通常为希腊字母 μ.

解 根据 68-95-99.7 法则，大约有 68% 的学生的得分在平均分 500 分的 1 个标准差（100 分）范围内；也就是说，大约 68% 的学生的成绩为 400~600 分. 大约 95% 的学生在平均分的 2 个标准差（200 分）范围内，即得分为 300~700 分. 大约 99.7% 的学生在平均分的 3 个标准差（300 分）范围内，即 200~800 分. 图 6.17 以图形方式说明了这个解释. 注意，横轴上既标注了实际得分，也标注了该分数距离均值有几个标准差.

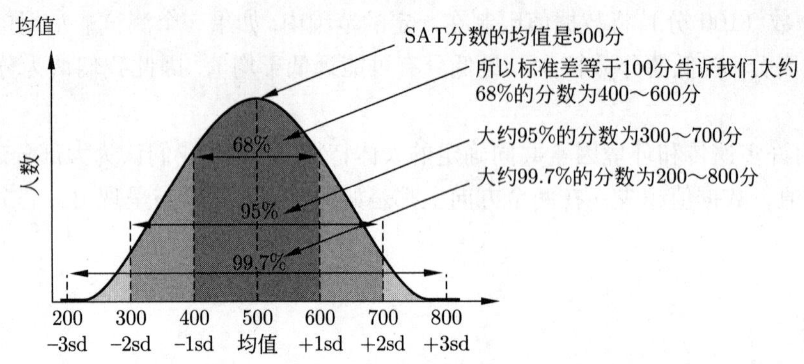

图 6.17 SAT 各部分得分的正态分布

▶ 做习题 19.

例 4 识别假币

通过适当设定后，自动售货机可以拒收超过和低于特定重量的硬币. 美国 0.25 美元真硬币的平均重量是 5.67 克，标准差是 0.070 0 克. 如果将自动售货机设定为拒收重量超过 5.81 克和低于 5.53 克的 0.25 美元硬币，那么机器会拒收多大比例的真硬币？

解 5.81 克比平均重量 5.67 克高 0.14 克，或者说比均值大 2 个标准差. 5.53 克比平均重量低 0.14 克，或者说比均值小 2 个标准差. 因此，只接受重量在 5.53~5.81 克范围之内的硬币，就意味着机器只接收在均值的 2 个标准差范围之内的 0.25 美元硬币，拒收那些在均值的 2 个标准差范围之外的 0.25 美元硬币. 按照 68-95-99.7 法则，大约 95% 的真币将被接收，大约 5% 的真币将被拒收.

▶ 做习题 20.

68-95-99.7 法则的应用

利用 68-95-99.7 法则，我们可以回答正态分布中关于数据的频数（或频率）的许多问题. 考虑一个有 1 000 名学生参加的考试，考试的平均分是 75 分，标准差是 $\sigma = 7$ 分. 假设我们想知道有多少学生的得分超过 82 分，即比均值 75 分高 7 分或高 1 个标准差，68-95-99.7 法则告诉我们，大约 68% 的分数在均值的 1 个标准差之内. 因此，大约 $100\% - 68\% = 32\%$ 的分数距离均值超过 1 个标准差. 这 32% 中有一半或约 16% 的学生的得分比均值低，且距离均值超过 1 个标准差；另外 16% 的学生得分比均值高，且距离均值超过 1 个标准差（见图 6.18 (a)）. 我们由此得出结论：这 1 000 名学生中大约 16% 或约 160 名学生的得分高于 82 分.

类似地，如果我们想知道有多少学生的得分低于 61 分，即比平均分 75 分低 14 分或低 2 个标准差. 68-95-99.7 法则告诉我们，大约 95% 的分数在均值的 2 个标准差之内，因此大约有 5% 的分数距离均值超过 2 个标准差. 这 5% 中有一半（即 2.5%）的分数比均值低 2 个标准差以上（见图 6.18(b)），所以我们得出结论：这 1 000 名学生中的大约 2.5% 或约 25 名学生的得分低于 61 分.

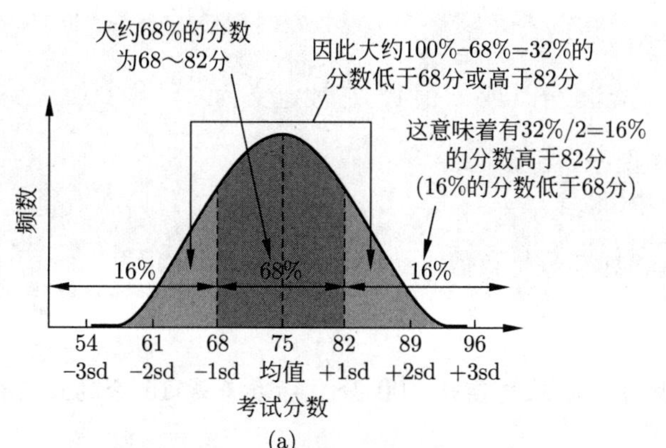

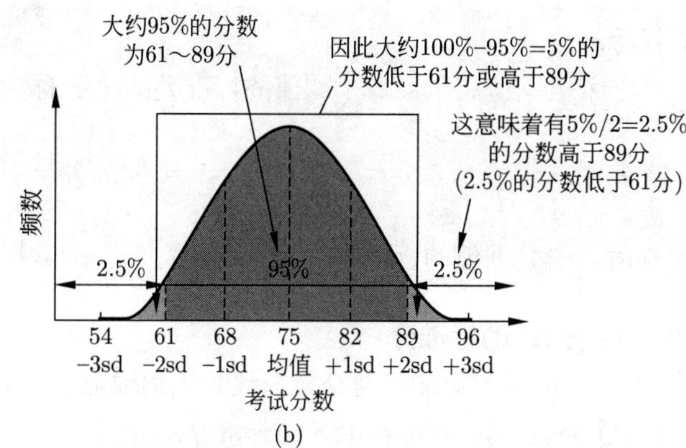

图 6.18　考试分数服从均值是 75 分、标准差是 7 分的正态分布. (a) 68% 的分数在均值的 1 个标准差范围内. (b) 95% 的分数在均值的 2 个标准差范围内

例 5　正态分布的汽车价格

一项调查发现，两年车龄的福特蒙迪欧轿车的价格服从均值是 17 500 美元、标准差是 500 美元的正态分布. 考虑 10 000 名购买了两年车龄福特蒙迪欧轿车的购车者.

a. 有多少人的购车价格介于 17 000~18 000 美元？

b. 有多少人的购车价格低于 17 000 美元？

c. 有多少人的购车价格高于 19 000 美元？

解　a. 鉴于价格的均值是 17 500 美元，标准差是 500 美元，因此价格介于 17 000~18 000 美元就意味着价格在均值的 1 个标准差范围内. 根据 68-95-99.7 法则，10 000 名购车者中大约 68% 或约 6 800 人的购车价格在此范围内.

b. 其余的 32% 或约 3 200 人的购车价格距离均值超过 1 个标准差，或者说没有介于 17 000~18 000 美元. 其中一半人或约 1 600 人的购车价格低于 17 000 美元（而另一半人的购车价格高于 18 000 美元）.

c. 19 000 美元的价格比均值 17 500 美元高 1 500 美元. 因为标准差是 500 美元，19 000 美元这个价格比均值高 3 个标准差. 根据 68-95-99.7 法则，大约 99.7% 的购车者支付的价格在均值的 3 个标准差范围内，剩下的 0.3% 不在此范围内. 这 0.3% 的一半，即约 0.15% 的购车者支付的价格比均值高 3 个标准差以上. 在 10 000 人中，0.15% 代表 15 人. 也就是说，大约 15 名购车者支付的价格超过 19 000 美元.

▶ 做习题 21~24.

标准分

68-95-99.7 法则只适用于与均值相差恰好 1 个、2 个或 3 个标准差的数据值. 对于其他情况，只要我们能确定某个数据值距离均值有多少个标准差，我们就可以推广这个法则. 一个数据值高于或低于均值的标准差的个数称为它的**标准分**（standard score，或 z 值），通常缩写为字母 z. 例如：

- 均值的标准分是 $z=0$，因为它距离均值 0 个标准差.
- 比均值高 1.5 个标准差的数据值的标准分是 $z=1.5$.
- 比均值低 2.4 个标准差的数据值的标准分是 $z=-2.4$.

标准分的计算公式如下：

计算标准分

一个数据值高于或低于均值的标准差的个数称为它的**标准分**（或 z 值），它被定义为：

$$z = 标准分 = \frac{数据值 - 均值}{标准差}$$

比均值大的数据值的标准分是正数，比均值小的数据值的标准分是负数.

例 6 IQ 分数[①]的标准分

斯坦福-比奈智商测试的分数会被按比例缩放，以使其分布服从均值是 100 分、标准差是 15 分的正态分布. 求 IQ 分数 85、100 和 125 的标准分.

解 我们使用标准分计算公式来计算这些 IQ 分数的标准分，因为平均分是 100 分，标准差是 15 分，所以

$$85\ 的标准分\ z = \frac{85 - 100}{15} = -1$$

$$100\ 的标准分\ z = \frac{100 - 100}{15} = 0$$

$$125\ 的标准分\ z = \frac{125 - 100}{15} = 1.67$$

我们可以这样解释标准分：85 分比均值低 1 个标准差，100 分等于均值，125 分比均值高 1.67 个标准差. 图 6.19 在 IQ 分数的分布图中标明了这些值.

▶ 做习题 25~28.

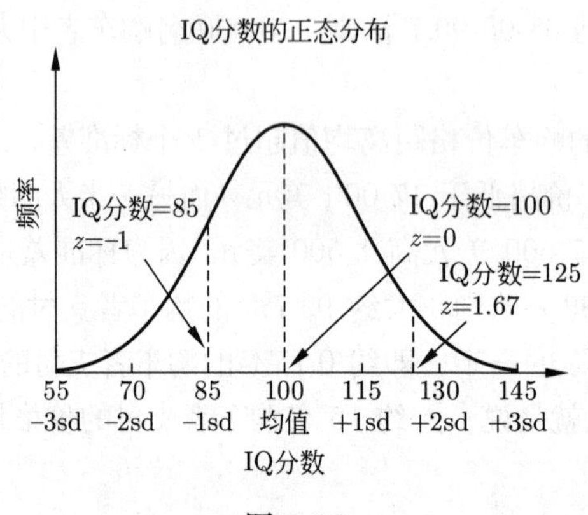

图 6.19

标准分和百分位

根据正态分布的性质，只要知道数据值的标准分，我们就可以找到它在分布中的百分位. 你可能知道**百分位**（percentile）这个概念. 例如，如果你在 SAT 考试中得到的分数在第 45 个百分位，这意味着有 45% 的 SAT 成绩比你的成绩要低.

---

① **顺便说说**：IQ 是 "intelligence quotient" 的缩写. 这个词是法国心理学家阿尔弗雷德 · 比奈（Alfred Binet，1857—1911）提出的，他设计了第一次智商测试. 他给不同年龄的孩子做测试，并用孩子的实际年龄去除孩子的 "心智年龄"，再乘以 100 来计算孩子的 IQ 分数. 例如，一名 5 岁的孩子，如果在测试中达到了 6 岁孩子的平均分，那么其心智年龄就是 6 岁，IQ 分数是 $6 \div 5 \times 100 = 120$. 比奈认为智商不是天生的，所以他设计了这一测试，目的是找到那些如果在学校获得额外帮助其智商就可以提高的孩子.

百分位

一个数据值的**百分位**是指数据集中所有小于或等于它的数据值占总数据的百分比.

我们可以利用计算机软件或标准分表将标准分化为百分位，表 6.4 就是一个标准分表. 对于正态分布的每一个标准分，该表给出了数据集中小于或等于该值的数据值所占的百分比. 例如，表 6.4 告诉我们正态分布中 55.96% 的数据值的标准分小于或等于 0.15. 换句话说，如果我们想要的是一个整数的百分位，那么标准分是 0.15 的数据值大约位于第 55 百分位（接近第 56 百分位）.

表 6.4　正态分布的标准分和百分位对照表

z 值	百分位	z 值	百分位	z 值	百分位	z 值	百分位
−3.5	0.02	−1.0	15.87	0.0	50.00	1.1	86.43
−3.0	0.13	−0.95	17.11	0.05	51.99	1.2	88.49
−2.9	0.19	−0.90	18.41	0.10	53.98	1.3	90.32
−2.8	0.26	−0.85	19.77	0.15	55.96	1.4	91.92
−2.7	0.35	−0.80	21.19	0.20	57.93	1.5	93.32
−2.6	0.47	−0.75	22.66	0.25	59.87	1.6	94.52
−2.5	0.62	−0.70	24.20	0.30	61.79	1.7	95.54
−2.4	0.82	−0.65	25.78	0.35	63.68	1.8	96.41
−2.3	1.07	−0.60	27.43	0.40	65.54	1.9	97.13
−2.2	1.39	−0.55	29.12	0.45	67.36	2.0	97.72
−2.1	1.79	−0.50	30.85	0.50	69.15	2.1	98.21
−2.0	2.28	−0.45	32.64	0.55	70.88	2.2	98.61
−1.9	2.87	−0.40	34.46	0.60	72.57	2.3	98.93
−1.8	3.59	−0.35	36.32	0.65	74.22	2.4	99.18
−1.7	4.46	−0.30	38.21	0.70	75.80	2.5	99.38
−1.6	5.48	−0.25	40.13	0.75	77.34	2.6	99.53
−1.5	6.68	−0.20	42.07	0.80	78.81	2.7	99.65
−1.4	8.08	−0.15	44.04	0.85	80.23	2.8	99.74
−1.3	9.68	−0.10	46.02	0.90	81.59	2.9	99.81
−1.2	11.51	−0.05	48.01	0.95	82.89	3.0	99.87
−1.1	13.57	0.0	50.00	1.0	84.13	3.5	99.98

思考　会有人在标准化测试中获得高于第 100 百分位的成绩吗？为什么？

例 7　胆固醇水平

18~24 岁男性的胆固醇水平通常服从均值是 178、标准差是 41 的正态分布.

a. 一个 20 岁男性的胆固醇水平是 190，那么他的百分位是多少？

b. 胆固醇水平是多少的时候对应于第 90 百分位，也就是已经高到需要接受治疗的水平了？

解　a. 胆固醇水平 190 的标准分是

$$z=\frac{\text{数据值}-\text{均值}}{\text{标准差}}=\frac{190-178}{41}\approx 0.29$$

表 6.4 显示标准分 0.29 对应的大约是第 62 百分位.

b. 表 6.4 显示，所有数据值中有 90.32% 的数据值的标准分低于 1.3. 也就是说，对应第 90 百分位的值比均值高大约 1.3 个标准差. 标准差是 41，因此 1.3 个标准差是 $1.3 \times 41 = 53.3$. 将这个值加到均值上，我们可以得到第 90 百分位大约对应于 $178 + 53 = 231$. 也就是说，胆固醇水平高于 231 的人可能就需要接受治疗了.

▶ 做习题 29~30.

例 8　女兵

年龄在 18~24 岁之间的美国女性的身高近似服从均值是 65 英寸、标准差是 2.5 英寸的正态分布. 为了能在美国军队服役，女性的身高必须在 58~80 英寸之间. 根据身高限制，大约有多大比例的女性没有参军资格？

解　军队规定的最低身高 58 英寸的标准分是:

$$z = \frac{\text{数据值} - \text{均值}}{\text{标准差}} = \frac{58 - 65}{2.5} = -2.8$$

最高身高 80 英寸的标准分是:

$$z = \frac{\text{数据值} - \text{均值}}{\text{标准差}} = \frac{80 - 65}{2.5} = 6.0$$

表 6.4 显示标准分 −2.8 对应第 0.26 百分位，标准分 6.0 并没有出现在表中，这意味着它高于第 99.98 百分位(因为这是表中出现的最高百分位). 因此，所有女性中有 0.26% 会因为身高过矮而不能服兵役，而所有女性中只有不到 0.02% 会因为身高太高而不能服兵役. 总体而言，所有女性中只有不到 $0.26\% + 0.02\% = 0.28\%$ 的比例，即每 400 名女性中仅有 1 人会因为身高不符合要求而不能服兵役.

▶ 做习题 31~32.

思考　注意，与高个子女性相比，军队的身高标准拒绝了更高比例的矮个子女性. 你觉得为什么会这样? 这是否公平呢?

实用技巧　Excel中正态分布的标准分和百分位[①]

你可以利用 Excel 的内置函数来计算标准分和百分位.

• 给定分布的均值和标准差，函数 STANDARDIZE 可以计算任何一个数据值的标准分. 输入 “= STANDARDIZE(数据值, 均值, 标准差)” 即可.

• 函数 NORM.DIST 可以计算正态分布中数据值的百分位. 输入 “= NORM.DIST(数据值, 均值, 标准差, TRUE)”，即可计算正态分布的数据值的百分位；第四个输入 (TRUE) 是获得百分位结果所必需的. 注意，百分位计算中返回的结果是分数，所以需要把它乘以 100 才能转换为百分位.

测验 6.3

为以下每个问题选择最佳答案，并用一个或多个完整的句子解释原因.

1. 正态分布的图形 (　).
   a. 看起来总是完全一样的
   b. 始终是标志性的钟形

① 这里略去了原书的 Excel 屏幕截图和具体计算过程.——译者注

c. 只要有尖锐的中心峰即可，除此之外它可以是任何形状的

2. 在正态分布中，均值（ ）.

a. 等于中位数　　b. 大于中位数　　c. 可以大于或小于中位数

3. 在正态分布中，远离均值的数据值（ ）.

a. 比接近均值的数据值更不常见

b. 比接近均值的数据值更常见

c. 与接近均值的数据值一样常见

4. 考虑一家快餐店的工资，在这里大多数员工拿的都是最低工资. 你是否认为这家餐厅所有员工的工资服从正态分布?（ ）

a. 是的，因为工资的分布总是服从正态分布

b. 不，因为最低工资不足以维持生活

c. 不，因为没有员工的工资低于最低工资，这意味着分布不可能是对称的

5. 在正态分布中，大约有 2/3 的数据值属于（ ）.

a. 均值的 1 个标准差范围之内

b. 均值的 2 个标准差范围之内

c. 均值的 3 个标准差范围之内

6. 假设某汽车在不同驾驶条件下的汽油里程的均值是每加仑 40 英里，标准差是每加仑 3 英里. 如果你多次驾驶这辆车，95% 的行程中汽油里程将是（ ）.

a. 每加仑 37~43 英里

b. 每加仑 34~46 英里

c. 每加仑 31~49 英里

7. 再次考虑习题 6 中描述的汽车问题. 汽油里程低于每加仑 37 英里的行程所占的百分比大约是多少?（ ）

a. 16%　　b. 2.5%　　c. 68%

8. 考虑一组服从正态分布的分数，平均分是 75 分，标准差是 6 分. 如果你在考试中得到 66 分，你的标准分（z 值）是（ ）.

a. 66　　b. −9　　c. −1.5

9. 一位朋友说，他的智商处于第 102 百分位. 你可以得出的结论是（ ）.

a. 他比所有人中的 102% 聪明

b. 他比所有人中的 2% 聪明

c. 他不懂百分位数

10. 在所有 7 岁女孩的身高中，某个 7 岁女孩的身高标准分是 −0.50. 利用表 6.4，你可以得知（ ）.

a. 她比同龄女孩的平均身高矮 0.5 英寸

b. 她比所有 7 岁女孩中的约 69% 高

c. 她比所有 7 岁女孩中的约 69% 矮

习题 6.3

复习

1. 什么是正态分布？简要描述什么条件下会出现正态分布. 举一组满足这些条件的数据集，并说明它为什么满足这些条件.
2. 正态分布的 68-95-99.7 法则是什么？说明如何利用该法则来回答正态分布中关于数据值的频数的问题.
3. 什么是标准分？你如何计算某个特定数据值的标准分？
4. 什么是百分位？说明表 6.4 是如何将标准分与百分位联系起来的.

是否有意义？

确定下列陈述是有意义的（或显然是真实的）还是没意义的（或显然是错误的），并解释原因.

5. 肯塔基大学男子篮球运动员的身高服从均值是 6 英尺 8 英寸、标准差是 4 英寸的正态分布.
6. 贝尔蒙特医院出生的婴儿体重服从均值是 6.8 磅、标准差是 1.2 磅的正态分布.
7. 贝尔蒙特医院出生的婴儿体重服从均值是 6.8 磅、标准差是 7 磅的正态分布.
8. 昨天数学考试的标准分是 75 分.

9. 我的教授利用得分曲线来评出最终成绩，她给任何标准分大于等于 2 的学生等级 A.
10. 杰克的身高百分位是 50%，所以他的身高是中位数.

基本方法和概念

11~12：**正态的形状**. 考虑以下三个分布，所有这些分布都在相同的刻度上绘制. 找到其中的两个正态分布. 在这两个正态分布中，哪一个的标准差比较大？

11.

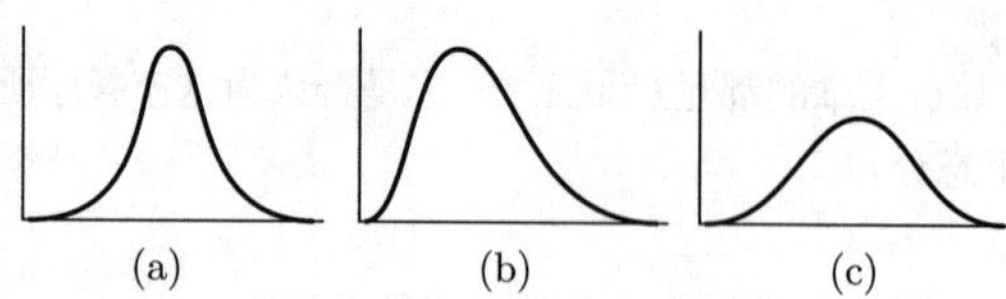

12.

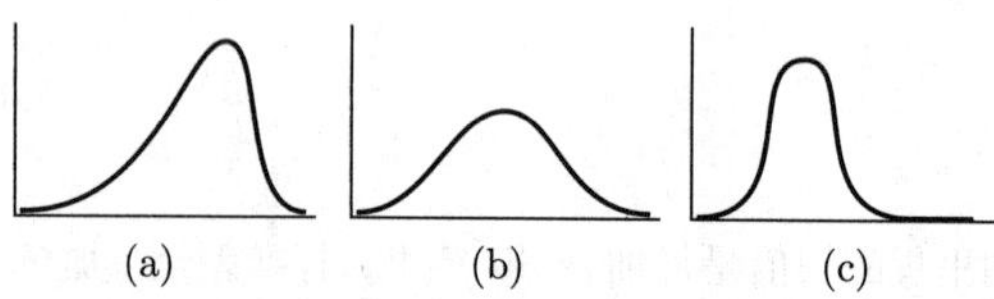

13~18：**正态分布**. 你认为以下哪个数据集服从正态分布？指出并说明理由.
13. 火车离站的延误时间（注意火车、公共汽车和飞机不能提前离站）.
14. 标重为“25 磅”的袋装面粉的重量.
15. 200 辆新的福特-250 皮卡的重量.
16. 一名顶级运动员在一个赛季中 100 次跳高的高度.
17. 一个很大的班级在一次很简单的经济学考试中得到的分数.
18. 随机抽取的 1 000 人的社会保险号的最后一位.
19. **68-95-99.7 法则**. 一组测试分数服从均值是 100、标准差是 20 的正态分布. 使用 68-95-99.7 法则确定以下每个分数区间段所占的百分比.
   a. 高于 100 分　b. 高于 120 分　c. 低于 80 分　d. 低于 140 分
   e. 低于 60 分　f. 低于 120 分　g. 高于 80 分　h. 在 80~120 分之间
20. **68-95-99.7 法则**. 样本中个体的静息心率服从以 70 为均值、15 为标准差的正态分布. 使用 68-95-99.7 法则来确定以下每个心率区间段所占的百分比.
   a. 大于 85　b. 小于 40　c. 小于 85　d. 小于 100
   e. 大于 70　f. 小于 55　g. 大于 40　h. 介于 55~100 之间

21~28：**心理学考试**. 心理学的考试成绩服从平均分是 67 分、标准差是 8 分的正态分布.
21. 大约有多大比例的分数低于 59 分？
22. 大约有多大比例的分数高于 83 分？
23. 低于平均分 2 个标准差或以上的考试成绩将被认为不及格. 不及格分数的截止点是多少分？大约有多大比例的学生考试不及格？
24. 如果有 200 名学生参加考试，大约有多少名学生的分数高于 59 分？
25. 考试成绩 67 分的标准分是多少？
26. 考试成绩 71 分的标准分是多少？
27. 考试成绩 79 分的标准分是多少？
28. 考试成绩 55 分的标准分是多少？

29~30：**标准分和百分位**. 利用表 6.4 查找以下数据值的标准分和百分位.
29. a. 比均值小 1 个标准差的数据值.
   b. 比均值小 0.5 个标准差的数据值.
   c. 比均值大 1.5 个标准差的数据值.
30. a. 比均值大 0.5 个标准差的数据值.

b. 比均值大 2 个标准差的数据值.

c. 比均值小 1.2 个标准差的数据值.

31~32：**百分位**. 利用表 6.4 确定以下数据值的近似标准分. 然后说明该值比均值高或低大约几个标准差.

31. a. 在第 30 百分位的数据值.

b. 在第 70 百分位的数据值.

c. 在第 55 百分位的数据值.

32. a. 在第 20 百分位的数据值.

b. 在第 45 百分位的数据值.

c. 在第 94 百分位的数据值.

进一步应用

33~36：**妊娠时间**. 实际妊娠时间近似服从正态分布，妊娠时间的均值大约是 38~39 周，标准差是 15 天.

33. 出生在平均妊娠时间 15 天之内的婴儿所占的百分比大约是多少?

34. 出生在平均妊娠时间 1 个月之内的婴儿所占的百分比大约是多少?

35. 出生在超过平均妊娠时间 15 天之后的婴儿所占的百分比大约是多少?

36. 出生在超过平均妊娠时间 30 天之后的婴儿所占的百分比大约是多少?（注意：实际上，医生会在此之前催产，因为宝宝可能会有潜在的危险.）

37. **身高**. 根据全国健康调查的数据，所有美国成年女性的身高服从均值是 63.6 英寸、标准差是 2.5 英寸的正态分布. 给出具有以下身高的女性的标准分和近似百分位.

a. 64 英寸　　b. 61 英寸

c. 59.8 英寸　　d. 64.8 英寸

38. **体重指数（BMI）**. 30~50 岁的美国男性的体重指数服从均值是 26.2、标准差是 4.7 的正态分布.

a. 确定 BMI 值 25 的标准分和百分位.

b. 确定 BMI 值 28 的标准分和百分位.

c. 一些健康组织宣称 BMI 为 25 或以上的男性为超重，BMI 为 30 或以上的男性为肥胖. 有百分之多少的美国男性超重? 肥胖的呢?

39. **这可能吗**？假设你读到 45 个八年级学生的平均身高是 55 英寸，标准差是 40 英寸. 这可能吗? 说明理由.

40. **这可能吗**？统计课程的考试成绩的平均分是 70 分，标准差是 50 分. 这可能吗? 说明理由.

41~47：**GRE 分数**. 美国研究生入学考试（GRE）的语文的平均分是 150 分，标准差是 8.5 分. GRE 的数学的平均分是 152 分，标准差是 8.9 分. 假设分数服从正态分布.

41. 假设某校研究生院要求（除其他资格外）申请人在两门考试中的成绩均达到或超过第 90 百分位. 那么语文和数学的分数分别需要达到多少分?

42. 语文考试成绩高于 160 分的学生所占的比例是多少?

43. 数学考试成绩高于 160 分的学生所占的比例是多少?

44. 假设一名学生想申请读工科研究生，他在数学考试中得了 159 分，在语文考试中得了 149 分.

a. 计算数学考试中 159 分的百分位.

b. 计算语文考试中 149 分的百分位.

45. 假设一名学生想申请读艺术与人文的研究生，他在数学考试中得了 150 分，在语文考试中得了 157 分.

a. 计算数学考试中 150 分的百分位.

b. 计算语文考试中 157 分的百分位.

46. 数学考试的分数范围为 130~170 分. 计算这些分数的百分位.

47. 语文考试的分数范围为 130~170 分. 计算这些分数的百分位.

实际问题探讨

48. **正态分布**. 尽管文中可能没有明确说明，但新闻中描述的许多数据集都近似服从正态分布. 在新闻报道中，找到两个你认为可能近似服从正态分布的数据集. 说明理由.

49. **正态分布的演示**. 在网络上搜索关键词“正态分布”，并找到一个正态分布的动画演示. 描述该演示使用的原理以及你观察到的它的任何优点.

实用技巧练习

利用本节的实用技巧中给出的方法或用 StatCrunch 回答下列问题.

50. **美国男性的身高**. 美国成年男性的身高服从均值是 69.7 英寸、标准差是 2.7 英寸的正态分布. 使用计算器、Excel 或 StatCrunch 回答以下问题.

a. 身高 72 英寸的标准分和百分位是多少?

b. 身高 65 英寸的标准分和百分位是多少?

c. 美国所有成年男性中有百分之多少高于 6 英尺 4 英寸?

d. 美国所有成年男性中有百分之多少矮于 5 英尺 4 英寸?

e. 假设美国共有 1 200 万成年男性. 大约有多少名成年男性至少和篮球运动员勒布朗 · 詹姆斯一样高达 6 英尺 8 英寸?

51. **StatCrunch 中的正态分布**. 进入 StatCrunch 的工作空间, 通过选择 "Data"、"Simulate" 和 "Normal" 来生成正态分布的近似数据值. 如果在 "Rows" (行) 输入 100, 在 "Columns" (列) 输入 1, 那么可以生成 100 个数据值. 然后输入均值 (选择 0) 和标准差 (选择 3) 的值.

a. 得到数据值后, 绘制一个展示频率的条形图. 此时将会出现一个窗口, 询问你是否希望首先将数据进行分组. 选择 "OK". 评价分布的形状.

b. 如果你手动整理数据, 那么你得到的分布图会更好. 转到 "Data" 和 "Bin", 然后输入 "−4" 作为 "Start at", 输入 "0.5" 作为 "Binwidth". 工作空间中会出现新的一列显示分组数据. 为分组数据绘制条形图.

c. 生成多组个数小于或大于 100 的数据值, 重复进行 a 和 b. 评价所得数据集用正态分布来刻画的近似效果.

52. **StatCrunch 项目**. 在 StatCrunch 网站选择一个你认为可能近似服从正态分布的数据集.

a. 确定你选择的数据集, 并用一句话说明你为什么觉得它服从或近似服从正态分布.

b. 绘制一个能清楚展示数据分布的图. 说明你为什么选择这种类型的图.

c. 分布是否和你预料的一样近似服从正态分布? 用几句话概括你得到的关于分布的信息, 并说明它为什么是或不是正态分布.

6.4 统计推断

到目前为止, 本章介绍的概念和想法可用于描述从样本中收集来的数据. 但是, 正如我们在 5.1 节中所说的那样, 大多数统计研究的目的是了解总体的一些特征. 因此, 大多数统计研究的核心任务在于利用样本结果去推断关于总体的结论.

统计推断的过程可能很复杂, 但基本思想很容易理解. 在本节中, 我们将介绍三个重要概念: 统计显著性、边际误差 (已在 5.1 节中介绍过) 和假设检验.

统计显著性

假设你试图测试一枚硬币是否均匀; 也就是说, 着陆时出现正面或反面的可能性是否一样. 你抛硬币 100 次, 得到 52 次正面和 48 次反面. 你是否会据此认为这个硬币是不均匀的? 不会. 可以预计从这一个 100 次抛掷到下一个 100 次抛掷不同的样本之间会有一些偏差, 所以如果观察到出现正面和反面的次数与完美的各出现 50 次有一些小小的偏差, 我们并不会感到惊讶. 换句话说, 我们可以预见偶然性造成的小偏差.

相反, 假设你抛硬币 100 次, 得到 20 次正面和 80 次反面. 这样的结果与 50 对 50 的结果有着实质性的偏离, 此时你可能会认为这个硬币是不均匀的. 为了说明原因, 我们来看图 6.20, 该图展示了我们多次重复这一试验得到的预期结果, 这个试验指的是将一枚均匀的硬币抛 100 次. 注意, 只得到 20 次或更少次正面的频率非常低; 实际上, 精确的计算结果表明每十亿次试验才会出现一次这样的结果. 因此, 尽管你还是有可能在一次试验中观察到非常罕见的结果, 但硬币不均匀的可能性要大得多. 当观察到的结果和预期的结果差别太大, 以至不能单纯用偶然性来解释时, 我们就说这种差异具有**统计显著性** (statistically significant).

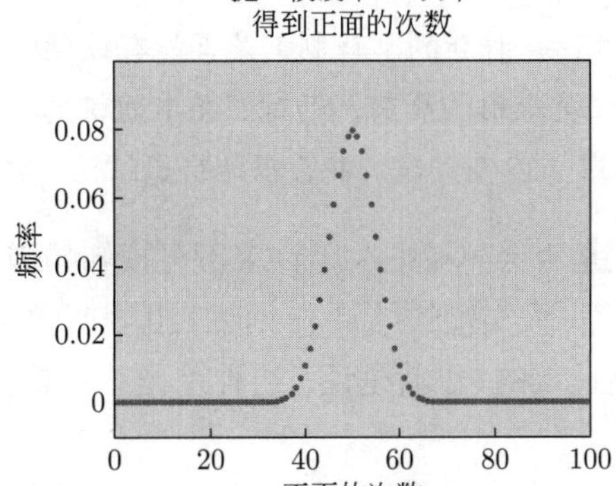

图 6.20　此图展示了多次重复将一枚硬币抛 100 次这一试验中出现正面的频率

例如，峰值表明恰好出现 50 次正面的频率大约是 0.08，这意味着你可以期望在大约 8% 的试验中 100 次抛掷中恰好出现 50 次正面.

定义

如果统计研究中的一组测量或观察结果不太可能仅仅是偶然发生的，则称其具有**统计显著性**.

例 1　显著性事件？

以下事件是否具有统计显著性？说明理由.

a. 拥有最差战绩的棒球队击败了拥有最佳战绩的球队.

b. 就全球平均气温而言，2001—2016 年这 16 年是自 1880 年以来最热的 17 个年份中的 16 年.

解　a. 这一次胜利并不具有统计显著性，因为虽然我们认为一支战绩不佳的球队会输掉大多数比赛，但我们觉得这个球队偶尔也能够获胜，即使对阵的球队是拥有最佳战绩的球队也一样.

b. 有记录的 17 个最热年份中有 16 个发生在连续的 16 年间，这是具有统计显著性的. 事实上，拥有连续 16 个炎热的年份不可能只是由于偶然性造成的，这个事实也为全球变暖提供了重要的证据.①

▶ 做习题 15~18.

从样本到总体

现在我们应用统计显著性的概念从样本出发对总体做出推断. 假设在一次民意调查中，随机选择的 1 000 个人中有 51% 支持总统. 一周后，在另一次民意调查中，随机选择的 1 000 个人中只有 49% 支持总统. 我们是否可以据此得出结论：两次民意调查之间的一周内全体美国人的支持率发生了变化?

你也许能猜到答案是否定的. 由于每次民意调查只涉及 1 000 人构成的样本，我们不可能奢望调查结果与全体美国人构成的总体的结果完全一致. 而因为这两次调查的百分比只有细微的差别（51% 对 49%），所以总体中总统的支持率很可能根本没有任何变化.

就统计显著性而言，投票结果从 51% 变为 49% 并不具有统计显著性. 因此，我们不能据此推断总体真的发生了变化. 相反，如果投票结果从一周前的 70% 降到了 30%，我们可以认为这一变化具有统计显著性，从而可以据此推断，在仅仅一周内民意真的发生了变化.

① **顺便说说**：科学家们相信全球变暖是由人类活动引起的，因为目前已经根据 5.5 节中介绍的六项准则确定了二者之间的因果关系. 特别是其物理机制也广为人知：人类活动，比如燃烧化石燃料，将温室气体（尤其是二氧化碳）排放到大气中，这些气体通过温室效应吸收热量和能量，这一点已在实验室测量过，也通过对其他行星的研究得到了验证.

例 2　实验中的统计显著性

研究人员进行了一项双盲实验，测试一种新的草药制剂是否能有效预防感冒. 实验随机选择了 100 人构成治疗组，在三个月的实验期间，治疗组成员服用该草药，而对照组中随机选择的 100 人则服用安慰剂. 结果显示治疗组中有 30 人感冒，而对照组中有 32 人感冒. 我们能否据此得出结论：该草药制剂能有效地预防感冒呢？

解　在任意三个月的时间内，一个人是否会感冒取决于许多不可预知的因素. 因此，我们不应该奢望任何两组（每组 100 人）中感冒的人数恰好相等. 该实验的结果——治疗组 30% 的感冒率与对照组 32% 的感冒率的差异很小，完全可以理解为是由偶然性造成的. 也就是说，这种差异并不具有统计显著性，我们不应该据此认为该草药制剂有任何效果.

▶ 做习题 19~20.

量化统计显著性

在例 2 中，30% 和 32% 之间的差异很小，完全可以归因于偶然性，因此显然不具有统计显著性. 但如果在治疗组中有 22% 的人患感冒，而对照组中有 34% 的人患感冒，这种差异具有统计显著性吗？为了回答这个问题，我们需要给出统计显著性的一个定量的定义. 统计显著性可定量地如下定义：

量化统计显著性

- 如果观察到的差异因偶然性发生的概率是 1/20（即 0.05）或更小，则称此差异在 0.05 水平上具有统计显著性.
- 如果观察到的差异因偶然性发生的概率是 1%（即 0.01）或更小，则称此差异在 0.01 水平上具有统计显著性.

治疗组 22% 的感冒率和对照组 34% 的感冒率的差异事实上在 0.05 水平上具有统计显著性 (在 0.01 水平上不显著).[①] 这意味着，如果草药制剂完全无效，我们仍然可以预期在大约 20 次这样的实验中会有一次看到这种纯粹由偶然性造成的差异. 现在你可能已经发现在处理统计显著性时要十分谨慎. 尽管在 0.05 水平上的统计显著性至少给出了一些证据证明草药制剂是有效的，而 0.01 水平上的统计显著性可以提供更强的证据，但这都不是确定性的最终结论.

思考　假设一项实验发现，服用草药制剂的治疗组比服用安慰剂的对照组中患感冒的人少. 而且结果在 0.01 水平上具有统计显著性. 该实验结果能证明草药制剂有效吗？说明原因.

例 3　脊髓灰质炎疫苗的统计显著性

1954 年，为了测试乔纳斯 · 索尔克（Jonas Salk，1914—1995）博士发明的一种新型小儿麻痹症疫苗是否有效，有关机构进行了一项大型实验. 从美国所有儿童中抽取了 40 万名儿童作为样本. 这 40 万名儿童中有一半接受了索尔克疫苗的注射，另一半接受了仅含有盐水的安慰剂的注射. 在接受索尔克疫苗注射的儿童中，只有 33 人患脊髓灰质炎，而未接受索尔克疫苗注射的儿童中有 115 个脊髓灰质炎病例. 计算表明，这两组之间仅仅因偶然性而出现这种差异的概率小于 0.01. 说明这个结果的意义.

解　脊髓灰质炎疫苗测试的结果在 0.01 水平上具有统计显著性，这意味着如果索尔克疫苗是无效的，观察结果出现的概率小于 0.01. 因此，我们可以确信索尔克疫苗的确是治疗组中小儿麻痹症病例减少的原因.（事实

① **顺便说说**：如果你很好奇我们是如何得知治疗组 22% 的感冒率与对照组 34% 的感冒率之间的差异在 0.05 水平上具有统计显著性，但在 0.01 水平上不具有统计显著性，答案是你可以用 χ^2 分布来计算得到，如果你以后继续学习统计学，一定会学到它.

上，索尔克疫苗的实验结果仅仅因偶然性发生的概率远低于 0.01，因此研究人员确信疫苗是有效的.）基于这个结果，该疫苗立即被广泛投入使用.[①]

▶ 做习题 21~24.

边际误差和置信区间

在 5.1 节中，我们简单介绍了在统计研究中如何用边际误差来确定一个置信区间，现在我们可以更详细地来探讨这些概念.

假设你想通过询问“你对你所接受的教育满意吗?”这一问题来了解一所高中 1 500 名学生对他们的教育有什么看法. 我们进一步假设你可以询问所有 1 500 名学生，结果发现 1 500 个回答中有 900 个或 60% 回答“是”. 这个 60% 的比例是一个总体参数，因为它来自整个学校全体学生的回答.

现在假设就像在大多数调查中那样，你认为询问所有 1 500 名学生是不切实际的，所以你选择一个只有 25 名学生的随机样本进行调查. 这个样本的回答如下，每个“Y”（代表“是”）或每个“N”（代表“否”）都是一个学生对问题的回答：

YNYYNYYNYNYYNYYYNNYYYNNYY

仔细数一数，你会发现 25 个中有 16 个（64%）是“Y”. 因为它是从样本中得到的，所以 64% 是一个样本统计量，正如我们所预料的那样，它一般不会恰好等于总体参数的真值：60%. 如果我们再次选择一个 25 名学生构成的随机样本，我们可能会得到不同的结果. 例如，假设另一个样本产生以下回答：

YYNNNYYNYYYNNYNYYNYNYNYYN

这次，25 个回答中有 14 个或 56% 是 Y.

想象一下，你可以重复数百或数千次上述随机抽取 25 名学生的过程. 由于“Y”在总体中的真实比例是 60%，因此大多数样本中的“Y”所占的比例接近 60%. 比例远远低于或远远高于 60% 的样本相对较少，而且比例远远低于 60% 的样本出现的机会和比例远远高于 60% 的样本几乎一样大. 如果你回顾一下 6.3 节，就会发现我们刚刚描述了服从正态分布的四个条件里的三个条件.

事实上，一个被称为“中心极限定理”的数学定理指出，很多相同大小的样本的比例近似服从正态分布. 该定理还告诉我们，这种分布的均值是总体的真实比例（总体参数）. 图 6.21 展示了这种分布. 它被称为**样本分布**（sampling distribution），因为它由来自许多不同样本中的比例组成.

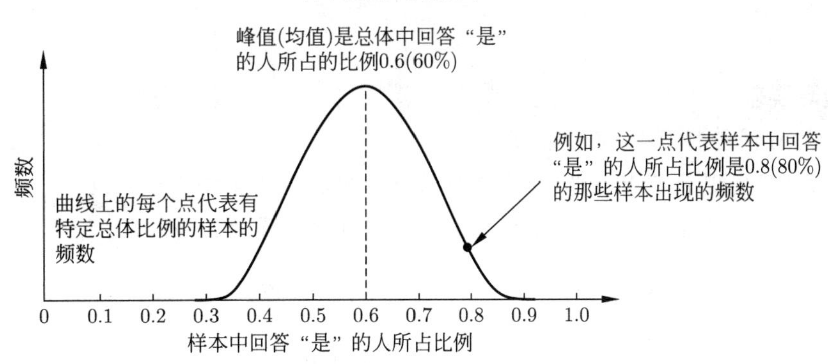

图 6.21 此图展示了样本分布，样本分布是通过反复抽取数百或数千个相同大小的样本（在本例中 $n = 25$）并记录每个样本中的比例得到的

① **顺便说说**：如果你是 20 世纪四五十年代的父母，小儿麻痹症将是你最大的担忧之一. 在长期的小儿麻痹症流行期间，每年都有成千上万的孩子因这种疾病而瘫痪. 幸亏有了脊髓灰质炎疫苗，这种疾病现在变得非常罕见，全球疫苗接种运动试图彻底根除这种疾病. 2016 年全球仅有 42 例新发脊髓灰质炎病例，这是有史以来最少的.

中心极限定理告诉我们，这个样本分布不仅近似服从以真实的总体比例为均值的正态分布，而且其标准差约等于 $1/(2\sqrt{n})$，其中 n 是样本容量. 2 个标准差是这个值的两倍，即 $1/\sqrt{n}$，根据 68-95-99.7 法则（见 6.3 节），大约 95% 的样本的比例①都在总体真实比例的 2 个标准差范围内. 因此，我们可以用这个值作为近似的边际误差② 来得到 95% 的**置信区间**（confidence interval）.

95% 置信区间的边际误差

假设你从总体中抽取一个容量为 n 的样本并测量样本比例. 95% 置信水平的**边际误差**是:

$$\text{边际误差} \approx \frac{1}{\sqrt{n}}$$

当得到一个 95% 置信区间时, 通常我们可以 "95% 地相信" 它包含总体参数的真值. 更精确的解释是 (见图 6.22): 如果我们多次抽取样本（所有样本的大小相同）并得到每一个样本的置信区间，则所有这些置信区间中有 95% 的区间将包含总体参数的真值，而 5% 的区间将不包含总体参数的真值.

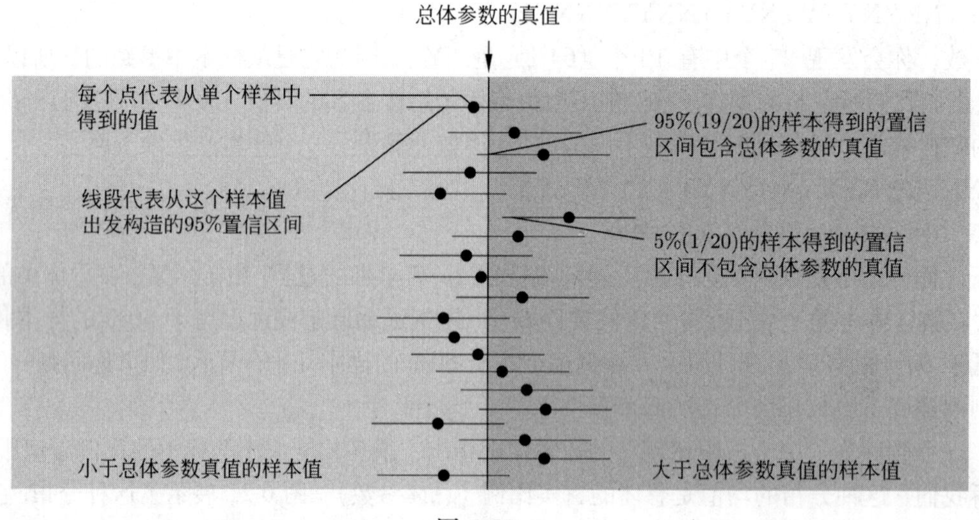

图 6.22

该图说明了下面的想法: 平均而言，在任何一组样本中我们都会发现其中有 95%（或 20 个样本中有 19 个）的样本生成的 95% 置信区间包含总体参数的真值.

例 4 民意调查的边际误差

求以下调查中的边际误差和 95% 置信区间.

a. 对 500 人进行调查发现，其中 52% 的人在州长选举中打算投票给史密斯.

b. 对 1 500 人进行调查发现，其中 87% 的人支持加重对虐童罪的处罚.

解 a. 调查的样本比例是 52% 或 0.52. 对于 $n = 500$ 人的民意调查，边际误差近似等于

$$\frac{1}{\sqrt{n}} = \frac{1}{\sqrt{500}} \approx 0.045$$

---

① **说明**: 这里我们处理百分比或比例. 在其他情况下（如考试成绩或身高测量值），我们可能是对均值而不是对比例感兴趣. 基本思路是一样的，但处理均值时某些细节和公式与处理比例时不同.

② **说明**: 边际误差的精确计算公式是 $E = 1.96\sqrt{\frac{\hat{p}(1-\hat{p})}{n}}$，其中 $\hat{p}$ 是样本的比例. 这个公式在 $n\hat{p} \geq 5$ 且 $n(1-\hat{p}) \geq 5$ 时成立，而这两个条件在实际中通常都是成立的.

从 52% 的样本比例中加减 0.045 或 4.5%，可得 95% 置信区间是 47.5%~56.5%. 我们可以在 95% 的置信水平上相信打算投票给史密斯的人的真实比例包含在这个区间内.

b. 调查的样本比例是 87% 或 0.87. 对于 $n = 1\ 500$ 人的民意调查，边际误差近似等于

$$\frac{1}{\sqrt{n}} = \frac{1}{\sqrt{1\ 500}} \approx 0.026$$

从 87% 的样本比例中加减 0.026 或 2.6%，可得 95% 置信区间：84.4%~89.6%. 我们可以在 95% 的置信水平上相信支持加重对虐童罪的处罚的人的真实比例包含在这个区间内.

▶ 做习题 25~28.

例 5　失业率

假设美国劳工统计局在 6 万人的样本中发现有 3 420 名失业人员. 根据此结果估计总的人口失业率并给出其 95% 置信区间.

解　样本比例是样本的失业率：

$$\frac{3\ 420}{60\ 000} = 0.057$$

这一比例很可能接近真实的总体失业率. 边际误差①近似等于

$$\frac{1}{\sqrt{60\ 000}} \approx 0.004$$

我们从 0.057 的样本比例中加上和减去 0.004 的边际误差，即可得到 95% 置信区间：0.053~0.061 或 5.3%~6.1%. 我们在 95% 的置信水平上相信 5.3%~6.1% 的区间包含总体的真实失业率.

▶ 做习题 29~32.

思考　注意，边际误差通常指的是 95% 置信区间的边际误差，而不是更高置信水平的边际误差，如 99% 或 99.99%. 你认为对于大多数调查来说，95% 的置信水平是否适用？你能想到 95% 的置信水平不能满足要求的一些例子吗？

假设检验

广告商声称它们的产品质量好. 学校宣称它们提供的教育质量非常高. 律师对嫌疑人有罪或无罪提出主张. 医学诊断判断患者是否患有某种疾病. 制药公司就其药物的有效性给出说明. 但我们如何知道这些说法是否属实呢？统计学有一套强大的方法来检验说法的有效性，从而提供答案. 这就是**假设检验**(hypothesis testing) 的方法，它在现代生活的几乎每个方面都发挥着重要作用.

为了说明假设检验的基本原理，我们考虑一个被称为“性别选择”的药物的例子，该药物号称可以提高女性生下女婴的机会，使得其大于通常的大约 50% 的机会. 我们该如何验证这个断言是否属实呢？②

一种可行的方法是研究取自使用“性别选择”药物的女性所生婴儿的一个随机样本. 如果产品无效，我们预计这些婴儿中约有一半是女孩. 如果确实有效，我们预计其中女婴的比例将显著超过一半. 换句话说，我们需要比较样本中女婴的实际比例和产品无效的假定下女婴的预期比例. 这意味着我们正在考虑关于该产品的两个主张或假设：

---

① **顺便说说**：失业率调查中真正的边际误差比这里计算出来的要小，因为美国劳工统计局调查的是 60 000 个家庭，其中包含的人数超过 60 000 人.

② **顺便说说**：“性别选择”曾是真实存在的产品，但美国食品药品监督管理局（FDA）停止了其销售，因为没有任何证据表明产品像宣称的那样有效. 然而，最新的技术在性别选择方面已经被证实是成功的，随之而来的伦理问题是：是否或什么时候应该允许选择婴儿性别？

• **零假设** (null hypothesis) [①]是"性别选择"不起作用并且使用该产品的女性生下的女婴比例没有变化(依然是 50%)的断言.

• **备择假设** (alternative hypothesis) 是"性别选择"确实有效并且使用该产品的女性生下的女婴比例显著大于 50% 的断言.

更一般地，零假设应该对总体参数(通常是总体均值或总体比例)的真值做出具体的断言. 本例中，零假设提出的是像正常情况下预期的那样，女婴的比例(总体参数)等于 50%.

零假设和备择假设

零假设是假设检验的起始假设. 尽管还有其他形式存在，但在本书中，我们只考虑声称总体参数等于某一特定值的零假设:

$$\text{零假设: 总体参数} = \text{声称的值}$$

备择假设声称总体参数的值与零假设中声称的值不相同.

例 6 关于狗的假设

一家狗粮公司声称，其特殊的饮食组合将使拉布拉多猎犬的平均寿命达到 15.0 岁(明显高于该品种的总体平均寿命). 一个消费者组织称，该公司夸大了产品效果，实际平均寿命(均值)低于公司的宣传. 给出假设检验的零假设和备择假设.[②]

解 零假设是该公司具体宣称的: 食用这种狗粮的狗的平均寿命为 15.0 岁. 备择假设是消费者团体声称实际平均年龄达不到 15.0 岁，而是低于 15.0 岁. 总结如下:

$$\text{零假设: 平均寿命} = 15.0\text{年}$$

$$\text{备择假设: 平均寿命} < 15.0\text{年}$$

► 做习题 33~38 (a).

假设检验的结果

假设检验总是以相信零假设是真的为出发点. 然后看看数据是否能给我们足够的理由去否定它. 因此，任何假设检验通常只有两个可能的结果，总结如下.

假设检验的两个可能结果

• 拒绝零假设，因为我们找到了足够的证据支持备择假设.

• 不拒绝零假设，因为我们没有找到足够的证据支持备择假设.

注意，"接受零假设"并不是一个可能的结果，因为零假设是初始假设. 假设检验可能没有给我们理由去拒绝初始假设，但是它自身也不可能给我们理由去得出初始假设正确的结论.

思考 我们的法律原则认为，犯罪嫌疑人在被证明有罪之前都是无罪的. 在刑事审判结束时，陪审团只能做出两类可能的判决: 有罪判决或无罪判决. 将这些想法纳入假设检验的语言中，给出刑事审判中的零假设. 这两类可能的判决如何对应到假设检验的两个可能结果?

① **顺便说说**: "null"这个词来自拉丁语"nullus"，意思是"没有". 零假设通常陈述的是没有特殊效果或差别. 零假设通常表示为 H_0 (读作 H-naught). 备择假设通常表示为 H_a.

② **顺便说说**: 不同品种的狗的平均寿命是不相同的. 最长寿的狗是微型猎犬和贵宾犬，平均寿命接近 15 年. 较大型的狗往往寿命较短，例如，大丹麦犬的平均寿命只有 8 年左右. 拉布拉多猎犬的平均寿命约为 12.5 年.

例 7　性别选择产品的检验结果

描述性别选择产品假设检验的两个可能结果.

解　我们已经讨论过零假设断言女婴的比例是预期的 50%，而备择假设则断言比例大于 50%. 有两个可能的结果：

1. 我们可能拒绝零假设并接受备择假设. 此时，我们得出这样的结论：使用性别选择产品的女性生女婴的比例大于 50%，因此产品是有效的.

2. 我们也可能决定不拒绝零假设. 这意味着我们没有理由怀疑零假设，但它也不能证明零假设是真的. 对于性别选择产品来说，这意味着虽然我们缺乏证明产品有效的证据，但我们也没有证明它真的无效.

▶ 做习题 33~38 (b).

零假设：拒绝或不拒绝

假设你研究了一个样本，它由使用了性别选择产品的 100 名女性所生的婴儿构成，结果发现其中有 64 个婴儿是女孩. 你如何确定这个结果是否足以支持我们拒绝零假设？我们要利用统计显著性给出答案.

如果零假设是真的，那么使用性别选择产品的总体中女婴的真实比例应该大约等于 50%. 然而，即使零假设是真的，100 个婴儿的单个样本中仍然可能因为偶然性而确实有 64 个女孩，因为我们不能期望每一个样本都恰好与总体相吻合. 所以，我们想知道在女婴的真实总体比例为 50% 的条件下，随机抽取的 100 个婴儿中有 64 个或更多个女孩的可能性有多大. 利用在这里并不会介绍的统计方法，我们可以算出这个样本中至少有 64 名女孩这一事件发生的概率大约为 3‰ 或 0.003. 因为 0.003 小于 0.01，所以观察到有 64 个女孩的结果在 0.01 水平上具有统计显著性. 换句话说，此时我们有充分的理由拒绝零假设，也就是支持性别选择产品的备择假设.

假设检验决策

我们比较样本统计量（均值或比例）和零假设成立时的预期结果，从而确定假设检验的结果.

- 如果样本统计量至少与观察到的结果一样极端的可能性小于 1%（或 0.01），那么检验在 0.01 水平上显著. 该检验为拒绝零假设（并接受备择假设）提供了强有力的证据.
- 如果样本统计量至少与观察到的结果一样极端的可能性小于 1/20（或 0.05），则检验在 0.05 水平上显著. 该检验为拒绝零假设提供了适度的证据.
- 如果样本统计量至少与观察到的结果一样的可能性大于 1/20（或 0.05），那么我们说检验是不显著的，从而该检验不能为拒绝零假设提供足够的证据.

例 8　出生体重的显著性

某县卫生官员认为，当地医院的男婴出生体重的均值大于全国的均值 3.39 千克. 随机选择在该医院出生的 145 名男婴，发现出生体重的均值为 3.61 千克. 假设在该医院出生的所有男婴出生体重的均值等于全国均值 3.39 千克，计算表明此时抽取到均值为 3.61 千克的样本的概率是 0.032. 给出零假设和备择假设. 然后讨论样本是否提供了足够的证据来做出拒绝或不拒绝零假设的决定.

解　零假设是在这家医院出生的所有男婴出生体重的均值等于全国均值 3.39 千克的断言. 备择假设是卫生官员的说法：该医院的均值高于全国均值.

$$\text{零假设：}\quad \text{出生体重均值} = 3.39 \text{ 千克}$$
$$\text{备择假设：}\text{出生体重均值} > 3.39 \text{ 千克}$$

题设中告诉我们，若零假设为真，则观察到平均体重至少是 3.61 千克的样本的概率为 0.032[①]，或 32‰. 这个概率小于 0.05，但大于 0.01，所以结果在 0.05 水平上具有统计显著性，但在 0.01 水平上不显著. 这意味着样本数据给我们提供了拒绝零假设的适度证据，因此，我们可以支持该县卫生官员的说法.

▶ 做习题 39~44.

思考 假设检验中，“不拒绝零假设”并不意味着“接受零假设”. 这一思想与古老的格言“找不到证据并不代表证据不存在”不谋而合. 同样基于这个想法，解释为什么原则上很容易证明某些传奇动物（比如野人或尼斯湖水怪）的存在，但几乎不可能证明它不存在.

在你的世界里 民意调查可靠吗?

你可能已经注意到，对于民意调查者来说，2016 年的美国总统大选是一个巨大的反转：数十次的选举前民意调查都预测希拉里 · 克林顿（Hillary Clinton）会获胜，但唐纳德 · 特朗普（Donald Trump）最终当选总统. 这个结果让民意调查者和公众都很疑惑：民意调查是否还值得信任. 这是一个至关重要的问题，因为我们根据可靠的民意调查来评估公众舆论. 因此，我们来看一看 2016 年的投票数据中有哪些是正确的，哪些是错误的.

正确的部分：在对最后一次选举前民意调查的分析中，真实政治网（Real Clear Politics）发现大多数民意调查预测克林顿的优胜率在 1~6 个百分点之间，而在他们追踪的民意调查中克林顿的平均优胜率为 3.2 个百分点. 实际上，克林顿以 2.1 个百分点的优势赢得了全国民众投票. 这意味着全国民众投票的结果落在一般预测的大约 1 个百分点范围之内，这没有超过民意调查中常见的边际误差（通常为 3~4 个百分点，取决于样本容量）.

错误的部分：民意调查在预测选举团的结果时失败了，选举团的结果是逐个州进行统计的. 更具体一些，民意调查错误地预测了克林顿在几个关键的“摇摆州”的获胜，“摇摆州”即预期投票结果非常接近的州，这表明在这些“摇摆州”民意调查存在系统性错误. 没有人能精确地知道为什么这些民意调查结果有误，但其中可能至少存在三个问题.

第一，许多民意调查者通过随机拨打电话号码进行民意调查，但回应率（接听了电话且同意回答民意调查问题的人所占的百分比）可能非常低，有时不到 10%. 正如我们在 5.2 节中讨论的那样，这可能会引起偏差，从而使样本不具有代表性. 例如，特朗普往往在工人阶级群体中的支持率最高，但这些人在家通过固定电话接受调查的可能性更小，原因很简单，因为他们在外工作的可能性更大.

第二，为了调整因低响应率引起的偏差，大多数民意调查都会使用某种类型的加权. 也就是说，它们将额外的权重分配给数据中代表性不足的那一类样本成员的回答. 但是，不同的民意调查使用不同的加权方法，而且由于被赋权的样本容量非常小，因此小的误差可能会被放大. 例如，与其他民意调查的结果相比，南加州大学和《洛杉矶时报》(USC/LAT) 在 2016 年进行的大选前的民意调查中得到的非裔美国人对特朗普的支持率总是要大得多，《纽约时报》认为该差异是因为这个民意调查恰好包含了特朗普的一名非裔美国人支持者（该调查被重复了几次），其回答的权重是平均受访者的 30 倍. 显然，诸如此类加权的决定可能会导致民意调查在竞争激烈的各州给出错误的预测.

第三，民意调查只能询问人们是否计划投票，因此可能会忽略选民的积极程度. 例如，如果特朗普的支持者比克林顿的支持者更积极，那么他们实际参与投票的可能性就更大，在这种情况下，民意调查会低估特朗普在投票中所占的份额.

---

① **说明**: 在统计学中，某样本结果实际发生的可能性大小（在假定零假设成立的条件下）称为 p 值. 例 8 中样本的 p 值是给出的概率 0.032.

回到民意调查是否可靠这一关键问题上，我们既有好消息也有坏消息. 好消息是，事实上民意调查的总体表现相当不错，这意味着你可以认为民意调查作为衡量公众舆论的一般指标是相当可靠的. 坏消息是，如果你想回答一个非常具体的问题，例如谁将在某个州的相近选举中获胜，那么 2016 年的结果表明因为存在太多不确定因素，所以无法给出可靠的预测.

测验 6.4

为以下每个问题选择最佳答案，并用一个或多个完整的句子解释原因.

1. 假设你抛一枚硬币 100 次，得到 38 次正面. 根据图 6.20，和在硬币是均匀的条件下你预期的结果相比，这个结果（ ）.
   a. 不具有统计显著性
   b. 在 0.05 水平上具有统计显著性
   c. 在 0.01 水平上具有统计显著性
2. 研究人员正在测试一种新的癌症治疗方法. 为了确定该疗法能否显著地提高生存率，研究人员必须（ ）.
   a. 给至少 1 000 个人治疗
   b. 比较采用新疗法时与采用其他疗法或不治疗时的生存率
   c. 确定新疗法产生作用的生理机制
3. 在样本容量相等的前提下，研究人员将三种新的感冒药与安慰剂进行对比. 下列哪种感冒药看上去是最有效的?（ ）
   a. 结果在 0.01 水平上有统计显著性的感冒药
   b. 结果在 0.05 水平上有统计显著性的感冒药
   c. 结果没有统计显著性的感冒药
4. 为了测试某种新减肥药的效果，研究人员展开了 20 个不同的实验，将其效果与安慰剂做比对. 结果发现在 20 个实验中，有 19 个实验的结果不具有统计显著性. 然而，剩下的一个实验表明，该减肥药的效果比安慰剂更好，该结果在 0.05 水平上具有统计显著性. 那么关于所有这 20 个实验结果的中肯报告应该说（ ）.
   a. 大约有 5% 是有效的
   b. 我们可以有 95% 的信心认为这种减肥药至少对一些人有用
   c. 没有证据表明治疗有效
5. 一项民意调查显示，35% 的受访者赞同总统的经济政策，边际误差（95% 的置信水平）为 3%. 此次调查的 95% 置信区间是（ ）.
   a. 32%～35%　　b. 32%～38%　　c. 33.5%～36.5%
6. 假设习题 5 中描述的民意调查在一个月后重新进行（新样本），接受调查的人中有 33% 赞同总统的经济政策. 那么以下哪个关于总体中赞同总统经济政策的人所占的比例的结论是正确的?（ ）
   a. 在两次调查之间的一个月内，总体比例肯定下降了
   b. 我们可以 95% 地确信在两次调查之间的一个月内，总体比例已经下降
   c. 这两次民意调查的结果没有太大差异，不足以让我们得出总体比例有所改变的结论
7. 考虑一个边际误差是 4% 的调查. 如果你想把边际误差降低到 2%，你应该重复一次调查，只需要（ ）.
   a. 样本容量减半
   b. 样本容量加倍
   c. 样本容量是原来的 4 倍
8. 你想检验假设：当地加油站的汽油价格远高于全国均价. 这个假设检验中合适的零假设是（ ）.
   a. 当地汽油价格等于全国平均油价
   b. 当地汽油价格高于全国平均油价
   c. 当地汽油价格比全国汽油价格的离散度更大
9. 你对习题 8 中描述的假设进行了检验. 若结果显示你不能拒绝零假设，那么（ ）.
   a. 当地的汽油价格实际上与全国平均水平相同
   b. 当地汽油价格实际上低于全国平均水平
   c. 你无法确定当地价格是否与全国平均水平相同，但没有足够证据表明当地汽油价格高于全国平均水平

10. 假设你再次对习题 8 中描述的假设进行了检验，但这次你的结果显示价格高于全国平均水平，并且在 100 次类似检验中你可能只发现 1 次是这样. 以下哪个选项较好地描述了你的结果？(　)

a. 你已经证明当地的汽油价格高于全国平均水平

b. 你的结果在 0.01 水平上具有统计显著性

c. 当地汽油价格有 99% 的可能比全国平均价格至少高出 1%

习题 6.4

复习

1. 什么是统计推断？为什么它如此重要？
2. 说明统计显著性的含义. 结果在 0.05 水平上具有统计显著性是什么意思？在 0.01 水平上呢？
3. 如何将统计显著性的概念应用到问题：来自样本的结果是否可以推广为总体的结果？说明理由.
4. 解释为什么你通常可以期望在某个样本中调查得到的比例会接近但不会恰好等于总体的真实比例.
5. 简要描述边际误差公式的使用. 举例说明如何在 95% 的置信水平上诠释边际误差.
6. 假设检验的目的是什么？我们如何建立检验的零假设和备择假设？
7. 假设检验的两个可能结果是什么？具体说明并解释为什么接受零假设不是其中一个可能的结果.
8. 简要讨论统计显著性这个概念如何帮助我们决定是拒绝还是不拒绝零假设.

是否有意义？

确定下列陈述是有意义的（或显然是真实的）还是没意义的（或显然是错误的），并解释原因.

9. 研究发现，新药治愈的人数比旧药治愈的人数多，但结果不具有统计显著性.
10. 毫无疑问，我们的产品“魔力瘦身丸”确实有效. 我们资助了一项研究，该研究表明：与安慰剂相比，魔力瘦身丸减掉的体重更多，该结果在 0.05 水平上是显著的.
11. 两个调查机构都仔细地进行了调查，它们都问了同样的问题且得到“是”答复的比例也一样，它们也采访了相同数量的人. 但是，A 机构调查结果的边际误差比 B 机构的小.
12. 如果你想降低选举前调查中的边际误差，你应该使用更大的样本.
13. 我们检验的零假设是：有毒废物堆放对附近居民的疾病发生率没有影响. 因此，备择假设应该是：有毒废物堆放确实会影响附近居民的疾病发生率.
14. 我们检验的零假设是：有毒废物堆放对附近的居民没有影响，我们的检验证明了这一假设是真的.

基本方法和概念

15~20：**主观显著性**. 对于以下每个事件，请说明你认为实际发生的事件与你预期会发生的事件之间有没有显著差异.

15. 掷一枚六面骰子 120 次，你得到 2 次六点.
16. 抛一枚均匀的硬币 200 次，你得到 103 次正面向上.
17. 准点率为 95% 的航空公司的 400 个航班中有 19 个航班延误.
18. 一位罚球命中率是 89% 的篮球运动员连续 20 次罚球不中.
19. 连续 10 个强力球彩票的获奖者都是在同一家 7-11 商店购买的彩票.
20. 在你数学课程班里的 40 名学生中，有 35 名学生同姓.
21. **人体体温**. 马里兰大学的研究人员在一项研究中测量了 106 个人的体温. 样本的体温均值是 98.20°F. 而公认的人体体温均值是 98.60°F. 如果我们假设体温均值实际上是 98.60°F，那么得到体温均值是 98.20°F 或更低的样本的概率将小于百万分之一. 所以这个结果在 0.05 水平上具有统计显著性吗？在 0.01 水平上呢？若由此结果推断公认的人体体温均值是错误的，这合理吗？说明原因.
22. **安全带和儿童**. 在一项关于汽车碰撞中受伤儿童的研究中（*American Journal of Public Health*, Vol.82，No.3)，那些系安全带的儿童需要住重症监护病房的平均时间是 0.83 天，没有系安全带的儿童平均需要住 1.39 天. 均值的这种差异因偶然性发生的概率低于万分之一. 所以这个结果在 0.05 水平上是显著的吗？在 0.01 水平上呢？是否可以据此推断系安全带可以减轻受伤的严重程度？说明理由.
23. **SAT 准备课程**. 一项针对参加了某 SAT 培训课程的 75 名学生的研究（*American Education Research Journal*, Vol.19，No.3）得出结论：他们的 SAT 分数平均提高了 0.6 分. 如果我们假设该准备课程没有效果，那么平均分因偶然性而提高 0.6 分

的概率是 0.08，或者说是 8%. 讨论一下该准备课程是否可以显著提高 SAT 分数.

24. **不同年龄的体重**. 一项全国健康调查显示，由 804 名年龄在 25~34 岁的男性构成的样本的平均体重是 176 磅，而由 1 657 名年龄在 65~74 岁的男性构成的样本的平均体重是 164 磅. 这个差异在 0.01 水平上是显著的. 解释这个结果.

25~32：**边际误差**. 找出以下研究的边际误差和 95% 置信区间. 简要解释 95% 置信区间.

25. 根据盖洛普对 1 012 人进行的民意调查，约 1/3（32%）的美国人为了看家护院而养狗.

26. 美国劳工部最近对 65 000 户家庭进行的调查显示，失业率为 4.3%.

27. 2016 年皮尤研究中心对 2 010 名成年人进行的一项调查发现，83% 的受访者支持对私人和枪支展销进行背景调查.

28. 2017 年盖洛普对 1 035 名成年人进行的一项民意调查发现，37% 的受访者认为联合国在解决全球问题方面做得很好.

29. 美国全国广播公司（NBC）2017 年的一项民意调查发现，在 1 000 名受访民众中，53% 的人认为，国会应该调查俄罗斯是否干预了 2016 年的总统大选.

30. 利用 2 192 名成年人构成的样本，哈里斯 2016 年的一项民意调查发现，“2/3（66%）的成年人表示，他们反对允许企业因‘企业主’的宗教反对而拒绝为 LGBT 人士提供服务的法律”. 这项民意调查的边际误差和置信区间分别是什么？在本题中，66% 代表赞成或反对 LGBT 人士权利的人所占的比例吗？说明原因.

31. 皮尤研究中心调查了 1 549 名成年人，报告称“绝大多数美国人（82%）支持要求所有健康的学龄儿童接种麻疹、腮腺炎和风疹疫苗”.

32. 2017 年哥伦比亚广播公司对 1 257 名成年人进行的调查发现，79% 的美国成年人认为如果在墨西哥边境修建一堵墙，美国将为此付出代价.

33~38：**建立假设**. 考虑以下与统计研究相关的声明.

a. 给出假设检验的零假设和备择假设.

b. 根据给出的问题，说明检验的两个可能结果.

33. 某大学校长声称该校的六年毕业率比 60% 的全州平均水平要高.

34. 美国食品药品监督管理局声称，某公司生产的片剂中维生素 C 的含量低于宣称的 500 毫克.

35. 州长声称，她所在州的中学教师平均工资高于 57 900 美元的全国平均水平.

36. 政府水文学家声称，刚刚结束的这一年的总降水量低于过去十年的 27.5 英寸的平均记录.

37. 美国联邦航空管理局官员声称，在丹佛国际机场延误时间超过 15 分钟的航班比例高于 15% 的全国平均水平.

38. 一位中学校长声称，他所在学校的吸烟率低于 9.3% 的全国平均水平.

39~44：**假设检验**. 以下习题通过给出得到某特定样本的概率描述了假设检验的结果. 利用给出的叙述建立每题的零假设和备择假设. 然后讨论样本是否提供了拒绝或不拒绝零假设的证据.

39. 汽车租赁公司的老板声称，其车队中所有汽车的总体年平均里程超过 11 725 英里（这是美国所有汽车的年平均里程）. 从他的车队里随机抽取 $n = 225$ 辆汽车，发现年平均里程是 12 000 英里. 假设其车队中所有车辆的年平均里程是 11 725 英里，则抽取到年平均里程等于或大于 12 000 英里的随机样本的概率是 0.01.

40. 某参议院候选人声称大多数选民都支持她. 对 400 名选民进行的民意调查发现，支持该候选人的选民比例是 0.51（51%）. 假设总体中支持她的人所占的比例是 $p = 0.5$，则抽取到比例等于或大于 0.51 的随机样本的概率是 0.345.

41. 一名医院管理人员发现，81 名孕妇分娩后的平均住院时间是 2.3 天. 她声称她所在医院的平均住院时间超过全国平均的 2.1 天. 假设她所在医院的平均住院天数与全国平均时间相同，则观察到平均住院 2.3 天或更长时间的随机样本的概率是 0.17.

42. 将随机选择的 40 个新棒球逐一投向坚实的地面，并记录每个棒球的弹跳高度. 测得平均弹跳高度是 92.67 英寸（根据《今日美国》的数据）. 一位具有统计学意识的经理声称所有棒球弹跳高度的均值是 90.10 英寸，观察到样本均值是 92.67 英寸的随机样本的概率是 0.035.

43. 一家营销公司声称，总体中拥有高清电视的家庭的平均家庭收入超过 50 000 美元. 随机抽样调查了 1 700 个拥有高清电视的家庭，结果显示样本的家庭平均收入是 51 182 美元. 如果总体均值等于 50 000 美元，则抽取到平均家庭收入是 51 182 美元或更高的随机样本的概率是 0.007.

44. 罗珀调查使用由 100 名随机选择的车主构成的样本. 在样本中，每辆车的平均保有时间是 7.01 年. 假设平均保有时间实际上是 7.5 年，那么抽取到平均保有时间是 7.01 年或更短的随机样本的概率是 0.10.

进一步应用

45. **尼尔森评级**. 假设尼尔森报告说，在某星期内有 12.8% 的家庭观看了哥伦比亚广播公司的《海军罪案调查处》. 假设样本容量是 5 000 个家庭，用 95% 置信区间来诠释该结果.

46. **男婴的出生体重**. 服用了维生素补剂的孕妇生下的 121 名男婴的出生体重的均值是 3.67 千克（根据纽约州卫生部的数据）. 而全美国男婴出生体重的均值是 3.39 千克. 已知能观察到这种随机样本的概率大约是 0.001 5，讨论该样本结果的显著性.

47. **更好的边际误差**. 如果你想将边际误差缩小为原来的 1/2，比如，从 4% 降至 2%. 你必须按照什么比例来增加样本容量? 说明理由.

48. **更好的边际误差**. 如果你想将边际误差缩小为原来的 1/10，比如，从 1% 降至 0.1%. 你必须按照什么比例来增加样本容量? 说明理由.

49. **盖洛普的说明**. 盖洛普咨询公司在其民意调查摘要后给出了以下说明. 说明里的数据（样本容量和边际误差）是一致的吗? 评论其中关于“错误和偏差”的条文.

> 这里报告的结果基于对全国范围内随机选择的 1 019 名成年人（18 岁及以上）进行的电话采访. 对于整个样本的结果，在 95% 的置信水平下，由抽样误差和其他随机因素造成的误差最大不超过 ±3%. 除了抽样误差以外，问题措辞和调查时的实际困难也可能会导致民意调查结果中的错误或偏差.

实际问题探讨

50. **最近的民意调查**. 访问调查机构的网站，收集某个民意调查的结果. 描述具体的实际调查程序. 利用 95% 置信区间来解释这个结果. 你可以得出什么结论? 具体说明.

51. **转基因食品**. 利用网络了解当前关于转基因食品对人类食用以及环境是否安全的研究. 选择一项你感兴趣的研究. 描述它怎样能作为假设检验的一个示例，并讨论其结果和结论.

52. **统计显著性**. 查找最近的用到统计显著性这一概念的新闻报道. 为该研究以及被认为具有统计显著性的结果写一页摘要. 一定要讨论你是否相信该结果并解释原因.

53. **边际误差**. 查找三个结果是比例（或百分比）以及边际误差的最近的调查. 利用 95% 置信区间来解释每个结果. 根据每个例子的样本容量，利用本节给出的公式计算边际误差. 你的计算与给出的边际误差一致吗? 说明理由.

54. **假设检验**. 查找一篇描述用到假设检验的统计研究的新闻报道.（新闻报道中很少明确指出使用了假设检验，但你应该能够从上下文中确定它是否用到了假设检验.）说明该研究的零假设和备择假设，并描述它是如何得到结论的.

实用技巧练习

利用 StatCrunch 回答下列问题.

55. **置信区间**. 打开 StatCrunch，选择 “Explorer” 和 “Data”，然后选择 “Surveys” 类别，从中选择一个你感兴趣的数据集.

    a. 明确你选择的数据集，并用一两句话说明它包含哪些数据.

    b. 就数据某方面的特征构造一个相关的 95% 置信区间. 解释你的结果.

第六章　总结

单元	关键词	关键知识点和方法
6.1 节	分布 均值 中位数 众数 异常值 对称分布 有偏的（左偏或右偏分布） 离散度	分布的中心位置： 均值 $= \frac{\text{所有数据的和}}{\text{数据的总个数}}$ 中位数是大小位于中间的值 众数是出现次数最多的值 理解异常值的作用 小心平均值概念混淆 会利用以下指标刻画分布的形状： 峰值个数 对称性（对称、左偏、右偏） 离散度
6.2 节	极差 四分位数 五数概要 箱线图 标准差 极差经验法则	理解和计算离散度的度量： 极差 = 最大值 − 最小值 五数概要（最小值、第一四分位数、中位数、第三四分位数、最大值） 标准差 $= \sqrt{\frac{\text{所有数据离差的平方和}}{\text{数据值的总个数} - 1}}$ 理解标准差的极差经验法则
6.3 节	正态分布 68-95-99.7 法则 标准分 百分位	描述正态分布和服从正态分布要满足的条件 理解并会应用正态分布的 68-95-99.7 法则 会使用正态分布的标准分表
6.4 节	统计显著性 样本分布 置信区间 边际误差 假设检验 零假设 备择假设	理解统计显著性的概念以及 0.05 水平上的统计显著性和 0.01 水平上的统计显著性 理解怎样从样本分布得到边际误差 理解和构造基础的假设检验，并能得到假设检验结论

第七章　概率：与几率同行

我们做出的几乎每一个决定都涉及概率. 有时，概率的作用非常明显，比如在我们决定是否购买彩票时，再比如在我们根据降雨的概率来制定野餐计划时，等等. 有时，概率的作用不那么明显，但会潜在地引导你的决定. 例如，你相信某所大学最有可能满足你的个人需求，所以你选择报考该所大学. 在本章中，我们将看到概率在日常生活中是多么实用和强大.

7.1 节

概率基础：探索概率的基本概念和确定概率的三种方法：理论、频率和主观.

7.2 节

组合概率：学习概率中基本的加法原理和乘法原理.

7.3 节

大数定律：介绍大数定律及其在彩票、保险及其他方面的应用.

7.4 节

风险评估：利用概率知识评估与旅游、疾病、预期寿命等相关的风险.

7.5 节

计数与概率：介绍排列组合计数，并将它们应用于计算概率和研究巧合.

问题：假设你班上有 25 名学生. 那么至少有两名学生的生日在同一天（例如 2 月 5 日或 7 月 22 日）的概率有多大?

Ⓐ 大约 0.01（或 1%）.

Ⓑ 大约 0.25（或 1/4）.

Ⓒ 大约 0.6（或 3/5）.

Ⓓ 恰好等于 $\frac{2}{365}$.

Ⓔ 恰好等于 $\frac{25}{365}$.

解答：这个问题可能并不是特别“重要”，是否知道答案也不会影响你的日常生活. 然而，它说明了我们的大脑对于概率的一个非常重要的事实：研究表明我们对概率的直觉很差，甚至有些专家在没有认真计算概率之前有时也会错估概率. 这一事实导致许多人严重地低估或高估了某些事件的概率，这就可以解释为什么我们会经常参与冒险活动（比如开车时打电话），同时会害怕一些低风险的活动（比如乘坐商务航班出行）. 因为概率在我们做任何重要决策时都会有所帮助，所以学习概率对我们来说可谓终生受益.

具体到生日的问题，大多数人猜测这个概率应该相当低. 毕竟，全班只有 25 名学生，而一年有 365 个可能的生日. 事实上，如果你去询问班上另一名学生，他与你的生日在同一天的概率大约（但不确切地）是 $\frac{25}{365}$，即不到 0.07，这意味着如果你随机抽取 100 组 25 人的样本，那么只能在大约 7 组内找到一个与你同一天生日的人. 然而，这个问题并不是在问你的生日，而是在问是否有任何两个学生的生日在同一天. 这个概率实际上大约是 0.57，这意味着随机抽取 25 人，在其中能找到两人生日相同的概率超过 1/2. 我们将在 7.5 节的例 8 学习这个令人惊讶的答案是如何计算出来的.

实践活动　彩票

通过下面的实践活动，对本章要分析的各种问题获得一个直观的认识.

彩票是个不容小觑的生意，它也是许多州政府的重要收入来源. 根据彩票协会的资料，美国除了七个州之外，其他所有各州都有某种类型的彩票在售，2017 年这些彩票的全国总销售额达 750 亿美元. 其中大约有 1/4 最终成为政府财政收入，其余的则用于奖金发放和各种花销. 彩票为概率论提供了许多研究案例，而彩票统计学则成功地引发了相当热烈的争论：以彩票作为政府创收的方法是否合适？考虑以下各问题，可以自行研究或分组讨论.

① 美国的总人口大约是 3.25 亿人，基于以上数据，所有美国人每年在彩票上的人均花费是多少？所有成年人在彩票上的人均花费是多少？(总人口中大约有 23% 不满 18 岁.)

② 调查显示，在任何一年都只有不到一半的美国人参与彩票行为. 所以每个成年彩票玩家每年平均花多少钱在彩票上？这个结果让你感到惊讶，还是因为这个花费与你玩彩票的某个朋友或家庭成员的花费相当，所以它符合你的预期呢？

③ 你所生活的州有彩票在售吗？如果有，查看各种不同类型的彩票以及获得各级奖品的概率. 如果没有，那就研究一下多州发行的强力球. 彩票运营商经常花费巨资来研究如何鼓励人们多多购买彩票，思考这一现象. 讨论你所生活的州（或强力球）是如何将这些研究成果用于彩票的选择和概率的.

④ 查找你的州彩票（或强力球）的广告. 广告公平地评估了你在问题 3 中得到的概率吗？或者看起来广告具有某种形式的欺骗性吗？说明原因.

⑤ 研究表明，与高收入阶层相比，低收入阶层的人往往更经常购买彩票. 查找数据以了解不同收入阶层的人们在彩票上的花费占其收入的百分比. 批评人士称，彩票是一种税率递减税. 这种说法是否合理？论证你的观点.

⑥ 根据你的答案以及你能找到的其他所有数据，讨论与彩票相关的各种道德层面的问题. 例如：政府支持某种形式的赌博是否要为此承担道德上的责任？对于需要更多收入的政府而言，销售彩票是否比提高税率要好？彩票对于穷人或未受过教育的人是否不公平？

7.1　概率基础

概率在我们的生活中扮演着如此重要的角色，因此了解它的基本原理是至关重要的. 本节我们将讨论计算概率时所需的一些基本概念.

我们从考虑抛两枚硬币的问题开始. 图 7.1 展示了抛两枚硬币时的四种不同的落地方式；这四种方式的每一种都是抛两枚硬币的不同**结果** (outcome). 为了方便起见，我们用字母 T 表示反面向上，用字母 H 表示正面向上，这样，我们可以把四种可能的结果写为如下形式：

- TT：硬币 1 和硬币 2 都是反面向上.
- TH：硬币 1 反面向上，硬币 2 正面向上.

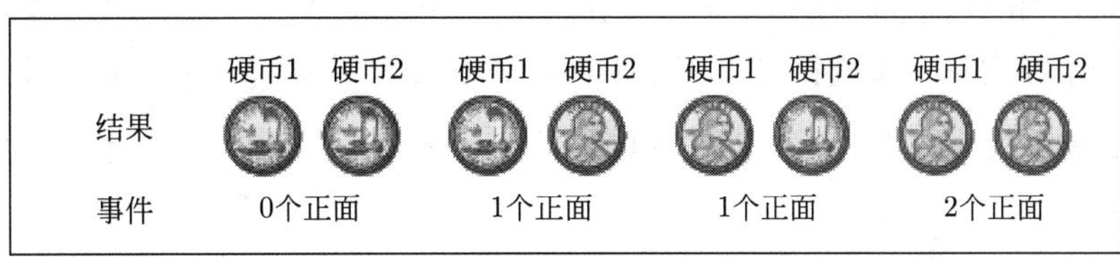

图 7.1　抛两枚硬币的四个可能结果，中间的两个结果属于同一个事件：恰好一枚硬币正面向上

- HT：硬币 1 正面向上，硬币 2 反面向上.
- HH：硬币 1 和硬币 2 都是正面向上.

注意，当我们考虑可能的结果时，顺序也被考虑在内. 也就是说，TH 与 HT 这两个结果是不同的.

现在，假设我们只对正面向上的硬币个数感兴趣. 因为中间两个结果（TH 和 HT）各有 1 个正面向上，所以我们说这两个结果代表同一个**事件**（event）. 也就是说，事件描述的是一个或多个具有相同属性的可能的结果，这里相同的属性是指正面向上的硬币个数相等. 图 7.1 还告诉我们，如果我们只计数两枚硬币中正面向上的硬币个数，这四个可能的结果只代表三个不同的事件：0 个正面（或 0 H）、1 个正面（或 1 H）和 2 个正面（或 2 H）.

定义

结果是观察或实验最基本的可能结果. 例如，若你抛两枚硬币，一个可能的结果是 HT，另一个可能的结果是 TH.

事件由一个或多个具有共同属性的结果组成. 例如，若你抛两枚硬币并观察正面向上的硬币个数，则结果 HT 和 TH 都代表 1 个正面（和 1 个反面）这个事件.

例 1　家庭的结果和事件

考虑有两个孩子的家庭. 根据男孩和女孩出生顺序的不同写出所有可能的结果. 如果我们只对家庭中的男孩数感兴趣，那么所有可能的事件是什么？

解　用 B 代表男孩，G 代表女孩，共有四种不同的出生顺序（结果）：BB，BG，GB 和 GG. 如果我们只考虑男孩数，那么在有两个孩子的条件下所有可能的事件是：0 男孩、1 男孩和 2 男孩. 事件“0 男孩”（0 B）只包含一个结果 GG，事件“1 男孩”（1 B）由两个结果 GB 和 BG 组成，而事件“2 男孩”（2 B）也只包含一个结果 BB.

▶ 做习题 17~18.

概率的表示

考虑抛一枚硬币的试验，假设硬币是均匀的，这意味着正面向上和反面向上的可能性一样大. 在口语中，我们会说在一次抛掷中，硬币正面向上的机会是“一半一半”的，也就是说我们预计硬币有 50% 次是正面向上的，有 50% 次是反面向上的. 但是，为了便于计算，用分数来表示概率会更好一些. 抛一枚硬币时共有两个等可能发生的结果（这里也是可能的事件）：H 和 T. 如果感兴趣的事件是硬币正面向上（H），则该事件的概率是 $\frac{1}{2}$，因为 H 是两个等可能的结果（H 和 T）中的一个. 用字母 P 来表示概率，我们可以像下面这样表示正面向上的概率：

$$P(\mathrm{H})=\frac{1}{2}=0.5$$

可以把这个表达式读作：“正面向上的概率等于 1/2 或 0.5”. 更一般地，我们使用符号 P(事件) 来表示任意一个事件的概率；我们也经常用字母或符号来表示事件，就像我们用 H 来表示正面向上一样.

当我们感兴趣的是硬币反面向上时，可以使用同样的符号来表示反面向上的概率，也是 $\frac{1}{2}$：

$$P(\mathrm{T})=\frac{1}{2}=0.5$$

注意，因为除了正面（H）和反面（T）外，该试验没有其他的可能结果[①]，所以抛一枚硬币，我们必然会得到正面或反面. 也就是说，硬币出现正面或反面这个事件发生的概率是 $2/2=1$:

$$P(\text{硬币正面向上或反面向上})=\frac{2}{2}=1.$$

将抛硬币的例子推广到一般情形可知，概率的大小总是在 0~1 之间. 概率为 0 意味着事件是不可能发生的，概率为 1 意味着事件必然会发生. 在这两个极值 0 和 1 之间，分数值越大意味着事件发生的可能性越大. 图 7.2 展示了概率的取值范围，以及常见的关于可能性大小的表达方法.

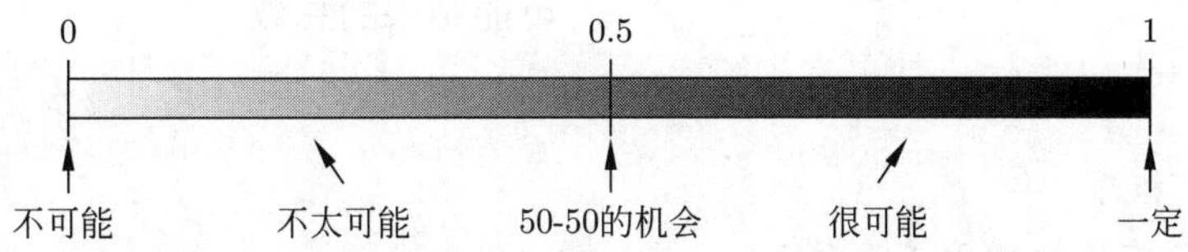

图 7.2 该数轴展示了用概率表达的不同程度的不确定性

概率的表示

事件的概率，记为 P(事件)，总是介于 0~1(包括 0 和 1). 概率为 0 意味着事件不可能发生，概率为 1 意味着事件必然会发生.

四舍五入时注意：尽可能地将概率表示为精确的分数或小数；否则，将结果四舍五入时通常保留三位有效数字，比如 0.004 57.

思考 将以下各事件放在图 7.2 数轴上的合适位置，并解释你为何会放在此处. (a) 白天时太阳在地平线上方；(b) 你同一时间出现在两个地方；(c) 某人被公共汽车撞到；(d) 你在数学考试中取得等级成绩 A.

理论概率

有三种基本方法可以帮助我们得到概率，分别被称为理论方法、频率方法和主观方法. 我们首先介绍理论方法.

当我们说硬币正面向上的概率是 1/2 时，其实假定了硬币是均匀的，而且正面向上和反面向上是等可能发生的. 从本质上讲，这个概率建立在硬币如何落地的理论基础上，所以我们说 1/2 这个概率是用**理论方法** (theoretical method) [②]得到的. 一般来说，只要所有可能的结果都是等可能发生的，我们就可以按照下面的步骤计算理论概率.

结果等可能发生时的理论方法

第 1 步：计算所有可能结果的总数.

第 2 步：在所有可能的结果中，计算感兴趣的事件 A 所包含的结果的个数.

---

① **顺便说说**：在非常罕见的情况下，硬币可能是立起来的. 但不去管它的话，硬币最终会倒下，这就是为什么我们认为正面和反面就是所有可能的结果. 当然，你也许可以想到一些非常特殊情况下的例外. 例如，如果你在国际空间站抛一枚硬币，它将会和其他所有东西一样因为失重而漂浮在空中.

② **顺便说说**：理论方法也称为先验方法. 先验的英文单词 “priori” 是拉丁语，意思是事实之前或经验之前.

第 3 步：利用如下公式计算概率 $P(A)$：

$$P(A) = \frac{A\text{ 所包含的结果的个数}}{\text{可能结果的总数}}$$

为了说明这个过程的应用，我们再回过头来看看图 7.1，它显示了抛两枚硬币时四个可能的结果 (HH，HT，TH 和 TT)，而且每个结果都是等可能发生的. 如果我们感兴趣的事件是两枚硬币都正面向上，那么图 7.1 显示该事件只包含一个结果 (HH). 因此，它的概率是：

$$P(\text{两枚硬币正面向上}) = \frac{\text{两枚硬币正面向上包含的结果个数}}{\text{可能结果的总数}} = \frac{1}{4}$$

例 2　硬币和骰子

用理论方法计算以下概率：

a. 抛两枚硬币，恰好有一枚硬币正面向上.

b. 掷一枚六面骰子时掷出 3 点.[①]

解　a. 图 7.1 显示了抛两枚硬币时总共四个等可能发生的结果 HH, HT, TH, TT. 这四个结果中有两个结果表示事件：恰好一个正面 (TH 和 HT). 因此，恰好一个正面的概率是：

$$P(\text{恰好 1 个正面}) = \frac{\text{恰好 1 个正面包含的结果个数}}{\text{可能结果的总数}} = \frac{2}{4} = \frac{1}{2}$$

所以同时抛两枚硬币时恰好有一个正面向上的概率是 1/2. 这意味着如果多次同时抛两枚硬币，那么大约一半的时间我们会看到一枚硬币正面向上而另一枚硬币反面向上.

b. 图 7.3 显示了掷一枚骰子所有可能的六个结果. 六个结果都是等可能发生的，其中只有一个结果是“3”，所以得到“3”的概率是：

$$P(\text{得到 3 点}) = \frac{\text{得到 3 点包含的结果个数}}{\text{可能结果的总数}} = \frac{1}{6}$$

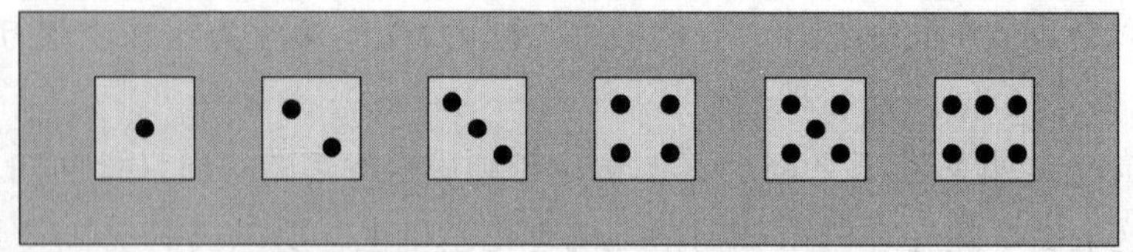

图 7.3　投掷一枚骰子的六个可能结果

掷骰子得到 3 点的概率是 1/6；也就是说，如果掷一枚骰子很多次，那么应该有约 1/6 的时间会看到 3 点.

▶ 做习题 19~20.

例 3　扑克中的概率

图 7.4 显示了一副 52 张的标准扑克牌. 共有四种花色，分别是红桃、方片、黑桃、梅花. 每种花色都有数字 2~10 加上 J、Q、K 和 A(每种花色都各有 13 张牌). 注意，红桃和方片是红色的，而黑桃和梅花是黑色的. 若你从一副标准扑克牌中随机抽取一张牌，它是黑桃的概率有多大？

---

① **说明**：除非另有说明，否则我们认为骰子是均匀的立方体，各面点数为 1~6.

图 7.4 一副有 52 张牌的标准扑克牌

解 因为 52 张牌中的每张牌都等可能地被抽到，所以我们用理论方法的三个步骤得到概率.

第 1 步：每张牌代表一个可能的结果，所以共有 52 个可能的结果.

第 2 步：感兴趣的事件是抽到黑桃牌，而一副牌共有 13 张黑桃牌.

第 3 步：随机抽取的一张牌是黑桃牌的概率：

$$P(\text{抽到黑桃牌}) = \frac{\text{黑桃牌的张数}}{\text{可能结果的总数}} = \frac{13}{52} = \frac{1}{4}$$

▶ 做习题 21~22.

例 4 两个女孩和一个男孩

随机选择一个有三个孩子的家庭，该家庭恰好有两个女孩和一个男孩的概率是多大？假设生男孩和女孩的可能性是一样的.

解 我们用三个步骤的理论方法.

第 1 步：每次出生的婴儿只有两个可能的结果：男孩（B）或女孩（G）. 对于有三个孩子的家庭，可能的结果总数（出生顺序）为 $2 \times 2 \times 2 = 8$. (参见“简要回顾 乘法原理”). 八个可能的出生顺序结果是：BBB，BBG，BGB，BGG，GBB，GBG，GGB 和 GGG.

第 2 步：在这八个可能的结果中，有三个结果符合“恰好有两个女孩和一个男孩”：BGG，GBG 和 GGB.

第 3 步：有三个孩子的家庭恰好有两个女孩和一个男孩的概率为

$$P(\text{恰好有两个女孩和一个男孩}) = \frac{\text{恰好有两个女孩和一个男孩包含的结果个数}}{\text{结果总数}} = \frac{3}{8} = 0.375$$

因此，有三个孩子的家庭恰好有两个女孩和一个男孩的概率是 3/8 或 0.375.

▶ 做习题 23~24.

例 5 生日概率

从一次大型会议中随机选择一个人. 此人的生日在 7 月份的概率有多大？假设一年有 365 天，而且生日在一整年中的任何一天的可能性都一样.①

解 因为我们假设所有可能的生日都是等可能的，所以我们可以用三步的理论方法.

第 1 步：每个可能的生日都代表一个结果，所以有 365 个可能的结果.

---

① **顺便说说**：实际上，生日并不是充分随机地分布在一整年中的. 排除了不同月份时间长短不一的因素，1 月份的出生率最低，6 月份和 7 月份的出生率最高.

第 2 步：7 月份有 31 天，所以 365 个结果中有 31 个结果代表生日在 7 月份这个事件.

第 3 步：随机选择的一个人生日在 7 月份的概率是：

$$P(\text{生日在 7 月份}) = \frac{\text{7 月份生日的天数}}{\text{可能的生日的总数}} = \frac{31}{365} \approx 0.084\,9$$

比 1/12 略大.

▶ 做习题 25~28.

思考 继续例 5，随机选择一个人，计算此人的生日在 7 月 4 号的概率.

简要回顾 乘法原理

假设我们抛两枚硬币，想要计算所有可能结果的总数. 抛第一枚硬币有两个可能的结果：正面向上 (H) 和反面向上 (T). 抛第二枚硬币也有两个可能的结果 H 和 T. 图 7.5 (a) 说明抛两枚硬币共有 $2 \times 2 = 4$ 种可能的结果. 类似地，图 7.5 (b) 说明如果我们抛三枚硬币，那么共有 $2 \times 2 \times 2 = 8$ 个可能的结果. 我们将这些例子使用的方法推广如下，它一般称为**乘法原理** (multiplication principle).

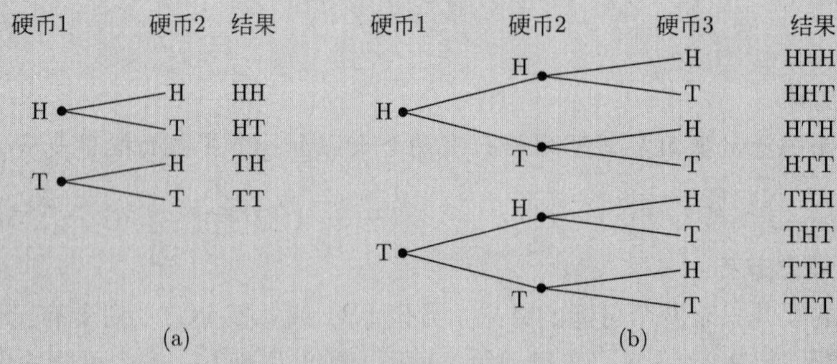

图 7.5 该树图展示了抛 (a) 两枚硬币和 (b) 三枚硬币的所有可能结果

乘法原理

假设一个过程有 M 个可能结果，第二个过程有 N 个可能结果. 这两个过程组合起来，所有可能结果的总数是 $M \times N$.

这个想法还可以推广到任意多个过程的组合. 例如，如果第三个过程有 R 个可能结果，那么这三个过程组合起来之后的可能结果的总数就是 $M \times N \times R$.

例：如果你掷两枚均匀的骰子，那么总共有多少种可能结果?

解：单枚骰子有六个可能结果：数字 1~6(见图 7.3). 第二枚骰子也有六个可能结果. 因此掷两枚骰子，所有可能结果的总数是 $6 \times 6 = 36$.

例：某餐馆的菜单：开胃菜有两种选择，主菜有五种选择，甜点有三种选择. 那么该餐馆有多少种不同的三道菜套餐 (开胃菜、主菜、甜点) 可供选择?

解：选择开胃菜时有两种可能结果，选择主菜时有五种可能结果，选择甜点时有三种可能结果. 因此所有可能结果的总数是 $2 \times 5 \times 3 = 30$，即有 30 种不同的三道菜套餐可供选择.

例：一所大学开设 12 门自然科学课程、15 门社会科学课程、10 门英语课程和 8 门艺术课程. 为了满足核心课程的要求，你需要从每类课程中选修一门课程. 有多少种可能的选课方式能满足核心课程要求?

解：从每个类别中选择一门课程代表一个过程. 因此，我们将每个类别可以选择的课程数量相乘来得到满足要求的总数：$12 \times 15 \times 10 \times 8 = 14\,400$，即有 14 400 种不同的选课方式都可以满足核心课程要求.

▶ 做习题 13~16

频率概率

第二种确定概率的方法是通过进行许多次观察并数出事件 A 发生的次数，用事件 A 发生的频率来近似事件 A 发生的概率. 这种方法称为**频率方法**（relative frequency method，或经验方法）. 例如，如果观察到平均每年下雨 100 天，那么我们可以说随机选择一天，该天下雨的概率是 100/365. 应用此方法的步骤如下：

频率方法

第 1 步：多次重复或观察一个过程，并数出你感兴趣的事件 A 发生的次数.

第 2 步：利用公式

$$P(A) = \frac{\text{事件 } A \text{ 发生的次数}}{\text{总次数}}$$

来估计 $P(A)$ 的大小.

例 6　500 年一遇的洪水

地质记录显示，在过去的 2 000 年中，某条河的水位恰好有 4 次高于某个洪水水位. 请问这条河明年的水位将高于该洪水水位的频率概率是多大？

解　根据资料，任何一年水位高于这个洪水水位的频率概率为：

$$\frac{\text{水位高于该洪水水位的年数}}{\text{总的年数}} = \frac{4}{2\,000} = \frac{1}{500}$$

因为这种规模的洪水平均每 500 年发生一次，所以被称为“500 年一遇的洪水”. 在任何一年会发生这种规模洪水的概率是 1/500 或 0.002.

▲ **注意**：我们不应该期望“500 年一遇的洪水”恰好每 500 年发生一次；这只是用来表达这种洪水在任何一年发生的概率是 1/500 的一种方式.①

▶ 做习题 29~30.

例 7　测试硬币是否均匀

假设你重复抛两枚硬币 100 次，观察到的结果如下：

- 22 次是 0 个正面.
- 51 次是 1 个正面.
- 27 次是 2 个正面.

将频率概率与理论概率进行比较. 你有理由怀疑这两枚硬币是不均匀的吗？

解　我们首先计算理论概率. 图 7.1 显示的抛两枚硬币的四个可能结果中只有一个结果代表 0 个正面，所以 0 个正面的理论概率是 $P(0\text{个正面}) = \dfrac{1}{4}$ 或 0.25. 类似地， 2 个正面有相同的理论概率，即 $P(2\text{个正面}) = 0.25$. 我们已经在例 2 中算出 1 个正面的理论概率是 $P(1\text{个正面}) = \dfrac{2}{4}$ 或 0.5.

① **顺便说说**：气候的变化使得利用过去的记录来预测未来的极端天气发生的频率变得更加困难. 例如，麻省理工学院和普林斯顿大学的研究人员利用计算机模拟来预测全球日益变暖情形下的风暴频率，他们发现过去记录显示为“500 年一遇的洪水”在未来会发生得更频繁，有可能在 21 世纪末达到平均每 25 年发生一次.

接下来我们将每个事件发生的次数除以总的次数（100 次抛掷）来得到相应事件的频率概率.

$$0\text{ 个正面发生的频率：}\ \frac{0\text{ 个正面发生的次数}}{\text{总的抛掷次数}}=\frac{22}{100}=0.22$$

$$1\text{ 个正面发生的频率：}\ \frac{10\text{ 个正面发生的次数}}{\text{总的抛掷次数}}=\frac{51}{100}=0.51$$

$$2\text{ 个正面发生的频率：}\ \frac{2\text{ 个正面发生的次数}}{\text{总的抛掷次数}}=\frac{27}{100}=0.27$$

比较频率概率①和理论概率，我们发现频率概率与理论概率相当接近（比如 1 个正面的两个概率分别是 0.51 和 0.5）. 因此，这 100 次抛掷的结果并没有提供证据证明这两枚硬币是不均匀的.（更精确的计算可以证明类似的结果在硬币均匀时经常出现.）

▶ 做习题 31~32.

思考 例 7 的结论与 6.4 节中介绍的假设检验的思想有何相似之处?

主观概率

第三种确定概率的方法是利用经验或直觉来估计**主观概率**（subjective probability）. 例如，你可以对你的朋友在一年内结婚的概率做出主观评估，还可以估计你优秀的数学成绩帮你找到心仪工作的概率.

得到概率的三种方法

理论概率基于所有结果等可能发生的假设，用事件包含的结果个数除以所有可能结果的总数即可得到.

频率概率基于观察或实验，是感兴趣的事件发生的频率.

主观概率是基于经验或直觉对概率的主观估计.

例 8 以下使用的是哪种方法？

确认以下各概率是用哪种方法得到的.

a. 我确信你会喜欢这款车.

b. 根据住房数据，未来一年有人搬家的概率大约是 1/8.

c. 用一枚 12 面骰子掷出 7 点的概率是 1/12.

解 a. 这是基于发言者意见的主观概率.

b. 这是频率概率，因为它基于住房数据得到，数据表明在任意给定的一年中，大约有 1/8 的人会搬到新的住所.

c. 这是理论概率，因为它基于假设：一枚均匀的 12 面骰子等可能地落在其 12 个面中的任何一面.

▶ 做习题 33~34.

① **顺便说说**：还有一种得到概率的方法是利用计算机模拟，这被称为蒙特卡洛方法. 这个方法实质上得到的是频率概率，只是试验是用计算机模拟的，而不是在试验室中实际进行的.

事件不发生的概率

假设我们对某特定事件或结果不发生的概率感兴趣. 例如，计算在回答一个有五个选项的单项选择题时给出错误答案的概率. 随机猜测能回答正确的概率是 1/5，因此不能正确回答的概率是 4/5. 注意，两个概率之和是 1，因为答案要么是对的，要么是错的. 我们可以将这个结论推广到任意事件.

事件不发生的概率

如果事件 A 发生的概率是 $P(A)$，我们记事件 A 不发生的概率是 $P(\overline{A})$. 因为事件 A 只可能发生或者不发生，所以 $P(A)+P(\overline{A})=1$. 因此，事件 A 不发生的概率是

$$P(\overline{A})=1-P(A).$$

例 9　不是两个女孩

随机选择一个有三个孩子的家庭，该家庭不是两个女孩和一个男孩的概率是多大？假设生男孩和女孩的可能性是一样的.

解　在例 4 中，我们计算了随机选择一个有三个孩子的家庭，该家庭恰好有两个女孩和一个男孩的概率是 3/8 或 0.375. 因此，一个有三个孩子的家庭不是两个女孩和一个男孩的概率就是 $1-3/8=5/8$ 或 0.625.

► 做习题 35~38.

概率分布

再次考虑抛两枚硬币的试验，试验总共有四个可能结果（见图 7.1），代表三个不同的事件：0 个正面、1 个正面和 2 个正面. 我们已经计算了这些事件的概率. 现在我们可以用**概率分布**（probability distribution）来总结这些概率. 概率分布展示所有感兴趣的事件（本例中是关于正面个数的事件）及其概率. 表 7.1 用表格的形式展示了抛两枚硬币的概率分布，而图 7.6 则用直方图来展示它. 注意，概率分布中的所有概率之和一定等于 1，因为其中必然有一个事件会发生.

表 7.1　抛两枚硬币的概率分布

事件	概率
2 个正面，0 个反面	0.25
1 个正面，1 个反面	0.50
0 个正面，2 个反面	0.25
共计	1

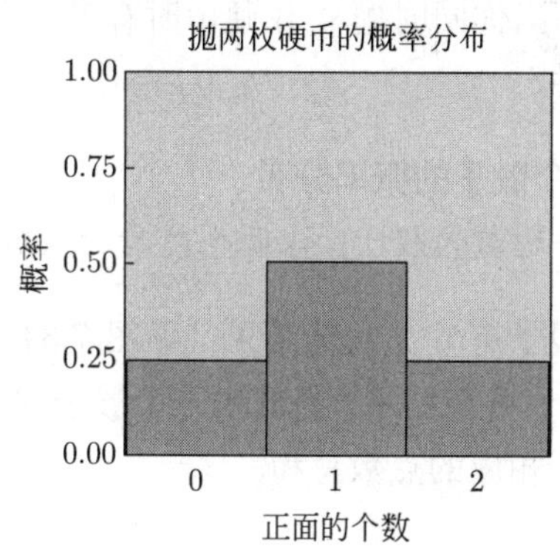

图 7.6　用直方图展示抛两枚硬币的概率分布

制作概率分布表

概率分布展示感兴趣的所有可能事件的概率. 制作概率分布表的步骤如下：

第 1 步：列出所有可能结果.

第 2 步：确定代表同一个事件的所有结果，计算每个事件的概率.

第 3 步：制作表格或绘制图形展示所有概率. 所有概率之和一定是 1.

例 10　抛三枚硬币

同时抛三枚硬币，给出正面向上的硬币个数的概率分布.

解　我们采用如上所述的三个步骤.

第 1 步: 如图 7.5 (见“简要回顾　乘法原理”) 所示, 所有可能结果共计 8 个: HHH、HHT、HTH、HTT、THH、THT、TTH 和 TTT.

第 2 步: 我们感兴趣的是正面向上的硬币个数，8 个结果代表了 4 个可能的事件: 0 个正面、1 个正面、2 个正面和 3 个正面. 注意，只有一个结果代表 3 个正面（和 0 个反面）的事件，因此其概率是 1/8; 0 个正面（和 3 个反面）的事件也是如此. 另外两个事件是: 1 个正面（和 2 个反面)、2 个正面（和 1 个反面)，这两个事件都分别包含三个结果，因此它们的概率都是 3/8.

第 3 步: 表 7.2 给出了完整的概率分布表，其中左边一列列出了 4 个事件，相应事件的概率写在右列. 注意，概率的总和确实恰好是 1，而且必须是 1. 我们也可以用图来展示概率分布（见图 7.7).

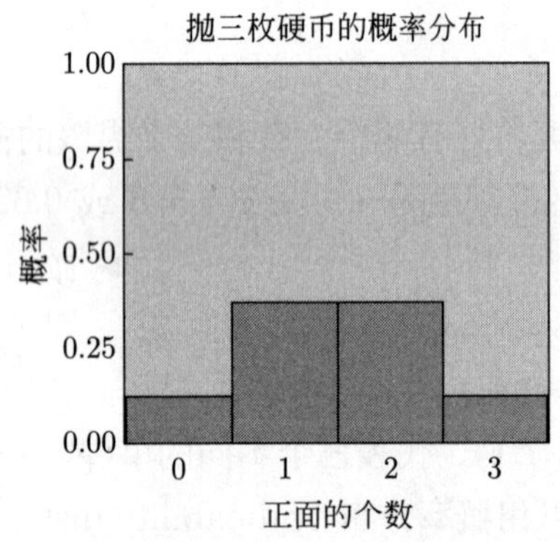

图 7.7　用直方图展示抛三枚硬币的概率分布

表 7.2　抛三枚硬币的概率分布

事件	概率
3 个正面（0 个反面)	1/8
2 个正面（1 个反面)	3/8
1 个正面（2 个反面)	3/8
0 个正面（3 个反面)	1/8
共计	1

▶ 做习题 39~40.

思考　当你同时抛 4 枚硬币时有多少个不同结果? 如果你感兴趣的是正面向上的硬币个数，那么有多少个不同事件?

例 11　两个骰子的概率分布

掷两个均匀的骰子，求两个骰子的点数总和的概率分布. 其中哪个点数总和出现的概率最大?

解　每个骰子有 6 个可能结果（见图 7.3)，所以同时掷两个骰子就有 $6 \times 6 = 36$ 个可能结果. 表 7.3 列出了所有的 36 个可能结果，将其中一个骰子的结果在行中列出，另一个骰子的结果在列中列出，而每个单元格显示两个骰子相应的点数总和.

表 7.3　掷两个骰子的结果和点数总和

	1	2	3	4	5	6
1	$1+1=2$	$1+2=3$	$1+3=4$	$1+4=5$	$1+5=6$	$1+6=7$
2	$2+1=3$	$2+2=4$	$2+3=5$	$2+4=6$	$2+5=7$	$2+6=8$
3	$3+1=4$	$3+2=5$	$3+3=6$	$3+4=7$	$3+5=8$	$3+6=9$
4	$4+1=5$	$4+2=6$	$4+3=7$	$4+4=8$	$4+5=9$	$4+6=10$
5	$5+1=6$	$5+2=7$	$5+3=8$	$5+4=9$	$5+5=10$	$5+6=11$
6	$6+1=7$	$6+2=8$	$6+3=9$	$6+4=10$	$6+5=11$	$6+6=12$

注意到此时我们感兴趣的是点数总和，而点数总和从 2 点至 12 点共 11 个可能事件. 我们数出每个事件包含的结果个数，并用它除以结果的总数 36 来得到每个可能事件的概率. 例如，“点数总和等于 8” 包括 5 个结果，因此 “总和为 8” 的概率是 5/36. 表 7.4 和图 7.8 展示了完整的概率分布. 显然，其中概率最大的事件是总和为 7，其概率是 6/36，或 1/6.

表 7.4　两个骰子的点数总和的概率分布

事件	2	3	4	5	6	7	8	9	10	11	12	共计
概率	1/36	2/36	3/36	4/36	5/36	6/36	5/36	4/36	3/36	2/36	1/36	1

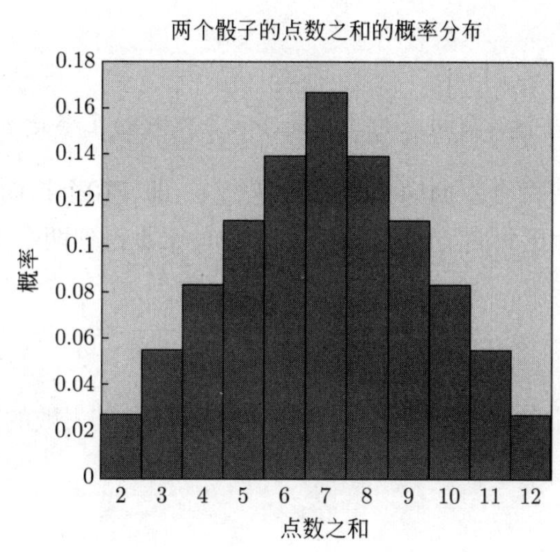

图 7.8　两个骰子的点数之和的概率分布

▶ 做习题 41~42.

关于赔率

你可能已经注意到我们有几种方式来表示概率这一概念. 例如，我们说抛一枚硬币正面向上的机会或（可能性）是 1/2，就相当于说概率是 1/2. 概率的另一个常见说法是**几率**（odds），但严格来说这两个概念有不同的含义. 几率通常被定义为某特定事件发生的概率与不发生的概率的比值.

定义

事件 A **成功的几率**是：

$$\text{事件 } A \text{ 成功的几率} = \frac{P(A)}{P(\overline{A})}$$

事件 A **失败的几率**是：

$$\text{事件 } A \text{ 失败的几率} = \frac{P(\overline{A})}{P(A)}$$

注意：在赌博中，**赔率**一般指的是失败的几率.

虽然赔率被定义为分数，但我们通常会把分数化到最简并将其读作比值. 例如，抛掷单个骰子得到 4 点的

概率是 1/6，而不能得到 4 点的概率是 5/6. 因此，能掷出 4 点的几率是

$$\frac{P(4\text{点})}{P(\text{不是 4 点})} = \frac{1/6}{5/6} = \frac{1}{5}.$$

我们通常说：能掷出 4 点的几率是 1 比 5. 或者取倒数，我们可以说不能掷出 4 点的几率是 5 比 1.

在赌博中，赔率（指“失败的几率”）通常表示你获胜的时候每一美元赌注可以为你赢得多少钱. 例如，假设赛马时某匹马的赔率是 3 比 1. 那么对于你在这匹马上下注的每一美元，如果该马获胜，你将获得 3 美元. 如果你下注两美元而该马获胜，你将获得 $3 \times 2 = 6$ 美元.（你还能收回你下的赌注，所以当你下两美元的赌注而且赢了时，你将得到 6 美元的收益，加上你原来的 2 美元，总共 8 美元.）当然，和其他形式的赌博一样，你更有可能会输掉你的赌注.

例 12　两枚硬币的几率

如果同时抛两枚硬币，得到两个正面向上的几率是多大？失败的几率是多大？

解　如前所述，抛两枚硬币时出现两个正面向上的概率是 1/4，即 $P(2\text{个正面向上}) = 1/4$. 因此，不是两个正面向上发生的概率是 $P(\text{不是 2 个正面向上}) = 1 - 1/4 = 3/4$. 于是得到两个正面向上的几率是

$$\frac{P(2\text{个正面向上})}{P(\text{不是 2 个正面向上})} = \frac{1/4}{3/4} = \frac{1}{3}.$$

抛两枚硬币得到两个正面向上的几率是 1 比 3. 取它的倒数就是其失败的几率，所以抛两枚硬币不能得到两个正面向上的几率是 3 比 1.

▶ 做习题 43~46.

例 13　赛马回报

在一场赛马比赛中，“蓝月亮”①的赔率是 7 比 2. 如果你下注 10 美元并且最终“蓝月亮”胜出，你将能获得多少钱？

解　7 比 2 的赔率意味着，你在“蓝月亮”上每下注 2 美元，如果它赢了，那么你将获得 7 美元. 而 10 美元的赌注相当于 5 个 2 美元的赌注，所以你将得到 $5 \times 7 = 35$ 美元的奖金. 你还可以拿回下注的 10 美元，所以当你去兑换奖金时，你将一共能获得 45 美元.

▶ 做习题 47~48.

测验 7.1

为以下每个问题选择最佳答案，并用一个或多个完整的句子解释原因.

1. 假设你连续抛一枚硬币三次. 就出现的正面的次数而言，以下三个结果中的哪一个与反面、正面、反面（THT）代表的是同一个事件?(　)

a. THH　　b. TTH　　c. TTT

2. 在篮球课程中，丽莎在 100 次投篮中投中 80 次. 当我们说丽莎投篮时命中的概率是 0.8 时，我们说的概率是哪一类概率?(　)

a. 理论概率　　b. 频率概率　　c. 主观概率

① **顺便说说**：什么是蓝月亮？现在很多人都说蓝月亮是一个月中的第二个满月. 但是《天空和望远镜》的编辑发现，这个定义源自他们在 1946 年某期杂志中所犯的一个错误. 没有人知道蓝月亮的最初定义，但是英文短语“once in a blue moon”的意思是千载难逢.

3. 一个盒子里有 20 个水果，但其中只有 4 个是橘子. 当我们说拿到其中一个橘子的概率是 0.2 时，我们说的概率是哪一类概率?(　)

a. 理论概率　　b. 频率概率　　c. 主观概率

4. 假设买彩票时赢得某个大奖的概率是 0.001，那么不能赢得大奖的概率是多少?(　)

a. 0.001　　b. $1+0.001$　　c. $1-0.001$

5. 当你抛一枚硬币时，正面向上的概率是 1/2. 假设硬币是均匀的，这意味着 (　).

a. 如果你抛两枚硬币，那么一枚正面向上，一枚反面向上

b. 如果你抛 100 枚硬币，那么 50 枚正面向上，50 枚反面向上

c. 如果你抛 1 000 枚硬币，正面向上的硬币个数将非常接近 500，但不一定恰好等于 500

6. 在掷两枚骰子的赌博中，塞雷纳押注两枚骰子总点数是 6，麦肯齐押注总点数是 9. 谁获胜的概率比较大?（提示：见表 7.4）(　)

a. 塞雷纳　　b. 麦肯齐　　c. 两者获胜概率相同

7. 假设你掷四个六面骰子，那么共有多少个可能的结果?(　)

a. 6　　b. $4\times4\times4\times4\times4\times4$　　c. $6\times6\times6\times6$

8. 假设你掷三个六面骰子，那么三个骰子的点数之和共有多少种可能?(　)

a. 11　　b. 16　　c. $6\times6\times6$

9. 你用一副有 52 张牌的扑克玩梭哈. 如果你能用概率分布来展示每一手牌的概率，那么所有这些概率的总和是 (　).

a. 1　　b. 5　　c. 52

10. 翠普 · 垂特在肯塔基赛马大会上胜出的赔率是 4 比 1. 这意味着设置该赔率的人认为翠普 · 垂特获胜的概率是 (　).

a. 1/5　　b. 1/4　　c. 4/5

习题 7.1

复习

1. 区分概率中的结果和事件. 举例说明同一个事件可以包含两个或更多个结果.
2. P(事件) 代表的是什么? P(事件) 可能的取值范围是什么? 为什么?
3. 简要描述得到概率的三种方法：理论方法、频率方法和主观方法. 各举一例说明.
4. 某个事件不发生的概率与发生的概率之间是什么关系? 为什么?
5. 什么是概率分布? 说明如何制作表格或直方图来展示概率分布.
6. 说明“赔率”的一般用法以及它在赌博中的作用.

是否有意义?

确定下列陈述是有意义的（或显然是真实的）还是没意义的（或显然是错误的），并解释原因.

7. 当我抛四枚硬币时，有 6 个不同的结果都代表事件“两个正面和两个反面”.
8. 我姐姐能考上理想大学的概率是 3.7.
9. 我估计我在未来 3 年内结婚的概率是 0.7.
10. 因为火星上要么有生命，要么没有生命，所以火星上有生命的概率是 0.5.
11. 乔纳斯能赢得比赛的概率是 0.6，他不能赢的概率是 0.5.
12. 根据数据显示，在过去的 100 年中有 27 年的圣诞节有降雪，因此今年圣诞节下雪的概率是 0.27.

基本方法和概念

13～16：**回顾乘法原理**. 使用“简要回顾　乘法原理”中介绍的方法回答以下问题.

13. 如果某型号的汽车有 12 种颜色和 4 种款式（轿车、客货两用车、越野车和两厢车），你有多少种不同的选车方案?
14. 当地的滑雪器材共销售 9 种滑雪板、8 种绑带和 12 种滑雪靴. 共有多少种不同的滑雪板/绑带/滑雪靴套装可供选择?
15. 餐厅提供特别菜单，包括两种沙拉、8 种主菜和 6 种甜点. 你在点餐时有多少种不同的三道菜套餐可供选择?
16. 四个州各选一名地区委员会代表. 每个州都有两名候选人竞选该州的代表. 共有可能组成多少个不同的委员会?
17. **连赛两场的结果和事件**. 假设纽约洋基队连打两场比赛（同一天有两场比赛）. 用 W 表示胜利，用 L 表示失败，列出两场

比赛的所有可能结果. 如果我们只对洋基队获胜的比赛场数感兴趣，这两场比赛的所有可能事件是什么?
18. **天气结果和事件**. 假设我们将天气分为晴天（S）和阴天（C）. 列出连续三天的天气的所有可能结果. 如果我们只对晴天的天数感兴趣，那么连续三天内所有可能的事件是什么?
19~28: **理论概率**. 使用理论方法计算以下结果和事件的概率. 说明你所做的任何假设.
19. 抛两枚硬币，得到 0 个或 1 个反面向上.
20. 掷一枚骰子并得到一个偶数点（2、4 或 6 点）.
21. 从一副标准扑克牌中抽出一张 K.
22. 从一副标准扑克牌中抽出一张红色的牌（红桃或方片）.
23. 从有两个孩子的家庭里随机选择一个家庭，该家庭恰好有两个男孩.
24. 从有三个孩子的家庭里随机选择一个家庭，该家庭恰好有两个男孩.
25. 随机选择一个人，他的生日在 4 月.
26. 随机选择一个人，他的生日在 1 月、6 月或 7 月.
27. 如果你们都在 12 月出生，你们恰好在同一天出生.
28. 随机选择一个人，他是在星期日出生的.
29~32: **频率概率**. 使用频率方法回答以下问题.
29. 过去 27 天中，当地的天气预报有 15 天是准确的. 基于这个事实，明天能准确预报天气的频率概率是多大?
30. 本赛季过半，一名足球运动员在 18 次罚球中共成功射门 12 次. 根据她迄今为止的表现，她下一次罚球时射门成功的频率概率是多大?
31. 你抛一枚硬币 100 次，只得到 15 次正面. 你有理由怀疑这枚硬币不均匀吗? 说明理由.
32. 你抛两枚硬币 100 次，其中有 23 次两枚硬币都是反面，有 51 次恰好一枚为正面，有 26 次两枚都是正面. 你有理由怀疑硬币不均匀吗? 说明理由.
33~34: **哪种类型的概率**? 说明应该用哪种方法（理论、频率或主观）来回答以下问题.
33. 在梭哈中一手牌里能拿到一对 A 的概率是多大?
34. 明年在车祸中受伤的概率是多大?
35~38: **事件不发生**. 确定以下事件的概率. 说明你所做的任何假设.
35. 掷一枚均匀的骰子，不能得到 1 点的概率是多大?
36. 抛三枚均匀的硬币，不能得到三枚硬币都是正面的概率是多大?
37. 一个罚球命中率为 69% 的篮球运动员有多大概率会在他下一次罚球时失误?
38. 你遇到的下一个人不是春天（4、5、6 月）出生的概率有多大? （假设一年 365 天.）
39~42: **概率分布**. 求以下各组事件的概率分布. 你可以用表格或直方图（或二者同时）展示概率分布.
39. 有三个孩子的家庭中的男孩个数.
40. 抛四枚均匀硬币，其中正面向上的硬币个数.
41. 掷两个均匀的四面骰子（四面体）得到的点数之和.
42. 有四个孩子的家庭中的女孩个数.
43~46: **几率**. 使用本节给出的定义来确定以下各事件的几率和失败的几率.
43. 掷一个均匀的骰子，得到 5 点.
44. 抛两枚均匀的硬币，两枚硬币都是正面.
45. 掷两个均匀的骰子，得到双 6 点.
46. 从一副标准扑克牌中随机抽出一张红桃牌.
47~48: **赌博赔率**. 使用赌博中赔率的定义来计算以下各题.
47. 你的赌注（反）赔率为 3 比 5. 如果你下注 20 美元而且赢了，你能赢得多少钱?
48. 你的赌注（反）赔率为 6 比 5. 如果你下注 20 美元而且赢了，你能赢得多少钱?

进一步应用

49~66: **计算概率**. 选择合适的方法（理论、频率或主观）来计算或估计以下各个概率. 如果使用的是主观方法，解释你的推理.
49. 从一副标准扑克牌中抽取到一张红色花脸牌（红色的 J、Q、K）.
50. 掷一枚 12 面骰子，得到一个偶数点.

51. 从一副标准扑克牌中抽取到一张偶数牌（2、4、6、8、10）.
52. 掷三个骰子，得到所有三个骰子的点数相同.
53. 随机遇到一个人，他恰好出生在午夜 0 点到凌晨 2 点之间.
54. 随机遇到一个人，他恰好出生在 4 月、8 月或 10 月（假设一年有 365 天）.
55. 随机遇到一个人，他电话号码的尾数恰好是 0 或 1.
56. 随机遇到一个人，他恰好出生在周末（星期六或星期天）.
57. 从有三个孩子的家庭中随机选择一个，该家庭恰好有三个女孩.
58. 抽屉里有 5 条蓝领带、6 条红领带和 7 条绿领带，从中随机拿到一条红领带.
59. 随机遇到一个人，他社会保险号的尾数与你的相同.
60. 德国男子足球队赢得下一届世界杯冠军.
61. 一名平均打击率为 0.250 的棒球运动员在下一次击球时取得成功.
62. 抛一枚均匀的硬币和掷一个均匀的骰子，硬币正面向上且骰子点数为 6.
63. 在只知道某个陌生人出生在 6 月的奇数日的情况下，正确地猜出其出生日期.
64. 今年没有 50 年一遇的洪水.
65. 播放列表中共有 889 首歌曲，其中你加入喜欢列表的有 127 首，随机播放一首歌曲不在你的喜欢列表里.
66. 掷两枚骰子，得到点数之和为 8.

67~68：**玻璃球的概率分布**

67. 假设你有一个袋子，里面有 10 个白色玻璃球（W）、10 个黑色玻璃球（B）和 10 个红色玻璃球（R）. 你从袋中随机拿出两个小球.
    a. 列出此过程的所有可能结果（例如，RR、BW 等）.
    b. 制作概率分布表，展示拿到 0 个、1 个和 2 个黑球的概率.
68. 假设你有一个袋子，里面有 10 个白球（W）、10 个黑球（B）和 10 个红球（R）. 你从袋中随机拿出 3 个小球.
    a. 列出此过程的所有可能结果（例如，RRR、BWR 等）.
    b. 制作概率分布表，展示拿到 0 个、1 个、2 个和 3 个黑球的概率.

69~72：**更多计数问题**. 回答下面的计数问题.

69. 当地的涂料店可提供 28 种基本颜色，每种颜色又可以和 4 种不同的纹理组合. 共有多少种不同的涂料组合?
70. 你需要修 5 类课程，分别是人文、社会学、科学、数学和音乐课程，每类课程需要修一门课. 你可以从 4 门人文课程、3 门社会学课程、5 门科学课程、2 门数学课程和 3 门音乐课程中选择. 有多少种不同的选课方式可以满足要求?
71. 在设计新的家庭娱乐中心时，你可以选择 7 种不同的平板电视、9 种不同的扬声器和 11 种不同的话筒. 你可以设计出多少种不同的娱乐中心?
72. 你考虑购买的某汽车型号可以选择是或不是真皮座椅、有或没有天窗、有或没有车窗贴膜，还有 8 种不同的颜色可供选择. 购买该型号汽车有多少种不同配置的选择?
73. **性别政治**. 下表列出了政治会议上 100 名代表各自的性别和政党. 假设你随机遇到一个代表.

	女性	男性
共和党人	21	28
民主党人	25	16
独立党人	6	4

    a. 你遇到的是男性的概率有多大?
    b. 你遇到的是民主党人的概率有多大?
    c. 你遇到的不是独立党人的概率有多大?
    d. 你遇到的是一位男共和党人的概率有多大?
    e. 你遇到的不是女共和党人的概率有多大?

74. **老年人**. 2015 年，美国 3.21 亿人口中超过 65 岁的有 4 800 万人. 据估计，到 2050 年，美国 4 亿人口中将有 8 800 万人在 65 岁以上. 你认为在 2015 年和 2050 年，哪一年遇到年龄超过 65 岁老年人的概率更大? 说明理由.
75. **婚姻状况**. 下表列出了所有美国男性和女性中处于各种婚姻状况的人所占的百分比.

婚姻状况	女性	男性
已婚	51.2%	53.7%
未婚	28.9%	34.8%
离异	11.3%	8.9%
丧偶	8.6%	2.6%

a. 随机选择一位美国女性，她已婚的概率有多大?

b. 随机选择一位美国男性，他不是已婚的概率有多大?

c. 只利用这些数据，你能确定总的来说任意一个美国人是丧偶人士的概率吗?

76. **有欺骗性的赔率**. 假设事件 A 发生的概率是 0.99，事件 B 发生的概率是 0.96——两者都是大概率事件. 计算事件 A 和事件 B 的成功的几率. 评价两个事件成功的几率之间的差异与概率之间的差异. 此时，几率为何具有欺骗性?

77. **小课题：图钉概率**. 找一个标准的图钉，反复将它投掷到某个平面上. 注意，有两个不同的结果：图钉可能尖端朝下或尖端朝上着陆.

a. 投掷图钉 50 次，并记录结果.

b. 根据这些记录给出两个可能结果的频率概率.

c. 如果可能的话，再找几个人重复这个过程. 你们得到的概率是否一致?

78. **小课题：抛三枚硬币**. (同时) 抛三枚硬币 50 次，并记录正面向上的硬币个数. 根据你的观察，给出每个可能结果的频率概率. 频率概率是否与理论概率一致? 说明理由.

实际问题探讨

79. **血型**. 有四种主要血型，分别记为 A、B、AB 和 O. 每种血型中有两种 Rh 类型：阳性和阴性. 查找关于血型的频率分布的数据，包括 Rh 类型在内. 制作一张表格，展示 8 种血型的分布情况.

80. **罕见的事故**. 查找一些关于各类罕见事故 (例如被雷击致死、被鲨鱼咬死或被飞机坠落部件砸死) 的频率概率的数据. 频率概率是否与你的直觉一致?

81. **新闻中的概率**. 查找用到了概率的新闻文章或研究报告. 解释其中用到的概率，并讨论它是理论概率、频率概率还是主观概率.

82. **你生活中的概率**. 请描述你在生活中最近遇到的使用概率做出决定的实例. 你用的是哪一类概率? 它是如何帮你做出决定的?

83. **赌博的赔率**. 找到使用了术语 "赔率" 的赌博或彩票广告，并解释其中赔率的含义.

实用技巧练习

利用本节的实用技巧中给出的方法或用 StatCrunch 回答下列问题.

84. **模拟抛硬币**. 你可以按照下面的方法用 StatCrunch 模拟抛硬币：在 StatCrunch 工作空间中 (在主菜单上选择 "Open StatCrunch")，选择 "Applets"，然后选择 "Simulation"，然后选择 "Coin Flipping". 再输入你希望在模拟中抛掷的硬币数，然后选择 "Compute!". 这时将出现一个空图表，顶部可以选择输入模拟的次数.

a. 将你的硬币个数选为 30；当图表出现时，选择模拟抛掷次数为 1，观察这次抛掷中正面向上的硬币个数. 再选择模拟抛掷次数为 5，并查看结果. 重复这一过程，观察不同数量的正面向上的频率是如何变化的. 当你增加模拟次数时，频率的变化与你所预期的一样吗? 说明原因.

b. 从 30 枚硬币开始，现在选择模拟抛 1 000 次. 附上你得到的结果的屏幕截图，简要解释它说明了什么，同时根据你在 (a) 中的发现，说明它为什么是有意义的.

c. 重复进行 (b)，但这次选择 50 枚硬币，即 1 000 次模拟抛掷中每次都抛 50 枚硬币. 附上你得到的结果的图片，并简要解释如何将该结果与你从 (b) 得到的结果进行比较.

85. **模拟掷骰子**. 与习题 84 中所用的方法类似，但选择 "Dice Rolling" 而不是 "Coin Flipping" 来在 StatCrunch 模拟掷骰子.

a. 将你的骰子个数选为 2，而你感兴趣的事件是两个骰子的点数之和. 当逐渐增加更多的模拟投掷时，每次增加 5 次模拟投掷，注意观察结果与只做一次模拟投掷时相比是怎么变化的. 简要描述你观察到的规律.

b. 从头开始做 2 个骰子的模拟投掷 1 000 次. 附上结果的屏幕截图，并简要描述该结果与图 7.8 中展示的理论概率相比如何.

7.2 组合概率

1654 年，法国一位贵族德梅尔（他名叫安托万 · 冈巴德，Antoine Gombaud Chevalier de Méré）与其他赌徒赌钱，他打赌说如果他投掷一枚标准的六面骰子，那么他可以在 4 投掷中至少掷出一个 6 点. 尽管德梅尔算错了他获胜的概率，但他仍然在这个赌局中赚了不少钱.

因为投掷一枚标准的六面骰子，得到 6 点的概率是 1/6，所以德梅尔错误地认为他在 4 次投掷中能掷出 6 点的概率是 1/6 的 4 倍，即 $4/6 \approx 0.67$. 但事实上，在 4 次投掷中能掷出 6 点的概率仅为 0.52（我们马上会说明这个概率是如何计算的）. 尽管如此，因为获胜的概率是 0.52，也就意味着他能赢得 52% 次的赌博（仅损失 48% 次），所以从长远来看，德梅尔依然可以赢钱.

随着赌徒们在这个"骗局"中屡屡失利，他们不愿意再玩这个游戏. 因此，德梅尔推出了一个新的赌局，这次他同时掷两枚骰子，并打赌说他可以在 24 次投掷中至少掷出一个双 6 点. 他知道，同时掷两枚骰子时出现双 6 点的概率是 1/36（参见 7.1 节的例 11）. 然后，他用错误的推理猜测，如果他掷两枚骰子 24 次，至少会掷出一次双 6 点的概率是 $24/36 = 0.67$.

然而让他感到沮丧的是：他开始赔钱了. 为了了解为什么会这样，他向数学家布莱斯 · 帕斯卡（Blaise Pascal①）求助，后者又就此概率与数学家皮埃尔 · 费马（Pierre de Fermat②）通信交流. 帕斯卡和费马很快就认识到了德梅尔推理中的错误，给出了正确计算组合概率的一些方法. 本节我们将研究这些方法的部分内容.

例 1 德梅尔推理中的错误

考虑德梅尔的第一个赌局，他推断说 4 次投掷中至少能掷出一个 6 点的概率是单次投掷得到 6 点概率 1/6 的 4 倍，即 4/6. 如果我们把这个逻辑继续引申下去，那么 5 次投掷和 6 次投掷中至少能掷出一个 6 点的概率是多大呢？解释这个引申是如何证明他的逻辑错误的.

解 按照相同的逻辑，投掷骰子 5 次时至少得到一个 6 点的概率是 $5 \times \dfrac{1}{6} = \dfrac{5}{6}$，投掷骰子 6 次时至少得到一个 6 点的概率是 $6 \times \dfrac{1}{6} = 1$. 因为概率为 1 意味着确定性（即事件 100% 会发生），因此他的逻辑意味着只要投掷 6 次骰子，总会掷出至少一个 6 点. 但事实并非如此，因为我们当然有可能投掷 6 次骰子，却连一个 6 点也得不到. 因此，德梅尔的逻辑是错误的.（正确的计算将在本节最后给出.）

▶ 做习题 11~12.

思考 请你准备一个标准的六面骰子，投掷 6 次；记录 6 次中得到 6 点的次数. 重复这个试验至少 10 次. 你有多少次试验得到了至少一个 6 点？多少次试验你一个 6 点也没有得到？你认为你的结果如何印证德梅尔的逻辑？

交概率

例 1 只是说明了德梅尔计算联合概率的方法是错误的，那么正确的方法又是什么呢？我们首先来计算两个事件同时都发生的概率.

---

① **历史小知识**：布莱斯 · 帕斯卡（1623—1662）生于巴黎，他是个天才，对数学和物理学都做出了卓越的贡献. 他亦是虔诚的教徒，其著作《思想录》（*Pensees*）是西方哲学的重要论著. 帕斯卡去世时年仅 39 岁.

② **历史小知识**：皮埃尔 · 费马（1601—1665）是一名律师，但令他着迷的却是数学. 他的一生更像是数学家的一生，他专注于各种困难问题的研究. 他最著名的猜想——费马大定理一直到 1994 年才被证明，距离他提出这个猜想已经过去了 350 多年.

独立事件

我们先从计算**独立事件**[①] (independent events) 同时都发生的概率开始. 所谓独立事件, 是指一个事件的发生不影响另一个事件发生的概率. 例如, 你抛两枚硬币, 其中一枚硬币的结果与另一枚硬币的结果是相互独立的. 类似地, 如果你掷一枚骰子两次, 第一次投掷的结果不影响第二次投掷的结果.

假设你掷两枚骰子, 想确定两枚骰子都是 4 点 (称为双 4) 的概率. 计算这个概率的一种方法是将掷两枚骰子看作一次掷两枚骰子. 如表 7.3 所示, 双 4 是 36 种可能结果中的一种, 因此其概率为 1/36.

另一种方法是, 我们分别考虑这两枚骰子. 也就是说, 我们想计算的是一枚骰子出现 4 点, 另一枚骰子也出现 4 点的概率. 所以, 我们称我们正在计算的是一个**交概率** (and probability, 或积概率). 我们知道掷每一枚骰子得到 4 点的概率都是 1/6, 因此可以将两枚骰子各自出现 4 点的概率相乘来得到第一枚骰子出现 4 点且第二枚骰子出现 4 点的概率:

$$\begin{aligned} P(\text{双 } 4) &= P(\text{一枚骰子出现 } 4 \text{ 点}) \times P(\text{另一枚骰子也出现 } 4 \text{ 点}) \\ &= \frac{1}{6} \times \frac{1}{6} = \frac{1}{36} \end{aligned}$$

我们可以证明这种方法对于两个独立事件总是适用的, 而且可以推广到多个事件.

独立事件的交概率

如果一个事件的发生不影响另一个事件发生的概率, 则称两个事件是**相互独立**的. 考虑两个独立的事件 A 和 B, 设其概率分别是 $P(A)$ 和 $P(B)$. 那么 A 和 B 都发生的**交概率**是

$$P(A\text{和}B\text{都发生}) = P(A) \times P(B)$$

这个公式可以推广到任意多个独立的事件. 例如, 三个独立的事件 A、B 和 C 都发生的交概率是:

$$P(A, B, C\text{都发生}) = P(A) \times P(B) \times P(C)$$

例 2 三枚硬币

假设你一次抛三枚硬币. 那么得到 3 个反面向上的概率是多大?

解 因为不同硬币的结果是独立的, 我们可以将三枚硬币各自反面向上的概率相乘来得到交概率——3 个都是反面的概率:

$$\begin{aligned} P(3 \text{ 个反面}) &= P(\text{硬币 } 1 \text{ 反面}) \times P(\text{硬币 } 2 \text{ 反面}) \times P(\text{硬币 } 3 \text{ 反面}) \\ &= \frac{1}{2} \times \frac{1}{2} \times \frac{1}{2} = \frac{1}{8} \end{aligned}$$

所以抛三枚硬币都是反面向上的概率是 1/8 (这和我们在 7.1 节的例 10 中用不同方法计算得到的概率是相同的).

▶ 做习题 13~14.

例 3 三枚骰子

掷一枚骰子, 连续 3 次掷出 6 点的概率是多大?

---

① **顺便说说**: 事件是否独立并不总是显而易见的. 考虑某位篮球球员的罚球命中率. 有人认为每次投篮命中的概率是相同的. 也有人认为某次罚球的命中与否会影响球员的心理状况, 从而对下次罚球的命中率产生影响. 尽管进行了许多有关罚球命中率的统计研究, 但迄今为止, 依然不能确定到底哪种观点是正确的.

解　由于每次投掷都是独立的，而且每次掷出 6 点的概率都是 1/6，所以我们可以简单地将它们相乘：

$$P(\text{连续 3 次 6 点}) = P(\text{第一次掷出 6 点}) \times P(\text{第二次掷出 6 点}) \times P(\text{第三次掷出 6 点})$$

$$= \frac{1}{6^3} = \frac{1}{216}$$

连续掷出 3 次 6 点的概率是 1/216.

▶ 做习题 15~16.

例 4　连年爆发的洪水

计算百年一遇的洪水（即任何一年的爆发概率是 0.01 的洪水）在一座城市连续两年爆发的概率. 假定任何一年的洪水情况不会影响第二年洪水爆发的概率.

解　已知不同年份的洪水爆发是独立事件. 因此，我们通过将每年洪水爆发的概率相乘来计算连续两年洪水爆发的概率：

$$P(\text{连续两年洪水爆发}) = P(\text{第一年洪水爆发}) \times P(\text{第二年洪水爆发})$$

$$= 0.01 \times 0.01 = 0.000\,1$$

连续两年有百年一遇的洪水的概率仅为万分之一. 尽管概率如此小的事件还是有可能会发生，但注意，这个结果是在任何一年洪水爆发的概率是 0.01 的假定下计算得到的. 如果连续两年爆发百年一遇的洪水，我们就有理由怀疑单次洪水爆发的概率是否真的是 0.01.

▶ 做习题 17~18.

不独立事件

假设盒子中最开始有 5 颗巧克力和 5 颗焦糖，你从盒子中随机拿一颗糖. 显然，你第一次拿到巧克力的概率是 5/10 或 1/2. 现在，假设你第一次拿了一颗巧克力并吃掉它. 在第二次拿糖时你能拿到另一颗巧克力的概率是多大呢?

因为你已经吃过一颗巧克力了，所以盒子里只有 9 颗糖果，其中 4 颗是巧克力. 因此，第二次能拿到巧克力的概率是 4/9(见图 7.9)，这不等于第一次拿到巧克力的概率 1/2. 因为第一个事件的结果会影响第二个事件的概率，所以我们说这两个事件是**不独立事件**（dependent events）.

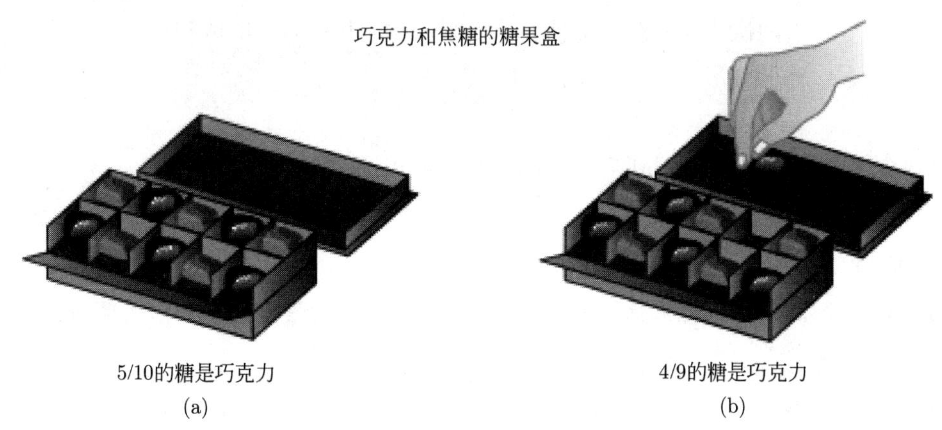

图 7.9

糖果盒里有 5 颗巧克力和 5 颗焦糖. (a) 如果你从中随机拿一颗糖，能拿到巧克力的概率是 5/10 或 1/2. (b) 如果你第一次拿到一颗巧克力并吃掉了，那么糖果盒里只剩下 9 颗糖果，其中有 4 颗巧克力. 因此第二次再拿到一颗巧克力的概率是 4/9.

计算不独立事件的概率仍然要将各自的概率相乘，但我们必须考虑到先发生的事件将如何影响后面事件的概率.[①] 在糖果盒这个例子中，我们可以将第一次拿到巧克力的概率 $\frac{1}{2}$ 乘以第二次拿到巧克力的概率 $\frac{4}{9}$ 来得到连续两次拿到巧克力的概率：

$$\begin{aligned} P(\text{拿到两颗巧克力}) &= P(\text{第一次拿到巧克力}) \times P(\text{第二次拿到巧克力}) \\ &= \frac{1}{2} \times \frac{4}{9} = \frac{2}{9} \end{aligned}$$

因此连续两次拿到巧克力的概率是 2/9. 我们可以将这种方法推广到任意多个不独立的事件.

思考 假设你没有吃掉你在图 7.9 (a) 的盒子里拿到的第一颗糖，而是又把它放回了盒子里. 不做任何计算，确定这种情况下连续拿到两颗巧克力的概率是大于还是小于将第一次拿到的巧克力吃掉时连续拿到两颗巧克力的概率. 说明原因.

不独立事件的交概率

如果一个事件的结果会影响另一个事件发生的概率，则称这两个事件是**不独立的** (dependent) . 不独立的两个事件 A 和 B 同时发生的**交概率**是：

$$P(A\ \text{和}B\ \text{同时发生}) = P(A) \times P(A\text{发生时}B)$$

式中，$P(A\text{发生时}\ B)$ 表示"已知事件 A 发生时事件 B 的概率". 这种方法可以推广到任意多个不独立的事件. 例如，三个不独立的事件 A、B 和 C 的交概率是：

$$P(A,B,C\text{同时发生}) = P(A) \times P(A\text{发生时}B) \times P(A,B\text{都发生时}C)$$

例 5 宾果

宾果游戏是从箱子里随机拿出带有标签的小球，无须放回. 箱子里共有 75 个小球，分别标着字母 B、I、N、G、O，每个字母均有 15 个小球. 前两次连续拿到两个 B 小球的概率是多大?

解 宾果游戏里是不独立的事件，因为所选小球未被放回，因此取出小球会改变箱子里球的状况. 第一次拿到 B 小球的概率是 15/75. 而在这种情况下，箱子里还剩下 74 个小球，其中有 14 个标有字母 B. 所以在第二次取球时能拿到 B 小球的概率是 14/74. 故前两次连续拿到两个 B 小球的概率就是：

$$\begin{aligned} P(\text{两次 B 小球}) &= P(\text{B}) \times P(\text{第一次是B时第二次取到B}) \\ &= \frac{15}{75} \times \frac{14}{74} \approx 0.037\ 8 \end{aligned}$$

前两次连续拿到两个 B 小球的概率是 0.037 8，或者说不到 4%.

▶ 做习题 19~20.

例 6 挑选陪审团成员

需要从 6 名男性和 6 名女性中随机抽取三人作为陪审员. 选择的陪审员全部都是男性的概率是多大?[②]

---

① **顺便说说**: $P(A\text{发生时}B)$ 通常写作 $P(B|A)$，称为条件概率. 条件概率的方法最早是由托马斯 · 贝叶斯 (Thomas Bayes, 1702—1761) 提出的. 他的工作还包括如何用主观概率和证据来修正概率，而现在这项工作变得非常重要，尤其是在经济和法律等领域，如今被称为贝叶斯统计以纪念贝叶斯.

② **顺便说说**: 1968 年，著名的儿科医生本杰明 · 斯波克 (Benjamin Spock) (他的育儿书销量超过 5 000 万册) 被一个全男性陪审团定罪，罪名是在越战期间与人共谋抵制征兵，尽管斯波克和他所谓的共谋者从未见过面. 辩方认为包括女性在内的陪审团会更有同情心. 在上诉时，斯波克的定罪被推翻，当然主要是由于其他原因.

解　由于 12 个人中有 6 名男性，第一位陪审员是男性的概率是 6/12. 如果第一位陪审员是男性，剩余的 11 个人里有 5 名男性. 因此，第二位陪审员也是男性的概率是 5/11. 如果前两名陪审员都是男性，则剩下的 10 个人里还有 4 名男性，所以第三名陪审员也是男性的概率是 4/10. 因此所求的交概率是：

$$\begin{aligned}P(3\text{ 个陪审员全是男性}) &= P(\text{第一位是男性}) \times P(\text{第一位是男性时第二位是男性})\\ &\quad \times P(\text{前两位都是男性时第三位是男性})\\ &= \frac{6}{12} \times \frac{5}{11} \times \frac{4}{10} = \frac{120}{1\,320} \approx 0.091\end{aligned}$$

即选择的三人都是男陪审员的概率约为 0.09 或 9/100.

▶ 做习题 21～22.

并/或概率

假设我们现在想计算的是两个事件至少有一个发生的概率，而不是两个事件都发生的概率. 此时我们说我们正在计算的是**并/或概率**（either/or probability），例如计算下一辆到达车站的是 2 号巴士或 9 号巴士的概率. 与求交概率类似，求或概率时我们也要分两种情况讨论，分别称为相容事件和不相容事件.

不相容事件

一枚硬币落地时可能正面向上或反面向上，但是正面向上和反面向上不可能同时发生. 当两个事件不能同时发生时，它们就被称为**不相容的**（non-overlapping，或互斥的). 我们可以用维恩图（见 1.3 节）来表示不相容事件，用圆圈代表不同的事件，代表不相容事件的圆圈不相交. 例如，图 7.10 是单次抛一枚硬币的所有可能结果的维恩图. 我们可以使用以下规则计算不相容事件的并/或概率.

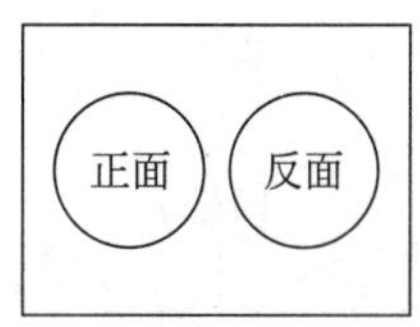

图 7.10　不相容事件的维恩图

> **并/或概率：不相容事件**
>
> 如果两个事件不能同时发生，则称两个事件是**不相容的**. 如果 A 和 B 是不相容事件，则 A 或 B 发生的概率是
>
> $$P(A\text{或}B) = P(A) + P(B)$$
>
> 这个公式还可以推广到多个不相容的事件. 例如，事件 A、事件 B 或事件 C 发生的概率是
>
> $$P(A\text{或}B\text{ 或}C) = P(A) + P(B) + P(C)$$

例 7　骰子的并/或概率

假设你掷一枚骰子，掷出 2 点或 3 点的概率是多大？

解　掷出 2 点和掷出 3 点这两个事件是不相容的，因为一枚骰子一次只能以一种方式落地. 每个事件的概率都是 1/6（因为共有 6 种可能的落地方式），所以组合概率是

$$P(2\text{或}3) = P(2) + P(3) = \frac{1}{6} + \frac{1}{6} = \frac{1}{3}$$

即掷出 2 点或 3 点的概率是 1/3.

▶ 做习题 23~24.

思考 使用求并/或概率的方法计算硬币正面向上或反面向上的概率. 结果是否符合你的预期? 解释原因.

相容事件

假设你有一副有 52 张牌的标准扑克牌（见图 7.4），从中随机抽取一张牌，你想确定抽到 Q 或梅花牌的概率. 因为一副牌有 4 个 Q，抽到 Q 的概率是 4/52. 同样，因为一副牌有 13 张梅花牌，所以抽到梅花牌的概率是 13/52. 两个概率的总和是

$$\frac{4}{52}+\frac{13}{52}=\frac{17}{52}$$

然而，这并不是抽到 Q 或梅花牌的概率. 图 7.11 中的维恩图清楚地表明了原因. 左边的圆圈代表一副牌的 4 个 Q，右边的圆圈代表一副牌的 13 张梅花牌. 这两个圆圈有重叠部分，因为有一张牌——梅花 Q，它既是 Q，也是梅花牌. 也就是说，抽到 Q 和梅花牌这两个事件是相容事件，因为两者可以同时发生. 如果我们简单地像上面那样将两个概率相加，梅花 Q 会被计数两次（作为 Q 被计数一次，作为梅花牌又被计数一次）. 我们必须减去抽到梅花 Q 的重复计数来校正概率，这需要减去 1/52（因为一副牌里只有这一张牌既是 Q 又是梅花）. 于是我们得到:

$$\begin{aligned}P(\text{抽到 Q 或梅花}) &= P(\text{抽到 Q})+P(\text{抽到梅花})-P(\text{抽到梅花 Q})\\ &=\frac{4}{52}+\frac{13}{52}-\frac{1}{52}=\frac{16}{52}\end{aligned}$$

因此抽到 Q 或梅花牌的概率是 16/52. 你也可以从维恩图中看出这个结果，图中显示了或是 Q 或是梅花的所有 16 张牌（总共 52 张）.

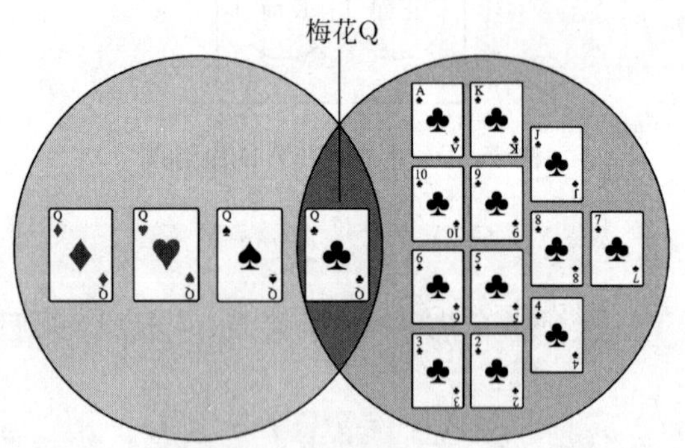

图 7.11 相容事件的维恩图

一个圆圈代表一副牌中所有的 Q，另一个圆圈代表一副牌中所有的梅花牌. 相交的区域有一张梅花 Q，它同时属于两个圆圈.

> **相容事件的并/或概率**
>
> 如果两个事件可以同时发生，则称两个事件是**相容的**. 如果 A 和 B 是相容事件，则 A 或 B 发生的概率是
>
> $$P(A\text{或}B)=P(A)+P(B)-P(A\text{和}B).$$

例 8　民主党人和女士

房间里有 8 个人，两个民主党男士、两个共和党男士、两个民主党女士和两个共和党女士. 如果你从这个房间随机选择一个人，那么选到女士或民主党人的概率是多大?

解　选到民主党人的概率是 1/2，因为房间里有一半是民主党人. 类似地，房间里有一半的人是女士，因此选到女士的概率也是 1/2. 但我们不能简单地将这两个概率相加，因为房间里的 8 个人中有两个人是民主党女士. 选到这两个人中任何一个的概率是 2/8 或 1/4. 因此，选到女士或民主党人的概率是：

$$\begin{aligned} P(\text{女士或民主党人}) &= P(\text{女士}) + P(\text{民主党人}) - P(\text{民主党女士}) \\ &= \frac{1}{2} + \frac{1}{2} - \frac{1}{4} = \frac{3}{4} \end{aligned}$$

选到女士或民主党人的概率是 3/4 或 0.75.

▶ 做习题 25~28.

至少一次法则

假设你抛一枚硬币四次，至少有一次正面向上的概率是多大? 一个解决方法是找到满足条件的所有可能的四个事件：1 次正面向上、2 次正面向上、3 次正面向上、4 次正面向上. 因此，我们可以把这个概率看作是一个并/或概率，并将各个事件的概率相加：

$$\begin{aligned} P(\text{四次抛掷中至少有一次 H}) = P(\text{1 次 H}) + P(\text{2 次 H}) \\ + P(\text{3 次 H}) + P(\text{4 次 H}). \end{aligned}$$

为了计算出这个结果，我们需要求出上面等式中四个事件各自的概率.

幸运的是，其实有更简单的方法. 因为你在四次抛掷中要么至少得到一次正面，要么不能得到至少一次正面（这意味着一次正面也没有），所以这两个事件的概率之和是 1：

$$P(\text{四次抛掷中至少有一次 H}) + P(\text{四次抛掷中没有出现 H}) = 1$$

等式两边同时减去没有出现正面的概率，我们得到

$$P(\text{四次抛掷中至少有一次 H}) = 1 - P(\text{四次抛掷中没有出现 H})$$

我们可以很容易地求出四次抛掷中一次正面也没有出现的概率：因为在一次抛掷中不出现正面的概率是 1/2，所以在四次抛掷中没有出现正面的概率是

$$\begin{aligned} P(\text{四次抛掷中没有出现 H}) &= P(\text{第一次不是 H}) \times P(\text{第二次不是 H}) \times P(\text{第三次不是 H}) \times P(\text{第四次不是 H}) \\ &= \left(\frac{1}{2}\right)^4 \end{aligned}$$

因此，四次抛掷中至少出现一次正面的概率是：

$$\begin{aligned} P(\text{四次抛掷中至少有一次 H}) &= 1 - P(\text{四次抛掷中没有出现 H}) \\ &= 1 - \left(\frac{1}{2}\right)^4 = \frac{15}{16} \end{aligned}$$

我们在下面推广了这个方法.

至少一次法则（独立事件）

假设在一次试验中事件 A 发生的概率是 $P(A)$，而且各次试验都是相互独立的，那么 n 次同样的试验中事件 A 至少发生一次的概率是

$$\begin{aligned} P(n\text{次试验中}A\text{至少发生一次}) &= 1 - P(n\text{次试验中事件}A\text{不发生}) \\ &= 1 - [P(\text{一次试验中}A\text{不发生})]^n \end{aligned}$$

例 9　三枚硬币中至少有一枚正面向上

抛三枚硬币，使用至少一次法则计算这三枚硬币中至少有一枚正面向上的概率.

解　此时，事件 A 可设为抛一枚硬币时正面向上，因为抛三枚硬币，我们对 $n = 3$ 使用至少一次法则.

$$\begin{aligned} P(\text{三次抛掷中至少一次 H}) &= 1 - P(\text{三次抛掷中没有出现 H}) \\ &= 1 - [P(\text{一次抛掷中没有出现 H})]^3 \end{aligned}$$

在一次抛掷中不出现 H 的概率是 1/2，所以我们的答案是：

$$P(\text{三次抛掷中至少一次 H}) = 1 - \left(\frac{1}{2}\right)^3 = \frac{7}{8}$$

当你抛三枚硬币时至少有一枚正面向上的概率是 7/8. 注意，你可以在图 7.5 中直观地观察到这个概率，图 7.5 说明 8 个结果中除了一个结果（TTT）之外其余 7 个结果都包含至少一个正面.

▶ 做习题 29~30.

例 10　百年一遇的洪水

计算某地区在未来 100 年内至少会发生一次百年一遇洪水（在任何一年内发生的概率是 0.01 的洪水）的概率. 假设洪水事件每年都是独立的.

解　因为任何一年洪水爆发的概率都是 0.01，所以任何一年洪水不爆发的概率是 $1 - 0.01 = 0.99$. 至少一次法则给出了未来 100 年内至少有一次百年一遇洪水的概率：

$$\begin{aligned} P(100\text{ 年内至少一次洪水}) &= 1 - [P(\text{一年内无洪水})]^{100} \\ &= 1 - 0.99^{100} \approx 0.634 \end{aligned}$$

在未来 100 年内至少发生一次百年一遇洪水的概率是 0.634，或差不多是 2/3.

▶ 做习题 29~30.

思考　假设某地区在 100 年内都没有爆发过百年一遇的洪水. 你会感到奇怪吗？这个事实会让你觉得该地区“注定”马上要洪水爆发了吗？说明理由.

例 11　彩票机会

你买了 10 张彩票，每张彩票能中奖的概率是 1/10. 那么这 10 张彩票中至少有一张能中奖的概率是多大？

解　因为任何一张彩票中奖的概率是 0.1（而且其他彩票中奖与否相互独立），所以一张彩票不能中奖的概率是 $1 - 0.1 = 0.9$. 因此，10 张彩票里至少有一张能中奖的概率是：

$$P(10\text{ 张彩票里至少有一张中奖}) = 1 - [P(\text{一张彩票不能中奖})]^{10}$$
$$= 1 - 0.9^{10} \approx 0.651$$

因此 10 张彩票中至少有一张中奖的概率是 0.651. 这也意味着所有 10 张彩票都不能中奖的概率是 $1-0.651=0.349$. 换句话说，若你购买了 10 张彩票，你有超过 1/3 的机会将一无所获.

► 做习题 33~34.

重返德梅尔问题

我们现在回到德梅尔的问题上来. 回想一下，在他的第一种赌局中，他打赌说他可以在 4 次掷骰子[①]中得到至少一个 6 点. 我们可以使用至少一次法则来计算他获胜的概率. 在任何一次掷骰子中出现 6 点的概率是 1/6，所以不是 6 点的概率是 5/6. 因此，在 4 次掷骰子中至少有一个 6 点的概率是：

$$P(4\text{ 次掷骰子中至少有一个 6 点}) = 1 - [P(1\text{ 次掷骰子不是 6 点})]^{4}$$
$$= 1 - \left(\frac{5}{6}\right)^{4} \approx 0.518$$

因此，德梅尔在第一种赌局中获胜的概率是 0.518. 虽然这比他推测的 4/6 (0.667) 的概率要低得多，但仍然超过一半. 如果他多次玩这个游戏，他很可能会收获颇丰.

在他的第二种赌局中，他打赌说他可以在两个骰子的 24 次投掷中至少掷出一次双 6 点. 在两个骰子的任何一次投掷时出现双 6 点的概率是 1/36，所以单次掷两个骰子时没有得到双 6 点的概率是 35/36. 因此，在 24 次投掷中获得至少一个双 6 点的概率是：

$$P(24\text{ 次掷双骰子中得到至少一个双 6}) = 1 - [P(1\text{ 次掷双骰子中不能得到双 6})]^{24}$$
$$= 1 - \left(\frac{35}{36}\right)^{24} \approx 0.491$$

因此，德梅尔在第二种赌局中获胜的概率是 0.491，比 1/2 略低. 所以多次重复这个赌局，他输掉的赌局比他获胜的多.

思考 如何评价 52% 和 49% 这两个获胜概率之间的差异可能会导致赌徒的暴富和破产这两个截然相反的结果？赌场会如何利用这个结论？

测验 7.2

为以下每个问题选择最佳答案，并用一个或多个完整的句子解释原因.

1. 掷两个骰子获得双 6 点的概率是 1/36. 假设你掷两个骰子两次. 以下哪个选项是错误的?( )
   a. 每次投掷能获得双 6 点的概率是 1/36
   b. 两次投掷都得到双 6 点的概率是 $1/36 \times 1/36$
   c. 两次投掷中至少有一次能获得双 6 点的概率是 2/36
2. 公式 $P(A和B) = P(A) \times P(B)$ 在哪种情况下成立?( )
   a. 在所有情况下
   b. 只有 A 和 B 可以一起（同时）发生时
   c. 只有在一次试验中 A 发生与否不会影响下一次 B 发生的概率时

① **历史小知识**：早在公元前 3600 年，在中东地区，被称为黄芪的圆形骨头就像现在的骰子一样用于玩骰子游戏. 我们熟悉的立方体骰子出现在大约公元前 2000 年的埃及和中国. 纸牌游戏则起源于 10 世纪的中国，在 14 世纪流传到欧洲.

3. 以下每一种都是关于两个事件的概率的说明. 在哪种情况下，两个事件是不独立的?( )

a. 奥运跳水运动员在连续两跳中得分均在 8 分或以上的概率

b. 从袋子中拿一个红色的 M&M，吃掉它，然后从袋子中拿一个红色的 M&M

c. 在你的班里找到两个生日都在 10 月 31 日的人的概率

4. 一盒糖果里有 5 颗黑巧克力和 5 颗白巧克力. 如果你随机挑选糖果，并在拿到后吃掉那颗糖果，那么你连续拿到 3 颗黑巧克力的概率是多大?( )

a. $\left(\frac{1}{2}\right)^3$　　b. $5/10 \times 4/10 \times 3/10$　　c. $1/2 \times 4/9 \times 3/8$

5. 生日在星期一和生日在 6 月这两个事件是 ( ).

a. 相容的　　b. 互斥的　　c. 独立的

6. 你掷两个骰子. 根据表 7.4 中的概率，下列哪个选项的概率大于 0.5?( )

a. 两个骰子点数总和是 2 或 3 或 4 或 5

b. 两个骰子点数总和是 2 或 3 或 4 或 10 或 11 或 12

c. 两个骰子点数总和是 5 或 6 或 7 或 8

7. 你掷两个骰子两次. 根据表 7.4 中的概率，第一次投掷得到点数之和为 3 且第二次投掷得到点数之和为 4 的概率是多大?( )

a. $2/36 \times 3/36$　　b. $2/36 + 3/36$　　c. $(2/36 \times 3/36)^2$

8. 你抛两枚硬币 10 次，你想知道在 10 次中至少有一次得到两枚硬币均是正面向上的概率. 要以最简单的方式得到答案，你首先应该计算什么?( )

a. 10 次中恰好有一次得到两枚硬币均为正面的概率

b. 在一次抛掷中不能得到两枚硬币均为正面的概率

c. 在前两次抛掷中两枚硬币都是正面向上的概率

9. 你买了 10 张彩票，每张彩票中奖的概率是 1/50（或 0.02）. 你买的 10 张彩票里至少有一张可以中奖的概率是 ( ).

a. 10/50，或 1/5　　b. 0.02^{10}　　c. $1 - 0.98^{10}$

10. 校园里每 10 个人中就有 1 人是金发. 在 20 个随机遇到的人里，至少有一个人是金发的概率是多大?( )

a. $1 - 0.1^{20}$　　b. $1 - 0.9^{20}$　　c. 0.9^{20}

习题 7.2

复习

1. 德梅尔的赌博嗜好是怎样引起对概率的数学研究的?

2. 举一个我们对交概率感兴趣的例子. 我们如何确定事件是独立的还是不独立的? 每种情况各举一例，并说明我们应该怎样计算概率.

3. 举一个我们对并/或概率感兴趣的例子. 我们如何确定事件是相容的还是不相容的? 每种情况各举一例，并说明我们应该怎样计算概率.

4. 什么是至少一次法则? 说明怎么应用至少一次法则来计算德梅尔赌局中的正确概率.

是否有意义?

确定下列陈述是有意义的（或显然是真实的）还是没意义的（或显然是错误的），并解释原因.

5. 当你抛一枚硬币时，同时得到正面和反面的概率是 0，但是得到正面或反面的概率是 1.

6. 如果你抛一枚硬币，连续三次得到正面向上，那么你在下一次抛掷中一定会得到反面向上.

7. 从一副扑克牌中抽到 A 或黑桃的概率与抽到黑桃 A 的概率相等.

8. 我不敢相信你选择了 1-2-3-4-5-6 这样的彩票号码. 得到连续的六个数字比得到其他随机数字的可能性要小得多.

9. 我掷一个骰子得到 5 点的概率是 1/6，所以我掷 6 个骰子时，其中至少有一个是 5 点的概率是 $6/6 = 1$.

10. 为了计算我买的 25 张彩票里至少有一张中奖的概率，我计算了我的所有彩票都不能中奖的概率，并用 1 减去这个概率.

基本方法和概念

11. **德梅尔的硬币逻辑**. 德梅尔的错误逻辑说，因为抛一次硬币得到正面的概率是 1/2，所以如果抛两次，至少有一次正面的概

率为 $2 \times 1/2 = 2/2 = 1$. 找到两枚硬币，同时抛两枚硬币，并记录试验结果为 0 枚正面、1 枚正面或 2 枚正面. 重复 10 次这个试验（如果需要，可多抛几次以得到有 0 枚正面），每次都记录试验结果. 你有多少次得到至少一枚正面？这如何说明德梅尔逻辑中所犯的错误？

12. **德梅尔的双骰逻辑**. 德梅尔的错误逻辑使他得出结论：掷两个六面骰子 24 次，至少能够得到一次双 6 的概率为 0.67. 找到两个骰子并同时投掷，直到你掷出双 6；记录你得到双 6 所需的掷骰次数. 重复此试验至少 10 次. 你有几次试验在 24 次内掷出了双 6？根据你的结果，关于德梅尔的推理你可以得出什么结论？

13~22：**交概率**. 确定以下事件是独立的还是不独立的. 然后计算事件的交概率.

13. 你同时抛五枚（均匀的）硬币，五枚硬币均正面向上.
14. 连续抛一枚硬币四次，依次出现 HTHT.
15. 掷一枚均匀的骰子三次，依次得到 1 点、2 点、3 点.
16. 某医院接下来出生的五个孩子都是男孩.
17. 发现你三个最好的朋友都是在星期天出生的.
18. 从一副扑克牌中每次随机抽取一张牌，每次看完后都放回去，连续抽到三张 A.
19. 袋子中共有 30 个 M&M，其中恰好有 10 个红色的 M&M. 每次从袋子中随机拿一个并立刻吃掉，连续拿到两个红色 M&M.
20. 抽屉里最开始有 5 双红袜子和 10 双黑袜子，每天从中随机取一双，连续三天拿到红袜子.
21. 从 10 名男性和 10 名女性中选出的五人陪审团全为男性.
22. 从 8 名加拿大人和 12 名美国人中随机选出成员全是美国人的一个四人委员会.

23~28：**并/或概率**. 确定以下事件是相容的还是不相容的，并计算事件的并/或概率.

23. 掷两个骰子，获得点数之和为 2、3、4 或 5.
24. 掷两个骰子，获得点数之和为 5 或 9.
25. 从一副标准扑克牌中抽到黑色 A 或红色 K.
26. 从一副标准扑克牌中抽到 10 或红桃牌.
27. 抽屉里一半是黑袜子，一半是白袜子，每种颜色有一半是小袜子，另一半是大袜子，从这个抽屉里随机选到一只黑袜子或一只小袜子.
28. 随机挑选一个有四个孩子的家庭，该家庭恰好有一个或两个男孩.

29~34：**至少一次问题**. 应用至少一次法则计算以下事件的概率.

29. 抛三枚均匀的硬币，至少一枚硬币正面向上.
30. 抛五枚均匀的硬币，至少一枚硬币反面向上.
31. 如果每天下雨的概率是 0.3，三天内至少有一天下雨.
32. 接下来的 10 年里，至少有一年会爆发 50 年一遇的洪水.
33. 如果每张彩票中奖的概率是 0.01，购买 15 张彩票至少有一张中奖.
34. 掷一个均匀的骰子三次，至少有一次是 6 点.

进一步应用

35~55：**各种概率**. 选择合适的方法计算以下各概率.

35. 随机选择标准的红色骰子或标准的绿色骰子，掷骰子一次，得到绿色偶数点.
36. 随机选择标准的红色骰子或标准的绿色骰子，掷骰子一次，得到绿色数字或偶数点.
37. 掷一个骰子五次，至少有一次得到偶数点.
38. 胜利者是幸运转盘上等可能的 36 个结果之一，连续两次旋转幸运转盘都指向胜利者.
39. 从一副标准扑克牌中连续抽到四张黑桃牌，已知每次抽出的牌不再放回去.
40. 从一副充分洗好的标准扑克牌连续发出三张黑色牌.
41. 从一副标准扑克牌中抽到一张花脸牌（J、Q、K）或一张方片牌.
42. 从一副标准扑克牌中抽到一张 6、7 或 8.
43. 在一个繁忙的交叉路口，五次中至少有一次碰到的是绿灯，假设你通过的方向大约有 4/10 的时间是绿灯.
44. 衣柜里 1/3 的衬衫是短袖的，2/3 的衬衫是长袖的，长袖衬衫里有一半是蓝色的，从衣柜里随机挑到一件蓝色长袖衬衫.
45. 从一副标准扑克牌中抽 6 次牌（每次抽出的牌要放回去），六次中至少有一次抽到 A.

46. 轮盘赌的轮盘上有 38 个同样大小的槽，其中 18 个红色数字，18 个黑色数字，还有 2 个绿色数字，连续旋转 3 次都转到绿色数字.
47. 每张彩票中奖的概率是 1/8，连续购买五张彩票都中奖.
48. 天气预报宣称每天 “降雨的概率是 40%” 时，连续四天都下雨.
49. 在校园内随机遇到的 8 个人里至少有一个是左撇子，设左撇子的发生率为 11%（即 100 个人中有 11 个左撇子）.
50. 四次不支付停车收费表费用至少得到一张罚单，已知每次你不支付停车收费表费用时，你得到罚单的概率是 0.15.
51. 一个小组里有 30 名民主党男士、20 名共和党男士、50 名民主党女士和 60 名共和党女士，在小组里随机遇到一个人是女士或共和党人.
52. 一个小组里有 25 名法国女士、15 名法国男士、30 名美国女士和 20 名美国男士，在小组里随机遇到一个人是男士或美国人.
53. 从有三个孩子的家庭里随机选择一个家庭，该家庭三个孩子全是男孩或全是女孩.
54. 在校园里随机遇到的 8 个人中至少有一个人患流感，已知流感患病率为 5%（即 100 人中有 5 人患流感）.
55. 已知在检测喉部链球菌感染时误诊的概率是 1/50 (0.02)，五次检测中至少有一次误诊.
56. **滚动多少次**? 你至少需要滚动一个均匀的骰子多少次才能保证至少有一个 6 点的概率大于 9/10 (0.9)?
57. **概率与法院**. 下表中的数据展示了 1 028 起刑事法庭案件中有罪和无罪辩护的结果.

	有罪辩护	无罪辩护
入狱	392	58
未入狱	564	14

资料来源：Brereton and Casper，*Law and Society Review*, Vol.16，No. 7.

a. 随机选择的被告做的是有罪辩护或入狱的概率是多大?
b. 随机选择的被告做的是无罪辩护或未入狱的概率是多大?

58. **测试药物**. 测试一种新型感冒药，通过给 100 人服用该药和给 100 人服用安慰剂进行实验. 对照组则由 100 名未接受任何治疗的人组成. 每组里症状有所改善的人数如下表所示.

	感冒药	安慰剂	对照组	共计
有改善	70	55	20	145
没改善	30	45	80	155
共计	100	100	100	300

a. 从此研究中随机选择一个人，他来自安慰剂组或对照组的概率是多大?
b. 随机选择一个人，他的症状有所改善的概率是多大?
c. 随机选择一个人，他服用了新型感冒药且症状有所改善的概率是多大?
d. 随机选择一个人，他的症状有所改善的概率是多大?
e. 随机选择一个症状有所改善的人，他服用了新型感冒药的概率是多大?
f. 根据这些数据，该感冒药看起来有效果吗? 说明理由.

59. **民意调查电话**. 电话民意调查员列出了 45 名选民的姓名和电话号码，其中 20 人登记为民主党人，25 人登记为共和党人. 电话调查以随机顺序进行. 假设你要计算前两个电话都是打给共和党人的概率.

a. 这两个事件是独立的还是不独立的? 说明理由.
b. 如果你认为它们是不独立的事件，前两个电话都是打给共和党人的概率是多大?
c. 如果你认为它们是独立的事件，前两个电话都是打给共和党人的概率是多大?
d. 比较 (b) 和 (c) 中的结果.

60. **显性和隐性基因**. 许多特征由显性基因 A 和隐性基因 a 控制. 每个孩子会得到两个基因，分别来自其父亲和母亲. 假设一个孩子的父母各自的基因组合都是 Aa；也就是说，父母中的任何一个都等可能地将 A 或 a 基因遗传给孩子. 制作一个表格，展示孩子所有可能的基因组合的概率分布，即 AA、Aa 和 aa. 如果组合 AA 和 Aa 都产生相同的显性特征（例如棕色头发）并且 aa 产生隐性特征（例如金色头发），那么孩子具有显性特征的概率是多大? 孩子具有隐性特征的概率是多大?

61. **对德梅尔更有利的赌局**. 假设德梅尔打赌他可以在 25 次（而不是 24 次）投掷中掷出双 6. 此时他获胜的概率是多大？如果他设计了这样的赌局，他还会不会一直输钱呢？说明理由.

62. **彩票赔率**. 某个州的彩票能中 2 美元的概率是 1/20，能中 5 美元的概率是 1/50，能中 10 美元的概率是 1/200.

a. 能中 2 美元、5 美元或 10 美元的概率是多大？比较此概率与中 2 美元的概率.

b. 如果你买了 50 张彩票，你至少能中一次 5 美元的概率是多大？

c. 如果你买了 100 张彩票，你至少能中一次 10 美元的概率是多大？

63. **迈阿密飓风**. 对佛罗里达大沼泽地的研究表明，从历史上看，迈阿密地区每 20 年就会遭受一次飓风的袭击.

a. 根据历史记录，明年迈阿密将遭遇飓风袭击的经验概率是多少？

b. 迈阿密连续两年遭受飓风袭击的概率是多大？

c. 迈阿密在未来 10 年内至少会受到一次飓风袭击的概率是多大？

64. **射门得分**. 杰克是某大学橄榄球队的踢球手，他所有成功的射门得分中有 2/3 的射门距离小于 30 码，有 1/3 的射门距离在 30~45 码之间，而他从未得过超过 45 码的射门得分. 在一次比赛中，杰克尝试了三个距离分别是 20 码、25 码和 35 码的射门.

a. 所有场上射门都成功的概率是多大？

b. 至少有一个场上射门成功的概率是多大？

c. 恰好有一个场上射门成功的概率是多大？

d. 在一次比赛中，杰克尝试了三个距离分别是 20 码、25 码和 55 码的射门. 所有场上射门都成功的概率是多大？

65. **一对一罚球**. 一名篮球运动员在一对一的情况下被犯规，这意味着只有在第一次罚中时她才能获得第二次罚球. 她本赛季的罚球命中率均值是 0.7（70%）. 用她的本赛季均值作为频率概率，计算她：

a. 第一次罚球不能罚中的概率.

b. 第一次罚中，但第二次罚不中的概率.

c. 两次罚球全中的概率. 哪种结果更容易发生？

实际问题探讨

66. **彩票机会**. 浏览某个彩票网站，研究其中奖的概率. 根据你的发现，如果你玩 10 次，至少有一次能中奖的概率是多大？说明你所做的任何假设.

67. **新闻中的组合概率**. 查找最近的新闻报道，其中以某种方式组合了两个或更多个事件的概率. 描述它们的组合方式和组合的原因.

68. **生活中的组合概率**. 举一些你最近生活中涉及交概率、并/或概率的实际例子或决策. 概率是如何影响你或你的决策的？

7.3 大数定律

如果你抛一枚硬币一次，那么你事先无法准确预知它将如何落地；你只能说正面向上的概率是 0.5. 如果你抛一枚硬币 100 次，那么你仍然无法准确预知会出现多少次正面. 但是，你可以合理地期望出现正面的比例比较接近 50%（见图 6.20）. 如果你抛一枚硬币 1 000 次，那么你可以期望出现正面的比例更接近 50%. 一般来说，抛硬币的次数越多，出现正面的比例越接近于 50%. 尽管单次事件的发生不可预测，但大量多次事件的发生会表现出某种规律性，这种想法被称为**大数定律**（law of large numbers，或平均定律）.

大数定律

设事件 A 在一次试验中发生的概率是 $P(A)$，**大数定律**指出：

- 大量多次重复这样的试验，事件 A 发生的频率将接近于概率 $P(A)$.
- 试验重复次数越多，频率会越趋近于 $P(A)$.

只要每一次试验的结果独立于之前的各次试验，从而每次试验中事件 A 发生的概率都是 $P(A)$，大数定律就是适用的.

我们可以通过掷骰子的试验来说明大数规律. 在一次掷骰子中得到 1 点的概率是 $P(1) = 1/6 \approx 0.167$.

为了避免多次掷骰子的枯燥乏味，我们可以用计算机来模拟随机掷骰子的过程. 图 7.12 展示了计算机模拟的 5 000 次掷骰子的结果. 横轴表示投掷次数，曲线的高度表示到该次投掷时出现 1 点的频率. 虽然当投掷次数很少时曲线波动很大，但是随着投掷次数增加，1 点出现的频率接近于概率 0.167，符合大数定律.

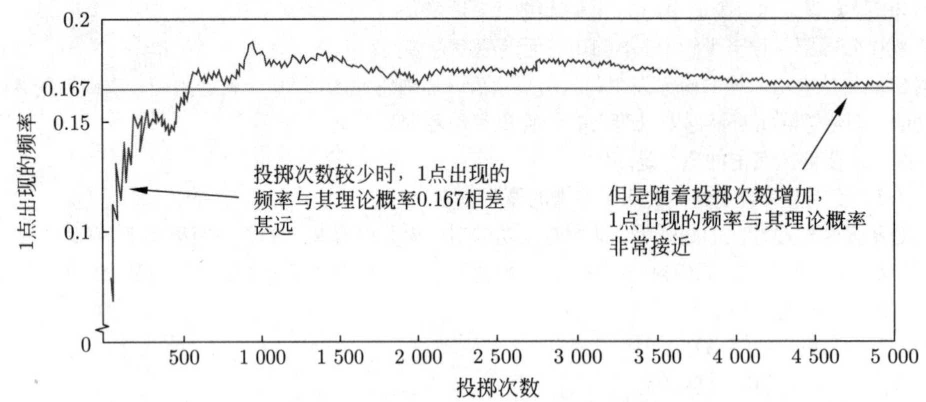

图 7.12　计算机模拟的投掷骰子的结果

随着掷骰子的次数增加，1 点出现的频率逐渐趋近于单次投掷时 1 点出现的概率约 0.167.

思考　假设你又利用计算机模拟了 5 000 次抛硬币的试验，并制作了类似于图 7.12 所示的图. 你认为你的新图和图 7.12 会有什么不同? 你认为两者会有哪些地方是相似的? 说明理由.

例 1　轮盘赌

轮盘上有 38 个数字：18 个黑色数字，18 个红色（下图中的深灰色）数字，还有数字 0 和 00 是绿色的（下图中的浅灰色）. 假设所有可能的结果（38 个数字）都具有相同的概率.

a. 在任何一次旋转中获得红色数字的概率是多少?

b. 如果某赌场里的顾客旋转了 10 万次轮盘，你认为会有多少次获得红色数字?

解　a. 在任何一次旋转中获得红色数字的理论概率是:

$$P(A)=\frac{\text{红色数字包含的结果总数}}{\text{所有结果总数}}=\frac{18}{38}\approx 0.474$$

b. 大数定律告诉我们，随着旋转次数越来越多，轮盘显示红色数字的频率应该接近于 0.474. 在 100 000 次旋转中，轮盘应该有接近 47.4% 的时间，即约 47 400 次是红色数字.

► 做习题 13~14.

期望值

假设保险公司[①]销售某类保险：如果被保人因严重疾病辞去工作，他将获得 10 万美元的赔偿. 根据以往索赔的数据，投保人提出失业索赔的频率概率是 1/500. 如果保险公司对这类保险每单收取 250 美元的保费，那么它能否获得利润?

如果保险公司只售出了少量保单，则盈利或亏损是不可预测的. 例如，若以每单 250 美元的价格售出了 100 份保单，公司将得到 $100 \times 250 = 25\ 000$ 美元的收入. 如果 100 名投保人中没有人提出索赔，那么保险公司会获得丰厚的利润. 但是，只要保险公司必须向其中一位投保人支付 10 万美元的索赔，它就将损失惨重.

相反，如果保险公司售出了大量保单，大数定律告诉我们必须支付索赔的频率应该非常接近于 1/500 的概率. 例如，如果公司售出了 100 万份保单，则预计提出 10 万美元索赔的投保人的数量将接近于

$$1\ 000\ 000 \times \frac{1}{500} = 2\ 000$$

对这 2 000 位投保人的索赔，公司需要支付

$$2\ 000 \times 100\ 000 = 200\ 000\ 000(\text{美元})$$

因此，这 100 万份保单平均每单需支付 200 美元，这意味着如果每单售价 250 美元，公司预计每单平均可赚取 $250 - 200 = 50$ 美元. 我们称这个平均值为每份保单的**期望值** (expected value)；注意，只有当公司售出了大量保单时这个值才是可以“期望”的.

我们可以用更加正式的方式定义期望值. 保险公司的例子中涉及两个不同的事件，对保险公司来说，每个事件都有给定的概率和价值：

1. 事件一：投保人购买保单，对保险公司来说，每份保单的价值是该保单的价格 250 美元，此事件的概率是 1，因为每个购买保险的人都要支付 250 美元.

2. 事件二：投保人获得索赔，对保险公司来说，这个事件的价值是 −10 万美元. 这是负值，因为保险公司此时每单会损失 10 万美元. 这个事件的概率是 1/500.

我们现在将每个事件的价值乘以其概率，并将结果相加以计算每份保单的预期值：

$$\text{期望值} = 250 \times 1 + (-100\ 000) \times \frac{1}{500} = 250 - 200 = 50(\text{美元})$$

每份保单的期望利润是 50 美元，这跟我们刚才计算的答案相等. 注意，这相当于售出的 100 万份保单的利润是 5 000 万美元.[②]

思考 保险公司可以期望每售出 1 000 份保单就获利 5 万美元吗? 说明理由.

---

① **历史小知识**：保险业源于 17 世纪 60 年代约翰 · 格兰特（John Graunt）在伦敦编撰的出生和死亡数据. 埃德蒙 · 哈雷（Edmund Halley）（哈雷彗星以其名字命名）改进了这些数据，而这些数据造就了欣欣向荣的保险业. 1687 年，爱德华 · 劳埃德在伦敦开了一家咖啡馆，专业承保几乎所有风险，包括海上旅行和贸易. 伦敦劳埃德保险公司至今依然是大型保险公司之一.

② **说明**：还有其他方式可以计算期望值. 以保险公司为例，我们可以设事件 1 为没有索赔的保单，事件 2 为公司支付 100 000 美元索赔的保单. 事件 1 对公司的价值是 250 美元（保单的销售价格），概率是 499/500. 事件 2 对公司的价值是 250 美元（保单价格）减去索赔需支付的 100 000 美元，即 −99 750 美元，概率是 1/500. 注意，这个方法计算得到的期望值仍然是 50 美元：

$$\left(250 \times \frac{499}{500}\right) + \left(-99\ 750 \times \frac{1}{500}\right) = 50(\text{美元})$$

一些统计人员更喜欢这种方法，因为此时两个事件的概率总和是 1.

期望值

考虑两个事件，每个事件都有自己的价值和相应的概率. **期望值**是

期望值 = (事件 1 的价值) × (事件 1 的概率) + (事件 2 的价值) × (事件 2 的概率)

该公式可以在和式中增加更多项，从而推广到多个事件.

例 2　彩票的期望值

假设某种单价 1 美元的彩票有如下概率和价值：1/5 的概率赢得 1 张免费彩票（价值 1 美元），1/100 的概率赢得 5 美元，1/100 000 的概率赢得 1 000 美元，1/10 000 000 的概率赢得 1 000 000 美元. 这种彩票的期望值是多大？讨论其含义.（注意：获奖者不能收回他们买彩票时花费的 1 美元.）

解　最简单的方法是制作一张表格，展示所有相关事件的价值和概率. 我们是站在购买者的角度计算一张彩票的期望值，所以购买彩票的价值是一个负值（它花费 1 美元），而奖金的价值是正的.

事件	价值 (美元)	概率	价值 × 概率
买彩票	−1	1	$-1\times1=-1$(美元)
赢得一张彩票	1	$\frac{1}{5}$	$1\times\frac{1}{5}=0.2$(美元)
赢得 5 美元	5	$\frac{1}{100}$	$5\times\frac{1}{100}=0.05$(美元)
赢得 1 000 美元	1 000	$\frac{1}{100\ 000}$	$1\ 000\times\frac{1}{100\ 000}=0.01$(美元)
赢得 1 000 000 美元	1 000 000	$\frac{1}{10\ 000\ 000}$	$1\ 000\ 000\times\frac{1}{10\ 000\ 000}=0.10$(美元)
			总和：−0.64 美元

期望值是所有事件价值乘以概率的总和，由表中的计算可得这个总和等于 −0.64 美元. 因此，平均来说，购买彩票者每购买一张 1 美元的彩票，预计会损失 64 美分. 如果某人购买了 1 000 张这种彩票，预计他会损失 $1\ 000\times0.64=640$ 美元.

▶ 做习题 15~18.

例 3　艺术品拍卖[①]

在一场艺术品拍卖会上，你正在决定是否以 50 000 美元的价格竞拍某一幅画. 你认为你有一半的概率可以将这幅画以 70 000 美元的价格转卖给纽约的一位客户，有 1/4 的概率将这幅画以 80 000 美元的价格转卖给旧金山的一位客户. 否则，你将不得不自己保留这幅画. 你认为你这次 50 000 美元竞标的期望值是多大？

解　这里涉及三个事件需要考虑：

- 事件 1 的概率是 1，你将支付 50 000 美元购买这幅画. 这个选择代表你将花费金钱，所以它是一个负值.
- 事件 2 的概率是 1/2，你将以 70 000 美元的价格出售这幅画. 这个事件代表你有收益入账，所以它的值是正的.
- 事件 3 的概率是 1/4，你将以 80 000 美元的价格出售这幅画. 这个事件也代表你有收益入账，所以它的值也是正的.

① **顺便说说**：爱德华 · 蒙克（Edvard Munch）1895 年的画作《呐喊》在 2012 年的拍卖会上以 1.2 亿美元的价格售出，成为截至 2017 年拍卖会上售出的第三贵的画作.

因此，50 000 美元竞标的期望值是：

$$\begin{aligned}期望值 &= (事件\ 1\ 的价值 \times 事件\ 1\ 的概率) + (事件\ 2\ 的价值 \times 事件\ 2\ 的概率)\\ &\quad +(事件\ 3\ 的价值 \times 事件\ 3\ 的概率)\\ &= -50\,000 \times 1 + 70\,000 \times \frac{1}{2} + 80\,000 \times \frac{1}{4}\\ &= -50\,000 + 35\,000 + 20\,000 = 5\,000(美元)\end{aligned}$$

通过 50 000 美元的竞拍，你可以期望获得 5 000 美元的利润.

▲ **注意**！在本例中，切记期望值是指许多次此类购买的预期收益或损失，因此你不应该期望在单次尝试中就能赚取 5 000 美元.

▶ 做习题 19~22.

赌徒谬误

考虑一个简单的游戏，抛一枚硬币：如果硬币正面向上，那么你将赢得 1 美元；如果反面向上，那么你将损失 1 美元. 假设你抛一枚硬币 100 次，得到 45 次正面和 55 次反面，这使你损失了 10 美元. 那么下一次你是否“注定”会有更好的手气？

你可能认识到答案是否定的. 每次抛硬币的结果都独立于以前的结果，所以你过去的坏运气对你的未来没有任何影响. 然而，许多赌徒——特别是上瘾的赌徒——并不这样认为. 他们相信，当他们的运气非常不好时，下一次注定会变好. 这种错误的信念通常被称为**赌徒谬误** (gambler's fallacy，赌徒的堕落).①

定义

赌徒谬误是一种错误的信念，即相信一连串的厄运会让一个人接下来注定有一连串的好运（或者好运会一直保持）.

很多人会陷于赌徒谬误的原因之一在于对大数定律的误解. 在刚才的抛硬币游戏中，大数定律告诉我们，如果多次重复抛硬币，那么硬币正面向上的比例将接近 50%. 但这并不意味着你有希望弥补之前的损失. 下面的例子说明了原因.

例 4　持续亏损

你正在玩抛硬币游戏，如果正面向上，那么你将赢得 1 美元；如果反面向上，则损失 1 美元. 100 次抛掷后，因为抛掷结果是 45 次正面和 55 次反面，所以你损失了 10 美元. 现在你继续该游戏，直到抛掷了 1 000 次，此时你抛出了 480 个正面和 520 个反面. 结果是否符合大数定律呢？你有没有弥补之前的亏损呢？说明原因.

解　前 100 次抛掷中出现正面的频率是 45%. 经过 1 000 次抛掷后，正面出现的频率增加到了 48%，这符合大数定律，因为这个比例更接近 50%. 然而，经过 1 000 次抛掷后，你赢得了 480 美元（480 次正面），却损失了 520 美元（520 次反面），净亏损达 40 美元. 换句话说，尽管正面出现的频率更接近 50%，但实际上你的亏损已经从 10 美元增加到了 40 美元.

▶ 做习题 23~26.

① **历史小知识**：历史上最著名的赌徒之一当属俄罗斯作家费奥多尔 · 陀思妥耶夫斯基（Fyodor Dostoyevsky）. 19 世纪，他玩遍了整个欧洲的轮盘赌. 他曾经写道，他“一开始赢了 10 000 法郎……但是在赌场流连忘返，接着输掉了其中一半的钱”. 赌博的经历为他完成著作《赌徒》打下了基础.

手气

另一个使人陷于赌徒谬误的常见原因是对手气的误解. 假设你抛一枚硬币 6 次，并得到结果 HHHHHH（全是正面）. 然后你再抛 6 次，看到结果是 HTTHTH. 大多数人会觉得第二个结果很“自然”，而第一个结果——所有 6 次都是正面的结果令人惊讶. 但事实上，这两个结果的概率是相等的. 抛一枚硬币 6 次的所有可能结果总数是 $2^6 = 64$，因此每个结果都具有相同的概率 1/64.

另外，假设你刚刚抛出了 6 次都是正面向上，而你必须赌下一次的抛掷结果. 你可能会认为，考虑到已经出现了 6 次正面，所以下一次抛“注定”应该是反面了. 但是在下一次抛硬币时，正面向上的概率或反面向上的概率仍然都是 0.50；硬币并不会记得之前抛的结果.

例 5　赌桌上的好手气

掷骰子[①]是一种流行的赌场游戏. 假设你正在玩掷骰子，而且突然发现自己手气超好，你居然连续 10 次获胜. 你的手气真的很好吗？既然你现在运势很旺，你是否应该增加赌注？假设你在每场赌局中获胜的概率是 0.486（这是掷骰子赌局的最好概率）.

解　首先，我们来计算连续 10 次获胜的概率. 在每场赌局中获胜的概率是 0.486，所以十连胜的概率是

$$(0.486)^{10} \approx 0.000\ 735$$

你连续 10 次获胜的概率只有大约万分之七，这可能会使你认为你的手气真的很好. 但是，环顾一下赌场，如果这是一个大型赌场，就可能会有数百人同时在赌场参与游戏，每晚可能会有数万次掷骰子赌局. 几乎每晚都会有人拥有十连胜的好手气. 事实上，任何一个晚上赌场里都会出现十连胜甚至更多连胜. 你所谓的“好手气”不过是一个巧合，你在下一场赌局中获胜的概率依然是 0.486. 仅仅因为巧合就增加赌注是彻头彻尾愚蠢的行为.

► 做习题 27~28.

例 6　下雨的计划

某个农民知道，每年的这个时候，当地在任意一天下雨的概率是 0.5. 现在已经有 10 天都没下雨了，他需要决定是否开始灌溉土地. 他能否因为觉得马上就要下雨了，从而推迟灌溉呢？

解　连续 10 天都不下雨的确出乎意料，类似于赌徒，此时农民看上去也是“手气不佳”. 然而，如果我们假设每一天的天气状况都是相互独立的（这通常是对的，但也不尽然），那么在任意一天下雨的概率仍然是 0.5，因此这个地区并不会“注定”要下雨.

► 做习题 29~30.

赌场上风

赌场能够盈利是因为它们将赌局设置为顾客收益的期望值是负的（亏损）. 因为赌场的盈利就是顾客亏损的钱，所以赌场收益的期望值是正的. 赌场或庄家在每 1 美元的赌注上期望可以赚取的金额称为**赌场上风**（house edge）. 也就是说，赌场上风是赌场在单次赌局中的收益期望值.[②]

---

① **顺便说说**：赌场里的骰子桌看起来很精致，但在赌局中唯一起作用的只有每一轮掷骰子的结果.

② **顺便说说**：法国数学家、哲学家布莱斯 · 帕斯卡（1623—1662）利用期望值来证明是否应该信仰上帝. 他用 p 代表上帝存在的概率，并为信仰上帝和不信仰上帝分配了相应的价值. 他声称，如果上帝存在，不信仰上帝的后果将是负无穷大. 因此他得出结论，无论概率 p 多小，信仰上帝的期望值都是正的，而不信仰上帝的期望值都是负无穷大. 当然，其他哲学家对此有不同意见.

定义

赌场在设置赌局时一般都会使赌场的获胜概率高于顾客. 对于赌场来说，任何一种赌局的**赌场上风**是每一美元赌注的收益期望值.

赌场上风因赌局而异. 在可能中大奖的赌局中赌场上风往往是最大的，比如老虎机. 而在可以利用战略提高中奖概率的赌局中，赌场上风往往是最小的，比如二十一点. 但赌场上风总是存在的，那些自诩可以打败赌场的赌徒不过是陷入了赌徒谬误而已.

例 7 轮盘赌的赌场上风

通常的轮盘赌设置是：下注红色是 1 比 1 的赔率. 也就是说，如果出现任何红色数字，你就可以赢得相同数量的赌注. 投注某特定数字是 35 比 1 的赔率. 也就是说，如果出现了你下注的数字，你就可以赢得你赌注的 35 倍. 这两种情况下的赌场上风分别是多大？在 (a) 押红色和 (b) 押单一数字的赌局里，如果顾客各下注 100 万美元，那么赌场可以期望赚取多少钱？

解 a. 赌场上风是赌场每注能赚取的收入的期望值. 出现红色数字的概率是 18/38（见例 1)，所以不出现红色数字的概率是 20/38. 如果顾客下注 1 美元，当轮盘停在红色数字上时，赌场要给顾客 1 美元，否则赌场就能赢得顾客的 1 美元赌注，因此对于赌场来说，停在红色数字的价值是 −1 美元，不停在红色数字的价值是 1 美元. 当顾客押注红色数字时，赌场上风是

$$1 \times \frac{20}{38} + (-1) \times \frac{18}{38} \approx 0.053(\text{美元})$$

也就是说，每有顾客下注 1 美元，赌场就可以期望赚取 0.053 美元. 如果顾客在红色数字上下注 100 万美元，那么赌场可以期望赚取大约 $1\,000\,000 \times 0.053 = 53\,000$美元.

b. 押单个数字的话获胜的概率是 1/38，因为轮盘上总共有 38 个数字. 赌场设定的 35 比 1 的赔率意味着赌场要支付给顾客下注金额的 35 倍，因此对于赌场来说，它的价值是 −35 美元. 押单个数字不能获胜的概率是 37/38. 此时赌场就能赢得顾客的 1 美元赌注，所以价值是 1 美元. 当顾客押注单个数字时，赌场上风是

$$1 \times \frac{37}{38} + (-35) \times \frac{1}{38} \approx 0.053(\text{美元})$$

这个赌场上风等于下注红色数字的赌场上风. 同样，如果顾客在某单个数字上下注 100 万美元，赌场就可以期望赚取大约 $1\,000\,000 \times 0.053 = 53\,000$美元.

▶ 做习题 31~32.

思考 考虑到赌场上风，仅凭赌博结果，赌场是否有可能会亏损呢？说明理由.

测验 7.3

为以下每个问题选择最佳答案，并用一个或多个完整的句子解释原因.

1. 假设在任何一年里飓风袭击佛罗里达州的概率是 1/10，而在过去的 100 年里这个概率一直保持不变. 根据大数定律，以下哪个选项是对的?( )
   a. 如果在过去的 10 年里佛罗里达州没有遭受飓风袭击，那么明年它遭受飓风袭击的概率将大于 0.1
   b. 在过去的 100 年里，佛罗里达州遭受了大约（但不一定恰好是）10 次飓风袭击
   c. 在过去的 100 年里，佛罗里达州恰好遭受了 10 次飓风袭击
2. 考虑某种彩票，它总共有 1 亿张，每张彩票都有唯一的一个号码. 每张彩票的售价是 1 美元，只有一张彩票可以独得大

奖 7 500 万美元 (再没有其他奖项). 那么每张彩票的期望值是 ( ).

a. 1 美元　　b. 75 美元　　c. −0.25 美元

3. 考虑习题 2 中描述的彩票. 如果你用 100 万美元购买了 100 万张彩票，最可能的结果是 ( ).

a. 你会赢得大奖

b. 你会赢回 100 万美元中的 750 000 美元

c. 你会亏损掉全部 100 万美元

4. 你打算在一种赌博中下注，每场赌局的期望值是 −0.4 美元. 这意味着 ( ).

a. 你每玩一局都会赢得 0.4 美元

b. 你每玩一局都会损失 0.4 美元

c. 如果你多次下注，平均每玩一局你将损失 0.4 美元

5. 一家保险公司知道，在加利福尼亚州某新分区建造房屋的平均成本是 10 万美元，而且在任意一年内，该分区的任一房屋被野火烧毁的概率都是 1/50. 基于这些数据，如果保险公司在出售火险保单时希望期望值是正的，那么该公司在此分区的火险保单的最低价格应该是多少?( )

a. 每年 50 美元　　b. 每年 2 000 美元　　c. 每年 100 000 美元

6. 你知道去上班有一条不走高速而是走小路的捷径. 大多数时候，走捷径会比走高速公路少开车 5 分钟. 然而，每 10 次中大约有一次会因为交通事故阻塞小路，从而使得走捷径要比走高速公路多用 20 分钟. 就走捷径能节省的时间而言，走捷径的期望值是多少?( )

a. $(5\times 0.9)+(-20)\times 0.1$ 分钟　　b. $(5\times 0.1)+(-25)\times 0.1$ 分钟　　c. 5 分钟

7. 卡梅隆在一种赌博中下注，已知获胜的概率是 1/4. 他已经连续输了 10 次，所以他决定在第 11 次下注时加倍投注. 这个决定表明他 ( ).

a. 很有逻辑，因为他注定要获胜了

b. 很有逻辑，因为当赌注更大时他获胜的机会就更大

c. 毫无逻辑，因为他损失掉这双倍赌注的概率是 75%

8. 卡梅隆在一种赌博中下注，已知获胜的概率是 1/4. 他已经连续赢了 10 次，所以他决定在第 11 次下注时加倍投注. 这个决定表明他 ( ).

a. 很有逻辑，因为他今天手气非常好，很可能会再次获胜

b. 毫无逻辑，因为在手气这样好的一天，他应该投下更多赌注

c. 毫无逻辑，因为他损失掉这双倍赌注的概率是 75%

9. 赌场中 1 美元老虎机的设定是：以奖金的形式吐出投入到其中的 97% 的资金，而大部分奖金是以金额巨大但概率极低的头奖形式被吐出的. 当你在这台老虎机中投入 1 美元时，你中奖的概率是多大?( )

a. 0.03

b. 0.97

c. 这并不能由给定的数据计算出来，但肯定相当低

10. 考虑习题 9 中描述的老虎机. 如果顾客已经向这个老虎机中投入了 1 000 万美元，那么下面哪种说法是正确的?( )

a. 赌场的利润接近 30 万美元

b. 97% 的顾客是赢家

c. 3% 的顾客是赢家

习题 7.3

复习

1. 解释大数定律的含义. 这条定律能说明在一次观察或试验中会发生什么吗? 为什么?

2. 抛一枚均匀的硬币，如果抛 10 次时有 6 次正面向上，你是否应该感到惊讶? 如果抛 1 000 次时有 600 次正面向上，你是否又应该感到惊讶呢? 用大数定律说明原因.

3. 什么是期望值，以及如何计算期望值? 我们应该总是预期得到期望值吗? 为什么?

4. 什么是赌徒谬误? 举例说明.

5. 抛一枚均匀的硬币 10 次，解释为什么每一个可能的抛掷结果发生的概率都是相等的. 这个想法如何影响我们对于手气的看法？

6. 赌博中的赌场上风是什么？解释它实际上是如何确保赌场的盈利大于亏损的.

是否有意义？

确定下列陈述是有意义的（或显然是真实的）还是没意义的（或显然是错误的），并解释原因.

7. 对我来说，我购买的每张抽奖券的期望值是 -0.85 美元.

8. 我们公司销售的每张保单的期望值是 150 美元，因此如果我们再多售出 10 张保单，我们的利润将增加 1 500 美元.

9. 如果你抛一枚硬币 4 次，那么抛出 HTHT 的可能性要比 HHHH 大（H 代表正面向上，T 代表反面向上）.

10. 我连续拉动了 25 次老虎机均没有中奖，所以在我下一次拉动时应该会中奖.

11. 我连续拉动了 25 次老虎机均没有中奖，所以我必将度过糟糕的一天，如果我再拉动一次，我也肯定不会中奖.

12. 到今天为止，我已经在轮盘赌上输掉了 750 美元. 我打算再多玩一会儿，这样我就能将损失降低到 500 美元.

基本方法和概念

13. **理解大数定律**. 假设你抛一枚均匀的硬币 10 000 次，你应该期望恰好得到 5 000 次正面向上吗？为什么？关于你可能获得的结果，大数定律告诉了你什么？

14. **超速司机**. 假如一个有超速驾驶习惯的司机从未接到过交通罚单. 我们说“平均 [大数] 定律早晚会抓住他”意味着什么？你认为这个说法正确吗？说明理由.

15~18：**赌局的期望值**. 找到下面各题描述的赌局的期望值（对你而言）. 你会期望你在单次赌局中赢或输多少钱？在 100 场赌局中呢？说明原因.

15. 将三枚硬币抛出三个正面向上，赔率是 5 比 1，这意味着如果你成功了，你就赢得 5 美元，如果你失败了，你就输掉 1 美元.

16. 将三枚硬币抛出三个正面向上，赔率是 9 比 1，这意味着如果你成功了，你就赢得 9 美元，如果你失败了，你就输掉 1 美元.

17. 将两颗均匀的骰子掷出两个偶数点，赔率是 3 比 1，这意味着如果你成功了，你就赢得 3 美元，如果你失败了，你就输掉 1 美元.

18. 将两颗均匀的骰子掷出两个相同的点数（比如，两个都是 1 点，或两个都是 2 点），赔率是 7 比 1，这意味着如果你成功了，你就赢得 7 美元，如果你失败了，你就输掉 1 美元.

19~20：**保险索赔**. 计算以下每张保单的期望值（对公司而言）. 如果公司出售 10 000 张保单，那么盈利或亏损的期望值是多少？说明原因.

19. 每张保单的售价是 300 美元. 基于以往的数据，平均每 100 个投保人中有 1 个会提出 10 000 美元的索赔，平均每 250 个投保人中有 1 个会提出 25 000 美元的索赔，平均每 500 个投保人中有 1 个会提出 50 000 美元的索赔.

20. 每张保单的售价是 600 美元. 基于以往的数据，平均每 50 个投保人中有 1 个会提出 5 000 美元的索赔，平均每 100 个投保人中有 1 个会提出 10 000 美元的索赔，平均每 200 个投保人中有 1 个会提出 30 000 美元的索赔.

21. **等候时间的期望值**. 假设你随机到达公交车站，即你等可能地在任意时间抵达车站. 公共汽车是固定地每 20 分钟到达一班（比如，在整点、20 分和 40 分抵达车站）. 你的等候时间的期望值是多少？说明理由.

22. **等候时间的期望值**. 某公共汽车在正午 12:00、12:20 和下午 1 点到达公交车站. 你每天等可能地在中午 12 点至下午 1 点之间的任意时刻随机到达巴士站.

a. 你将在中午 12 点和 12:20 之间抵达公交车站的概率是多大？此时你的等候时间的期望值是多少？（先做习题 21 可能会有所帮助.）

b. 你将在 12:20 到下午 1:00 之间抵达公交车站的概率是多大？此时你的等候时间的期望值是多少？

c. 总的来说，你的等候时间的期望值是多少？

d. 如果公共汽车每次到达的时间间隔相同（例如，12:00、12:30、13:00），你认为等候时间的期望值会更大或更小吗？说明理由.

23. **赌徒谬误和硬币**. 假设你在玩抛硬币的游戏，如果正面向上，你就赢得 1 美元，如果反面向上，你就输掉 1 美元. 在最初的 100 次抛掷中，有 46 次是正面向上，有 54 次是反面向上.

a. 在前 100 次抛掷中正面向上的比例是多大？你现在的净收益或亏损是多少？

b. 假设你再抛 200 次硬币（即总共抛 300 次），发现正面向上的次数占总次数的 47%. 正面向上的百分比的增长符合大数定律吗？说明理由. 你现在的净收益或亏损是多少？

c. 在接下来的 100 次抛掷中你需要抛出多少次正面才能在 400 次抛掷后不赔不赚? 这有可能发生吗?

d. 假设在 400 次抛掷之后你依然亏损, 但你决定继续该游戏, 因为你 "注定" 会有一连串的胜利. 解释这种信念是如何说明赌徒谬误的.

24. **赌徒谬误和骰子**. 假设你在玩掷骰子的游戏, 规则如下: 如果掷出偶数点, 你就赢得 1 美元, 如果掷出奇数点, 你就损失 1 美元.

a. 如果你在前 100 次投掷中掷出了 45 个偶数点. 你会赢或输多少钱?

b. 在第二轮 100 次投掷中, 你的运气变好了, 你掷出了 47 个偶数点. 通过总共 200 次投掷, 你赢或输了多少钱?

c. 你的运气还在继续变好, 你在接下来的 300 次投掷中掷出了 148 个偶数点. 通过总共 500 次投掷, 你总共赢或输了多少钱?

d. 你要在接下来的 100 次投掷中掷出多少个偶数点才能达到收支平衡? 这有可能吗? 说明理由.

e. 经过 100 次、200 次和 500 次投掷后, 偶数点出现的百分比分别是多大? 尽管你的损失一直在增加, 但这个百分比说明大数定律的确存在, 说明原因.

25. **你能追上吗**? 假设你抛一枚均匀的硬币 100 次, 抛出了 42 次正面和 58 次反面, 反面比正面多出现了 16 次.

a. 解释为什么在你下一次抛掷后, 正、反面出现次数的差异可能会增加到 17 次, 也可能会减小到 15 次, 二者是等可能的.

b. 将 (a) 的解释推广一下, 解释为什么你多抛 1 000 次硬币后, 正、反面出现的次数之间的最终差异可能大于 16, 也可能小于 16, 二者也是等可能的.

c. 假设你每次抛硬币时都赌正面向上. 前 100 次抛掷之后, 你是失败的一方. 如果你继续打赌, 你很可能依然是失败的一方, 解释为什么. 这个解释与赌徒谬误有什么关系?

26. **棒球平均击球率**. 根据萨尔在过去五个赛季的记录, 预计萨尔本赛季的平均击球率为 0.300 (也就是说, 他平均每 10 次可以击中 3 次).

a. 在本赛季的第一个月, 萨尔在 80 次击球中击中 20 次. 那么他这个月的平均击球率是多少?

b. 在第二个月, 萨尔在 80 次击球中击中 22 次. 他第二个月的平均击球率以及到第二个月为止本赛季的平均击球率分别是多少?

c. 在第三个月, 萨尔进步很大, 在 80 次击球中击中 27 次. 那么他在第三个月的平均击球率以及本赛季的平均击球率分别是多少?

d. 如果萨尔想让自己本赛季的平均击球率依然是 0.300, 那么萨尔在第四个月和最后一个月在 80 次击球中必须至少击中多少次?

27. **抽取彩票号码**. 考虑一种彩票: 从编号为 1~42 的一组球中随机抽取 6 个球. 第一周的获奖组合由编号为 5、12、23、32、36 和 41 的球组成. 第二周的获奖球编号为 1、2、3、4、5 和 6. 第二周获奖的数字组合出现的概率是否大于或小于第一周的数字组合? 说明理由.

28. **硬币连胜**. 你抛一枚硬币 1 000 次, 将结果记录下来. 仔细查看你的记录结果, 你发现到某一次抛掷时你连续抛出了 10 次正面. 在 10 次抛掷中抛出 10 个正面的概率是多大? 你在 1 000 次抛掷中发现了这种十连胜, 你应该感到惊讶吗? 说明原因.

29. **幸运的投球手**. 玛丽亚打篮球, 她的罚球命中率是 70% (也就是说, 10 次罚球中她平均能命中 7 个). 某赛季有 25 场比赛, 在某场比赛中, 玛丽亚五罚五中. 你认为她那天手气 "超火", 还是纯属偶然? 说明原因.

30. **同花大顺的好运**. 在梭哈中拿到一手同花大顺 (相同花色的 A、K、Q、J、10) 的概率约为六十五万分之一. 据拉斯韦加斯旅游局统计, 每天大约有 70 000 人在拉斯韦加斯赌博, 其中玩扑克的人在一天内会拿到很多手不同的牌.

a. 你有可能会被发到一手同花大顺吗?

b. 如果某一天在拉斯韦加斯有某一个人被发到了同花大顺, 你应该感到惊讶吗?

31. **21 点的赌场上风**. 在某大型赌场, 庄家在 21 点牌桌上获胜的概率是 50.7%. 21 点的所有赌注都是 1 比 1 的, 即如果你赢了, 那么你赢得下注的金额; 如果你输了, 你就输掉下注的金额.

a. 如果你每手下注 1 美元, 对于你而言, 每场赌局的期望值是多大? 赌场上风是多大?

b. 如果你一个晚上玩了 100 场 21 点游戏, 每手下注 1 美元, 你应该期望能赢或输多少钱? 说明原因.

c. 如果你一个晚上玩了 100 场 21 点游戏, 每手下注 5 美元, 你应该期望能赢或输多少钱? 说明原因.

d. 如果所有顾客一个晚上在 21 点下注 1 000 000 美元, 赌场应该期望可以赚多少钱? 说明理由.

32. **有利可图的赌场**. 将某个赌场里所有赌局和所有赌注全部平均计算下来, 该赌场的赌场上风是每美元赌金可获利 0.055 美元. 如果该赌场一年内的赌注总金额是 1 亿美元, 那么赌场的总利润应该是多少? 说明理由.

进一步应用

33～34：**强力球**. 下表列出了多州联合强力球彩票最近的奖金和中奖概率（每张 1 美元彩票的奖金）.

奖项	概率
最高奖	1/292 201 338
1 000 000 美元	1/11 688 053
50 000 美元	1/913 129
100 美元	1/36 525
100 美元	1/14 494
7 美元	1/580
7 美元	1/701
4 美元	1/92
4 美元	1/38

33. 如果最高奖为 3 000 万美元，计算每张彩票的奖金的期望值. 如果你每周购买 10 张彩票，你每年可以期望赢或者输多少钱? 你实际上应该期望赢或者输这么多钱吗? 说明理由.

34. 如果最高奖为 4 500 万美元，计算每张彩票的奖金的期望值. 如果你每周购买 20 张彩票，你每年可以期望赢或者输多少钱? 你实际上应该期望赢或者输这么多钱吗?

35～36：**百万大博彩**. 下表列出了百万大博彩最近的奖金和中奖概率（每张 1 美元彩票的奖金）.

奖项	概率
最高奖	1/258 890 850
1 000 000 美元	1/18 492 203
50 000 美元	1/739 688
500 美元	1/52 835
50 美元	1/10 720
5 美元	1 766
5 美元	1/473
2 美元	1/56
1 美元	1/21

35. 如果最高奖是 1 500 万美元，计算每张彩票的奖金的期望值. 如果你买 100 张彩票，你可以期望赢或者输多少钱? 你实际上应该期望赢或者输这么多钱吗? 说明理由.

36. 如果最高奖是 4 000 万美元，计算每张彩票的奖金的期望值. 如果你买 500 张彩票，你可以期望赢或者输多少钱? 你实际上应该期望赢或者输这么多钱吗? 说明理由.

37. **橄榄球的额外得分**. 美国国家橄榄球大联盟比赛中可以选择在达阵后尝试额外获得 1 分或 2 分. 他们可以通过踢球射门来获得 1 分，也可以通过跑动或传球使球穿过得分线来获得 2 分. 如果两次尝试都失败，则球队获得零分. 从 2015 赛季开始，获得一分转换所需的射门距离有所增加.

a. 在射门距离增加之前的 22 个赛季中，在共计 23 684 次一分转换尝试中成功了 23 325 次. 根据此频率，成功进行一分转换的概率是多大? 在这些赛季中一分转换的期望得分是多少?

b. 在射门距离增加之后的两个赛季（2015 赛季和 2016 赛季）中，在共计 2 265 次一分转换尝试中成功了 2 412 次. 根据此频率，成功进行一分转换的概率是多大? 在这两个赛季中一分转换的期望得分是多少?

c. 在 10 个赛季中，在共计 718 次两分转换尝试中成功了 344 次. 根据此频率，成功进行两分转换的概率是多大? 在这些赛季中两分转换的期望得分是多少?

d. 根据以上结果，在射门距离增加之前哪种选择通常是更好的? 距离增加之后呢? 奖励：如果你是橄榄球迷，说明为什么有时选择具有较低期望值的选项对于球队来说更好.

38. **轮盘赌**. 你在某赌场的轮盘赌中对数字 7 下注 5 美元，你损失 5 美元的概率是 37/38，可以赢得 175 美元的概率是 1/38（在付完赌注之后）. 如果你在奇数上下注 5 美元，那么你损失 5 美元的概率是 20/38，可以净赚 5 美元的概率是 18/38.

a. 对数字 7 下注 5 美元的期望值是多少?

b. 在奇数上下注 5 美元的期望值是多少?

c. 哪个选择更好：在数字 7 上下注、在奇数上下注还是根本不下注?

39. **家庭规模**. 据估计，57% 的美国人生活在有 1 或 2 个人的家庭中，32% 的生活在有 3 或 4 个人的家庭中，11% 的生活在有 5 或更多人的家庭中. 用 1.5 表示 1 或 2 个人的家庭中人数的期望值，用 3.5 表示 3 或 4 个人的家庭中人数的期望值，用 6 表示 5 或 5 人以上的家庭中人数的期望值，计算美国家庭人数的期望值. 这与家庭规模的均值有何关系?

实际问题探讨

40. **大数定律**. 描述一个提到了大数定律的新闻报道. 该报道中使用的术语是否准确? 解释原因.
41. **你生活中的大数定律**. 描述一个你自己正确或错误地使用大数定律的例子. 你为什么使用大数定律? 它有帮助吗?
42. **赌徒谬误**. 描述一个你自己或你认识的人沦为赌徒谬误的受害者的例子. 我们应该如何处理这种情况呢?
43. **赌博的道德**. 共和党参议员理查德 · 卢格攻击州政府支持的彩票以及赌博合法化日益增长的趋势，他说："赌博的传播标志着我国的道德正在被腐蚀 …… 据说只要你玩得足够多，你就可以中大奖，从而摆脱要通过工作自食其力的限制或者要长时间接受继续教育的束缚." 就 "赌博和道德" 一词进行网络搜索，查找关于此问题的其他意见. 简要写下你的发现，清楚地表达并论证你自己的观点.

实用技巧练习

利用 StatCrunch 回答下列问题.

44. **模拟掷骰子**. 你可以按照下面的方法用 StatCrunch 模拟掷一枚骰子：在 StatCrunch 工作空间中，选择 "Applets"，再选择 "Simulation"，然后选择 "Dice Rolling" . 输入模拟掷的骰子数为 1，然后按下 "Compute!" . 这时将出现一个空图，顶部有选项，用于输入模拟运行的次数.

a. 输入模拟掷一枚骰子的运行次数 5. 再继续选择模拟投掷次数 5 (多次重复)，直到你的图中有 30 次运行的结果为止. 频数是否接近你的预期? 说明理由.

b. 分别选择模拟次数为 50 次、100 次和 1 000 次，重复上面的实验. 结果是否符合大数定律? 说明理由.

7.4 风险评估

一个口才卓越但很诚实的推销员找到你，向你推销一种新的商品，他说：

> 我还不能透露细节，但你肯定会喜欢这种商品! 它可以从不计其数的方面改善你的生活. 它唯一的缺点是它最终会杀死所有用它的人. 你会买这种商品吗?

估计不会! 毕竟，哪有什么商品能够伟大到可以为它去死呢? 几周后，推销员再次出现，这次他说：

> 因为无人购买，所以我们对商品做了一些改进. 你现在被商品杀死的概率只有 1/10. 你准备好购买了吗?

尽管商品有所改善，但相信大多数人仍然会把推销员拒之门外，第三次他又来了：

> 这次我们的商品可以称得上完美了. 我们将它变得非常安全，现在它需要用差不多 20 年的时间才能杀死和旧金山的人口总数一样多的人 (尽管每年还会造成 400 万人受伤) . 不过，你一定会爱上它的，而且现在只需要花费 30 000 美元，它就属于你了.

如果你跟大多数美国人差不多，就可能会非常惊讶地发现，你会欣然接受这个提议. 这种商品竟然是汽车. 它确实在很多方面改善了我们的生活，很多中级新车的价格超过 30 000 美元. 然而，鉴于每年有接近 4 万①美国人死于车祸 (更有超过 400 万人次在车祸中受伤而需要医疗救治)，在大约 20 年的时间里，死于车祸的人数的确相当于旧金山的人口 (大约是 80 万人) . 美国国家安全委员会估计，这些伤亡每年给美国造成的损失超过 4 000 亿美元.

正如本例所示，我们经常要在利益和风险之间做出权衡. 本节我们会看到概率的思想将如何帮助我们量化风险，从而使我们能够在这种权衡中做出明智的决策.

▶ 做习题 8~11.

① **顺便说说**：车祸是 6~25 岁年轻人的主要死因. 在美国，汽车乘客约占汽车死亡人数的 85%，剩下的 15% 则是行人和骑车人.

风险和旅行

你认为小型车和越野车哪个更安全？现在的汽车比 30 年前的更安全吗？如果你要到全国各地去旅行，你认为坐飞机和开车哪个更安全？为了回答这些问题以及很多类似问题，我们必须量化旅行中的风险，并据此做出适合自身情况的相应选择.

在你的世界里　恐怖主义、风险与人类心理

“恐怖主义”这个词很明确地告诉你，它的目的就是在普通公民中制造恐惧. 然而，细致的研究表明，恐怖主义能制造恐惧的一个原因是：我们感知风险的方式往往是与真实的统计数据脱节的.

就恐怖主义而言，卡托（Cato）研究所的一项研究发现，1975—2015 年，恐怖分子在美国本土总共杀死了 3 432 人，其中包括死于 2001 年 9 月 11 日“911 事件”中的 2 983 人. 因此在这段时期内，平均每年大约有 85 人死于恐怖主义，而如果排除“911 事件”的遇难者，每年只有大约 11 人死于恐怖主义. 使用后面一个数字，我们发现每年有将近 4 000 倍的美国人死于车祸，每年有将近 3 000 倍的美国人死于枪伤（与恐怖主义无关）. 事实上，美国消费品安全委员会（Consumer Product Safety Commission）发现，一个普通的美国人死于恐怖袭击的概率与他被一件家具压死的概率差不多大.

那么，为什么调查却总是表明恐怖主义在我们的恐惧排名中往往名列榜首呢？相关研究人员已经确定人类心理的很多方面可以帮助我们回答这个问题. 例如，我们在无法控制的时候往往会更害怕，这就是很多人更害怕坐飞机（控制权掌握在飞行员手里）而不是开车的原因之一. 恐怖袭击看似随机进行的特征加剧了这种恐惧感，因为我们无法控制它在何时或何地发生.

特别害怕恐怖主义的第二个原因是恐怖袭击有可能一次性地同时伤害多人. 同样的原因也可以用来解释为什么一起商业航行事故，比如说它造成世界各地的 350 人死亡，会成为一个重大新闻，尽管全球每天死于车祸的人数是这起事故的 10 倍之多.

第三个原因则来自这样一个事实：恐怖袭击不可避免地会成为新闻，这会导致心理学家所称的可用性错误：我们对恐怖主义的恐惧感远远超过很多对我们构成巨大风险的日常威胁，就是因为媒体的报道使我们的大脑会更容易想到恐怖主义.

我们也许无法改变大脑对恐怖主义所引起的恐惧的反应模式，但是我们可以控制自己应对这些恐惧的方式. 比如，在政治层面上，为了降低某种风险，而不是其他可能更大的风险，我们决定投入资源或实施政策时，应该谨慎地权衡其中所涉及的利害关系. 在个人层面，想想这个具有讽刺意味的事实所体现的教训：那些因为害怕坐飞机而长距离驾驶的人实际上增加了他们自己在旅途中被杀死的风险. 适度的恐惧是有帮助的，但是决策也应该基于对真实数据和结果的理性评估.

旅行风险通常用**事故率**（accident rate）或**死亡率**（death rate）来衡量. 比如，假设年事故率是每 10 万人中 750 起事故. 这意味着，每 10 万人中平均有 750 人将在一年内发生交通事故. 这个概率本质上是一个频率概率：它告诉我们每个人（在一年内）发生交通事故的概率是 750/100 000 或 0.007 5.

旅行风险的概念很直观，但我们必须非常小心地解释这些数字. 例如，如上所述，旅行风险有时像上面所说的那样按每 10 万人计算，但有时按每次行程或每英里计算. 如果我们用每次出行的死亡率来比较坐飞机和开车的风险，那么我们忽略了一个事实，那就是坐飞机旅行的距离通常要比开车远得多. 同样，如果我们使用人均事故率，那么又忽略了大多数汽车事故中人们只是受到轻微伤害的事实.

例 1　开车更安全了吗？

1970 年，因机动车事故致死人数为 52 000 人[①]，而驾驶里程总数为 1.1×10^{12} 英里. 2016 年，因机动车事故致死人数为 37 000 人，而驾驶里程总数为 3.2×10^{12} 英里. 以每 1 亿英里驾驶里程的死亡率来计算，这两年的驾驶风险相比有何区别？

解　我们可以用每年的死亡人数除以每年的驾驶里程总数来计算每英里的死亡率. 然而，因为我们要计算的是每 1 亿英里的死亡率，所以我们也用 1 亿 $= 10^8$ 做一个单位换算. 具体计算如下：

$$1970\text{ 年: } \frac{\text{死亡人数}52\,000\text{人}}{\text{里程数}1.1 \times 10^{12}\text{英里}} \times \frac{10^8\text{英里}}{1\text{亿英里}} \approx 4.7(\text{人}/1\text{ 亿英里})$$

$$2016\text{ 年: } \frac{\text{死亡人数}37\,000\text{人}}{\text{里程数}3.2 \times 10^{12}\text{英里}} \times \frac{10^8\text{英里}}{1\text{亿英里}} \approx 1.2(\text{人}/1\text{ 亿英里})$$

1970—2016 年，每 1 亿英里的车祸死亡率从 4.7 下降到 1.2；你可以用相对变化公式（见 3.1 节）确认这意味着死亡率降低了近 75%. 大多数研究人员将死亡率的降低归因于更好的汽车设计和安全功能，如安全带和安全气囊.

▶ 做习题 12~13.

例 2　飞行和驾车哪个更安全？

2012—2016 年这 5 年期间，美国商业航线飞机每年飞行约 80 亿英里，总共只有 5 人[②]死于坠机有关的事故，平均每年死亡 1 人. 利用这些数据计算每英里航空旅行的死亡率. 比较飞行风险与驾车风险.

解　根据给出的年均数据，每英里航空旅行的死亡率是：

$$\frac{1}{8 \times 10^9} \approx 1.25 \times 10^{-10}(\text{人}/\text{英里})$$

我们可以说，这一死亡率相当于每 100 亿英里航行约有 1 人死亡，这仅为 2016 年每 1 亿英里驾驶里程的死亡率 1.2 人的 1/100 或 1%. 根据这些数据，若以每英里死亡率衡量，则飞行的风险要比开车低得多.

▶ 做习题 14~15.

思考　你认识害怕坐飞机的人吗？你认为上面的统计数据会减少这种恐惧吗？说明理由.

人口统计

关于公民出生和死亡的数据，常被称为人口统计数据，对于理解风险收益权衡是非常重要的. 例如，保险公司使用人口统计数据来评估风险和设定费率. 健康专家研究人口统计数据以评估医学进展并确定应该将研究资源集中在哪个方向. 人口统计学家使用出生率和死亡率来预测未来的人口趋势.

有一种重要的人口统计数据关注死亡原因.[③] 表 7.5 列出了美国的样本数据. 更完整的表格可能会按年龄、性别和种族等对数据进行分类. 另外，人口统计数据通常以每人或每 10 万人的死亡人数来表示，这更便于比较不同年份和不同州或国家的数据.

① **说明**：不同组织统计的车祸造成的死亡人数是不同的. 例如，美国国家安全委员会统计交通道路和非交通道路（如私家车道或停车场）上车祸的死亡人数以及车祸发生后一年内的死亡人数，而美国国家运输安全委员会只统计交通道路上的车祸发生后 30 天之内的死亡人数. 因此，美国国家安全委员会报告的致死人数更高.

② **顺便说说**：例 2 中提到的 5 例死亡事故均发生在 2013 年. 除此之外，2010—2016 年期间，美国没有发生其他商业航空公司死亡事故（在本书准备出版时已经可以看到最近一年的数据）.

③ **顺便说说**：专家估计，超过 90% 的自杀能通过心理咨询或治疗阻止，因此自杀是最容易预防的死亡形式之一.

表 7.5 美国十大主要死因 (2015 年)

死因	死亡人数	死因	死亡人数
心脏病	614 300	阿尔茨海默症	93 500
癌症	591 700	糖尿病	76 500
慢性呼吸道疾病	147 100	肺炎/流感	55 200
事故（含车祸）	136 100	肾病	48 100
中风	133 100	自杀	42 800

资料来源：美国疾病控制与预防中心.

例 3 阐释人口统计数据

假设美国人口为 3.25 亿人，计算并比较事故和癌症每人的死亡率和每 10 万人的死亡率.

解 我们将相应的死亡人数除以总人口 3.25 亿人来得到每人的死亡率：

事故/车祸：

$$\frac{136\ 100}{325\ 000\ 000} \approx 0.000\ 42$$

癌症：

$$\frac{591\ 700}{325\ 000\ 000} \approx 0.001\ 8$$

我们可以将这些数字乘以 10 万转换为每 10 万人中死亡的人数. 我们发现事故死亡率约为每 10 万人中有 42 人①，而癌症死亡率约为每 10 万人中有 180 人.

▶ 做习题 16~19.

思考 表 7.5 提示死于心脏病的概率高于死于事故的概率，但这些数据包括所有年龄组. 你认为年轻人和老年人死于心脏病和事故的风险会有所不同吗? 说明理由.

预期寿命

人口统计数据常被用来估计预期寿命，预期寿命②通常用于比较不同时期或不同国家的总体健康状况. 如果我们首先来看死亡率，这个想法会更加清楚. 图 7.13 (a) 展示了美国整体的死亡率，所有不同年龄组的人的死亡率：以每千人死亡数计. 注意，出生后不久死亡率会升高，之后死亡率会降至非常低的水平. 在大约 15 岁后，死亡率开始逐渐攀升.

图 7.13 (b) 展示了不同年龄的美国人（包括男性和女性）的**预期寿命** (lief expectancy)，它被定义为某给定年龄的人的平均剩余寿命（以年计）. 正如我们所预计的那样，年轻人的预期寿命更高，因为平均而言，他们还能存活的时间更长. 目前美国人在刚出生时的预期寿命约为 79 岁 (其中男性是 76 岁，女性是 81 岁).

① **顺便说说**：对于大学生来说，与饮酒相关的事故是最严重的健康威胁. 根据美国国立卫生研究院的报告，饮酒造成每年约 1 400 名大学生死亡（其中许多是死于酒驾造成的车祸）、500 000 人受伤和 70 000 起性侵案件.

② **顺便说说**：世界各地的预期寿命差别很大. 根据美国中央情报局的世界概况，截至 2015 年，摩纳哥的预期寿命最高，为 89.5 岁，而乍得最低，为 49.8 岁. 尽管美国在人均医疗保健支出上以很大的优势排名第一，但预期寿命只排在第 43 位.

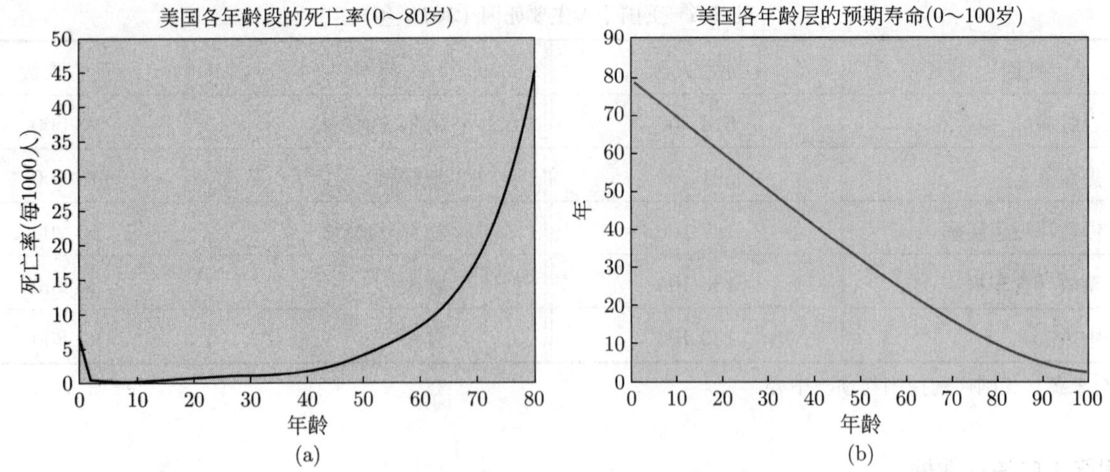

图 7.13 (a) 美国各年龄段人群的死亡率和 (b) 不同年龄对应的预期寿命

资料来源：美国疾病控制与预防中心 (2012 年数据，2016 年公布).

> **定义**
>
> **预期寿命**是任意给定年龄段的人群的平均剩余的可生存年数. 出生预期寿命是指新生儿的预期寿命.

因为医学和公共卫生的改进，预期寿命一直随着时间发展在增加 (见图 7.14). 这一事实意味着我们必须小心解读预期寿命，因为预期寿命是通过研究当前的死亡率计算出来的. 例如，当说现在出生的婴儿的预期寿命是 79 岁时，我们要表达的是，如果医学或公共卫生状况在未来没有变化，那么现在出生的婴儿的平均寿命将是 79 岁. 事实上，随着公共卫生和医疗条件的不断改善，大多数人预计预期寿命将会持续增加. 因此，虽然预期寿命为评价当前的整体健康状况提供了一个有用的衡量指标，但不应该将其视为对未来人均寿命的预测.

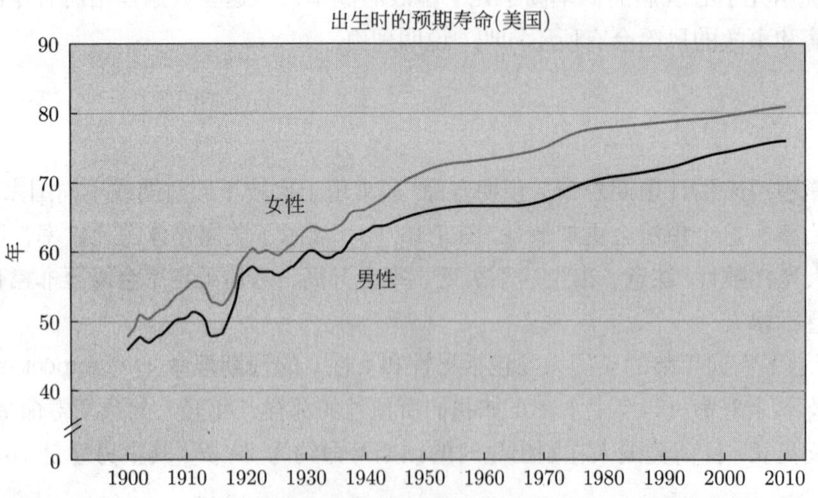

图 7.14 自 20 世纪初以来美国男性和女性的预期寿命的变化

资料来源：美国疾病控制与预防中心；美国国家卫生统计中心.

例 4 不同年龄的预期寿命

利用图 7.13 (b)，找出 2016 年在美国 20 岁的预期寿命和 60 岁的预期寿命. 这两个数字相吻合吗？解释原因.

解 由图可知，20 岁的预期寿命大约是 60 年，60 岁的预期寿命大约是 23 年. 这意味着 20 岁的人可以期望平均再活 60 年左右，或活到 80 岁. 而 60 岁的人平均可以再活 23 年左右，或活到 83 岁.

最初这看起来可能会让人觉得奇怪，60 岁的人的平均寿命大于 20 岁的人的平均寿命（83 岁与 80 岁）. 但要记得，预期寿命是基于当前数据计算出来的. 如果医学或公共卫生条件没有变化，60 岁的老年人比 20 岁的年轻人更有可能活到 83 岁，因为他已经活到了 60 岁. 然而，如果医学和公共卫生条件持续改善，那么现在 20 岁的人很可能比今天 60 岁的人更长寿.

▶ 做习题 20~23.

例 5 你能活到 110 岁吗？

观察图 7.14，估计 20 世纪预期寿命的增长情况. 假设在 21 世纪，预期寿命上升的幅度与 20 世纪相同. 那么在美国生于 2100 年的孩子在刚出生时的预期寿命会是多少？这对你本人的预期寿命有何影响？解释原因.

解 由图 7.14 可知，对于女性而言，出生时的预期寿命从 1900 年的大约 48 岁上升到 2000 年的大约 80 岁，增加了 $80-48=32$ 岁. 对于男性而言，出生时的预期寿命从 1900 年的大约 46 岁上升到 2000 年的大约 74 岁，增加了 $74-46=28$ 岁.

如果 21 世纪的增长与 20 世纪一样，那么到 2100 年：

- 女性的预期寿命将在 2000 年的 80 岁的基础上再增加 32 岁，这将是 112 岁.
- 男性的预期寿命将在 2000 年的 74 岁的基础上再增加 28 岁，这将是 102 岁.

换句话说，如果在 21 世纪的美国，预期寿命增长的幅度和在 20 世纪一样，那么出生时的预期寿命将分别达到女性 112 岁和男性 102 岁. 注意，尽管本例处理的是出生时的预期寿命，但所有年龄段（不只是出生时）的预期寿命都会随着时间推移而增加（见例 4），这样 2100 年的老年人也能够活到近似于上述出生预期寿命那样的年龄. 因此，如果 21 世纪预期寿命的增长幅度和 20 世纪一样，那么今天的高中生和大学生的平均年龄很有可能超过男性 100 岁和女性 110 岁.

▶ 做习题 24~25.

思考 你认为到 21 世纪末，预期寿命会真的能增加到 100 岁以上吗？为什么？

案例研究 预期寿命和社会保障

由于美国人口年龄结构的变化，预计未来符合社会保障福利条件的退休人员的人数将大大增加，而缴纳社会保障税收的工薪阶层的人数则增长得要慢得多. 因此，未来的社会保障面临的最大挑战之一就是如何找到一种方案，确保有足够的钱可以支付给未来的退休人员. 我们在 4.6 节讨论了这个挑战的某些方面，但随着预期寿命的增加，形势将更加严峻.

任何对未来社会保障支出的估计都依赖于对人们未来预期寿命的假设，因为如果退休年龄不相应改变，那么寿命越长，领取社会保障福利的年限就越长. 但遗憾的是，我们没有足够的信心得到这些假设. 例如，社会保障机构最近的预测认为，出生预期寿命在 21 世纪只会略微增加. 然而，如例 5 所述，看上去假设预期寿命可能会大大增加似乎是更合理的. 如果事实果真如此，那么这当然说明公共卫生得到了极大完善，但同时却将大大加剧社会保障（和医疗保险）所面临的预算问题.

思考 比较图 7.14 展示的男性和女性的预期寿命. 这会对社会保障或其他社会政策有什么影响吗？对保险费率呢？讨论一下.

测验 7.4

为以下每个问题选择最佳答案，并用一个或多个完整的句子解释原因.

1. 已知美国每年有近 40 000 人死于车祸，那么美国平均每天大约有多少人死于车祸？(　)

   a. 10　　b. 100　　c. 1 000

2. 在过去的 40 年中，每英里里程的死亡率是如何变化的？根据图 7.13 中的数据，你可以得出什么结论?(　)

   a. 每英里的死亡率起伏不定，没有一个整体的趋势

   b. 总体来看每英里的死亡率随时间在下降

   c. 总体来说每英里的死亡率随时间在上升

3. 你被告知某一年南非因艾滋病死亡的人数. 要计算平均每人的死亡率，你还需要知道什么?(　)

   a. 南非艾滋病感染者人数　　b. 死者患病的时间长短　　c. 南非的总人口

4. 根据表 7.5，以及美国有 3.25 亿人口，糖尿病的每 10 万人中的死亡人数为 (　).

   a. 76 500　　b. $\frac{76\ 500}{3.25\text{亿}}$　　c. $\frac{76\ 500}{3.25\text{亿}} \times 100\ 000$

5. 根据图 7.13 (a)，除了老年人，面临最大死亡风险的人群是 (　).

   a. 婴儿　　b. 十几岁的青少年　　c. 30 多岁的男人

6. 以下哪个关于预期寿命的陈述是正确的?(　)

   a. 美国每个人都有相同的预期寿命

   b. 你的预期寿命会告诉你应该期望自己还能活多久

   c. 随着年龄的增长，你的预期寿命会下降

7. 现在一名美国女孩出生时的预期寿命约是 81 岁. 这是否意味着我们应该期望现在出生的女孩的平均寿命是 81 岁?(　)

   a. 是，这就是我们所说的预期寿命的含义

   b. 不是，因为随着年龄的增长，他们的预期寿命会降低

   c. 不是，因为这个预期寿命假设医学和公共卫生条件都不变化，而这两者几乎肯定会发生变化

8. 根据图 7.14，以下哪个陈述不正确?(　)

   a. 平均来说，现在的美国人比 1900 年的美国人的寿命增加了 50% 以上

   b. 男性的预期寿命正在迅速追上女性的预期寿命

   c. 如果 2000—2100 年间预期寿命的增长幅度与 1900—2000 年间相同，那么到 2100 年，男性的预期寿命将超过 100岁

9. 如果预期寿命继续像 20 世纪那样增长，它将如何影响当前对未来社会保障的预测?(　)

   a. 这意味着目前的预测低估了社会保障未来要支付的福利金额

   b. 这意味着目前的预测低估了社会保障将从社会保障税收中获得的收入

   c. 没有任何影响，因为预算制定者已经假定预期寿命的增长幅度会与 20 世纪的增长幅度相当

习题 7.4

复习

1. 简要解释为什么量化风险对制定决策很重要.

2. 举例说明用于衡量旅行风险的一种比率. 为什么在衡量风险时，比率比死亡人数或事故总数更好用？这些比率与概率有何相似之处?

3. 什么是人口统计数据？它们通常如何表述？举几个例子.

4. 解释预期寿命一词的含义. 预期寿命如何随年龄而变化？它如何受到人口总体健康状况变化的影响?

是否有意义?

确定下列陈述是有意义的 (或显然是真实的) 还是没意义的 (或显然是错误的)，并解释原因.

5. 没有人能够成功地卖出每年会杀死数千人的商品.

6. 摩托车事故造成的死亡人数少于汽车事故，因此摩托车一定比汽车更安全.

7. 你的预期寿命是决定你还能活多长时间的主要因素.
8. 60 岁的人的预期寿命小于 20 岁的人的预期寿命.

基本方法和概念

9~12：**正确看待数据**. 利用下面的数据回答以下问题：

- 美国数据（2016 年估计值）：车祸死亡人数 = 40 200 人；车祸受伤人数 = 460 万人；社会成本 = 4 300 亿美元.（资料来源：美国国家安全委员会.）
- 全球数据（估计）：车祸死亡人数 ≈ 130 万人；车祸受伤人数 ≈ 5 000 万人；25 岁以下的车祸死亡人数 ≈ 40 万人.（资料来源：国际公路安全协会.）

9. 在美国，平均多长时间会有一人死于车祸（每 x 分或 x 秒一人）？平均多长时间会有一人在车祸中受伤？
10. 利用全球数据做习题 9.
11. 利用给出的车祸的社会成本以及美国总人口大约共计 3.25 亿人来计算车祸的人均社会成本.
12. 全球平均每天有多少年轻人（25 岁以下）死于车祸？
13. **汽车安全的 20 年趋势**. 利用下表回答以下问题.

年份	美国人口（百万人）	车祸致死人数（人）	驾驶员（百万人）	里程（万亿英里）
1995	263	41 817	177	2.4
2015	321	35 092	218	3.1

资料来源：美国国家运输安全委员会.

a. 给出 1995 年和 2015 年每 1 亿英里汽车行驶里程的死亡率.
b. 给出 1995 年和 2015 年每 10 万人的死亡率.
c. 给出 1995 年和 2015 年每 10 万名驾驶员的死亡率.
d. 你在 (a) 到 (c) 中给出的 1995—2015 年三种死亡率的变化是否一致？简要评论据此得到的一般性结论.

14. **汽车道路安全的最近趋势**. 利用下表回答以下问题.

年份	道路或非道路车祸致死人数（人）	汽车行驶里程（万亿英里）
2014	35 398	3.03
2016	40 200	3.22

资料来源：美国国家安全委员会，2016 年数据为暂定数据.

a. 计算 2014—2016 年车祸致死人数增长的百分比. 这个变化与机动车致死人数的长期的总体趋势是否一致？说明原因.

b. 计算 2014 年和 2016 年每 1 亿英里汽车行驶里程的死亡率. 汽车行驶里程的增加是否足以解释你在本题 (a) 中算出的致死人数增加的百分比？说明原因.

c. 对 2014—2016 年致死人数的增加，提出其他可能的解释，并简要讨论任何能够支持这些解释的证据.

15~16. **通用航空安全**. 下表展示了美国航空公司在特定年份定期航班的事故数、死亡人数、飞行时数和飞行里程.

年份	事故数	死亡人数	飞行时数（百万小时）	飞行里程（十亿英里）
2000	49	89	16.7	7.1
2005	34	22	18.7	7.8
2010	28	0	17.2	7.3
2015	27	0	17.4	7.6

资料来源：美国国家运输安全委员会.

15. a. 计算 2000 年和 2015 年每 100 000 小时飞行的事故率. 用该指标衡量，乘坐美国航班变得更安全吗？
    b. 计算 2000 年和 2015 年每 10 亿英里飞行里程的事故率. 用该指标衡量，乘坐美国航班变得更安全吗？

16. a. 计算 2000 年和 2015 年每 100 000 小时飞行的死亡率. 用该指标衡量，乘坐美国航班变得更安全吗?

b. 计算 2000 年和 2015 年每 10 亿英里飞行里程的死亡率. 用该指标衡量，乘坐美国航班变得更安全吗?

17~20: **死亡原因**. 利用表 7.5 的数据，并假设美国总人口为 3.25 亿人.

17. 在一年内一个美国人死于糖尿病的频率概率是多大? 因糖尿病死亡的风险比因肾病死亡的风险大多少?

18. 因意外事故死亡的风险比因肾病死亡的风险大多少?

19. 如果你居住在一个有代表性的 50 万人口的城市，你预计一年内这里会有多少人死于中风?

20. 如果你居住在一个有代表性的 50 万人口的城市，你预计一年内这里会有多少人死于慢性呼吸道疾病?

21~24: **死亡率**. 利用图 7.13 回答以下各问题.

21. 估计 60~65 岁老年人的死亡率. 假设 60~65 岁的老年人大约有 1 420 万人，那么一年内该年龄段的老年人预计会有多少人死亡?

22. 估计 25~35 岁年轻人的死亡率. 假设 25~35 岁的年轻人大约有 4 400 万人，那么一年内预计会有多少该年龄段的人死亡?

23. 假设一家人寿保险公司在某一年为 100 万名 50 岁的人提供保险.（假设死亡率是每 1 000 人 5 人.）保费为每年 200 美元，死亡保险金为 50 000 美元. 保险公司的盈利或亏损的期望值是多少?

24. 假设一家人寿保险公司在某一年为 5 000 名 40 岁的人提供保险.（假设死亡率是每 1 000 人 3 人.）保费为每年 200 美元，死亡保险金为 5 0000 美元. 预计公司一年内可以盈利（或亏损）多少钱?

25~26: **22 世纪的寿命**. 本节的例 5 假设 2000—2100 年期间预期寿命的绝对增加量等于 1900—2000 年期间的绝对增加量. 而在下面的习题中，假设 2000—2100 年期间预期寿命增加的百分比等于 1900—2000 年期间增加的百分比.

25. 2100 年女性的预期寿命是多少? 与例 5 中给出的 2100 年的预期寿命相比，你认为这个结果是更切合实际还是更不合理? 说明理由.

26. 2100 年男性的预期寿命是多少? 你认为这个结果是对 2100 年预期寿命的一个更切合实际还是更不合理的估计? 说明理由.

进一步应用

27. **高/低美国出生率**. 2015 年美国出生率最高和最低的州分别是犹他州和新罕布什尔州. 犹他州的人口总数约 300 万人，新生儿 51 154 名. 新罕布什尔州的人口总数约 130 万人，新生儿 12 302 名. 根据这些数据回答以下各问题.

a. 犹他州在这一年中平均每天有多少新生儿?

b. 新罕布什尔州在这一年中平均每天有多少新生儿?

c. 犹他州每 10 万人的出生率是多少?

d. 新罕布什尔州每 10 万人的出生率是多少?

28. **高/低美国死亡率**. 2015 年美国死亡率最高和最低的州分别是西弗吉尼亚州和夏威夷州. 西弗吉尼亚州人口总数约 180 万人，死亡 22 186 人. 夏威夷州人口总数约 140 万人，死亡 10 767 人.

a. 计算西弗吉尼亚州和夏威夷州的死亡率，以每 10 万人的死亡人数计.

b. 西弗吉尼亚州平均每天有多少人死亡?

c. 夏威夷州平均每天有多少人死亡?

29. **美国出生率和死亡率**. 2015 年，美国人口总数约 3.21 亿人. 整体出生率为每 1 000 人 12.5 人，整体死亡率为每 1 000 人 8.4 人.

a. 2015 年美国大约有多少新生儿?

b. 2015 年美国大约有多少人死亡?

c. 仅基于出生和死亡人数（即不计入移民），2015 年美国人口大约增加了多少?

d. 假设 2015 年美国人口实际增加了 300 万人. 根据这个数据以及（c）中的结果，估计有多少人移民到了美国. 移民占人口总增长的多大比例?

30. **多胞胎**. 2015 年，美国大约有 400 万次分娩，其中有 135 000 组双胞胎（即 $2\times135\ 000$ 个婴儿）、4 200 组三胞胎、246 组四胞胎. 假设五胞胎及以上的新生儿数量可以忽略不计. 注意：在计算（b）和（c）中的概率时，新生儿数量大于分娩次数，因为每组双胞胎有两个婴儿，每组三胞胎有三个婴儿，每组四胞胎有四个婴儿.

a. 如果你是一位在 2015 年分娩的妈妈，你一次能生育一个以上宝宝的概率大约是多大? 假设多胞胎是随机分布的.

b. 随机选择的任意一个 2015 年新生儿是双胞胎的概率有多大?

c. 随机选择的任意一个 2015 年新生儿是三胞胎或四胞胎的近似概率有多大?

31. **人口老龄化**. 下表展示了自 1950 年以来美国的人口总数和 65 岁以上的人口数.

年份	美国人口 （百万人）	65 岁以上人口 （百万人）
1950	151	12.7
1960	179	17.2
1970	203	20.9
1980	227	26.1
1990	249	31.9
2000	281	34.9
2010	309	40.4
2015	321	47.7

a. 制作一张表格，展示 1950—2010 年期间美国 65 岁以上人口所占的百分比.

b. 1950—2015 年期间美国人口增长的百分比是多少?

c. 1950—2015 年期间美国 65 岁以上人口增长的百分比是多少?

d. 2015 年，大约有 1.69 亿美国人处于工作年龄（25~65 岁）. 估计 2015 年实际在工作从而为社会保障做出贡献的总人数，并比较这个数字与 65 岁以上的人口总数. 说明你在估计时所做的任何假设.

e. 这些结果将对未来的社会保障项目和医疗保险计划有何影响?

32. **期望值的心理学**. 心理学家阿莫斯 · 特沃斯基（Amos Tversky）和丹尼尔 · 卡尼曼（Daniel Kahneman）通过提出与期望值相关的调查问题来研究风险心理学. 考虑以下两个问题.

问题 1：你更愿意选择哪个选项，A 或 B?

选项 A：100% 会获得 250 美元.

选项 B：有 25% 的可能获得 1 000 美元，有 75% 的可能什么也得不到.

问题 2：你更愿意选择哪个选项，C 或 D?

选项 C：100% 会损失 750 美元.

选项 D：有 75% 的可能损失 1 000 美元，25% 的可能什么也不损失.

a. 在进行计算之前，先根据自己的直觉回答这两个问题.

b. 对于每个问题，计算每个选项的期望值.

c. 特沃斯基和卡尼曼发现，对于问题 1，大多数人选择选项 A，而对于问题 2，大多数人选择选项 D. 大多数人给出的回答是否符合期望值呢? 说明原因.

d. 你认为这些结果与人们往往会错误判断风险高低有关吗（参见“在你的世界里　恐怖主义、风险与人类心理”的讨论）? 说明原因.

实际问题探讨

33. **多角度看待汽车安全**. 本节开头的段落给出了一种合理评价汽车安全的方法，但还有许多其他方法. 例如，法学教授、法官圭多 · 卡拉布雷西（Guido Calabresi）用了一个类比来描述这个问题：他让学生们想象有一个神灵送给他们一个礼物来改善他们的生活，但付出的代价是每周大约随机挑选 1 000 个人处死. 解释这个类比与美国车祸统计数据的关系，然后自己构造一个例子来客观评估美国或全球的车祸数据.（你可能需要利用习题 9~12 中提供的统计数据.）

34. **改善汽车安全**. 查找最近的新闻，其中报道了一些改善汽车安全的建议，比如利用立法或技术手段来限制分心驾驶或醉驾，或者带来潜在的安全效应的无人驾驶技术. 总结报告中给出的所有统计数据，并讨论你对该建议的整体看法.

35. **新闻中的人口统计数据**. 查找最近的给出了人口统计任意一方面新数据的新闻报道. 总结该报道和其中的统计数据，并讨论新数据对个人或社会有什么影响.

36. **新闻中的预期寿命**. 查找最近的讨论预期寿命的新闻报道. 总结该报道，并讨论其中关于预期寿命的数据对社会有何影响.

37. **全球的预期寿命**. 查找比较不同国家预期寿命的差异并分析其原因的相关数据. 选择一个预期寿命相对较低的国家或地区，写一份简短的报告，说明其预期寿命较低的原因，以及未来预期寿命增长的前景.

38. **可视化的预期寿命**. 访问网站 Gapminder.org，找到人均收入和预期寿命的互动图表（标题为“国家的财富和健康”）. 播放该动画，并仔细观察. 从中至少得出两个一般性的结论，并简要总结你的结论以及它们在图中是如何演示的.

39. **新闻中的风险** 查找最近的新闻报道，其中讨论了公众的某种新的恐惧. 恐惧的程度是合理的吗? 将与这种恐惧相关的风险数据与其他已知的风险相比较，对其进行评价.

7.5　计数与概率

在之前各节中，在计算理论概率时需要计算可能的结果个数，我们要么是利用简单的表格直接计数，要么是应用乘法原理（参见“简要回顾　乘法原理”）. 本节我们将进一步讨论计数方法，从而使我们能够解决更多概率问题. 我们还将探讨如何用概率来解释巧合.

可重复排列

假设某个州的车牌号码由 7 位数字组成 (见图 7.15) . 总共有多少个不同的 7 位数车牌呢? 第一个位置有 10 个可能的选择 (数字 0~9)，第二个位置也有 10 个可能的选择，所以前两个位置组合起来有 $10 \times 10 = 100$ 个可能的选择. 同样，因为第三个位置也有 10 个可能的选择，所以前三个位置有 $10 \times 10 \times 10 = 1\,000$ 个可能的选择. 对于所有 7 个位置，每个位置都有 10 个可能的选择，因此总共有

$$10 \times 10 \times 10 \times 10 \times 10 \times 10 \times 10 = 10^7$$

个可能的选择. 所以这样设计的牌照系统有 1 000 万个不同的汽车车牌.

图 7.15　车牌号码共 7 位数字，每一位数字都有 10 个可能的选择，因此总共有 10^7 个可能的车牌号码

车牌问题是从一组选项中进行选择的问题，在上例中，这组选项是数字 0~9. 不过，相同的数字可以被多次重复选择. 这一类多次重复地从同一组选项中进行选择的计数问题称为**可重复的排列问题** (arrangements with repetition) .

> **可重复排列**
>
> 如果从一组 n 个选项中可重复地进行 r 次选择，则总共有 $n \times n \times \cdots \times n = n^r$ 种可能的不同排列.

例 1　可重复排列

a. 如果可以按任意顺序使用数字和大写字母，那么总共可能有多少个 7 位数车牌?

b. 通过组合小写字母、大写字母、数字以及符号 @ $! * &，可以组成多少个 6 位密码?

解　a. 选项中有 10 个数字和 26 个大写字母，因此 7 位数车牌中的每一位都有 36 个可能的选择. 因此，我们要在 36 个选项中可重复地选择 $r = 7$ 次，所以 7 位数车牌的总数是

$$n^r = 36^7 = 78\,364\,164\,096$$

即有超过 780 亿个可能的 7 位数汽车车牌.

b. 密码中的每一位都可以从 26 个小写字母、26 个大写字母、10 个数字和 5 个符号中选择，可供选择的选项是 67 个. 对于 6 位密码，我们只需选择 $r = 6$ 次，每次都有 67 个选择. 所以可能的密码总数是:

$$n^r = 67^6 = 90\ 458\ 382\ 169$$

在这种情况下有超过 900 亿个可能的 6 位密码.

▶ 做习题 23~24.

思考 比较例 1 中不同车牌的数量和相应州的人口总数. 使用 7 位数车牌的州是否会将所有可能的车牌用完? 你认为一个 6 位密码在抵御黑客入侵时是否足够安全? 说明理由.

排列

假设你是一位游泳教练，你执教的团队共有 4 名游泳选手. 如果你要组成一个 4 人接力队，你有多少种不同的安排方式?

你可以选择 4 名游泳选手中的任何一名进行第一赛程的比赛. 一旦你选择了第一赛程的游泳选手，你就只剩下 3 位选手可供第二赛程选择. 因此，前两个赛程组合起来的可能选择数是 $4 \times 3 = 12$. 然后，你还剩下两名游泳选手作为第三赛程的选择，而最后一个赛程时就只有一名选手可供选择了. 所以你有

$$4 \times 3 \times 2 \times 1 = 24$$

种不同的方式组成 4 人接力队.

图 7.16 用树图展示了所有可能的 24 种接力方式，其中 4 个游泳选手分别用 A、B、C 和 D 来表示. 第一行是第一赛程的 4 种可能选择. 第二行是每种情况下第二赛程的 3 种可能选择. 第三行是到第三赛程时仅剩的两个选择，第四行是每种情况下最后一个赛程的唯一选择. 数一下最下面一行，我们发现总共有 24 种可能的接力方式. 这 24 种接力方式中的每一种都被称为这 4 个字母 A、B、C 和 D 的一个**排列** (permutation).

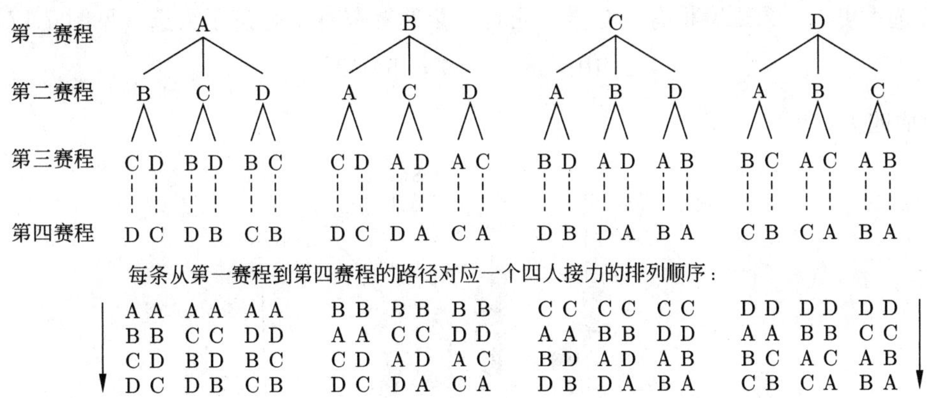

图 7.16 四名游泳选手 A、B、C、D 可以组成的接力赛队伍的树图

第一赛程有四个可能的选择. 第一赛程的每一个选择都导致第二赛程只有三个可能的选择. 当前两个赛程都选好了游泳选手之后，第三赛程只剩下两个可能的选择. 一旦前面三个赛程的选手均已选定，第四赛程仅剩一个选手可供选择.

这个接力组队的例子是从一个集合（四个游泳选手）中进行选择的问题，其中该集合中的每个成员都只能被选择一次. 而且，我们也考虑选择的顺序；比如，接力顺序 ABCD 与 DCBA 是不同的选择方式. 对于所有类似的问题，我们都可以按照下面框中的方法计算可能的排列[①]总数.

① **顺便说说**: “permute” 这个词（排列 permutation 的词根）源于拉丁语，意思是“完全改变”.

排列

排列是从同一个集合中进行多次选择，集合中所有元素都只能被选择一次，而且同时要考虑选择的顺序（比如，ABC 和 CBA 是不同的）. 如果每个可能的排列里都包含该集合的所有元素，那么对于一个含有 n 个元素的集合来说可能排列的总数是 $n!$（读作 “n 的阶乘”），其中

$$n! = n \times (n-1) \times \cdots \times 2 \times 1$$

例 2 课程表

一位中学校长需要在 6 个不同的时间段内安排 6 门不同的课程：代数、英语、历史、西班牙语、科学和健身. 有多少种不同的方式来安排这些课程?

解 这是一种排列计数，因为所有选择都来自同一组课程，每门课程只能安排一次，课程的顺序也要考虑在内 (因为以西班牙语开头的课程表和以健身开头的课程表是不一样的). 在第一个时间段，校长可以选择 6 门课程中的任何一门，在第二个时间段只有 5 个选择. 在前两个时间段完成后，第三个时间段还剩下 4 个选择. 类似地，第四个时间段有 3 个选择，第五个时间段有两个选择，第六个时间段只有一个选择. 总的来说，安排这些课程总共有

$$6! = 6 \times 5 \times 4 \times 3 \times 2 \times 1 = 720$$

种不同的方式，即校长可以用 720 种不同的方式安排这 6 门课程.

▶ 做习题 25~26.

排列公式

假设你是一位游泳教练，你执教的团队里共有 10 名游泳选手，你要从中选择四位组成一个四人接力队. 此时你有多少种不同的组队方式?

这次，你可以从 10 名游泳选手中选择一位完成接力赛的第一赛程. 一旦你做出了第一个选择，在第二赛程你就只有 9 位选手可选，第三赛程有 8 位选手可选，第四赛程有 7 位选手可选（见图 7.17）. 你总共有

$$10 \times 9 \times 8 \times 7 = 5\ 040$$

种不同的方式组成四人接力队.

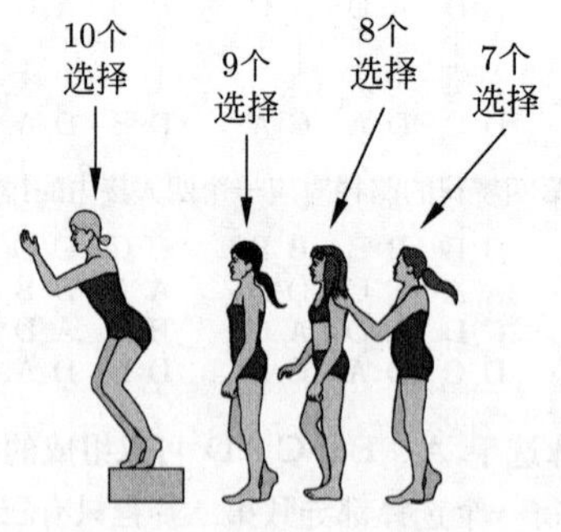

图 7.17

从总共 10 名游泳选手中选出一个四人接力队，第一个位置有 10 种可能的选择，第二个位置有 9 种可能的选择，第三个位置有 8 种可能的选择，第四个位置有 7 种可能的选择. 结果共有 $10 \times 9 \times 8 \times 7 = 5\ 040$ 种不同的接力组队方式.

这 5 040 种接力队的每一种都代表一个不同的排列，因为每个接力队员都是从同一组 10 名选手中选出的，没有选手可以被重复选择，并且考虑选手的排序. 此时接力队只选择了 10 名游泳选手中的 4 位. 也就是说，在 “10 名游泳选手中一次选择 4 个” 的可能的接力队总数是 5 040.

我们可以将 $10\times9\times8\times7$ 略微改动一下写成另一种形式，从而得到排列数的一般公式：

$$10\times9\times8\times7=\frac{10\times9\times8\times7\times6!}{6!}=\frac{10!}{(10-4)!}$$

注意，在最右边的式子里：

- 分子里的数字 10 是游泳选手的总数，教练从这 10 名选手里选择 4 名接力队员；
- 分母里的数字 $10-4=6$ 是不参加接力比赛的游泳选手的人数.

排列数有自己的专属符号：我们把 P_{10}^{4} 读作“从 10 个中一次选择 4 个的排列数”. 使用这个简洁的符号，我们有

$$P_{10}^{4}=\frac{10!}{(10-4)!}=5\ 040$$

一般，我们有如下排列公式.

排列公式

如果所有选择都来自同一个集合，集合中没有元素可以被重复地选择，选择顺序也要考虑在内（比如，ABC 和 CBA 是不相同的）时，我们就可以使用排列公式. 如果我们从一个含有 n 个元素的集合中选择 r 个，那么可能的排列总数是

$$P_{n}^{r}=\frac{n!}{(n-r)!}=n\times(n-1)\times(n-2)\times\cdots\times(n-r+1)$$

式中，P_{n}^{r} 读作“从 n 个中一次选择 r 个的排列数”.

实用技巧 排列数

很多计算器都有专门用于计算排列数的按键，通常标为 ${}_{n}P_{r}$. 例如，要计算从 $n=10$ 个中选择 $r=4$ 个的排列数，按 10 键、${}_{n}P_{r}$ 键、4 键和 = 键即可. Excel 中有内置函数 PERMUT 可以计算排列数，要计算 P_{10}^{4}，只需输入“= PERMUT(10,4)”即可.

简要回顾 阶乘

形如 $4\times3\times2\times1$ 这种乘积在计数问题中如此频繁出现，以至于它有自己的专属称谓. n 是任意正整数，将 n 以及所有小于 n 的正整数相乘，其结果叫作 ***n* 的阶乘**（factorial），表示为 $n!$.（感叹号读作“阶乘”.）例如：

$1!=1$

$2!=2\times1=2$

$3!=3\times2\times1=6$

$4!=4\times3\times2\times1=24$

$5!=5\times4\times3\times2\times1=120$

一般

$$n!=n\times(n-1)\times(n-2)\times\cdots\times2\times1$$

注意，$n!$ 随着 n 的增大将非常快速地增大. 例如，$20!\approx2.4\times10^{18}$，$40!\approx8.2\times10^{47}$，$60!\approx8.3\times10^{81}$. 事实上，阶乘增加得如此之快，很多计算器在 $n=69$ 以上时就无法计算阶乘了（如果计算器的上限

是 10^{100} 的话）. 另外请注意，根据定义，$0! = 1$.

例：不用计算器的阶乘键计算下列各式.

a. $\frac{6!}{4!}$　　b. $\frac{25!}{22!}$　$\frac{200!}{199!}$

解：

a. 我们可以分别计算 6! 和 4!，但如果把分子和分母的公因数约掉，计算将被大大简化.

$$\frac{6!}{4!} = \frac{6\times5\times4\times3\times2\times1}{4\times3\times2\times1} = \frac{6\times5\times4!}{4!} = 6\times5 = 30$$

b. 如果我们意识到 $25! = 25\times24\times23\times22!$，那么计算将会更简单.

$$\frac{25!}{22!} = \frac{25\times24\times23\times22!}{22!} = 13\ 800$$

c. 如果你试过在计算器上计算 200!，那么你可能只会收到错误反馈，因为这个数字对于大多数计算器来说太大了. 但只要我们意识到 $200! = 200\times199!$，那么这个计算就很容易了.

$$\frac{200!}{199!} = \frac{200\times199!}{199!} = 200$$

▶ 做习题 11~22.

例 3　领导选举

某城市有 12 名候选人竞选三个领导职位. 票数第一的候选人将成为市长，票数第二的将成为副市长，票数第三的将成为财政局长. 这三个领导职位可能有多少种不同的选择?

解　选民将从 $n = 12$ 名候选人中选择 $r = 3$ 名领导者. 选出的 3 名领导者的排序也很重要，因为不同位次对应的领导职位是不同的. 因此，我们要计算的是从 12 名候选人中一次选出 3 名的排列数：

$$P_{12}^{3} = \frac{12!}{(12-3)!} = \frac{12!}{9!} = \frac{12\times11\times10\times9!}{9!} = 12\times11\times10 = 1\ 320$$

故三个领导职位共有 1 320 个可能的结果.

实用技巧　阶乘

很多计算器都有专门用来计算阶乘的按键，通常标为 $n!$. 例如，要计算 6! (=720)，按 “6” 键、“$n!$” 键和 “=” 键就可以了. Excel 里有内置函数 “FACT” 计算阶乘，要计算 6!，只需输入 “=FACT(6)” 即可.

▶ 做习题 27~28.

例 4　击球顺序

少儿联盟棒球队里有 15 个孩子. 如果教练让 9 名球员按顺序击球一次，她有多少种不同的安排方式?

解　教练通过从 $n = 15$ 名球员中选择 $r = 9$ 名球员来形成一个击球顺序. 每个击球手只能被选择一次，同时排序也很重要，因此可能的击球顺序是从 15 名球员中一次选择 9 名的排列数：

$$P_{15}^{9} = \frac{15!}{(15-9)!} = \frac{15!}{6!} = 15\times14\times13\times12\times11\times10\times9\times8\times7 = 1\ 816\ 214\ 400$$

故拥有 15 名球员的棒球队共有接近 20 亿种可能的击球顺序.

▶ 做习题 29~30.

思考 大联盟棒球队拥有 25 名球员. 不做具体的计算，说出计算大联盟棒球队的可能击球顺序的总数与计算例 4 中少儿联盟棒球队的可能击球顺序的总数有什么区别.

组合

假设某市议会有五名成员，为了研究新建购物中心的各种影响，他们决定成立一个三人委员会. 五名议会成员是 Ursula，Vern，Wendy，Yolanda 和 Zeke（分别简写为 U、V、W、Y 和 Z）. 从这五名议会成员中一共可以选出多少个不同的三人委员会?

注意，这并不是排列问题，因为我们只关心委员会的组成成员，而不关心名单的排序. 例如，如果我们在处理排列问题，我们会认为 ZWU 与 WZU 是不同的. 然而，此时这两种安排是相同的，因为它们都代表相同的委员会成员（Zeke，Wendy 和 Ursula）. 这类问题称为**组合**（combinations）问题.

一种计算委员会总数的方法是将所有结果全部列出来. 按字母顺序，我们首先列出包括 Ursula 在内的所有三人委员会:

UVW　UVY　UVZ　UWY　UWZ　UYZ

第二步，我们列出所有包含 Vern 而不包含 Ursula 的委员会:

VWY　VWZ　VYZ

这样只剩下一个既不包含 Vern 也不包含 Ursula 的委员会:

WYZ

这样我们已经知道由五名议会成员总共可以组成十个不同的三人委员会.

当然，如果数字很大，我们想再列出所有可能的委员会将会变得非常困难. 所幸我们可以通过别的方法得到相同的答案. 首先，我们计算从 $n=5$ 个议会成员中一次选择 $r=3$ 个委员会成员的排列数:

$$P_5^3=\frac{5!}{(5-3)!}=\frac{5!}{2!}=5\times 4\times 3=60$$

也就是说，当我们从五个人中选择三个人时，有 60 种可能的排列. 但是，由于排列要考虑顺序，而委员会成员不需要排序，所以排列数多算了不同委员会的实际数量. 更具体一些，任何一个三人委员会都有 $3!=6$ 个不同的排序. 例如，由 Zeke，Yolanda 和 Wendy 组成的委员会有 6 种不同的排列:

ZYW　ZWY　YZW　YWZ　WZY　WYZ

因为每个三人委员会都被排列公式计算了 $3!=6$ 次，所以排列数是委员会的实际个数的 6 倍. 因此，我们必须将排列数除以 3!，从而得到三人委员会的实际个数:

$$\frac{P_5^3}{3!}=\frac{60}{3\times 2\times 1}=10$$

这与我们通过列出所有委员会的方法得到的结果是一样的. 这个公式中出现的排列数是 P_n^r，其中 $n=5, r=3$. 我们将这个排列数除以 $r!=3!$ 来修正重复计数的问题. 一般，我们有下面的组合公式.

组合

如果所有选择都来自同一个集合，集合中没有元素可以被重复地选择，而且不考虑选择顺序（比如，ABC 和 CBA 是相同的），我们就在处理**组合**问题. 如果我们从一个含有 n 个元素的集合中选出 r 个，那么可能的组合总数是：

$$C_n^r = \frac{P_n^r}{r!} = \frac{n!}{(n-r)!r!}$$

式中，C_n^r 读作"从 n 个中一次选择 r 个的组合数".

实用技巧　组合

很多计算器都有专门用于计算组合数的按键，通常标为 ${}_nC_r$. 例如，要计算从 $n=10$ 个中选出 $r=4$ 个的组合数，依次按 10 键、nCr 键、4 键、= 键即可. Excel 中有内置函数"COMBIN"可以计算组合数，输入"=COMBIN(10,4)"即可计算 C_{10}^4.

例 5　冰淇淋组合

假设你在一家共有 12 种口味的冰淇淋店里选购 3 种不同口味的冰淇淋. 总共有多少种不同的口味组合？

解　我们要计算的是从 $n=12$ 种口味的冰淇淋中选择 $r=3$ 种的组合数. 由组合公式可知，3 种不同口味的组合总数是：

$$C_{12}^3 = \frac{12!}{(12-3)!\times 3!} = \frac{12!}{9!\times 3!} = \frac{12\times 11\times 10\times 9!}{9!\times 3!} = \frac{12\times 11\times 10}{3\times 2\times 1} = \frac{1\ 320}{6} = 220$$

即从 12 种口味中选择 3 种不同口味共有 220 种可能的组合方式.

▶ 做习题 31~32.

例 6　扑克发牌

一副有 52 张牌的标准扑克牌可以发出多少手不同的 5 张牌？发出任意一手指定的 5 张牌的概率是多大，比如红桃的同花大顺（由红桃 A、红桃 K、红桃 Q、红桃 J、红桃 10 组成的一手牌）？

解　这是一个组合问题，因为不需要考虑每手牌内部的顺序. 一次从 $n=52$ 张牌中选出 $r=5$ 张牌的组合数是：

$$C_{52}^5 = \frac{52!}{(52-5)!\times 5!} = \frac{52!}{47!\times 5!} = \frac{52\times 51\times 50\times 49\times 48\times 47!}{47!\times 5\times 4\times 3\times 2\times 1}$$

$$= 2\ 598\ 960$$

故大约有 260 万手不同的 5 张牌. 因此，任何一手指定的 5 张牌，比如红桃的同花大顺，出现的概率大约都是 1/2 600 000.

▶ 做习题 33~34.

思考　考虑一手相当普通的牌：梅花 5、红桃 7、方片 3、黑桃 2、红桃 9. 拿到这手牌的概率是多大？这个概率与拿到最好的黑桃同花大顺的概率相比如何？说明理由.

例 7　彩票[①](不能) 中奖

假设你参与购买了某种彩票，该彩票通过从有 52 个球（编号为 1~52）的滚筒中随机抽取 6 个球来确定中奖者. 你的 6 个数字恰好与 6 个中奖数字完全相同的概率是多大？

① **历史小知识**：1964 年，新罕布什尔州率先发行了美国第一只合法的彩票. 自那以后，除七个州以外，美国其他所有各州都将彩票作为收入来源之一. 实际上彩票已经以各种形式在各个地方存在几个世纪了，其中包括古罗马帝国（1 世纪）和中世纪的意大利.

解 这里不考虑 6 个球的抽取顺序，所以计算所有可能结果的总数是一个组合问题. 一次从 $n=52$ 个球中选择 $r=6$ 个数字的组合数是:

$$C_{52}^{6}=\frac{52!}{(52-6)!\times 6!}=\frac{52!}{46!\times 6!}=20\ 358\ 520$$

故共有超过 2 000 万个不同的 6 个数字的组合，所以你的 6 个数字恰好与 6 个中奖数字完全相同的概率不到两千万分之一.

▶ 做习题 35~40.

概率和巧合

“巧合”这个词字面上是指一个或多个事件同时发生，例如发生在同一地点或同一时间的某些事件. 然而，在日常生活中，只有当有些事情的发生看起来令人惊讶时，我们才会用“巧合”这个词. 这类巧合有很多不同的表现形式. 比如，你可能会很惊讶地发现，晚宴派对上居然有两个人的生日恰好在同一天，或者你朋友的妈妈在飞机上居然遇到了你的妈妈. 再比如，也可能是你抛硬币时居然连续 10 次都得到了正面，还可能是你做了一个梦，结果发现这个梦似乎预言了后面发生的事情. 比起把这些事件的发生单纯地解释为巧合，把它们的发生归因于某种神秘力量的存在显然更有吸引力. 然而概率知识告诉我们，尽管我们无法预测巧合到底会以什么形式发生，但很多巧合的确是必然会发生的.

巧合终将发生

虽然某个特定的巧合看起来不太可能会发生，但一些类似的巧合却很有可能发生，甚至必然会发生. 一般来说，这意味着我们可以期待某些巧合发生，而其发生的可能性大小可以用概率方法来确定.

举一个简单的例子，考虑某个多州发行的彩票的大奖. 该奖项花落谁家最终一定会揭晓，这意味着必然会有人（概率 = 1）中大奖. 然而，有数以百万计的人都在购买彩票（而且大多数人都买过多次），所以你是中奖者的概率是极低的.①

巧合和某个特定巧合之间的差异将我们又带回到了本章的开篇问题. 大多数人都认为在只有 25 个人的班级里找到两个人同天生日的概率很低. 然而，虽然在这样一个班级里找到另一个人恰好跟你同天生日的概率相对较低，但找到两个人生日相同的概率接近 3/5. 在下面的例子里，我们利用本章介绍的方法，说明如何计算这两个事件的精确概率.

例 8 生日巧合

假设你班上有 25 名学生. 计算以下各概率. 假设一年有 365 天.

a. 班上至少有一个人和你同天生日的概率.

b. 25 名学生中有两名学生同天生日的概率. 比较这个概率与 (a) 中的概率.

解 a. 这是一个“至少一次”问题（见 7.2 节）. 首先，一年有 365 天，所以任何一名学生和你同天生日的概率是 1/365. 这也意味着任何一名学生和你不是同天生日的概率是 364/365. 利用至少一次法则，其他 24 名学生中至少有一个和你同天生日的概率是:

---

① **顺便说说**: 研究表明，大多数玩彩票的人都会高估他们中奖的概率. 这里有一个好方法来考虑这一点：想象一下，100 万个玩家一起买彩票，只有 1 个人会中奖. 因为 100 万个玩家中有 999 999 个人都不会中奖，所以下面这句话有 99.999 9% 的概率是对的：“一定有人会中奖，但不会是你.”

$$P(\text{至少有一名学生和你同天生日}) = 1 - [P(\text{单个学生和你不是同天生日})]^{24}$$
$$= 1 - \left[\frac{364}{365}\right]^{24}$$
$$= 1 - 0.936 = 0.064$$

因此班上至少有一名学生和你同天生日的概率只有 0.064，大约是 6% 或 1/16.

b. 这个问题与 (a) 不同，因为同天生日的两名学生不必包括你在内；他们可以是任意两名学生. 但这还是一个“至少一次”问题，因为我们要计算的是至少有两名学生同天生日的概率. 我们可以按照下面的方法计算概率：

$$P(\text{至少有两名学生同天生日}) = 1 - P(\text{没有两名学生同天生日})$$

为了计算没有两个学生同天生日的概率，最简单的方法就是计算班上所有 25 名学生的生日都互不相同的概率. 我们从简单的开始，首先只对班里的两名学生考虑类似问题. 第一名学生在一年的 365 天中的某一天生日，所以第二名学生有不同生日的概率是 364/365. 现在我们加上第三名学生. 如果前两名学生的生日不相同，那么 365 天中有 2 天已经“被占用”了. 因此，第三名学生的生日在不同的第三天的概率是 363/365，因为还剩下 363 天没有被“占用”. 把这些概率结合起来，我们可以得到前三名学生的生日互不相同的概率是：

$$\frac{364}{365} \times \frac{363}{365}$$

类似地，如果前三名学生的生日互不相同，那么第四名学生与前三名学生的生日都不相同的概率是 362/365. 依此类推. 最后，如果前 24 名学生的生日都是互不相同的，那么 365 天中有 24 天“被占用”了，为第 25 名学生留下了 $365 - 24 = 341$ 个可能的生日. 总之，所有 25 名学生的生日都互不相同的概率是：

$$\frac{364}{365} \times \frac{363}{365} \times \cdots \times \frac{341}{365} = \frac{364 \times 363 \times \cdots 341}{365^{24}}$$

尽管我们可以将分子中的表达式改写为 364!/340!，对于大多数计算器来说，这个阶乘还是太大了，无法计算. 因此，我们最好分别计算分子和分母. 计算的最终结果是

$$\frac{364 \times 363 \times \cdots 341}{365^{24}} \approx \frac{1.348 \times 10^{61}}{3.126 \times 10^{61}} \approx 0.431$$

这是班里的 25 名学生中没有两名学生同天生日的概率. 因此，至少有两名学生同天生日的概率是：

$$P(\text{至少有两名学生同天生日}) = 1 - P(\text{没有学生同天生日})$$
$$\approx 1 - 0.431 = 0.569$$

所以一个有 25 名学生的班级里至少有两名学生同天生日的概率高达 0.569，大约是 57% 或者接近 3/5. 大多数人对这个概率居然比 0.064（也就是至少有一名学生和你同天生日的概率）高出如此之多感到非常惊讶，这个结果说明了一个事实：某些巧合发生的概率要比某个特定巧合发生的概率大得多.

▶ 做习题 41~42.

测验 7.5

为以下每个问题选择最佳答案，并用一个或多个完整的句子解释原因.

1. 你被要求创建一个五位密码，每一位都可以是 26 个英文字母或 0~9 这 10 个数字中的任意一个. 那么总共有多少个不同的密码?( )

a. 36×5　　b. 5^{36}　　c. 36^5

2. 女服务员拿到了坐在同一桌的四个人点的四份不同的主菜，但她忘记了哪个人点的是哪个主菜. 她有多少种不同的方式为客人上主菜?( )

a. 4　　b. 4^4　　c. 24

3. 一名教师有 28 名学生，其中有 5 名学生将被选中参演一部话剧，饰演 5 个不同的角色. 下列哪个问题需要计算排列数?( )

a. 为 5 个角色能挑选出多少个不同的 5 人参演小组

b. 剧中每个角色有多少种不同的选择

c. 一旦选定了 5 名参演学生，分配角色时有多少种不同的安排

4. 从包含 12 个元素的集合中一次选取 5 个的排列总数是 ( ).

a. P_5^{12}　　b. P_{12}^5　　c. P_{12}^{12}

5. 一名足球教练执教的队里有 15 个孩子，教练每次和 7 个孩子打比赛. 以下哪个数字最大?( )

a. 从 15 个孩子中选出 7 个孩子的组合数

b. 从 15 个孩子中选出 7 个孩子的排列数

c. 将参赛的 7 个孩子分配到 7 个位置的不同分配方式的总数

6. 组合公式的分母中有一项是 $(n-r)!$. 假设你在计算从一组 9 个人中选出不同的 4 人组成团队的可能数量，那么相应的 $(n-r)!$ 是 ( ).

a. $4\times3\times2\times1$　　b. $9\times8\times7\times6\times5$　　c. $5\times4\times3\times2\times1$

7. 由一组 9 个人组成的不同的 4 人小组（不考虑排序）的数量是 ( ).

a. 9!　　b. $9\times8\times7\times6$　　c. $\dfrac{9\times8\times7\times6}{4\times3\times2\times1}$

8. 从一个有 10 万人的体育场内随机选出一个人来赢得一张免费机票. 有人能赢得机票的概率 ( ).

a. 是十万分之一　　b. 是 1　　c. 取决于挑选获奖者的方法

9. 从一个有 10 万人的体育场内随机选出一个人来赢得两张免费机票. 选出的那个人不是你的概率是多大?( )

a. 十万分之一　　b. 0.99　　c. 0.999 99

10. 一年有 365 个可能的生日. 在一个有 25 名学生的班里，能找到两名学生同一天生日的概率是 ( ).

a. 25/365　　b. $2\times25/365$　　c. 大于 0.5

习题 7.5

复习

1. 什么是可重复的排列? 举一个可以用公式 n^r 计算所有可能的排列总数的例子.
2. 什么是排列? 解释排列公式中每个表达式的含义. 举例说明其应用.
3. 什么是组合? 解释组合公式中每个表达式的含义. 举例说明其应用.
4. 当我们说某些结果比类似的某个特定结果更可能发生时，解释一下这意味着什么. 这个想法如何影响我们对于巧合的看法?

是否有意义?

确定下列陈述是有意义的（或显然是真实的）还是没意义的（或显然是错误的），并解释原因.

5. 我用排列公式计算我们游泳队的 10 名女选手可以组成多少种不同的接力排序.
6. 我用组合公式计算在梭哈中有多少手不同的扑克牌.
7. 从包含 25 人的棒球队中选出 9 名球员并排列形成不同的击球顺序，这样不同的排列实在太多了，教练根本不可能一一试过.
8. 今天一定是我的幸运日，因为我在梭哈中拿到了出现概率只有大约 1/2 500 000 的一手牌.
9. 随机选择的一组人中有两个人同姓的概率远远大于这组人中有一个人和我同姓的概率.
10. 每周都有人买彩票中奖，所以我认为如果我坚持购买彩票，那么我最终一定会成为中奖者.

基本方法和概念

11～22: **复习阶乘**. 使用“简要回顾　阶乘”中介绍的方法计算以下各值，不要用计算器上的阶乘键（可以用乘法键）. 写出计算过程.

11. 6!　　12. 12!　　13. $\dfrac{5!}{3!}$　　14. $\dfrac{10!}{8!}$　　15. $\dfrac{12!}{4!3!}$　　16. $\dfrac{9!}{4!2!}$

17. $\frac{11!}{3!(11-3)!}$ 18. $\frac{30!}{29!}$ 19. $\frac{8!}{3!(8-3)!}$ 20. $\frac{30!}{28!}$ 21. $\frac{6!8!}{4!5!}$ 22. $\frac{15!}{2!13!}$

23~40: **计数方法**. 选择合适的计数方法回答下列问题，可能是可重复排列、排列或组合. 说明为什么你要为该问题选择这种计数方法.

23. 有多少个不同的 7 位数字的电话号码?
24. 用字母表中的小写字母可以组成多少个不同的 7 位密码?
25. 如果字母不允许重复出现，用字母表中的小写字母可以组成多少个不同的 5 位密码?
26. 某钢琴演奏会共有 10 首演奏曲目，在演出时可以有多少种不同的演奏顺序?
27. 从拥有 8 名成员的市议会中选出一个由市长、副市长、秘书和会计组成的 4 人执行委员会. 一共有多少个可能的执行委员会?
28. 从拥有 9 名成员的市议会中选出一个由市长、会计和秘书组成的领导团队. 一共有多少个可能的领导团队?
29. 总统需要给 6 个不同国家的大使馆指派大使. 从总共 10 个候选人中，总统可以选出多少个不同的外交团队?
30. 你可以用 ILOVEMATH 这些字母形成多少个不同的同字母异序词（即重新排列）?
31. 假设你要从 12 首音乐中挑选 6 首用于即将举行的派对. 如果你并不关心音乐播放的顺序，那么一共有多少种不同的方式选出这 6 首音乐?
32. 用一副有 48 张牌的皮纳尔扑克可以发出多少手不同的 5 张牌?
33. 从 10 名排球队员中可以选出多少个不同的 6 人阵容?（假设每个球员都可以胜任任何位置.）
34. 一个狗收容所打算送出 12 只不同品种的狗，但你只能收留其中的 3 只. 你共有多少种不同的选择?
35. X 是字母表里的字母，Y 是 0~9 的数字，那么总共可以制作多少张不同的形如 XXX-YYYY 的汽车牌照?
36. 一个桶里有编号为 1~32 的球，一次从中任取 7 个，有多少种可能的取法?
37. 在有 6 个孩子的家庭中，一共可能有多少种不同的性别出生顺序?（例如，BBBGGG 和 BGBGGB 是不同的出生顺序.）
38. 如果区号 aaa 只能用 2~7 的数字，前缀 bbb 不能以 0 开头，那么总共可以组成多少个不同的形如 aaa-bbb-cccc 的电话号码?
39. 用字母表 ACGT 可以组成多少个不同的三个字母的"单词"?
40. 辩论协会有 12 名成员，但只有 4 名成员可以参加下次辩论会. 总共可以组成多少个不同的 4 人团队?

41~42: **生日巧合**. 假设你正在参加一个晚宴. 在下面给定的两种情况下，计算至少有一个客人和你同天生日的概率以及有两个客人同天生日的概率. 讨论你的结果.（假设一年有 365 天.）

41. 共有 12 人参加晚宴，你是其中之一.
42. 共有 20 人参加晚宴，你是其中之一.

进一步应用

43. **冰淇淋店**. 乔什和约翰的冰淇淋店提供 20 种不同口味的冰淇淋和 8 种不同的配料. 选择合适的计数方法（乘法原理、可重复排列、排列或组合）回答以下问题. 解释你为什么选择这种计数方法.

a. 如果每次只用一种口味的冰淇淋和一种配料，总共可以制作出多少种不同的圣代?

b. 如果同一种口味可以多次重复选择，利用 20 种口味，你可以制作出多少种不同的三层蛋筒冰淇淋? 假设由你来分别选定底层、中间层和顶层的口味.

c. 假设由你来分别选定底层、中间层和顶层的口味，那么利用 20 种口味，你可以制作出多少种由 3 种不同口味组成的三层蛋筒冰淇淋?

d. 假设你不关心三种口味的排序，那么利用 20 种口味，你可以制作出多少种由 3 种不同口味组成的的三层蛋筒冰淇淋?

44. **电话号码**. 美国的十位电话号码包括一个三位数的区号，后面跟一个三位数的交换码，最后是一个四位数的号码.

a. 区号的第一个数字不能是 0 和 1. 交换码的第一个数字不能是 0 或 1. 总共可以组成多少个不同的十位电话号码? 一个拥有 200 万个电话号码的城市可以共用同一个区号吗? 说明原因.

b. 若有 8 万人共用一个区号，他们需要多少个交换码? 说明原因.

45. **比萨广告**. 路易基比萨店的广告说它有 56 种不同的三种配料的比萨. 路易基实际上总共有多少种配料? 雷蒙娜比萨店的广告说它有 36 种不同的两种配料的比萨. 雷蒙娜实际上总共有多少种配料?（提示：在这两个问题中，已知的是组合数，你需要计算的是使用的配料数.）

46. **邮政编码**. 美国的邮政业务同时使用五位数和九位数的邮政编码.

a. 可供美国邮政业务使用的五位数邮政编码共有多少个?

b. 假设美国总共有 3 亿人口，如果使用了所有的五位数邮政编码，那么平均有多少人共用同一个邮政编码? 解释原因.

c. 可供美国邮政业务使用的九位数邮政编码共有多少个? 有可能每个美国人都有自己专属的九位数邮政编码吗? 解释原因.

47~54: **计数和概率**. 计算以下各事件的概率.

47. 从编号为 1~32 的球中，随机抽取 6 个数字作为中奖号码，你选的彩票号码与中奖号码完全一样.

48. 从编号为 1~40 的球中，随机抽取 5 个数字作为中奖号码，你选的彩票号码与中奖号码完全一样.

49. 用一副有 52 张牌的标准扑克牌发出一手牌是同一花色的 10、J、Q、K、A.

50. 从足球锦标赛的 16 个决赛队中猜出比赛的前三名（按顺序排列）.

51. 从拼写比赛的 12 名决赛选手中猜出比赛的前四名（不用考虑排序）.

52. 某个小组有 12 名学生，其中 5 名来自犹他州，从中随机选到 3 名均是来自犹他州的学生.

53. 用一副有 52 张牌的标准扑克牌发牌，结果发出的 5 张牌里包括一个四条（比如，4 张 A）.

54. 随机安排总共 10 个表演者的表演顺序，而你是 10 个表演者之一，你的节目被安排在前半部分.

55. **好手气**. 假设有 2 000 人在玩同一个游戏，其中获胜的概率是 48%.

a. 假设每个人都正好玩了 5 场游戏，那么一个人连赢 5 场的概率是多大? 平均而言，可以期望 2 000 人中有多少人会有连赢 5 场的“好手气”?

b. 假设每个人都正好玩了 10 场游戏，那么一个人连赢 10 场的概率是多大? 平均而言，可以期望 2 000 人中有多少人会有连赢 10 场的“好手气”?

56. **乔 · 迪马吉奥的纪录**. 体育运动历史上保持时间最长的纪录之一是乔 · 迪马吉奥在连续 56 场比赛中击出安打（棒球比赛）. 假设一个长时间“好运气”的玩家的打击率为 0.400，0.400 差不多是在 50 场或更多场比赛中打击率的最好纪录.（打击率为 0.400 意味着击球手在 40% 的时间都能击出安打. 一般来说，每年只有少数几名球员可以在 56 场比赛中打得这么好.）

a. 打击率为 0.400 的球员在 4 次击球中至少有一次能击出安打的概率是多大?

b. 假设每场比赛都有 4 次击球，用（a）中的结果计算打击率为 0.400 的击球手在连续 56 场比赛中都能击出安打的概率.

c. 假设击球手的打击率是更常见的 0.300，而不是 0.400. 假设每场比赛都有 4 次击球，那么该球员在连续 56 场比赛中都能击出安打的概率是多大?

d. 考虑到（b）和（c）的结果以及棒球这项运动已经开展了大约 100 年的时间，你对有人创造了连续 56 场比赛中都击出安打这一纪录是否感到惊奇? 说明原因.

57. **超级百万**. 超级百万彩票在美国 40 多个州发行，每张彩票售价 1 美元. 要想赢得终极大奖，你必须从编号为 1~75 的球中选对 5 个数字（顺序无关紧要），还要从编号为 1~15 的球中选对超级百万球的编号. 请问获得终极大奖的概率是多大?

58. **硬币手气**. 抛一枚硬币 100 次，按顺序记录你的抛掷结果（正面或反面）. 你抛出的最长的连续正面或反面是多少次? 单独计算这种连续出现的概率. 比如，如果你的最长记录是连续 4 次正面，那么在 4 次抛掷中抛出 4 个正面的概率是多大? 你会对你抛出了这样的连续正面感到惊讶吗? 说明理由.

实际问题探讨

59. **彩票概率**. 查找一篇关于某种彩票的文章或广告，其中描述的彩票在确定中奖者时用到了组合计数. 计算一下中奖的概率. 你计算的概率是否与广告中给出的概率一致? 说明理由.

60. **惊人的巧合**. 讨论你读到过或亲身经历过的看起来很惊人的巧合. 利用概率的思想，确定这种巧合是否注定会发生在某个人身上. 它真的像它看起来那么惊人吗? 说明理由.

61. **“蒙提霍尔”(Monty Hall) 问题**. 在玛丽莲 · 沃斯 · 莎凡特（Marilyn Vos Savant）撰写的美国《大观杂志》“玛丽莲问答”栏目中，曾爆发过一场关于概率问题的著名争论. 她的专栏中解决的问题源于一个名为《一锤定音》(*Let's Make a Deal*) 的电视游戏节目，节目由蒙提霍尔主持，因此被称为蒙提霍尔问题. 问题如下：

> 假设你正在参加该游戏节目，有三个门可供你选择：其中一扇门后面是一辆汽车；其他两扇门后面都是山羊. 你选择了其中一扇门，比如说 1 号门，然后清楚每扇门后面是什么的主持人打开了另一扇门，比如说 3 号门，那扇门后面有一只山羊. 接着主持人问你：“你想改变你最初的选择，换成 2 号门吗?”改变你的选择会对你更有利吗?

玛丽莲回答说，如果选手改变选择，那么获胜的概率会更高. 这个回答引来了海量的读者来信，其中有些信件甚至来自一些数学家，来信全部认为她弄错了. 玛丽莲给出了她的推理过程. 当你第一次选择 1 号门时，你选择的门后面有汽车的概率是 1/3. 而你选择的门后面有山羊的概率是 2/3. 当主持人打开 3 号门以便揭示后面有山羊时，这不会改变你第一次选择正确的概率 1/3. 因此，由于只剩下一扇门，它后面有汽车的概率就是 2/3. 浏览并讨论蒙提霍尔问题的众多网站中的一些网站从而理解其微妙之处. 你同意玛丽莲的推理吗? 如果同意，试着用自己的话来解释一下. 如果不同意，请你给出其他方法.

实用技巧练习

利用本节的实用技巧中给出的方法或用 StatCrunch 回答下列问题.

62. **比较阶乘和 10 的方幂**.

a. 用 Excel 或 StatCrunch 完成下表.

n	$n!$	10^n
1		
2		
3		
4		
5		
6		
7		
8		
9		
10		

b. 你完成的表格表明 $10! < 10^{10}$. 拓展表格（可以把这三列向下拖动轻松完成拓展），寻找满足 $n! > 10^n$ 的最小的整数 n.

63. **计算彩票概率**. 用 Excel 或 StatCrunch 完成下列计算.

a. 计算从有 44 个球的球池中选出 5 个号码共有多少种不同的方式. 这种彩票能中奖的概率是多大（通过选对所有 5 个数字）?

b. 计算从有 40 个球的球池中选出 6 个号码共有多少种不同的方式. 这种彩票能中奖的概率是多大（通过选对所有 6 个数字）?

64. **扑克牌概率**. 下面的公式可以算出从一副标准的洗好的扑克牌中发出 5 张牌，直接就可以发出一手满堂红（即有 3 张相同点数的牌，加一对其他点数的牌，比如 99933）的概率是

$$\frac{C_{13}^{1} \times C_{4}^{3} \times C_{12}^{1} \times C_{4}^{2}}{C_{52}^{5}}$$

用 Excel 或 StatCrunch 计算这个概率.

65. **生日问题**. 你可以用 Stat Crunch 做生日问题的随机模拟. 在 StatCrunch 工作空间中，选择 “Applets”，然后选择 “Simulation”，再选择 “Birthday Problem”.

a. 对 5 个不同的班级模拟生日问题，其中每个班有 30 名学生. 有多少个班里恰好有两名学生同天生日? 有多少个班里没有任何两名学生同天生日?

b. 现在对 1 000 个班级模拟生日问题. 这 1 000 个班级有百分之多少的班里恰好有两名学生同天生日? 这 1 000 个班级有百分之多少的班里没有两名学生同天生日? 这 1 000 个班级有百分之多少的班里至少有两名学生同天生日?

c. 在本节的例 8，我们算出在一个有 25 名学生的班里至少有两名学生同天生日的概率大约是 0.57. 这个结果和你用 30 名学生的班级模拟出来的结果是否一致? 说明原因.

第七章　总结

单元	关键词	关键知识点和方法
7.1 节	结果 事件 理论概率 频率概率 主观概率 概率分布 几率	区分理论概率、经验概率和主观概率 计算理论概率： $P(A)=\dfrac{\text{事件 }A\text{ 发生的次数}}{\text{总次数}}$ 制作概率分布表
7.2 节	独立事件 交概率 不独立事件 并/或概率 不相容事件 相容事件	交概率，独立事件： $P(A\text{和}B\text{同时发生})=P(A)\times P(B)$ 交概率，不独立事件： $P(A\text{和}B\text{同时发生})=P(A)\times P(B\|A)$ 并/或概率，不相容事件： $P(A\text{或}B\text{发生})=P(A)+P(B)$ 并/或概率，相容事件： $P(A\text{或}B\text{发生})=P(A)+P(B)-P(A\text{和}B\text{同时发生})$ 至少一次法则： $P(n\text{ 次试验中 }A\text{ 至少发生一次})$ $=1-P(n\text{ 次试验中事件 }A\text{ 不发生})$ $=1-[P(\text{一次试验中 }A\text{ 不发生})]^n$
7.3 节	大数定律 期望值 赌徒谬误 赌场上风	理解和应用大数定律 计算和解释 期望值： 期望值 $=(\text{事件 1 的值})\times P(\text{事件 1})+(\text{事件 2 的值})\times P(\text{事件 2})$
7.4 节	事故率 死亡率 预期寿命	评估事故率和死亡率 理解和解释人口统计数据和预期寿命
7.5 节	可重复排列 排列 组合	可重复排列： 从有 n 个元素的集合中可重复地任选 r 次的所有可能排列数是 n^r 排列： 从有 n 个元素的集合中任选 r 个的所有可能排列数是 $P_n^r=\dfrac{n!}{(n-r)!}$ 组合数： 从有 n 个元素的集合中任选 r 个的所有可能组合数是 $C_n^r=\dfrac{n!}{(n-r)!r!}$ 巧合终将发生——理解其原因及其对概率的暗示

第八章　神奇的指数增长

世界人口目前正以每年超过 8 000 万人的速度增加，足以在短短 4 年内塞满整个新的美国. 不断增长的人口对人类意味着新的挑战，只有了解这一增长，我们才能直面这些挑战. 在本章中，我们将研究增长——特别是指数增长的数学规律，并将关注所谓的神奇特点：指数增长违背直觉的现实. 这里我们会更关注人口增长，但同时还将探讨许多其他重要问题，包括核电站废弃物的处理、自然资源的枯竭以及酸雨对环境的影响等.

8.1 节

增长——线性的还是指数的：线性增长与指数增长的对比，指数增长的特征.

8.2 节

倍增时间和半衰期：指数增长的倍增时间和指数衰减的半衰期.

8.3 节

真实的人口增长：既非严格线性增长，也非严格指数增长.

8.4 节

对数尺度——地震、声音和酸性特质：地震及震级、声音及分贝、酸性及 pH 值.

问题：将一个细菌放入营养充足的瓶子中. 细菌迅速生长，1 分钟后细菌分裂成两个细菌. 这些细菌以相同的速度生长和分裂，则 2 分钟后瓶中有 4 个细菌，3 分钟后有 8 个细菌，依此类推. 假设这种生长模式持续 1 小时后，细菌充满一个 1 升的瓶子. 如果它们继续以相同的速度生长，那么在第二个小时结束时它们会填充多少瓶？

Ⓐ 1
Ⓑ 2
Ⓒ 3
Ⓓ 4
Ⓔ 百万兆

解答：对以上问题，希望大家不是猜测，而是在往下阅读之前给出答案和充分的理由. 当然，问题的正确答案是 E. 事实上，到第二个小时结束时，细菌的数量就会多到覆盖整个地球表面（包括陆地和海洋）约 2 米的高度. 但是，细菌并不能真正以这种速度继续增长，但这一思想仍然是明确的：重复倍增会产生令人非常惊讶的结果.

这个想法很重要，因为增长翻倍的确很常见. 它正是我们所说的指数增长模式的任何数量所具有的特点：在每个固定时间段 (例如每分钟、每月或每年) 增长相同的百分比. 这种增长常发生在银行复利、癌症肿瘤、人口增长等模型中. 在本章，我们将介绍许多具有指数增长以及指数衰减等特性的范例. 有关上面所提问题的进一步讨论，请参阅 8.1 节中的寓言故事“瓶子里的细菌”.

实践活动　汉诺塔

通过下面的实践活动，对本章要分析的各种问题获得一个直观的认识.

名为“汉诺塔” (Towers of Hanoi) 的游戏由三个木桩和一组不同大小的圆盘组成. 每个圆盘的中心都有一

个孔，这样它可以从一个木桩移动到另一个木桩. 游戏开始时所有圆盘都堆叠在一个木桩上，且圆盘尺寸逐渐缩小（见下图）. 游戏的目标是将所有圆盘都移动到另一个不同的木桩上，并遵循两个规则：

规则 1：一次只能移动一个圆盘.

规则 2：较大的圆盘永远不能放在较小的圆盘之上.

你可以轻松找到或制作任何一种汉诺塔游戏；许多网站都有在线模拟，你也可以自己制作游戏所需材料. 下面我们使用七个圆盘开始游戏，并寻找最有效的圆盘移动策略. 如果找到最佳策略，请回答以下问题.

① 简要描述如何最有效地将圆盘从一个木桩移动到另一个木桩.

② 可以为游戏建立一系列目标. 第一个目标是使另一个木桩上最终得到 1 个圆盘，第二个目标是使另一个木桩上最终得到 2 个圆盘，依此类推，直到所有圆盘都放置在另一个木桩上. 第一个目标只需要一个动作：取最小（顶部）圆盘并将其移动到不同的木桩. 然后第二个目标需要两个步骤：首先将第二小的圆盘移动到空木桩，然后将最小的圆盘放在它上面. 继续使用最有效的移动策略来完成游戏，并在操作时完成下表.

目标	这一步需要移动的步数	完成此步需要的总步数
某木桩上有一个圆盘	1	1
某木桩上有两个圆盘	2	1+2=3
某木桩上有三个圆盘		
某木桩上有四个圆盘		
某木桩上有五个圆盘		
某木桩上有六个圆盘		
某木桩上有七个圆盘		

③ 观察表格中的数字形式. 在 n 步之后归纳第二列和第三列的一般公式，并确认公式为表中的所有条目提供正确的结果.（提示：如果使用的是最有效的策略，则两个公式都将包含 2 的次幂，其中 n 出现在指数中.）

④ 使用游戏中移动总步数的公式（第 3 列）来推测用 10 个圆盘（而不是 7 个）完成游戏所需的移动总数.

⑤ 以上游戏与一个印度教传说有关，据称在世界之初，印度教主神之一梵天 (Brahma) 在一座寺庙的黄铜板上放了三个大钻石针，并在一根针上放置了 64 块纯金制作的圆盘. 圆盘按由大到小的顺序排列，就像汉诺塔游戏中的圆盘一样. 寺庙里的僧人日夜轮流工作，按照上面的两个规则移动圆盘. 那么将所有 64 个圆盘移动到另一个针总共需要多少次？

⑥ 传说认为，完成移动所有 64 个圆盘的任务后，寺庙将会崩塌，世界也随之毁灭. 假如僧人们可以非常快地移动，每秒钟就能移动一个圆盘. 根据你对问题 5 的回答，移动整套 64 个圆盘需要多少年？如果传说属实，我们现在有什么值得担心的吗？（有用数据：科学家估计宇宙的当前年龄约为 140 亿岁.）

⑦ 每一步所需移动次数的增加模式就是指数增长的一个例子，这也是本章的主题. 对这一游戏的简单说明也揭示了指数增长的本质.

8.1 增长——线性的还是指数的

想象一下两个城镇——S 城镇和 P 城镇，每个城镇的初始人口均为 10 000 人（图 8.1）. S 城镇以每年 500 人的恒定速度增长，因此其人口在 1 年后达到 10 500 人，2 年后达到 11 000 人，3 年后达到 11 500 人，依此类推. P 城镇以每年 5%的恒定速度增长. 因为 10 000 的 5%是 500，所以 P 城镇的人口在 1 年后也达到 10 500. 然而，第二年，P 城镇的人口增加了 10 500 的 5%，即 525 人，增加到 11 025 人. 第三年，P 城镇的人口仍增加了 5%，即在 11 025 人的基础上又增加了 551 人. 图 8.1 对比了 45 年间两个城镇的人口. 注意，P 城镇的人口增长更快，并且迅速超过 S 城镇的人口.

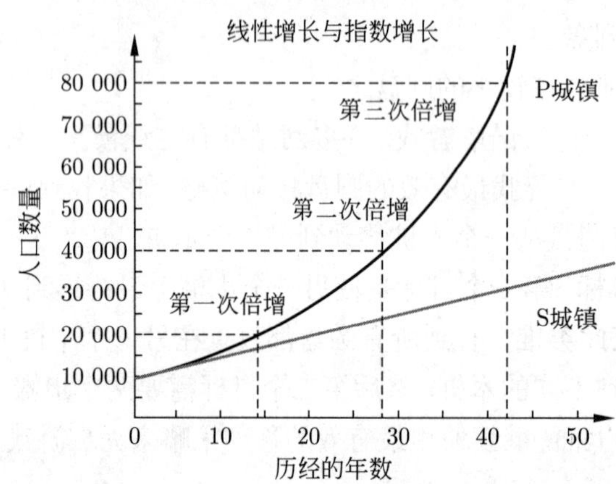

图 8.1　S 城镇线性增长，而 P 城镇呈指数增长

S 城镇和 P 城镇描述了两种本质不同的增长类型. S 城镇以每年 500 人的绝对数量增长，这是**线性增长** (linear growth)的特征. 相比之下，P 城镇是以相同的相对数量增长，即每年 5%，这是**指数增长** (exponential growth)的显著特征.

两种基本增长模式

线性增长指一个量在每个时间单位内增长的绝对数量相同.

指数增长指一个量在每个时间单位内增长的百分比相同，即相对增长量相同.

例 1　线性的还是指数的？

说明以下每种情况的增长（或衰减）是线性的还是指数的，并回答相关问题.

a. 某高中的学生人数在过去 4 年每年增加 50 人. 如果 4 年前学生人数是 750 人，今年是多少人？

b. 牛奶的价格每年上涨 3%. 如果一年前一加仑牛奶的价格是 4 美元，今年又是多少？

c. 税法允许你将设备价值每年折旧 200 美元. 如果你在 3 年前以 1 000 美元的价格购买了该设备，那么现在的价值是多少？

d. 最先进的计算机存储设备的存储容量大约每两年翻一番. 如果现在一家公司的顶级硬盘容量为 16TB，6 年后它的容量会是多少？

e. 高清电视的价格每年下降约 25%. 如果今天的价格是 1 000 美元，你预测两年后的价格是多少？

解　a. 学生人数每年增加相同的绝对数量，因此这是线性增长. 由于学生人数每年增加 50 名，在 4 年内增加了 $4 \times 50 = 200$ 名学生，从 750 人增加到 950 人.

b. 价格每年上涨相同的百分比，因此这是指数增长. 如果一年前的价格是 4 美元，它增加了 0.03×4 美元 $= 0.12$ 美元，价格为 4.12 美元.

c. 设备价值每年减少相同的绝对量，因此这是线性衰减. 在 3 年内，价值下降了 3×200 美元 $= 600$ 美元，所以价值从 1 000 美元降至 400 美元.

d. 倍增与 100%增加相同，因此两年的倍增时间代表指数增长. 每两年翻一番，容量将在 6 年内翻三番：2 年后从 16TB 到 32TB，4 年后从 32TB 到 64TB，6 年后从 64TB 到 128TB.

e. 价格每年下降相同的百分比，因此这是指数衰减. 从今天的 1 000 美元起，价格将下降 25%，即 $0.25 \times 1\,000$ 美元 $= 250$ 美元/年. 因此，明年的价格将为 750 美元. 次年，价格将再次下跌 25%，即 0.25×750 美元 $= 187.50$ 美元，因此两年后的价格将是 $750 - 187.50 = 562.50$ 美元.

▶ 做习题 9~16.

倍增的影响

下面再回顾一下图 8.1 中 P 城镇人口的变化曲线. 大约 14 年后，原来的人口增加了一倍，达到 20 000 人. 在接下来的 14 年中，它再次翻倍至 40 000 人. 之后的 14 年继续翻倍，达到 80 000 人. 这种重复加倍的类型，即每次加倍发生在相同的时间间隔内，是指数增长的标志.

每次加倍所需的时间取决于指数增长的速度. 在 8.2 节中，我们将看到倍增时间如何取决于百分比增长率. 在这里，我们将通过三个故事，探讨倍增这一特点如何使指数增长与线性增长截然不同.

故事 1：从英雄到被杀的 64 个步骤

传说在古代国际象棋发明时，一位国王非常着迷，他对发明者说："说出你想要的奖赏." 发明者说："如果国王愿意，请在我的棋盘第一个方格上放一粒麦子，然后在第二个方格上放两粒，在第三个方格上放四粒，在第四个方格上放八粒，依此类推." 国王欣然同意，他还在想，这个人真傻，不要黄金和珠宝，竟然只要这么一点麦子. 但是下面让我们看看这些麦子是如何在棋盘上增加到 64 个方格的.

表 8.1 显示了计算结果. 每个方格的麦粒数量是前一个方格的两倍，因此任何方格的麦粒数量都是 2 的幂次. 第三列显示了到达每个方格的麦粒总数，最后一列给出了麦粒总数的一个简单公式.

表 8.1

方格	方格里的麦粒数	到达此方格的麦粒总数	总麦粒数的计算公式
1	$1 = 2^0$	1	$2^1 - 1$
2	$2 = 2^1$	$1 + 2 = 3$	$2^2 - 1$
3	$4 = 2^2$	$3 + 4 = 7$	$2^3 - 1$
4	$8 = 2^3$	$7 + 8 = 15$	$2^4 - 1$
5	$16 = 2^4$	$15 + 16 = 31$	$2^5 - 1$
⋮	⋮	⋮	⋮
64	2^{63}		$2^{64} - 1$

从最后一栏中，我们看到所有 64 个方格的麦粒总数是 $2^{64} - 1$. 这是多少小麦？使用计算器可以确认 $2^{64} = 1.8 \times 10^{19}$. 不仅难以在棋盘上放置如此多的麦粒，而且这个数字大于人类历史上收获的麦粒总数. 国王

最终也未完成他的奖赏，据说这个人的最终命运是被斩首.

▶ 做习题 17~20.

故事 2: 神奇的硬币

某天，你遇到了妖怪，它承诺给你一笔巨大的财富，但在消失时只给了你一便士. 你回到家并把这一便士放在枕头下. 第一天早上醒来，令你惊讶的是，枕头下有两便士. 第二天早上，你发现 4 便士，第三天早上发现 8 便士. 显然，妖怪给了你一个神奇的便士：当你睡觉时，每一个神奇的便士就会变成两个神奇的便士. 表 8.2 显示了你不断增长的财富. 这里，“第 0 天”是你遇到妖怪的那一天，从表格的前 5 行推知，t 天后枕头下面的财富金额是

$$0.01\text{美元} \times 2^t$$

表 8.2

天数	枕头下的硬币金额
0	$0.01\text{美元} \times 2^0 = 0.01\text{美元}$
1	$0.01\text{美元} \times 2^1 = 0.02\text{美元}$
2	$0.01\text{美元} \times 2^2 = 0.04\text{美元}$
3	$0.01\text{美元} \times 2^3 = 0.08\text{美元}$
4	$0.01\text{美元} \times 2^4 = 0.16\text{美元}$
⋮	⋮
t	$0.01\text{美元} \times 2^t$

我们可以使用这个公式来计算出你拥有巨额财富的时间. 在 $t = 9$ 天之后，你将获得 $0.01 \times 2^9 = 5.12$ 美元，这几乎不足以支付买午餐的费用. 但到了月底，或者 $t = 30$ 天，你就会有 $0.01 \times 2^{30} = 10\ 737\ 418.24$ 美元. 也就是说，你将在一个月后成为千万富翁，你需要一个更大的枕头！事实上，如果你的魔术便士保持成倍增长，那么只需 51 天就可以获得 0.01×2^{51} 美元, 大约为 22.5 万亿美元，这足以偿还美国的国债.

▶ 做习题 21~24.

故事 3: 瓶子里的细菌

对于第三个故事，我们重回本章开篇问题中探讨的主题. 假设你在上午 11 点将一个细菌放入一个瓶子里，它会长大并在 11:01 分裂成两个细菌. 这两个细菌各自生长，在 11:02 分裂成 4 个细菌，它们又会在 11:03 分裂成 8 个细菌，然后一直持续下去.

现在，假设细菌每分钟继续增加一倍，并且在 12:00 装满整个瓶子. 你可能已经意识到此时的细菌数量应该是 2^{60}（因为它们每分钟增加一倍），更重要的是我们将面临一场灾难：因为细菌已经填满了瓶子，整个细菌菌落注定要另寻他地. 下面我们将更详细地研究这场灾难, 并提出关于菌落消亡的一些问题.①

• **问题** 1：发生灾难是因为在 12 点瓶子已经满了. 那么细菌何时填满瓶子的一半?

答: 因为花了一个小时才能填满瓶子，很多人都猜测它是在半小时后或在 11:30 填满一半. 但是，细菌数量每分钟都在加倍，因此它们是在最后一分钟翻倍，这意味着瓶子在最后一分钟内从半满状态到全满状态. 也就是说，在灾难发生前 1 分钟，这个瓶子在 11:59 就被填满一半了.

① **顺便说说**: 故事“瓶子里的细菌”是由科罗拉多大学的阿尔伯特 · A. 巴特利特教授 (Albert A. Bartlett, 1923—2013) 提出的，他在过去的 40 年里发表了 1 740 多篇论文，美国各地都有他关于指数增长的讲座.

• **问题** 2: 想象一下，如果你就是其中一员，并且非常具有数学头脑, 在 11:56 你已意识在灾难即将发生. 你马上跳上箱子并发出警告，除非你的同伴大大减缓增长，否则 4 分钟内所有一切都烟消云散. 有人会相信你吗?

答: 注意，问题不在于你是否正确，因为瓶子确实在 4 分钟内就会被填满. 关键是，那些没有做过计算的人是否会相信你. 正如我们已经看到的，这个瓶子在 11:59 会被占据一半. 让时间继续倒退，我们发现它会在 11:58 占据瓶子的 1/4，11:57 占据瓶子的 1/8，11:56 分占据瓶子的 1/16. 因此，如果你的同伴在 11:56 环顾瓶子四周，他们会发现瓶子只有 1/16 的空间被占据. 换句话说，瓶子 15/16 的空间是空的，这意味着未被占据的空间是已被占据空间的 15 倍. 而这时你正试图告诉他们，在接下来的 4 分钟内，他们将会占据的空间是前面花费了 56 分钟占据的空间. 实在难以置信! 除非他们自己研究数学，否则他们不太可能认真对待你的警告. 图 8.2 表明了这一情形. 那就是在 60 分钟的大部分时间内，瓶子几乎为空，但在最后 4 分钟内却持续翻倍.

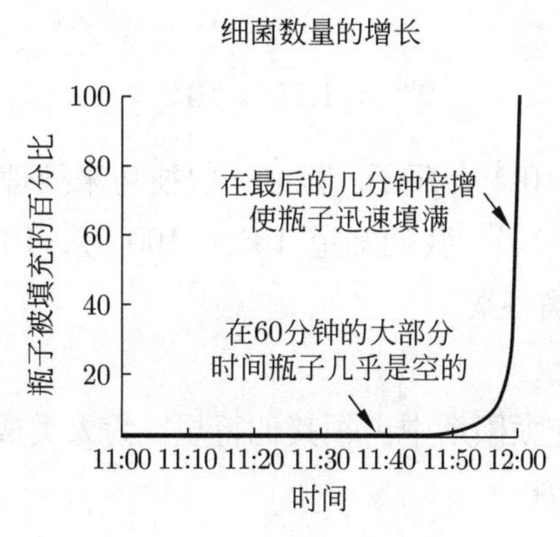

图 8.2　瓶子里细菌的数量

• **问题** 3: 现在是 11:59 分，当瓶子被占据一半时，你的同伴终于肯认真对待你发出的警告. 他们很快启动了一个迁徙计划，发送少量的细菌飞船进入实验室寻找新瓶子. 谢天谢地，他们发现 3 个多余的瓶子（总共 4 个，包括已经占领的一个）. 他们迅速行动，将同伴装上飞船并将它们送到新瓶子来启动大规模迁徙. 它们成功地将这些同伴均匀地分配到 4 个瓶子中，以及时避免这场灾难. 鉴于他们现在有 4 个瓶子而不只是一个瓶子，他们会为同类争取多少时间?

答: 因为花了 1 小时才能填满 1 个瓶子，你可能会猜到要花 4 小时来装满 4 个瓶子. 但请记住，细菌数量每分钟持续翻倍. 如果在 12:00 时有足够的细菌填满一瓶，那么在 12:01 时将有足够数量装满 2 瓶，而在 12:02 时将会装满 4 瓶. 发现 3 个新瓶子仅给了细菌 2 分钟的时间.

• **问题** 4: 假设细菌继续迁徙计划，不断寻找更多瓶子. 有没有希望进一步发展新的领地以继续维持菌落的指数增长?

答: 我们来计算一下. n 分钟后，细菌数量为 2^n. 例如，当第一个细菌在 11:00 开始进入新领地时，此时数量为 $2^0=1$，在 11:01 分, 数量为 $2^1=2$, 在 11:02 分，数量为 $2^2=4$, 依此类推. 在 12:00 第一个瓶子被填满时，共有 2^{60} 个细菌; 在 12:02 时 4 瓶装满, 共为 2^{62} 个细菌. 假设细菌设法保持每分钟增长原来的一倍，直到 1 点. 到那时，从繁殖开始已经过了 120 分钟. 因此细菌的数量将是 2^{120}. 现在，我们必须弄清楚它们到底需要多少空间.

通过测量, 最小的细菌直径大约为 10^{-7} 米（0.1 微米）. 如果假设细菌大致呈立方体，单个细菌的体积为

$$(10^{-7})^3=10^{-21}(\text{立方米})$$

因此，2^{120} 个细菌的体积将达到

$$2^{120} \times 10^{-21} \approx 1.3 \times 10^{15}(\text{立方米})$$

这个体积将覆盖整个地球表面 2 米以上的高度!（请参阅习题 27 并自行计算这个结果.）

事实上，如果继续加倍 5.5 个小时，细菌的数量会超过整个宇宙的体积 (参见习题 28). 显然，这不可能发生，数量的指数增长也不可能持续, 长久以来，无论技术如何进步，其结果都是可想而知的.

例 2　瓶子的数量

在第二个小时结束时细菌会填满多少个瓶子？

解　我们从细菌在第一个小时结束时（12:00）填满第一个瓶子开始. 随着它们继续翻倍，它们在 12:01 填充 $2^1 = 2$ 瓶，在 12:02 填充 2^2 瓶，依此类推. 换句话说，在第二个小时内，装满的瓶子数量是 2^m，其中 m 是从 12:00 开始经历的分钟数. 因为第二个小时有 60 分钟，所以第二个小时结束时瓶子数量是 2^{60}. 使用计算器可知

$$2^{60} \approx 1.15 \times 10^{18}.$$

第二个小时结束时，细菌将会填满约 10^{18} 个瓶子. 利用一些技巧来处理 10 的次幂（参见第二章“简要回顾 10 的次幂”），可得等式 $10^{18} = 10^6 \times 10^{12}$. 我们知道 $10^6 = 100$ 万，$10^{12} = 1$ 万亿. 因此，10^{18} 也就是百万兆——这也是本章开始所提问题的正确答案.

▶ 做习题 25~28.

思考　有人认为, 我们可以通过在太阳系中占领其他行星，为人类成倍增长的人口找到生存空间. 这可能实现吗?

关于倍增

前面三个故事都与伴随着指数增长的重复倍增这一现象有关，这也揭露了两个关键要素. 首先，如果回顾表 8.1，你会注意到，每个方格上的麦粒数几乎等于所有先前方格上的麦粒总数. 例如，第五格的 16 粒比前四个方格合计的 15 粒多 1 粒.

其次，三个故事都表明数量已经增长到某种无法收拾的地步. 比如我们不可能在棋盘上摆放人类历史上的所有麦粒，也不可能在枕头下放价值 22 万亿美元的硬币，而细菌也无法持续增长到充满整个宇宙. 下面是对以上两个特征的总结.

关于指数增长的关键事实

- 指数增长导致重复倍增. 每次倍增后增加的数量大约等于前面所有倍增后增加数量的总和.
- 指数增长不能无限期地持续下去. 在进行少数次的倍增后，指数增长的数量就会达到不可能的比例.

测验 8.1

为以下每个问题选择最佳答案，并用一个或多个完整的句子来解释原因.

1. 一个城镇的人口在一年内从 10 万人增加到 11 万人. 如果人口以稳定的速度呈线性增长，那么到第二年年底人口就会增长到多少?(　)

　a. 120 000　　b. 140 000　　c. 144 000

2. 一个城镇的人口在一年内从 10 万人增加到 12 万人. 如果人口以稳定的速度呈指数增长，那么到第二年年底人口数量会是多少？( )

a. 120 000　　b. 140 000　　c. 144 000

3. 你银行卡上的存款在 6 个月内翻了一番，从 1 000 美元增加到 2 000 美元. 如果你的存款金额呈指数增长，还需要多久才能达到 8 000 美元?( )

a. 6 个月　　b. 12 个月　　c. 15 个月

4. 你歌曲库里的歌曲数量在 3 个月内从 200 首增加到了 400 首. 如果歌曲的数量呈线性增长，那么还要多久才能有 800 首呢?( )

a. 3 个月　　b. 6 个月　　c. 12 个月

5. 下面哪个是指数衰减的例子?( )

a. 农村人口每年减少 100 人

b. 汽油价格每星期下降 0.02 美元

c. 政府对教育的支持每年减少 1%

6. 在一个有 64 个方格的棋盘上，你把 1 便士放在第一个方格上，把 2 便士放在第二个方格上，把 4 便士放在第三个方格上，依此类推. 如果你能按照这个模式填满整个棋盘，总共需要多少钱?( )

a. 约 1.28 美元

b. 大约 500 000 美元

c. 大约是目前美国联邦债务的 1 万倍

7. 11:00 你把一个细菌放在一个瓶子里，它在 11:01 分裂成 2 个细菌，在 11:02 又分裂成 4 个细菌，依此类推，在 11:30 瓶子里会有多少细菌?( )

a. 2×30　　b. 2^{30}　　c. 2×10^{30}

8. 考虑习题 7 中描述的细菌数量. 11:31 瓶子里的细菌比 11:30 多多少?( )

a. 30　　b. 2^{30}　　c. 2×10^{30}

9. 考虑习题 7 中描述的细菌种群. 如果细菌在 12:02 的时候占据了 1 立方米的体积并且继续呈指数增长，它们什么时候会占据 2 立方米的体积?( )

a. 12:03　　b. 12:04　　c. 1:02

10. 下列哪个选项不适用于任何指数增长的人口?( )

a. 每经历一次倍增，人口增长就几乎等于以前所有翻一番的人口增长的总和

b. 稳定的增长使人们很容易在危机变得严重之前就预见到任何即将到来的危机

c. 指数增长最终必须停止

习题 8.1

复习

1. 描述线性增长和指数增长的基本区别.
2. 简要解释重复的倍增是如何呈指数增长的. 描述倍增的影响，使用棋盘或神奇的便士比喻.
3. 简要总结瓶子里的细菌的故事. 一定要解释课本中四个问题的答案，并描述为什么这些答案令人惊讶.
4. 解释本节结尾给出的关于指数增长的两个关键因素的含义. 然后介绍你所知道的指数增长的例子，并描述重复倍增的影响.

是否有意义？

确定下列陈述是有意义（或显然是真实的）还是没意义（或显然是错误的），并解释原因.

5. 银行账户中以 1.2% 的年利率赚取复利就是指数增长的一个例子.
6. 假设你有一个神奇的银行账户，你的存款每天都在翻倍. 如果你一开始只有 1 美元，不到一个月你就会成为百万富翁.
7. 一个人口呈指数增长的小镇可以在短短几十年内变成一座大城市.
8. 几个世纪以来，人类人口一直呈指数增长，我们可以预测这一趋势在未来将永远持续下去.

基本方法和概念

9~16：**线性的还是指数的**? 说明以下增长（或衰减）是线性的还是指数的，并回答相关问题.

9. 米德维尤的人口正以每年 300 人的速度增长. 如果现在的人口是 2 400 人，4 年后会是多少人?

10. 温斯堡的人口正以每年 10% 的速度增长. 如果现在的人口是 10 万人，3 年后会是多少人?

11. 在 2016 年委内瑞拉发生的一次恶性通货膨胀期间，食品价格以每月 40% 的速度上涨. 如果这一时期初某食品的价格是 1 000 玻利瓦尔 (货币单位)，那么 4 个月后食品价格是多少?

12. 一加仑汽油的价格每星期上涨 4 美分. 如果现在的价格是每加仑 3.20 美元，10 周后会是多少?

13. 计算机硬盘的价格正以每年 15% 的速度下跌. 如果现在一个硬盘的价格是 50 美元，那么 3 年后它的价格会是多少?

14. 你的汽车每年贬值 10%. 如果这辆车现在值 1 万美元，两年后它会值多少钱?

15. 你的房子每年增值 2 000 美元. 如果今天它值 10 万美元，5 年后它会值多少?

16. 你的房子每年增值 2%. 如果现在它值 10 万美元，3 年后它会值多少?

17~20: **棋盘的故事**. 使用本节里棋盘的故事. 假设每粒小麦重 1/7 000 磅.

17. 在棋盘的第 16 个方格上应该放多少粒小麦? 求出此时麦粒的总数及其总重量.

18. 在棋盘的第 32 个方格上应该放多少粒小麦? 求出此时麦粒的总数及其总重量.

19. 当棋盘满了的时候，所有小麦的总重量是多少?

20. 2016 年全球所有粮食 (小麦、大米和玉米) 的总产量约为 25 亿吨. 这个总数与棋盘上小麦的重量相比如何?(1 吨 =2 000 磅.)

21~24: **神奇的硬币**. 使用本节里神奇便士的故事.

21. 21 天后你会有多少钱?

22. 假设你在 21 天后把硬币堆起来. 这些硬币会达到多少千米?(提示: 找几个硬币和一把尺子.)

23. 多少天后，你的总资产才会超过 10 亿美元?(提示: 要反复试验.)

24. 假设你可以继续堆积硬币. 在经过多少天后，这堆硬币才足够高以至于能够到达最近的恒星 (太阳之外)，也就是 4.3 光年 (4.0×10^{13} 千米) 远?(提示: 反复试验.)

25~28: **瓶子里的细菌**. 使用本节里细菌的故事.

25. 11:50 瓶子里有多少细菌? 那时细菌占据瓶子的比例是多少?

26. 11:15 瓶子里有多少细菌? 那时细菌占据瓶子的比例是多少?

27. 及膝深的细菌. 地球的总表面积约为 5.1×10^{14} 平方米. 假设这些细菌数量持续增长两小时 (如文中所讨论的)，此时它们均匀分布在地球的表面. 细菌层有多深? 它会深及膝盖、超过膝盖，还是不到膝盖?(提示: 你可以用细菌的体积除以地球的表面积来求出大概的深度.)

28. 细菌的宇宙. 假设寓言中的细菌每分钟都在成倍增长. 它们的体积需要多长时间才能超过可观测宇宙的总体积 (约为 10^{79} 立方米)?(提示: 要反复试验.)

进一步应用

29. **人类的倍增**. 2000 年全球人口约为 60 亿人，其倍增时间是 50 年. 假设人口从 2000 年到未来继续保持这种增长模式.

a. 扩展下表，请写出每个 50 年的人口数量，直到 3000 年，请使用表中所示的统一符号.

年	人口数量
2000	6×10^9
2050	$12 \times 10^9 = 1.2 \times 10^{10}$
2100	$24 \times 10^9 = 2.4 \times 10^{10}$
⋮	⋮

b. 地球的总表面积约为 5.1×10^{14} 平方米. 假设人们可以占据这片区域 (实际上，大部分是海洋)，那么大约何时人类会拥挤到每人只有 1 平方米的空间?

c. 假设考虑到种植粮食和寻找其他资源所需的面积时，每个人实际上需要 10^4 平方米的面积才能生存. 大概何时会达到这种状态?

d. 假设我们能够在太阳系中发现可居住的月球和其他行星. 太阳系中能够居住的行星 (不包括木星等气态行星) 的总表面积大约是地球表面积的 5 倍. 根据 (c) 部分的假设，人类能否在公元 3000 年进入太阳系? 并解释原因.

30. **倍增时间与初始数量**

a. 你是愿意从 1 便士 (0.01 美元) 开始，然后每天把你的财富翻一番，还是从 1 美分 (0.1 美元) 开始，每五天把你的财富翻一番 (假设你想变得富有)? 解释一下.

b. 你是愿意从一便士 (0.01 美元) 开始，每天把财富翻一番，还是从 1 000 美元开始，每两天把财富翻一番 (假设你想从长远来看变得富有)？解释一下.

c. 在决定指数增长快慢如何时，倍增时间和初始数量哪个更重要？解释一下.

31. **Facebook 用户**. 该表显示了 Facebook 在三年内每个月活跃用户数 (每月至少使用一次 Facebook 的人数).

	2013 年 12 月	2014 年 12 月	2015 年 12 月	2016 年 12 月
每个月活跃用户数 (百万)	1 228	1 393	1 591	1 860
相比前一年的绝对增量	—			
相比前一年的增长百分比	—			

a. 填写表格的第三行，显示每个月活跃用户数的绝对变化量.

b. 填写表格的第四行，显示每个月活跃用户数的百分比变化.

c. Facebook 用户的增长是线性的还是指数的？证明你的答案.

实际问题探讨

32. **线性增长**. 找出至少两个描述数量线性增长或衰减的新闻故事. 描述每个过程中的生长或衰减过程.

33. **指数增长**. 找出至少两个描述数量指数增长或衰减的新闻故事. 描述每个过程中的生长或衰减过程.

34. **计算能力**. 选择计算能力的一个方面 (如处理器速度或内存芯片容量)，并研究其增长情况. 增长是指数级的吗？指数增长还能持续多久？请解释.

35. **网络使用的增长**. 从用户数量和网页数量两方面研究互联网使用的增长. 增长是线性的还是指数的？你认为未来的增长将如何变化？请解释.

8.2　倍增时间和半衰期

指数增长会带来反复的倍增，而指数衰减会导致反复的减半. 但是，在大多数指数增长或衰减的情况下，我们都会给出增长率或衰减率——通常是百分比——而不是倍增或减半所需的时间. 在本节，我们的讨论内容将涉及增长率 (衰减率) 和倍增时间 (半衰期).

倍增时间

在指数增长中数量每一次翻倍所需的时间称为倍增时间. 例如，神奇的硬币故事（见 8.1 节）里数量的倍增时间是一天，因为你的财富每天都在倍增. 瓶子里的细菌故事中的倍增时间是一分钟.

给出倍增时间，我们可以轻松计算任何时间的数量值. 考虑 10 000 人的初始人口，其倍增时间为 10 年:

- 在 10 年或者一个倍增时间里，人口增加到最初的 2 倍，新的人口为 $2 \times 10\,000 = 20\,000$ 人.
- 在 20 年或者两个倍增时间里，人口增长到最初的 $2^2 = 4$ 倍，则新的人口为 $4 \times 10\,000 = 40\,000$ 人.
- 在 30 年或者三个倍增时间里，人口增加到最初的 $2^3 = 8$ 倍，则新的人口为 $8 \times 10\,000 = 80\,000$ 人.

下面给出一般公式，我们用 t 表示已经过去的时间，T_{double} 表示倍增时间. 如果倍增时间 $T_{\text{double}} = 10$ 年，则 $t = 30$ 年后，有 $t/T_{\text{double}} = 30/10 = 3$ 个倍增时间. 推广到一般情形，时间 t 之后的倍增的次数是 t/T_{double}. 也就是说，在时间 t 之后，人口的规模达到原始人口的 $2^{t/T_{\text{double}}}$ 倍.

用倍增时间计算

某指数增长的数量具有倍增时间 T_{double}，经过时间 t 后，数量增长的倍数是 $2^{t/T_{\text{double}}}$，则数量增长后的最新值为

$$最新值 = 初始值 \times 2^{t/T_{\text{double}}}$$

式中，初始值是指 $t = 0$ 时的数量.

思考 考虑 10 000 人的初始人口，并且倍增时间是 10 年. 由上述公式可知 30 年之后达到 80 000 人，这和我们之前发现的结果一样. 由该公式预测 50 年后的人口数量.

例 1 银行复利的倍增

银行复利（4.2 节）也属于指数增长，原因在于利息每年以相同的百分比增长. 假设你的银行存款有一个 21 年的倍增时间. 那么你的存款在 50 年后是多少？

解 倍增时间 $T_{\text{double}} = 21$ 年，则在 $t = 50$ 年后，存款增长的倍数为

$$2^{t/T_{\text{double}}} = 2^{50/21} = 2^{2.3810} \approx 5.21$$

例如，如果原来的存款是 1 000 美元，50 年后存款增长为 $1\ 000 \times 5.21 = 5\ 210$ 美元.

▶ 做习题 25~32.

例 2 世界人口的增长

世界人口从 1960 年的 30 亿人增加到 2000 年的 60 亿人. 假设世界人口继续增长（2000 年以后）且倍增时间为 40 年. 2050 年人口将会有多少？2200 年呢？

解 倍增时间 $T_{\text{double}} = 40$ 年，$t = 0$ 代表 2000 年，则 $t = 50$ 代表 2050 年，初始值 =60 亿人，2050 年的人口数量为

$$\begin{aligned} 最新值 &= 初始值 \times 2^{t/T_{\text{double}}} \\ &= 60 \times 2^{50/40} \\ &= 60 \times 2^{1.25} \approx 143(亿人) \end{aligned}$$

到 2200 年，相当于 2000 年后 200 年，即 $t = 200$, 则人口数量为

$$\begin{aligned} 最新值 &= 初始值 \times 2^{t/T_{\text{double}}} \\ &= 60 \times 2^{200/40} \\ &= 60 \times 2^{5} = 1\ 920(亿人) \end{aligned}$$

即如果世界人口保持 1960—2000 年间的速度增长，在 2050 年和 2200 年将分别达到 143 亿人和 1 920 亿人.

▶ 做习题 33~34.

思考 你认为地球上的人口真的有可能达到 1 920 亿人吗? 为什么?

倍增时间的近似公式

考虑某草原土拨鼠种群的生态学研究. 研究开始时，草原上有 100 只土拨鼠，研究人员确定其数量每月增长 10%. 也就是说，数量每个月增长到上一数值的 110% 或 1.1 倍（参见 3.1 节中的"'是谁的百分之几'与'比谁多百分之几'的表达"规则）. 表 8.3 描述了这一种群的数量增长 (四舍五入到最接近的整数).

表 8.3　草原土拨鼠的增长

月份	数量	月份	数量
0	100	8	$(1.1)^8 \times 100 = 214$
1	$(1.1)^1 \times 100 = 110$	9	$(1.1)^9 \times 100 = 236$
2	$(1.1)^2 \times 100 = 121$	10	$(1.1)^{10} \times 100 = 259$
3	$(1.1)^3 \times 100 = 133$	11	$(1.1)^{11} \times 100 = 285$
4	$(1.1)^4 \times 100 = 146$	12	$(1.1)^{12} \times 100 = 314$
5	$(1.1)^5 \times 100 = 161$	13	$(1.1)^{13} \times 100 = 345$
6	$(1.1)^6 \times 100 = 177$	14	$(1.1)^{14} \times 100 = 380$
7	$(1.1)^7 \times 100 = 195$	15	$(1.1)^{15} \times 100 = 418$

注意到 7 个月后数量几乎翻番（达到 195），14 个月后再次翻番（达到 380）. 大概 7 个月的倍增时间与增长率 10%有以下关系：

$$倍增时间 \approx \frac{70}{增长百分比} = \frac{70}{10/月} = 7(个月)$$

在以上公式里，倍增时间可近似为 70 与增长百分比的比值. 这一公式在增长率相对较小（小于 15%）时非常有效，通常被称为 **70-法则**.

倍增时间的近似计算公式 (70-法则)

某指数增长的数量在每段时期内有固定增长率 $P\%$, 则倍增时间可近似为

$$T_{\text{double}} \approx \frac{70}{P}$$

这一近似公式在增长率较小时十分有效，当增长率超过 15%时效果很差.

例 3　人口的倍增时间

世界人口在 2017 年达到了 75 亿人, 并以每年 1.1%的速度增长. 那么在这一增长率下的近似倍增时间是多少？如果保持这一增长率, 2050 年的人口将是多少？请与例 2 作对比.

解　由于增长率小于 15%, 可用倍增时间的近似计算公式. 此时 P=1.1/年.

$$T_{\text{double}} \approx \frac{70}{P} = \frac{70}{1.1/年} \approx 64(年)$$

倍增时间 T_{double} 约是 64 年. 2050 年相当于 2017 年后 33 年，即 $t = 33$. 则 2025 年的人口为

$$\begin{aligned} 最新值 &= 初始值 \times 2^{t/T_{\text{double}}} \\ &= 75 \times 2^{33/64} \\ &= 75 \times 2^{0.515\,6} = 107(亿人) \end{aligned}$$

以每年 1.1%的速度增长，到 2050 年世界人口将达到约 107 亿人, 比例 2 中预测的人数少了 30 多亿人. 这一结果也反映了人口增长放缓的事实.

▶ 做习题 35~36.

思考　联合国中期预测表明世界人口将会在 2050 年达到 97 亿人. 对于这一预测，与目前真实的增长率相比，我们对从现在到 2050 年的人口增长率做了什么假设？你认为假设有效吗？为什么？

例 4　利用倍增时间公式计算

在 1960—2000 年的 40 年间，世界人口翻了一番. 那么在这一期间人口的平均增长率是多少？将这一增长率与 2017 年 1.1%的增长率进行对比.

解　我们利用近似倍增时间公式来求解. 将公式两边同乘以 P 后，再同除以倍增时间 T_{double}，得到

$$P \approx \frac{70}{T_{\text{double}}}$$

把 $T_{\text{double}} = 40$ 年代入以上公式，有

$$P \approx \frac{70}{T_{\text{double}}} = \frac{70}{40\text{年}} = 1.75/\text{年}$$

1960—2000 年间人口平均增长率约为 $P = 1.75$ /年, 这明显高于 2017 年 1.1%的增长率.

▶ 做习题 37~40.

指数衰减和半衰期

在每个固定的时间段数量减少相同的百分比 (例如，每年 20%) 时，就会发生指数衰减. 在这种情况下，其数量会反复下降到前一个数量的一半，每个减半都发生在称为**半衰期** (half-life) 的时间内.

我们可能听过放射性物质 (如铀或钚) 的半衰期. 例如，放射性钚-239(Pu-239)[①]的半衰期约为 24 000 年. 为了理解半衰期的含义，假设 100 磅的 Pu-239 存放在核废料场地. 钚逐渐衰变成其他物质：

- 在 24 000 年或一个半衰期后，Pu-239 的含量降至原来的 1/ 2，或者 $(1/2) \times 100=50$ 磅.
- 在 48 000 年或两个半衰期后，Pu-239 的含量下降至原来的 $(1/2)^2 = 1/4$，或者 $1/4 \times 100=25$ 磅.
- 在 72 000 年或三个半衰期后，Pu-239 的含量下降至原来的 $(1/2)^3 = 1/8$，或者 $1/8 \times 100=12.5$ 磅.

类似于倍增时间，我们对半衰期的结果加以简单总结，一次减半造成的数量减少的比例是 1/2，两次减半引起的数量减少的比例是 1/4，三次减半引起的数量减少的比例是 1/8. 依此类推，假设已经过去的时间段为 t, 半衰期是 T_{half}，则时间 t 后数量减少的比例是 t/T_{half}, 也就是说，时间 t 之后的数量等于原始数量乘以 $\left(\frac{1}{2}\right)^{t/T_{\text{half}}}$.

半衰期的计算

某指数衰减的数量具有半衰期 T_{half}, 经过时间 t 后，数量减少至原来的 $\left(\frac{1}{2}\right)^{t/T_{\text{half}}}$，则数量衰减后的最新值为

$$\text{最新值} = \text{初始值} \times \left(\frac{1}{2}\right)^{t/T_{\text{half}}},$$

式中，初始值是指 $t = 0$ 时的数量.

例 5　碳-14 衰变[②]

放射性碳-14 的半衰期约为 5 700 年. 它一般存在于活性的生物体中. 一旦它们死去，这些物质会发生衰变. 在动物死后 1 000 年，动物骨骼中的碳-14 元素还会存在多少？

① **顺便说说**: 钚-239 是一种原子量为 239 的化学元素 (或同位素). 原子量是指原子核中质子和中子的总数. 因为所有钚原子核都有 94 个质子，所以 Pu-239 的原子核有 $239 - 94 = 145$ 个中子.

② 普通的碳是碳-12，它是稳定的 (没有放射性). 碳-14 是在地球大气层中由来自太阳的高能粒子产生的. 它可以和普通的碳混合，并通过呼吸进入活体组织.

解　已知半衰期 $T_{\text{half}} = 5\ 700$ 年，则经过时间 $t = 1\ 000$ 年后

$$\left(\frac{1}{2}\right)^{t/T_{\text{half}}} = \left(\frac{1}{2}\right)^{1\ 000/5\ 700} \approx 0.085$$

也就是说，如果骨骼中最初含有 1 千克的碳-14，那么 1 000 年后剩余约 0.885 千克. 我们可以利用这一思想来确定在考古过程中发现的骨骼的年龄，这一内容将在 9.3 节中讨论.

▲ 注意，在利用半衰期公式进行计算前，务必确保 t 和 T_{half} 的单位是相同的，如同该例中一样（单位都是年）. 如果二者单位不同，必须先把单位统一.

▶ 做习题 41~44.

例 6　十万年后的钚

假设 100 磅的 Pu-239 存放在核废料场地. 那么 10 万年后还剩下多少呢？

解　Pu-239 的半衰期 $T_{\text{half}} = 24\ 000$ 年. 如果初始数量 =100 磅，则经过时间 $t = 100\ 000$ 年后，数量为

$$\text{最新值} = \text{初始值} \times \left(\frac{1}{2}\right)^{t/T_{\text{half}}} = 100 \times \left(\frac{1}{2}\right)^{100\ 000/24\ 000} \approx 5.6(\text{磅})$$

10 万年后，100 磅的 Pu-239 还剩余约 5.6 磅.

▶ 做习题 45~48.

思考　Pu 这种化学物质在自然界里并不存在，而是在核电厂燃料和核武器的核反应堆中产生的. 根据其半衰期，解释为什么 Pu-239 的安全处置会是一个重大挑战.[①]

半衰期的近似计算公式

如果我们用半衰期代替倍增时间，衰减百分比代替增长百分比，会发现倍增时间的近似公式（70–规则）对指数衰减同样有效.

半衰期的近似计算公式 (70–规则)

某指数衰减的数量在每段时期内都有固定衰减率 $P\%$，则半衰期可近似为[②]

$$T_{\text{half}} \approx \frac{70}{P}$$

这一近似公式在衰减率较小时十分有效，当衰减率超过 15%时效果很差.

例 7　货币贬值

假设通货膨胀导致俄罗斯卢布的价值以每年 12%的速度下降（相对于美元）. 按照这个速度，卢布损失一半价值需要多长时间？

解　我们可以使用近似半衰期公式，因为衰减率低于 15%. 12%的衰减率设定 $P = 12/$年，则

$$T_{\text{half}} \approx \frac{70}{P} = \frac{70}{12/\text{年}} \approx 5.8(\text{年})$$

半衰期不到 6 年，这意味着卢布将在 6 年内失去一半的价值（兑美元汇率）.

▶ 做习题 49~52.

---

① **历史小知识**：第二次世界大战期间摧毁长崎的原子弹产生的破坏力来自钚-239 的裂变.(广岛原子弹使用的是铀-235.)

② **说明**：有些书把指数衰减里的 P 看作负数，在这种情况下半衰期定义为 $70/|P|$，其中 $|P|$ 表示 P 的绝对值.

倍增时间和半衰期的精确公式

倍增时间和半衰期的近似公式很有用，因为它们方便记忆. 然而，对于更精确的工作或者在增长率和衰减率都很大的情况下，我们就需要给出下面的精确公式. 在 9.3 节中，我们将看到它们是如何推导出来的. 这些公式使用分式增长率，定义为 $r = P/100$，增长时 r 为正，衰减时 r 为负. 例如，如果百分比增长率为每年 5%，则分式增长率为每年 0.05. 对于每年 5%的衰减率，分式增长率为每年 -0.05. 这些公式里会用到对数，我们将在“简要回顾　对数”中介绍相关基础理论.

倍增时间的精确公式

某指数增长的数量具有分数增长率 r, 则倍增时间为①

$$T_{\text{double}} = \frac{\log_{10} 2}{\log_{10}(1+r)}$$

注：T_{double} 和 r 的单位必须一致. 例如，如果分式增长率为每月 0.05，则倍增时间的单位也应该为月.

半衰期的精确公式

某指数衰减的数量具有分数衰减率 r $(r < 0)$, 则半衰期为

$$T_{\text{half}} = -\frac{\log_{10} 2}{\log_{10}(1+r)}$$

注：T_{half} 和 r 的单位必须一致.

另外，因为 r 在倍增公式中是正值，而在半衰期公式中是负值，所以两个公式最终都会产生正值.

例 8　大增长率

假设某物种的数量以每月 80%的速度增长. 求出确切的倍增时间，并将其与倍增时间的近似公式得到的时间进行比较.

解　增长率每月 80%意味着 P =80/月，或者 r =0.8/月. 则倍增时间为

$$T_{\text{double}} = \frac{\log_{10} 2}{\log_{10}(1+0.8)} = \frac{0.301\,030}{\log_{10}(1.8)} = \frac{0.301\,030}{0.255\,273} \approx 1.18(\text{月})$$

即倍增时间约为 1.2 个月. 这里我们也注意到这个答案是有道理的：基于人口在一个月内增长了 80%，我们预计需要一个多月的时间增长 100%（这就是一个倍增）. 相比之下，近似倍增时间公式预测倍增时间为 $70/P = 70/80 = 0.875$ 月，这个数字少于一个月. 从这里可以看到近似公式对较大增长率的预测不太准确.

► 做习题 53~54.

例 9　重新审视卢布

假设俄罗斯卢布兑美元汇率每年下跌 12%. 使用精确的半衰期公式，确定卢布损失一半价值所需的时间. 将这一答案与例 7 中的近似答案进行比较.

① **顺便说说**: 不要被对数吓住. 如同“简要回顾　对数”中介绍的，对数并不复杂，尽管名字听起来古怪. 只需记住“$\log_{10} x$”表示“10 的次幂，其结果为 x”. 例如，你要求 $\log_{10} 100$，记住它表示“10 的次幂，其结果为 100”，从而可知 $\log_{10} 100 = 2$，因为 $10^2 = 100$. 有用的方法是用“次幂”取代“log”，于是“$\log_{10} x$”变为“10 的次幂（其结果为 x）”.

解　衰减率是每年 12%, 即 $P = 12/$年, 意味着分数增长率 $r = -0.12/$年. 则半衰期为

$$T_{\text{half}} = -\frac{\log_{10} 2}{\log_{10}(1-0.12)} = -\frac{0.301\ 030}{-0.055\ 517} \approx 5.42(\text{年})$$

则卢布在大约 5.4 年后会损失一半的价值. 这个结果只是比近似公式得到的 5.8 年少约 0.4 年. 我们看到对于 12%的衰减率，近似公式给出的值还是合理准确的.

▶ 做习题 55~56.

简要回顾　对数

对数 (logarithm，简写为 log) 是指一个幂次或指数. 在本书中，我们主要关注以 10 为底的对数，也称为**常用对数** (common logs)，定义如下:

$\log_{10}x$ 是指一个幂次，它满足 10 的幂次等于 x.

你会发现，用不那么专业的定义来记它的含义会更容易:

$$\log_{10} x\text{是指 10 的几次幂等于}x?$$

例如:

$\log_{10} 1\ 000 = 3$	因为$10^3 = 1\ 000$
$\log_{10} 10\ 000\ 000 = 7$	因为$10^7 = 10\ 000\ 000$
$\log_{10} 1 = 0$	因为$10^0 = 1$
$\log_{10} 0.1 = -1$	因为$10^{-1} = 0.1$
$\log_{10} 30 \approx 1.477$	因为$10^{1.477} \approx 30$

利用对数的定义可以得到以下四个重要法则.

1. 对 10 的次幂取对数，就得到这一次幂，即

$$\log_{10} 10^x = x$$

2. 给出一个数值，取这个数的常用对数，则 10 的对数次幂就得到这一数值，即

$$10^{\log_{10} x} = x \quad (x > 0)$$

3. 根据 10 的次幂相乘相当于它们的次幂相加，有对数运算的加法法则:

$$\log_{10} xy = \log_{10} x + \log_{10} y \quad (x > 0, y > 0)$$

4. 我们可以利用对数的次幂法则, 把对数里的指数移到对数的外面:

$$\log_{10} a^x = x \times \log_{10} a \quad (a > 0)$$

大多数计算器都有一个键 $\log_{10}$ 来计算任何正数的对数. 你应该在计算器上找到这个键，并用它来验证 $\log_{10} 1\ 000 = 3$ 和 $\log_{10} 2 \approx 0.301\ 030$.

例：已知 $\log_{10} 2 \approx 0.301\ 030$，给出以下表达式的答案:

a. $\log_{10} 8$

b. $10^{\log_{10} 2}$

c. $\log_{10} 200$

解:

a. 我们注意到 $8 = 2^3$，因此利用法则 4，有

$$\begin{aligned}\log_{10} 8 &= \log_{10} 2^3 \\ &= 3 \times \log_{10} 2 \approx 3 \times 0.301\,030 = 0.903\,09\end{aligned}$$

b. 根据法则 2，有

$$10^{\log_{10} 2} = 2$$

c. 注意到 $200 = 2 \times 100 = 2 \times 10^2$. 因此，根据法则 3，有

$$\begin{aligned}\log_{10} 200 &= \log_{10}(2 \times 10^2) \\ &= \log_{10} 2 + \log_{10} 10^2 \\ &\approx 0.301\,030 + 2 = 2.301\,030\end{aligned}$$

例：有人告诉你 $\log_{10} 600 = 5.778$, 你会相信吗?

解：因为 600 在 100 和 1 000 之间，所以 $\log_{10} 600$ 必然在 $\log_{10} 100$ 和 $\log_{10} 1\,000$ 之间. 根据法则 1，我们有 $\log_{10} 100 = \log_{10} 10^2 = 2$, $\log_{10} 1\,000 = \log_{10} 10^3 = 3$. 因此，$\log_{10} 600$ 一定在 2 和 3 之间，所以已给的答案 5.778 一定是错的.

▶ 做习题 13~24.

实用技巧　对数

通常，大多数计算器都有一个计算常用对数 (以 10 为底) 的按键，但并不总是标记为 log. 为了确保你使用的按键是正确的，请检查你的计算器是否正确计算出 $\log_{10} 10 = 1$. 在 Excel 中，可以使用内置函数 LOG10.（你也可以用 LOG 函数，它可以用于任何底数，但默认使用底数 10）.

测验 8.2

为以下每个问题选择最佳答案，并用一个或多个完整的句子来解释原因.

1. 假设一项投资的价值每 8 年翻一番. 它的价值在 30 年后将是原来的多少倍?(　)
   a. $2^{30/8}$　　b. $2^{8/30}$　　c. 8×30
2. 假设你的工资以每年 4.5% 的速度增长. 那么你的工资大概什么时候会翻倍?(　)
   a. 4.5 年　　b. $\frac{70}{4.5}$ 年　　c. $\frac{4.5}{70}$ 年
3. 下列哪一项不是关于倍增时间的好的估计?(　)
   a. 每年 35% 的通货膨胀率将使物价在两年内翻一番
   b. 一个人口以每年 2% 的速度增长的城镇将在大约 35 年内使人口翻一番
   c. 银行账户余额以每年 7% 的速度增长，大约 10 年后将翻一番
4. 一个城镇的人口在 23 年内翻了一番. 其百分比增长率约为 (　).
   a. 23% /年　　b. $\frac{70}{23}$/年　　c. $\frac{23}{70}$/年
5. 放射性氚 (氢-3) 的半衰期约为 12 年，这意味着，如果你从 1 千克氚开始，在最初的 12 年里，0.5 千克氚会衰变. 在接下来的 12 年里会有多少衰变?(　)
   a. $\frac{12}{0.5}$ 千克　　b. 0.5 千克　　c. 0.25 千克

6. 放射性铀-235 的半衰期约为 7 亿年. 假设一块岩石有 28 亿年的历史. 这块岩石原来的铀-235 还有多少残留?( )

a. 1/2　　b. 1/16　　c. 1/700

7. 濒危物种的数量以每年 10% 的速度减少. 大约需要多长时间会减少到目前数量的一半?( )

a. 7 年　　b. 10 年　　c. 70 年

8. $\log_{10} 10^8 =$( )

a. 100 000 000　　b. 108　　c. 8

9. 农村人口每 10 年减少 20%. 如果希望计算其确切的半衰期，应该将每 10 年的分数增长率设置为 ( ).

a. $r = 20$　　b. $r = 0.2$　　c. $r = -0.2$

10. 一家新公司的利润以每年 15% 的速度增长. 其利润翻倍的时间是多少年? ( )

a. $\dfrac{\log_{10} 2}{\log_{10} 1.15}$　　b. $\dfrac{\log_{10} 2}{\log_{10} 0.85}$　　c. $\dfrac{\log_{10}(1+0.15)}{\log_{10} 2}$

习题 8.2

复习

1. 什么是倍增时间? 假设在 25 年内人口增加一倍. 则在 25 年后将增长多少? 50 年后呢? 100 年后呢?
2. 给定倍增时间，解释如何计算任何时间 t 的指数增长量.
3. 说明近似倍增时间公式及其运行良好的条件. 举个例子.
4. 什么是半衰期? 假设放射性物质的半衰期为 1 000 年. 1 000 年后会留下多大比例? 2 000 年后呢? 4 000 年后呢?
5. 给定半衰期，解释如何在任何时间 t 计算指数衰减量.
6. 说明近似半衰期公式及其运行良好的条件. 举个例子.
7. 简要描述精确的倍增时间和半衰期公式. 解释它们所有的细节.
8. 举一个例子，其中重要的是使用精确的倍增时间或半衰期公式，而不是近似公式. 解释为什么近似公式在这种情况下不能很好地发挥作用.

以下有意义吗?

确定下列陈述有意义 (或显然是真实的) 还是没意义 (或显然是错误的)，并解释原因.

9. 某城镇人口正在以 25 年的倍增时间增长，因此其人口将在 50 年内增加两倍.
10. 某城镇人口每年以 7%的速度增长，因此每 10 年就会翻倍.
11. 一种有毒化学物质衰变的半衰期为 10 年，因此其中一半会在 10 年后消失，其余部分将在 20 年后消失.
12. 钚-239 的半衰期大约是 24 000 年，因此我们可以预期，近几十年来生产的一些钚可以存放大约 10 万年.

基础方法和概念

13~22: **对数**. 参阅 “简要回顾　对数”. 确定在不进行任何计算的情况下，每个语句是真还是假，并给出理由.

13. $10^{0.928}$ 在 1 和 10 之间.
14. $10^{3.334}$ 在 500 和 1 000 之间.
15. $10^{-5.2}$ 在 $-100\ 000$ 和 $-1\ 000\ 000$ 之间.
16. $10^{-2.67}$ 在 0.001 和 0.01 之间.
17. $\log_{10} \pi$ 在 3 和 4 之间.
18. $\log_{10} 96$ 在 3 和 4 之间.
19. $\log_{10} 1\ 600\ 000$ 在 16 和 17 之间.
20. $\log_{10}(8 \times 10^9)$ 在 9 和 10 之间.
21. $\log_{10} \dfrac{1}{4}$ 在 -1 和 0 之间.
22. $\log_{10} 0.000\ 45$ 在 5 和 6 之间.

23~24. **对数计算**.

23. 不用计算器，利用公式 $\log_{10} 2 = 0.301$, 估计以下数值.

a. $\log_{10} 16$　　b. $\log_{10} 20\ 000$　　c. $\log_{10} 0.05$

d. $\log_{10}128$　　e. $\log_{10}0.02$　　f. $\log_{10}(1/32)$

24. 不用计算器，利用公式 $\log_{10}5 = 0.699$, 估计以下数值.

a. $\log_{10}500$　　b. $\log_{10}25$　　c. $\log_{10}(1/125)$

d. $\log_{10}0.2$　　e. $\log_{10}0.05$　　f. $\log_{10}625$

25~32: **倍增时间**. 每个习题都给出了指数增长的倍增时间. 回答以下问题.

25. 一群果蝇的倍增时间是 12 小时. 导致数量在 36 小时内增加的比例是什么? 在一周内呢?

26. 银行账户余额的倍增时间是 16 年. 导致它在 32 年内增长的比例是什么? 在 96 年内呢?

27. 一个城市人口的倍增时间是 20 年. 人口需要多长时间才能翻两番?

28. 价格上涨了，倍增时间为 3 个月. 一年中价格上涨的比例是什么?

29. 一个城镇的初始人口为 15 000 人，并且以 10 年的倍增时间增长. 12 年后人口会是多少? 24 年后呢?

30. 一个城镇的初始人口为 5 000 人，并且以 8 年的倍增时间增长. 12 年后人口会是多少? 28 年后呢?

31. 肿瘤细胞数量每 1.5 个月倍增一次. 如果肿瘤以单个细胞开始，20 个月后会有多少肿瘤细胞? 3 年后呢?

32. 肿瘤细胞数量每 5 个月倍增一次. 如果肿瘤以单个细胞开始，3 年后会有多少肿瘤细胞? 4 年后呢?

33~34: **世界人口**. 2017 年世界人口约为 75 亿人. 使用给定的倍增时间来预测 2027 年、2067 年和 2117 年的世界人口.

33. 假设倍增时间为 40 年.

34. 假设倍增时间为 60 年.

35. **兔子**. 兔子群体的初始数量为 100 只，每月增长 7%. 制作一个类似于表 8.3 的表格，显示未来 15 个月中每个月的兔子数量. 根据表格求出倍增时间.

36. **老鼠**. 老鼠群体的初始数量为 1 000 只，每月增长 20%. 制作一个类似于表 8.3 的表格，显示未来 15 个月中每个月的老鼠数量. 根据表格求出数量的倍增时间，并简要讨论近似倍增时间公式对于这种情况的效果.

37~40: **倍增时间公式**. 使用近似倍增时间公式（70-规则）. 讨论该公式是否适用于所描述的案例.

37. 消费者物价指数以每年 3.2%的速度增长. 它的倍增时间是多少? 3 年后价格上涨的比例是多少?

38. 一个城市的人口正以每年 2.5%的速度增长. 它的倍增时间是多少? 人口在 50 年后增加的比例是多少?

39. 汽油价格每月上涨 1.2%. 汽油价格的倍增时间是多少? 一年后价格上涨多少? 8 年后呢?

40. 石油消费量以每年 0.9%的速度增长. 它的倍增时间是多少? 导致 10 年后石油消费量增加的比例是什么?

41~48: **半衰期**. 每个习题都会给出指数衰减量的半衰期. 回答以下问题.

41. 某放射性元素的半衰期为 40 年. 如果最初含一定量的这一元素，80 年后会剩下多少? 120 年后呢?

42. 某放射性元素的半衰期为 300 年. 如果从一些含量的这种物质开始，120 年后会剩下多少? 2 500 年后呢?

43. 某药物含量在血液中的半衰期为 16 小时. 24 小时后原药含量剩余的比例是多少? 72 小时后呢?

44. 某药物含量在血液中的半衰期为 4 小时. 24 小时后原药含量剩余的比例是多少? 48 小时后呢?

45. 目前某濒危物种的数量为 100 万只，以半衰期为 24 年的速度在减少. 30 年后会留下多少只? 70 年后呢?

46. 目前某濒危物种的数量为 100 万只，以半衰期为 25 年的速度在减少. 30 年后会留下多少只? 70 年后呢?

47. 钴-56 的半衰期为 77 天. 如果从 1 千克的钴-56 开始，100 天后会剩下多少? 200 天后呢?

48. 镭-226 是一种半衰期为 1 600 年的金属. 如果开始使用 1 千克镭-226，1 000 年后会剩下多少? 1 万年后呢?

49~52: **半衰期公式**. 使用近似半衰期公式. 讨论该公式是否适用于所描述的案例.

49. 城市侵占导致森林面积以每年 6%的速度下降. 森林面积的近似半衰期是多少? 50 年内后森林面积减少的比例是多少?

50. 某污染治理项目正在减少供水中污染物的浓度，每周减少 3.5%. 污染物浓度的近似半衰期是多少? 根据近似半衰期，在 1 年（52 周）后项目结束时，污染物浓度减少的比例是多少?

51. 2016 年非洲大象调查项目共发现了大约 35 万头非洲象，并且大象的数量正以每年 8% 的速度减少，其中主要原因是偷猎者的存在. 那么大象数量的近似半衰期是多少? 基于这一半衰期，如果大象按照这一速度稳定减少，那么 2050 年大象数量是多少只?

52. 金矿的产量每年减少 5%. 产量下降的近似半衰期是多少? 如果它目前的年产量为 5 000 千克，那么它的产量将在 10 年后达到多少?

53~56: **精确公式**. 将所得的近似倍增时间与精确倍增时间公式进行比较. 然后使用精确的倍增时间公式来回答给定的问题.

53. 通货膨胀导致价格以每年 6%的速度上涨. 对于目前价格为 600 美元的商品，4 年后的价格是多少?

54. 恶性通货膨胀正以每月 80%的速度推高价格. 对于今天价格为 1 000 美元的商品，1 年后的价格是多少?

55. 一个拥有 1 亿人口的国家正以每年 3.5%的速度增长. 30 年后人口将是多少?
56. 100 只白蚁入侵你的房子，其数量每周增加 20%. 1 年（52 周）后，你家中会有多少只白蚁?

进一步应用

57. **地球上的钚**. 科学家认为地球曾经有过天然钚-239. 假设地球形成时有 10 万亿吨 Pu-239. 鉴于钚的半衰期为 24 000 年，地球目前的年龄为 46 亿岁，现在会留下多少? 并进一步解释为什么目前地球上不存在天然钚元素.
58. **核武器**. 热核武器使用化学元素氚进行核反应试验. 氚是一种放射性氢（含有 1 个质子和 2 个中子）元素，半衰期约为 12 年. 假设核武器中含有 1 千克氚. 50 年后会包含多少? 并进一步解释为什么热核武器需要定期维护.
59. **化石燃料排放**. 在过去的一个世纪里，燃烧化石燃料产生的二氧化碳总排放量每年增加约 4%. 如果排放量继续按此速度增加，那么 2050 年的总排放量将比 2015 年高出多少?
60. **尤卡山**. 美国政府曾花费近 100 亿美元在尤卡山（内华达州）规划和开发核废料设施，该项目已于 2011 年取消. 该设施的目的是安全储存 77 000 吨核废料至少 100 万年. 假设它已成功以钚-239 的形式储存了最大量的核废弃物，钚-239 的半衰期为 24 000 年. 100 万年后剩下多少钚元素?
61. **犯罪率**. 在最近一年有 800 起凶杀案的城市，凶杀率每年下降 3%. 按照这个速度，何时会下降到一年约 400 起凶杀案?
62. **药物代谢**. 一种特殊的抗生素从血液中代谢的半衰期为 16 小时. 那么血液中 100 毫克的剂量要减少到 30 毫克需要多长时间? 减少到 1 毫克呢?
63. **大气压**. 海平面上地球大气层的压力大约为 1 000 百帕，随着海拔的升高，每升高 7 千米，大气压就会减少为原来的 1/2.
    a. 如果你居住在海拔 1 千米（大约 3 300 英尺）的高度，那么大气压是多少?
    b. 珠穆朗玛峰（8 848 米）顶部的大气压是多少?
    c. 每升高 1 千米，大气压下降的百分比是多少?

实际问题探讨

64. **倍增时间**. 找一个能够给出指数增长率的新闻报道. 从增长率中找出近似的倍增时间，并讨论增长的影响.
65. **放射性半衰期**. 查找讨论某种放射性物质的新闻报道. 如果没有给出，请查看材料的半衰期. 讨论处理材料的影响.
66. **世界人口增长**. 收集过去 50 年来世界人口增长的数据. 估算每十年的人口增长率. 计算相关的倍增时间. 写出关于观察到的趋势的两段陈述.
67. **增长/衰减**. 选择几个你感兴趣的呈指数增长或指数衰减的量. 解释你的选择并说明为什么你认为它们是指数变化的. 求出你选择的量至少 10 年内的实际数据，并讨论数据是否支持你的假设（即指数增长或衰减）. 解释原因.

实用技巧练习

68. **对数 I**. 使用计算器或 Excel 查找习题 23 中的每个对数. 给出小数点后 6 位的答案.
69. **对数 II**. 使用计算器或 Excel 查找习题 24 中的每个对数. 给出小数点后 6 位的答案.

8.3 真实的人口增长

指数增长最重要的应用也许就是地球人口数量的研究. 从最早 200 万年前人类出现直到大约 1 万年前，人口数量可能从未超过 1 000 万人. 而农牧业的出现带来了更快的人口增长. 1 000 年前人口数量达到 2.5 亿人，1650 年人口数量持续缓慢增长到大约 5 亿人.

伴随着工业革命的到来，人口数量呈现出指数增长趋势. 种植业和自然开采业的迅速发展使我们能够建造更多房屋以容纳更多人. 与此同时，医学和健康科学的进步又大大降低了死亡率. 事实上，世界人口开始以超过稳定指数增长的速度增长，期间倍增时间仍保持不变. 从 1650 年到 1800 年，150 年间人口翻了一番，从 5 亿增加到 10 亿人. 然后到 1922 年再增加一倍，达到 20 亿人，且仅仅只用了 120 年的时间. 下一次倍培将达到 40 亿人，1974 年已达到这一数量，翻倍的时间只有 52 年. 2024 年世界人口估计将达到 80 亿人，这意味着最近的一次倍增只用了 50 年. 图 8.3 显示了过去 12 000 年的人口数量变化.

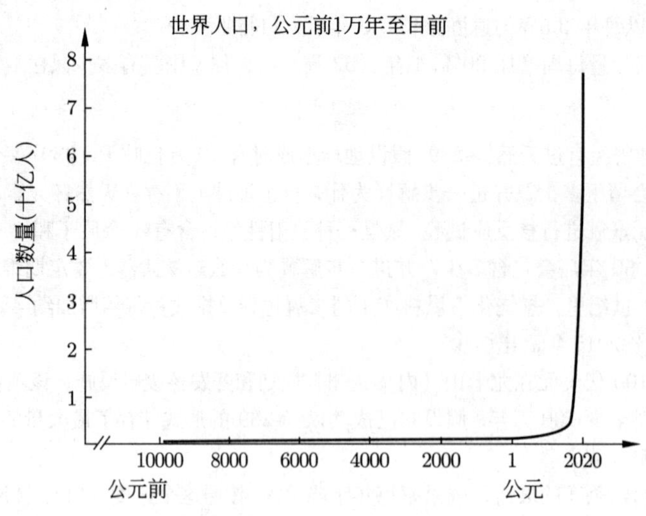

图 8.3 世界人口

资料来源：联合国数据，2020 年数据为预测结果.

为了正确看待当前的世界人口增长，请参考以下事实：

- 每 4 年，全世界增加的人口几乎与美国总人口一样多.
- 每个月，世界人口增加的数量相当于瑞士的人口数量.
- 在你接下来的一个半小时的学习时间内，世界人口将会增加大约 10 000 人.

人口统计学家对未来人口增长的预测还存在很大的不确定性，主要在于对未来的增长率有低中高的不同假设. 截至 2017 年，联合国中期趋势项目预测，到 2050 年世界人口将达到 97 亿人，到 2100 年将达到 110 亿人. 在美国，人口增长速度比世界平均速度慢，但在未来 45 年人口仍有望增加 1 亿人. 幸运的是，虽然人口的绝对增长仍然巨大，但这些数字已表明增长率在下降. 这一事实使许多研究人员怀疑增长率将继续下降，从而阻止人口灾难的发生.[①]

例 1 变化的增长率

自 1650 年以来，世界人口的年均增长率约为 0.7%. 但是，每年的增长率还是变化很大，20 世纪 60 年代曾达到约 2.1%的峰值，目前（截至 2017 年）的增长率约为 1.1%. 下面尝试找出每个增长率对应的近似倍增时间，并利用每个倍增时间来预测 2060 年的世界人口，这里假设 2017 年的人口数量是 75 亿人.

解 利用 8.2 节里的近似倍增公式，可给出三个增长率下的倍增时间：

$$\text{当增长率为 0.7\%时，} T_{\text{double}} \approx \frac{70}{P} = \frac{70}{0.7/\text{年}} = 100(\text{年})$$

$$\text{当增长率为 2.1\%时，} T_{\text{double}} \approx \frac{70}{P} = \frac{70}{2.1/\text{年}} \approx 33(\text{年})$$

$$\text{当增长率为 1.1\%时，} T_{\text{double}} \approx \frac{70}{P} = \frac{70}{1.1/\text{年}} \approx 64(\text{年})$$

为了预测 2060 年的世界人口，我们使用公式

$$\text{最新值} = \text{初始值} \times 2^{t/T_{\text{double}}}$$

① **顺便说说**：大多数人 (10 人中有 9 人) 预测人口增长将发生在发展中国家和地区. 预计仅亚洲就将新增 9 亿多人.

设定初始值 =75 亿人，2060 年为 2017 年后的 43 年，即 $t = 43$：

$$\text{当增长率为 0.7\%时，2060 年人口} = 75 \times 2^{43/100} \approx 101(\text{亿人})$$
$$\text{当增长率为 2.1\%时，2060 年人口} = 75 \times 2^{43/33} \approx 185(\text{亿人})$$
$$\text{当增长率为 1.1\%时，2060 年人口} = 75 \times 2^{43/64} \approx 119(\text{亿人})$$

从结果可以看到，不同增长率带来的人口数量差异很大. 显然，我们今天所做的任何影响增长率的决策都将对未来的人口数量产生重大影响.[①]

▶ 做习题 13~16.

什么决定了增长率？

世界人口增长率就是出生率和死亡率之差. 举例说明，2017 年全球平均每 1 000 人里会有 19 个新生儿，每 1 000 人里死亡 8 人. 因此，人口增长率是

$$\frac{19}{1\,000} - \frac{8}{1\,000} = \frac{11}{1\,000} = 0.011 = 1.1\%$$

总体增长率

世界人口**增长率**（growth rate）等于人口出生率与人口死亡率之差：

$$\text{增长率} = \text{出生率} - \text{死亡率}.$$

有趣的是，世界各地的出生率在过去 60 年迅速下降，但同时这也是历史上人口增长最快的时期. 实际上，全世界的出生率从未像现在这样低. 所以现在的人口快速增长主要源于死亡率大幅下降.

例 2　出生率和死亡率[②]

1950 年，全球人口出生率为每 1 000 人中有 37 个新生儿，死亡率为每 1 000 人中有 19 人死亡. 到 1975 年，出生率已降至每 1 000 人中有 28 人出生，死亡率为每 1 000 人中有 11 人死亡. 对比 1950 年和 1975 年的总体增长率.

解　1950 年，总体增长率是

$$\frac{37}{1\,000} - \frac{19}{1\,000} = \frac{18}{1\,000} = 0.018 = 1.8\%$$

1975 年，总体增长率是

$$\frac{28}{1\,000} - \frac{11}{1\,000} = \frac{17}{1\,000} = 0.017 = 1.7\%$$

尽管 25 年间出生率大幅下降，但增长率几乎没有变，因为死亡率下降几乎一样多.

▶ 做习题 17~20.

思考　假如通过医学找到了一种明显延长人类寿命的方法. 这将如何影响人口增长率？

承载力和真实增长模型

正如我们在 8.1 节所看到的那样，指数增长无法永远地持续下去. 事实上，人口数量也不能以目前的速度继续增长，否则用不了几个世纪我们就会摧垮整个地球. 因此，人口增长的理论模型会假设人口最终受到

① **顺便说说**：对于个别国家，增长率取决于移民的迁入和迁出以及出生率和死亡率. 在美国，移民约占总增长率的一半. 当然，迁入和迁出不会影响世界人口，因为没有人迁入或离开地球.

② **顺便说说**：虽然例 2 考察的是每年的出生率，但另一种考察生育变化的方法是通过平均每位妇女一生生育的孩子数量来衡量. 在 20 世纪以前，女性一生平均生育 6 个以上的孩子，近一半的孩子没有活到成年. 如今，在全球范围内女性一生平均生育 2.5 个孩子. 人口学家估计，如果生育率降至 2.0~2.1，人口将逐步趋于平稳.

地球**承载力**（carrying capacity）——地球可以承载的最大人口数量的限制.

定义

对于给定环境中的任何特有物种，**承载力**是指最大可持续的物种数量，即环境可长期承受的最大物种数量.

研究人口承载力的两个重要模型是：(1) 人口增长平稳过渡，逐步调平，称为逻辑斯蒂增长模型；(2) 人口快速增长，随后迅速减少，称为过冲和坍塌. 下面我们将考察这两个模型.

逻辑斯蒂增长

逻辑斯蒂增长模型假设随着人口接近承载力，人口增长率逐渐下降. 例如，如果承载力为 120 亿人，逻辑斯蒂模型假设人口增长率随着对这个数字的接近而下降. 随着对承载力的接近，人口增长率降至零，从而使此后的人口保持在这一水平.

逻辑斯蒂增长

当人口相对于承载力较小时，**逻辑斯蒂增长**（logistic growth）为指数增长，分数增长率接近基本增长率 r. 当人口接近承载力时，逻辑斯蒂增长率接近零. 在任何特定时刻，逻辑斯蒂的分数增长率都依赖于当时的人口、承载力和基础增长率 r:

$$\text{逻辑斯蒂增长率} = r \times \left(1 - \frac{\text{人口数量}}{\text{承载力}}\right)$$

图 8.4 将具有相同基础增长率 r 的逻辑斯蒂增长和指数增长进行对比. 在指数增长下，增长率始终等于 r. 在逻辑斯蒂增长中，增长率从 r 开始，所以逻辑斯蒂增长曲线和指数增长曲线在早期看起来是一样的. 随着时间的推移，逻辑斯蒂增长率变得越来越小且在人口达到承载力水平时最终达到 0.

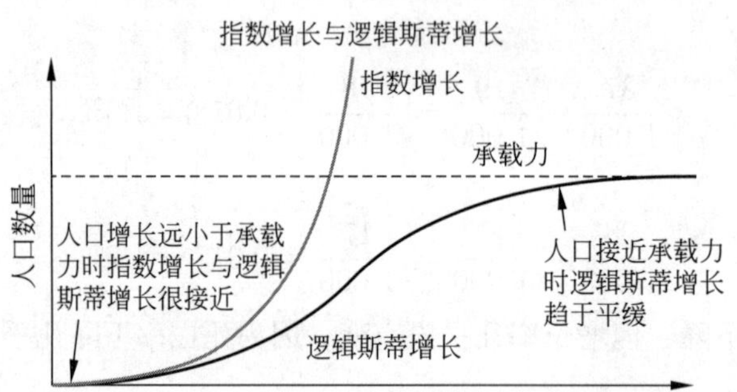

图 8.4　相同基础增长率 r 下的指数增长与逻辑斯蒂增长的对比

例 3　我们的人口是逻辑斯蒂增长吗？

自 1960 年左右以来，当人口增长率约为 2.1%时，全球人口增长开始放缓，那时人口约为 30 亿人. 假设这些增长率和人口值代表逻辑斯蒂增长曲线上的一个时间点，其承载力为 120 亿人. 若给定 2017 年的人口为 75 亿人，该模型是否能成功预测 2017 年 1.1%的增长率？试说明.

解　我们先用 1960 年的数据计算基础增长率 r，即由下式给出

$$r = \frac{\text{1960 年的逻辑斯蒂增长率}}{1 - \dfrac{\text{1960 年人口数量}}{\text{承载力}}}$$

把 1960 年的增长率 2.1%=0.021，人口数量 =30 亿人，承载力 =120 亿人代入上式，可得

$$r=\frac{0.021}{1-\dfrac{30}{120}}=\frac{0.021}{1-0.25}\approx 0.028=2.8\%$$

现在我们可以利用这一基础增长率 r 来预测 2017 年人口数量为 75 亿人时的增长率：

$$2017\text{ 年增长率}=0.028\times\left(1-\frac{75}{120}\right)\approx 0.011.$$

该逻辑斯蒂增长模型成功预测 2017 年的增长率为 1.1%. 因此，推测人类自 1960 年以来一直遵循逻辑斯蒂增长也是合情合理的. 如果人口增长继续遵循这种模式，那么增长率将继续下降，并且人口将逐渐达到约 120 亿人. 然而，人口并未长期遵循逻辑斯蒂增长模型. 我们在该模型中发现的基础增长率 $r=0.028$，这意味着实际人口增长率应该在很久以前已经是 2.8%, 并在 1960 年逐渐下降到 2.1%. 事实上，1960 年的增长率是历史最高峰. 总之，虽然有数据表明自 1960 年左右以来人口一直按照逻辑斯蒂增长趋势发展，但在较长时期内并没有遵循这一趋势. 因此，现在断定人口数量保持逻辑斯蒂增长趋势还为时尚早.

▶ 做习题 21~22.

过冲和坍塌[①]

逻辑斯蒂增长模型假设增长率会在人口数量接近承载力时自动调整. 然而，由于指数增长的惊人速度，实际人口往往在相对较短的时间内超过承载力，这种现象称为**过冲**（overshoot）. 当一个物种数量超过其环境承载力时，数量减少不可避免，如果过冲很大，则减少可能是快速和严重的，这种现象称为**坍塌**（collapse）. 图 8.5 将逻辑斯蒂增长模型与过冲和坍塌模型进行了对比.

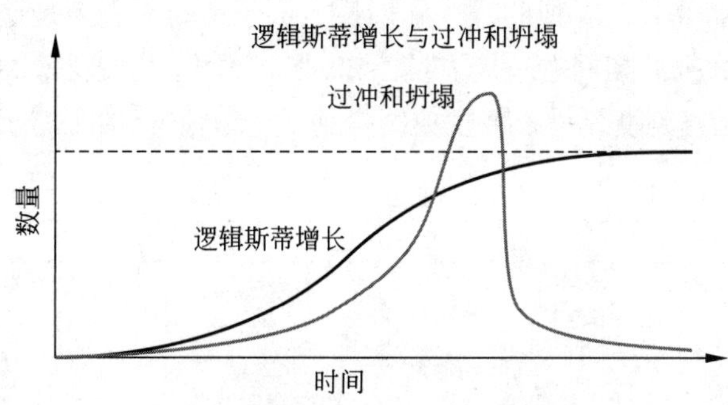

图 8.5　逻辑斯蒂增长与过冲和坍塌的对比

思考　承载力的概念可以应用于任何局部环境. 考虑古希腊、古罗马、古玛雅和阿纳萨齐等古代文明部落的衰亡. 过冲和坍塌模型是否描述了这些或其他古代文明的消亡过程?

什么是承载力？

如果人口不能永远呈指数增长，则逻辑斯蒂增长明显优于任何过冲和坍塌. 逻辑斯蒂增长意味着可持续的未来人口，而过冲和坍塌可能意味着人类文明的终结.

① **顺便说说**：过冲和坍塌是许多捕食-被捕食种群生物系统的特征. 捕食者的数量迅速增加，导致猎物数量锐减. 一旦猎物数量减少，捕食者的数量也会因为食物的缺乏而减少. 一旦捕食者数量锐减，猎物数量就会逐渐恢复——只要它们还没有灭绝.

因此，人口增长的最基本问题与承载力的估计息息相关. 例 3 表明，如果承载力为 120 亿人，我们目前正在遵循逻辑斯蒂增长模式. 在这种情况下，我们正在走向长期人口稳定的道路. 但是，如果承载力低于 120 亿人——或者如果它更高且增长率回升——那么我们可能会遇到过冲和坍塌的情况. 遗憾的是，任何对承载力的估计都存在很大的不确定性，这里至少有四个重要原因：

• 承载力取决于能源等资源的消耗. 但是，不同的国家消耗资源的速度不同. 例如，如果假设不断增长的人口将以美国平均速度而不是日本平均速度（约为美国速度的一半）消耗能源，则承载力要低得多.

• 承载力取决于对环境造成影响的普通人. 对环境的平均影响越大意味着承载力越低.

• 承载力可以随人类技术和环境而变化. 例如，承载力的估算通常考虑淡水的可用性. 但是，如果我们能够开发新的能源（如融合），可以通过海水淡化获得几乎无限量的淡水. 相反，全球变暖正在改变环境，可能会降低我们种植粮食的能力，从而降低承载力.

• 即使我们能够考虑承载力中的许多个别因素 (如粮食生产、能源和污染)，地球对我们来说也是一个复杂系统，想要精确预测承载力是不可能的，就像没有人能够预测森林物种的缺失到底会对承载力造成多大影响.

在人类预测地球承载力的历史上出现了很多错误的判断，其中最著名的是英国经济学家托马斯 · 马尔萨斯（Thomas Malthus，1766—1834）. 在 1798 年题为“关于人口理论影响未来社会改善的论文”的文章中，马尔萨斯认为粮食生产无法跟上欧洲和美国人口的快速增长. 他总结说，大规模饥饿很快就会袭击这些大陆. 但他的预言并未实现，主要是因为技术进步确实使粮食生产与人口增长保持同步.

思考 有人认为，虽然马尔萨斯的直接预测没有实现，但他关于人口极限的整体观点仍然有效. 其他人认为马尔萨斯模型是低估人类聪明才智的典型例子. 你怎么看？

案例研究 埃及人口

在很长一段时间内，实际人口增长模式往往相当复杂. 有时，增长可能看起来呈指数增长，而在其他时候，它可能会出现逻辑斯蒂增长或类似的过冲和坍塌，甚至有时看起来是这些可能性的某种组合.

能够获得这种长期人口数据的案例之一是埃及人口. 图 8.6 显示了这些数据，以及一些影响人口数量的历史事件.(图中使用指数垂直刻度，每个刻度数值是前一个数值的两倍.) 注意这个模式的复杂性. 即使

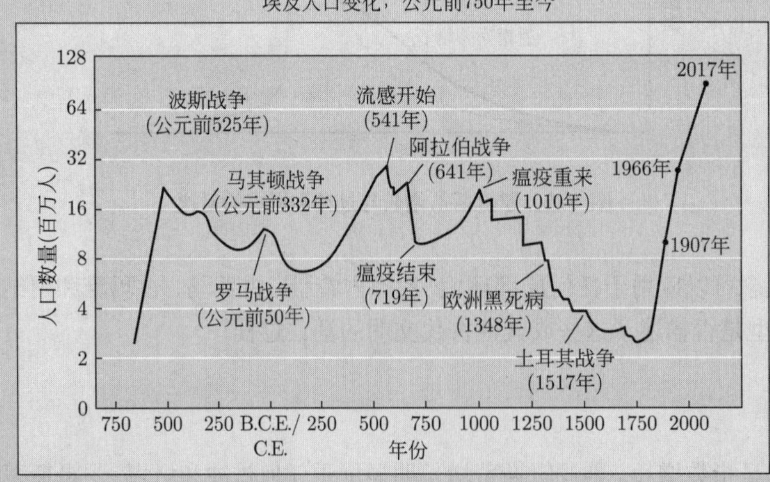

图 8.6 埃及人口的发展历史

注意，垂直坐标轴的每个数值代表了人口的一次倍增（资料来源：T.H. Hollingsworth，*Historical Demography.* Ithaca, NY: Cornell University Press，1969，数据截至 2017 年).

拥有最好的数学模型，也很难想象古埃及的科学家能够预测该地区未来 100 年的人口走向，更不用说数千年了. 从图中还可看到过去两个世纪以来埃及人口的空前增长，这也说明现代人口增长在人类历史上并没有对应关系.

这个案例给我们的数学模型提供了重要素材，会为我们建模的过程带来新的思考. 但是，只有当过程相对简单时，才能使用数学模型预测未来的变化. 例如，使用数学模型来预测宇宙飞船的路径是比较容易的，因为重力法则相对简单. 但人口增长是一个如此复杂的现象，我们几乎没有希望能够可靠地预测它.

在你的世界里　命运的选择

正如寓言故事“瓶子里的细菌”(8.1 节) 所示，指数增长不能无限期地持续下去. 人类数量的指数增长终将停止. 唯一的问题是何时停止以及如何停止.

首先考虑何时的问题. 最高的估计值表明，地球的承载力约为 150 亿 ~200 亿人，我们将在 21 世纪达到 1.1%的年增长率. 大多数人对承载力的估计都相当低，这表明我们正在迅速接近它. 一些估计表明我们已经超过了承载力. 无论你相信什么估计，主要结论仍然是相同的：过去几个世纪以来人口的迅速增长将会在人类历史的车轮下很快停止，可能不会超过几十年.

至于如何，只有两种基本方法可以减缓人口增长：

- 出生率降低
- 死亡率增加

作为个体，大多数人已经做出了第一种选择，这就是为什么今天的出生率处于历史低点. 实际上，大约 20 个国家的人口实际上在减少，其中大多数在欧洲. 但是，全球范围内的出生率还是高于死亡率，所以指数增长仍在继续.

如果出生率下降不会减缓增长，那么死亡率则会做到这一点. 如果人口在此过程开始时明显超过承载力，则死亡率的增加将是显然的——可能会达到前所未有的规模. 这种预测不是威胁、警告或厄运的预言. 它只是一种自然规律：指数增长总会停止.

作为人类，我们可以选择通过明智而谨慎的决策来减缓人口增长. 或者，我们可以选择不采取任何行动，让自己受到自然力量的支配，就像我们对飓风、龙卷风、地震或遥远恒星的爆炸没有更多控制权. 无论哪种方式，它都是我们每个人必须做出的选择——我们的整个未来都依赖于此.

测验 8.3

为以下每个问题选择最佳答案，并用一个或多个完整的句子来解释原因.

1. 目前，世界人口每年增长约 8 000 万人. 那么每分钟增加多少人?(　)

   a. 15　　　b. 50　　　c. 150

2. 世界人口数量最近的一次倍增大概经历多长时间? (　)

   a. 20 年　　　b. 50 年　　　c. 90 年

3. 在过去的一个世纪里，人口迅速增长的首要原因是 (　).

   a. 出生率上升
   b. 死亡率下降
   c. 出生率上升和死亡率下降的结合

4. 地球的承载力定义为 (　).

   a. 这个星球上能以肘抵肘的最大人数
   b. 能维持很长一段时间的最大人口

c. 在人口规模坍塌之前达到的人口峰值

5. 下列哪项会导致对地球承载力的估计增加?( )

a. 发现一种使人类活得更久的方法

b. 一种使许多农作物死亡的疾病的传播

c. 开发一种新的、便宜的、无污染的能源

6. 回想一下 8.1 节的例子 “瓶子里的细菌”, 瓶子里的细菌数量每分钟翻一番, 直到瓶子被填满, 而细菌菌落灭亡. 这一细菌种群的完整历史, 包括它们的死亡, 是一个怎样的过程? ( )

a. 过冲和坍塌　　b. 无休止的指数增长　　c. 逻辑斯蒂增长

7. 当研究人员预测 21 世纪后期人口数量将达到稳定的 110 亿人时, 他们假设的增长模式是什么?( )

a. 过冲和坍塌　　b. 指数式　　c. 逻辑斯蒂式

8. 人口将稳定在 110 亿人的预测是基于出生率将从目前水平下降的假设. 如果出生率重回到 1950 年的水平, 且死亡率保持稳定, 则 ( ).

a. 人口将增长到远远超过 110 亿人

b. 人口在达到 110 亿人之前将会趋于平稳

c. 人口仍将稳定在 110 亿人, 但比预期的要快一些

9. 假设人口继续以 2017 年 1.1% 的速度增长. 2017 年世界人口数量约为 75 亿人, 人口数量大概何时会翻番至 150 亿人?( )

a. 2080 年左右　　b. 2220 年左右　　c. 2450 年左右

10. 有预测表明世界人口将在 21 世纪后期达到 110 亿人. 以下哪一项不是发生这种情况的必要条件?( )

a. 我们必须大幅增加粮食产量

b. 一般妇女生育的孩子必须比现在还要少

c. 我们必须找到提高人类预期寿命的方法

习题 8.3

复习

1. 根据图 8.3, 对比公元前 1 万年和之后 2 000 年的人口变化. 过去几个世纪发生了什么?
2. 简要描述总体增长率与出生率和死亡率之间的关系.
3. 现在的出生率和死亡率与过去相比如何? 为什么人口在增长?
4. 承载力是什么意思? 为什么确定地球的承载力如此困难?
5. 什么是逻辑斯蒂增长? 如果未来人口增长遵循逻辑斯蒂增长模式, 为什么会是件好事?
6. 什么是过冲和坍塌? 它是在什么条件下发生的? 为什么这对人类来说是件坏事?

以下有意义吗?

确定下列陈述有意义 (或显然是真实的) 还是没意义 (或显然是错误的), 并解释原因.

7. 在未来的 10 年里, 世界人口的增长将是目前美国人口的两倍多.
8. 如果出生率的下降超过死亡率, 世界人口总体增长率将下降.
9. 地球的承载力只取决于地球的大小.
10. 由于计算机技术的迅速发展, 我们应该能够在短短几年内精确地确定地球的承载力.
11. 在野外, 我们总是期望任何动物种群都遵循逻辑斯蒂增长模式.
12. 过去的历史使我们有充分的理由相信, 人口正在遵循逻辑斯蒂增长模式.

基础方法和概念

13~16: **变化的增长率**. 从 2017 年 75 亿人口开始, 用给定的增长率求出近似倍增时间 (用 70-法则), 并预测 2050 年的世界人口.

13. 使用 1850—1950 年的年均增长率, 约为 0.9%.
14. 使用 1950—2000 年的年均增长率, 约为 1.8%.
15. 使用 1970—2000 年的年均增长率, 约为 1.6%.
16. 使用美国目前的年增长率, 约为 0.7%.

17~20: 出生率和死亡率. 下表给出了四个国家在三个不同年份的出生率和死亡率.

国家	出生率（每 1 000 人）			死亡率（每 1 000 人）		
	1980 年	1995 年	2016 年	1980 年	1995 年	2016 年
阿富汗	51.8	52.6	38.3	24.1	20.1	13.7
中国	21.5	18.7	12.4	7.1	7.0	7.7
俄罗斯	16	10.9	11.3	11.3	14.6	13.6
美国	15.5	15.1	12.5	8.7	8.6	8.2

根据每个习题中所给的国家，做以下事情:

a. 找出该国因出生和死亡而产生的净增长率 (即 1980 年、1995 年和 2016 年).

b. 描述这个国家增长率的总趋势. 基于这一趋势，预测这个国家的人口将如何变化. 在接下来的 20 年里，你认为你的预测可靠吗? 解释一下.

17. 阿富汗.
18. 中国.
19. 俄罗斯.
20. 美国.
21. **逻辑斯蒂增长**. 考虑人口开始以每年 4.0% 的基础增长率呈指数增长，然后遵循逻辑斯蒂增长模式. 若承载力为 6 000 万人，求出人口分别是 1 000 万人、3 000 万人、5 000 万人时的分数增长率.
22. **逻辑斯蒂增长**. 考虑人口开始以每年 6.0% 的基础增长率呈指数增长，然后遵循逻辑斯蒂增长模式. 若承载力为 8 000 万人，求出人口分别是 1 000 万人、5 000 万人、7 000 万人时的分数增长率.

进一步应用

23~26: **美国人口**. 从 2017 年约 3.25 亿的美国人口开始，用给定的增长率来估计 2050 年和 2100 年的美国人口，请使用近似倍增时间公式.

23. 以目前美国 0.7% 的年增长率为例.
24. 使用 0.5% 的增长率.
25. 使用 1.0% 的增长率.
26. 使用 0.4% 的增长率.
27. **你所在时期的人口增长**. 从 2017 年世界人口 75 亿人开始，假设世界人口保持目前 1.1% 的年增长率. 当你 50 岁时，世界人口将会是多少? 当你 80 岁时呢? 当你 100 岁时呢?
28. **缓慢的增长**. 重复习题 27，但此时增长速度为 0.9%.

29~32: **全球承载力**. 对于给定的承载力，已知 1960 年的人口数量是 30 亿人且年增长率是 2.1%，运用逻辑斯蒂模型预测基本增长率和当前增长率. 假设当前全球人口为 75 亿人. 预测的增长率与每年 1.1% 的实际增长率相比如何?

29. 假设承载力为 90 亿人.
30. 假设承载力为 100 亿人.
31. 假设承能力为 150 亿人.
32. 假设承载力为 200 亿人.
33. **增长控制调节**. 一个在 2017 年人口为 10 万人的城市有一项人口增长调控政策，将人口的年增长率限制在 2% 以内. 自然，这项政策引起了很大的争议. 一方面，有些人认为城市的发展牺牲了小镇的形象和干净的环境. 另一方面，一些人认为，控制经济增长会让居民失去工作，并推高房价. 开发商也发现这样的政策会影响其项目进展，建议将允许的年增长率提高到 5%. 请使用近似倍增公式，对比年增长率分别为 2% 和 5% 时 2027 年、2037 年和 2077 年的城市人口数量. 如果你被要求调解增长控制倡导者和反对者之间的争议，你会采取什么策略，并解释原因.
34. **新闻中的人口**. 找一篇最近关于人口增长的新闻报道. 这个故事是否考虑了增长的长期影响? 如果是这样，你同意这些主张吗? 如果不是，请讨论未来增长的一些可能影响.
35. **人口预测**. 从联合国或美国人口普查局等研究人口的组织中收集人口预测的资料. 了解这些预测是如何给出的. 写一个关于未来人口发展预测的简短总结. 一定要讨论预测中的不确定性.

36. **全球变化**. 联合国经济和社会事务部的网站上有关于影响世界各国和各区域人口增长的各种因素的数据和未来的预测. 选择一个国家或地区，调查其人口趋势. 写一份简短的报告，说明你的发现，以及你认为它们将如何影响你所研究的国家的未来.
37. **承载力**. 找到一些关于地球人口承载力的不同观点. 根据你的研究，给出一些关于人口过剩是否构成直接威胁的结论. 写一篇短文，详细说明你的研究结果，并解释你的结论.
38. **美国的人口增长**. 研究美国人口增长，以确定由出生率和移民造成的人口增长的相对比例. 然后研究美国人口增长带来的问题和好处. 就美国是否存在人口问题形成你自己的观点. 写一篇论文，涵盖你的研究结果，陈述和论证你的观点.
39. **托马斯 · 马尔萨斯**. 找到更多关于托马斯 · 马尔萨斯及其著名的人口预测的资料. 就他的个人传记或作品写一篇短文.
40. **灭绝**. 选择一种濒临灭绝的物种，并研究它为什么会走向衰落. 这种数量减少是一种过冲和坍塌吗? 人类活动是否改变了物种的承载力? 对你的发现写一个简短的总结.

8.4 对数尺度——地震、声音和酸性物质

你可能已经听说过以震级描述的地震强度、以分贝描述的声音强度，或者由 pH 值描述的家用清洁剂的酸性. 在这三种情况下，测量尺度都涉及指数增长，因为数字刻度上的连续数字是以相同的相对量增加的. 例如，pH 值为 5 的液体的酸性是 pH 值为 6 的液体酸性的 10 倍. 在本节中，我们将探索这三个重要的度量尺度. 它们通常被称为**对数尺度** (logarithmic scales)，如果你记得对数就是幂次，这将是很有意义的 (参见“简要回顾　对数”).

地震的震级

地震是世界上大部分人口现实生活的一部分. 在美国，尽管地震在任何地方都可能发生，但加利福尼亚州和阿拉斯加州更容易发生地震. 大多数地震都很小，几乎感觉不到，但是严重的地震可能会导致成千上万的人死亡. 表 8.4 列出了由地质学家定义的地震震级的标准分类以及发生频率.

表 8.4　地震类别及其频率

类别	震级	每年大致次数 (1900 年以来全球平均水平)
巨大	8 及以上	1
大	7~8	18
强	6~7	120
中	5~6	800
轻	4~5	6 000
小	3~4	50 000
弱	小于 3	震级 2~3：每天 1 000 震级 1~2：每天 8 000

科学家用**震级** (magnitude scale) ①来衡量地震强度. 震级与地震释放的能量有关. 但每个震级代表的能量是前一震级的 32 倍. 例如，8 级地震释放的能量是 7 级地震的 32 倍. 地震震级的专业定义如下.

① **历史小知识**: 最初的震级是由查尔斯 · 里希特 (Charles Richter) 于 1935 年提出的. 这个里氏震级测量了地震时地面的上下运动. 0 级被定义为最小的可探测地震，每增加 1 级，地面运动增加为原来的 10 倍. 大多数地震的震级数值在里氏震级和现代震级上几乎相同，但只有现代震级能刻画地震时释放的实际能量.

地震的震级

每一震级代表的能量是前一震级能量的 32 倍，更具体地，地震的震级 M 与其所释放的能量 E 有如下关系：

$$\log_{10} E = 4.4 + 1.5M \quad 或者 \quad E = (2.5 \times 10^4) \times 10^{1.5M}$$

其中能量的单位是焦耳 (见 2.2 节)，震级无单位.

相同大小的地震可能会造成大不相同的破坏，这取决于它们的能量释放方式. 每次地震都会释放出一些地震能量进入地球内部，在那里它是相对无害的，有些是沿着地球的表面，会使地面上下摇动. 从地表释放大部分能量的中等地震可能比将大部分能量释放到内部的强烈地震造成的破坏大.

地震造成的死亡通常是间接产生的. 地面震动可能导致建筑物倒塌，这就是造成严重地震灾害的直接原因，因为人们无法负担抗震建筑带来的高价成本. 当震动引发山体滑坡或海啸时，也会发生其他与地震有关的自然灾害.

思考 来自地震的地面波使地面上下滚动，就像在池塘上向外移动的涟漪一样. 根据此运动，建议采用一些方法来设计建筑物以抵御地震. 你认为有可能建造一座能承受任何地震的建筑吗?

例 1 一个震级变化的含义

使用地震震级的公式，计算每变化一个震级会带来多少能量的改变. 类似地，求出变化 0.5 个单位时能量的变化.

解 我们利用能量的计算公式：

$$E = (2.5 \times 10^4) \times 10^{1.5M}$$

公式里的第一项 2.5×10^4 是一个常数，无论 M 取何值都相同. 震级仅在第二项 $10^{1.5M}$ 里出现. 每将震级提高 1 个单位，例如从 5 到 6 或从 7 到 8，总能量 E 就增加到原来的 $10^{1.5}$ 倍. 因此，每个连续的震级增加代表能量是先前震级的 $10^{1.5} \approx 31.623$ 倍. 也就是说，每变化一个震级相当于大约 32 倍的能量改变. 类似地，0.5 个单位的变化对应于 $10^{1.5\times0.5} = 10^{0.75} \approx 5.6$ 倍的能量改变.

▶ 做习题 9~10.

例 2 灾难对比

1989 年旧金山大地震造成 90 人死亡，当时地震震级达到 7.1 级. 以焦耳计算释放的能量. 将这次地震释放的能量与 2010 年发生在海地的 7.0 级地震进行比较，海地这次地震造成约 31.6 万人死亡.

解 旧金山地震时释放的能量是

$$E = (2.5 \times 10^4) \times 10^{1.5M} = (2.5 \times 10^4) \times 10^{1.5\times7.1} \approx 1.1 \times 10^{15}(\text{焦耳})$$

旧金山的地震震级比海地的地震震级高 0.1，所以释放的能量是海地地震的 $10^{1.5\times0.1} = 10^{0.15} \approx 1.4$ 倍. 尽管如此，海地地震却造成更多人死亡，其主要原因是当地的建筑物质量较差且地震后物资匮乏.

▶ 做习题 11~14.

用分贝测量声音

分贝尺度 (decibel scale) 用于对比声音的音量大小. 如某种声音定义为 0 分贝，简写为 0 dB，代表人耳刚能听到的最柔和的声音. 表 8.5 列出了一些常见声音的分贝值.

表 8.5　用分贝测量常见的声音

分贝	与最柔和声音的强度之比	实例
140	10^{14}	30 米处的喷射机
120	10^{12}	人耳听力的强烈损害
100	10^{10}	30 米处的鸣笛
90	10^{9}	人耳痛值
80	10^{8}	繁忙道路交通
60	10^{6}	普通谈话
40	10^{4}	普通家庭背景噪声
20	10^{2}	耳语
10	10^{1}	树叶的沙沙声
0	1	最柔和的声音
−10	0.1	听不清的声音

声音的分贝

以分贝为尺度来定义某声音的音量大小，公式如下：

$$\text{音量的分贝值} = 10\log_{10}\left(\frac{\text{该声音的强度}}{\text{最柔和的声音的强度}}\right)$$

或者

$$\left(\frac{\text{该声音的强度}}{\text{最柔和的声音的强度}}\right) = 10^{(\text{音量分贝值})/10}$$

例 3　计算分贝值

设一个声音强度是最柔和的声音强度的 100 倍，那么它的音量分贝值是多少？

解　为了得到声音的分贝值，我们利用上面的第一个公式：

$$\text{音量的分贝值} = 10\log_{10}\left(\frac{\text{该声音的强度}}{\text{最柔和的声音的强度}}\right)$$

由于该声音强度是最柔和的声音强度的 100 倍，因此括号里的比值 =100，于是

$$\text{音量的分贝值} = 10\log_{10}100 = 10\times 2 = 20(\text{分贝})$$

强度是最柔和的声音强度 100 倍的声音音量是 20 分贝，这相当于耳语或窃窃私语的声音 (见表 8.5).

▶ 做习题 15~18.

例 4　声音对比

57 分贝的声音强度与 23 分贝的声音强度相比如何？

解　我们可以利用分贝定义里的第二个公式来对比两种声音. 此时，先用第二个声音强度去除第一个声音强度，有

$$\frac{\text{声音 1 的强度}}{\text{声音 2 的强度}} = 10^{(\text{声音 1 的分贝值}-\text{声音 2 的分贝值})/10}$$

把声音 1 的分贝值 57，声音 2 的分贝值 23 代入上式，有

$$\frac{\text{声音 1 的强度}}{\text{声音 2 的强度}} = 10^{(\text{声音 1 的分贝值}-\text{声音 2 的分贝值})/10} = 10^{\frac{57-23}{10}} = 10^{3.4} \approx 2\ 512$$

音量 57 分贝的声音强度约为音量 23 分贝的声音强度的 2 500 倍.

▶ 做习题 19~20.

声音的平方反比定律

我们可能已经注意到声音会随着距离越来越远而逐渐减弱. 如果你坐在户外音乐会的音响附近，声音几乎是震耳欲聋的，而一英里之外的人可能根本听不到音乐. 这也很容易理解.

图 8.7 说明了这一想法. 音响发出的声音随着传播距离越来越远而传播到越来越大的区域. 这个面积按照音响传播距离的平方而增加. 例如，在 2 米处，声音传播的区域是 1 米处的 $2^2 = 4$ 倍，在 3 米处，声音传播的面积是 1 米处的 $3^2 = 9$ 倍，依此类推. 也就是说，声音的强度按照距离的平方而减弱.[①]

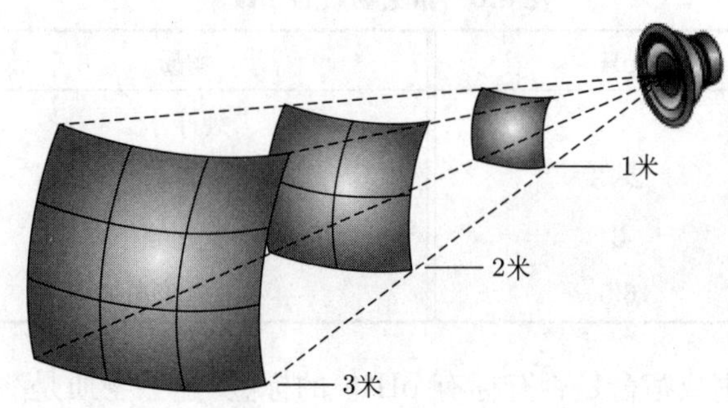

图 8.7　这个图显示了为什么声音的强度随着与声源的距离的平方而减小

注意，2 米处的面积是 1 米处面积的 $2^2 = 4$ 倍，3 米处的面积是 1 米处面积的 $3^2 = 9$ 倍.

因为声音的强度随着距离的平方而减小，我们说声音遵循**平方反比定律**（inverse square law）. 换句话说，一个距离声源为 d 的声音强度和 $1/d^2$ 成正比. 生活中还有其他很多物理量也遵循平方反比定律，比如光的亮度和引力场强度.

> **声音的平方反比定律**
>
> 声音的强度按照距离的平方而减弱，这意味着声音的强度与 $1/d^2$ 成正比. 因此，我们说声音的强度和距离遵循平方反比定律.

例 5　关于声音的建议

为了避免耳朵严重受损，我们应该离一架飞机多远？

解　从表 8.5 可以看出，30 米处的喷射机发出的声音是 140 分贝，而 120 分贝的声音就会对人耳造成严重损害. 这两个声音的强度之比是

$$\frac{\text{140 分贝声音的强度}}{\text{120 分贝声音的强度}} = \frac{10^{140/10}}{10^{120/10}} = \frac{10^{14}}{10^{12}} = 10^2 = 100$$

① **顺便说说**：我们所感知到的声音实际上是空气中微小的压力变化. 声音作为压力变化的波在空气中传播，称为声波. 当声波撞击鼓膜时，它的能量使鼓膜做出反应. 大脑分析鼓膜的运动并感知声音.

这说明 30 米处的喷射机发出的声音已经对人耳造成了巨大伤害. 为了防止耳朵受损，你必须离喷射机足够远以使这种声音强度至少减弱至 1/100. 由于声音强度遵循平方反比定律，距离是原始距离的 10 倍，就会使强度降低至 $1/10^2 = 1/100$. 因此你距离飞机至少 10×30=300 米才安全.

▶ 做习题 21~24.

酸度[①]的 pH 值

如果你检查很多家居用品的标签，包括洁面乳、通污净、洗发水等，就会看到这些物品的 pH 值，化学家使用 pH 值来区分中性、酸性和碱性物质. 由定义可知:

- 纯净水是**中性的** (neutral)，pH 值为 7.
- **酸性** (acid) 物质的 pH 值低于 7.
- **碱性** (base) 物质的 pH 值高于 7.

表 8.6 给出了一些常见物质的 pH 值.

表 8.6 常见物质的 pH 值

物质	pH	物质	pH
柠檬汁	2	纯净水	7
胃酸	2~3	小苏打	8.4
醋	3	家庭氨	10
饮用水	6.5	下水道疏通剂	10~12

思考 检查你的房子、公寓或宿舍是否有标有 pH 值的标签. 这些物质是酸性的还是碱性的?

从化学上讲，物质的酸度与带正电荷的氢离子的浓度有关，而氢离子是没有电子的氢原子. 带正电荷的氢离子本身用 H^+ 表示. 氢离子的浓度记作 $[H^+]$，通常以摩尔/升为单位. 一**摩尔** (mole) 是简单描述粒子个数的特殊数字，它的值是 1 摩尔 $\approx 6 \times 10^{23}$ 个粒子.(1 摩尔代表的数值约为 6×10^{23}，被称为阿伏伽德罗 (Avogadro) 数.)

pH 值测定

pH 值由如下公式来定义:

$$\text{pH值} = -\log_{10}[H^+] \quad \text{或者} \quad [H^+] = 10^{-\text{pH}}$$

例 6 计算 pH 值

氢离子浓度为 10^{-12} 摩尔/升的溶液的 pH 值是多少? 它是酸性的还是碱性的?

解 根据 pH 值的第一个公式，且 $[H^+] = 10^{-12}$ 摩尔/升，我们有

$$\text{pH} = -\log_{10}[H^+] = -\log_{10} 10^{-12} = -(-12) = 12$$

(以上用到 $\log_{10} 10^x = x$.) 氢离子浓度为 10^{-12} 摩尔/升的溶液的 pH 值是 12. 由于 pH 值远大于 7，故这一溶液是强碱性的.

▶ 做习题 25~30.

① **顺便说说**: 英文单词 acid 来自拉丁语 acidus，意思是“酸的”. 有些水果尝起来很酸，因为它们是酸性的. 碱是能中和酸的作用的物质. 常见的抗酸片 (用于胃不舒服) 是碱，通过中和胃酸发挥作用.

酸雨[①]

正常雨水呈弱酸性，pH 值略低于 6. 然而，燃烧的化石燃料释放的硫或氮可以在空气中形成硫酸或硝酸等酸性物质，这些酸性物质会使雨水比正常雨水的酸性大得多，从而造成大家所知道的**酸雨** (acid rain). 美国东北部的酸雨和洛杉矶的酸雾的 pH 值都低至 2，而这一酸度与纯柠檬汁的酸度相同!

酸雨会杀死树木和其他植物，对森林造成严重破坏. 在美国东北部和加拿大东南部的许多森林都被这种酸雨破坏. 酸雨还会使湖水酸化，导致任何生物都无法生存，从而"杀死"湖泊. 美国东北部和加拿大东南部的数千个湖泊都难逃这种命运. 令人惊讶的是，你常常可以通过一个湖水的清澈程度来断定出一个死湖，因为它缺少通常使水变得浑浊的生物.

例 7 酸雨与普通雨水的对比

根据氢离子浓度，对比一下 pH 值为 2 的酸雨与 pH 值为 6 的雨水.

解 对于 pH 值为 2 的酸雨，氢离子浓度为

$$[\mathrm{H}^+] = 10^{-\mathrm{pH}} = 10^{-2}\text{摩尔/升}$$

对于 pH 值为 6 的普通雨，氢离子浓度为

$$[\mathrm{H}^+] = 10^{-\mathrm{pH}} = 10^{-6}\text{摩尔/升}$$

因此，酸雨中氢离子浓度与普通雨水中氢离子浓度之比是

$$\frac{10^{-2}}{10^{-6}} = 10^{-2-(-6)} = 10^4$$

酸雨的酸度是普通雨水酸度的 10 000 倍.

▶ 做习题 31~32.

测验 8.4

为以下每个问题选择最佳答案，并用一个或多个完整的句子来解释原因.

1. 8 级地震释放的能量大约是 6 级地震的多少倍?( )
   a. 32×32 倍　　b. $10^{(8-6)}$ 倍　　c. 8/6 倍
2. 为什么欠发达国家的个别地震往往比发达国家的地震造成的伤亡更大?( )
   a. 欠发达国家的地震震级更高
   b. 在欠发达国家，建筑物倒塌的可能性更大
   c. 欠发达国家的人口密度较高
3. 0 分贝的声音是什么?( )
   a. 人耳能听到的最轻柔的声音
   b. 强度为零的声音
   c. 不能用分贝表示的声音
4. 85 分贝的声音被定义为 ( ).
   a. 声音是最柔和的声音的 85 倍
   b. 声音是最柔和的声音的 $10^{8.5}$ 倍
   c. 音量是最柔和的声音的 10^{85} 倍

① **顺便说说**：酸雨主要是由燃煤发电厂和工业排放的废气引起的. 当高硫煤燃烧时问题尤为严重.

5. 一个 20 分贝的声音的强度与 0 分贝的声音相比如何?( )

a. 是它的 20 倍　b. 是它的 100 倍　c. 是它的 10^{20} 倍

6. 和声音一样，引力场强度也遵循距离的平方反比定律. 这意味着如果你把两个物体之间的距离增加为原来的 4 倍，它们之间的引力场强度将是 ( ).

a. 原来的 4 倍　b. 原来的 1/4 倍　c. 原来的 1/16 倍

7. 下面哪个描述了最强的酸度?( )

a. pH 值为 17　b. pH 值为 5　c. pH 值为 1

8. pH 值 = 1 表示氢离子浓度为 ( ).

a. 1 摩尔/升　b. 10 摩尔/升　c. 和纯净水一样的浓度

9. 氢离子浓度为 10^{-5}, 则 pH 值等于 ( ).

a. -5　b. $\log_{10} 5$　c. 5

10. 假设你想让一个被酸雨破坏的湖泊恢复生机. 你应该给这个湖增加一些物质以 ( ).

a. 增加它的 pH 值　b. 降低 pH 值　c. 将 pH 值由正变为负

习题 8.4

复习

1. 地震的震级是什么? 地震震级增加 1 级，表示能量增加多少?
2. 分贝是什么? 描述它是如何定义的.
3. pH 值是什么? 什么 pH 值定义了酸、碱和中性物质?
4. 什么是酸雨? 为什么这是一个严重的环境问题?

以下有意义吗?

确定下列陈述有意义 (或显然是真实的) 还是没意义 (或显然是错误的)，并解释原因.

5. 6 级地震造成的破坏是 3 级地震的两倍.
6. 120 分贝的声音强度比 100 分贝的声音强度大 20%.
7. 如果我把杯子里的水增加一倍，杯子里的水的 pH 值也会增加一倍.
8. 湖水清澈透明，所以不可能受到酸雨的影响.

基础知识和概念

9~14: **地震的震级**. 利用地震的震级回答问题.

9. 7 级地震释放的能量是多少焦耳?
10. 6 级地震释放的能量是 4 级地震释放能量的多少倍?
11. 2016 年 12 月所罗门群岛发生了 7.8 级大地震，此次地震释放了多少焦耳的能量?
12. 2008 年发生在中国四川省的 8 级地震释放了多少焦耳的能量?
13. 将 6 级地震的能量与 100 万吨核弹释放的能量 (5×10^{15} 焦耳) 进行比较.
14. 几级地震会释放出相当于 100 万吨核弹 (5×10^{15} 焦耳) 爆炸释放的能量? 核弹爆炸和地震哪个更具破坏性? 为什么?

15~20: **分贝尺度**. 利用分贝值回答问题.

15. 繁忙的道路交通的声音强度大小是最柔和的声音强度的多少倍?
16. 人耳达到疼痛阈值的声音强度是可听到的最轻柔声音强度的多少倍?
17. 如果一个声音的强度是最柔和的声音强度的 100 万倍，那么这一声音是多少分贝?
18. 如果一个声音的强度是最柔和的声音强度的 100 亿倍，那么这一声音是多少分贝?
19. 55 分贝的声音强度是 10 分贝的声音强度的多少倍?
20. 假设一个声音强度是耳语声音的 100 倍 (比耳语更强烈)，它的分贝是多少?

21~24: **平方反比定律**. 利用声音的平方反比定律回答问题.

21. 距离为 1 米的音乐会扬声器发出的声音强度是距离为 4 米的音乐会扬声器发出的声音强度的多少倍?
22. 距离为 10 米的音乐会扬声器发出的声音强度是距离为 100 米的音乐会扬声器发出的声音强度的多少倍?

23. 距离为 10 米的音乐会扬声器发出的声音强度是距离为 80 米的音乐会扬声器发出的声音强度的多少倍?
24. 距离为 20 米的音乐会扬声器发出的声音强度是距离为 200 米的音乐会扬声器发出的声音强度的多少倍?
25~32: **pH 值**. 利用 pH 值回答问题.
25. 如果溶液的 pH 值增加 5 个单位 (例如，从 4 增加到 9)，氢离子浓度将如何变化? 这种变化是使溶液酸性更强还是碱性更强?
26. 如果溶液的 pH 值降低 2.5 个单位 (例如，从 6.5 降到 4)，氢离子浓度将如何变化? 这种变化是使溶液酸性更强还是碱性更强?
27. pH 值为 9.5 的溶液的氢离子浓度是多少?
28. pH 值为 2.5 的溶液的氢离子浓度是多少?
29. 氢离子浓度为 0.000 1 摩尔/升的溶液的 pH 值是多少? 这种溶液是酸性的还是碱性的?
30. 氢离子浓度为 10^{-13} 摩尔/升的溶液的 pH 值是多少? 这种溶液是酸性的还是碱性的?
31. pH 值为 3 的酸雨比 pH 值为 6 的普通雨的酸性强多少倍?
32. pH 值为 3.5 的酸雨比 pH 值为 6 的普通雨的酸性强多少倍?

进一步应用

33~38: **对数的思考**. 简单描述在给定情况下你所预期的影响.
33. 洛杉矶地区发生 2.8 级地震.
34. 一个新的音响发出 160 分贝的声音时，你的耳朵正紧贴着它.
35. 一个年幼的孩子 (年纪太小，还不知道该怎么做) 从开口的瓶中喝下了 pH 值为 12 的水.
36. 东京地区发生 8.5 级地震.
37. 你的朋友在纽约街对面给你打电话，当时交通拥挤，几辆应急车辆鸣笛经过，声音高达 90 分贝.
38. 距离燃煤工业区几百英里的森林多年来经常遭受酸雨的破坏，酸雨的 pH 值为 4.
39. **声音和距离**.

a. 表 8.5 中繁忙的街道交通的分贝值基于假设你离噪声源非常近，例如离街道 1 米. 如果你家离一条繁忙的街道有 100 米远，那么街道上的噪声会有多大? 分贝是多少?

b. 在音乐会上，离演奏者 10 米远的地方声音为 135 分贝. 要把音量降到 120 分贝，你应该离多远?

c. 假设你是在一个餐馆里的间谍. 你想听到的对话发生在房间对面的一个电话亭里，大约 8 米远. 人们说话都很轻，所以他们听到彼此的声音在 20 分贝左右 (他们间隔大约 1 米). 声音传到你的桌子上时，分贝值有多大? 如果你耳朵里有一个微型放大器，想要听到他们 60 分贝的声音，你必须通过什么因素来放大他们的声音?

40. **声音随距离的变化**. 假设警报器距离你的耳朵 0.1 米远.

a. 你听到的警报器声音大小是在 30 米处听到的警报器声音大小的多少倍?

b. 你耳边的警报器发出的声音大小是多少分贝?

c. 这个警报器对你的耳膜造成损害的可能性有多大? 解释一下.

41. **向酸化的湖泊排放有毒物质**. 考虑这样一种情况: 酸雨严重污染了一个湖泊，使其 pH 值达到 4. 一家肆无忌惮的化学公司非法向湖中排放一些酸性物质. 假设这个湖能容纳 1 亿加仑的水，而公司排放了 10 万加仑 pH 值为 2 的酸性物质.

a. 仅受酸雨污染的湖泊中氢离子 [H^+] 浓度是多少?

b. 假设这个未受污染的湖泊在无酸雨污染时的 pH 值是 7. 如果湖泊仅仅被这一化学公司污染 (没有酸雨)，它的氢离子 [H^+] 浓度是多少? pH 值是多少?

c. 公司将污染物倒入被酸雨污染的湖泊 (pH 值为 4) 后，氢离子 [H^+] 浓度是多少? 这个湖泊的新 pH 值是多少?

d. 如果美国环境保护署能够检测到的 pH 值变化仅为 0.1 或更高，那么该公司造成的环境污染能被检测出来吗?

42. **海洋的 pH 值**. 科学家估计，在 1750 年左右工业革命开始之前，海洋的 pH 值约为 8.25. 目前大概是 8.05. 如果按照这一趋势发展下去，到 2050 年将降至 7.9. 用这些数据来计算从 1750 年到现在以及从 1750 年到 2050 年海洋中氢离子浓度的百分比变化. 简单讨论你得到的结果.

实际问题探讨

43. **新闻里的地震**. 找一篇关于地震某些方面的最新新闻报道，比如地震的破坏力、预测地震的尝试，或者建筑抗震的方法. 那么地震的震级如何影响这些问题? 解释一下.

44. **地震灾害**. 找出一些历史上最严重的地震灾害的死亡人数. 死亡人数与地震震级的相关性有多强? 讨论决定地震破坏程度的因素.
45. **声音效果**. 研究声音过大对听力的影响. 例如，你可能会寻找将吵闹的音乐与听力受损联系起来的证据，或者在吵闹的环境中工作的人听力受损的证据. 就你的发现写一份简短的报告。
46. **酸雨**. 在美国东北部、加拿大东南部、德国的黑森林、东欧或中国等地区，酸雨污染已成为环境污染的新问题. 请针对这些地区展开调查，并写一份报告. 报告应包括酸雨的性质、酸雨的来源、酸雨造成的损害以及你所提供的建议等.
47. **海洋酸化问题**. 研究海洋酸化问题及其对海洋生态系统和人类社会的影响. 写一份简短的报告，总结这个问题，讨论如何解决这一问题并给出建议.

第八章　总结

<table>
<tr><th>单元</th><th>关键词</th><th>关键知识点和方法</th></tr>
<tr><td>8.1 节</td><td>线性增长
指数增长
倍增</td><td>在线性增长里，数量在单位时间内增长相同的绝对量
在指数增长里，数量在单位时间内增长相同的相对量
理解倍增的影响和为什么指数增长不能无限地持续下去</td></tr>
<tr><td>8.2 节</td><td>倍增时间
70-法则
半衰期
分数增长率
对数</td><td>倍增时间的计算：某指数增长的量具有倍增时间 T_{double}，则经过时间 t 后，有
$\text{最新值} = \text{初始值} \times 2^{t/T_{\text{double}}}$
某指数增长的量在每个固定时间周期内以 $P\%$ 的速度增长，则倍增时间的近似计算公式为
$T_{\text{double}} \approx \frac{70}{P}$
某指数增长的量具有分式增长率 r, 则倍增时间的精确公式为
$T_{\text{double}} = \frac{\log_{10} 2}{\log_{10}(1+r)}$
半衰期的计算：某指数衰减的量具有半衰期 T_{half}, 则经过时间 t 后，有
$\text{最新值} = \text{初始值} \times \left(\frac{1}{2}\right)^{t/T_{\text{half}}}$
某指数衰减的量在每个固定时间周期内以 $P\%$ 的速度衰减，则半衰期的近似计算公式为
$T_{\text{half}} \approx \frac{70}{P}$
某指数衰减的量具有分数增长率 $r(r<0)$, 则半衰期的精确公式为
$T_{\text{half}} = -\frac{\log_{10} 2}{\log_{10}(1+r)}$</td></tr>
<tr><td>8.3 节</td><td>总体增长率
出生率
死亡率
承载力
逻辑斯蒂增长
过冲和坍塌</td><td>逻辑斯蒂增长：
$\text{逻辑斯蒂增长率} = r \times \left(1 - \frac{\text{人口数量}}{\text{承载力}}\right)$
对比指数增长、逻辑斯蒂增长以及过冲和坍塌
理解影响承载力的各种因素</td></tr>
<tr><td>8.4 节</td><td>对数尺度
震级
分贝尺度
反平方原则
pH 值
酸性
碱性
中性
酸雨</td><td>地震的震级:
$\log_{10} E = 4.4 + 1.5M$或者$E = (2.5 \times 10^4) \times 10^{1.5M}$
声音分贝:
$\text{分贝值} = 10 \log_{10}\left(\frac{\text{声音的强度}}{\text{最柔和的声音的强度}}\right)$
或者
$\left(\frac{\text{声音的强度}}{\text{最柔和的声音的强度}}\right) = 10^{\text{声音分贝}/10}$
平方反比定律：声音的强度与与声源的距离的平方成反比
pH 值:
$\text{pH} = -\log_{10}[\text{H}^+]$ 或者 $[\text{H}^+] = 10^{-\text{pH}}$</td></tr>
</table>

第九章　模拟我们的世界

想要准确地预知未来并不是一件容易的事，但这并不代表我们只能盲目前行. 数学为变量分析和模型建立提供了有力工具，可以帮助我们对未来做出有根据的推测，而非凭空猜想. 虽然许多数学模型都很复杂，但基本原理很容易理解. 在本章中，我们将介绍在用模型来模拟现实世界时所需要的一些数学原理，并对其中的线性模型和指数模型进行讨论.

9.1 节

函数——数学模型的基础：理解函数的概念，它用来描述两个或多个变量之间的数学联系.

9.2 节

线性模型：学会描述和使用线性函数，它可以用来表达直线图形.

9.3 节

指数模型：利用包含人口增长模型以及随机数据的实例，探索描述指数增长和指数衰减的函数.

问题：数学建模主要在于建立描述一个变量相对于另一个变量如何变化的关系. 这些关系可以用文字和方程来描述. 以下哪一项陈述没有描述一个变量相对于另一个变量的关系?

Ⓐ 在公路旅行期间经过不同时间后汽车行驶的总距离.
Ⓑ 新智能手机的价格会影响购买它的人数.
Ⓒ 收据上显示你在商店购买的商品价格清单.
Ⓓ 个人所得税税率对政府收入的影响.
Ⓔ 濒危大象的数量取决于执行反偷猎法的公园管理员的数量.

解答：本章首先将重点放在对其他大学课程、潜在职业和日常生活都很重要的主题上. 由于这不是你在数学背景下经常听到的问题，因此你可能想知道这些本质问题如何与这些目标相关. 然而，数学模型对日常生活的影响可能比我们在本书中所涵盖的任何其他内容都要大，因为它们在我们今天的社会中扮演着如此重要的角色. 事实上，现在国家所作的几乎所有重大决策——关于经济、税收政策、环境法律、军事政策等的决定——都是通过数学模型得到的.

我们在本章中讨论的是相对简单的模型，但它们将帮助我们理解许多模型中使用的数学原理，而这些原理会对我们的生活产生重大影响. 为此，请选择上述问题的答案，看看你是否可以解释为什么它是正确的. 我们将在 9.1 节的例 1 中找到解决方案.

实践活动　气候模型

通过下面的实践活动，对本章要分析的各种问题获得一个直观的认识.

150 多年前，通过对二氧化碳吸热效应的实验室测量，人们首次发现大气中二氧化碳浓度的增加会导致全球变暖. 这一事实得到了证实，即太阳系中所有行星的温度只有在我们考虑到二氧化碳的变暖效应后才能得到解释. 毫无疑问，继续增加二氧化碳会使地球变暖，但是我们想知道地球到底会变暖多少，以及这种变暖会如何影响世界各地的气候. 回答这些问题的最好方法是使用数学模型.

气候数学模型背后的原理相对简单. 模型使用如图 9.A 所示的立方格网格. 模型的“初始条件”由某一时刻立方格内的气候描述组成，例如，每个立方体的初始气候可以用模型开始时的温度、气压、风速和方向以及湿度数据来描述. 接下来，这个模型可以用控制气候的方程（例如，描述热量和空气如何从一个立方格流向相邻立方格的方程）来预测每个方格里的条件在一小段时间内 (比如下一小时) 将如何变化. 重复这一模型过程来预测一小时后的情况，依此类推. 通过这种方式，该模型可以模拟任何时期的气候变化.

这些模型的实际困难来自气候的复杂性. 现代气候模型在超级计算机上运行，并使用数百万个小立方格，而这些立方格的变化又由数千个方程控制. 尽管如此, 如今的气候模型已证明在“预测”过去的气候方面非常准确，这让科学家有信心来合理预测未来的气候. 以小组形式讨论以下问题，进一步探讨气候模型.

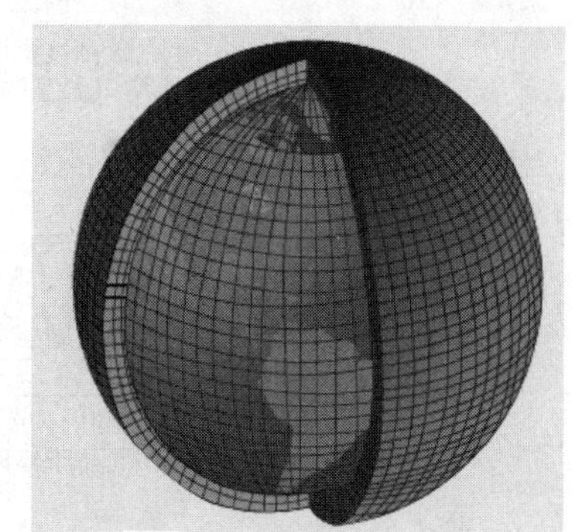

图 9.A

① 假设你想改进一个气候模型. 你会增加还是减少网格中立方体的数量?

② 建议一种通过查看过去的气候数据来测试模型的方法. 你如何判断你的模型是否运行良好? 如果进行不顺利，你会怎么办?

③ 研究如图 9.B 所示的三条曲线. 你能从黑色和灰色曲线的不匹配中得出什么结论? 为什么黑色实线和黑色虚线之间的紧密一致让科学家对他们的气候模型充满信心?

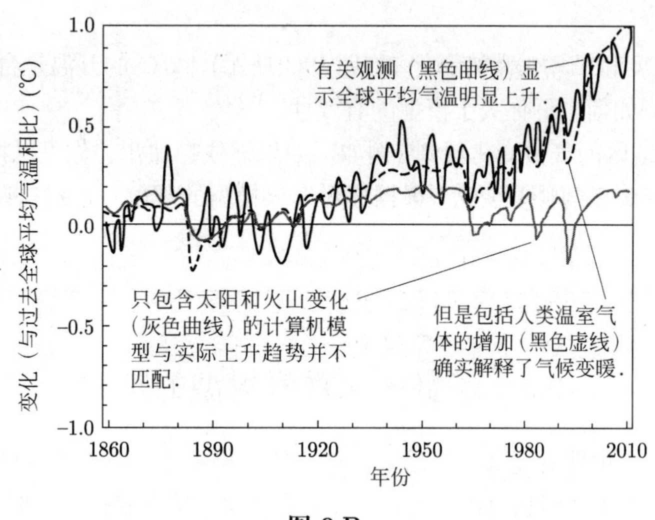

图 9.B

该图将观察到的温度变化 (黑色曲线) 与模型的预测进行了比较，其中气候模型只包括自然因素，如太阳亮度的变化和火山的影响 (灰色曲线)，其他模型还包括了人类对温室气体浓度增加的影响 (黑色曲线).

资料来源：联合国政府间气候变化专门委员会.

④ 图 9.C 显示了过去的 80 万年大气中的二氧化碳浓度和全球平均温度. 这个数字如何支持二氧化碳浓度变化导致地球温度变化的观点?

⑤ 基于图 9.C, 在过去的 80 万年里，二氧化碳的自然浓度变化了多少? 今天的二氧化碳浓度与显示的这段时间内自然产生的最高浓度相比如何?

⑥ 使用近几十年的二氧化碳数据，如图 9.C 所示. 预测 2050 年和 2100 年的二氧化碳浓度. 解释你是如何做出预测的，以及你的预测水平有哪些不确定性.

⑦ 假设有人建立了一个气候模型，预测二氧化碳浓度为 560ppm(为工业革命前的 280ppm 的两倍) 时将

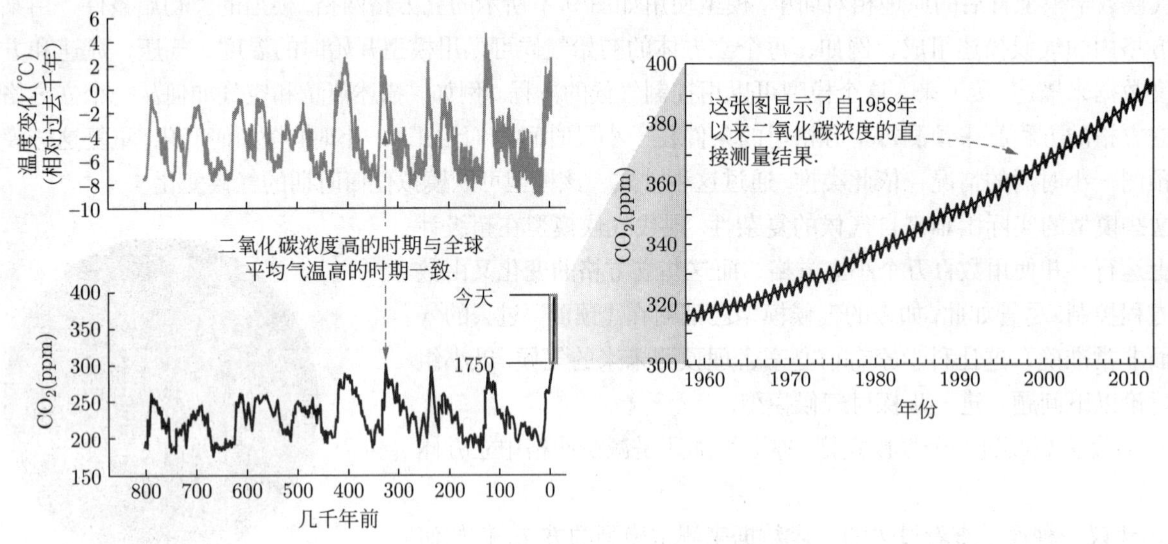

图 9.C

这些图表显示了过去 80 万年里全球温度 (左上图) 和大气二氧化碳浓度 (左下图) 的变化，这是基于南极冰芯中气泡的测量得出的; ppm 代表百万分之几. 右图显示的是 20 世纪 50 年代末以来二氧化碳浓度的直接测量结果.

资料来源: European Project for Ice Coring in Antarctica; National Oceanic and Atmospheric Administration.

导致地球升温 2°C. 根据温度和二氧化碳的变化 (如图 9.C 所示)，2°C 的升温是合理的、过高的还是过低的? 解释你的推理，并讨论它将如何告诉你关于模型的有效性.

⑧ 在网上搜索你所在地区的气候变化预测 (例如，如果你住在加州，你可以搜索“气候变化加州”). 模型预测了你所在地区未来 50 年的哪些变化? 根据你对气候模型的理解，你对这些预测有多大的信心? 解释一下.

9.1 函数——数学模型的基础

我们知道，真正的办公楼可能看起来不像用于设计它的比例模型，但该模型可以帮助建筑师构建设计. 路线图看起来也并不像真实的模样，但它可以作为道路系统的模型，这在我们旅行时非常有用. **数学模型** (mathematical model) 的目的类似于建筑模型或路线图：它代表某些真实的东西并帮助我们理解它.

更具体地说，数学模型的建立基于变量之间的关系. 例如，风速和桥梁上的压力之间的关系或者工人生产率与失业率之间的关系. 这些关系由称为**函数** (function) 的数学工具描述. 本质上，函数是数学模型的构建基础. 一些数学模型只包含一个函数，我们可以用简单的公式或图表来表示. 其他模型，例如研究地球气候的模型，可能涉及数千个函数，需要超级计算机进行分析. 但函数的基本思想在所有情况下都是相同的.

函数的概念和表示

我们已经在本书中多次使用函数，只是没有这样称呼它们. 例如，在第 4 章中，我们确切地看到了储蓄计划中的余额如何与利率和每月存款相关. 在第 8 章中，我们看到了人口与增长率和时间的关系. 这些关系就是函数，因为它们具体告诉我们一个数量相对于另一个数量的变化. 下面我们将介绍函数的概念和表示.

因变量和自变量

假设我们希望根据表 9.1 中的数据对一天中的温度变化进行建模. 第一步是要认识到这个模型中涉及两个量: 时间和温度. 我们的目标是以函数的形式表达时间和温度之间的关系.[①]

与函数相关的量一般会发生改变, 我们称之为**变量** (variables). 在这种情况下, 温度是**因变量** (dependent variable), 因为它随着一天中时间的改变而改变. 时间是**自变量** (independent variable), 因为它不随温度的改变而改变. 这里需要注意的是, 一天中的每个时间只有一个温度值.

表 9.1　一天的温度数据

时间	温度	时间	温度
上午 6:00	50°F	下午 1:00	73°F
上午 7:00	52°F	下午 2:00	73°F
上午 8:00	55°F	下午 3:00	70°F
上午 9:00	58°F	下午 4:00	68°F
上午 10:00	61°F	下午 5:00	65°F
上午 11:00	65°F	下午 6:00	61°F
上午 12:00	70°F		

例 1　识别变量

现在, 回顾本章的开篇问题, 哪个陈述没有描述一个变量相对于另一个变量的关系? 对于其余陈述, 确定因变量和自变量, 并简要说明预期的关系.

解　本章开篇问题的答案是 C, 因为列表中的项目与其价格之间没有明显或有序的关系. 而其他陈述中:

• 陈述: "在公路旅行期间经过不同时间后汽车行驶的总距离." 因变量是距离, 自变量是时间, 因为汽车行驶的距离取决于在公路上行驶了多长时间. 随着时间的推移, 我们预计距离会增加.

• 陈述: "新智能手机的价格会影响购买它的人数." 因变量是购买智能手机的人数, 自变量是智能手机的价格, 因为购买智能手机的人数取决于它的价格. 我们预计随着价格上涨, 购买人数会减少.

• 陈述: "个人所得税税率对政府收入的影响." 因变量是政府收入, 自变量是个人所得税税率, 因为政府收入取决于所得税税率. 我们预期随着所得税税率的增加, 政府收入会增加, 至少会达到某种程度; 达到一定程度后, 较高税率又会对经济产生影响, 从而减少政府收入.

• 陈述: "濒危大象的数量取决于执行反偷猎法的公园管理员的数量." 因变量是大象的数量, 自变量是公园管理员的数量, 因为我们推测大象的数量取决于防止偷猎的公园管理员的数量. 而大象的数量应该随着保护者数量的增加而增加, 至少达到所有偷猎都停止的程度.

▶ 做习题 11~14.

函数的记法

我们通常用一对有序数组来表示相关的两个变量, 第一个是自变量, 第二个是因变量, 即

(时间, 温度)

① **说明**: 并不是所有关系都是函数. 函数有一个重要的性质, 即对于定义域中自变量的每一个值, 对应的因变量的值恰好只有一个.

我们用特殊记号[1]来表示函数. 例如, 我们可以用 x 表示自变量, 用 y 表示因变量. 如果 y 是 x 的函数, 则用 $y = f(x)$ 表示, 也就是说, y 和 x 的函数关系式是 f. 在表 9.1 所示的例子 (时间, 温度) 中, 用 t 代表时间, 用 T 代表温度. 我们记 $T = f(t)$, 则表示温度随着时间的变化而变化, 或者说温度是时间 t 的函数.

我们可以将函数看作带有两个插槽的盒子, 一个用于输入, 一个用于输出 (见图 9.1) . 把自变量的值通过输入槽放入盒子. 盒内的函数对输入槽内的数值进行 "操作" 并生成一个因变量的值, 最后在输出槽里显示出来.

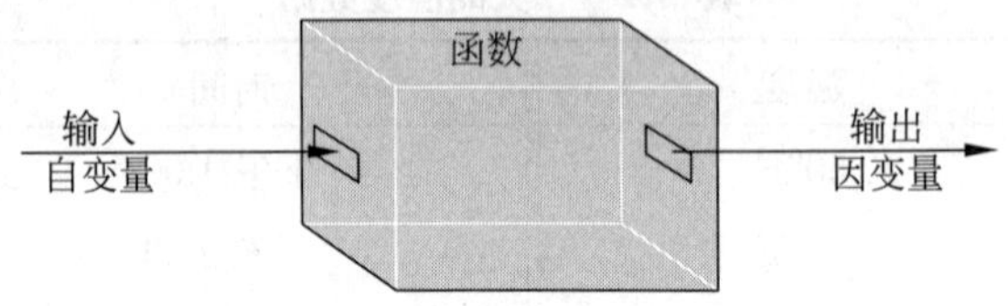

图 9.1　函数的图形展示

函数

函数描述了一个**因变量**如何随一个或多个**自变量**的变化而变化. 当只有两个变量时, 我们可以用一对有序数组来表示它们之间的关系, 其中自变量在第一个位置:

$$(\text{自变量}, \text{因变量})$$

此时, 我们说因变量是自变量的函数. 如果 x 是自变量, y 是因变量, 则函数记为

$$y = f(x)$$

许多函数反映了因变量随时间的变化. 比如一个孩子的体重和消费物价指数都随时间而变化. 但并非所有函数都与时间相关. 如抵押付款是利率的函数, 因为付款金额取决于利率. 类似地, 汽车的汽油里程是汽车速度的函数, 因为不同速度下的里程数是不同的.

思考　根据日常经验, 确定几对看似相关并能用函数表示的变量, 包括至少一对不涉及时间的变量.

例 2　函数的记法

对于以下每种情况, 先用语言描述给定的函数, 并把它们表示成有序数组 $y = f(x)$ 的形式.

a. 假如你乘坐的是热气球, 随着气球上升, 周围的大气压降低.

b. 你正在一艘驳船上沿密西西比河[2]向南行驶. 你发现当你向南行驶时, 河流的宽度会发生变化.

解　a. 压强取决于高度, 所以我们说压强会随高度而变化. 压强是因变量, 高度是自变量, 所以有序的变量组是 (高度, 压强) . 如果用 A 代表高度, P 代表压强, 则有函数表示

$$P = f(A)$$

① **历史小知识**: 数学家们研究函数已有几个世纪, 后来才发展出一种标准符号. 大约在 1670 年, 德国哲学家戈特弗里德 · 莱布尼茨 (Gottfried Leibniz, 1646—1716) 用 $f(x)$ 来表示一个函数. 但直到 1734 年左右, 瑞士数学家莱昂哈德 · 欧拉 (Leonhard Euler, 1707—1783) 采用了同样的符号, $f(x)$ 才被广泛用于表示函数.

② **顺便说说**: 密西西比河从明尼苏达州的艾塔斯卡湖到墨西哥湾, 全长约 2 340 英里 (3 800 千米). 密西西比河水系包括蒙大拿的红岩河和密苏里河, 全长约 3 700 英里 (6 000 千米).

b. 河流的宽度取决于你与河流源头的距离，所以我们说河流宽度相对于与源头的距离而变化. 河宽是因变量，与河流源头的距离是自变量，所以有序变量组是（距离，河宽）. 用 d 代表距离，用 w 代表河宽，我们有函数表示

$$w = f(d)$$

▶ 做习题 15~22.

思考　依赖关系是否意味着因果关系？也就是说，自变量的改变是否会导致因变量的变化？举例说明.

函数的表示

函数表达一般有以下三种方式:

1. 用**数据表**（data table）表示一个函数，如表 9.1. 一张数据表可以提供很多详细信息，但数据量较大时可能会显得笨拙.

2. 绘制一个函数的图像或**图形**（graph）. 图形可以帮助我们理解函数，并能提供大量信息.

3. 用一种紧凑的数学形式（如公式或方程）来表示函数.

在本节的最后，我们将讨论利用图形表示函数，在 9.2 节中还会探讨方程的应用.

简要回顾　坐标平面

绘制函数图形最常用的方法是使用**坐标平面**（coordinate plane），坐标平面由两条相互垂直的数据线构成. 每条数据线称为一个**数轴** (axis). 通常情况下，数字在水平轴向右增加，在垂直轴向上增加. 两条数轴的交点称为**原点**（origin），此时两条数轴都显示数字 0. 如果我们处理一般函数，则水平轴称为***x* 轴**（x-axis），竖直轴称为***y* 轴**（y-axis）.

坐标平面中的点由两个**坐标** (coordinates, 称为有序数组) 描述. ***x*-坐标** (x-coordinate) 给出了该点相对于原点的水平位置. 原点右边的点有正的 x-坐标, 原点左边的点有负的 x-坐标. ***y*-坐标**（y-coordinate）给出了该点相对于原点的垂直位置. 原点上方的点有正的 y-坐标，原点下方的点有负的 y-坐标. 我们把 x-坐标和 y-坐标用圆括号表示为 (x, y), 用来表示点的位置. 当处理函数时，我们总是用 x 轴表示自变量，用 y 轴表示因变量.

图 9.2(a) 显示了一个坐标平面，以及由坐标表示的点. 可以看到原点坐标是 $(0, 0)$. 图 9.2(b) 说明坐标轴将坐标平面划分为四个**象限**（quadrants），从右上角开始按逆时针方向编号.

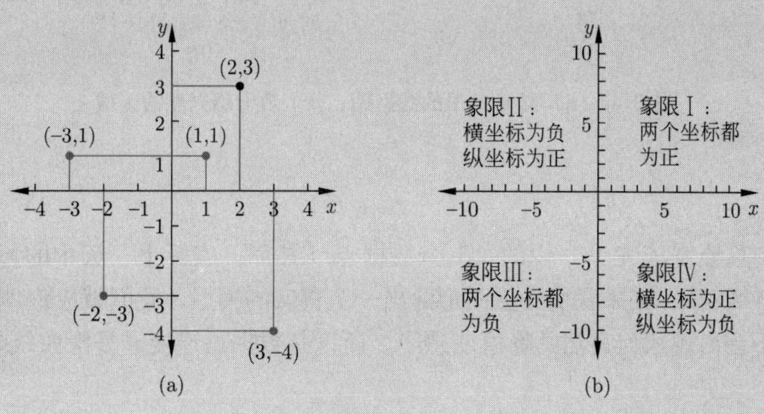

图 9.2

▶ 做习题 9~10.

定义域和值域

在绘制任何函数的图形之前，我们必须确定应该在每个坐标轴上显示的变量. 在数学上，图形上的每个坐标轴在两个方向上都可延伸到无穷大. 但是，大多数函数仅在坐标平面的小范围内有意义. 例如在（时间，温度）函数里，基于表 9.1 中的数据，负时间值没有意义. 事实上，对这一函数有意义的时间是收集数据的时间——从早上 6 点到下午 6 点，这些有实际意义的时间段构成了函数的**定义域**（domain）.

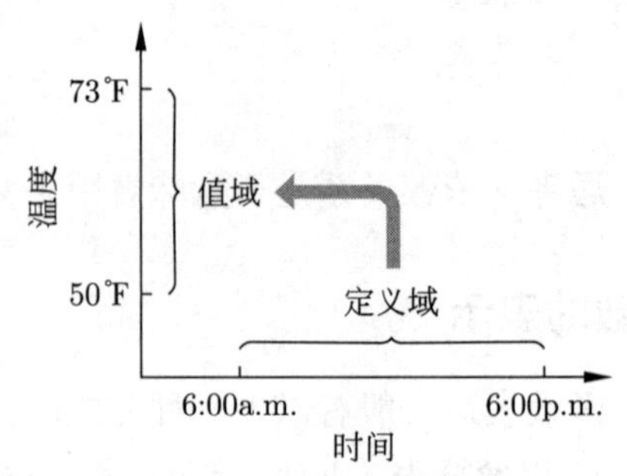

图 9.3 定义域里的每个值都可给出值域里的一个值

同样，对这一函数，我们唯一感兴趣的温度是早上 6 点到下午 6 点之间的实际温度. 在此期间记录的最低温度为 50°F，最高温度为 73°F. 因此，我们说 50°F 和 73°F 之间的温度构成了该函数的**值域**（range）. 更一般地，如图 9.3 所示，可以给出以下定义.

> **定义域和值域**
>
> 函数的**定义域**是使函数有意义的自变量所有取值的集合. 函数的**值域**是与定义域相对应的所有因变量取值的集合.

现在已经确定了函数的定义域和值域，我们可以绘制图形了. 这里用横轴表示时间 t，并在早上 6 点之后标记它. 因此，$t = 0$ 对应于早上 6 点的第一次测量，并且 $t = 12$ 对应于下午 6 点的最后一次测量. 再用纵轴作为温度 T. 图 9.4（a）显示了结果，每个点都单独绘制. 为了看得更清楚，我们对图 9.4（b）进行放大.

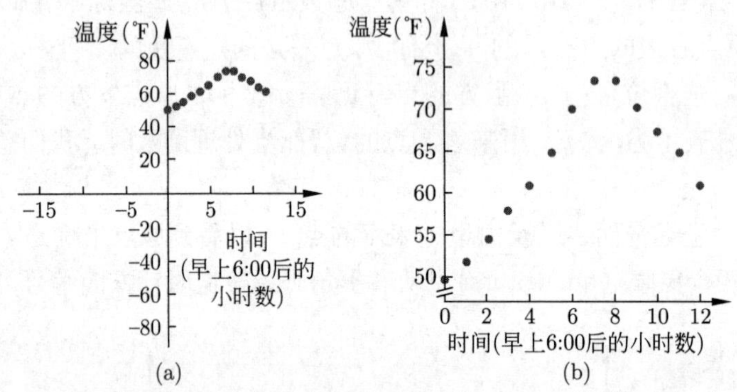

图 9.4 (a) 表 9.1 里的数据图，(b) 放大感兴趣的区域

完成模型

到目前为止，我们只绘制了表 9.1 中的 13 个数据点. 然而，实际上一天中的每一个瞬间都会有一个温度，温度在一天中持续变化. 如果我们希望图形给出一个真实的模型，我们就应该填补数据点之间的空白. 我们推测白天的温度不会出现任何突然的峰值或骤降，所以将数据点连接成平滑曲线是合理的，正如图 9.5 所示.①

① **历史小知识**：坐标系统，称为笛卡儿坐标，用于定位图表上的点，是由勒内 · 笛卡儿 (1596—1650) 发明的. 笛卡儿为分析几何奠定了基础. 他也以心灵/身体二元论的哲学冥想而闻名，他认为心灵和身体是不同的但相互作用的实体. 他的哲学经常用拉丁文 “cogito ergo sum” 或 “我思故我在” 来概括.

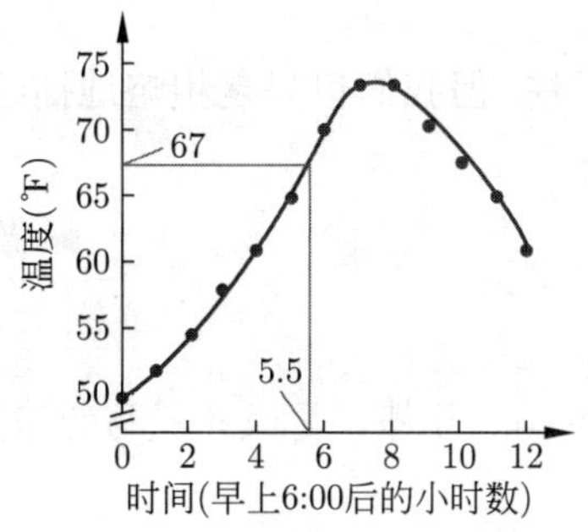

图 9.5　图中用一条光滑的曲线连接数据点

现在这一图形就是一个模型，可用于预测一天中任何时间点的温度. 例如，该模型给出上午 11:30 的温度约为 67°F（早上 6 点过后 5.5 小时）. 我们应该知道这一结果也可能不太准确，甚至无法检查它，因为表 9.1 并没有提供上午 11:30 的数据. 尽管如此，鉴于我们的平滑曲线的假设，这一结果也是合理的推测. 这一范例也给我们的数学模型一个重要启示：模型预测的好坏可以用构建模型的数据和假设的好坏来衡量.

总结　函数图形的建立和使用

步骤 1：确定函数的自变量和因变量.

步骤 2：确定函数的定义域和值域. 利用这些信息选择数轴上的单位和标记. 为了方便阅读可放大你感兴趣的区域.

步骤 3：使用给定数据绘制图形，如果可以，请补充数据点之间的空隙.

步骤 4. 在给出模型的任何预测之前，先评估构建模型的数据和假设.

例 3　大气压-海拔高度函数

想象一下，当你在热气球中开始上升时测量大气压强. 表 9.2 显示了你在不同海拔高度下可确定的压强值（单位：英寸汞柱）.（此压强单位通过使用一列水银高度测量压力的气压计给出.）使用这些数据绘制函数以显示大气压强如何取决于海拔高度. 使用该图表预测海拔 15 000 英尺处的大气压强，并讨论预测的有效性.

表 9.2　不同海拔高度的大气压值

高度 (英尺)	大气压 (英寸汞柱)
0	30
5 000	25
10 000	22
20 000	16
30 000	10

解　在例 2 中，我们将高度 A 确定为自变量，将压强 P 确定为因变量. 定义域是自变量 A 的所有取值的集合. 对于表 9.2 中的高度值，定义域从 0 英尺（海平面）到 30 000 英尺. 值域是因变量 P 所取的与自变量相对应的所有值的集合. 因此值域是 10~30 英寸汞柱.

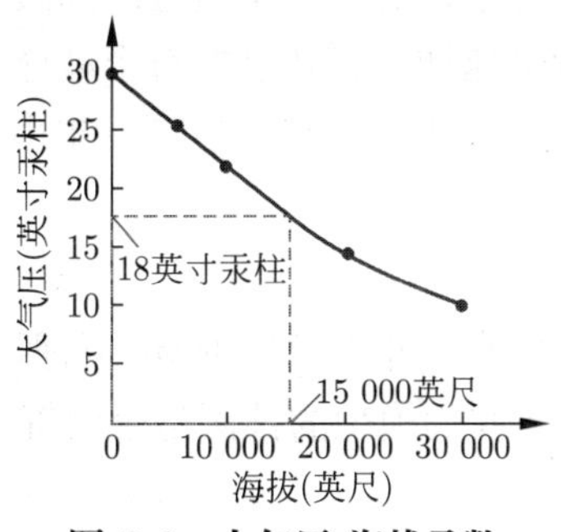

图 9.6　大气压-海拔函数

我们绘制了五个数据点，如图 9.6 所示. 在任意两个数据点之间，我们可以合理假设压强随着高度的增加而平稳下降. 此外，由于地球的大气层不会骤然消失，故高海拔地区的压强必定逐渐减小.[①]因

① **顺便说说**：珠穆朗玛峰峰顶（海拔 29 035 英尺）的气压大约是海平面气压的 1/3. 因此，攀登者每次呼吸的氧气量仅为在海平面时的 1/3. 根据经验，随着海拔增加 2 万英尺，气压下降了大约一半.

此，我们可通过向图形中添加平滑曲线来完成模型.

使用此图，我们预测在 15 000 英尺处大气压强约为 18 英寸汞柱. 但我们也只是粗略地描绘了这一函数，因此这一数值仅作为大致估计，而非精确值.

▶ 做习题 23~24.

例 4 白昼的时间

白天的日照时长随季节变化而变化. 使用北纬 40° 的数据（旧金山、丹佛、费城和罗马的纬度）模拟白天日照时长随时间的变化.

- 夏至（约 6 月 21 日）的日照时长最多，大约有 14 小时的日照.
- 冬至（约 12 月 21 日）的日照时长最少，大约有 10 小时的日照.
- 春分和秋分（分别约 3 月 21 日和 9 月 21 日），大约有 12 小时的日照.

根据模型，一年中的哪些时间里白昼的时间变化最缓慢？哪些时间变化最快？讨论模型的有效性.

解 我们希望日照的小时数是时间的函数. 时间是自变量，因为时间无论如何都在前进，我们用 t 来表示. 日照小时数是因变量，它取决于一年中的时间，我们将用 h 来表示它.

我们感兴趣的时间是一年中的所有日子. 比如，定义域是我们感兴趣的三年，值域是从最短的 10 小时到最长的 14 小时. 根据以往经验，日照的小时数随着季节的变化而平稳变化，因此我们可以将每年的 4 个给定数据点用平滑的曲线连接起来. 因为相同的变化模式会从一年重复到下一年，我们可以将图表延长一年（见图 9.7). 这种类型的函数会按照某种固定模式循环往复，被称为**周期函数**（periodic function). 由于此函数基于简单的季节性模式，因此我们可以比较准确地给出预测.[①]

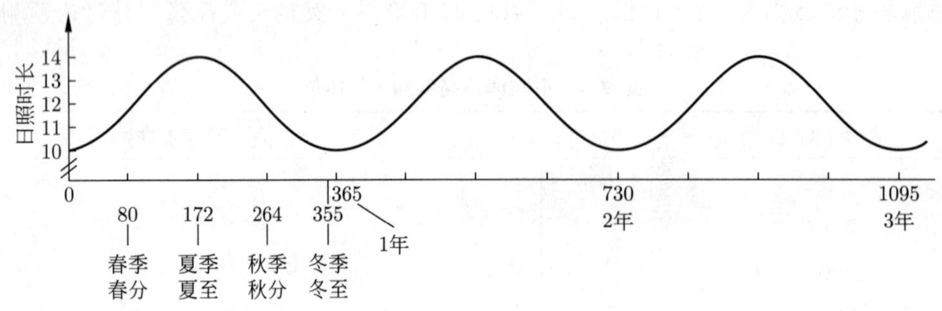

图 9.7 北纬 40 度的地区三年的日照时长

注意，每个夏至曲线达到“最高点”，每个冬至曲线处于“最低点”. 因为两个至日周围的曲线相对平坦，所以日照时长在冬至和夏至附近缓慢变化. 也就是说，在夏至前后几个月的时间里白昼时间最长而冬至前后几个月的时间里白昼时间最短. 相反，日照时长在每个春分点附近迅速增加，并且在每个秋分点附近迅速减少. 换句话说，在昼夜平分点附近的时间段里日照时间会快速变化. 事实上，如果注意到一年中白天日照的时间变化，就可以轻松地观察到这些事实.

▶ 做习题 25~30.

思考 给出现在的具体日期，利用图 9.7 所示的函数图形，考察在一年的这个时候，日照时长应该快速变化还是缓慢变化，注意观察从某一天到第二天的变化，并确认它与我们模型的预测是否相符.

---

① **顺便说说**：季节的出现是由于地轴的倾斜. 当地球绕太阳运行时，南北半球交替地获得更多和更少的阳光照射，因此南北半球的季节是相反的.

测验 9.1

为下每个问题选择最佳答案，并用一个或多个完整的句子来解释原因.

1. 从数学的角度，函数告诉我们（ ）.
   a. 一个变量如何依赖于另一个变量　b. 乘法或除法是如何运算的　c. 机器如何影响输入和输出
2. 描述 $r = f(s)$ 意味着变量 r 的值取决于（ ）.
   a. 变量 s 的值　b. 变量 f 的值　c. 变量 s 和 f 的值
3. 道琼斯工业平均指数 (DJIA) 每天都在变化这一事实告诉我们（ ）.
   a. DJIA 和时间都是函数　b. 时间是 DJIA 的函数　c. DJIA 是时间的函数
4. 当你画一个函数的图形时，自变量的值被画在（ ）.
   a. 值域内　b. 横 (水平) 轴上　c. 纵 (垂直) 轴上
5. 当你画函数 $z = f(w)$ 的图像时，哪个变量在纵轴上?（ ）
   a. w　b. z　c. f
6. 因变量在函数中所取的值属于函数的（ ）.
   a. 定义域　b. 值域　c. 极限
7. 考虑一个函数，它描述了特定汽车的油耗如何取决于其速度. 这个函数的定义域可以是（ ）.
   a. 0 到 100 英里/小时　b. 每加仑汽油行驶 0~50 英里　c. 0~10 分钟
8. 一般来说，一个函数的自变量取值不可能（ ）.
   a. 非常大　b. 超出它的定义域　c. 超出它的值域
9. 以下例子都是时间的函数. 你认为哪个最接近时间的周期函数?（ ）
   a. 汽油的价格　b. 美国的人口　c. 城市高速公路上的交通量
10. 假设有两组科学家创建了数学模型，他们用这些模型预测未来全球变暖的情况. 一般来说，你认为哪种模型更值得信赖?（ ）
    a. 具有多个函数的模型
    b. 预测的过去温度值与实际的过去温度值更接近的模型
    c. 通过预测可以延伸到更远的未来

练习 9.1

复习

1. 什么是数学模型? 解释这一陈述: 模型的预测能够与数据和模型建立时的假设一样好.
2. 函数是什么? 如何确定哪个变量是自变量，哪个是因变量?
3. 表示函数的三种基本方法是什么?
4. 给出定义域和值域的定义，并解释如何为特定函数确定其定义域和值域.

是否有意义？

确定下列陈述有意义（或显然是真实的）还是没意义（或显然是错误的），并解释原因.

5. 美国国家大气研究中心的科学家使用数学模型来研究地球的气候.
6. 对音乐会门票的需求是其价格的函数.
7. 我画了一个函数，显示我的心率如何取决于我的跑步速度. 研究范围是每分钟 60~180 次心跳.
8. 我的数学模型与数据非常吻合，所以我相信它在我们遇到的任何新情况下都能很好地运作.

基本方法和概念

9~10: **回顾坐标平面**. 利用“简要回顾　坐标平面”里的技巧.

9. 画出坐标平面的坐标轴，并标记以下点:
   $(0,1)$, $(-2,0)$, $(1,5)$, $(-3,4)$, $(5,-2)$ $(-6,-3)$
10. 画出坐标平面的坐标轴，并标记以下点:
    $(0,-1)$, $(2,-1)$, $(6,5)$, $(3,-4)$, $(-5,-2)$ $(-6,2)$

11~14: **识别函数**. 在下列每一种情况下，说明两个变量是否以可能由函数描述的方式相关. 如果是，确定自变量和因变量.

11. 你从飞机上跳下来 (带着降落伞)，想知道你在降落的不同时间飞行了多远.

12. 列出你朋友的名字和他们的电子邮件地址.

13. 你是一个音乐商店的老板，想知道 CD 的需求 (你可以销售的数量) 如何取决于每张 CD 的价格.

14. 你路过一个二手车市场，列出你看到的每辆车的价格和型号年份.

15~22: **相关的数量**. 写一个简短的语句，表达变量之间可能的关系.

例: (年龄，鞋码)

解: 随着孩子年龄的增长，鞋码也会增大. 一旦孩子长大成人，鞋码就会保持不变.

15. (油箱容积，加油费用).

16. (时间，福特旅行车的价格)，其中时间代表 1975—2017 年的年份.

17. (纬度，某一天的海洋温度).

18. (停车场面积，可停放的车辆数量).

19. (丹佛到芝加哥的旅行时间，平均车速).

20. (踏板速度，自行车速度).

21. (汽车油耗，500 英里行驶成本).

22. (年利率 (APR)，10 年后储蓄存款).

23~24: **压强函数**. 利用图 9.6，回答下面的问题.

23. a. 用这张图来估计海拔 6 000 英尺、18 000 英尺和 29 000 英尺处的压强.

b. 使用该图来估计压强为 23、19 和 13 英寸汞柱时的高度.

c. 延伸图形，你认为大气压在什么高度达到 5 英寸汞柱？有没有一个高度的压强恰好为零？解释你的推理.

24. 令 z 表示海拔高度，单位是英尺，$z=0$ 表示海平面，$p(z)$ 表示海拔 z 英尺处的大气压强. 假设 $p=30\times 10^{-z/64\ 000}$,

a. 计算 $z=0, 10\ 000, 20\ 000, 30\ 000$ 时的大气压强. 这些结果与表 9.2 给出的数据一致吗？

b. 利用这一压强公式估计 $z=12\ 500$ 英尺和 $z=27\ 300$ 英尺时的大气压强.

25. **日照函数**. 研究图 9.7，并应用到北纬 40° 区域.

a. 利用此图估计 4 月 1 日 (一年中的第 91 天) 和 10 月 31 日 (一年中的第 304 天) 的日照时长.

b. 利用此图估计日照时长 13 小时的日期.

c. 利用此图估计日照时长 10.5 小时的日期.

d. 图 9.7 对北纬 40° 的区域是有效的. 你认为在北纬 20°、北纬 60° 和南纬 40°，图形会有所不同吗？为什么？

26~27: **图形中的函数**. 考虑以下函数的图形.

a. 识别自变量和因变量，说明定义域和值域.

b. 用文字描述这个函数.

26.

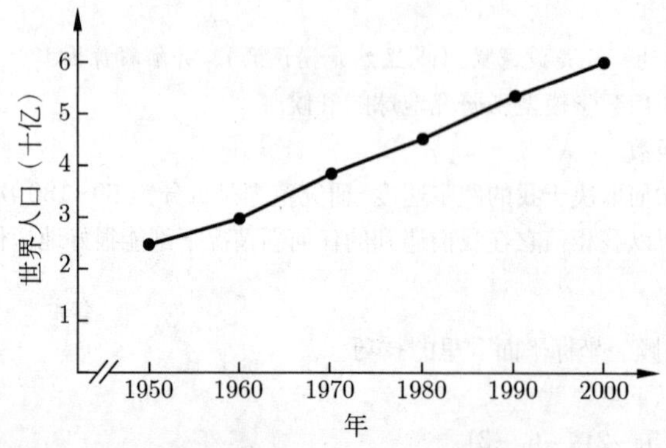

27.

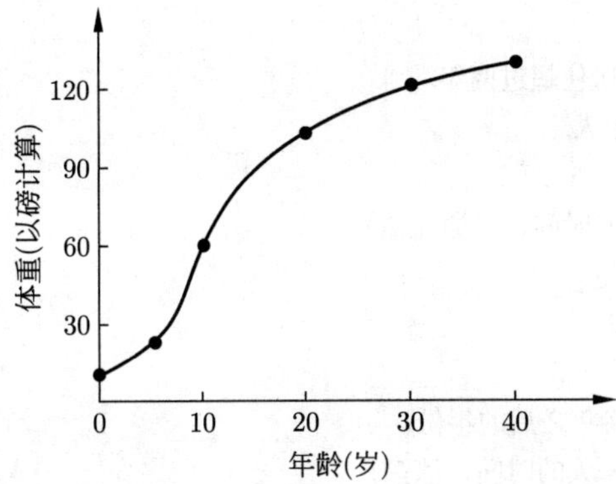

28~30: **数据表中的函数**. 下面的每个数据表都表示一个函数.

a. 识别自变量和因变量，给出定义域和值域.

b. 画出函数的清晰图形. 解释如何决定用于填充数据点之间空白的曲线的形状.

c. 用文字描述这个函数.

28.

日期	平均温度	日期	平均温度
1 月 1 日	42°F	8 月 1 日	83°F
2 月 1 日	38°F	9 月 1 日	80°F
3 月 1 日	48°F	10 月 1 日	69°F
4 月 1 日	58°F	11 月 1 日	55°F
5 月 1 日	69°F	12 月 1 日	48°F
6 月 1 日	76°F	12 月 31 日	44°F
7 月 1 日	85°F		

29.

高度 (英尺)	水的沸点 (°F)	高度 (英尺)	水的沸点 (°F)
0	212.0	5 000	203.0
1 000	210.2	6 000	201.0
2 000	208.4	7 000	199.3
3 000	206.6	8 000	195.5
4 000	204.8	9 000	193.6

30.

速度 (英里/小时)	刹车距离 (停车制动距离，英尺)	速度 (英里/小时)	刹车距离 (停车制动距离，英尺)
10	13	50	169
20	39	60	234
30	75	70	312
40	117		

进一步应用

31~42: **函数的草图**. 对于每个函数，利用你的直觉或如有必要附加研究，做以下工作.

a. 描述函数的定义域和值域.

b. 画一个函数的草图. 解释图形中的假设.

c. 简要讨论图形作为真实函数模型的有效性.

31. 登山时 (海拔，温度).
32. (一年中的一天，高温)，你在某城已居住超过两年.
33. (血液酒精含量, 反应时间)，针对某个人.
34. (一本书的页数，读这本书的时间).
35. 在繁忙的十字路口的一整天中 (一天的时间，交通流量).
36. (汽油价格，黄石公园的游客人数).
37. (房间里的人数，两个人握手的总数).
38. (点燃后的分钟数，蜡烛长度).
39. (时间，中国人口)，其中时间是 1900 年之后的年份.
40. 在一个特定的海滨港口超过两天时 (一天的时间，涨潮).
41. (大炮的角度，炮弹移动的水平距离).
42. (汽车重量、平均油耗).

实际问题探讨

43. **日常模型**. 描述你在日常生活中经常使用或遇到的三种不同的模型 (数学或其他). 这些模型所代表的潜在“现实”是什么? 构造这些模型时做了哪些简化?

44. **函数和变量**. 在最近的新闻报道中找出三个不同的变量. 对于每个变量，指定另一个相关变量，然后写一段文字描述一个与这两个变量相关的函数. 三个函数中至少有一个不使用时间作为自变量.

45. **白天**. 调查那些提供不同纬度地区全年不同时间的白昼长度 (日照时长) 的网站 (日出和日落时间表也可以). 制作类似于图 9.7 的图表，显示不同纬度地区一年中的日照时长变化.

46. **变量表**. 利用网络查找两个变量的数据，这两个变量在某种程度上明显相关. 创建一个数据值表 (在 10~20 个条目之间). 对数据作图，并用文字描述与变量相关的函数. 提示: 一些可能的变量是 (时间，城市人口)、大联盟棒球队的 (平均击球率，平均工资) 以及酒精对行为能力的影响 (血液酒精含量，反应时间).

9.2 线性模型

在 9.1 节中，我们用表格和图形表示函数. 现在我们将考察一种更常见、更通用的表示函数的方式：使用方程. 虽然方程比图片更抽象，但它们从数学角度来说更容易操作，为构造和分析数学模型提供了有力工具. 我们可以从最简单的模型——线性模型来理解数学建模的基本原理. 线性模型可以用线性函数表示，它的图形是一条直线.

线性函数

想象一下，我们在稳定的降雨过程中测量雨量计中积雨的深度 (见图 9.8(a)). 6 小时后雨停，我们要描述下雨期间雨深如何随时间变化. 在这种情况下，时间是自变量，雨深是因变量. 根据雨量计的测量结果，我们可以找到如图 9.8(b) 所示的雨深函数. 因为图形是一条直线，所以我们使用的是**线性函数** (linear function). 如果使用这个线性函数作为模型来预测不同时间的降雨深度，那么我们可以将其看作线性模型.

变化率

图 9.8 显示，在暴雨期间，雨深每小时增加 1 英寸. 我们可以说雨深相对于时间的变化率是每小时 1 英寸，或 1 英寸/小时. 在整个暴雨期间，这种变化速度是不变的：无论我们对哪个小时的降雨量进行研究，雨深均增加了 1 英寸. 这说明了关于线性函数的重要事实：线性函数具有恒定的变化率和直线图形.

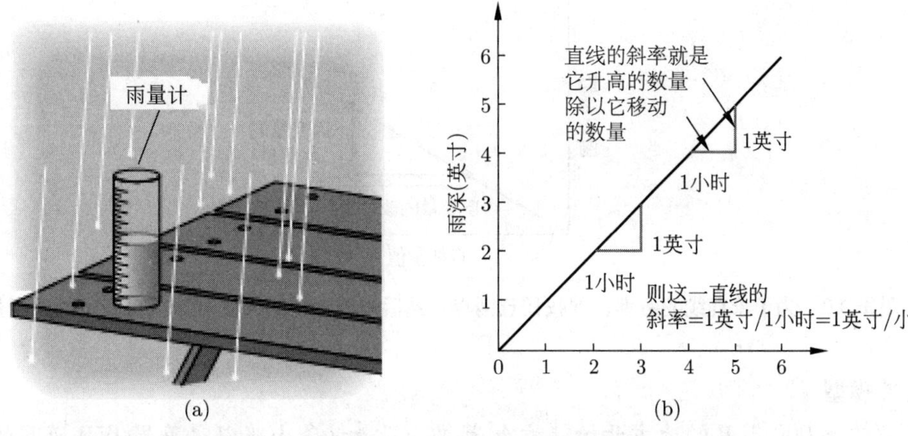

图 9.8　(a) 雨量计，(b) 显示暴雨中雨深如何随时间变化的图形

图 9.9 显示了其他三场暴雨的图形. 图 9.9 (a) 中的固定变化率为 0.5 英寸/小时，图 9.9 (b) 中的固定变化率为 1.5 英寸/小时，图 9.9 (c) 中的固定变化率为 2 英寸/小时. 对比图 9.9 中的三个图形，我们有一个重要发现：变化率越大，图形越陡峭.

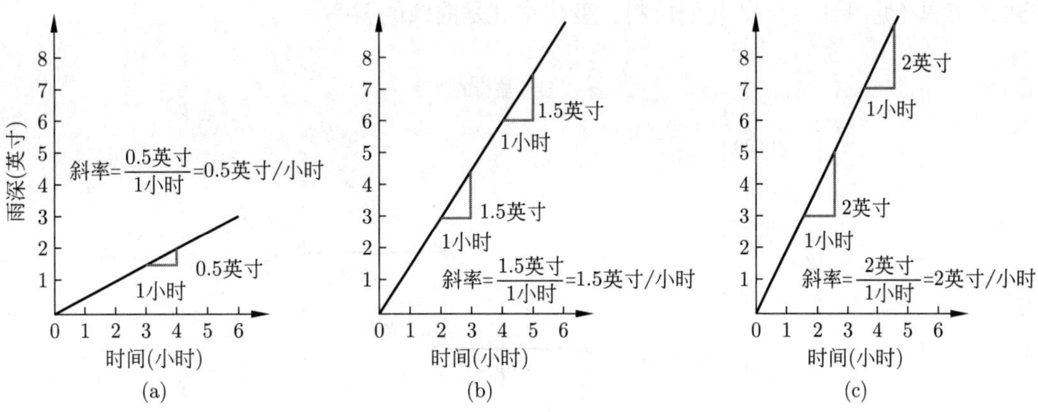

图 9.9　另外三个降雨深度函数，斜率从 (a) 增加到 (c)

从图形上的小三角形可以看出每条直线的**斜率** (slope)，其定义为当水平方向改变固定距离时垂直方向上升的高度. 更重要的是，图 9.8 还显示了斜率等于变化率.

线性函数

线性函数具有恒定变化率和直线图形. 所有线性函数均满足

- 变化率等于图形的斜率.
- 变化率越大，图形越陡.
- 我们可以通过计算图形上两点的斜率给出变化率 (见图 9.10)：

$$\text{变化率} = \text{斜率} = \frac{\text{因变量的改变量}}{\text{自变量的改变量}}$$

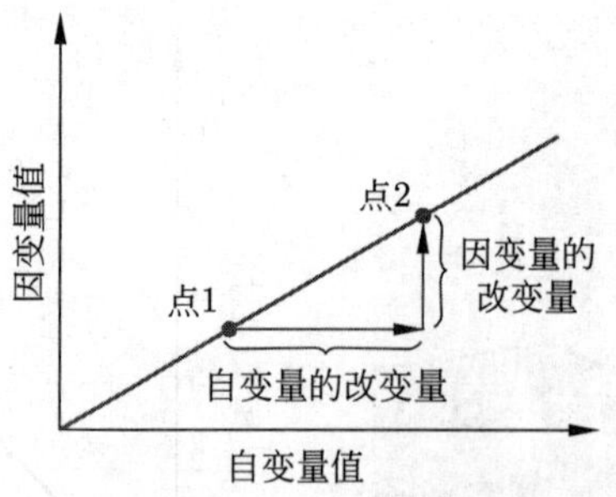

图 9.10　为了求直线的斜率，寻找任意两点，然后用因变量的改变量除以自变量的改变量即可

例 1　绘制线性模型

假如你从海拔 8 000 英尺的地方开始徒步 3 英里，沿着这条小路以每英里 650 英尺的速度上升. 沿着小路的高度 (以英尺计) 可以看作步行距离 (以英里计) 的函数. 那么海拔高度函数的值域是什么? 根据给定的数据，画出一个线性函数, 描述沿着小路步行时的海拔高度. 这个模型看起来真实吗?

解　由于高度依赖于行走的距离，距离就是自变量, 海拔高度是因变量. 定义域是 0~3 英里，它表示路径的长度. 我们有一个数据点:(0 英里，8 000 英尺) 表示起点的海拔 8 000 英尺. 我们也知道海拔相对于距离的变化率是 650 英尺/英里. 因此，图上的第二个点是 (1 英里，8 650 英尺). 我们用直线连接这两个点，并将直线从 0 英里延伸到 3 英里 (见图 9.11). 如我们所料，变化率就是曲线的斜率.

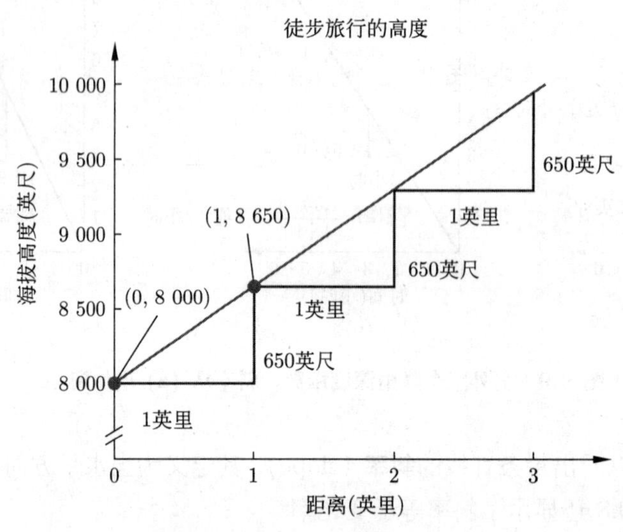

图 9.11　例 1 中的线性函数

实用技巧　函数画图

图形绘制工具使绘制几乎任何函数的图形变得更容易，当然也有其他方法可以完成相同的任务. 搜索“画图工具”，会发现许多提供类似画图小程序的网站. 你也可以在 Excel 中为函数绘制一个由 (x,y) 数据点组成的表格，一列放 x 值，另一列放对应的 y 值; 然后，使用 Excel 的图表类型 “Scatter” 制作图表 (参见“实用技巧　Excel 中的散点图”).

这个模型假设海拔在整个 3 英里的路线中以恒定的速度增长. 虽然平均每英里 650 英尺的海拔变化看似

合理，但实际的变化速度可能会随着路线的不同而变化. 模型的预测很可能是对你在不同海拔点高度的合理估计，而不是精确数值.

▶ 做习题 11~12.

例 2　价格-需求函数

一家小商店出售新鲜的菠萝. 根据菠萝价格在 2~5 美元之间的数据，店主建立了一个模型，其中使用线性函数来描述需求 (每天售出的菠萝数量) 如何随价格变化 (见图 9.12). 例如，点 (2 美元，80 个菠萝) 表示，如果菠萝价格是每个 2 美元，每天可以卖出 80 个菠萝. 这个函数的变化率是多少? 讨论该模型的有效性.

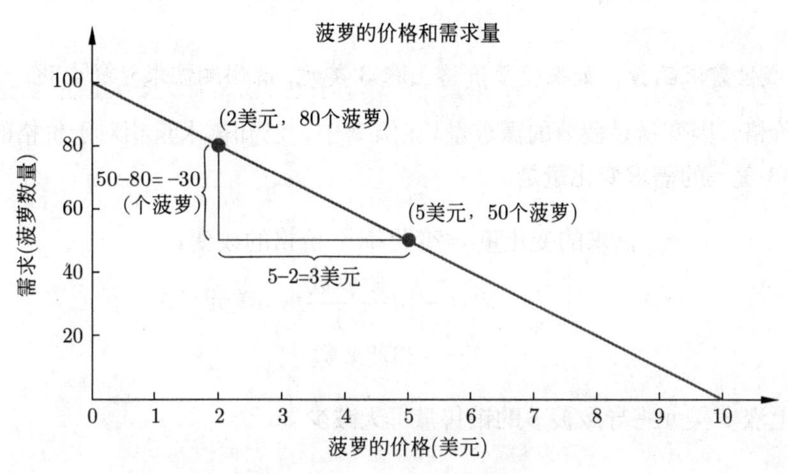

图 9.12　例 2 中的线性函数

解　需求函数的变化率是曲线的斜率. 我们确定价格为自变量，需求为因变量. 我们可以用图上任意两点计算斜率. 选择点 1 为 (2 美元，80 个菠萝)，点 2 为 (5 美元，50 个菠萝). 两者之间的价格变化 5−2=3 美元，两点之间的需求改变量是

$$50\text{个菠萝} - 80\text{个菠萝} = -30\text{个菠萝}$$

需求改变量是负的，因为需求从点 1 减少到点 2. 此时变化率是

$$\text{变化率} = \frac{\text{需求的改变量}}{\text{价格的改变量}} = \frac{-30\text{个菠萝}}{3\text{美元}} = \frac{-10\text{个菠萝}}{1\text{美元}}$$

这说明需求函数的变化率是每 1 美元 −10 个菠萝，即价格每上涨 1 美元，菠萝的销售量就减少 10 个.

从店主收集数据的范围来看，如果价格在 2~5 美元之间，这个模型似乎很合理. 但在这个范围之外，模型的预测可能无效. 例如，该模型预测商店每天可以以 9.90 美元的价格销售一个菠萝，但是永远不可能以 10 美元的价格销售一个菠萝. 还有另一个极端，该模型预测，如果是免费的，也只能“销售”100 个菠萝! 与许多模型一样，这种价格-需求模型只在有限范围内有用.

▶ 做习题 13~16.

因变量的改变量

再次考虑图 9.8 中的雨深函数. 假设我们想知道 4 小时内雨深的变化. 因为这个函数的变化率是 1 英寸/小时，所以 4 小时后的总改变量是

$$\text{雨深的改变量} = 1\frac{\text{英寸}}{\text{小时}} \times 4\text{小时} = 4\text{英寸}$$

注意这里单位的换算, 另外, 经历的时间就是自变量的变化, 雨深的变化就是因变量的变化. 我们可以把这一想法推广到其他函数.

变化率法则

根据变化率法则，我们可以从自变量的改变量得到因变量的改变量:

$$\text{因变量的改变量} = \text{变化率} \times \text{自变量的改变量}$$

例 3　需求量的变化

利用图 9.12 中的线性需求函数，如果菠萝价格上涨 3 美元, 请预测需求量的变化.

解　自变量是菠萝的价格，因变量是菠萝的需求量. 在例 2 中，已知需求量相对于价格的变化率是 −10 个菠萝/美元. 则价格上涨 3 美元的需求变化量是

$$\begin{aligned}\text{需求的变化量} &= \text{变化率} \times \text{价格的改变量}\\ &= -10\frac{\text{菠萝数}}{\text{美元}} \times 3\text{美元}\\ &= -30\text{菠萝数}\end{aligned}$$

这个模型预测，价格上涨 3 美元将导致菠萝的销售量每天减少 30 个.

▶ 做习题 17~22.

线性函数的一般方程

假如你的工作是监督一条生产计算机芯片的自动化装配线. 某天你去上班，发现有 25 个芯片是在晚上生产的. 如果芯片以每小时 4 个芯片的恒定速度生产，那么在你轮班期间的任何特定时间芯片的库存有多大?

要回答这个问题，需要找到一个函数来描述芯片的数量如何依赖于一天中的时间. 我们用 t 表示时间，作为自变量. 芯片的数量用 N 表示，是因变量. 在轮班开始时 $t = 0$，初始库存量是 $N = 25$ 个芯片. 因为芯片每小时增长 4 个，这个函数的变化率是每小时 4 个. 我们从初始点 (0 小时, 25 个) 开始，画一条斜率为每小时 4 个的直线 (见图 9.13)，构建图形.

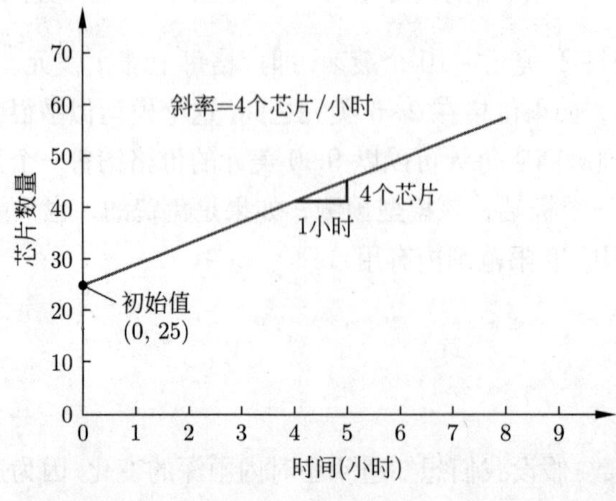

图 9.13　初始值是 25 个芯片, 斜率是 4 个芯片/小时的线性函数

我们的目标是写出这个函数的方程. 首先，我们用一句话描述任何时间点的芯片库存数量:

$$\text{芯片数量} = \text{初始芯片数量} + \text{芯片数量的变化量}$$

对于芯片数量的变化，我们有以下公式:

$$\text{芯片数量的变化量} = 4\frac{\text{个芯片}}{\text{小时}} \times \text{经历的时间}$$

根据以上公式以及芯片的初始数量 25，我们得到关于芯片总数量的方程:

$$\text{芯片数量} = 25\text{个芯片} + 4\frac{\text{个芯片}}{\text{小时}} \times \text{经历的时间}$$

简化符号，我们用 t 表示经历的时间，用 N 表示芯片数量, 得到方程的紧凑形式:

$$N = 25 + 4t$$

注意，因为我们不再显示单位，所以必须记住 25 表示芯片数量，4 表示芯片在单位时间 (小时) 的变化率. 我们可以用这个方程求任意时刻的芯片个数. 例如, 在 $t = 3.5$ 小时，芯片数量为

$$N = 25 + 4 \times 3.5 = 39$$

思考 利用芯片生产方程求出 4 小时后生产的芯片数量. 结果是否与你从图 9.13 中获取的答案一致?

为了把这一例子推广到任何线性函数，须注意:

- 芯片数量 N 为**因变量** (dependent variable) .
- 时间 t 是**自变量** (independent variable) .
- 芯片的原始数量 25 代表因变量在 $t = 0$ 时的**初始值** (initial value) .
- 4 个芯片/小时表示 N 相对于 t 的**变化率** (rate of change), 所以 (个芯片/小时) $\times\, t$ 表示 N 的变化量.

线性函数的一般公式

$$\text{因变量} = \text{初始值} + \text{变化率} \times \text{自变量}$$

直线的方程

如果你上过代数课，就可能熟悉线性函数的方程，只是形式稍有不同. 在代数中，自变量常用 x 表示，因变量常用 y 表示. 直线的斜率通常用 m 表示，初始值或者 ***y* 轴截距** (y-intercept) 用 b 表示. 有了这些符号，线性函数的方程就变成

$$y = mx + b$$

这一形式和上面给出的线性函数的一般方程①相同. 例如，方程 $y = 4x - 4$ 代表斜率为 4 的直线，且它在 y 轴上的截距为 -4. 如图 9.14(a) 所示，y 轴截距告诉我们直线从何处穿过 y 轴.

---

① **说明**: 直线的方程也可写成其他形式. 例如，方程 $Ax + By + C = 0$ 也可表示一条直线，其中 A, B, C 都是常数. 我们可以看到，假设 $B \neq 0$, 由上述方程可解出 $y = -(A/B)x - (C/B)$. 由这种形式可知直线的斜率为 $-(A/B)$, y 轴截距为 $-(C/B)$.

图 9.14(b) 显示了保持相同 y 轴截距但斜率改变带来的影响. 正斜率 $(m > 0)$ 表示直线向右上升, 负斜率 $(m < 0)$ 表示直线向右下降. 0 斜率 $(m = 0)$ 表示一条水平线.

图 9.14(c) 显示了一组有相同斜率的直线在 y 轴截距改变时的影响. 所有直线以相同的速度上升, 但是在不同的点穿过 y 轴.

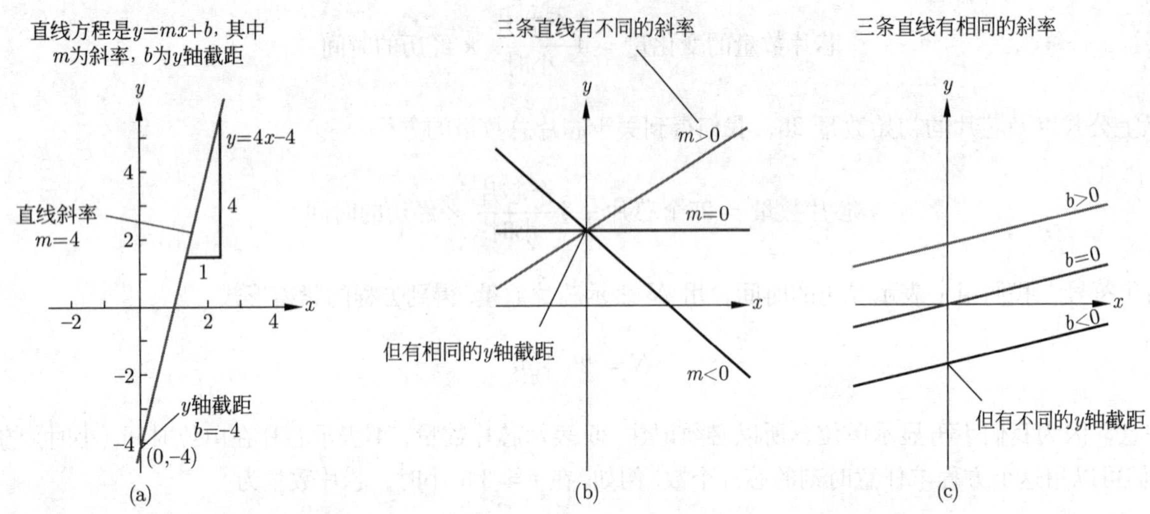

图 9.14 (a) $y = 4x - 4$ 的图形, (b) y 轴截距相同但斜率不同的直线, (c) 斜率相同但 y 轴截距不同的直线

例 4 雨深函数

使用图 9.8 所示的函数, 写出一个描述暴雨开始后任意时刻雨深的方程. 用公式求暴雨开始后 3 小时的雨深.

解 对于图 9.8 中的雨深函数, 变化率为 1 英寸/小时, 暴雨开始时雨深的初始值为 0 英寸, 该函数的一般方程为

$$\text{雨深} = 0\text{英寸} + 1\frac{\text{英寸}}{\text{小时}} \times \text{时间}$$

我们可以用 r 表示雨深 (英寸), t 表示时间 (小时) 来更简洁地写出这个方程:

$$r = 0 + (1 \times t), \quad \text{或者 } r = t$$

将 $t = 3$ 小时代入这个方程, 可得暴雨开始后 3 小时的雨深是 $r = 3$ 英寸.

▶ 做习题 23~24.

例 5 酒精代谢

酒精通过身体代谢 (通过肝脏中的酶), 使血液中的酒精含量 (见 2.2 节) 直线下降. 美国国家酒精滥用与酒精中毒研究所的一项研究显示, 在一组快速饮用 4 杯酒的空腹男性中, 血液中的酒精含量在饮用约 1 小时后最高可达 0.08 克/100 毫升. 3 小时后, 血液中的酒精含量下降到 0.04 克/100 毫升, 寻找一个描述血液中的酒精含量达到峰值后酒精消除的线性模型. 根据模型, 到达峰值后 5 小时的酒精含量是多少?

解 我们将寻找一个线性函数, 其自变量是时间, 因变量是血液中的酒精含量 (简称 BAC). 为避免混淆, 我们将在没有单位的情况下给出 BAC 值. 如果用 $t = 0$ 表示 BAC 达到峰值的时间, 本问题已给出两个点: (0 小时, 0.08) 和 (3 小时, 0.04). 我们可以用这两点来求函数的变化率, 或者说斜率:

$$斜率 = \frac{\text{BAC 的改变量}}{时间的改变量} = \frac{0.04 - 0.08}{(3-0)小时} = \frac{-0.04}{3小时} \approx \frac{-0.013\ 3}{小时}$$

也就是说，每过一小时，BAC 值下降 0.013 3. BAC 的初始值是 0.08，因此，这一线性函数满足的线性方程为

$$\text{BAC} = 0.08 + \left(-0.013\ 3\frac{1}{小时} \times 时间\right)$$

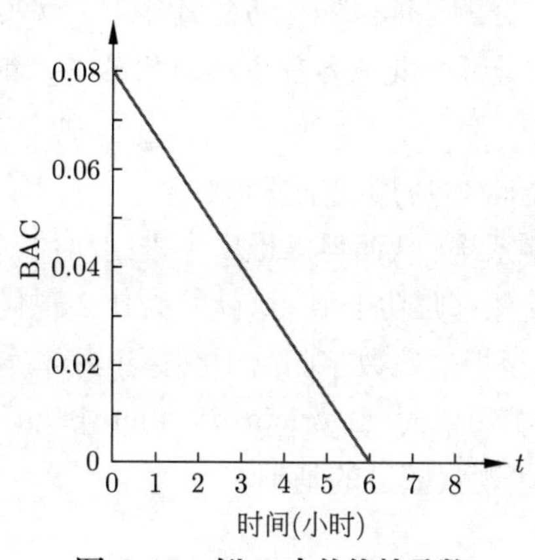

图 9.15　例 5 中的线性函数

我们也可把以上方程简写为

$$\text{BAC} = 0.08 - (0.013\ 3 \times t)$$

图 9.15 显示了这个函数的图形. 斜率是 $-0.013\ 3$, 垂直截距是 0.08. 如果测定峰值过后 5 小时的酒精含量，设 $t = 5$，则 BAC:

$$\text{BAC} = 0.08 - (0.013\ 3 \times 5) = 0.013\ 5$$

血液中的酒精含量达到峰值后 5 小时 (即酒后 6 小时) 的 BAC 仍然很重要. 事实上，这一数值大约是大多数州法律规定限制的 15%.

▶ 做习题 25~26.

例 6　价格需求

根据图 9.12 中的线性需求函数写一个方程. 然后确定每天需要卖出 75 个菠萝的价格.

解　之前，我们知道这个函数的变化率，或者说斜率，是 -10 菠萝/美元. 由于对价格为 0 美元时的需求预测是 100 个菠萝. 则其初始值，或者说 y 轴截距为 100. 我们用 p 表示自变量价格，d 表示因变量需求量. 斜率为 -10, y 轴截距为 100，这个函数的方程是

$$d = 100 - 10p$$

我们要计算给定需求量的价格，必须解出价格 p 的方程，首先两边同时减去 100，然后两边同时除以 -10，最后两边互换，得到

$$p = \frac{d - 100}{-10}$$

把 $d = 75$ 代入上式，可得

$$p = \frac{75 - 100}{-10} = \frac{-25}{-10} = 2.5$$

根据这一模型，如果店主每天想卖出 75 个菠萝，价格应该定在 2.5 美元.

▶ 做习题 27~28.

在你的世界里　代数与巴格达

在公元 5 世纪古罗马灭亡后，欧洲文明进入了被称为“黑暗时代”的时期. 然而，那并不是中东的黑暗时期，在巴格达 (现代的伊拉克) 出现了一个新的学术成就中心. 在这一时期，巴格达的犹太人、基督徒和穆斯林因为对学术的追求而一起工作.

其中一位最伟大的学者是穆罕默德 · 伊本 · 穆萨 · 赫瓦里兹米 (Muhammad ibn Musa al-Khwarizmi, 780—850). 赫瓦里兹米写过几本天文学和数学方面的书, 其中一本名为 "Hisab al-jabr wal-muqabala", 大意是"方程式科学". 这本书保存和扩展了希腊数学家迪奥芬图斯 (Diophantus, 210—290) 的工作, 并因此奠定了代数学的基础. 事实上, "代数" 这个词直接源于书名中的阿拉伯语单词 al-jabr. 这本书的序言讲述它的目的是教

> 什么是最简单和最有用的算术, 就像人们不断在继承、遗产、分割、诉讼和贸易的案件中, 以及在他们彼此间的所有交易中, 或在涉及土地测量、运河开挖、几何计算和其他各种各样的状况下, 都要关注的内容.

需要注意的是, 第一本代数书籍的实际意图与现在许多代数书的抽象本质形成了鲜明对比.

在他的另一项工作中, 赫瓦里兹米阐述了由印度数学家发展的数字系统, 从而得以推广十进制和数字 0 的使用. 由于他并没有宣扬印度人所作的贡献, 后来的作者常常把这些都归功于他. 这就是为什么现代数字被称为印度-阿拉伯数字, 而不只是印度数字. 后来的一些作者甚至把这些数字归功于赫瓦里兹米本人. 草率书写他的名字时, 使用的印度数字被称为"algorismi", 后来成为英语单词"algorism"和"algorithm". 历史学家认为赫瓦里兹米是有史以来最重要的数学家, 就在于他奠定了现代数学的基础.

由两点确定的线性函数

假设我们有两个数据点, 想要找到一个与之对应的线性函数. 我们可以利用这两个数据点来确定函数的变化率 (斜率) 和初始值, 从而得到这个线性函数的方程. 下面通过三个步骤总结这个过程, 变量用 (x, y) 表示. 当然, 你也可以使用任何其他符号.

由两点建立线性函数

步骤 1: 设 x 是自变量, y 是因变量, 找到每个变量在两点之间的改变量, 并计算斜率或者变化率:

$$\text{斜率} = \frac{y\text{的改变量}}{x\text{的改变量}}$$

步骤 2: 将斜率和 x, y 的数值代入方程 $y = mx + b$, 然后求出方程中的唯一未知数, 即 y 轴截距 b.

步骤 3: 利用斜率和 y 轴截距给出线性函数的方程 $y = mx + b$.

例 7　百米赛跑进展

1912 年, 男子 100 米赛跑的世界纪录是 10.6 秒. 这一世界纪录比 2009 年的世界纪录高了整整一秒多, 当时博尔特以 9 秒 58 的成绩跑完 100 米. 利用这两个数据点建立一个线性模型, 描述男子 100 米世界纪录随时间的变化. 解释模型并讨论其有效性.

解　我们寻找一个函数来描述百米赛跑记录如何随时间变化. 这里定义自变量为 t, 表示自 1912 年起经历的时间, 单位是年. 世界纪录是因变量, 用 y 表示, 单位是秒.

我们有两个数据点. 第一个是 $(0, 10.6)$, 表示 1912 年的世界纪录是 10.6 秒. 第二个是 $(97, 9.58)$, 表示 2009 年的世界纪录是 9.58 秒. 现在利用以上方框中给出的 3 个步骤来找到与这两个点相对应的线性函数. 注意, 这里的自变量 t 相当于方框里的 x.

步骤 1: 注意这里用 t 而不是 x 作为自变量, 也就是说, t 相当于求斜率时 x 的角色.

$$m = \text{斜率} = \frac{y\text{的改变量}}{t\text{的改变量}} = \frac{9.58 - 10.6}{97 - 0} = -\frac{1.02}{97} \approx -0.010\ 52(\text{秒/年})$$

步骤 2：写出方程的形式 $y = mt + b$：

$$y = -0.010\ 52t + b$$

步骤 3：把第一个数据点 (0, 10.6) 代入上式，确定 b 的值：

$$10.6 = -0.010\ 52 \times 0 + b \rightarrow b = 10.6$$

最终可得一般线性方程：

$$y = -0.010\ 52t + 10.6$$

我们可以通过代入第二个数据点的值来检验方程的正确性. 把代表 2009 年的 $t = 97$ 代入这一方程，可得 $y = -0.010\ 52 \times 97 + 10.6 \approx 9.58$, 这正是当年的世界纪录.

▲注意！ 当计算直线的斜率值时，我们保留了 5 位小数，因为进一步舍入将不再产生 2009 年世界纪录的正确值. 一般来说，在解决问题的过程中，应该保留大量的小数位数，尽量只在最后进行四舍五入.

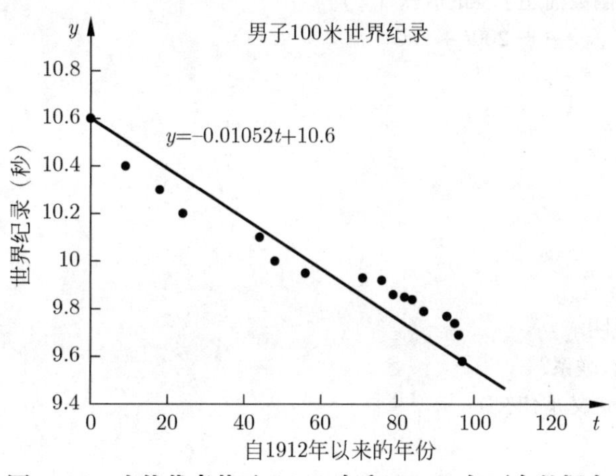

图 9.16　直线代表基于 1912 年和 2009 年两个数据点的线性模型，圆点代表自 1912 年以来 100 米赛跑世界纪录的实际进展

图 9.16 中的直线表示这一线性函数的图形. 斜率是负的，是因为世界纪录随着时间的推移而下降，斜率值约为 −0.01，也就是说世界纪录平均每年下降约 0.01 秒.

为了评估模型的有效性，我们可以将其预测与世界纪录的实际数据进行比较，世界纪录由图 9.16 中的点表示. 这种模型显然并不完美，但总体上似乎不错. 一个突出的趋势是，2000—2009 年的世界纪录大幅下降，这可能会让我们怀疑，这段时期是不是一种反常现象. 另外，该模型也有一些明显的局限性. 例如，如果世界纪录继续以每年 0.01 秒的速度下降，那么这个纪录将在大约 1 000 年后降至零以下，这显然是不可能的.

▶ 做习题 29~34.

测验 9.2

为以下每个问题选择最佳答案，并解释原因.

1. 线性函数的特征是（　）.

   a. 斜率越来越大　　b. 斜率越来越小　　c. 恒定的斜率

2. 假设有一个线性函数的图形. 要确定函数的变化率，我们应该（　）.

   a. 确定定义域　　b. 确定斜率　　c. 将这个函数与另一个密切相关的线性函数进行比较

3. 线性函数的图形是向下倾斜的 (从左到右). 这说明（　）.

   a. 它的定义域在减小　　b. 它的值域在缩小　　c. 它的变化率为负值

4. 假设图 9.11 准确地表示了 6 英里路径的前 3 英里的海拔变化，而这条路径的后 3 英里的斜率是相同的. 那么你预计 5 英里处的垂直高度是多少？（　）

   a. 高度是 $(8\ 000 + 5 \times 650)$ 英尺

   b. 你不应该做预测，因为 5 英里处的高度必定高于图中显示的最大值 1 万英尺

   c. 你不应该做预测，因为 5 英里的路程已超出所示函数的值域

5. 在人口随时间变化的曲线图上，哪个城镇的斜率最大?（　）

   a. 一个城镇以每年 50 人的恒定速度增长

   b. 一个城镇以每年 75 人的恒定速度增长

c. 一个城镇以每年 100 人的恒定速度增长

6. 假设价格函数 = 100美元 − (3美元/年) × 时间. 这个函数的初值是 ( ).

a. 100 美元　　b. 3 美元　　c. 0 美元

7. 考虑例 6 中给出的需求函数，即 $d = 100 - 10p$. 这个函数的图形是 ( ).

a. 从 100 美元的价格开始, 向上倾斜

b. 从 0 美元的价格开始，向上倾斜

c. 从 100 美元的价格开始，向下倾斜

8. 一条直线与 y 轴相交于 $y = 7$，斜率为 -2. 这条直线的方程是 ( ).

a. $y = -2x + 7$　　b. $y = 7x - 2$　　c. $y = 2x - 7$

9. 考虑方程为 $y = 12x - 3$ 的直线. 下面哪条直线与它的斜率相同，但 y 轴截距不同?( )

a. $y = \dfrac{12}{3}x - \dfrac{3}{3}$　　b. $y = 12x + 3$　　c. $y = -12x - 3$

10. 查理在果园里以恒定的速度摘苹果. 上午 9 点他已经摘了 150 个苹果，上午 11 点他已经摘了 550 个苹果. 如果我们用 A 表示苹果的数量，用 t 表示从上午 9 点开始耗费的时间. 以下哪个函数描述了他的收获?( )

a. $A = 150t + 2$　　b. $A = 550t + 150$　　c. $A = 200t + 150$

习题 9.2

复习

1. 函数是线性的是什么意思?
2. 请用文字定义变化率，并给出其计算公式.
3. 一个线性函数的变化率与曲线的斜率有什么联系?
4. 如果给定自变量的改变量，如何计算因变量的改变量? 请举例说明.
5. 描述线性函数的一般方程. 它与标准代数形式 $y = mx + b$ 有什么联系?
6. 描述如何从两个数据点出发建立线性函数方程. 建立这些模型的意义是什么?

是否有意义？

确定下列陈述有意义 (或显然是真实的) 还是没意义 (或显然是错误的)，并解释原因.

7. 当我画线性函数的图形时，结果是一条波浪曲线.
8. 我画了两个线性函数，变化率越大，斜率越大.
9. 高速公路上的行驶速度是行驶距离随时间变化的变化率.
10. 可以由任意两个数据点建立线性模型，但不能保证模型与其他数据点匹配.

基本方法和概念

11~16: **线性函数**. 考虑下面的图形.

a. 用文字描述图形所示的函数.

b. 求出曲线的斜率，并将其表示为变化率 (一定要包含单位).

c. 简单讨论线性函数可以表示给定情形下现实模型的条件.

11.

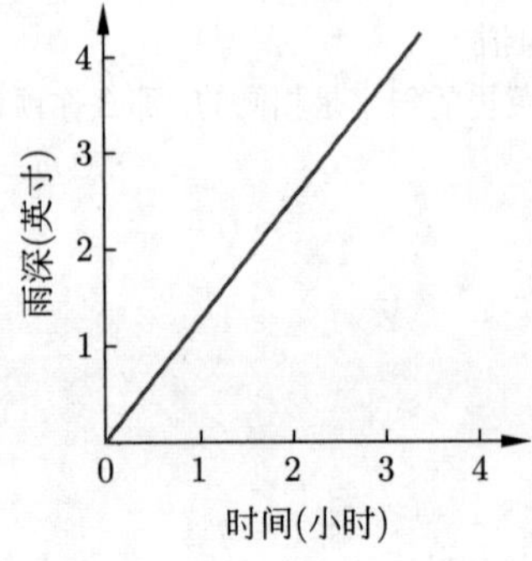

12.

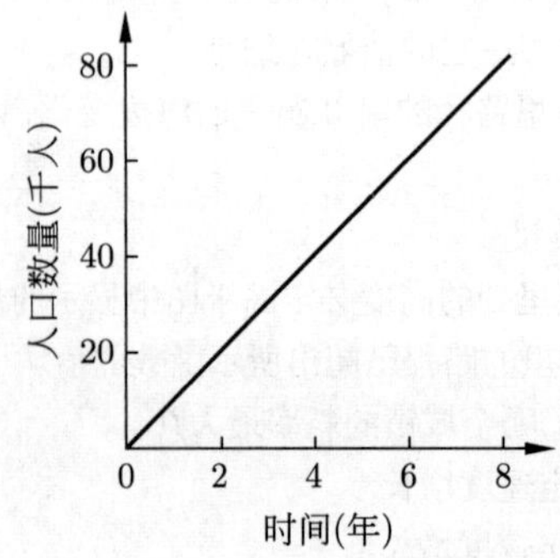

13.

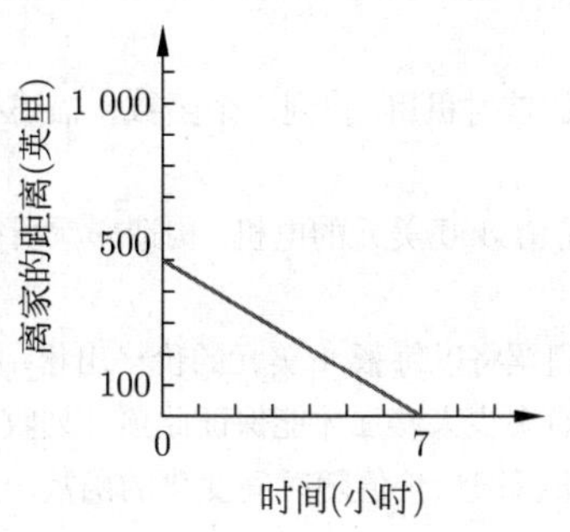

14.

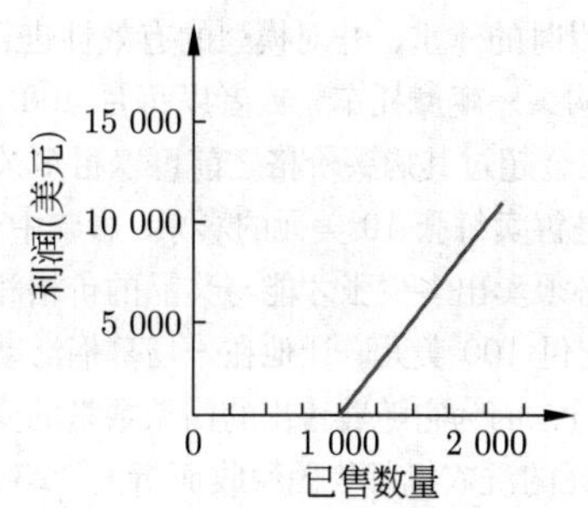

15.

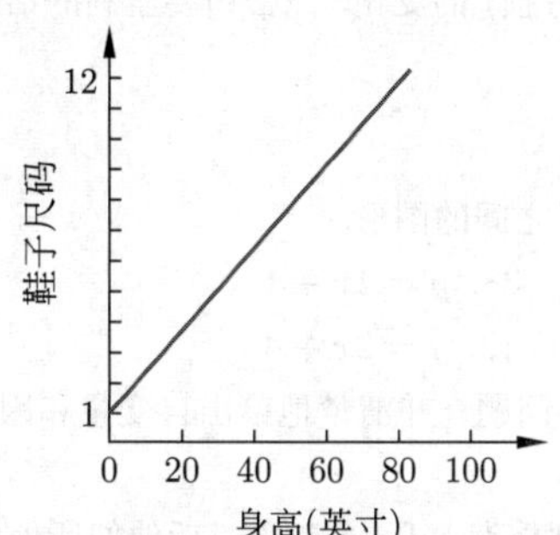

16.

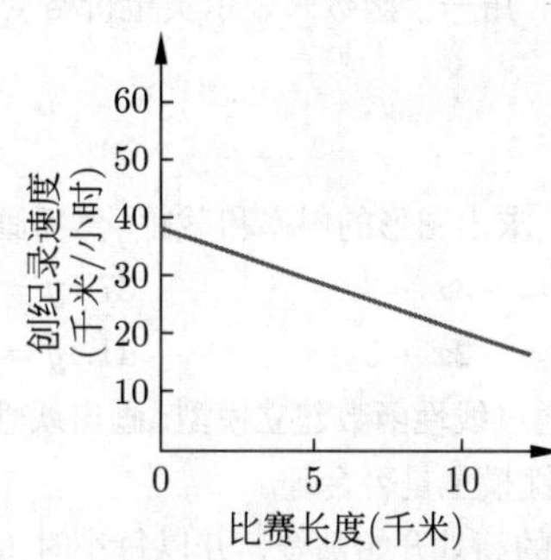

17~22：**变化率法则**. 以下情形均涉及恒定的变化率. 描述一个变量如何随另一个变量的改变而改变，给出其变化率 (带单位)，并使用变化率法则来回答问题.

例：你的指甲每周长 5 毫米. 2.5 周后你的指甲会长多少?

解：指甲的长度随着时间的变化而变化，其变化率为 5 毫米/周. 则在 2.5 周后，你的指甲会生长 5毫米/周 × 2.5周 = 12.5 毫米.

17. 由于蒸发作用，湖泊里水的深度每天减少 2 英寸. 8 天后水深变化是多少? 15 天后呢?

18. 你的无人驾驶汽车在高速公路上以每小时 63 英里的速度行驶. 你在 1.5 小时后能行驶多远? 3.8 小时后呢?

19. 摄氏温度的 1 度变化 (增加或减少) 相当于华氏温度的 9/5 度的变化. 如果摄氏温度升高 5 度，华氏温度会升高多少? 如果摄氏温度下降 25 度，华氏温度会下降多少?

20. 某加油站老板发现，汽油价格每上涨一美分，她每周的汽油销售量就会减少 80 加仑. 如果她把每加仑汽油的价格提高 8 美分，她能卖出多少汽油? 如果她把价格每加仑降低 6 美分呢?

21. 在为期 6 周的减肥计划中，托尼以每天 0.6 磅的速度减重. 15 天后他减重多少? 4 周后呢?

22. 根据某公式，你的最大心率 (每分钟心跳数) 是 220 减去你的年龄 (岁). 从 25 岁到 40 岁，你的最大心率改变了多少? 70 岁时你的最大心率是多少?

23~28：**线性方程**. 以下情形可以通过线性函数建立模型. 请利用线性函数的方程来回答问题，并清楚地给出自变量和因变量. 然后简单讨论对于所描述的情况，线性模型是否合理.

23. 目前一款特定车型的价格为 1.8 万美元，并以每年 900 美元的恒定速度随时间上涨. 3.5 年后买这种新车要花多少钱?

24. 2016 年，凯蒂 · 雷德基 (Katy Ledecky) 以 8 分 4.79 秒的成绩打破了女子 800 米自由泳的世界纪录. 假设世界纪录以每年 1.15 秒的恒定速度下降 (这是 2008—2016 年的平均变化率). 该模型预测 2024 年的世界纪录是多少?(提示：在写方程之前，请把 2016 年 8:04.79 的纪录换算成秒.)

25. 在干燥的高速公路上，铲雪机的最高时速为每小时 40 英里. 雪深每增加 1 英寸，铲雪机的最高时速就会降低 1.1 英里. 根据这个模型，大雪下到多深时铲雪机就无法正常工作了?

26. 假设租一辆汽车的费用是 1 000 美元的首付外加每月 360 美元的服务费. 如果你有 3 680 美元，可以租用多长时间?

27. 假设你在某复印中心租用电脑，安装费用为 10 美元，每使用 5 分钟额外收费 2 美元. 25 美元能使用多长时间?

28. 2010 年，某城镇人口为 1 650 人，并开始以每年 250 人的速度增长. 那么你预测 2030 年该城镇的人口数量是多少?

29~34：**由两点确定的方程**. 构造所需的线性函数，并回答以下问题.

29. 假设你的宠物狗出生时重 5.5 磅，一年后重 20 磅. 根据这两个数据点，找出一个描述体重随年龄变化的线性函数. 用这个函数来预测你的狗在 5 岁和 10 岁时的体重，并对模型的有效性进行评价.

30. 你可以以 8 300 美元的价格购买一辆摩托车，或者以每月 400 美元和 250 美元的首付租用. 找到一个函数，描述租赁的成本如何依赖于时间. 在你支付的租金超过其购买价格之前可以租多久?

31. 校园共和党的校园筹款活动是售卖每张 10 美元的彩票. 彩票中奖的奖品是一台价值 350 美元的电机. 构造彩票所得利润随彩票销售数量变化的函数. 彩票必须卖出多少张才能与奖品的价格相等?

32. 校园民主党计划向一位访客支付 100 美元，让他在一场募捐活动上发言. 活动的门票将以每张 4 美元的价格出售. 找出一个函数，该函数给出了该活动的损益，因为它随着售出的门票数量的变化而变化. 必须有多少人参加才能保证此项计划收支平衡?

33. 自助洗衣店中价值 1 500 美元的洗衣机每年因税收而折旧 125 美元. 找出洗衣机折旧后价值随时间变化的函数. 多长时间后洗衣机价值贬值为 0 美元?

34. 某开采公司每天可以开采 2 000 吨金矿，每吨金矿可提炼 3 盎司黄金. 公司的开采成本为每吨 1 000 美元. 假设 p 表示每盎司黄金的出售价格 (单位：美元)，用一个函数来表示黄金价格变化时公司利润 (或亏损) 的变化. 该公司要盈利的话，黄金的最低价格是多少?

进一步应用

35~42：**线性方程**. 对于以下函数，求出图形的斜率和截距. 然后画出 x 在 $-10 \sim 10$ 之间的图形.

35. $y = 2x + 6$　　36. $y = -3x + 3$　　37. $y = -5x - 5$　　38. $y = 4x + 1$

39. $y = 3x - 6$　　40. $y = -2x + 5$　　41. $y = -x + 4$　　42. $y = 2x + 4$

43~48：**线性图形**. 以下情形可以通过线性函数建立模型. 画出线性函数的图形，回答问题，并清楚地给出自变量和因变量. 然后简单讨论对于所描述的情况，线性模型是否合理.

43. 一群攀岩爱好者从 6 500 英尺的高处开始攀登，并以每小时 600 英尺的稳定速度垂直上升. 3.5 小时后他们所处的高度是多少?

44. 树木的直径每年增加 0.2 英寸. 当你开始观察这棵树时，它的直径是 4 英寸. 请估计这棵树开始生长的时间.

45. 如果要制作一幅海报，需要安装印刷设备的费用是 2 000 美元，另外每幅海报的印刷费是 3 美元. 那么制作 2 000 张海报的总成本是多少?

46. 发酵啤酒中糖的含量随着时间的推移以每天 0.1 克的速度减少，如果最初啤酒中糖的含量是 5 克，那么糖什么时候完全消失?

47. 一所私立学校的费用是 2 000 美元的一次性入会费再加上每年 1 万美元的学费. 那么在这所学校学习 6 年需要花多少钱?

48. 半挂式货车在陡坡上的最高行驶速度随货物的重量而变化. 没有货物时它可以保持每小时 50 英里的最高速度. 装载 20 吨货物时，它的最高速度下降到每小时 40 英里. 通过线性模型预测最高时速降为零时的装载重量是多少?

49. **野生动物管理**. 估算野生动物数量的一种常用技术是在两次不同的外出活动中标记并放生单个动物，这个过程称为捕获和释放. 如果留在采样区域的野生动物在第一次外出时被标记，有一小部分很可能在第二次外出时再次被捕获. 根据被标记的数量和捕获两次的比例，可估计该地区的动物总数.

a. 假如有 200 条鱼在第一次外出时被标记并放生. 在同一区域的第二次活动中，又有 200 条鱼被捕获和释放，其中一半已经被标记. 估计整个采样区域鱼的总数 N, 并解释原因.

b. 假如有 200 条鱼在第一次外出时被标记并放生. 在同一区域的第二次活动中，200 条鱼再次被捕获并释放，其中 1/4 的鱼已经被标记. 估计整个采样区域鱼的总数 N, 并解释原因.

c. 将 (a) 和 (b) 部分的结果推广，令 p 表示第二次被捕获的已做标记的鱼的比例. 找出 $N = f(p)$ 的函数表达式，以此给出鱼的总数 N 与第二次被捕获时被标记的比例之间的关系.

d. 画出 (c) 部分得到的函数的图形，给出其定义域并说明理由.

e. 假设第二份样本中有 15% 的鱼做了标记. 用 (c) 部分的公式估计采样区域鱼的总数. 在图形上确认你的结果.

f. 确定一项使用捕获和释放方法的真实研究. 报告研究的具体细节，说明它是如何遵循这个问题中概述的理论的.

实际问题探讨

50. **线性模型**. 从新闻或你自己的生活中给出至少两个可用于线性模型的案例，然后给出预测，并且要说明模型的合理性. 简要讨论线性模型能够适用的原因.

51. **非线性模型**. 从新闻或你自己的生活中给出至少一个你必须做出预测的案例，但线性函数不是一个好的模型. 简要讨论 (在图形上) 你期望的函数的形状.

52. **酒精代谢**. 大多数药物是通过指数衰减过程从血液中代谢掉，其半衰期是恒定不变的 (见 9.3 节). 但酒精代谢是个例外，它是通过线性衰变过程代谢的. 找到显示血液中的酒精含量 (BAC) 如何随时间下降的数据，并使用这些数据建立一个线性模型. 讨论模型的有效性. 创建模型时使用了哪些假设 (例如性别、体重、饮用量等)?

53. **财产贬值**. 登录美国国税局的网站，查看某些资产类型的折旧规定，如租赁财产或商业设备等. 建立一个描述折旧函数的线性模型.

9.3 指数模型

在 9.2 节中，我们研究了数学模型里线性函数的使用. 线性函数的特点是它们描述的变量具有恒定的绝对增长率. 正如第八章所讨论的那样，另一种常见且重要的增长模式是指数增长，其中相对增长率是恒定的. 在本节中，我们研究指数函数及其在数学模型中的许多应用.

指数函数

我们的第一个任务是找到指数函数的一般形式. 考察一个小镇，初始人口数量是 10 000 人，并以每年 20% 的速度增长. 正如 8.1 节中所述，小镇人口数量呈指数增长，因为它增加相同的相对数量：每年 20%(见图 8.1). 用第八章的专业术语来说，年增长率为 $P\% = 20\%$，**分数增长率** (fractional growth rate) 为 $r = P/100 = 0.2/$年.

由于最初的人口是 10 000 人. 以 20% 的增长率，第一年最终人口数比初始人口数多 20%，也就是初始总人数的 $120\% = 1.2$ 倍 (参见 3.1 节中的 "'是谁的百分之几' 与 '比谁多百分之几' 的表达" 法则):

$$\text{一年后的总人口} = 10\,000 \times 1.2 = 12\,000$$

到了第二年，数量又会增长 20%，则第二年后的人口数量同样乘以 1.2 倍，即

$$\begin{aligned}\text{两年后的总人口} &= \text{一年后的总人口} \times 1.2\\ &= (10\,000 \times 1.2) \times 1.2\\ &= 10\,000 \times 1.2^2 = 14\,400\end{aligned}$$

第三年同样增长 20%，则第三年后的人口又会多乘以 1.2 倍，即

$$\begin{aligned}\text{三年后的总人口} &= \text{两年后的总人口} \times 1.2\\ &= (10\,000 \times 1.2^2) \times 1.2\\ &= 10\,000 \times 1.2^3 = 17\,280\end{aligned}$$

这一增长可以用图 9.17 来描述, 至此增长模式已经清晰. 如果我们用 t 表示年数，则

$$t\text{年后的总人口} = \text{初始人口} \times 1.2^t$$

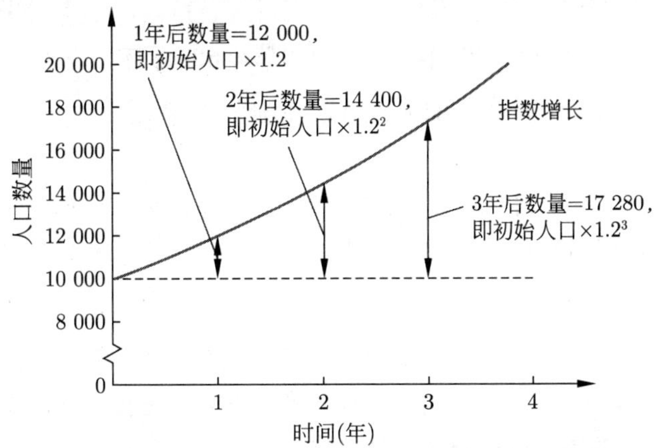

图 9.17 三年内的指数增长, 年增长率为 20%，每年人口增长的增长因子是 1.2

例如，在 $t = 25$ 年后，总人数是 $10\,000 \times 1.2^{25} = 953\,962$.

我们可将这一思想推广到任何增长的变量 Q，以此来给出一般的指数函数.

指数函数

指数函数 (exponential function) 在单位时间内以相同的相对增长量增长或衰减，即有相同的分数增长率 r ($r > 0$ 表示增长，$r < 0$ 表示衰减). 指数函数的一般形式为

$$Q = Q_0 \times (1 + r)^t$$

式中

Q = t 时刻呈指数增长或指数衰减的变量数值

Q_0 = 变量的**初始值** (initial value，t=0)

r = 变量的分数增长率 ($r < 0$ 时为衰减率)

t = 时间

关键说明：

• t 和 r 的时间单位要一致. 例如，如果分数增长率是 0.05/月，则时间 t 也要以月来计量.

• 请记住当指数增长的变量有一个恒定的相对增长率时，它的绝对增长量也会逐渐增加. 例如，人口以每年 20% 的速度增长，但人口在每年的绝对增长量是一直上升的.

这里你可能会注意到，如果我们用 Q 表示银行账户累计存款金额 (复利公式中记为 A)，那么指数函数和复利公式 (4.2 节) 完全一致，其中 Q_0 为起始本金，r 为利率，t 为支付利息的次数. 换句话说，银行复利是指数增长的一种形式.

例 1　美国人口增长

2010 年的人口普查发现，美国人口约为 3.09 亿人，年增长率约为 0.9%. 假设美国人口以这个速度呈指数增长，给出描述美国人口增长的方程，并用这一方程来预测 2100 年的美国人口.

解　数量 Q 是美国人口. 初始值是 2010 年的人口，$Q_0 = 309$ 百万. 百分比增长率为 $P\% = 0.9\%/$年，所以分数增长率为 $r = P/100 = 0.009$ / 年. 方程的形式为

$$\begin{aligned} Q = Q_0 \times (1 + r)^t &= 309\text{百万} \times (1 + 0.009)^t \\ &= 309\text{百万} \times 1.009^t \end{aligned}$$

注意，r 的单位是年，t 也要以年来计量. 2100 年相当于 2010 年以后 90 年. 则我们可用以上指数模型预测 2100 年的人口为

$$Q = 309\text{百万} \times 1.009^{90} \approx 692\text{百万}$$

这说明，以 0.9% 的年增长率，到 2100 年美国人口将增长到近 7 亿人.

▶ 做习题 27~34 (a).

思考　注意，例 1 中预计的美国人口是当前人口的两倍多. 你认为这个预测现实吗? 如果现实，你觉得它会如何影响经济、环境和其他生活质量问题? 如果不现实，为什么?

例 2　人口下降

中国的独生子女政策执行于 1979—2015 年期间，其目标是到 2050 年将中国人口控制在 7 亿人左右. 据估计，2017 年中国人口约为 14 亿人. 假设中国人口以每年 0.5% 的速度减少. 请写出指数方程来描述中国人口数量的变化. 这样的下降速度是否足以达到最初的目标?

解　假设中国人口数量为 Q, 衰减速度是 $P\%=0.5\%$/年，则分数增长率 r 为负，且 $r=-P/100=-0.005$/年. 数量初始值为 2017 年人口，即 $Q_0 = 14$ 亿. 则方程的形式为

$$Q = Q_0 \times (1+r)^t = 14\text{亿} \times (1-0.005)^t = 14\text{亿} \times 0.995^t$$

因为 r 的单位是年，故 t 也以年为单位. 则当 $t = 33$ 年 (从 2017 年到 2050 年) 时，这个指数函数预测 2050 年人口为

$$Q = 14\text{亿} \times 0.995^{33} \approx 12\text{亿}$$

以上说明，每年以 0.5% 的速度减少人口数量，到 2050 年，人口将会减少到 12 亿人，远高于 7 亿人的目标. 此外，实际情况是中国的人口仍然在增长，而不是减少.①

▶ 做习题 27~34(b).

绘制指数函数

绘制指数函数图形最简单的方法是使用对应于倍增时间的点 (在衰减的情况下是半衰期). 从点 $(0, Q_0)$ 开始, 表示 $t = 0$ 时的初始值. 对于指数增长的变量，我们知道经过一个倍增时间 (T_{double})，Q 的值是 $2Q_0$(初始值的两倍)；经过两个倍增时间 ($2T_{\text{double}}$)，Q 的值是 $4Q_0$；三个倍增时间 ($3T_{\text{double}}$) 后是 $8Q_0$，依此类推. 我们可以在这些点之间简单地拟合一条急剧上升的曲线，如图 9.18(a) 所示.②

对于指数衰减的变量，我们知道经过一个半衰期 (T_{half})，Q 的值减小到 $Q_0/2$(初始值的一半)；经过两个半衰期 ($2T_{\text{half}}$)，Q 的值变为 $Q_0/4$；经过三个半衰期 (($3T_{\text{half}}$)，Q 的值是 $Q_0/8$，依此类推. 拟合一条下降的曲线可得到图 9.18(b). 注意，这条曲线越来越接近水平轴，但却永远达不到.

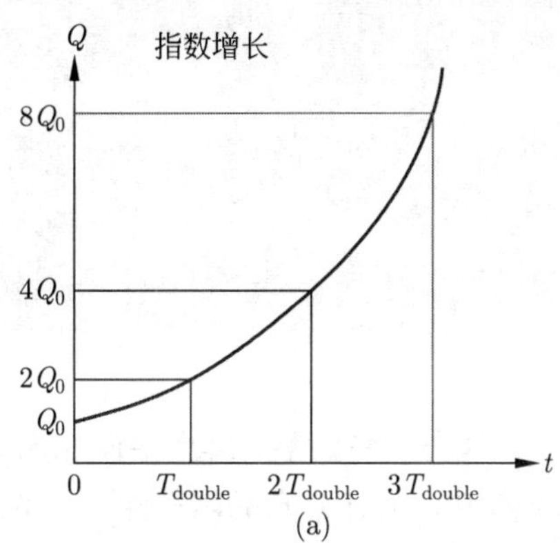

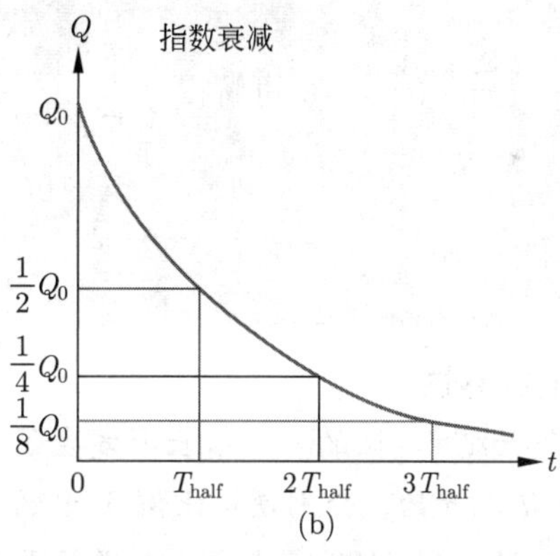

图 9.18　(a) 可以通过绘制重复倍增的点来画出指数增长曲线，(b) 可以通过绘制重复减半的点来画出指数衰减曲线

简要回顾　对数介绍

对数的基本性质 (见“简要回顾　对数”) 引出了两个非常有用的代数技巧. 这些技巧适用于以任何数为底的对数，我们将重点放在常用对数上 (以 10 为底):

---

① **顺便说说**: 1950—2017 年，中国人口增长率从每年 2% 下降到每年 0.4%. 然而，在此期间，中国的实际人口数量增长了一倍多 (1950 年约为 5.5 亿人)，正增长率意味着人口仍在增长.

② **历史小知识**: 研究具有非常数斜率的函数——如指数函数——是微积分的主题，它提供了一个明显独立发现的显著例子. 艾萨克 · 牛顿爵士于 1666 年在英国发展了微积分，但直到 1693 年才出版他的著作. 同时，戈特弗里德 · 威廉 · 莱布尼茨于 1675 年在德国发展了微积分，并于 1684 年发表. 牛顿指责莱布尼茨窃取了他的成果，但大多数历史学家认为，莱布尼茨并不知道牛顿的成果，而是独立地发展了微积分.

1. 我们可以通过对等式两边取对数 (只要方程的两端都是正的)，并应用法则 $\log_{10} a^x = x\log_{10} a$ 解出指数中的一个变量.

2. 我们可以把方程两边都化成 10 的次幂，并利用法则 $10^{\log_{10} x} = x(x > 0)$ 解出对数中的一个变量.

例：由方程 $2^x = 50$ 求解 x.

解：等式两边同时取对数，有

$$\log_{10} 2^x = \log_{10} 50$$

利用法则 $\log_{10} a^x = x\log_{10} a$，以上方程变为

$$x\log_{10} 2 = \log_{10} 50$$

现在等式两边同时除以 $\log_{10} 2$, 可解得

$$x = \frac{\log_{10} 50}{\log_{10} 2} = \frac{1.698\ 97}{0.301\ 03} \approx 5.644$$

例：由方程 $2\log_{10} x = 15$ 求解 x.

解：为把 x 分离出来，等式两边同时除以 2：

$$\log_{10} x = \frac{15}{2} = 7.5$$

由于 x 包含在对数表达式里，对等式两边同时取 10 的次幂，有

$$10^{\log_{10} x} = 10^{7.5}$$

利用法则 $10^{\log_{10} x} = x\,(x > 0)$, 可解得

$$x = 10^{7.5} \approx 3.162\ 3 \times 10^7$$

▶ 做习题 11~26.

例 3　对增长率的敏感性

在过去的一个世纪，美国的人口增长率发生了很大变化. 这取决于移民率、出生率以及死亡率. 从 2010 年人口普查为 3.09 亿人开始，分别使用比例 1 中的 0.9% 低或高 0.2 个百分点的增长率，预测 2100 年人口数量，制作图形，以显示到 2100 年在每一个增长率下的人口变化.

解　比增长率 0.9% 低 0.2 个百分点的增长率是 0.7%. 在这一增长率下，2100 年的人口为

$$Q = 3.09亿 \times 1.007^{90} \approx 5.79亿$$

比增长率 0.9% 高 0.2 个百分点的增长率是 1.1%. 在这一增长率下，2100 年的人口为

$$Q = 3.09亿 \times 1.011^{90} \approx 8.27亿$$

在增长率变化少于 0.5 个百分点的范围内，从 0.7% 到 1.1%，所预测的 2100 年的人口就有近 2.5 亿人 (从 5.79 亿人到 8.27 亿人) 的变化. 很明显，人口预测的数值对增长率的变化非常敏感.

下面将画出这些图形，注意我们已经有了在每一增长率下的两个点：2010 年初始人口 $Q_0 = 3.09$ 亿人，以及计算出的 2100 年的人口. 然后通过倍增时间找到第三个点，即人口达到 $2Q_0 = 6.18$ 亿人的时间. 我们利

用倍增时间公式来确定在 $r = 0.009$ 时的倍增时间大约是 77 年，$r = 0.007$ 时的倍增时间是 99 年，$r = 0.011$ 时的倍增时间是 63 年. 图 9.19 显示了三个增长率下的不同曲线.

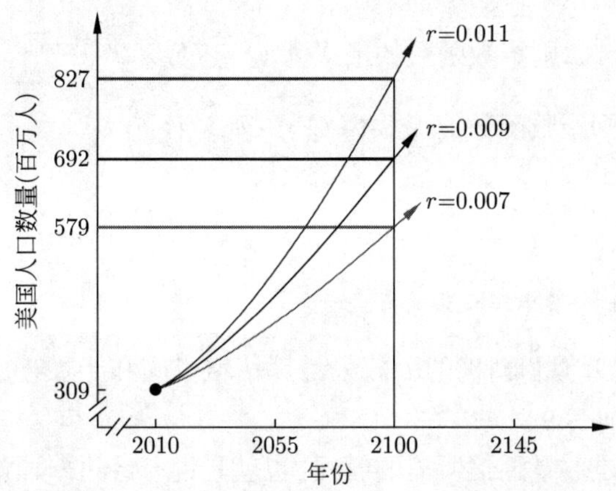

图 9.19　三个不同增长率下美国未来人口的增长曲线

▶ 做习题 27~34 (c).

思考　在美国，有些人主张提高出生率，以此来提高人口增长率，以便将来有更多工人. 另一些人主张降低出生率，以保持未来有较低的人口数量. 你有什么看法？详细阐述你的观点.

指数函数的其他形式

指数函数的一般方程为 $Q = Q_0 \times (1+r)^t$，包含增长率 r 而不是倍增时间或半衰期. 由于我们经常会用到倍增时间或半衰期，所以利用 T_{double} 或 T_{half} 重新写出方程会很有用.

为了找到第一种替代形式，我们知道，在经历时间 $t = T_{\text{double}}$ 之后，变量 Q 的数值会增长到其初始值的两倍，即 $Q = 2Q_0$. 因此由以下步骤可以给出另一种形式:

步骤 1：先给出一般方程：

$$Q = Q_0 \times (1+r)^t$$

步骤 2：把 $Q = 2Q_0, t = T_{\text{double}}$ 代入以上方程：

$$2Q_0 = Q_0 \times (1+r)^{T_{\text{double}}}$$

步骤 3：交换等式两边，并同除以 Q_0：

$$(1+r)^{T_{\text{double}}} = 2$$

步骤 4：等式两边同乘以 $1/T_{\text{double}}$ 次幂：

$$1 + r = 2^{1/T_{\text{double}}}$$

步骤 5：把以上表达式再代入一般方程：

$$Q = Q_0 \times (2^{1/T_{\text{double}}})^t = Q_0 \times 2^{t/T_{\text{double}}}$$

注意，这正是我们在 8.2 节中使用的指数增长方程. 类似的步骤可以给出含有半衰期的一般指数方程. 下面的图框总结了一般指数方程的三种常见形式.

指数函数的形式

- 如果给定增长率或衰减率 r，则指数函数的形式为 $Q = Q_0 \times (1+r)^t$.

此时 $r > 0$ 代表增长，$r < 0$ 代表衰减.

- 如果给定倍增时间 T_{double}，则指数函数的形式为 $Q = Q_0 \times 2^{t/T_{\text{double}}}$.
- 如果给定半衰期 T_{half}，则指数函数的形式为 $Q = Q_0 \times \left(\frac{1}{2}\right)^{t/T_{\text{half}}}$.

数学视角 倍增时间和半衰期公式

在 8.2 节中，我们使用了近似和精确的公式来计算倍增时间和半衰期. 现在我们有了指数函数的方程，可以看到这些公式是从何而来的.

对于指数增长，倍增时间是数量翻倍所需的时间. 也就是说，经过一段时间 $t = T_{\text{double}}$，这个量已经增长到其初始值的两倍，或者 $Q = 2Q_0$. 将这些值代入指数方程

$$2Q_0 = Q_0 \times (1+r)^{T_{\text{double}}}$$

两边同除以 Q_0，然后交换两边，有

$$(1+r)^{T_{\text{double}}} = 2$$

要解这个方程里的倍增时间，我们必须把指数“降下来”，两边取对数 (见“简要回顾　对数介绍”):

$$\log_{10}[(1+r)^{T_{\text{double}}}] = \log_{10} 2$$

利用法则 $\log_{10} a^x = x \log_{10} a$，这个方程变成

$$T_{\text{double}} \log_{10}(1+r) = \log_{10} 2$$

等式两边同时除以 $\log_{10}(1+r)$，得到倍增时间的精确公式，如 8.2 节所示:

$$T_{\text{double}} = \frac{\log_{10} 2}{\log_{10}(1+r)}$$

类似地，我们可以得到指数衰减的半衰期. 对于衰减，当经过 $t = T_{\text{half}}$ 时间后，数值减少到原数值的一半，或者 $Q = \frac{1}{2}Q_0$. 类似于增长模式的代数过程，再用 T_{half} 代替 T_{double}，用 $\log_{10}\left(\frac{1}{2}\right)$ 代替 $\log_{10} 2$，可得结果

$$T_{\text{half}} = \frac{\log_{10}\left(\frac{1}{2}\right)}{\log_{10}(1+r)}$$

我们可以通过等式 $\frac{1}{2} = 2^{-1}$ 来简化这一结果. 利用法则 $\log_{10} a^x = x \log_{10} a$，我们得到 $\log_{10} 2^{-1} = -\log_{10} 2$. 通过代换，可以得到 8.2 节里的公式:

$$T_{\text{half}} = -\frac{\log_{10} 2}{\log_{10}(1+r)}$$

注意，指数衰减时 r 是负的，所以在这种情况下 $1+r$ 小于 1.(例如，如果 $r=-0.05$，则 $1+r=0.95$.) 因为 0~1 之间的对数值是负的，故这个公式恰给出了半衰期的正值.

其他应用

到目前为止，我们在本章中已经利用指数函数来模拟人口的增长和下降，并在第四章中进行银行复利计算. 当然，它们还有其他更广泛的应用，现在将探讨其中的一些应用.

通货膨胀

价格往往随时间变化，因此只有在价格随着通货膨胀的影响进行调整时，从一个时间到另一个时间的价格比较才会有意义. 我们可以用一个指数函数来模拟通货膨胀的影响，其中 r 代表通货膨胀率.

例 4　每月和每年的通货膨胀 (简称通胀) 率

假设在某个特定的国家，它的月通胀率是 0.8%，则年通胀率是多少? 年通胀率是月通胀率的 12 倍吗? 请解释.

解　我们用指数函数表示通货膨胀，令 Q_0 是 $t=0$ 时的价格，Q 是 t 个月后的价格. 根据月通胀率 $r=0.8\%=0.008$，我们得到

$$Q=Q_0\times(1+r)^t=Q_0\times(1+0.008)^t=Q_0\times1.008^t$$

注意，因为 r 是按月给出的，所以在这个方程中 t 必须以月为单位. 因此，为了求出年通货膨胀率，我们将 $t=12$ 代入方程. 则 12 个月后的价格 Q 是

$$Q=Q_0\times1.008^{12}\approx Q_0\times1.100=1.100Q_0$$

即一年后的价格是初始价格的 1.1 倍，这意味着年通胀率为 10%. 注意，这个年增长率是月增长率的 12 倍多，即大于 $12\times0.8\%=9.6\%$. 原因是通货膨胀的影响逐月增加，就像复利一样. 在这种情况下，用月通胀率乘以 12 得到的 9.6% 类似于按月计息的收益率 APR(见 4.2 节)，而年通胀率类似于按年计息的年利率 APY.

环境和资源

指数模型最重要的应用之一是环境和能源消耗问题. 全球许多污染物在水和空气中的浓度呈指数增长，石油和天然气等不可再生资源的消耗也呈指数增长. 有两个基本因素导致了这种指数增长.

1. 对某种资源的人均需求往往呈指数增长. 例如，在 20 世纪的大部分时间里美国的人均能源消耗呈指数增长 (尽管此后有所放缓).

2. 人口的指数增长意味着对某种资源需求的指数增长，即使人均需求保持不变. 在大多数情况下，需求的增长率是由这两个因素共同决定的.

例 5　中国的煤炭消耗

中国经济的快速发展导致能源需求量呈指数增长，中国的大部分能源来自煤炭. 2000—2012 年，中国煤炭消耗量的年均增长率约为 8%，2012 年煤炭消耗量约为 38 亿吨.

a. 利用这些数据预测中国 2020 年的煤炭消耗量.

b. 利用 8% 的增长率画出图形，预测到 2050 年中国的煤炭消耗量. 讨论模型的合理性.

解 a. 我们用指数函数对中国煤炭的消耗量进行模拟，年增长率为 8%，即 $r = 0.08$. 令 $t = 0$ 表示 2012 年，初始值为 $Q_0 = 38$ 亿吨. 用以描述中国的煤炭消耗量 (单位：亿吨) 的指数函数是

$$\begin{aligned} Q &= Q_0 \times (1 + r)^t \\ &= 38 \times (1 + 0.08)^t = 38 \times 1.08^t \end{aligned}$$

为了预测 2020 年中国的煤炭消耗量，我们设 $t = 8$，这是因为从 2012 年到 2020 年的时间变化是 8 年. 预计消耗量为

$$Q = 38 \times 1.08^t = 38 \times 1.08^8 \approx 70(\text{亿吨})$$

b. 有几种画图的方法，我们可以先求一下倍增时间. 使用精确的倍增时间公式 (见 182 页)，我们发现

$$T_{\text{double}} = \frac{\log_{10} 2}{\log_{10}(1 + r)} = \frac{\log_{10} 2}{\log_{10}(1.08)} \approx 9.0(\text{年})$$

类似于图 9.18(a)，我们从 2012 年开始，即 $t = 0$. 图 9.20 显示了结果. 该模型预测了 2050 年中国的煤炭消耗量将是 2012 年消耗量的 16 倍以上. 幸运的是，中国已经实施了减少煤炭消耗量的各种政策.[①]

▶ 做习题 39~40.

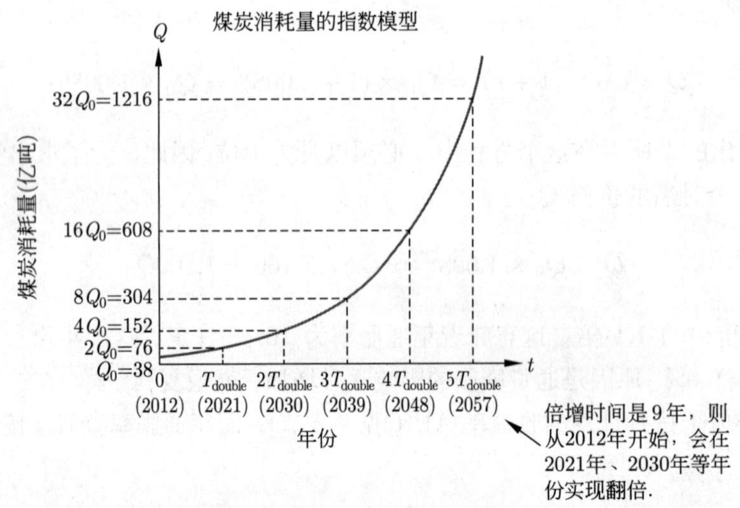

图 9.20 中国煤炭消耗的增长模型，基于 8% 的年增长率，从 2012 年的数据开始

生理过程

许多医学生理过程的变化都是以指数形式呈现的. 例如，肿瘤细胞的增长至少在早期阶段是指数级的，血液中许多药物的浓度是呈指数衰减的. (酒精是个明显的例外，因为它的浓度呈线性下降. 参见 9.2 节中的例 5.)

例 6 药物代谢

考虑一种抗生素，它在血液中代谢的半衰期为 12 小时. 假设下午 1 点注射 10 毫克抗生素. 晚上 9 点血液中还有多少抗生素？画图并描述当药物被排出体外时剩余的抗生素含量.

---

① **顺便说说**：为了减少导致全球变暖的污染物以及有害气体排放，中国正大力投资于煤炭替代技术. 因此，自 2013 年以来，中国的煤炭消耗量实际上有所下降 (至少到 2017 年).

解　因为给出的是半衰期而不是增长率 r，所以我们用包含半衰期的指数函数:

$$Q = Q_0 \times \left(\frac{1}{2}\right)^{t/T_{\text{half}}}$$

此时，$Q_0 = 10$ 毫克, 表示 $t = 0$ 时的初始剂量，Q 是 t 小时后血液里抗生素的含量. 半衰期是 $T_{\text{half}} = 12$ 小时，则方程变为

$$Q = 10 \times \left(\frac{1}{2}\right)^{t/12}$$

需要注意的是，Q 的单位是毫克，t 的单位是小时. 在晚上 9 点, 也就是注射后 8 小时，剩余的抗生素的剂量是

$$\begin{aligned} Q &= 10 \times \left(\frac{1}{2}\right)^{8/12} \\ &= 10 \times \left(\frac{1}{2}\right)^{2/3} \\ &\approx 6.3(\text{毫克}) \end{aligned}$$

注射 8 小时后，血液中仍残留 6.3 毫克的抗生素. 如果画出直到 $t = 100$ 小时内的指数衰减的函数图形，可以看到抗生素的含量逐渐减少且越来越接近于零 (见图 9.21).

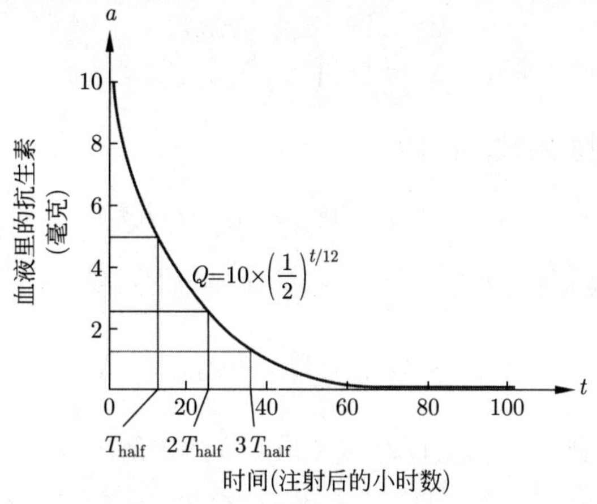

图 9.21　血液中半衰期为 12 小时的抗生素含量呈指数衰减

▶ 做习题 41~42.

放射性年代测定①

正如在 8.2 节所讨论的，我们可以利用放射性元素的指数衰减特性来测量岩石、骨头、陶器或其他含有放射性元素的物体的年龄. 这个过程被称为**放射性年代测定**（radiometric dating）.

放射性年代测定法的基本思想很简单: 如果我们知道当前和原始含量，就可以用一个指数函数来计算物体形成的时间. 当然，我们必须知道这种物质的半衰期，但几乎所有放射性物质的半衰期都在实验室里仔细测

① **历史小知识**: 1960 年，美国科学家威拉德 · 利比 (Willard Libby) 因发明了放射性年代测定法而获得诺贝尔化学奖.

量过. 放射性年代测定的主要困难是确定该物体最初含有多少放射性物质. 幸运的是，由于放射性物质以非常特殊的方式衰变，通常我们可以通过研究物体的整体化学成分来确定其原始含量.

例 7　阿连德陨石

1969 年 2 月 8 日，著名的阿连德陨石落在地球上，照亮了墨西哥的整片天空. 科学家们融化并分析了陨石的小碎片，发现了放射性钾-40 和氩-40 的痕迹. 实验室研究表明，钾-40 会衰变为氩-40，其半衰期约为 12.5 亿年 (1.25×10^9 年)，陨石中的所有氩-40 一定是这种衰变的结果.① 通过比较陨石样本中这两种物质的含量，科学家们确定，在岩石中最初存在的钾-40，现在只剩下 8.5%(其余的已经衰变为氩-40). 构成阿连德陨石的岩石有多少年的历史?

解　我们可以用指数函数来模拟放射性衰变，其中 Q 表示目前放射性物质的量，Q_0 表示原始量. 因为已有半衰期，故我们用下面的函数形式

$$Q=Q_0\times\left(\frac{1}{2}\right)^{t/T_{\text{half}}}$$

对于放射性年代测定，我们将当前的量 Q 与原始的量 Q_0 进行比较，等式两边同时除以 Q_0 会更有用:

$$\frac{Q}{Q_0}=\left(\frac{1}{2}\right)^{t/T_{\text{half}}}$$

在这种情况下，我们的目标是求出 t，也就是岩石的年龄. 已知钾-40 的半衰期为 $T_{\text{half}}=1.25\times10^9$ 年，原始钾-40 有 8.5% 的残留，即 $Q/Q_0=0.085$.

步骤 1：从放射性衰减方程开始:

$$\frac{Q}{Q_0}=\left(\frac{1}{2}\right)^{t/T_{\text{half}}}$$

步骤 2：交换左右两边, 同时取对数, 并求解 t:

$$\log_{10}(1/2)^{t/T_{\text{half}}}=\log_{10}(Q/Q_0)$$

步骤 3：应用法则 $\log_{10}a^x=x\log_{10}a$：

$$\frac{t}{T_{\text{half}}}\times\log_{10}(1/2)=\log_{10}(Q/Q_0)$$

步骤 4：两边同乘以 T_{half}, 再除以 $\log_{10}(1/2)$ 来完成对 t 的求解:

$$t=T_{\text{half}}\times\frac{\log_{10}(Q/Q_0)}{\log_{10}(1/2)}$$

步骤 5：将 T_{half} 和 Q/Q_0 替换为给定的值:

$$\begin{aligned}t&=(1.25\times10^9)\times\frac{\log_{10}0.085}{\log_{10}(1/2)}\\&\approx4.45\times10^9(\text{年})\end{aligned}$$

我们的结论是，阿连德陨石大约有 44.5 亿年的历史.②

▶ 做习题 43~44.

① **顺便说说**: 大多数原子核是稳定的，这意味着它们不会自发衰变. 根据定义，放射性物质的原子核是不稳定的，它会自发衰变并产生新的原子核.

② **顺便说说**: 更精确的测量显示，许多陨石的年代可以追溯到大约 45.5 亿年前，还没有发现比这更古老的陨石. 因此，科学家得出结论，太阳系本身一定是在 45.5 亿年前形成的.

在你的世界里　变化率的改变

在本章中，我们研究了两类非常不同的函数. 线性函数的图形是直线，且有恒定的变化率. 指数函数的图形是急剧上升或下降的曲线，且它们的 (绝对) 变化率不是恒定不变的. 后一种情况如图 9.22(a) 所示，我们看到的是指数增长函数的图形. 叠加在指数函数曲线上的是几条切线. 这些直线与曲线相切于一点，因此它们可以很好地度量曲线的陡峭程度. 注意，$t=0$，$t=1$，$t=2$ 和 $t=3$ 处的切线逐渐变陡 (斜率更大). 换句话说，函数的变化率随着 t 的增大而增大. 这是指数增长函数的一个普遍性质: 随着自变量的增大，函数的变化率也增大. 我们说指数增长函数“以递增的速度在增长”.

图 9.22(b) 显示了指数衰减函数的斜率的变化. 在这种情况下，随着 t 的增加，切线变得不那么陡峭了 (斜率更小)，这导致曲线变得平缓. 我们说指数衰减函数“以递减的速度在减少”.

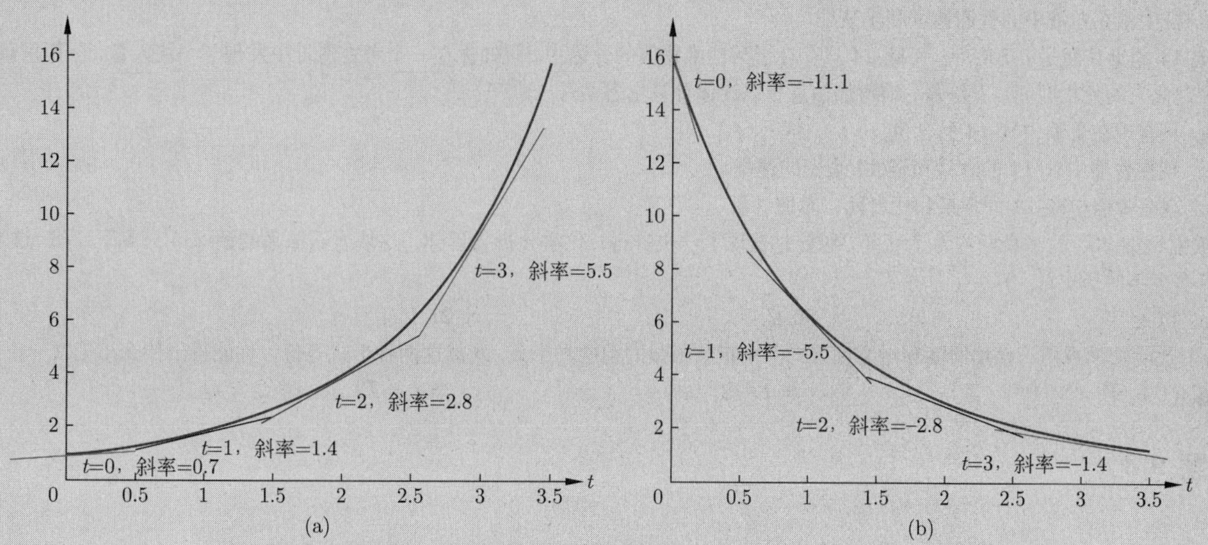

图 9.22　(a) 变化率递增的指数增长函数 (由于函数不断上升，故斜率均为正)，(b) 变化率递减的指数衰减函数 (由于函数不断减小，故斜率均为负)

我们现在看到了线性函数的特殊性: 它们是唯一具有恒定变化率的函数. 所有其他函数更像指数函数，因为它们的变化率在发生改变. 函数的变化率是非常重要的性质，特别是当函数表达一个真实的变量，比如人口数量或投资账户的复利建模时，变化率的改变不仅告诉我们函数的取值是增加还是减少，也告诉我们增加或减少的快慢程度，这是建模和预测的关键信息.

考虑到变化率的重要性，它作为数学分支——微积分的主题也就不足为奇了. 公平地说，微积分就是对变化率的研究. 因为我们周围的世界在不断变化，所以微积分理论给我们周围的世界带来了很多启发.

测验 9.3

为以下每个问题选择最佳答案，并解释原因.

1. 关于指数增长，哪个陈述是正确的?( )

　a. 绝对增长率是常数　　b. 相对增长率是常数　　c. 相对增长率在增加

2. 一个城市的人口从 10 万人开始每年增长 3%，持续 7 年. 在一般指数方程 $Q=Q_0\times(1+r)^t$ 中，Q_0 是 ( ).

　a. 100 000　　b. 3　　c. 7

3. 一个城市的人口从 10 万人开始每年增长 3%，持续 7 年. 在一般指数方程中 $Q = Q_0 \times (1+r)^t$ 中, r 是 ( ).

a. 3　　b. 0.03　　c. 7

4. 据估计，2017 年印度人口为 13.4 亿人，年增长率为 1.2%. 如果增长率保持稳定，2027 年的人口将达到 ( ).

a. 13.4 亿 $\times 1.012^{10}$　　b. 13.4 亿 $\times 10^{1.2}$　　c. 2 027 $\times$(13.4亿)$^{0.012}$

5. 假设通货膨胀导致美元以每年 3.5% 的速度贬值. 要使用一般的指数模型来找出未来某一时刻美元的价值与其现值的对比，你可以将 r 设为 ( ).

a. 3.5　　b. 0.035　　c. -0.035

6. 图 9.18(b) 为指数衰减量曲线图. 理论上，Q 的值达到零需要几个半衰期?( )

a. 6　　b. 12　　c. Q 的值永远达不到零

7. 波莉接受了大剂量的抗生素治疗，她想知道 3 天后体内还残留多少抗生素. 哪两条信息可以让你计算出答案?( )

a. 她的体重和抗生素的代谢速度

b. 初始剂量和血液中抗生素的半衰期

c. 抗生素在血液中的代谢速度和半衰期

8. 碳-14 的半衰期是 5 700 年, 而碳-14 只存在于活性生物体的骨骼中. 假如你在一个考古遗址中发现了一块人骨，你想用碳-14 来确定此人的死亡时间. 下列哪一项附加信息可以让你计算出答案?( )

a. 只有现在骨骼中碳-14 的含量

b. 现在骨骼中碳-14 的含量和碳-14 衰变的速率

c. 现在骨骼中碳-14 的含量和死者死亡时的含量

9. 放射性铀-235 的半衰期约为 7 亿年. 假如你发现了一块岩石，化学分析告诉你，这块岩石原来的铀-235 只剩下 1/8. 这块石头有多少年的历史?( )

a. 14 亿年　　b. 56 亿年　　c. 21 亿年

10. 对比“数学视角　倍增时间和半衰期公式”中指数函数的前两种形式. 既然这两种形式等价，你能得出什么结论?( )

a. $(1+r)^t = 2^{t/T_{\text{half}}}$　　b. $r = 1 - 2^{t/T_{\text{half}}}$　　c. 当 $t = T_{\text{double}}$ 时 $Q = Q_0$

习题 9.3

复习

1. 解释指数函数 $Q = Q_0 \times (1+r)^t$ 中所有变量的含义. 说明这个函数是如何用于指数增长和衰减的.
2. 简要说明如何从指数方程中求出倍增时间和半衰期.
3. 描述如何利用倍增时间或半衰期绘制指数函数的图形. 指数增长函数的一般图形是什么? 指数衰减函数的一般图形是什么?
4. 描述本章给出的指数函数的三种形式的含义. 每种形式在什么情况下使用?
5. 简要描述指数函数在通货膨胀、环境和资源问题、生理过程和放射性衰变等方面的应用.
6. 简要描述放射性年代测定的过程. 是什么让它变得比较困难? 怎样才能降低难度?

是否有意义？

确定下列陈述是有意义的 (或显然是正确的)，还是没有意义的 (或显然是错误的)，并解释原因.

7. 100 年后，以每年 2% 的速度增长的人口数量将是以每年 1% 的速度增长的人口数量的两倍.
8. 当用指数函数来模拟药物在血液中的衰减过程时，增长率 r 是负的.
9. 我们可以利用放射性物质呈指数衰减的事实，确定考古遗址中古代骨骼的年龄.
10. 我们可以用指数函数来计算银行账户获得的复利.

基本方法和概念

11~26: **复习对数**. 利用“简要回顾　对数知识”里的知识求解未知量为 x 的方程.

11. $2^x = 128$　　12. $10^x = 23$　　13. $3^x = 99$
14. $5^{2x} = 240$　　15. $7^{3x} = 623$　　16. $3 \times 4^x = 180$
17. $9^x = 1\,748$　　18. $3^{x/4} = 444$　　19. $\log_{10} x = 4$
20. $\log_{10} x = -3$　　21. $\log_{10} x = 3.5$　　22. $\log_{10} x = -2.2$
23. $3\log_{10} x = 4.2$　　24. $\log_{10}(3x) = 5.1$　　25. $\log_{10}(4+x) = 1.1$
26. $4\log_{10}(4x) = 4$

27~34：指数增长和衰减规律. 考察以下指数增长和衰减的例子.

a. 构造一个 $Q = Q_0 \times (1+r)^t$ 的指数函数 ($r > 0$ 表示增长，$r < 0$ 表示衰减) 来模拟所描述的情况. 一定要清楚区分函数中的两个变量.

b. 创建一个表格，写出在第一列 10 个单位时间 (年、月、周或小时) 内变量 Q 增长或衰减的数值.

c. 画出指数函数的图形.

27. 一个初始人口为 6 万人的城镇人口以每年 2.5% 的速度增长.
28. 2015 年，某城市拥有 800 家餐厅，其餐厅数量正以每年 3% 的速度增长.
29. 一片拥有 100 万英亩古树的私有森林正以每年 7% 的速度被砍伐.
30. 一个拥有 1 万人的小镇，由于经济不景气，每个月流失 0.3% 的居民.
31. 2013 年，某城镇的平均房价为 17.5 万美元，但房价正以每年 5% 的速度上涨.
32. 某种药物在人体内以每小时 15% 的速度分解. 血液中所含药物的初始剂量是 8 毫克.
33. 你的新工作的底薪是每月 2 000 美元，每年年底还会有每月 5% 的加薪.
34. 1991 年底，你把 10 万卢布藏在床垫下，当时它们的价值是 1 万美元. 然而，卢布对美元的汇率却以每年 50% 的速度下跌.

35~36：**年通货膨胀与月通货膨胀**. 回答以下有关月和年通胀率的问题.

35. 如果价格以每月 2.5% 的速度增长，那么一年的增长率是多少?
36. 如果黄金价格以每月 1% 的速度下跌，那么一年后下跌的百分比是多少?
37. **德国的恶性通货膨胀**. 1923 年，德国经历了历史上最严重的一次恶性通货膨胀——物价暴涨. 在顶峰时期，房价每月上涨 30 000%. 按照这个速度，一年后价格会上涨多少? 一天后呢?
38. **朝鲜的恶性通货膨胀**. 关注大米价格的专家怀疑，朝鲜在 2010—2011 年曾经历恶性通货膨胀. 假设通货膨胀率为每月 90%(尚未得到证实). 按照这个速度，一年后价格会上涨多少? 一天后呢?
39. **偷猎导致的灭绝**. 假设偷猎使濒危动物的数量每年减少 6%. 进一步假设，当这种动物的数量下降到 50 只以下时，它的灭绝是不可避免的 (由于缺乏没有严重近亲的繁殖选择). 如果目前这种动物的数量是 1 500 只，它什么时候会面临灭绝? 评价指数模型的合理性.
40. **全球石油产量**. 1950 年，全球石油年产量为 5.20 亿吨. 1950—1972 年，产量以每年 7% 的速度增长，但随后增长速度放缓. 2016 年全球石油产量大约达到 48 亿吨.

    a. 利用 1950—1972 年 7% 的增长率，计算 1972 年的全球石油产量.

    b. 利用 (a) 部分的结果，如果 1972—2016 年石油产量继续以 7% 的速度增长，2016 年的石油产量将达到多少? 将这个结果与上面所给的 2016 年的实际数据进行比较.

    c. 根据 (a) 部分的结果，如果 1972—2016 年石油产量以 3% 的速度增长，2016 年的石油产量将达到多少? 将这个结果与上面所给的 2016 年的实际数据进行比较.

    d. 通过反复试验，用指数函数估计 1972 年至 2016 年全球石油产量的年增长率.
41. **羟考酮的代谢**. 镇痛药羟考酮从血液中以指数形式分解并排出体外，其半衰期为 3.5 小时. 假设一个病人在中午接受了 10 毫克羟考酮的初始剂量.

    a. 当天下午 6 点病人的血液中还含有多少药物成分?

    b. 估计药物含量何时达到初始剂量的 10%.
42. **阿司匹林的代谢**. 假设对于一般人来说，阿司匹林在血液中的半衰期为 8 小时. 中午 12 点，某人服用了 300 毫克的阿司匹林.

    a. 当天下午 6 点此人血液中还残留多少阿司匹林? 在午夜 12 点呢? 到第二天中午 12 点呢?

    b. 估计阿司匹林的含量何时能衰减到原始含量的 5%.

43~44: **放射性年代测定**. 使用放射性年代测定公式来回答以下问题.

43. 铀-238 的半衰期为 45 亿年.

    a. 你发现一块岩石含有铀-238 和铅的混合物. 你已确定 60% 的原始铀-238 仍然存在; 剩下的 40% 则衰变成铅. 这块岩石有多少年的历史?

    b. 对另一块岩石的分析表明，它仍含有 55% 的原始铀-238; 另外的 45% 则衰变成铅. 这块岩石有多少年的历史?
44. 碳-14 的半衰期约为 5 700 年.

    a. 你发现一块用有机染料印染的布. 通过分析布中的染料，原来染料中的碳-14 只剩下 63%. 那么这块布大概是什么时候印染的?

b. 在考古遗址发现的一块保存完好的木头中含有 12.3% 的碳-14，而碳-14 只存在于活性生物体中，一旦生物死去，碳-14 将发生衰变. 试估计这块木头是什么时候被砍伐的.

c. 碳-14 对确定地球的年龄有用吗？为什么？

进一步应用

45. **放射性废弃物**. 一种密度为每平方厘米 3 毫克的有毒放射性物质在 55 年前使用的核处理大楼的通风管道中被检测出来. 如果此物质的半衰期是 20 年，那么 55 年前此物质沉积时的密度是多少？

46. **城市人口增长**. 2010 年，一个小城市有 11 万人. 由于担心人口增长过快，居民们通过了《人口增长控制条例》，将每年的人口增长率限制在 2% 以内. 如果人口增长保持 2% 的年增长率，2020 年的人口会是多少？为阻止 2025 年人口达到 15 万人，年增长率的最高上限是多少？

47. **房价上涨**. 2000 年，纽约市的房价均值约为 30 万美元，2000—2006 年，纽约市的房价平均每年上涨约 11%. 如果房价继续以这样的速度上涨，2017 年的房价均值会是多少？相比之下，2017 年的实际房价均值约为 40 万美元.

48. **周期性的药物剂量**. 在固定的时间间隔内反复服用药物 (如阿司匹林或抗生素) 是很常见的. 假设某抗生素的半衰期是 8 小时，每 8 小时服用 100 毫克.

a. 写一个指数函数，表示抗生素从第一次使用到下一次使用之前 (即第一次注射后 8 小时内) 的衰减情况. 在下一次注射之前血液中还残留多少抗生素？下一次注射后血液中含有多少抗生素？

b. 按照与 (a) 部分类似的步骤，计算 16 小时、24 小时和 32 小时用药前后血液中抗生素的含量.

c. 在第一次服药后的 32 小时内，将血液中抗生素的含量绘制成图形. 如果每 8 小时服用一次，持续几天或几周，你预测药物的含量会发生什么变化？请解释说明.

d. 咨询药剂师 (或阅读许多药物所附的说明书)，找出一些常见药物的半衰期. 使用上述步骤为一种药物的代谢过程建立一个数学模型.

49. **大气中二氧化碳的增长**. 大气中二氧化碳 (CO_2) 浓度的直接测量大约从 1959 年开始，当时测量的浓度约为 316ppm(百万分之). 2017 年，浓度值约为 407ppm. 假设此增长过程可以用指数函数 $Q = Q_0 \times (1+r)^t$ 建立模型.

a. 通过对不同的增长率数值 r 进行实验，找出一个与 1959 年和 2017 年给定数据相吻合的指数函数.

b. 用这个指数模型来预测何时二氧化碳浓度将达到 560ppm(是工业化前水平的两倍).

c. 研究二氧化碳浓度的最新趋势. 相比之下，你的模型是否符合？是高估还是低估了近期的增长？请说明.

50. **放射性碘治疗**. 每年大约有 12 000 名美国人被诊断出患有甲状腺癌，约占所有癌症病例的 1%. 它发生在女性身上的概率是男性的 3 倍. 幸运的是，在许多情况下，放射性碘元素 (I-131) 可以成功治疗甲状腺癌. 这种不稳定的碘元素的半衰期为 8 天，以毫居为单位可以小剂量服用.

a. 假设给病人的初始剂量为 100 毫居. 求出初始剂量后第 t 天体内 I-131 含量的指数函数.

b. 从服用初始剂量到体内还残留 10 毫居，需要多长时间？

c. 确定给特定病人服用的初始剂量是一个关键的计算. 如果初始剂量增加 10%(至 110 毫居)，(b) 部分中残留 10 毫居的时间会如何变化？

实际问题探讨

51. **新闻中的通货膨胀率**. 找一篇同时讲述月和年通货膨胀率的新闻报道. 使用本节中的方法，检验通货膨胀率是否一致，并解释原因.

52. **新闻中的指数过程**. 找一篇关于指数增长或指数衰减的新闻报道. 词语“指数的”在报道中是否有应用？你怎么知道有一个指数过程在起作用？说明如何使用指数函数来模拟这个过程.

53. **新闻中的放射性年代测定法**. 找一篇新闻报道，主要讲述采用放射性年代测定法给出考古遗址、化石或岩石的年龄. 简要说明测定过程是如何进行的，并对鉴定结果的准确性进行评价.

54. **资源消耗**. 选择一种特定的自然资源 (如天然气或石油)，并在全国或全球范围内查找该资源的消耗数据. 利用指数增长模型，结合数据讨论资源消耗是否呈指数增长.

55. **可再生能源**. 查找一些关于可再生能源 (如风能或太阳能) 发电量的相关数据. 你能发现发电量呈指数增长的证据吗？根据目前的趋势，你是否能预测这种能源在未来发展的重要性？

第九章　总结

单元	关键词	关键知识点和方法
9.1 节	数学模型 函数 自变量 因变量 定义域 值域 周期函数	一个函数里的一对有序的变量组可以表示成以下形式：(自变量，因变量) 理解记号 $y = f(x)$ 函数可以用数据表格、图形或方程来表示 建立和使用函数的图形 理解函数如何刻画数学模型
9.2 节	线性模型 线性函数 变化率 斜率 初始值 y 轴截距	线性函数的变化率： $变化率 = 斜率 = \dfrac{因变量的改变量}{自变量的改变量}$ 因变量的改变量： $因变量的改变量 = 斜率 \times 自变量的改变量$ 线性函数的一般方程： $因变量 = 初始值 + 变化率 \times 自变量$ 直线的代数方程： $y = mx + b$ 两点之间的斜率： $斜率 = \dfrac{因变量的改变量}{自变量的改变量}$
9.3 节	分数增长率 r 指数函数 初始值 放射性年代测定	指数函数的方程： $Q = Q_0 \times (1+r)^t$ 给定倍增时间时指数函数的方程表示： $Q = Q_0 \times 2^{t/T_{\text{double}}}$ 给定半衰期时指数函数的方程表示： $Q = Q_0 \times \left(\dfrac{1}{2}\right)^{t/T_{\text{half}}}$

第十章 模型中的几何

我们生活在一个三维世界里，对这个世界的大部分认知都源于几何学. 勘查新公园的土地、分析地球的卫星照片、船舶在海上航行以及创建医学图像都依赖于古希腊人的一些思想. 本章将讲述古典几何和现代几何怎样帮助我们理解周围的世界.

10.1 节

几何的基础知识：研究几何的基本思想，包括普通物体的周长、面积和体积公式.

10.2 节

用几何解决问题：考察日常生活中用几何解决问题的实例.

10.3 节

分形几何：探讨分形几何的思想，这种新型几何在艺术和对世界的认知领域都很重要.

问题：你可以使用简单的公式求出像圆形或正方形这些几何形状的周长. 但是假设想要求出具有锯齿状边缘的自然物体（例如蕨叶）的周长，我们就需要一些可以沿着叶子边缘放置的标尺，但不同的标尺具有不同的分辨率（即可以测量的最小长度）. 例如，大多数标尺可以精确测量到毫米，但使用显微镜和带有更精细标记的标尺，你可以测量更小的长度. 以下是关于测量蕨叶周长的描述，请指出哪些描述是正确的.

Ⓐ 无论使用什么标尺，都会求出相同的周长.

Ⓑ 如果使用一个标尺进行测量，然后使用另一个较小长度的标尺重新测量，则重新测量将产生较小的周长.

Ⓒ 如果使用一个标尺进行测量，然后使用另一个较小长度的标尺重新测量，则重新测量将产生更大的周长.

Ⓓ 使用较小长度的标尺只会对测量值产生很小的影响. 如果使用尺子测量蕨类植物的叶子，那么测量值的误差不超过 1/10 毫米.

Ⓔ 测量蕨叶的周长太难了，通过在其周围描绘简单的几何形状并计算该形状的周长，可以获得更准确的周长估计.

答案：在古希腊人发展几何学基本理论之后的 2 000 多年里，人们普遍认为正确答案是 D. 也就是说，只要使用具有足够精度的标尺测量，就会得到准确的周长. 然而，20 世纪，数学家开始意识到许多自然物体（如蕨叶）在用越来越小的尺度时会显示出更精细的结构. 因此，以上问题的正确答案是 C，因为能够测量的标尺尺度越小，意味着你获得的细节越多，从而求出更大的周长.

这种观察和思考逐渐产生了一种全新的几何学，称为分形几何，它可以让我们更深入地了解许多自然物体，而这不是通过经典（或欧几里德）几何就可以得到的. 分形几何的发现并没有使经典几何变得不那么重要，这也是为什么用本章的前两节介绍经典几何. 但是，分形几何打开了一个全新的几何世界，并为我们提供了很多可能性，包括在经典几何的一维、二维和三维之间存在分数维的奇妙想法. 在 10.3 节我们将会了解更多这种新几何类型的迷人之处.

实践活动 天空之眼

通过下面的实践活动，对本章要分析的各种问题获得一个直观的认识. 学习本章之前请完成这一任务，本章结束之后我们将再次讨论.

通过谷歌 (Google) 地球定位或类似的服务系统，我们可以轻松找到地球上几乎任何位置的卫星图像. 这些图像来自绕地球运行的卫星上的望远镜; 与天文望远镜 (如哈勃和詹姆斯 · 韦伯太空望远镜) 不同，这些地球观测望远镜是从太空向下看. 我们可以通过一些简单的几何知识——本章的主题, 研究向下看观测望远镜的用途.

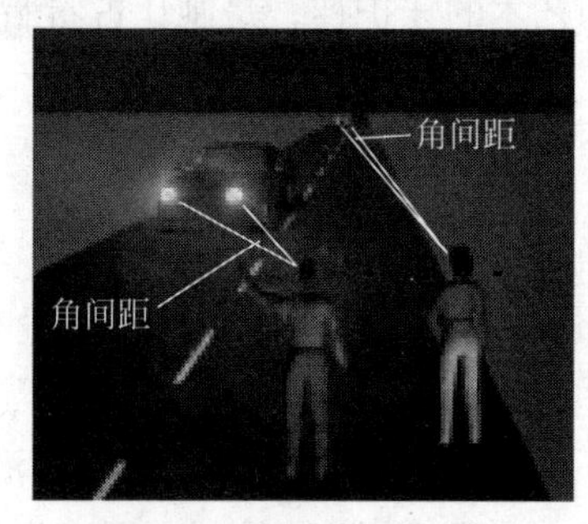

1. 角间距 (方向夹角) 是指从不同于两个点的第三点处观察前两点, 由第三个点指向前两个点的直线之间所夹的角度大小. 两点之间的角间距取决于它们之间的实际距离以及它们与第三点的距离. 例如, 右图显示当汽车距离较远时，汽车上两个前灯的角间距较小. 如果它们的角间距大于 $\frac{1}{60}°$，你的眼睛可以看出两点是不同的，所以我们说此时眼睛的角分辨率大约是 $\frac{1}{60}°$，或者一个弧分. 同样，我们将望远镜的角分辨率定义为望远镜可以检测到的最小角间距. 为了使观察到的细节最大化，观测望远镜应该具有较大的角分辨率还是较小的角分辨率？为什么？

2. 假设望远镜制作精良且观察条件理想，望远镜的角分辨率仅取决于其尺寸和观察到的光波长. 对于可见光（平均波长为 500 纳米)，望远镜的角分辨率由下式给出：

$$\text{角分辨率} \approx \frac{3.5 \times 10^{-5}}{\text{望远镜直径的米数}}(\text{度})$$

利用这一公式, 可以得到 (a) 哈勃太空望远镜的直径为 2.4 米；(b) 用于可见光观测的直径为 6.5 米的望远镜的角分辨率 (詹姆斯 · 韦伯太空望远镜也是同样的尺寸，但是用于红外线观测).

3. 假设使用大小如哈勃太空望远镜的望远镜从 300 千米的高度俯视地球. 地面上的两个点至少相隔多少米，才能通过望远镜辨别它们？这与在网络上的卫星图像中可以区分的最小对象大小相比如何？(提示：你需要用到 10.2 节中给出的小角度公式.)

4. 据推测, 军方拥有的间谍卫星的角分辨率要比供公众使用的卫星高得多. 假设军方想要一台可以在 300 千米高度读取报纸信息的望远镜, 那么望远镜尺寸需要多大？讨论你必须做出的任何假设.（提示：将单词的每个字母看作由一系列单独的点组成，这些点一起形成字母的形状.）

5. 较低的高度显然使间谍卫星更容易看到地面上的细节，但是低轨道上的卫星大约每 90 分钟绕地球一圈，每个轨道将它们带到地球上方不同的地方. 为了连续观测一个区域，卫星必须处于同步轨道——它与地球的旋转速度一致，因此它将保持固定在地球赤道上方的某个位置——这意味着高度约为 35 600 千米. 那么需要多大尺寸的望远镜才能从地球相对静止高度读取报纸内容？军方使用卫星持续监视恐怖分子的可疑地点是否切合实际？

10.1 几何的基础知识

“几何”一词的字面意思是“土地测量”. 在古代几何被用来测量农田周围的洪水盆地，以及建立行星和星球运动的模式等. 然而，几何学不仅仅是一门实用的科学，也有其独特的艺术魅力，这些都可以从古代艺术中使用的几何形状和图案中看到.

古希腊数学家欧几里得 (Euclid，约公元前 325—公元前 270) 在名为《几何原本》①(*Elements*) 的 13 卷教科书中总结了希腊的几何学知识. 这本著作中讲述的几何，也就是所谓的**欧几里得几何** (Euclidean geometry，简称欧氏几何)，是以大家所熟悉的线、角度和平面为基础. 在本节中，我们将回顾欧几里得几何的基础理论.

思考 欧几里得曾在一所名为 Museum 的大学工作，之所以这么命名，是为了纪念缪斯 (Muses)——科学和艺术的守护神，是她让古希腊人携手共进. 今天科学和艺术仍是如此明显地联系在一起吗？为什么？

点、直线和平面

几何对象（如点、线和平面）并不存在于现实世界，是现实世界的理想化实现（见图 10.1）. 几何里的**点** (point) 的尺寸为零，而现实中没有任何真实物体具有零尺寸，但许多真实物体可以近似为几何点. 例如，星星在我们的眼中就是夜空中的光点.

几何里的**直线** (line) 是通过沿最短可能路径连接两个点形成的. 它有无限长度，没有厚度. 另外，现实生活中也没有哪个物体的长度是无限的，所以我们通常使用**线段** (line segments) 或直线的一部分. 拉紧的电线可看作线段的良好近似.

几何**平面** (plane) 是一个完美平坦的表面，具有无限的长度和宽度，但没有厚度. 现实中平滑的桌面可以很好地近似为平面的一部分.

思考 至少描述三个日常生活中的点、线段和平面. 每个真实对象如何与其几何理想化进行比较？

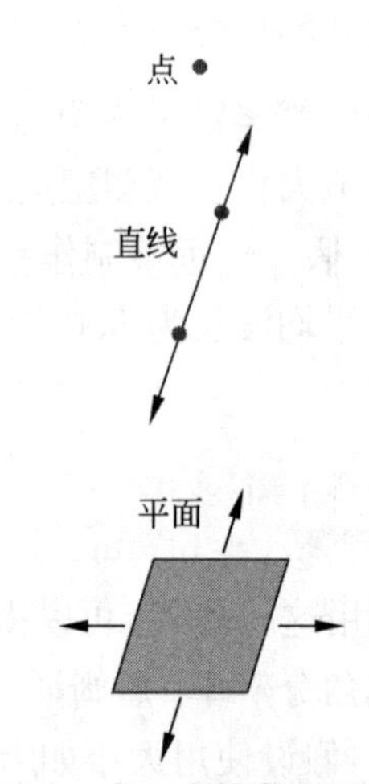

图 10.1 点、直线和平面的表示

维数

一个物体的**维数** (dimension) 可以看作我们在物体上能够沿其移动的独立方向的个数. 假设有一个囚犯固定在一个点，则他无处可去，所以一个点没有维度. 直线是一维的，因为如果你走在一条直线上，就只能朝一个方向移动.（向前和向后计为同一方向——一个是正向，另一个是负向.）在一个平面上，你可以朝两个独立的方向移动，例如北/南和东/西；所有其他方向都是这两个独立方向的组合. 因此，平面是二维的. 而在一个三维**空间** (space) 中，例如我们周围的世界，你可以朝三个独立的方向移动：北/南，东/西，上/下.

我们还可以通过定位一个点所需的**坐标** (coordinates) 数来考虑维数 (见图 10.2). 一条直线是一维的，因

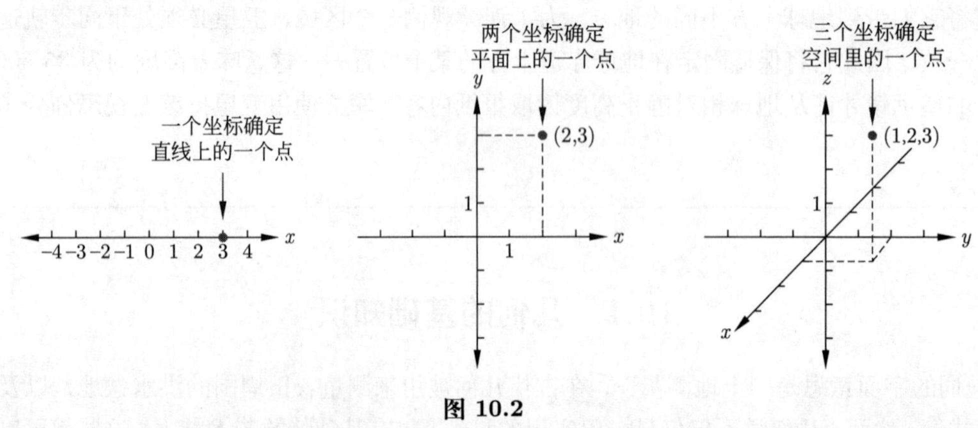

图 10.2

① **历史小知识**：欧几里得的《几何原本》是西方国家近 2 000 年来使用的主要几何教科书. 直到近年来，这本书还是有史以来第二大翻印本（仅次于《圣经》)，而且几乎在任何方面都是历史上最成功的教科书.

为只需要一个坐标（比如 x）来定位直线上的一个点. 平面是二维的，因为需要两个坐标（如 x 和 y）来定位平面上的一个点. 定位三维空间中的点则需要三个坐标，例如 x，y 和 z.

角度

两条直线或线段相交会形成一个**角**（angle）①. 交点称为**顶点**（vertex）. 图 10.3（a）显示了顶点在 A 点的任意角，因此我们将其称为角 A，表示为 $\angle A$. 角度是用从古巴比伦的基-60 数字系统得出的度（°）来衡量. 根据定义，整圆包含的角度为 360°，因此 1° 的角代表圆的 1/360 （见图 10.3（b））. 为了测量角度，我们将其顶点想象为圆的中心. 图 10.3（c）显示 $\angle A$ 对应于圆形的 $\frac{1}{12}$，这意味着 $\angle A$ 的测量值为 $\frac{1}{12}\times 360°$ 或 30°.

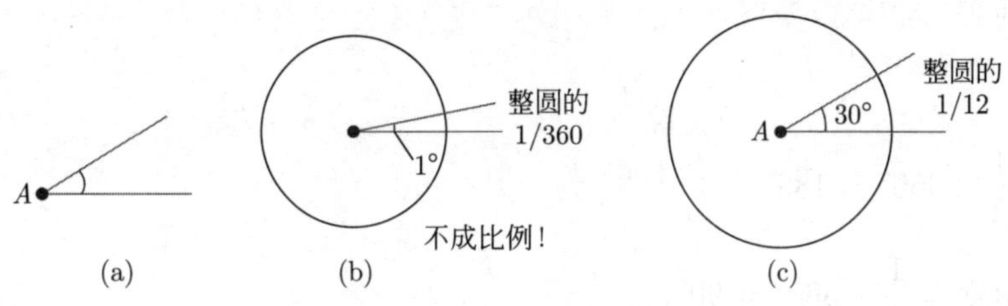

图 10.3 角度测量

如图 10.4 所示，某些特殊的角有如下定义.

- **直角**（right angle）的角度为 90°.
- **平角**（straight angle）由直线形成，角度为 180°.
- **锐角**（acute angle）是指角度小于 90° 的角.
- **钝角**（obtuse angle）是指角度在 90°~180° 之间的角.

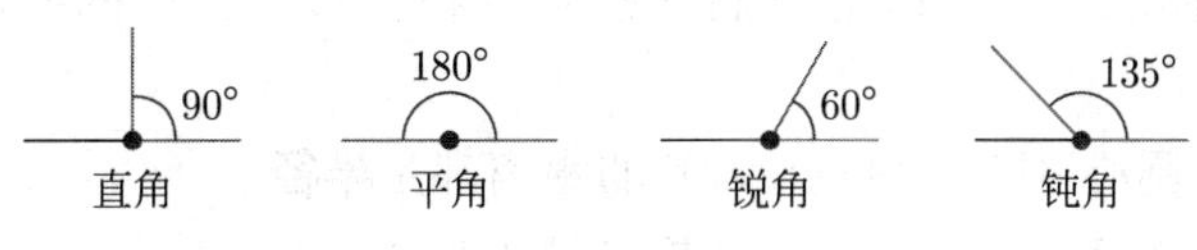

图 10.4 角度测量

思考 分别画出两个不同于图 10.4 所示的锐角和钝角. 急性疾病中“急性症”这一术语的含义与锐角的含义有何关系？如果我们说某人是钝的，那么钝的含义是否与钝角有关系？请解释说明.

如果两条直线或线段相交所成的角度为 90°，则称两条直线**垂直**（perpendicular，见图 10.5（a））. 称平面中距离相等的两条直线或线段**平行**（parallel，见图 10.5（b））. 平面中两条不同的平行线永远不会相交.②

例 1 角度

给出以下角所张的度数.

a. 半圆（圆的一半）.

b. 四分之一圆.

---

① **说明**：角度也可用弧度来测量，整个圆所张的角度定义为 2π. 则 $1° = \frac{2\pi}{360}$弧度，1弧度 $= \frac{360°}{2\pi} \approx 57.3°$.

② **历史小知识**：正式的几何学通常可以追溯到古希腊哲学家泰勒斯（Thales，公元前 624—前 546）. 他被认为是第一个将抽象概念引入几何学的人，并设想出零厚度和完美直度的线条.

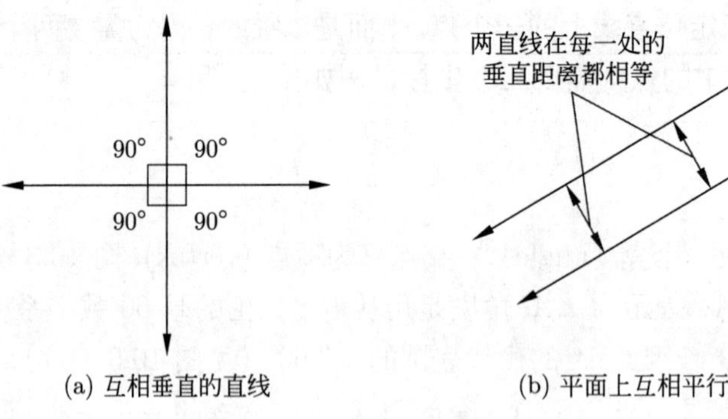

(a) 互相垂直的直线　(b) 平面上互相平行的直线

图 10.5

c. 八分之一圆.

d. 百分之一圈.

解　a. 半圆的角度为 $\frac{1}{2} \times 360° = 180°$.

b. 四分之一圆的角度为 $\frac{1}{4} \times 360° = 90°$.

c. 八分之一圆的角度为 $\frac{1}{8} \times 360° = 45°$.

d. 百分之一圆的角度为 $\frac{1}{100} \times 360° = 3.6°$.

▶ 做习题 17~30.

平面几何

平面几何是研究二维物体的几何. 这里我们考察与圆和多边形相关的问题, 这是最常见的二维研究对象.

我们知道圆上的所有点与**圆心** (circle's center) 的距离都是**半径** (radius) r (见图 10.6). 圆的**直径** (diameter) 是其半径的两倍, 即穿过其圆心且两个端点都在圆周上的线段长度.

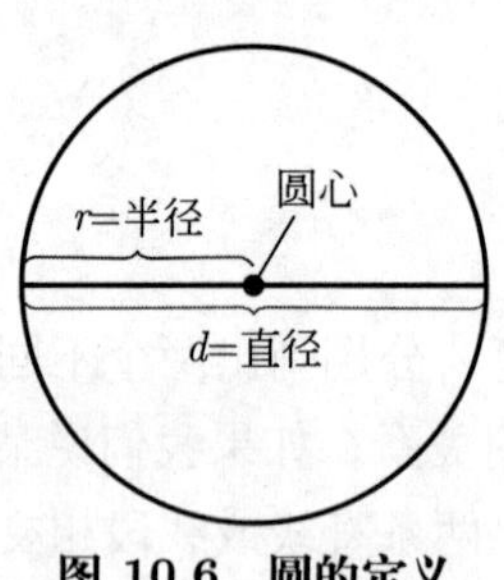

图 10.6　圆的定义

多边形 (polygon) 是指平面上由直线段组成的任何封闭图形 (见图 10.7). 多边形的名字源于希腊语中的词语 "很多", 因此多边形就是一个有很多边的图形. **正多边形** (regular polygon) 是指所有边的边长都相等且所有内角都相等的多边形. 表 10.1 列举了几种常见的多边形及其名称.

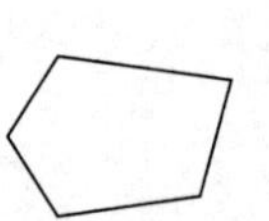  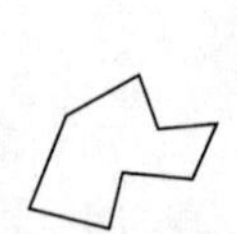 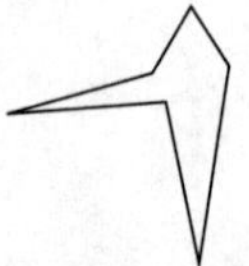 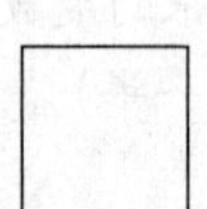

图 10.7　多边形的例子

思考　给出其他几个使用希腊语词根 "poly" 的英语单词, 并解释 "poly" 在每种情况下的含义.

表 10.1　一些正多边形

边数	名称	图形	边数	名称	图形
3	等边三角形		6	正六边形	
4	正方形		8	正八边形	
5	正五边形		10	正十边形	

在多边形中, 最重要的一种就是**三角形** (triangles), 而且有很多不同的类型. **等边三角形** (equilateral triangle) 的三条边长都相等 (见图 10.8(a)), 它也是一种正多边形. **等腰三角形** (isosceles triangle, 见图 10.8(b)) 恰好有两条边长相等. **直角三角形** (right triangle, 见图 10.8(c)) 包含一个 $90°$ 的内角, 我们将在 10.2 节中介绍直角三角形的多种用途. 通过画一些三角形——特别是具有一个非常大的内角和两个非常小的内角的三角形 (见图 10.8(d))——我们可以发现所有三角形都具有这一性质: 三个内角的角度总和始终为 $180°$.

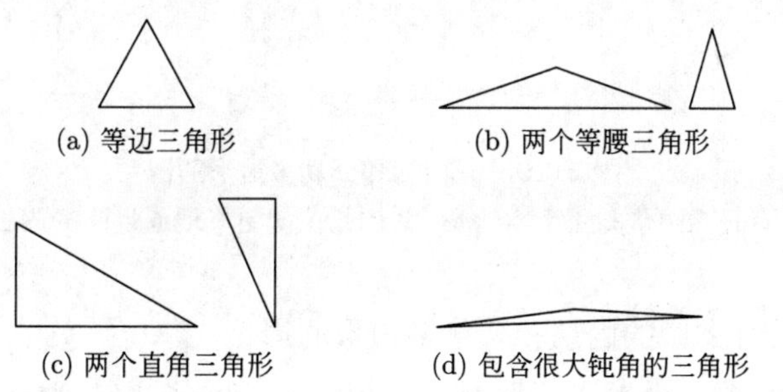

(a) 等边三角形　(b) 两个等腰三角形

(c) 两个直角三角形　(d) 包含很大钝角的三角形

图 10.8　不同类型的三角形, 无论哪种三角形, 三个内角之和均是 $180°$

周长

平面物体的**周长** (perimeter) 是指其边界的长度 (见表 10.2). 我们把一个多边形的每条边长相加就得到

表 10.2　常见二维物体的周长和面积公式

物体	图形	周长	面积
圆形	d, r	$2\pi r = \pi d$	πr^2
正方形	l, l	$4l$	l^2
矩形	w, l	$2l + 2w$	lw
平行四边形	w, h, l	$2l + 2w$	lh
三角形	a, h, c, b	$a + b + c$	$\frac{1}{2}bh$

这一多边形的周长. 而圆的周长，也称为“圆周”，与圆的直径或半径以及常数 π （发音为“pie”）相关，其中 π 的近似值为 3.14：

$$\begin{aligned}\text{圆的周长} &= \pi \times \text{直径} = \pi \times d \\ &= 2 \times \pi \times \text{半径} = 2 \times \pi \times r\end{aligned}$$

▶ 做习题 31~46.

数学视角　阿基米德和π

在古代人们已经认识到了任何圆的周长与其半径成正比. 我们所知道的第一个寻求圆的周长的精确公式的人是希腊科学家阿基米德 (Archimedes，公元前 287—前 212). 他的方法始于两个正方形：一个在圆周内，一个在圆周外 (见图 10.9). 他推断圆的周长必大于内切正方形的周长且小于外接正方形的周长. 接下来，他将多边形的边数增加了一倍，使每个正方形成为正八边形，然后重复这个过程，于是就产生了内接正十六边形和外接正十六边形的周长、内接正三十二边形和外接正三十二边形的周长，等等.

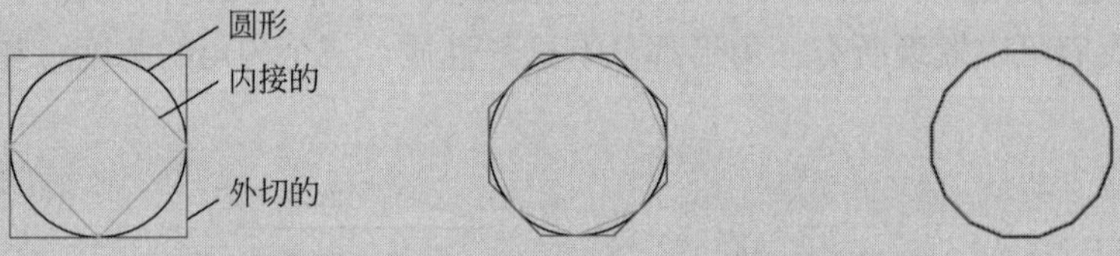

图 10.9　有内切和外切多边形的圆

从左到右，多边形是正方形、正八边形和正十六边形，其周长依次更好地逼近圆的周长.

下表显示了直径为 1 英寸的圆的内切和外接多边形的周长（单位：英寸）. 注意，两组周长都收敛到 π，一个从上方收敛到 π，一个从下方收敛到 π. 也就是说，如果能够将阿基米德的方法应用于具有无穷多边的正多边形，就能求出 π 的精确值.

正多边形边数	内接正多边形周长	外切正多边形周长
4	2.824 8	4.000 0
8	3.061 5	3.313 7
16	3.121 4	3.182 6
32	3.136 5	3.151 7
64	3.140 3	3.144 1

阿基米德对 π 的近似估计为 3.14. 因为 π 是无理数，所以无法写出它的准确数值. π 的小数点之后的前几位数字是 3.141 592 653 589 793⋯，截至 2013 年，π 可以精确到小数点后超过 10 万亿位.

例 2　室内设计

一扇窗户由一个 4~6 英尺的矩形组成，上面有一个半圆形（见图 10.10）. 绕窗户一周需要多长的装饰材料？

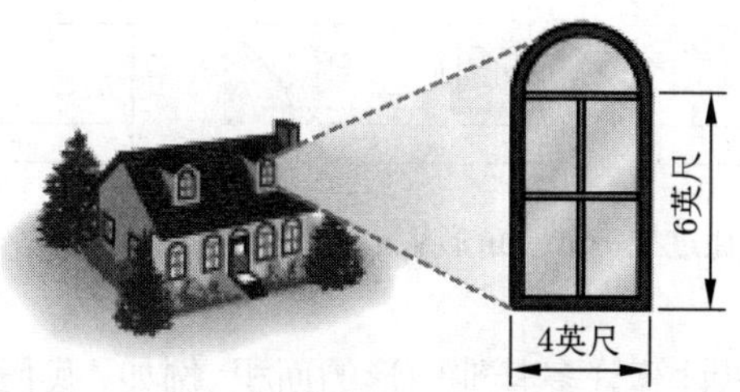

图 10.10

解　所用装饰必须与窗户的 4 英尺底座、两个 6 英尺的侧面和半圆形顶部对齐. 三条直边的总长度为 4+6+6 = 16 英尺，半圆形顶部的周长是整个圆周的一半，其直径为 4 英尺，即

$$\frac{1}{2}\times\pi\times 4\approx\frac{1}{2}\times 3.14\times 4\approx 6.3(\text{英尺})$$

则窗户所需装饰的总长度约为

$$16+6.3=22.3(\text{英尺})$$

▶ 做习题 47~48.

面积

我们可以用一些简单的公式求出许多几何图形的面积（见表 10.2）. 例如，圆的面积由以下公式给出：

$$\text{圆的面积}=\pi\times\text{半径}^2=\pi\times r^2$$

矩形 (见图 10.11(a)) 的面积公式可表示为：

$$\text{矩形的面积}=\text{底}\times\text{高}=b\times h$$

沿对角线切割一个矩形会产生两个相同的直角三角形，如图 10.11(b) 所示. 从图中可知，每个三角形的面积是

$$\text{三角形的面积}=\frac{1}{2}\times\text{底}\times\text{高}=\frac{1}{2}\times b\times h$$

这一公式对所有三角形都成立.

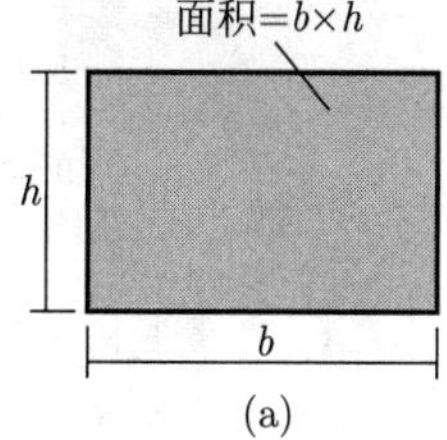

(a)

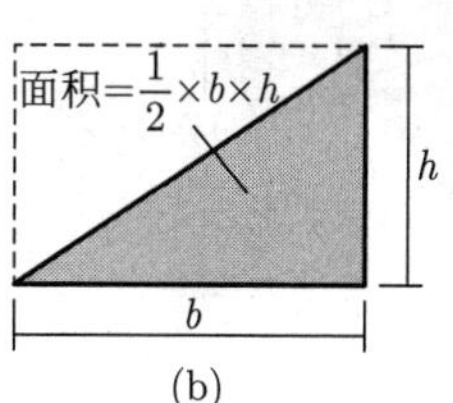

(b)

图 10.11

同样，我们可以找到**平行四边形**（parallelogram，四边形相对的两条边平行）的面积公式. 图 10.12 显示了如何将平行四边形转换为具有相同面积的矩形，由此可知平行四边形的面积公式与矩形的面积公式都可表示成以下形式

$$\text{平行四边形的面积}=\text{底}\times\text{高}=b\times h$$

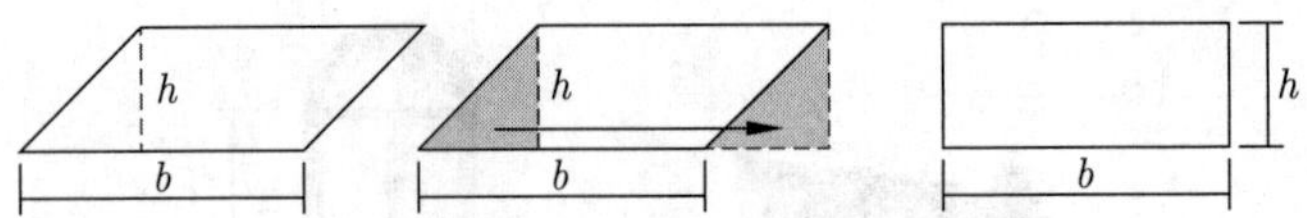

图 10.12 我们可以通过把一个三角形从一边移到另一边，把一个平行四边形变成矩形

从这些基本公式出发，我们可以计算许多其他图形的面积. 例如，我们可以将任意四边形分成两个三角形，通过计算两个三角形的面积之和给出**四边形** (quadrilateral，有四条边的多边形) 的面积 (见图 10.13).

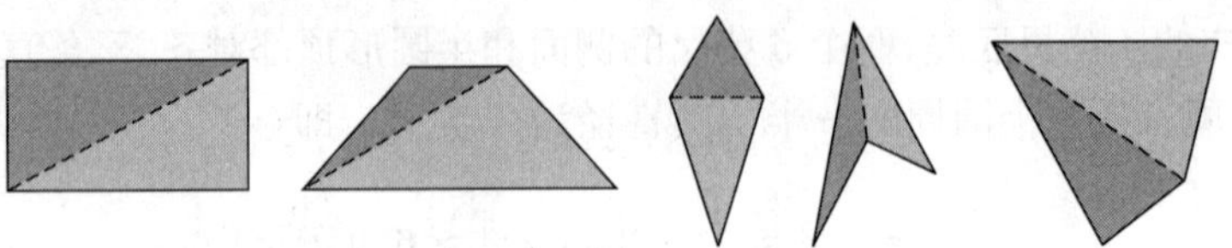

图 10.13 任意四边形的面积都可看作两个三角形的面积之和

例 3 搭建楼梯

现需要在一座新房里建造楼梯，要用胶合板覆盖楼梯下面的空间. 图 10.14 显示了要覆盖的区域. 这个区域的面积是多少？

解 被覆盖的区域是三角形的，底部为 12 英尺，高度为 9 英尺. 这个三角形的面积是

$$\text{面积} = \frac{1}{2} \times b \times h = \frac{1}{2} \times 12 \times 9 = 54(\text{英尺}^2)$$

则这个区域需要 54 平方英尺的面积来覆盖.

▶ 做习题 49~50.

例 4 城市公园

某街区的城市公园以两组平行的街道为边界 (见图 10.15). 沿街区的每条街道长 55 码，街道之间的垂直距离为 39 码. 如果整个公园都铺成草坪，应该购买多少面积的草皮？

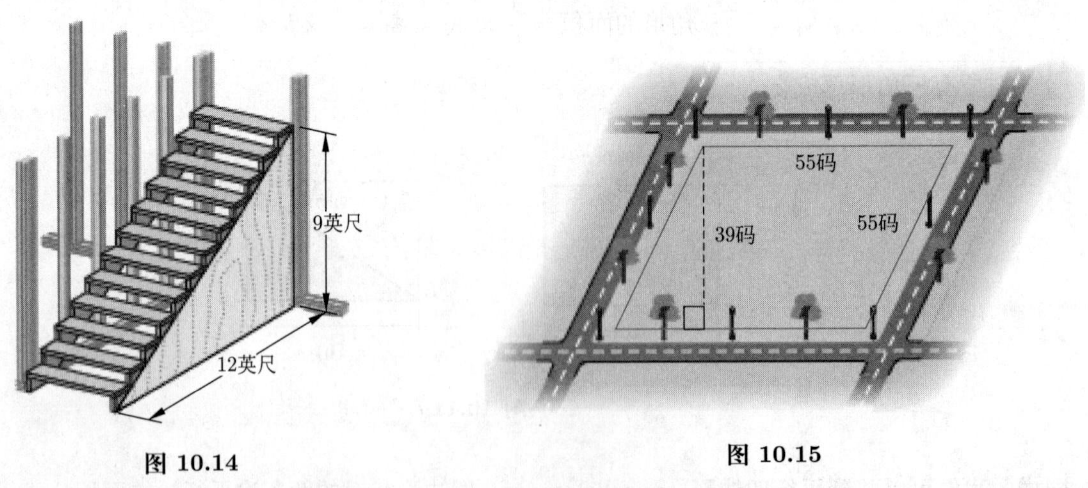

图 10.14　　图 10.15

解 城市公园可看作一个平行四边形，边长 55 码，高 39 码. 平行四边形的面积是

$$\text{面积} = b \times h = 55 \times 39 = 2\ 145(\text{平方码})$$

则需要为公园购买 2 145 平方码的草皮.

▶ 做习题 51~52.

三维几何

一个三维物体①，例如盒子或球体，具有两个最重要的属性，就是它的体积和表面积. 表 10.3 给出了几个熟悉的三维物体的名称，以及它们的体积和表面积公式.

表 10.3　三维立体

物体	图形	表面积	体积
球体		$4\pi r^2$	$\frac{4}{3}\pi r^3$
立方体		$6l^2$	l^3
长方体		$2(lw + lh + wh)$	lwh
圆柱体		$2\pi r^2 + 2\pi rh$	$\pi r^2 h$

表 10.3 中的一些公式是很容易理解的. 例如，一个盒子或立方体的体积公式是大家熟悉的长度 × 宽度 × 高度. 该盒子或立方体的表面积公式是六个矩形面积之和.

我们注意到圆柱体的体积公式是圆形的底面积 (πr^2) 乘高度 h. 圆柱体的表面积公式则由两部分组成：圆柱体顶部和底部的圆形的面积是 πr^2, 而侧面弯曲的那部分的表面积可以通过巧妙的技巧求出. 如图 10.16 所示，当切割并展开圆柱体时，曲面变为一个矩形. 矩形的长度是原圆柱体底部圆的周长 $2\pi r$，矩形的高是圆柱体的高 h. 则圆柱体侧面的表面积是 $2\pi rh$.

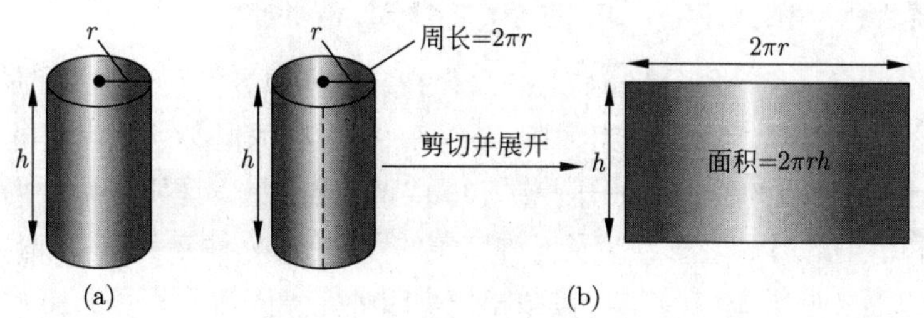

图 10.16　(a) 圆柱体的高度为 h，底部为圆形，半径为 r，(b) 要求出侧面的面积，想象将圆柱体纵向切开，展开成矩形，矩形的面积等于侧面的面积

▶ 做习题 53~57.

例 5　水库的设计

假设某水库的底为矩形，长为 30 米，宽为 40 米，高为 15 米. 夏初，水库装满水. 夏末，水深 4 米. 则水库的用水量是多少?

① **顺便说说**：由许多平面组成的立体称作多面体，它源于古希腊语的“许多面”.

解 水库的形状是一个立方体，所以水库中水的体积是长度乘以宽度乘以深度. 当水库在夏初蓄满水时，水量为

$$30 \times 40 \times 15 = 18\,000(\text{立方米})$$

夏末时，剩余的水量为

$$30 \times 40 \times 4 = 4\,800(\text{立方米})$$

则使用的水量为 $18\,000 - 4\,800 = 13\,200$立方米.

▶ 做习题 58~59.

例 6 体积对比

比较一个直径为 3 英寸、高为 4 英寸的罐子和一个直径为 4 英寸、高为 3 英寸的罐子，哪个可以盛更多汤水 (见图 10.17)?

图 10.17

解 已知半径 $= \frac{1}{2}$ 直径. 罐子的形状是圆柱体，则两个罐子的体积分别是

罐子 1：$V = \pi \times r^2 \times h = \pi \times 1.5^2 \times 4 \approx 28.27\,(\text{英寸}^3)$

罐子 2: $V = \pi \times r^2 \times h = \pi \times 2^2 \times 3 \approx 37.70\,(\text{英寸}^3)$

因此，第二个罐子直径较大但高度较小，却具有更大的体积.

▶ 做习题 60~61.

在你的世界里　柏拉图、几何和亚特兰蒂斯

柏拉图 (Plato，公元前 427—公元前 347) 是众多在自然界中寻找几何图案的古希腊人之一. 他相信天空必定表现出完美的几何形状，因此认为太阳、月亮、行星和恒星必须以完美的圆形运动——这一想法一直持续到 17 世纪早期才被约翰内斯 · 开普勒 (Johannes Kepler) 证明是错误的.

柏拉图关于几何和宇宙的另一个观点涉及五种完美的固体. 每一种完美固体都具有特殊属性，即其所有面都是相同的正多边形（见图 10.18）. 柏拉图相信有四种完美固体代表了希腊人所认为的构成宇宙的四种要素：土、水、火和空气. 而且他相信，十二面体代表了宇宙的整体.

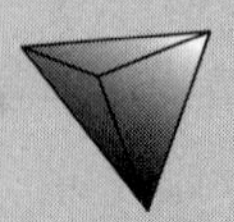
四面体
(4个三角面)

立方体
(6个四方平面)

八面体
(8个三角面)

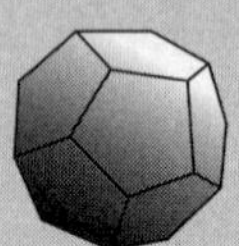
十二面体
(12个五边平面)

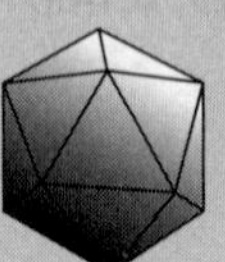
二十面体
(20个三角面)

图 10.18　五个完美的物体

柏拉图在他的几次对话中提出了他的想法. 在《蒂迈欧篇》(*Timaeus*) 的柏拉图对话中，他讨论了完美固体在宇宙中的作用，而且虚构了一个叫作亚特兰蒂斯 (Atlantis) 的大陆的说教故事. 有趣的是，虽然柏拉图关于宇宙的观点在很久以前就已被摒弃，但今天仍有数百万人认为亚特兰蒂斯确实存在，以至于最后有很多人更愿意追随他的小说，而并非他的思想.

缩放比例法则

正如我们在 3.2 节中看到的那样，缩放比例是一个过程，通过该过程，按尺寸比例将真实物体放大或缩小成一个相似的模型. 例如，建筑设计师可以制作一个礼堂的缩小模型，其中所有长度都缩小为原来的 1/100. 或者生物学家也可以制作一个细胞的放大模型，其中所有长度都要放大为原来的 10 000 倍.

假设我们制作了一个缩放比例因子为 10 的汽车模型（见图 10.19）. 则真实汽车的长度、宽度和高度都是汽车模型的 10 倍. 那么真实汽车的表面积和体积与汽车模型的表面积和体积有什么关系?

图 10.19

所有真实汽车的尺寸是汽车模型尺寸的 10 倍. 因此，任何真实汽车的表面积都是汽车模型表面积的 10^2 倍，并且真实汽车的体积是汽车模型体积的 10^3 倍.

考虑车顶的面积，公式为长度乘以宽度. 由于实际车顶的长度和宽度均为模型尺寸的 10 倍，因此实际车顶的面积为

$$\begin{aligned}\text{实际车顶的面积} &= \text{实际车顶的长} \times \text{实际车顶的宽}\\ &= (10 \times \text{模型车顶的长}) \times (10 \times \text{模型车顶的宽})\\ &= 10^2 \times \text{模型车顶的长} \times \text{模型车顶的宽}\\ &= 10^2 \times \text{模型车顶的面积}\end{aligned}$$

也就是说，实际车顶的面积是模型车顶面积的 $10^2 = 100$ 倍，即缩放比例因子的平方.

我们可以用类似的计算给出直棱柱 (长方体) 的体积.

$$\begin{aligned}\text{实际体积} &= \text{实际长度} \times \text{实际宽度} \times \text{实际高度}\\ &= (10 \times \text{模型长度}) \times (10 \times \text{模型宽度}) \times (10 \times \text{模型高度})\\ &= 10^3 \times \text{模型长度} \times \text{模型宽度} \times \text{模型高度}\\ &= 10^3 \times \text{模型体积}\end{aligned}$$

则实际体积是模型体积的 $10^3 = 1\ 000$ 倍，即缩放比例因子的立方.

缩放比例法则

- 长度缩放比例定义为缩放比例因子.
- 面积缩放比例是缩放比例因子的平方.

- 体积缩放比例是缩放比例因子的立方.[①]

例 7　让你的身材尺寸加倍

假设你的身体的高度、宽度和厚度奇迹般地加倍. 例如，如果你之前的身高是 5 英尺，那么现在的身高是 10 英尺.

a. 你的腰围增加的比例是多少？

b. 你的衣服需要增加多少布料？

c. 你的体重改变的比例是多少？

解　a. 腰围尺寸就像一个周长. 因此，就像高度、宽度和厚度等的线性维数一样，腰围尺寸只会增加一倍. 例如腰部原来的尺寸是 30 英寸，则现在的尺寸是 60 英寸.

b. 服装布料取决于你的表面积，因此与缩放比例因子的平方成比例. 由于长度尺寸增加的缩放比例因子是 2（加倍），所以你的表面积增加的缩放比例因子是 $2^2 = 4$. 如果你的衬衫之前使用了 2 平方码的布料，则现在要使用 $4 \times 2 = 8$ 平方码的布料.

c. 体重取决于体积，体积的缩放比例因子是原尺寸缩放比例因子的立方. 因此，你的新体重是原体重的 $2^3 = 8$ 倍. 如果你的原体重是 100 磅，则你的新体重将是 $8 \times 100 = 800$ 磅.

► 做习题 62~74.

表面积-体积之比

与缩放比例相关的另一个重要概念是面积和体积的相对缩放比例. 我们定义任何研究对象的**表面积-体积之比**（surface-area-to-volume），就是它的表面积除以它的体积：

$$\text{表面积与体积之比} = \frac{\text{表面积}}{\text{体积}}$$

由于表面积按照缩放比例因子的平方进行缩放，而体积按照缩放比例因子的立方进行缩放，因此表面积与体积的比率是缩放比例因子的倒数：

$$\text{表面积-体积之比的缩放比例} = \frac{\text{缩放比例因子}^2}{\text{缩放比例因子}^3} = \frac{1}{\text{缩放比例因子}}$$

因此，当物体“按比例放大”时，其表面积与体积之比减小. 当物体“按比例缩小”时，其表面积与体积之比增加.

表面积-体积之比

- 较大的物体与具有相似比例的较小物体相比，具有更小的表面积-体积之比.
- 较小的物体与具有相似比例的较大物体相比，具有更大的表面积-体积之比.

例 8　冷饮

假设你有一些冰块，想快速冷却你的饮料. 你是否应该在倒入饮料之前先将其压碎？为什么？

---

① **顺便说说**：缩放比例法则解释了许多动物的外形. 决定动物身体能够支撑多少重量的压力定义为重量除以承载重量的面积. 因为体重和面积分别与（长度的）立方和平方成比例，所以动物的体积变大会增加其关节的压力. 因此，大自然会赋予较大的动物更大的关节来承受压力. 这就是大象的腿要比鹿的腿粗的原因.

解　冷却饮料是通过液体和冰块表面之间的接触. 因此，冰块的表面积越大，饮料冷却的速度越快. 而更小的物体具有更大的表面积-体积之比，碎冰的总表面积将大于相同体积的冰块. 因此碎冰能更快地使饮料冷却.

▶ 做习题 75~80.

测验 10.1

为以下每个问题选择最佳答案，并用一个或多个完整的句子解释原因.

1. 任何两点都可以用来定义（ ）.
   a. 一条线　　b. 一架飞机　　c. 一个角度
2. 二维物体的一个例子是（ ）.
   a. 一条直线　　b. 墙的表面　　c. 一把椅子
3. 钝角（ ）.
   a. 小于 90°　　b. 等于 90°　　c. 大于 90°
4. 一个正多边形总是（ ）.
   a. 有四条边　　b. 至少有四条边　　c. 所有边都一样长
5. 直角三角形总是具有（ ）.
   a. 三等长边　　b. 一个 90 度角　　c. 两个 90 度角
6. 半径为 r 的圆的周长为（ ）.
   a. $2\pi r$　　b. πr^2　　c. $2\pi r^2$
7. 半径为 r 的球体的体积是（ ）.
   a. πr^2　　b. $4\pi r^2$　　c. $\frac{4}{3}\pi r^2$
8. 如果你把一个正方形的所有边长都加倍，这个正方形的面积是原来面积的（ ）.
   a. 2 倍　　b. 3 倍　　c. 4 倍
9. 如果你把一个球的半径变为原来的 3 倍，这个球的体积会变为原来的几倍?（ ）
   a. 3　　b. 3^2　　c. 3^3
10. 假设你把一块大石块切成四块大小相等的石块. 这四块拼合起来后与原来的石块在哪一方面相同?（ ）
   a. 石块的总体积　　b. 石块的总表面积　　c. 表面积-体积之比

习题 10.1

复习

1. 欧几里得几何是什么意思?
2. 给出下列每一项的几何定义: 点、直线、线段、平面和空间. 给出一个日常物体的例子，并用这些几何概念来描述.
3. 维数是什么? 如何用定位一个点的坐标数量来描述维数?
4. 用几何术语定义一个角. 顶点是什么? 一个角与圆的某个部分对应是指什么? 区分直角、平角、锐角和钝角.
5. 什么是平面几何? 直线在平面上垂直或平行是如何定义的?
6. 什么是多边形? 我们如何测量一个多边形的周长? 描述一下我们如何计算几个简单多边形的面积.
7. 圆的周长和面积的公式是什么?
8. 描述我们如何计算一些简单三维物体的体积和表面积.
9. 面积和体积的缩放比例法则是什么? 解释一下.
10. 什么是表面积-体积之比? 如果我们把一个物体放大，这个比率会发生什么变化? 如果缩小呢?

是否有意义?

确定下列陈述有意义（或显然是真实的）还是没有意义（或显然是错误的），并解释原因.

11. 这两条高速公路看起来像直线，它们两次相交在一起.
12. 城市公园呈三角形，有两个直角.

13. 我的卧室是一个 12 英尺乘 10 英尺乘 8 英尺的立方体.
14. 卡拉绕着圆形池塘走到另一边的一个位置，杰米以同样的速度直接游过池塘到达那个位置. 杰米一定比卡拉早到.
15. 这个篮球像一个直圆柱体.
16. 通过在我的矩形后院建一道篱笆，我可以创建两个三角形庭院.

基本方法和概念

17~22：**角度和圆周**. 求与圆的以下部分相对应的角度的度数.

17. $\frac{1}{2}$ 圆.　　18. $\frac{1}{6}$ 圆.　　19. $\frac{1}{5}$ 圆.

20. $\frac{2}{3}$ 圆.　　21. $\frac{2}{9}$ 圆.　　22. $\frac{5}{6}$ 圆.

23~30：**圆周的比例**. 求以下每个角度所占圆周的比例.

23. 45°.　　24. 6°.　　25. 120°.　　26. 90°

27. 36°.　　28. 60°.　　29. 300°.　　30. 225°

31~36：**圆周的练习**. 求下列圆的周长和面积. 四舍五入到小数点后一位数.

31. 半径为 6 米的圆.
32. 半径为 4 千米的圆.
33. 直径为 23 英尺的圆.
34. 半径为 8.2 米的圆.
35. 直径为 40 毫米的圆.
36. 直径为 1.5 千米的圆.

37~42: **周长和面积**. 根据表 10.2 求下列图形的周长和面积.

37. 边长 8 英里的正方形国家公园.
38. 长 8 英寸、宽 4 英寸的长方形信封.
39. 边长分别为 8 英尺和 30 英尺的平行四边形，且 30 英尺长的两边之间的垂直距离是 4 英尺.
40. 边长为 5.3 厘米的正方形.
41. 长 2.2 厘米、宽 2.0 厘米的长方形邮票.
42. 边长 4.5 英尺和 12.2 英尺的平行四边形，且 12.2 英尺长的两边之间的垂直距离是 3.6 英尺.

43~46: **三角形**. 求以下三角形的周长和面积.

43.

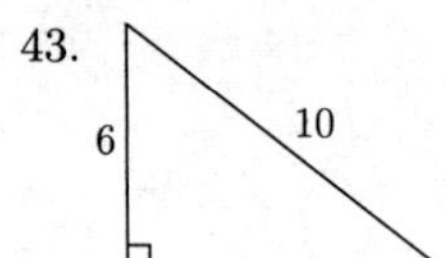

44.

2.5　1.5　1.875　3.125

45.

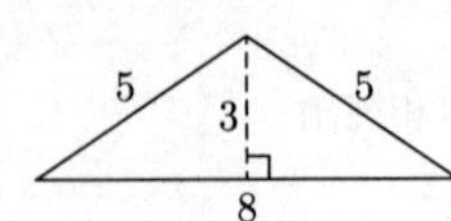

46.

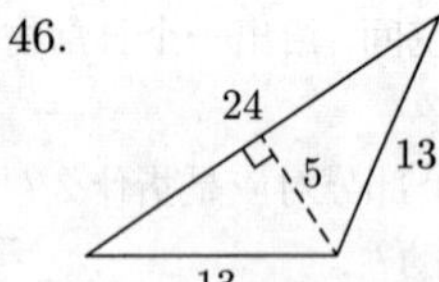

47. **窗户的大小**. 有一扇窗户，长 8 英尺，高 6 英尺，两端各有一个半圆形的设计 (见图 10.20). 整个窗户的周长需要多少金属装饰？窗户的开口处需要多少玻璃？

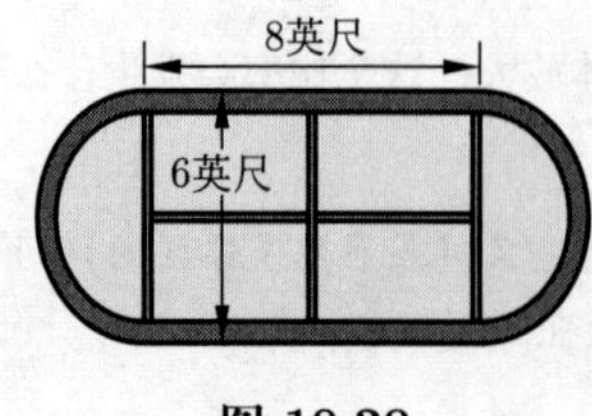

图 10.20

48. **跑道的设计**. 一条跑道有 100 码长、内径 60 码宽 (见图 10.21). 包括半圆形转弯的内侧跑道的长度是多少? 跑道的内场面积是多少?

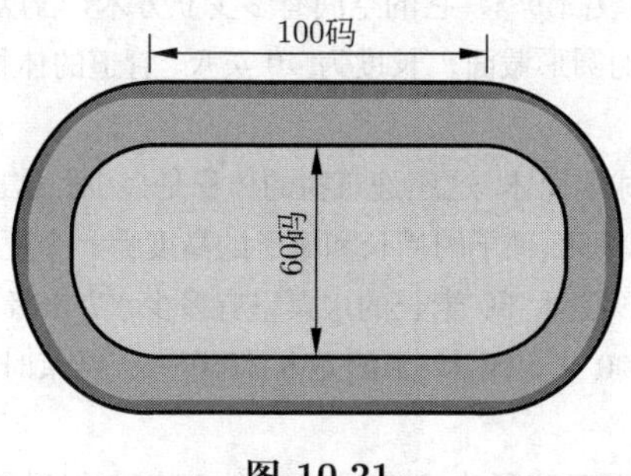

图 10.21

49. **建筑楼梯**. 图 10.14 显示了一组楼梯下的胶合板所覆盖的区域. 假设楼梯上升到更陡的角度, 有 11 英尺高. 在这种情况下, 要覆盖的区域面积是多少?

50. **请直接回答**. 两个不同仓库的最终设计如图 10.22 所示. 无须计算请直接说出哪个面积更大, 并解释原因.

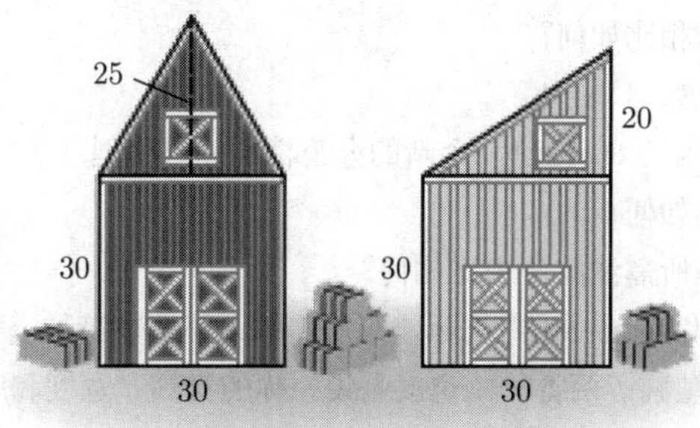

图 10.22

51. **停车场**. 某停车场具有平行四边形边界, 四周被街道包围, 如图 10.23 所示. 铺停车场需要多少沥青 (单位: 平方码)?

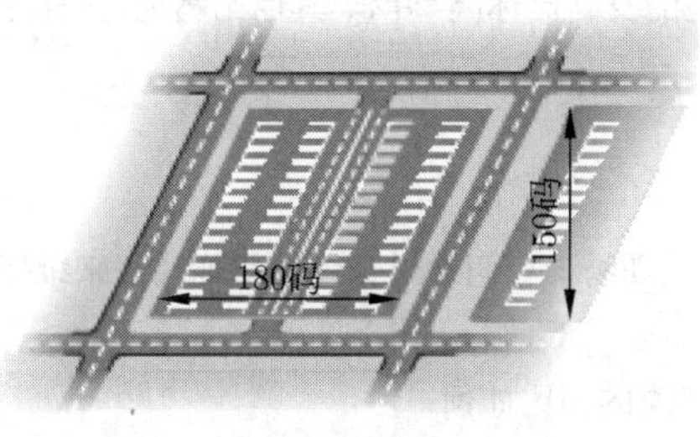

图 10.23

52. **城市公园**. 图 10.24 显示了一个平行四边形的城市公园, 中间是一个矩形的操场. 如果除了操场外所有地方都被草覆盖, 那么被覆盖的面积是多少?

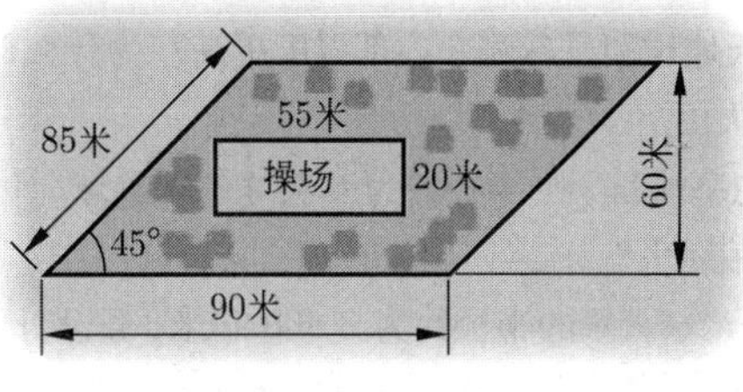

图 10.24

53~57: **三维物体**. 利用表 10.3 中的公式回答以下问题.

53. 比赛游泳池长 50 米，宽 30 米，深 2.5 米. 这个游泳池能装多少水?

54. 某仓库的地板长 60 米，宽 30 米，天花板高 9 米. 它的空间有多少立方米? 若以升为单位呢? (提示：1 立方米 =1 000 升.)

55. 体育场的通风道有一个半径为 18 英寸的圆形截面，长度为 40 英尺. 管道的体积是多少? 需要多少油漆 (单位：平方英尺) 来涂管道的外部?

56. 粮食储存仓库是一个半径为 25 米的半球形壳体. 这座建筑物的体积是多少? 这座建筑物的外部需要多少油漆?

57. 三个网球恰好能放进一个圆柱形的罐子. 那么罐子的周长和罐子的高度哪一个更大? 解释原因.

58. **水渠**. 一条水渠有 3 米宽、2 米深的矩形截面. 30 米长的水渠里有多少水? 60% 的水蒸发后，它还能再装多少水?

59. **水库**. 城市的水库可看作长 250 米、宽 60 米、深 12 米的立方体. 在一天结束时，水库已装满 70%. 一夜之间要加多少水才能填满水库?

60. **油桶**. 半径为 2 英尺、高为 3 英尺的油桶和半径为 3 英尺、高为 2 英尺的油桶，哪一个装得更多?

61. **树的体积**. 半径为 2.5 英尺、高为 40 英尺的树干与半径为 2.1 英尺、高为 50 英尺的树干，哪一棵拥有更多木材原料? 假设这些树可以看作圆柱体.

62~64: **建筑模型**. 假设你使用缩放比例因子 30 构建一个音乐厅的建筑模型.

62. 实际音乐厅的高度与模型的高度相比如何?

63. 实际音乐厅的表面积与模型的表面积相比如何?

64. 实际音乐厅的体积与模型的体积相比如何?

65~67: **建筑模型**. 假设你使用缩放比例因子 80 构建一个新的办公楼的建筑模型.

65. 实际办公楼的高度与模型的高度相比如何?

66. 实际办公楼的外部所需油漆量与模型所需油漆量相比如何?

67. 假设你想用大理石填满办公楼模型和实际办公楼. 实际建筑所需的大理石数量是模型所需数量的多少倍?

68~71: **尺寸翻两番**. 假设你的尺寸神奇地翻了两番——也就是说，你的身高、宽度和厚度按照比例因子 4 增加.

68. 你的手臂长度增加的比例因子是多少?

69. 你的腰围增加的比例因子是多少?

70. 你的衣服所需材料增加的比例因子是多少?

71. 你的体重增加了多少?

72~74: **身材对比**. 考虑一个叫山姆的人，他的身高比你高 20%，其他比例也是一样的.(也就是说，山姆看起来更像你的放大版.)

72. 你的身高是多少? 山姆的身高呢?

73. 你的腰围是多少? 山姆的腰围呢?

74. 你的体重是多少? 山姆的体重呢?

75~76: **松鼠还是人类**? 松鼠和人类都是哺乳动物，它们通过身体的新陈代谢来维持体温. 哺乳动物必须不断地产生体内热量来补充它们皮肤表面流失的热量.

75. 一般来说，松鼠的表面积-体积之比与人类的相比如何?

76. 哪一种动物必须保持较高的新陈代谢速度才能补充通过皮肤流失的热量: 松鼠还是人类? 根据你的回答，你觉得哪种动物每天吃的食物必须与它的体重成比例? 解释一下.

77~78: **地球和月球**. 月球和地球都被认为在 45 亿年前形成时具有相似的温度. 当热量通过它们的表面时，这两个星球的内部热量会逐渐流失到太空.

77. 地球的直径大约是月球直径的 4 倍. 地球的表面积-体积之比与月球相比如何?

78. 根据你对习题 77 的回答，你认为今天地球和月球哪个内部温度更高? 为什么? 用你的答案来解释为什么直到现在地球上的火山仍然频繁爆发，而月球上却没有活火山.

79. **球的比较**. 考虑一个半径约为 2 英寸的垒球和一个半径约为 6 英寸的保龄球. 计算两个球的近似表面积和体积. 然后分别给出两个球的表面积-体积之比. 哪个球的比值更大?

80. **行星的比较**. 地球的半径约为 6 400 千米，火星的半径约为 3 400 千米 (假设行星是球体). 计算两颗行星的近似表面积和体积. 哪颗行星的表面积-体积之比更大?

进一步应用

81. **维数**. 观察一本合上的书.

a. 描述这本书需要几个维数? 请解释.

b. 这本书的表面 (封面) 是几维的? 请解释.

c. 描述书的边缘需要几个维数? 请解释.

d. 描述书中代表零维的几个部分.

82. **垂直和平行**. 假设你在某固定平面的直线上标记一个点. 你能在平面上画出其他直线吗? 它们是否经过这个点且垂直于原直线? 你能画出任何其他经过该点且与原直线平行的直线吗? 请解释.

83. **垂直和平行**. 假设你在一个平面上画两条平行线. 如果第三条线垂直于两条平行线中的一条, 它一定垂直于另一条吗? 解释一下.

84. **后院**. 图 10.25 显示了一个后院的布局, 除了露台和花园外, 后院都要种上青草. 要种草的区域面积是多少?

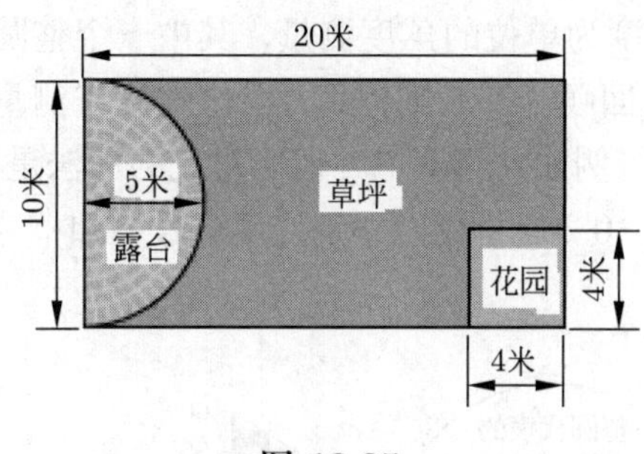

图 10.25

85. **人类的肺部**. 人类的肺部大约有 3 亿个近似球形的气囊 (肺泡), 每个气囊的直径约为 $\frac{1}{3}$ 毫米. 气囊的主要结构是它们的表面区域, 因为在它们的表面气体在血液和空气之间进行交换.

a. 气囊的总表面积是多少? 气囊的总体积是多少?

b. 假设一个球体的体积与气囊的总体积相同. 这样一个球体的半径和表面积是多少? 这个表面积和气囊的表面积相比如何?

c. 如果一个球体的表面积与气囊的总表面积相同, 那么它的半径是多少? 根据你的研究结果, 评论一下人类的肺部构造.

86. **汽车发动机的能力**. 汽车发动机的尺寸通常用气缸的总容积来表示.

a. 美国汽车制造商通常以立方英寸表示发动机的尺寸. 假设一辆 6 缸汽车的气缸半径为 2.22 英寸, 高度为 3.25 英寸. 发动机的尺寸是多少?

b. 其他国家汽车制造商通常以升为单位来表示发动机的尺寸. 将 (a) 部分的发动机尺寸与一辆 2.2 升的汽车发动机尺寸进行比较.

c. 检查你的汽车的气缸数和发动机尺寸 (如果你没有车, 选择一辆你想要的车). 估计你汽车的气缸的尺寸 (半径和高度), 并解释.

87. **英法海峡隧道**. 世界上最长的运输 (这里指的是铁路) 隧道是英吉利海峡隧道, 或称为 “Chunnel”, 它连接英国的多佛和法国的加来, 总长约为 50.45 公里. 这条隧道实际上由三条独立的并且相邻的隧道组成. 三条隧道都呈半圆柱体, 其半径为 4 米 (隧道高度). 修建这条隧道共挖掉了多少泥土 (体积)?

实际问题探讨

88. **新闻里的几何**. 找一篇最近的新闻, 报道内容是关于几何方法或技巧的. 解释在此报道中是如何使用几何知识的.

89. **圆形和多边形**. 列举至少三个圆形或多边形在你日常生活中扮演重要角色的例子.

90. **三维物体**. 列举至少三个三维物体在你日常生活中扮演重要角色的例子.

91. **古代文化中的几何**. 研究你所选择的古代文化中几何学的应用, 比如一些可能的重点领域: (1) 研究几何在中国古代艺术和建筑中的应用; (2) 调查巨石阵的几何结构和用途; (3) 对比埃及金字塔和中美洲金字塔的几何结构; (4) 研究阿纳萨齐建筑和社区的几何形状和可能的天文方位; (5) 研究在古代非洲阿克苏姆 (Aksum) 帝国 (今埃塞俄比亚) 几何学的使用.

92. **测绘和地理信息系统**. 测量是最古老和最实用的几何应用之一. 现代测量技术被称为地理信息系统 (GIS). 利用网络学习 GIS. 用两页或更少的篇幅描述 GIS 的工作原理及一些应用程序.

93. **柏拉图式的物体**. 为什么只有五个完美的或者说柏拉图式的物体呢？这些物体对古希腊人有什么特殊的意义？研究并简要回答这些问题.

10.2 用几何解决问题

在 10.1 节中，我们讲述了二维和三维物体所具有的一些几何特性. 在本节中，我们将介绍在实际问题当中用到的其他几何思想.

角度的应用

许多几何问题都会用到角度. 例如，我们在导航和建筑设计中使用角度来测量山脉的坡度和道路的方向，也可用来表示三角形. 大家都知道以度为单位的角度测量，其中一个整圆代表 360°. 但在许多几何问题中需要使用更精确的角度测量，我们简单回顾一下，如何用几分之一度来测量角度.

我们可以用小数表示几分之一度 (例如，45.23°)，但更常见的写法是将每一度细分为 60 分的弧度，并将每一分再细分为 60 秒的弧度（见图 10.26）. 我们分别使用符号 ′ 和 ″ 表示弧度的分和秒. 例如，30°33′31″ 读作“30 度 33 分 31 秒”.

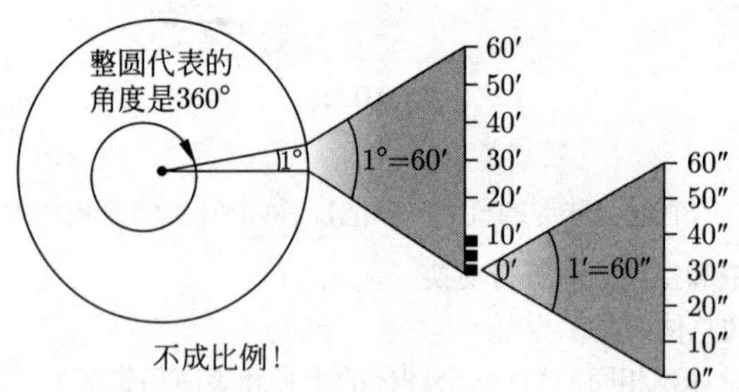

图 10.26　每一度又细分为 60 分的弧度，而每一分又划分为 60 秒的弧度

例 1　小数的度数表示

a. 将 3.6° 转换为弧度、分和秒.

b. 将 30°33′31″ 转换为小数形式.

解　a. 因为 $3.6° = 3° + 0.6°$, 我们把 0.6° 转化为弧度的分：

$$0.6° \times \frac{60'}{1°} = 36'$$

则有 $3.6° = 3° + 0.6° = 3°36'$.

b. 注意到弧度里的 $1' = \left(\frac{1}{60}\right)^{\circ}$, $1'' = \left(\frac{1}{60}\right)'$. 因此

$$30°33'31'' = 30° + 33' + 31'' = 30° + \left(\frac{33}{60}\right)^{\circ} + \left(\frac{31}{60 \times 60}\right)^{\circ}$$
$$\approx 30° + 0.55° + 0.008\,61° = 30.558\,61°$$

▶ 做习题 15~28.

纬度和经度

角度测量的一个常见用途就是地球上的位置定位 (见图 10.27). **纬度** (latitude) 用来测量位于赤道北部或南部的位置，而赤道上的位置被定义为具有纬度 0°. 北半球的位置具有表示为 N 的纬度 (北纬)，而南半球的位置具有表示为 S 的纬度（南纬）. 例如，北极和南极的纬度分别为 90°N 和 90°S. 这里纬度线（也称纬度的平行线）是指与赤道平行的圆周.

经度（longitude）用来测量东西方向的位置，因此经度线（也称为经度）是指从北极延伸到南极的半圆. 穿过英格兰的格林威治 (Greenwich) 的经度线被定义为经度是 0°，称为**本初子午线**（prime meridian）. 经度通常以小于（或等于）180° 的角度给出，因此位于本初子午线以东位置的经度定义为 E（东经），本初子午线以西位置的经度定义为 W（西经）.

给出一个纬度和一个经度就可以确定地球上的位置. 图 10.27 显示了迈阿密、罗马和布宜诺斯艾利斯的纬度和经度.

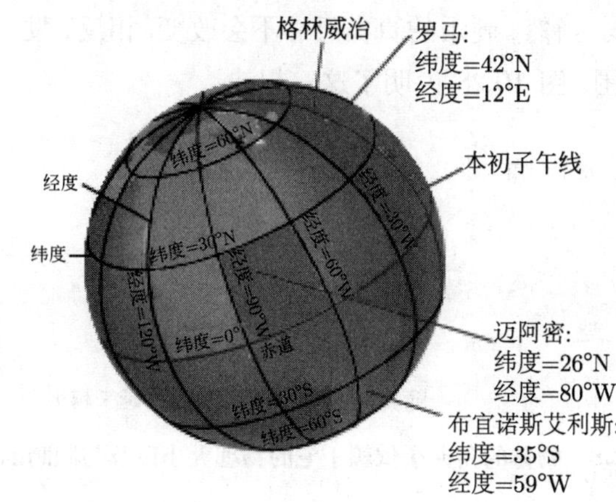

图 10.27 利用经度和纬度可以定位地球表面的任何地点

例 2 纬度和经度

回答以下问题并说明理由.

a. 假设你可以从迈阿密直接穿过地球中心并沿着直线继续穿越到地球的另一侧. 你会在什么纬度和经度出现？

b. 或许你曾听说从美国可以挖一条隧道穿过地球的中心来到中国. 这是真的吗？

c. 假设向北或向南行走 1 个纬度. 这相当于你走了多远？(假设地球的周长约为 25 000 英里.)

d. 假设向东或向西走了 1 个经度. 这相当于你走了多远？

解 a. 在迈阿密正对面的地球上的点必须具有相反的纬度（26°S 而不是 26°N）且在经度上跨越 180°. 我们考虑从迈阿密的西经 80° 向东走 180°. 向东第一个 80° 我们会到达子午线，继续向东走 100° 就会远离迈阿密 180°. 因此，迈阿密对面的位置是纬度 26°S 和经度 100°E（在印度洋）.

b. 这不是真的. 美国在北半球，所以地球上美国的对面必须在南半球. 中国却在北半球，所以中国不在美国的对面.

c. 如果研究图 10.27(或一个地球仪)，就会发现纬度线都是相互平行的. 因此，每个纬度都代表向北或向南行走相同的距离. 如果穿越地球 25 000 英里的周长，就是穿越 360° 纬度. 因而，每个纬度代表

$$\frac{25\ 000}{360°} \approx 69.4(\text{英里/度})$$

则沿地球向北或向南走一个纬度相当于行走大约 70 英里.

d. 从图 10.27（或地球仪）会发现经度线并不相互平行. 事实上，它们在两极附近比在赤道附近更加靠近. 因此，我们不能在不知道纬度的情况下回答这个问题. 具体而言，比如 1° 经度可以代表沿赤道走 70 英里（同样地用（c）部分中的计算方法），但在其他向北或向南的经度上就会代表更少的距离.

▶ 做习题 29~36.

角大小和距离

如果在你的一只眼睛前面放置一枚硬币，它可以阻挡你的整个视野. 如果你将它移得更远，那么它看起来就会变小，也不会阻挡你太多视线. 当然，硬币的真实尺寸不会改变. 相反，发生变化的是它的**角大小** (angular size)，即眼睛所观察到的视角范围. 图 10.28 说明了这一想法.

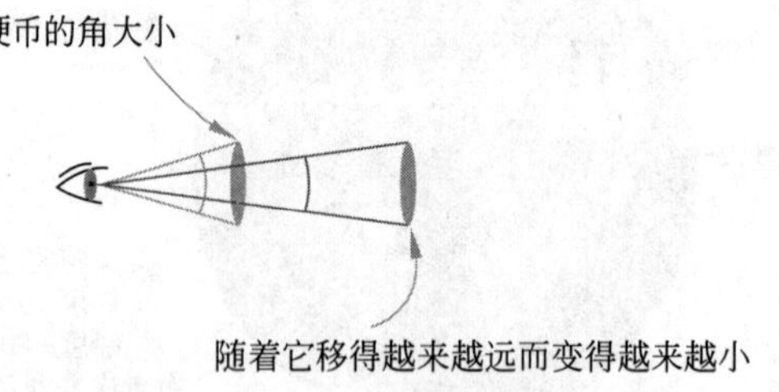

图 10.28　物体的角大小依赖于它的物理大小以及与眼睛的距离

下面我们通过一个小技巧了解一下角大小和物理大小之间的联系. 设想一下，如图 10.29 所示，在睛睛周围画一个圆，其半径为眼睛到硬币的距离. 由于硬币的角大小的数值很小，其物理大小 (直径) 可近似为它对应的圆上小圆弧的长度. 换句话说，硬币的角大小与整个 360° 圆的比率近似等于其物理大小与圆周长的比值，其中圆周长等于 $2\pi\times$ 距离. 可以写成如下等式

$$\frac{\text{角大小}}{360°} = \frac{\text{物理大小}}{2\pi \times \text{距离}}$$

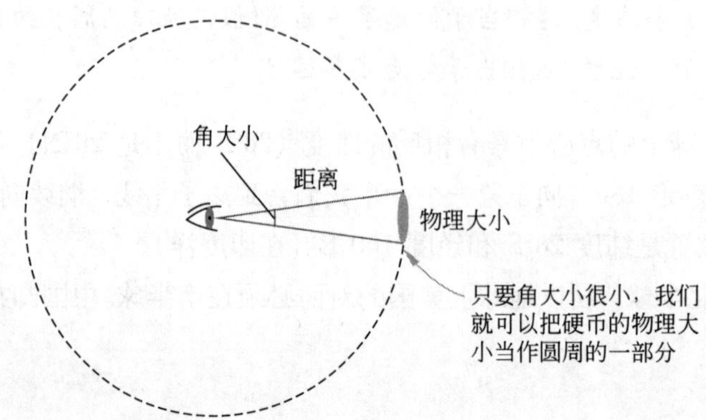

图 10.29　把物理大小近似为圆周的一部分，我们就能找到角大小、物理大小和距离的关系式

两边同时乘以 360°，重新组合，可以得到一个公式，当我们知道物理大小和距离时，就可以确定角大小:

$$角大小 = 物理大小 \times \frac{360^\circ}{2\pi \times 距离}$$

此公式有时称为小角度公式，因为它仅在角大小的值很小 (小于几度) 时有效.

角大小、物理大小和距离的小角度公式

一个物体离你越远，它看起来就会显得越小. 只要物体的角大小不太大，其角大小、物理大小和距离的关系式就为

$$角大小 = 物理大小 \times \frac{360^\circ}{2\pi \times 距离}$$

例 3 角大小和距离

a. 假设有一个直径 1 英寸的硬币，把它放在离眼睛 1 码 (36 英寸) 的地方，那么眼睛观察到的角大小是多少？

b. 从地球上看，月球所张的角大小约为 0.5°, 月球离地球约 380 000 千米. 月球的实际直径是多少？

解 a. 我们利用小角度公式，其中硬币对应的物理大小 (直径) 为 1 英寸，距离为 36 英寸，则有

$$角大小 = 1 \times \frac{360^\circ}{2\pi \times 36} \approx 1.6^\circ$$

则 36 英寸处的硬币的角大小为 1.6°.

b. 在这种情况下，我们要根据角大小和距离求月球的直径，由小角度公式可知

$$物理大小 = 角大小 \times \frac{2\pi \times 距离}{360^\circ}$$

现在距离等于 380 000 千米，角大小等于 0.5°，有

$$物理大小 = 0.5^\circ \times \frac{2\pi \times 380\ 000}{360^\circ} \approx 3\ 300(千米)$$

则月球的实际直径约是 3 300 千米.①

▶ 做习题 37~40.

倾斜度、坡度和斜率

考察一条道路, 每沿水平方向行进 20 英尺, 垂直方向就会均匀上升 2 英尺 (见图 10.30) , 我们可以用度数来衡量道路与水平方向所成的角度. 然而更常见的说法是，这条道路有一个 2 比 20 或者 1 比 10 的**倾斜度** (pitch)，或者说这条道路上升的**斜率** (slope，见第九章) 是 2/20=1/10. 如果把斜率换算百分比，则称为**坡度** (grade)，也就是说这条道路的坡度是 10%.

① **顺便说说**：太阳的直径大约是月球的 400 倍，但它离地球的距离也是月球的 400 倍. 因此，月球和太阳都有相同的角大小，这使得日全食成为可能. 美国上一次日全食发生在 2017 年 8 月 21 日，下一次日全食将发生在 2024 年 4 月 8 日. 你可以使用免费的应用程序 Totality (由本书作者之一创建)，找到日食路径的地图.

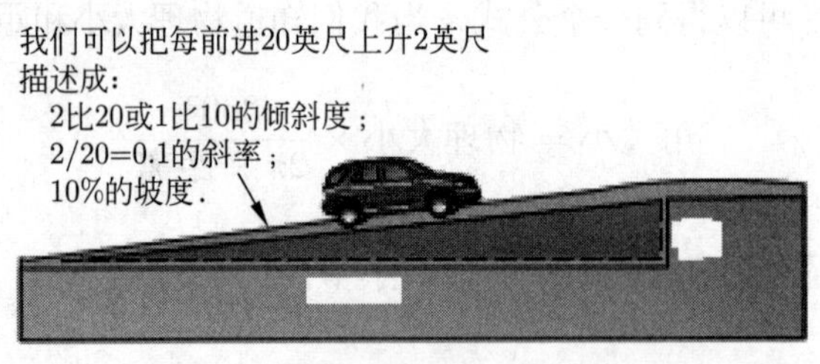

图 10.30

例 4　陡峭的程度？

a. 假设道路的坡度为 100%. 那么它的斜率是多少？它的倾斜度是多少？它与水平方向所成的角度是多少？

b. 哪个更陡峭：坡度为 8%的道路还是倾斜度是 1 比 9 的道路？

c. 哪个更倾斜：倾斜度是 2 比 12 的屋顶还是倾斜度是 3 比 15 的屋顶？

解　a. 100%意味着斜率为 1，倾斜度是 1 比 1. 如果在图上画一条斜率为 1 的直线，则这条直线与水平方向的夹角为 45°.

b. 对于倾斜度为 1 比 9 的道路，它的斜率为 1/9 =0.11=11%. 所以，这条路比坡度为 8%的道路更陡峭.

c. 倾斜度为 2 比 12 的屋顶的斜率为 $2/12 = 0.167$，而 3 比 15 的屋顶的斜率为 $3/15 = 0.20$. 故第二个屋顶更倾斜.

▶ 做习题 41~50.

三角形的进一步应用

在 10.1 节中，我们使用三角形的面积公式来解决实际问题. 这里我们将探讨在模型中使用三角形的另两种方法.

毕达哥拉斯定理

毕达哥拉斯 (Pythagorean) 定理也就是我们所知的勾股定理，是数学中最著名的定理之一. 我们已经在 1.4 节中看到了定理的证明并将其用于 2.3 节（见例 5 和例 6）. 这里将探讨这一定理的其他用途.

勾股定理

勾股定理只适用于直角三角形 (有一个内角为 90° 的三角形). 如果直角三角形的边长分别为 a, b 和 c，其中 c 是最长的边 (或斜边), 则勾股定理描述如下:

$$a^2 + b^2 = c^2$$

a　c　b

例 5　测量距离

如图 10.31 所示，地图显示了矩形网格区域中的几条城市街道. 每个街区东西方向占地 1/8 英里，南北方向占地 1/16 英里.

a. 沿如图 10.31 所示的路径，地铁站到图书馆有多远？

b. 如果能像乌鸦那样从地铁站飞到图书馆，距离是多远 (也就是沿着直对角线路径)？

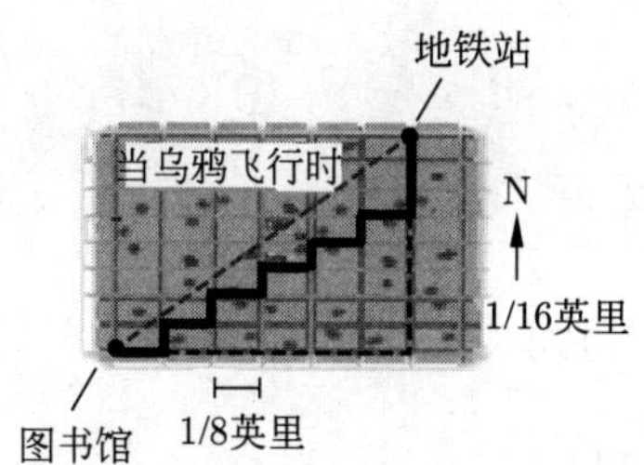

图 10.31 关于几个城市街区的地图，其中显示了图书馆和地铁的位置

解 a. 如果按照显示的路径前进，需向东走 6 个街区，向北走 8 个街区. 则沿着这条路径的总距离是

$$\left(6\times\frac{1}{8}\right)+\left(8\times\frac{1}{16}\right)=\frac{3}{4}+\frac{1}{2}=1\frac{1}{4}(\text{英里})$$

b. 如图所示，乌鸦飞行的距离是一个直角三角形的斜边，该三角形的水平和垂直边长分别为 $\frac{3}{4}=0.75$ 英里和 $\frac{1}{2}=0.5$ 英里. 斜边长度 c 的求法如下：

步骤 1：根据勾股定理：

$$c^2=a^2+b^2$$

步骤 2：等式两边同时取平方根：

$$c=\sqrt{a^2+b^2}$$

步骤 3：代入给定值：

$$c=\sqrt{0.75^2+0.5^2}\approx 0.90(\text{英里}).$$

我们发现，从地铁站到图书馆的直线距离约为 0.90 英里，比 (a) 中的 1.25 英里明显短.

▶ 做习题 51~56.

思考 如果沿着街道，是否还有其他路线与图 10.31 中粗线所示的路线长度相同 (1.25 英里)? 如果有，有多少? 街道上有没有更短的路线? 请解释说明.

例 6 测量区域大小

计算图 10.32 所示三角形山区地块的面积 (单位：英亩).

解 我们利用公式 $A=\frac{1}{2}\times\text{底}\times\text{高}$，给出三角形地块的面积 (参见 10.1 节). 沿河流 250 英尺的长度是三角形的底部，高度是图 10.32 中未标记的那一边. 我们可以利用勾股定理先计算这一高度，然后给出三角形的面积，计算如下：

步骤 1：从勾股定理开始：

$$\text{底}^2+\text{高}^2=\text{斜边}^2$$

步骤 2：从以上公式解出高的表达式：

$$\text{高}=\sqrt{\text{斜边}^2-\text{底}^2}$$

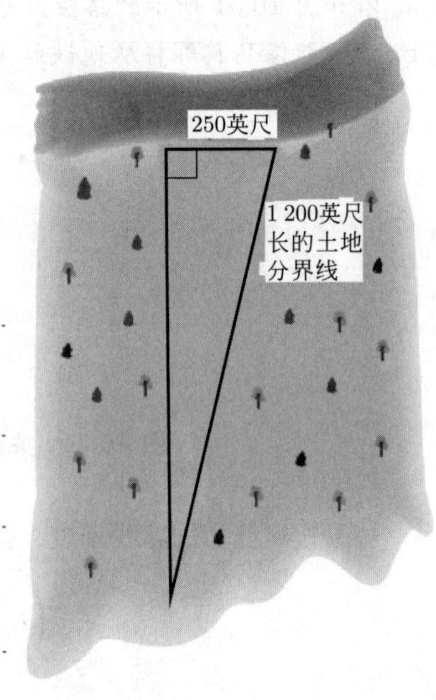

图 10.32　河边的一处呈直角三角形的山地

步骤 3：把给定值代入底和斜边：

$$高 = \sqrt{1\ 200^2 - 250^2} \approx 1\ 174(英尺)$$

步骤 4：利用高度再给出面积：

$$\begin{aligned} 面积 &= \frac{1}{2} \times 底 \times 高 \\ &= \frac{1}{2} \times 250 \times 1\ 174 \\ &= 146\ 750(英尺^2) \end{aligned}$$

步骤 5：把单位换算成英亩：

$$146\ 750英尺^2 \times \frac{1英亩}{43\ 560英尺^2} \approx 3.4英亩$$

即土地面积约为 3.4 英亩.

▶ 做习题 57~60.

相似三角形

如果两个三角形具有相同的形状，但不一定是相同的大小，则称它们是**相似的**（similar）. 具有相同的形状意味着一个三角形是由另一个三角形按一定的比例放大或缩小而得到的. 相似三角形是几何模型中一个强有力的工具.

图 10.33 是两个相似三角形，它们的角记为 A, B, C 和 A', B', C'，边长分别是 a, b, c 和 a', b', c'. 我们知道，角 A 的对边是 a，角 B 的对边是 b，依此类推，这些符号能帮我们更好地理解相似性. 例如，角 A 和角 A' 看起来相等，如果我们测量角度，并对比它们的对边，就可以得出以下重要性质.

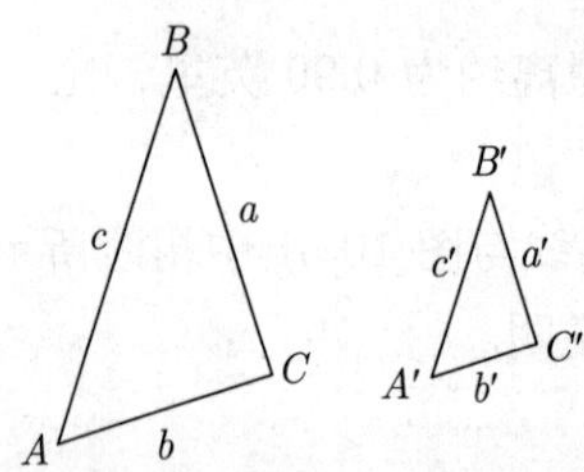

图 10.33　这两个三角形相似，因为它们的形状相同，也就是说，它们的内角相同，边长之比相同

相似三角形

如果两个三角形具有相同的形状 (不一定具有相同的大小)，我们就称这两个三角形是相似的. 也就是说，一个三角形是另一个三角形的放大或者缩小版本. 两个相似三角形具有以下性质：

- 两个三角形的每组对应内角都相等，即 $\angle A = \angle A', \angle B = \angle B', \angle C = \angle C'$.
- 两个三角形的每组对应边的比值相等，即

$$\frac{a}{a'} = \frac{b}{b'} = \frac{c}{c'}$$

例 7 相似三角形练习

图 10.34 给出了两个相似三角形，计算边长 a 和边长 c'.

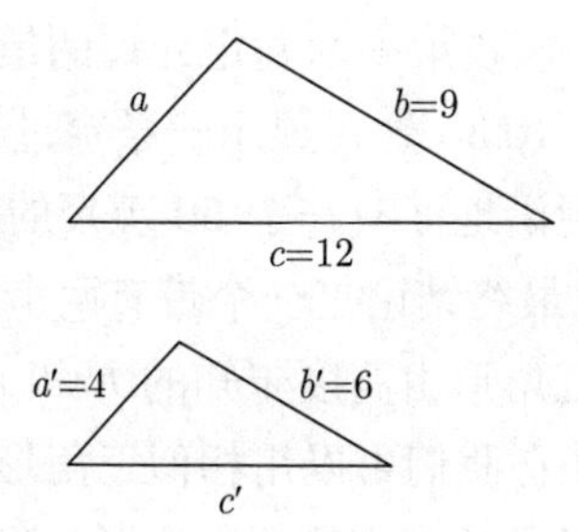

图 10.34 有两个未知边长的相似三角形

解 利用相似三角形的性质计算边长.

步骤 1：从相似三角形的性质开始:

$$\frac{a}{a'}=\frac{b}{b'}=\frac{c}{c'}$$

步骤 2：把已知边长代入以上公式:

$$\frac{a}{4}=\frac{9}{6}=\frac{12}{c'}$$

步骤 3：把等式左边的两项分离可得 a 的边长:

$$\frac{a}{4}=\frac{9}{6}\Rightarrow a=\frac{9\times 4}{6}=6$$

步骤 4：把等式右边的两项分离可得 c' 的边长:

$$\frac{9}{6}=\frac{12}{c'}\Rightarrow c'=\frac{12\times 6}{9}=8$$

则这两条未知边长分别为 $a=6$ 和 $c'=8$.

► 做习题 61~68.

例 8 日光照射

一些城市会出台相应政策，以防止业主建造新房和附加建筑时遮挡邻近房屋的阳光. 这些政策的意图也很明显，就是尽量使每座房屋的居民都能享受阳光的温暖. 考虑以下日光照射政策：在一年中日照时长最短的一天[①]，一座房屋在正午时分形成的影子不能超过建筑红线处 12 英尺高的栅栏所产生的影子.

假设房屋在栅栏后 30 英尺远的地方，在一年中日照时长最短的一天，建筑红线处 12 英尺高的栅栏产生的影子是 20 英尺. 要重新改造你的房屋，按照政策，这一房屋的北侧最高能建多高？

解 解决这个问题的关键是画图并给出相似三角形.

如图 10.35 所示，这幅图有几个特征:

- 较小的三角形 (左边) 显示了栅栏高 12 英尺以及地面的影子长 20 英尺.
- 栅栏和房屋北侧之间的距离是 30 英尺. 而我们正在确定房屋北侧允许建造的最大高度 h.

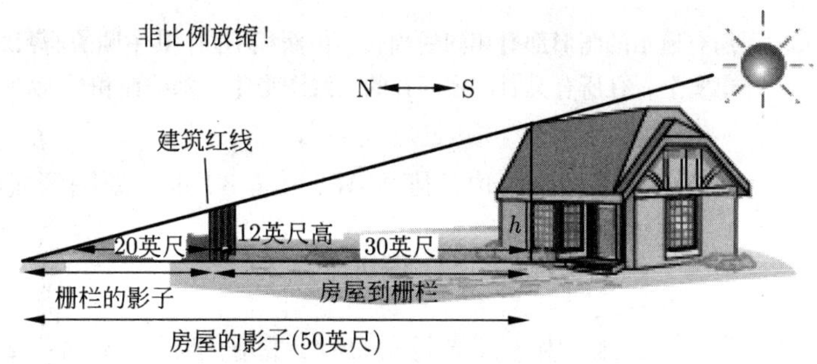

图 10.35 图中显示的是建筑红线处 12 英尺高的栅栏，以及它在一年中日照时长最短的一天所投射的 20 英尺的影子. 从建筑红线处后退 30 英尺，房屋所处的最大高度应该是当它的影子延伸到与栅栏的影子在同一位置时的高度

① **顺便说说**：一年中日照时长最短的一天所形成的阴影最长，这一天在北半球是冬至 (大约 12 月 22 日) 时分. 例 8 中给出的阴影长度对应北纬 33°N，大致相当于加利福尼亚州圣巴巴拉、新墨西哥州阿尔伯克基以及北卡罗来纳州夏洛特的纬度.

• 该政策可以确定允许的最大高度 h，即高度 h 投射的影子和 12 英尺高的栅栏投射的影子达到同一位置. 图 10.35 通过显示一条穿过栅栏阴影端点、栅栏的顶部、房子的顶端和太阳的直线说明了这一点. 我们看到房屋沿地面有一个 50 英尺的影子: 30 英尺的距离加上 20 英尺的栅栏影子.

• 最终结论是一个带有两个相似三角形的图形. 较小的三角形由 12 英尺的栅栏和 20 英尺的影子构成，较大的三角形由高度未知的 h 和 50 英尺的房屋影子构成.

现在我们可以用相似三角形的边长成比例的性质来解决问题. 此时，房屋的高度与栅栏的高度之比应与房屋的影子长度与栅栏的影子长度之比相等:

$$\frac{\text{房屋的高度}}{\text{栅栏的高度}} = \frac{\text{房屋的影子长度}}{\text{栅栏的影子长度}}$$

把已知数值代入，我们有

$$\frac{h}{12} = \frac{50}{20} \xrightarrow{\text{两边同乘以12}} h = \frac{50}{20} \times 12 = 30(\text{英尺})$$

则重新修建后房屋北侧的高度最高不能超过 30 英尺.

▶ 做习题 69~72.

最优化问题

最优化问题是指寻求“最佳”解决方案. 例如，寻找在特定条件下可以获得的最大体积或最低成本. 这些问题有很多实际意义，下面来看两个例子.

例 9 最优化面积

假设有 132 米长的栅栏，打算用它来做牧场上的畜栏. 如果想让畜栏的面积最大，应该选择什么形状？这个“优化”畜栏的面积是多少？

解 解决这一问题的方法是进行一系列的尝试，计算各种形状图形的面积. 注意到较窄的形状不会有太大的面积，我们可以尝试更简单的形状如圆形或矩形（见图 10.36）. 经试验可知，面积最大的可能是长方形或圆形. 我们通过计算面积来决定哪种更好.

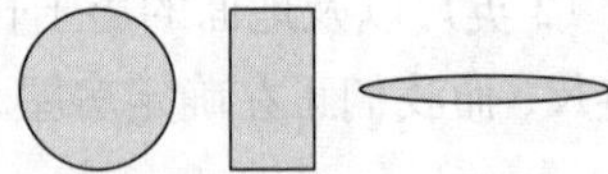

图 10.36 所有显示的图形都有相同的周长，但面积不同，其中圆的面积最大，事实上，在所有具有固定周长的二维图形中，圆的面积最大

如果用 132 米长的围栏做一个正方形，则每边长度为 $132/4 = 33$ 米，所围区域的面积为

$$A = 33^2 = 1\ 089(\text{平方米})$$

如果围成一个圆形，则周长是 132 米. 由于圆周长 $= 2\pi r$，圆的半径即 $r = 132/2\pi$ 米（约 21.008 米）. 此时圆的面积是

$$A = \pi r^2 = \pi \left(\frac{132}{2\pi}\right)^2 \approx 1\ 387(\text{平方米})$$

我们可以得出结论，当周长固定时，圆形围成的面积最大. 此时，最优选择是使用 132 米的围栏制作一个圆形畜栏，面积约 1 387 平方米.

▶ 做习题 73~76.

例 10　最佳集装箱设计

如果我们正在设计一个容积为 2 立方米的木箱 (矩形棱柱). 木材的成本是每平方米 12 美元. 如何设计才能使成本最低？最低成本是多少？

解　在木箱体积固定的情况下，要使木材成本最低，也就是使木箱的表面积最小. 与上例类似，我们可以从试验制作小纸盒开始（见图 10.37）. 通过计算会发现，对于给定的体积，立方体具有最小的表面积. 因此当木箱是立方体时所用木材最省，此时木箱尺寸和所需成本如下：

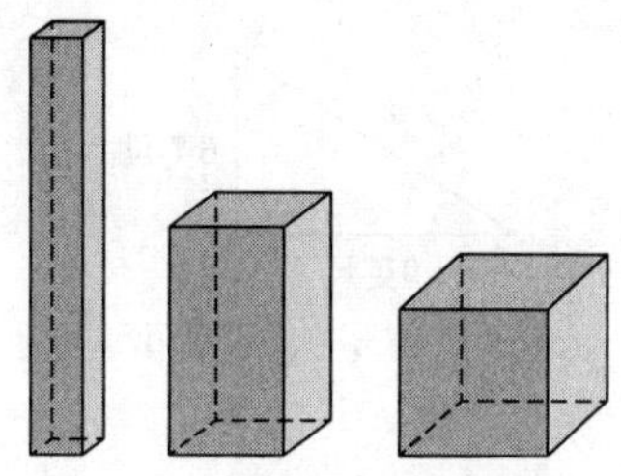

图 10.37　所示的三个盒子具有相同的体积，但立方体的总表面积最小

步骤 1：先给出立方体的体积公式：

$$V = (\text{边长})^3$$

步骤 2：由 $V = 2$ 立方米解边长：

$$\text{边长} = \sqrt[3]{V} = \sqrt[3]{2} \approx 1.26(\text{米})$$

步骤 3：成本由立方体的总表面积决定，它由 6 个边长相等的正方形组成：

$$\begin{aligned}\text{表面积} &= 6 \times (\text{边长})^2 \\ &= 6 \times 1.26^2 \approx 9.53(\text{米}^2)\end{aligned}$$

步骤 4：根据每平方米 12 美元和表面积公式，计算总费用：

$$\text{总费用} \approx 9.53^2 \times 12 \approx 114(\text{美元})$$

则木箱的最佳设计是做成边长 1.26 米的立方体，所需成本是 114 美元.

▶ 做习题 77~80.

测验 10.2

为以下每个问题选择最佳答案，并用一个或多个完整的句子来解释原因.

1. 圆周的弧长是多少分？(　)

　a. 60　　b. 360　　c. 60×360

2. 弧度 1° 是多少秒？(　)

　a. 60　　b. 60×60　　c. 60×360

3. 如果一直向东行走，那么你会走在（　).

　a. 一条恒定的纬度线上　　b. 一条恒定的经度线上　　c. 本初子午线上

4. 如果你位于纬度 30°S 和经度 120°W，则你的位置在 ( ).
   a. 北美洲　　b. 南太平洋　　c. 南大西洋
5. 如果你从火星 (火星比地球离太阳远) 而不是从地球上看太阳，以下哪一项会有不同?( )
   a. 它的半径　　b. 它的角大小　　c. 它的体积
6. 太阳与地球的距离大约是月球与地球距离的 400 倍，但是太阳和月球在我们的天空中有相同的角大小. 这意味着太阳的直径与月球的直径的比例因子为 ( ).
   a. $\sqrt{400}$　　b. 400　　c. 400^2
7. 如果你骑着自行车向东去登山，这座山的坡度为 10%，那么你会知道 ( ).
   a. 向东骑行水平距离 100 码，海拔就会增加 10 码
   b. 山坡以 10° 的角度向上倾斜
   c. 所花费的力气比平坦道路上所需的力气大 10%
8. 下面的直角三角形中的距离 x 是 ( ).

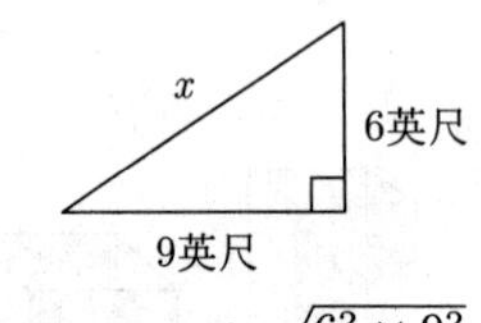

   a. $\sqrt{6^2+9^2}$　　b. 6^2+9^2　　c. $\sqrt{6^2\times 9^2}$
9. 关于相似三角形，以下描述哪个是正确的? ( )

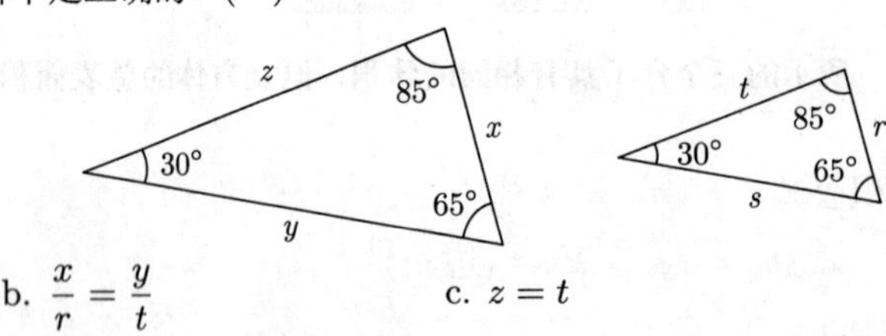

   a. $\dfrac{x}{y}=\dfrac{r}{s}$　　b. $\dfrac{x}{r}=\dfrac{y}{t}$　　c. $z=t$
10. 你有一根绳子，想把它放在一个平面上，以便围起尽可能大的面积. 那么绳子应该是什么形状?( )
   a. 正方形　　b. 圆　　c. 无所谓，因为你用它做的所有形状都有相同的面积

习题 10.2

复习

1. 如何描述分数形式的角度?
2. 解释如何使用经纬度确定地球上的位置.
3. 角大小与物理大小有什么关系?
4. 给出四种不同的方法来描述一个平面 (如道路) 与水平面的夹角.
5. 给出至少两个例子，说明毕达哥拉斯定理在解决实际问题中的作用.
6. 画两个相似三角形的草图，并解释三角形相似的特性.
7. 给出一个用相似三角形求解的实际问题的例子.
8. 什么是最优化问题? 请举例说明.

是否有意义?

确定下列陈述有意义 (或显然是真实的) 还是没意义 (或显然是错误的)，并解释原因.

9. 在 12 月份，西经 70° 和南纬 44° 是冬季.
10. 当我看着天上的月亮时，它好像有一英里宽.
11. 我在坡度 7% 的路面上骑自行车应该不会有什么问题.
12. 三角形 A 的内角和是 180°，三角形 b 的内角和也是 180°，所以这两个三角形是相似的.
13. 三角形 A 的每个边长都是三角形 B 对应边长的一半，所以这两个三角形是相似的.
14. 许多不同的矩形盒子有相同的体积，但只有一种长度、宽度和高度的组合能够提供最小的表面积.

基本方法和概念

15~20: **角度换算 I**. 将给定的度数转换为弧度制里的度、分和秒.

15. 32.5°　　16. 280.1°　　17. 12.33°
18. 0.08°　　19. 149.83°　　20. 47.672 3°

21~26: **角度换算 II**. 将给定的角度转换为小数形式的度数. 例如, $30°30' = 30.5°$.

21. $30°10'$　　22. $60°30'30''$　　23. $123°10'36''$
24. $2°2'2''$　　25. $8°59'10''$　　26. $150°14'28''$

27. **圆的分数表示**. 计算一个整圆的分数.
28. **圆的秒数表示**. 计算一个整圆的秒数.

29~36: **经度和纬度**. 查看地图、地球仪或网站来回答以下问题.

29. 找到西班牙马德里的经纬度.
30. 找到澳大利亚悉尼的经纬度.
31. 找到地球上与加拿大多伦多 (纬度 44°N, 经度 79°W) 正对面位置的经纬度.
32. 找到地球上与俄勒冈州波特兰市 (纬度 46°N, 经度 123°W) 正对面位置的经纬度.
33. 哪个城市离北极更远: 阿根廷的布宜诺斯艾利斯还是南非的开普敦? 解释一下.
34. 哪个城市离南极更远: 危地马拉的危地马拉城还是赞比亚的卢萨卡? 解释一下.
35. 纽约州布法罗的经度与佛罗里达州迈阿密的经度几乎相同, 但布法罗的纬度是 43°N, 而迈阿密的纬度是 26°N. 布法罗离迈阿密有多远? 解释一下.
36. 华盛顿位于北纬 38°, 西经 77°. 秘鲁的利马市位于南纬 12 度, 西经 77 度. 这两个城市相距多远? 解释一下.

37~40: **角大小**. 利用与角大小、物理大小以及距离相关的公式.

37. 从 3 码远的地方看, 25 美分硬币的角大小是多少?
38. 从 20 码远的地方看, 25 美分硬币的角大小是多少?
39. 太阳的角直径 (角大小) 约为 0.5°, 距离约为 1.5 亿千米. 它的真实直径是多少?
40. 你看到的是 0.5 英里外山坡上的一棵树. 测量树的角度大小为 12°. 这棵树有多高?

41~44: **斜率、倾斜度与坡度**. 考察以下平面哪个更陡峭.

41. 倾斜度为 1 比 4 的屋顶或斜率为 2/10 的屋顶.
42. 坡度为 12% 的道路或倾斜度为 1 比 8 的道路.
43. 坡度为 3% 的铁轨或斜率为 1/25 的铁轨.
44. 倾斜度为 1 比 6 或坡度为 15% 的人行道.
45. **屋顶的斜率**. 8 比 12 的屋顶的斜率是多少? 水平延长 15 英尺时屋顶高度上升了多少?
46. **道路的坡度**. 一条坡度为 5% 的道路水平方向每延伸一英尺, 道路上升的高度是多少? 如果你沿着这条路行驶 6 英里, 你所处的高度上升了多少?
47. **屋顶的倾斜度**. 倾斜度为 6 比 6 的屋顶的角度 (相对于水平方向) 是多少? 有可能有一个倾斜度为 7 比 6 的屋顶吗? 解释一下.
48. **路径的坡度**. 一条每英里上升 1 500 英尺的路, 它的近似坡度 (用百分比表示) 是多少?
49. **道路的坡度**. 水平方向每延伸 150 英尺, 高度就上升 20 英尺的道路的坡度是多少?
50. **小路的坡度**. 对于坡度为 22% 的小路, 水平方向每延伸 200 码, 小路上升的高度是多少?

51~55: **地图上的距离**. 观察图 10.38 中的地图. 假设每个地块的东西长度为 $\frac{1}{8}$ 英里, 南北长度为 $\frac{1}{5}$ 英里.

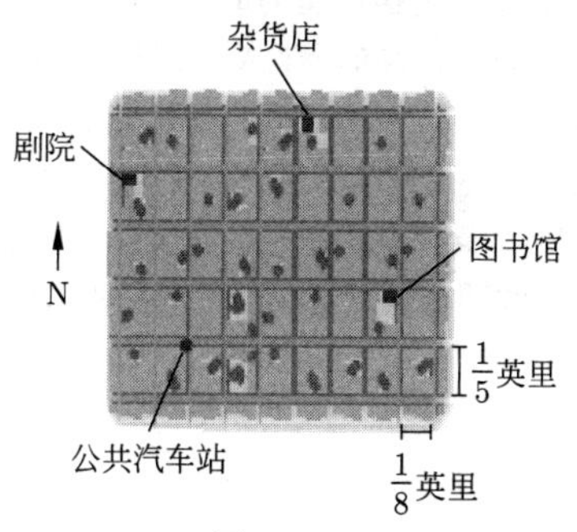

图 10.38

就每项练习所提供的地点，请按以下步骤进行:

a. 在两个地点之间找到尽可能短的步行距离 (沿着街道走).

b. 找出两个位置之间的直线距离 (就像乌鸦飞行一样).

51. 公共汽车站和图书馆.
52. 公共汽车站和杂货店.
53. 公共汽车站和剧院.
54. 剧院和图书馆.
55. 杂货店和图书馆.
56. **不同的最短路径**. 要想使公共汽车站和图书馆之间的步行距离最短，有多少种不同的路径?

57~60: **面积的问题**. 参考图 10.32，使用习题中给出的长度. 在给定的假设下，求出土地面积 (单位：英亩).

57. 河道宽 200 英尺，地界线长 800 英尺.
58. 河道宽 300 英尺，地界线长 1 800 英尺.
59. 河道宽 600 英尺，地界线长 3 800 英尺.
60. 河道宽 0.45 英里，地界线长 1.2 英里.

61~64: **是否相似**. 考察以下哪组三角形相似，并给出理由.

61.

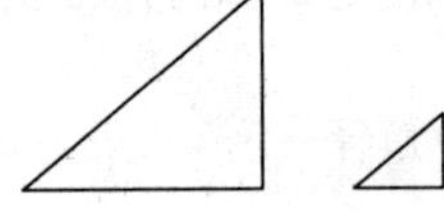

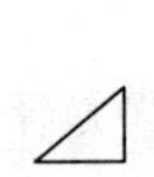

62.

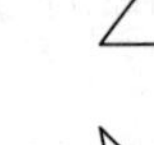
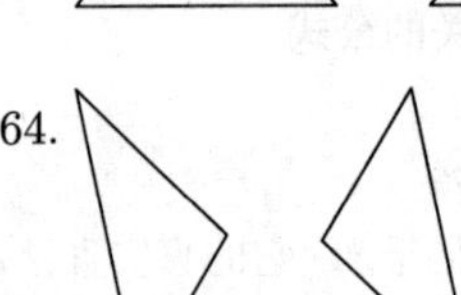

63.

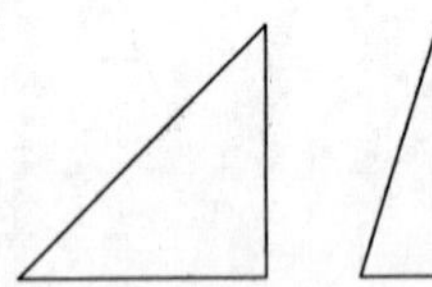

64.

65~68: **分析相似三角形**. 给出以下相似三角形里的未知边长.

65.

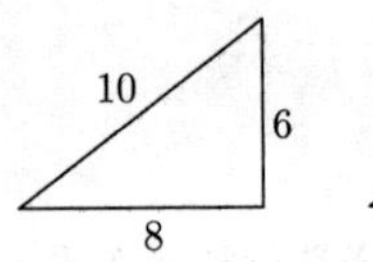

66.

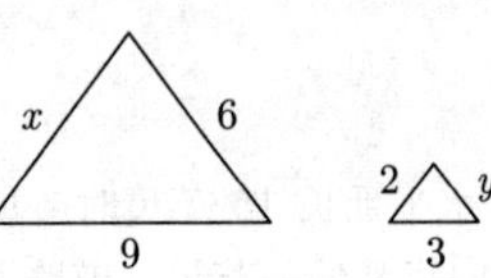

67.

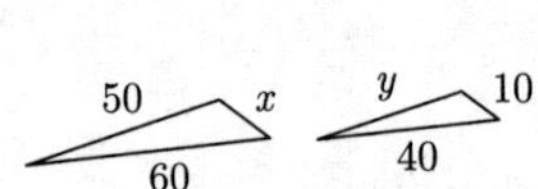

68.

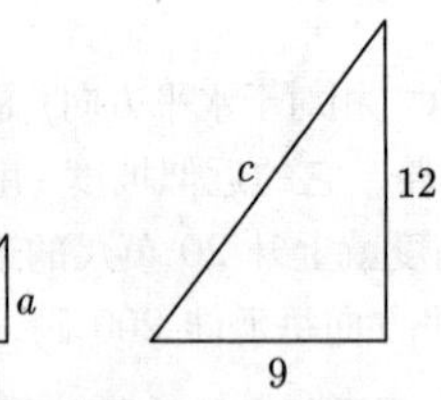

69~72: **日光照射**. 假设例 8 中给出的政策有效，找出每座房屋的最大允许高度.

69. 在一年中日照时长最短的一天，建筑红线外 12 英尺高的栅栏会投射出 25 英尺的影子，房屋的北侧距离建筑红线 60 英尺.
70. 在一年中日照时长最短的一天，建筑红线外 12 英尺高的栅栏会投射出 20 英尺的影子，房屋的北侧距离建筑红线 30 英尺.
71. 在一年中日照时长最短的一天，建筑红线外 12 英尺高的栅栏会投射出 30 英尺的影子，房屋的北侧距离建筑红线 50 英尺.
72. 在一年中日照时长最短的一天，建筑红线外 12 英尺高的栅栏会投射出 10 英尺的影子，房屋的北侧距离建筑红线 30 英尺.

73~76: **最优化面积**. 确定用给定数量的栅栏制作的圆形护栏结构和方形护栏结构的面积. 比较面积大小并解释.

73. 50 米长的栅栏.
74. 800 英尺长的栅栏.
75. 150 米长的栅栏.

76. 0.27 英里长的栅栏.

77. **设计罐头**. 假设你在一家生产圆柱形罐头的公司工作. 以下哪一种制造成本更高: 半径为 4 英寸、高度为 5 英寸的罐头还是半径为 5 英寸、高度为 4 英寸的罐头？假设顶部和底部的材料成本为每平方英寸 1.00 美元，侧面的材料成本为每平方英寸 0.50 美元.

78. **设计塑料桶**. 某公司生产无顶盖的圆柱形塑料桶. 制造一个半径为 6 英寸、高度为 18 英寸的桶和一个半径为 9 英寸、高度为 15 英寸的桶，哪个成本更高？假设塑料的成本为每平方英尺 0.50 美元，但每个桶的底部必须是原材料厚度的两倍.

79. **设计纸箱**. 假设你正在设计一个纸箱，它的体积必须是 8 立方英尺. 纸板的成本是每平方英尺 0.15 美元. 最经济的纸箱设计是什么？每个纸箱的原材料需要多少钱？

80. **设计钢制保险箱**. 一个体积为 4 立方英尺的大型钢制保险箱将被设计成矩形棱柱的形状. 这种钢的成本是每平方英尺 6.5 美元. 什么是最经济的保险箱设计？这种设计需要耗费的成本是多少？

进一步应用

81. **蓝光光盘**. 单面、双面蓝光光盘的容量约为 500 亿字节（50GB）. 定义蓝光光盘存储区域的内外半径分别为 $r = 2.5$ 厘米和 $r = 5.9$ 厘米.

a. 存储区域面积是多少 (单位：平方厘米)？

b. 蓝光光盘上数据密度是每平方厘米多少百万字节？

c. 蓝光光盘由一条长轨道或“凹槽”组成，它从存储区域的内边缘向外螺旋形延伸. 螺旋每转一圈的宽度 (本质上是槽的厚度) 为 $d = 0.3$ 微米 (1微米 $= 10^{-6}$ 米). 可以看出，整个槽的长度约为 $L = \pi(R^2 - r^2)/d$. 蓝光光盘上的螺旋轨道的长度是多少厘米？换算成英里呢？

82. **恒星的角大小**. 想象一颗与太阳大小相同的恒星 (直径约 140 万千米)，且位于 10 光年之外的地方. 从地球上看，这颗恒星的角大小是多少？鉴于目前最强大的望远镜所能看到的细节是不小于 0.01 秒的弧度，我们有可能看到这颗恒星表面的任何细节吗？解释一下.(提示:1 光年 $\approx 10^{13}$ 千米).

83. **棒球与几何**. 棒球场 (实际上是一个正方形) 上的垒与垒之间的距离是 90 英尺. 捕手把球从本垒扔到二垒 (沿着正方形的对角线) 有多远？

84. **节约成本**. 一条电话线向东延伸 1.5 英里，然后沿着同一区域的边缘向北延伸 2.75 英里. 这条电话线每英里的安装成本为 3 500 美元，那么这条电话线斜穿过场地安装，可以节省多少成本？请画出图形.

85. **旅行时间**. 为了到达小木屋, 你可以选择从一个停车场向西骑自行车并沿着矩形水库的边缘前行 1.2 英里, 接着向南沿着水库边缘继续前行 0.9 英里；或者从停车场直接乘船穿过. 如果你骑车的速度是划船的 1.5 倍, 更快的路线是什么？

86. **请勿践踏草坪**. 公共景观区域奉行的一个古老原则是“最后修建人行道”. 换句话说，让人们先找到他们选择的道路，然后在道路上修建人行道. 图 10.39 显示了一个长 40 米、宽 30 米的校园，展示了图书馆、化学楼和人文楼的门的位置. 连接三座大楼的新人行道 (灰线) 有多长？

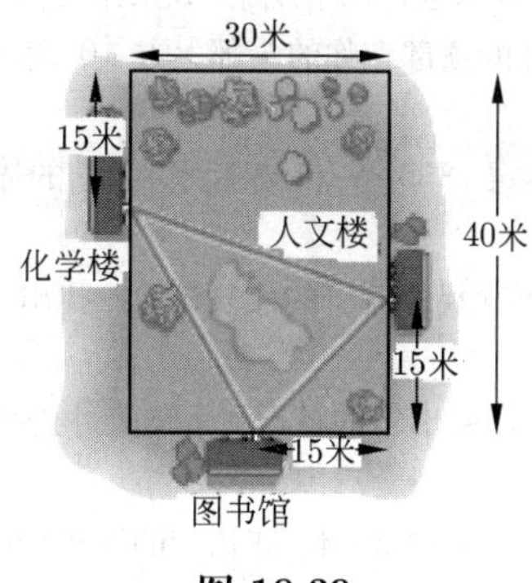

图 10.39

87. **水床泄漏**. 假设你在二楼的卧室里有一张 8英尺 × 7英尺 × 0.75 英尺的水床，某天你发现它漏水了，所有水排到了卧室下面的房间里.

a. 如果下面的房间是 10英尺 × 8英尺，那么房间里的水有多深 (假设所有水都在房间里积聚)？

b. 水床里水的重量是多少?(水的密度为每立方英尺 62.4 磅.)

88. **填充泳池**. 球形水箱的半径为 25 英尺. 它能装下足够的水来填满一个长 50 米、宽 25 米、深 2 米的游泳池吗?

89. **最佳围栏设计**. 牧场主必须设计一个面积为 400 平方米的矩形畜栏. 她决定做一个 10 米 ×40 米 (这是正确的总面积) 的畜栏. 这个畜栏需要多少栅栏? 农场主找到最经济的解决方案了吗? 你能找到另一种总面积不变但使用更少围栏的设计吗?

90. **最佳盒子**. 你正在用一块长 1.75 米、宽 1.25 米的长方形纸板制作盒子. 从矩形的每个角上切出一个边长 0.25 米的正方形, 如图 10.40 所示. 接着把 "褶叶" 折叠起来, 形成一个没有盖的盒子. 那么盒子的外部表面积是多少? 它的体积是多少? 如果边角切割是边长 0.3 米的正方形, 那么得到的盒子的体积会比第一个盒子大还是小? 你估计方角切割多少会使盒子有最大的体积?

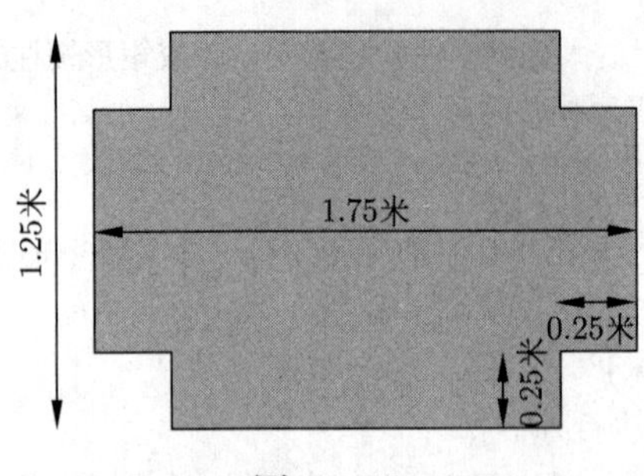

图 10.40

91. **最优电缆设计**. 电话电缆必须从一个大湖岸边的终端箱铺设到一个岛上. 这条电缆铺设在地下每英里要花费 500 美元, 铺设在水里每英里花费 1 000 美元. 接线盒、岛屿和海岸的位置如图 10.41 所示. 作为一个项目的工程师, 你决定沿着海岸在地下铺设 3 英里长的电缆, 然后将剩余的电缆沿着水下的直线铺设到岛上. 这个项目需要多少成本? 你的老板看了你的提议, 问在开始铺设水下电缆之前, 先在地下铺设 4 英里的电缆是否更经济. 老板的建议需要花多少钱? 你还能保住你的工作吗?

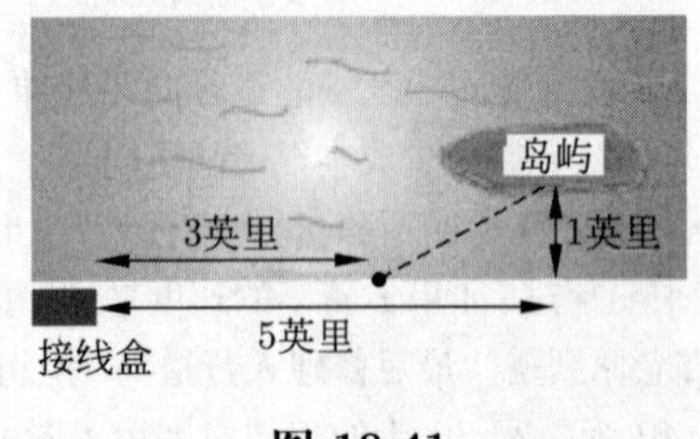

图 10.41

92. **高度估计**. 试图估计附近建筑物的高度时, 你可以进行以下观察. 如果站在离灯柱 15 英尺远的地方, 你可以把建筑物的顶部和灯柱的顶部对齐. 此外, 你可以很容易确定灯柱的顶部在你的头部上方 10 英尺处, 而建筑物距离你的视线位置有 50 英尺远. 这栋楼有多高? 请画图说明.

93. **苏打水罐装设计**. 标准的饮料罐可以装 12 盎司 (355 毫升) 苏打水. 它们的体积是 355 立方厘米. 假设饮料罐必须是标准的圆柱体.

a. 罐的材料成本取决于它的表面积. 通过对不同尺寸罐子的反复试验, 找出一个 12 盎司的罐子的尺寸, 使它的材料成本最低. 解释你是如何得出答案的.

b. 将 (a) 部分的饮料罐尺寸与自动贩卖机或商店出售的真正汽水罐尺寸进行比较. 请找出一些真正的汽水罐可能没有最大限度地减少材料使用的原因.

94. **冰川融化**. 冰川表面近似长方形, 长约 100 米, 宽约 20 米. 冰川中的冰平均厚度约为 3 米. 设想冰川融化成一个半径约为 1 公里的圆形湖泊. 假设湖泊的面积没有显著扩大, 如果整个冰川融化到湖中, 水位会上升多少?

95. **沙锥**. 回想你在沙箱里的日子, 想象一下把沙子倒进漏斗里. 沙子流在地面上形成一个锥体, 随着沙子的增多, 锥体变得更高、更宽. 沙锥的比例保持不变, 就像圆锥一样. 这一沙堆圆锥体的高度大约是圆底半径的 1/3(见图 10.42). 高度为 h、底面半径为 r 的锥体的体积公式为 $V=\frac{1}{3}\pi r^2h$.

a. 如果你建一个 2 英尺高的沙锥, 它能装多少立方英尺的沙子?

b. 假设你挖了一个地下室，挖出 1 000 立方英尺的泥土. 如果把土堆成锥形，圆锥有多高? 假设土锥与沙锥的比例相同.

c. 估算 (a) 部分圆锥体中的沙粒总数，解释你的假设和不确定性.

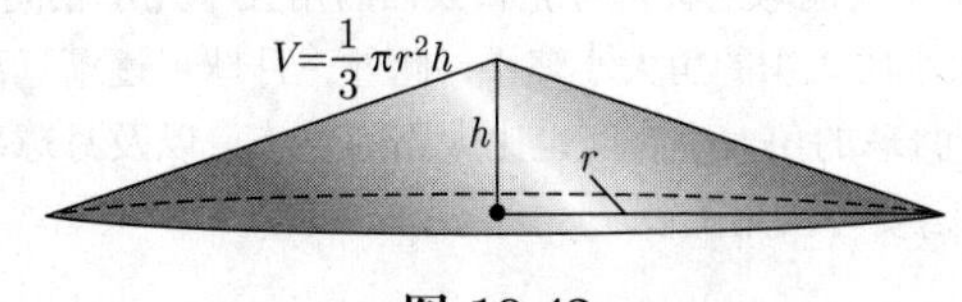

图 10.42

96. **卡车司机的困境**. 在一个漆黑的暴风雨之夜. 透过你卡车上的雨刷，你看到一座摇摇欲坠的乡间小桥，上面写着“40 吨载重限制”. 你知道你的卡车“白色闪电”就像你的手背一样重要; 它重 16.3 吨，正载着你和你的装备. 麻烦的是，你正载着一个装满水的圆柱形钢制水箱. 水箱的净重印在侧面:1 750 磅. 但是还有水呢? 幸运的是，你手套盒里的梅西-弗格森 (Massey-Fergusson) 卡车司机年鉴告诉你每立方英寸的水重 0.036 13 磅. 所以你拿着卷尺冲进雨里，得到了水箱的尺寸: 长度 = 22 英尺，直径 = 6 英尺 6 英寸. 你回到卡车上，浑身湿淋淋的，心里盘算着，能冒险通过小桥吗? 解释一下.

97. **埃及的大金字塔**. 古埃及王国始于公元前 2 700 年，并持续了 550 年. 在此期间，至少建造了 6 座金字塔以纪念不同的法老. 这些金字塔至今仍是任何文明建造的最大和最令人印象深刻的建筑之一. 金字塔的建造需要对艺术、建筑、工程和社会组织的掌握，而这在此之前是未知的. 这六座金字塔中，最著名的是在开罗外面的吉萨高原上，其中最大的大金字塔在大约公元前 2 550 年由法老胡夫 (Khufu)(或希腊的基奥普斯 (Cheops)) 建造. 这座金字塔的正方形底边长为 756 英尺，高为 481 英尺，里面布满了隧道、竖井、走廊和墓室，所有这些都与深藏的法老墓室相通 (见图 10.43). 据希腊历史学家希罗多德 (Herodotus) 估计，建造金字塔所用的石头是由 10 万名工人用沙撬和内河驳船运来的，他们通常要走数百英里之远. 历史记录表明，这座大金字塔大约花了 25 年才建成.

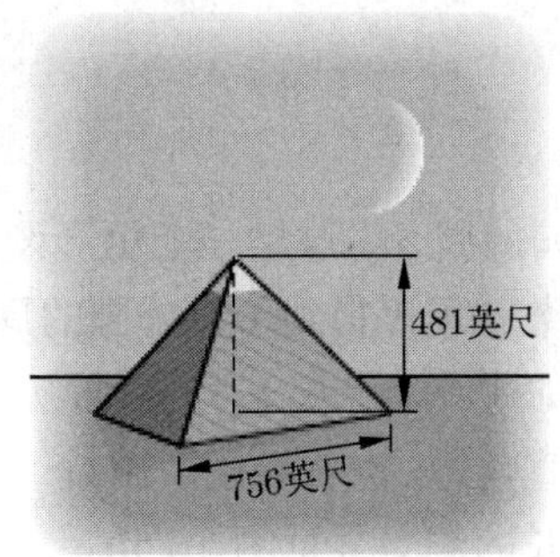

图 10.43

a. 要体验胡夫大金字塔的大小，可以把它的高度和足球场的长度 (100 码) 进行比较.

b. 金字塔的体积公式为 $V=\frac{1}{3}\times$ 底面积 $\times$ 高. 用这个公式来估计大金字塔的体积. 分别以立方英尺和立方码为单位给出你的答案.

c. 大金字塔中石灰岩石的平均大小为 1.5 立方码. 这个金字塔用了多少块这样的岩石?

d. 芝加哥大学的马克 · 雷纳领导的一个现代研究小组估计，使用弯曲的坡道来抬起石头、沙土和水，每 2.5 分钟就可以放置一块石头. 如果金字塔工人每天工作 12 小时，且一年按 365 天计算，建造大金字塔需要多长时间? 这一估计数字与历史记录相比如何? 为什么雷纳的研究团队得出的结论是，大金字塔可能只需要 1 万名工人就能建成，而不是希罗多德估计的 10 万名工人?

e. 埃菲尔铁塔建于 1889 年，是为巴黎博览会而建，它是一座高 980 英尺、由 4 条拱形腿支撑的铁格结构. 塔的腿部立在一个边长 120 英尺的正方形的角上. 如果埃菲尔铁塔是一个坚固的金字塔，它的体积与大金字塔的体积相比如何?

实际问题探讨

98. **巨大的圆形**. 大圆路线是地球表面两点之间最短的路径. 这是飞机飞行的最佳航线. 选择几对城市，并找出每对城市之间的大圆路线的长度. 估计城市之间其他可能路线的长度，以验证大圆路线是最短的 (如果你选择两个具有相同经度的城市，计算将是最容易的). 请具体解释如何找到地球上两点之间的大圆路线.

99. **球体装箱**. 研究球体的装箱问题，它的历史从 17 世纪一直延续至今. 总结以上问题，包括对其解决方案的早期猜测，以及最近的发展. 你或许还可以讨论一些非球面物体的装箱问题.

100. **日食**. 日全食是一种非常壮观的景象，从地球上看，月亮和太阳的角大小几乎相同，这使得日全食成为可能. 然而，并非所有日食都是全食，因为有时月球的角大小比太阳的角大小略小. 此外，月球正逐渐远离地球，所以在遥远的未来，日全食将不可能再出现. 找出为什么即使在今天，月球的角大小有时也比太阳的要小，以及月球离地球足够远以至于不再发生日食的大致时间. 用一两段话总结你的发现，如有需要可使用图表.

10.3 分形几何

前两节所讲的几何是由古希腊人发展起来的经典几何. 这种几何虽然仍然有很多应用，但不太适用于自然界中出现的一些实物. 近几十年来，出现了一种称为**分形几何**（fractal geometry）的新几何. 事实证明，它在描述自然方面非常有效，现在也用于艺术和电影中，以创造更为逼真的图像.

什么是分形？

我们通过设想用不同长度的“标尺”，如 10 米、1 米、1 毫米等, 进行测量来研究什么是分形. 每个尺子的长度称为一个（长度）**单位** (element). 假设我们使用一个长度 10 米的标尺，得到物体长 50 个单位. 则物体的长度为 50×10 米 =500 米. 更一般地，任何物体的总长度为

$$\text{总长度} \approx \text{单位个数} \times \text{每个单位的长度}$$

测量中央公园的周长

想象一下，你需要测量纽约市中央公园的周长，这是一个矩形设计（见图 10.44）. 如果用一个 10 米长的尺子测量，10 米的长度再乘以 10 米的个数就可以得到中央公园的周长.

现在，假设你在使用较短的标尺（比如 1 米标尺）进行测量. 1 米标尺的测量结果与 10 米标尺的测量结果差别不会太大，因为你只是测量公园的直角边. 也就是说，10 个 1 米标尺与一个 10 米标尺是相同的. 事实上，标尺的长度不会明显影响中央公园周长的测量（见图 10.45）.

图 10.44　中央公园的长方形布局

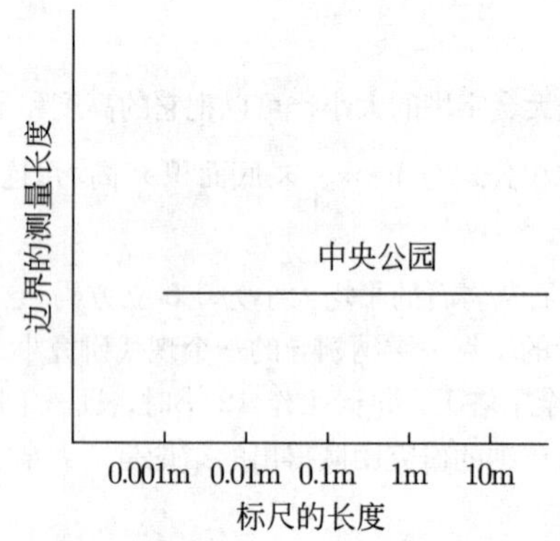

图 10.45　标尺的长度不会影响中央公园周长的测量结果

测量岛屿的海岸线

接下来，假如你想要测量一片湖泊中某座岛屿的周长. 为了使任务更容易，你需要等到冬天岛屿周围的水都结冰的时候. 你的任务就是测量由冰陆边界定义的海岸线长度.

假如你先使用一个 100 米标尺，在岛屿周围点对点放置，100 米标尺（见图 10.46 中的黑色线段）将充分测量海湾和河口等这些大尺度特征地貌，但缺少诸如海岬和入口之类的小于 100 米的地貌. 现在如果换成 10 米标尺，就可以弥补 100 米标尺遗漏的许多地方. 因此，你将测量到更长的周长 (见图 10.46 中的灰色短线段).

如果要测量海岸沿线的所有地貌特征，10 米标尺仍然太长，如果切换到 1 米标尺，你会发现更大的周长. 事实上，在测量海岸线时使用的标尺越短，你的周长估计就会越长，因为较短的标尺可以测量新的细节特征. 图 10.47 显示了用较短的标尺测量海岸线时测量长度是如何增加的. 我们无法就海岸线的“真实”长度达成一致，因为与中央公园明确定义的周长不同，它取决于所使用的标尺的长度.

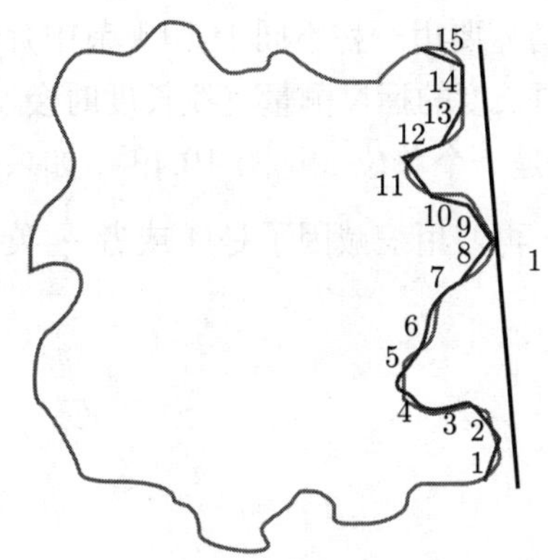

图 10.46　长标尺 (黑色) 测量不到短标尺 (灰色) 所测量的很多细节

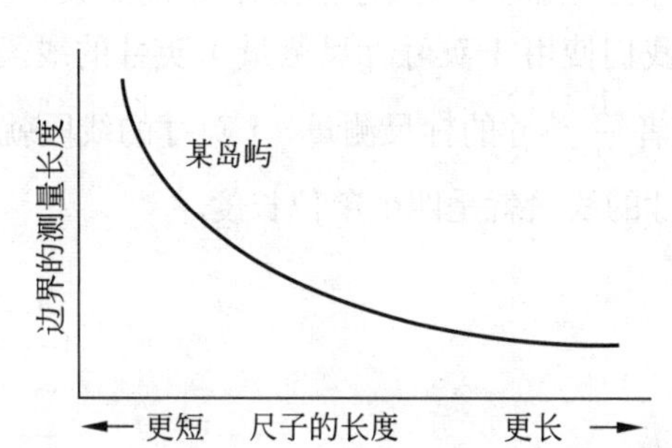

图 10.47　当标尺长度 (水平轴) 变短时，测量到的岛屿周长 (垂直轴) 会变得更长

放大的矩形和海岸线

想象一下，在放大镜下观察中央公园的矩形周长的一部分，我们不会发现新的细节——它仍然是一个直线段 (见图 10.48(a)). 相比之下，如果在放大镜下观察海岸线，你就会发现以前看不到的很多细节 (见图 10.48(b)).

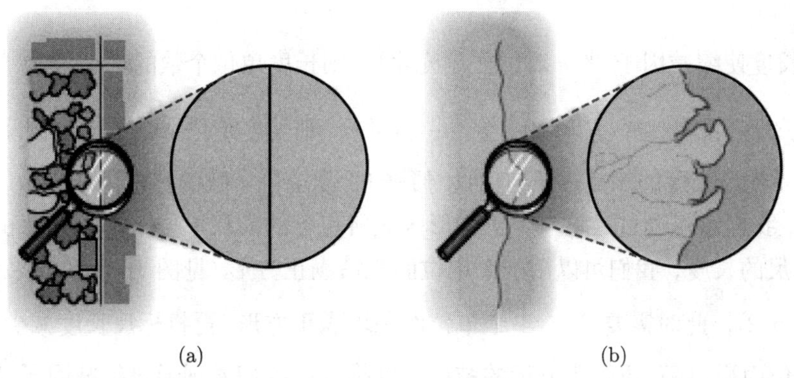

图 10.48　(a) 矩形的一段放大后看起来是一样的. (b) 海岸线的一部分放大后显示出新的细节

像海岸线这样在较小的尺度下不断地显示出新特征的物体叫作**分形** (fractals) . 许多自然物体都具有分形结构. 例如，珊瑚和山脉，当用更大倍数的放大镜观察它们时都显示出越来越多的特征，因此也被认为是分形.

分形维数

中央公园的边界是一维的，因为给出一个数字就能确定周边的任意位置. 例如，如果你告诉某人按顺时针方向走，在距离公园西北角 375 米的地方见面，他就会确切地知道要去哪里.

相比之下，如果你告诉人们在距离海岸线的某个特定位置 375 米的地方见面，不同的人可能会到达海岸线上的不同地方，因为他们的测量标尺可能不同. 由此我们可以得出结论，海岸线不是一个具有可明确定义长度的普通一维物体. 但它显然也不是二维的，因为海岸本身不是一个面积区域. 我们说海岸线具有一个介于 1 和 2 之间的**分形维数** (fractal dimension)，这表明海岸线的某些属性类似于长度 (一维)，而另一些属性则更像是面积 (二维).

维数的新定义

为了考虑分形维数 (其介于常规维数 0，1，2 和 3 之间)，我们需要用一种不同于 10.1 节中介绍的维数的基本方法来定义维数. 为了找到这种新的定义，我们先看看用不同长度的标尺测量直线长度时会发生的情况.

如果我们使用 1 英寸标尺测量 1 英寸的线段，线段的长度就是一个单位 (见图 10.49). 如果使用缩放因子是 2 或者 $\frac{1}{2}$ 英寸的标尺测量，1 英寸的线段就是两个单位长度. 再使用缩减因子是 4 或者 $\frac{1}{4}$ 英寸的标尺测量，1 英寸的线段就是四个单位长度.

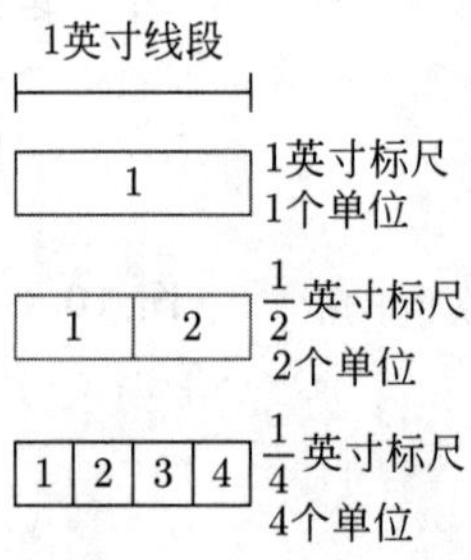

图 10.49　对于线段，将标尺长度按因子 R 缩减，标尺单位数按因子 $N = R$ 增加

下面用符号 R 表示标尺长度的缩减因子，用 N 表示长度单位个数增加到的倍数. 我们可以重述关于线段的结论：

- 如果减小标尺长度使缩减因子 $R = 2$ (至 $\frac{1}{2}$ 英寸)，则长度单位个数的增加因子 $N = 2$.
- 如果减小标尺长度的缩减因子 $R = 10$ (至 $\frac{1}{10}$ 英寸)，则长度单位个数的增加因子 $N = 10$.

把这一结论推广，标尺长度的缩减因子与由此导致的长度单位个数的增加因子一致，即 $N=R$.

与以上步骤类似，我们可以通过计算一个正方形区域所包含的面积单位来确定其面积. 如果正方形的边长恰好是一个 1 英寸标尺的长度，我们可以用一个单位面积填满正方形 (见图 10.50). 如果我们将标尺长度降到 $\frac{1}{2}$ 英寸 (缩减因子 $R = 2$)，此时需要 $N = 4$ 个单位面积填满正方形. 再将标尺长度减少为 $\frac{1}{4}$ 英寸 ($R = 4$)，则需要 $N = 16$ 个单位面积填满. 再把正方形的结论加以推广，我们发现通过缩减因子 R 减小标尺长度会使单位面积数量的增加因子变为 $N = R^2$.

对于立方体，我们也可以计算它所包含的体积单位的数量 (见图 10.51). 假设立方体的边长也是 1 英寸标尺的长度，它的体积刚好是一个单位的体积. 现将标尺长度减小到 $R = 2$ 即 $\frac{1}{2}$ 英寸，则立方体需要 8 个体积单位才能填满. 将标尺长度减少到 $R = 4$ ($\frac{1}{4}$ 英寸)，此时立方体包含的体积单位增加到 64 个. 推广这一结论，减少标尺长度的缩减因子 R 会使体积单位的数量增加到 $N = R^3$.

总结以上结论，可得：

- 对于一维物体来说，有 $N = R^1$.

- 对于二维物体来说，有 $N=R^2$.
- 对于三维物体来说，有 $N=R^3$.

在以上每种情形中，物体的维数都以 R 的幂次呈现. 下面将利用这一想法来定义一个物体的分形维数.

定义

定义一个物体的分形维数为 D, 则有

$$N=R^D$$

式中，R 表示标尺缩短的缩减因子；N 表示由标尺缩减导致单位数增加的增加因子.

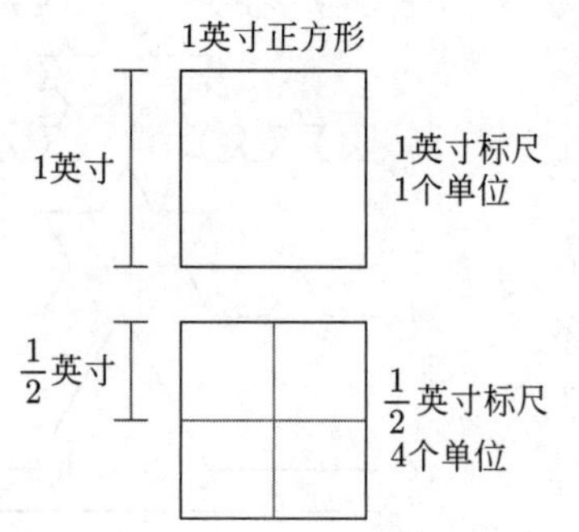

图 10.50　对于一个正方形，将标尺长度按因子 R 缩减，方形元素的个数就会按因子 $N=R^2$ 增加

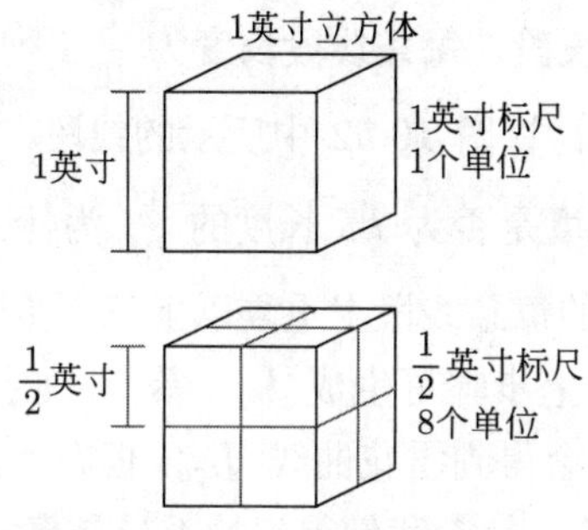

图 10.51　对于立方体，将标尺长度按因子 R 缩减，立方体元素的的个数就会按因子 $N=R^3$ 增加

例 1　找到分形维数

在测量物体长度时，每次将标尺长度缩减为因子 3 时，长度单位个数的增加因子都是 4. 该物体的分形维数是多少？

解　根据已知，缩减因子 $R=3$, 元素个数的增加因子 $N=4$. 则我们所要找的分形维数 D 满足

$$4=3^D$$

下面来求解 D.

步骤 1：先给出方程：

$$4=3^D$$

步骤 2：两边同取对数：

$$\log_{10}4=\log_{10}3^D$$

步骤 3：等式右边利用法则 $\log_{10}a^x=x\log_{10}a$:

$$\log_{10}4=D\log_{10}3$$

步骤 4：等式两边同除以 $\log_{10}3$:

$$D=\frac{\log_{10}4}{\log_{10}3}\approx 1.261\ 9$$

该物体的分形维数是 1.261 9.

▶ 做习题 15~26.

雪花曲线

想象一下，什么样的物体可以像例 1 中计算的那样具有分数维数？这里我们考察一个称为**雪花曲线**

(snowflake curve) 的特殊对象，它由一个以直线段开头的过程生成. 如图 10.52 底部所示，我们指定起始线段为 L_0，其长度为 1. 然后通过以下三个步骤生成 L_1：

1. 将线段 L_0 分成三条相等的线段.

2. 取下中间部分的线段.

3. 将中间的线段更换为两条相同长度的线段，使它们成为等边三角形的两边.

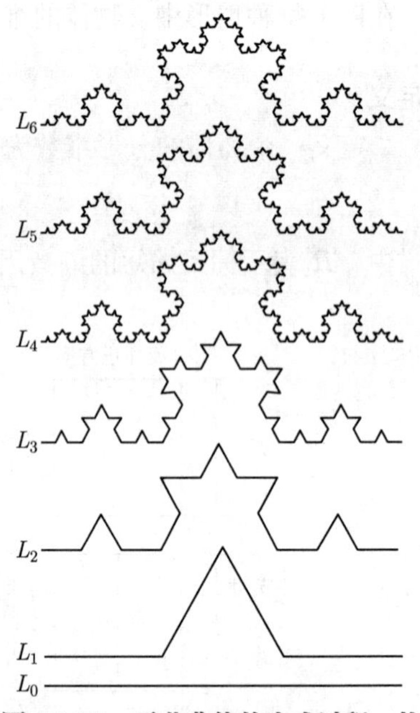

图 10.52　雪花曲线的生成过程，从 L_0(底部) 到 L_6(顶端)

此时，L_1 由四条线段组成，每条线段的长度为 $\frac{1}{3}$（因为 L_0 被分成三个长度相等的部分）.

接下来，我们对 L_1 的四条线段都重复以上三个步骤. 结果是 L_2 含有 16 条线段，每条线段长度为 $\frac{1}{9}$.

思考　计算图 10.52 中所示的线段，确认 L_2 是否有 16 条线段，每条线段长度是否为 L_0 长度的 $\frac{1}{9}$. 为什么？L_3 中每条线段有多长？

在 L_2 的每条线段上重复以上三个步骤可生成 L_3，对 L_3 的每条线段重复以上步骤可生成 L_4，等等. 如果可以无限次重复这个过程，我们最终将会得到雪花曲线[①] L_∞. 但在实际绘制过程中，无论是到 L_6 还是到 $L_{1\,000\,000}$，我们得到的都只是真实雪花曲线的近似值.

现在想象一下我们需要测量完整雪花曲线的长度 L_∞. 一个长度为 1 的标尺只能简单地测量雪花曲线底部的直线距离，从而缺少所有的精细部分. 这个标尺沿雪花曲线只能产生一个单位长度. 现将标尺长度减小到 $\frac{1}{3}$ (缩减因子为 $R = 3$)，将使其与 L_1 中的每条线段具有相同的长度. 这个标尺就会在雪花曲线上找到 4 个单位，或者 $N = 4$ (相当于第一个标尺确定的单位数的 4 倍). 接下来继续将标尺长度缩减到 $R = 3$，即原来的 $\frac{1}{9}$，则 L_2 中会有 16 条线段. 也就是说，这个新标尺会在雪花曲线上找到 16 个单位，这是前一个标尺产生的单位数的 4 倍 ($N = 4$).

综上所述，每当我们将标尺长度减少一个缩减因子 $R = 3$ 时，就会使单位长度的个数变为前面个数的 4 倍. 这正是例 1 中描述的情况，也说明雪花曲线的分形维数为 $D \approx 1.261\,9$.

那么，分形维数为 1.261 9 究竟意味着什么？事实上，分形维数大于 1 意味着雪花曲线比普通的一维物体具有更多“物质”. 从某种意义上说，雪花曲线开始填充它所在平面的一部分. 对象的分形维数越接近 1，它就越接近线段的集合. 分形维数越接近 2，它就越接近填充平面的一部分.

例 2　雪花曲线的长度

如图 10.52 所示，曲线 L_1 比 L_0 长多少？L_2 比 L_0 长多少？依此类推，讨论整个雪花曲线的长度.

解　已知 L_0 的长度是 1. 图 10.52 显示 L_1 由 4 条线段组成，每条长度为 $\frac{1}{3}$. 则 L_1 的长度是 L_0 的 $\frac{4}{3}$ 倍，即 $\frac{4}{3}$：

$$L_1\text{的长度} = \frac{4}{3}$$

L_2 由 16 条线段组成，每条长度为 $\frac{1}{9}$. 它的长度是

$$L_2\text{的长度} = \frac{16}{9} = \left(\frac{4}{3}\right)^2$$

① **顺便说说**：雪花曲线有时被称为科赫曲线，是以海里格 · 冯 · 科赫 (Helga von Koch) 的名字命名的，他在 1906 年首次对雪花曲线进行了描述.

依此类推，我们有

$$L_n\text{的长度} = \left(\frac{4}{3}\right)^n$$

由于 $\left(\frac{4}{3}\right)^n$ 随着 n 的增大越来越大，由此得出完整的雪花曲线长度 L_∞ 一定是无限长的.

▶ 做习题 27.

雪花岛

雪花岛 (snowflake island) 是指一个以三条雪花曲线为边界的区域 (岛屿). 绘制雪花岛的过程始于等边三角形（见图 10.53）. 然后我们将三角形的三边转换成雪花曲线. 实际上我们无法绘制完整的雪花岛，因为它需要无限多个步骤，但图 10.53 显示了边长分别是 L_0，L_1，L_2 和 L_6 的结果.

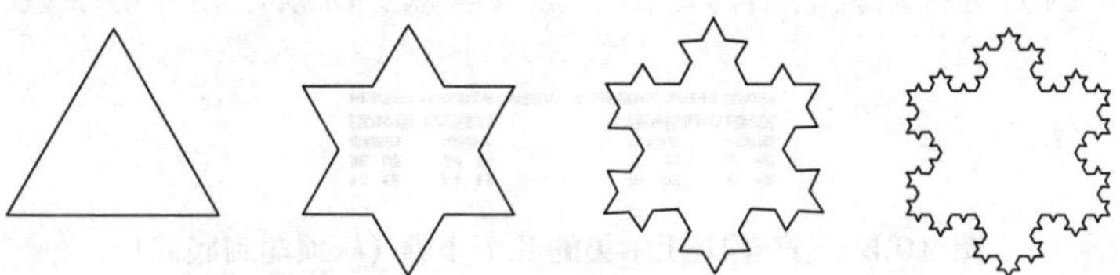

图 10.53 从左到右，逐次逼近雪花岛，它的边分别由 L_0, L_1, L_2 和 L_6 生成

雪花岛真正展示了一些非凡的特性. 在例 2 中，我们知道单个雪花曲线是无限长的. 因此，雪花岛的海岸线也是无限长的，因为它由三条雪花曲线组成. 但是，图 10.53 显示了岛所在区域明显在有限的范围内. 这里我们有一个有趣的结果：雪花岛是一个拥有有限面积和无限边界的特殊物体.

真实的海岸线和边界

如图 10.52 所示，我们注意到 L_2 中四个部分中的每一个看起来都与 L_1 完全相同，只是更小. 同样，L_3 由四个部分组成，每个部分看起来也都与 L_2 相似. 事实上，如果我们放大任何雪花曲线 L_∞，它看起来就像之前的曲线 L_0，L_1，L_2，……因为在不同尺度下观察到的雪花曲线与其自身相似，所以我们说它是一个**自相似分形** (self-similar fractal). 雪花曲线的自相似性是因为重复应用一组简单的规则.

自然物体，如真实的海岸线，也可以在更高的放大倍率下显示出新的细节. 与自相似分形不同，自然物体在放大时不太可能看起来完全相同. 尽管如此，如果有关于测量长度随着不同的“标尺”变化的数据，我们仍然可以为一个自然物体定义分形维数.

关于自然物体分形维数的第一组重要数据是由刘易斯 · 弗莱 · 理查森①于 1960 年收集的. 理查森的数据代表了各种海岸线和国际边界长度的测量和估计，这些是由不同大小的“标尺”测量的. 他的数据表明，大多数海岸线的分形维数约为 $D = 1.25$，这非常接近雪花曲线的分形维数.

例 3 西班牙和葡萄牙的分形边界

葡萄牙声称其与西班牙的国际边界线长 987 公里，而西班牙声称其边境线长 1 214 公里. 但是，两国却在边界线设定上达成了一致. 这可能吗？

① **顺便说说**：刘易斯 · 弗莱 · 理查森 (Lewis Fry Richardson) 是一位古怪的英国科学家，他在 1920 年提出了预测天气的计算机方法——这竟是在计算机发明之前!

解 首先, 边界可以沿着各种自然物体，包括河流和山脉. 而观察得越仔细就越能细致地刻画边界, 因此边界可以看作一个分形. 就像雪花曲线一样，如果用较短的“标尺”测量, 边界将会更长. 因此，西班牙和葡萄牙可能就边界的位置达成一致，但如果它们采用不同长度的标尺，测量的长度就会不同. 西班牙声称的边界线较长，因此它测量时一定用了较短的标尺.

▶ 做习题 28.

分形的奇妙多样性

反复重复同一过程而生成自相似分形的过程称为**迭代**（iteration）. 不同的过程可以产生各种各样的自相似分形. 下面来看几个例子.

考虑对线段重复应用以下过程而生成的分形：删除当前图形的每条线段中间的三分之一（见图 10.54）. 每次迭代时，线段变短，直到最终线变为一点. 最终以上过程的极限（在无限多次迭代之后）就是分形，也称为**康托尔集** (Cantor set). 因为这种缺失的结构是由一维线段减少所致，其分形维数小于 1.

图 10.54 产生康托尔集的几个步骤 (从顶端到底部)

另一个有趣的分形, 称为**谢尔宾斯基三角形** (Sierpinski triangle), 是从一个实心的黑色等边三角形开始, 按照以下规则迭代: 对于当前图中的黑色三角形, 连接每条边的中点并移除由此生成的内接三角形 (见图 10.55). 完整的谢尔宾斯基三角形需要无限次迭代才能产生，每个剩余的黑色三角形都会变得无限小. 因此，完整的谢尔宾斯基三角形中的黑色区域的总面积为零. 谢尔宾斯基三角形的分形维数介于 1 和 2 之间，而它小于 2 的原因就是一些“物质”已从初始的二维三角形中移除.

图 10.55 产生谢尔宾斯基三角形的几个步骤 (从左至右)

与以上分形密切相关的一个物体是**谢尔宾斯基海绵**（(Sierpinski sponge)（见图 10.56）. 它是由一个实心

图 10.56 谢尔宾斯基海绵的一种近似结构

立方体开始并使用以下规则迭代：把当前立方体当中的每个立方体分成 27 个相等的子立方体，并移除物体里面的中心立方体和每个面上的中心立方体. 最终得到物体的分形维数在 2~3 之间. 它的维数之所以少于 3，正是因为材料已从海绵占据的空间中移除.

通过迭代我们可以构造各种各样的分形，有些非常迷人和漂亮，例如著名的**曼德布罗特集** (Mandelbrot set).

到目前为止，我们考虑的所有自相似分形都是通过重复每次迭代中完全相同的规则产生的. 还有一种迭代方法，称为**随机迭代** (random iteration)，这种方法是在每次迭代中引入少许随机变化. 由此产生的分形不是严格意义下的自相似，但它们是接近的. 这种分形通常看起来非常逼真. 例如，巴恩斯利蕨类植物是随机迭代产生的分形，它看起来很像真正的蕨类植物.

分形能够如此成功地复制自然形态的事实表明了一种有趣的可能性：也许自然界正是通过重复这种简单的并带有一丝随机性的规则而产生了我们所看到的美丽多姿的世界. 基于这种观察再加上现代计算机测试迭代过程的可操作性，分形几何在数十年内仍然会是一个活跃的研究领域.

测验 10.3

为以下每个问题选择最佳答案，并用一个或多个完整的句子来解释原因.

1. 分形几何之所以有用，是因为 ( ).
   a. 这是唯一的几何类型，在这种几何类型中，分数答案 (而不是整数答案) 是可能的
   b. 它可以用来创建看起来更像自然存在的形状
   c. 这是古希腊人发明的经过充分检验的几何学
2. 假设你用一把精确到 1 米的尺子测量海岸线的长度，然后用一把精确到 1 毫米的尺子测量一次. 第二个测量的结果 ( ).
   a. 比第一个大　　b. 比第一个小　　c. 和第一个一样
3. 下列哪一项的形状使它成为分形?( )
   a. 一个完美的正方形　　b. 一片叶子　　c. 桌面
4. 下面哪一项是分形的一般特征?( )
   a. 它的面积是无限的
   b. 你需要一把尺子来测量它的长度
   c. 当你用放大倍率更大的放大镜观察时，会看到新的细节
5. 分形维数与欧几里得几何中的维数有何不同?( )
   a. 它们可以大于 3　　b. 它们可以是负的　　c. 它们可以有分数值
6. 岛屿海岸线具有的分形维数 ( ).
   a. 小于 0　　b. 在 0 和 1 之间　　c. 在 1 和 2 之间
7. 关于雪花曲线的分形物体，哪一项陈述是不正确的?( )
   a. 为图 10.52 中标记为 L_6 的曲线
   b. 它的长度是无限的
   c. 它可以放在平面内
8. 根据分形几何，以下哪一项是不可能的?( )
   a. 以无限长曲线为界的有限区域
   b. 以有限曲线为界的有限区域
   c. 以有限曲线为界的无限区域
9. 自相似分形的特征是什么?( )
   a. 同样的图案在放大后会重复出现
   b. 它完全可以由相似三角形构成
   c. 它的分形维数与它的普通 (欧几里得) 维数相同
10. 这一节里出现的哪一物体的表面积是无限的，而体积是有限的?( )
   a. 雪花岛　　b. 谢尔宾斯基海绵　　c. 巴恩斯利蕨类植物

习题 10.3

复习

1. 什么是分形？解释为什么用较短的标尺测量分形会导致较大的测量结果.
2. 为什么分形维数会在 0，1，2 和 3 的普通维数之间？
3. 解释分形维数计算中 R 和 N 的意义.
4. 雪花曲线是什么？解释为什么我们不能完整画出它，而只能画出它的部分表示.
5. 什么是雪花岛？解释为什么它有无限长的海岸线，却有有限的面积.
6. 自相似分形是什么？自相似分形，比如雪花曲线，与真实的海岸线有何相似之处？有什么不同？
7. 简要描述我们所说的分形的迭代过程. 描述康托尔集、谢尔宾斯基三角形和谢尔宾斯基海绵的产生步骤. 分别给出它们的分形维数.
8. 什么是随机迭代？为什么随机迭代产生的物体会让科学家认为在了解自然界时分形很重要？

是否有意义？

确定下列陈述有意义 (或显然是真实的) 还是没意义 (或显然是错误的)，并解释原因.

9. 我可以用标尺求出我的矩形庭院的面积.
10. 我可以用标尺精确地测量山脉轮廓线的长度.
11. 雪花岛的面积由它的长度乘以它的宽度决定.
12. 分形的测量长度会随着标尺长度的增加而增加.
13. 一片叶子边缘的分形维数为 1.34.
14. 整片叶子布满了洞，分形维数为 1.87.

基本方法和概念

15~26：**普通和分形维数**. 找到以下每一个物体的维数，并说明是不是分形的.

15. 在测量物体的长度时，如果标尺长度的缩减因子是 2，那么长度单位的增加因子是 2.
16. 在测量物体的面积时，如果标尺长度的缩减因子是 2，那么面积单位的增加因子是 4.
17. 在测量物体的体积时，如果标尺长度的缩减因子是 2，那么体积单位的增加因子是 8.
18. 在测量物体的长度时，如果标尺长度的缩减因子是 2，那么长度单位的增加因子是 3.
19. 在测量物体的面积时，如果标尺长度的缩减因子是 2，那么面积单位的增加因子是 6.
20. 在测量物体的体积时，如果标尺长度的缩减因子是 2，那么体积单位的增加因子是 12.
21. 在测量物体的长度时，如果标尺长度的缩减因子是 5，那么长度单位的增加因子是 5.
22. 在测量物体的面积时，如果标尺长度的缩减因子是 5，那么面积单位的增加因子是 25.
23. 在测量物体的体积时，如果标尺长度的缩减因子是 5，那么体积单位的增加因子是 125.
24. 在测量对象的长度时，如果标尺长度的缩减因子是 5，那么长度单位的增加因子是 7.
25. 在测量物体的面积时，如果标尺长度的缩减因子是 5，那么面积单位的增加因子是 30.
26. 在测量物体的体积时，如果标尺长度的缩减因子是 5，那么体积单位的增加因子是 150.
27. **二次科赫曲线和二次科赫岛**. 要绘制二次科赫曲线 (雪花曲线的许多变形之一)，首先要绘制一条水平线，并应用以下规则：将每条线段等分成 4 段；用三段等长的线段代替第二段，使其在原线段上方形成正方形；然后用三条线段在原来的线段下方构成一个正方形来替换第三条线段. 二次科赫曲线是无限次重复该规则的结果；构造的前三个阶段如图 10.57 所示.

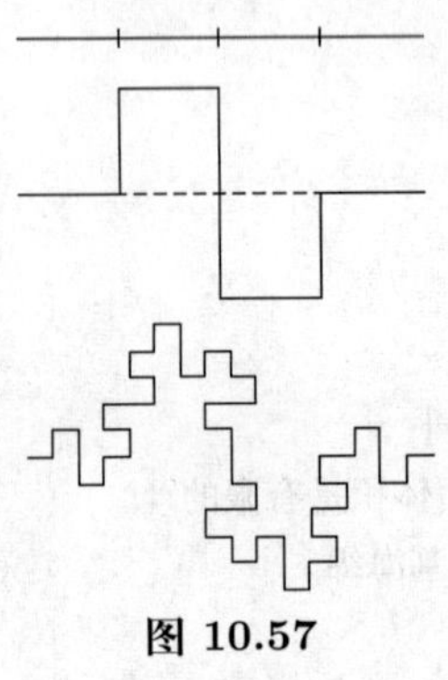

图 10.57

a. 确定二次科赫曲线 N 与 R 之间的关系.

b. 二次科赫曲线的分形维数是多少？关于二次科赫曲线的长度，你能得出什么结论吗？解释一下.

c. 二次科赫岛由一个正方形开始，然后用二次科赫曲线替换正方形的每条边. 解释为什么二次科赫岛的总面积与原始正方形的面积相同. 科赫岛的海岸线有多长？.

28. **分形维数的测量**. 一群雄心勃勃且有耐心的测量员用各种标尺测量了龙岛海岸线的长度. 下表给出了这个岛的测量长度 L 和使用的标尺长度 r.

a. 用 $\log_{10} r$ 和 $\log_{10} L$ 拓展下表.

b. 将这些数据 $(\log_{10} r, \log_{10} L)$ 画在一组坐标轴上. 连接数据点.

c. 如果数据图接近直线，说明海岸线是自相似分形. 龙岛的海岸线是否呈现自相似分形？

d. 这条线在你的图上的近似斜率是多少？设斜率为 s，海岸线的分形维数为 $D = 1 - s$. 龙岛海岸线的分形维数是多少？

r(米)	100	10	1	0.1	0.01	0.001
L(米)	315	1 256	5 000	19 905	79 244	315 479

进一步应用

29. **康托尔集**. 回想一下，康托尔集是由一个线段开始，然后依次删除当前图中每条线段的中间三分之一形成的 (见图 10.54). 当用与原始线段的长度相等的尺子测量时，它检测到康托尔集中的一个单位长度，因为它不能“看到”比自身更小的细节. 如果把标尺长度缩减到 $R = 3$，它会发现两个单位长度 (只测量实线，不测量空隙). 如果把标尺缩减到 $R = 9$，它能找到多少个单位长度？基于这些结果，康托尔集的分形维数是多少？解释为什么这个数小于 1.

30. **普通物体的普通维数**.

a. 假设你想测量房子前面人行道的长度. 给出一个思考过程，通过这个过程，你可以得出人行道的 $N = R$，因此它的分形维数与它的普通维数 1 相同.

b. 假设你想测量客厅地板的面积，它是正方形的. 给出一个思维过程，通过这个过程，你可以得出客厅的 $N = R^2$，因此它的分形维数与它的普通维数 2 相同.

c. 假设你想测量一个立方游泳池的体积. 描述一个思维过程，通过这个过程，你可以得出游泳池的 $N = R^3$，因此它的分形维数与它的普通维数 3 相同.

31. **分形物体的分形维数**.

a. 假设你沿着一片山地测量河流沿岸的长度. 你从一个 15 米的标尺开始，沿着河流的沿岸找到一个单位. 当你换成 1.5 米的标尺时，你可以跟踪河流沿岸的更多细节，并且在其沿岸找到 20 个单位. 再切换到 15 厘米的标尺，你会发现河流沿岸有 400 个单位. 基于这些测量，河流沿岸的分形维数是多少？

b. 假设你正在测量一个不同寻常的正方形叶子的面积，它上面有许多孔，可能是饥饿的昆虫留下的，呈分形图案 (例如，类似于谢尔宾斯基三角形，见图 10.55). 用 10 厘米的标尺测量，它可覆盖整个正方形，只构成一个面积单位. 当你切换为 5 厘米的标尺时，你可以更好地覆盖叶子的面积，而跳过洞的面积，你会发现 3 个面积单位. 切换到 2.5 厘米的标尺后，又找到 9 个面积单位. 根据这些测量，叶子的分形维数是多少？解释为什么分形维数小于 2.

c. 假设你正在测量从一块大岩石上切下的一个立方体的体积，里面包含了类似分形结构的空洞. 从一个 10 米的标尺开始，你会发现只有一个体积单位. 更小的尺子可以让你忽略空洞，只测量包含岩石物质的体积. 用一把 5 米的标尺，你可以找到 6 个体积单位. 用一把 2.5 米的标尺，你可以找到 36 个体积单位. 根据这些测量，岩石的分形维数是多少？解释为什么分形维数在 2 和 3 之间是合理的.(忽略实际的困难，因为你无法透过岩石找到它所有的洞!)

32. **自然界的分形模式**. 描述至少五种具有分形图案的自然物体. 在每种情况下，解释它所具有的分形结构，并估计其分形维数.

33. **分支结构的自然分形**. 自然界的物体揭示分形图案的一种方式是利用分支过程. 例如，人类肺部的复杂结构、肌肉中的毛细血管网、树木的枝干或树根，以及三角洲河流的连续划分都涉及不同空间尺度上的分支. 解释为什么由分支形成的结构类似于自相似分形，并进一步解释为什么分形几何比普通几何更有助于对这种结构的理解.

实际问题探讨

34. **分形研究**. 找到至少两个专门讨论分形的网站，然后用它们写一篇两三页的论文，讨论分形的具体用法或生成分形的技巧.

35. **分形艺术**. 访问一个以分形艺术为特色的网站. 选择一件特定的艺术品，解释它是如何产生的，并讨论它的视觉效果.

第十章　总结

单元	关键词	关键知识点和方法
10.1 节	欧氏几何 点、线和面 维数 角 　直角 　平角 　锐角 　钝角 圆 　半径 　直径 　圆周 多边形 　三角形 　正方形 　平行四边形 周长 面积 表面积 体积 长方体 立方体 圆柱体 球体 比例法则 表面积与体积之比	理解欧氏几何的基本概念 掌握和使用二维图形的面积和周长公式 掌握和使用三维图形的表面积和体积公式 理解比例法则和比例因子 　面积比例是比例因子的平方 　体积比例是比例因子的立方 理解表面积-体积比的含义
10.2 节	度、分、秒 纬度和经度 本初子午线和赤道 角大小 倾斜度 斜率 坡度 相似三角形 最优化	理解描述角度的不同方法 知道如何用纬度和经度确定地球上点的位置和它们之间的距离 理解角大小 知道如何使用勾股定理 理解测量距离的多种方法 理解和使用相似三角形的性质解决问题 理解最优化问题的目标
10.3 节	分形几何 分形维数 雪花曲线 雪花岛 自相似分形 迭代	解释为何用不同的标尺测量物体的尺寸时会有不同的测量结果 分形维数: $N = R^D$, 其中 R 表示标尺缩短的缩减因子, N 表示 　由标尺缩减导致单位数增加的增加因子 理解分形几何的应用

第十一章　数学与艺术

艺术与数学之间渊源颇深. 建筑方面的联系就是最明显的例证: 埃及的大金字塔、法国的埃菲尔铁塔以及现代摩天大楼的设计都需要数学. 但是数学对音乐、绘画和雕塑的影响也同样深远. 本章我们将就数学和艺术之间的众多联系进行一些探讨.

11.1 节

数学与音乐: 探索数学和音乐之间的联系, 特别是在音调和音阶的概念中应用数学.

11.2 节

透视与对称: 研究古典艺术和现代平铺中用到的数学中的透视和对称原理.

11.3 节

比例与黄金比例: 了解比例的概念以及它在艺术中的运用, 并且探讨著名的黄金比例.

问题: 下列哪个论断能准确描述在文艺复兴时期, 数学对伟大的艺术家, 如列奥纳多 · 达 · 芬奇 (Leonardo da Vinci) 和拉斐尔 (Raphael) 来说, 扮演什么角色?

Ⓐ 我们可以用数学工具分析文艺复兴时期绘画的某些特征, 但艺术家本身并不熟悉这些数学.

Ⓑ 几乎所有文艺复兴时期的艺术家都严格按照 "眼睛所看到的" 来进行绘画, 没有使用任何数学技巧.

Ⓒ 文艺复兴时期的艺术家采用了古希腊几何学的一些技巧.

Ⓓ 文艺复兴时期的艺术家学会了并且在某些情况下还创造了绘画中使用的数学技巧.

Ⓔ 文艺复兴时期的艺术家精确计算了油画中每一滴颜料的位置.

解答: 如今, 很多人认为艺术与数学和科学有很大不同. 但事实上, 数学和艺术之间的联系非常紧密, 并且历史上许多伟大的艺术家对数学和科学也做出了重要贡献. 列奥纳多 · 达 · 芬奇是这些博学家中最著名的人物之一. 博学家就是指对很多学科都很了解的人 (这让我们联想到 "数学" 的希腊文意思是 "爱好学习"). 因此, 上述问题的正确答案是 D, 这意味着如果你不理解基础数学, 就无法真正欣赏艺术或艺术史. 11.2 节详细分析了文艺复兴时期和现代艺术中使用的一些数学技巧.

实践活动　数字音乐文件

通过下面的实践活动, 对本章要分析的各种问题获得一个直观的认识.

你有没有想过为什么有这么多的数字音乐可供选择? 例如选 AAC 还是 MP3, 选 128kbps 还是 256 kbps? 如果你理解了音乐是如何编码的, 你就明白了这个问题. 在理解的过程中你会看到虽然数学与音乐很早之前就有了联系, 但是数字时代它们的联系更加深入.

音乐是由声波组成的, 而声波主要通过两个变量来刻画: 频率 (波振动的快慢) 以及振幅 (决定音量). 我们可以通过将音量表示为时间的函数来绘制声波图 (见图 11.A); 也就是说, 图中不同时间点对应的高度代表音量.(尽管看起来很简单, 但图中的波形实际上是由几个不同频率的波组成的.)

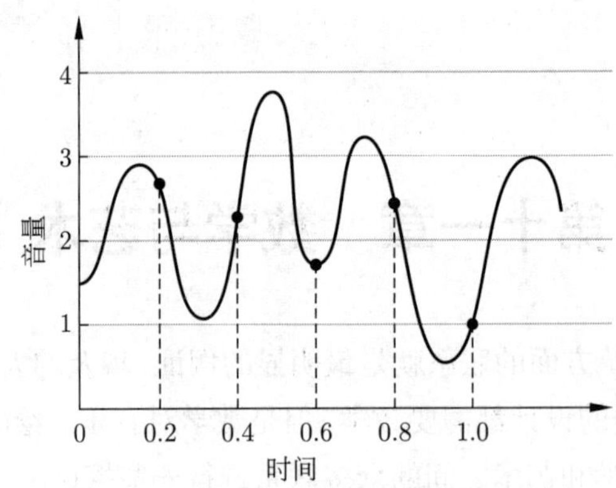

图 11.A　一个简单的声波

图中圆点代表在 1 秒内采集 5 次得到的声波样本, 这意味着采样率为 5 赫兹.

以数字方式记录和存储音乐意味着需要将实际的声波转换为计算机可以存储的一列数字. 这就需要在特定时间间隔内对波形进行采样并测量每个样本的音量. 图中的点表示以 $0.2 = 1/5$ 秒为采样间隔的声波的音量, 即采样率为每秒 5 个样本或 5 赫兹.

① 用线段连接图中的点. 所得结果是否可以很好地表示原始波? 现在使用 10 赫兹的采样率, 在波上再增加 5 个点 (因此每 0.1 秒有一个点). 用线段连接这 10 个点. 代表性是否有提高? 你认为采样率为多少可以忠实地表示声波?

② 数学定理 (奈奎斯特-香农采样定理) 指出, 一个忠实的采样需要采样率至少是波的最大频率的两倍. 实际音乐的频率高达约 20 000 赫兹, 那么数字编码一段音乐需要的最小采样率是多少?

③ 计算机必须存储每个样本音量的数值. 计算机是以二进制格式即若干位来存储数字的: 1 位代表 $2^1 = 2$ 个可能的值 (通常表示为 0 和 1), 2 位表示 $2^2 = 4$ 个可能的值 (00, 10, 01 和 11), 等等. 图中水平线显示了位深为 2 位的 4 个可能值 (大小分别等于 1, 2, 3 或 4). 如果必须将图中 5 个样本点移到距离最近的水平线上, 请在图中指出每个点应该向哪里移动. 位深为 2 可以忠实再现一段声波吗? 你可以通过在每条水平线之间添加一条线 (这样共计 8 条线) 来表示 3 位的位深 ($2^3 = 8$ 个可能值). 如何通过增加位深来改善波的表示?

④ 你现在应该了解了数字音乐文件的质量取决于采样率和位深. 标准 CD 是以 44 100 赫兹为采样率对数据进行编码的, 这意味着音乐每秒采样 44 100 次, 并且每个采样以 16 位的位深 (允许 $2^{16} = 65\ 536$ 个可能值) 进行存储. 立体声 CD 有两个立体声声道, 因此以 "CD 质量" 存储的音乐所需的总位数为每秒 $44\ 100 \times 16 \times 2 = 1\ 411\ 200$ 位. 大多数音乐在下载的时侯, 为了压缩文件, 实际上去除了某些位. 128 千位每秒 (kbps) 的 MP3 文件每秒钟包含约 128 000 位的音乐. 这个 MP3 文件保留了 "CD 质量" 文件中的哪部分数据呢? 这个事实是如何影响你的音乐播放器中存储的歌曲数量的?

⑤ 假设你可以选择以 128, 256 或 512 kbps 的格式来录制 MP3 文件. 你的决定是什么? 如果可能的话, 分别以这三种格式录制一首你喜欢的歌曲. 你注意到音质的差异了吗?

⑥ 正如你所看到的, 压缩音乐文件就会丢失 CD 录制格式文件中大量的原始数据. 但是压缩数据的方式不止一种, 并且 AAC, MP3 和其他格式的区别在于压缩所采用的程序不同. 例如, 128kbps 的 AAC 文件与 128kbps 的 MP3 文件需要相同的存储空间, 但它存储了一组不同的位, 因此这两个文件听起来不完全相同. 尝试聆听利用不同格式录制的同一首歌曲. 你注意到有什么不同了吗? 你认为压缩格式有 "最佳选择" 吗? 你认为使用无损格式保留原始 CD 质量所需的额外的存储空间是否值得?

11.1 数学与音乐

数学与音乐之根自古就紧密结合在一起.[①] 毕达哥拉斯在公元前 500 年声称“自然中的一切都是由数字产生的和谐组成的.”他想象行星在看不见的天际围绕地球旋转，遵守特定的数字定律并发出称为“球体音乐”的美妙声音，从中得出几何和音乐之间的直接联系. 从那之后人们开始探索数学和音乐之间的联系, 并且现在数字音乐时代数学和音乐之间的联系比以往任何时候更加深入.

声音与音乐

任何振动的物体都会产生声音. 振动会产生**波** (wave)(类似于水波), 波通过周围的空气朝各个方向传播. 当波到达人耳时, 人就听到了声音. 当然, 某些声音, 比如演讲和刹车时轮胎发出的尖锐声音, 就不能称为音乐. 大多数音乐是通过弦振动产生的 (如小提琴、大提琴、吉他和钢琴), 也可以是由簧片振动产生的 (如单簧管、双簧管和萨克斯管), 还可以是由空气柱振动产生的 (如管风琴、喇叭和长笛).

音高 (pitch) 是最基本的音质之一. 例如, 大号的音高比长笛低, 小提琴的音高比低音吉他高. 要理解音高, 可以找一根紧绷的弦 (吉他弦最好, 但拉伸的橡皮筋也可以). 当你拨动这根弦时, 它会产生特定音高的音. 接下来, 用手指按住弦的中点, 然后拨动任意半边，这时会产生一个更高的音. 通过这个案例我们就演示了一个由希腊人发现的古老的音乐原理: 弦越短, 音越高.

几个世纪后人们才明白为什么一个较短的弦会产生更高的音, 当然我们现在知道这是由于音高和**频率** (frequency) 的关系. 弦振动的频率是指它上下运动的速率. 例如, 一根弦每秒振动 100 次 (100 次达到最高点和最低点)，它的频率就是 100 **周期/秒** (cycles per second, cps). 每秒内的周期数或采样数也称为赫兹 (Hz), 这是频率的官方度量单位. 弦震动产生的声波的频率与弦的频率相同, 声波的音高和频率的关系非常简单: 频率越高, 音高越高. [②]

一根给定弦的最低频率, 称为**基频** (fundamental frequency), 是指它沿着全长上下振动时所产生的频率 (见图 11.1(a)).

每根弦都有自己的基频, 这取决于弦的长度、密度和张力. 如果让 1/2 长度的弦上下振动产生波, 那么波的频率将是基频的两倍 (见图 11.1(b)). 例如, 如果一根弦的基频为 100 cps, 那么长度为原始波长一半的波的频率为 200 cps. 类似地, 长为原始波长 1/4 的波的频率是基频的四倍 (见图 11.1(c)). 图 11.1(b) 和 (c) 所示的波称为该弦的基频的**谐波** (harmonics); 注意, 谐波的频率是基频的整数倍. 同样的原理也适用于其他乐器, 如音高与簧片震动频率 (例如单簧管) 或空气柱的振动频率 (例如管风琴) 有关.

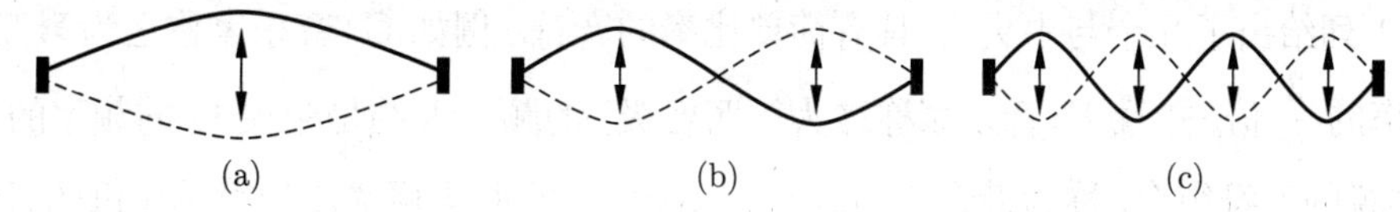

图 11.1 (a) 一根弦以基频上下振动, (b) 弦以基频的两倍 (波长为基频的一半) 上下振动, (c) 弦以基频的四倍 (波长为基频的 1/4) 上下振动

① **历史小知识**：几乎所有的古代文化中都能发现音乐的痕迹. 事实上, 根据 3 万年前的证据, 一些考古学家怀疑音乐可能先于语言产生. 至少 5 000 年前美索不达米亚就有了弦乐和管乐, 而在公元前 2 700 年埃及人也可以演奏七弦琴和长笛.

② **顺便说说**：人类语音由频率为 200～400cps 的声音组成. 钢琴发出的声音大约为 27～4 200cps. 人耳可听见的最大频率随着年龄的增长而逐渐下降, 儿童和青少年时期约 20 000cps，50 岁时降至约 12 000cps.

音高和频率之间的关系有助于解释古希腊人的另一个发现: 当一个音比另一个音高**八度**(octave) 时, 这两个音听起来特别愉悦和自然. 我们现在知道, 将音提高一个八度相当于频率变为原来的两倍. 钢琴键盘 (见图 11.2) 有助于理解这一点. 一个八度间隔就是中央 C 和下一个更高 C 之间的间隔. 例如, 中央 C 的频率为 260cps, 那么下一个 C 的频率为 $2 \times 260\text{cps} = 520\text{cps}$, 再下一个 C 的频率为 $2 \times 520\ \text{cps} = 1\,040\text{cps}$. 类似地, 比中央 C 低八度的 C 的频率为 $\frac{1}{2} \times 260\text{cps}=130\text{cps}$.

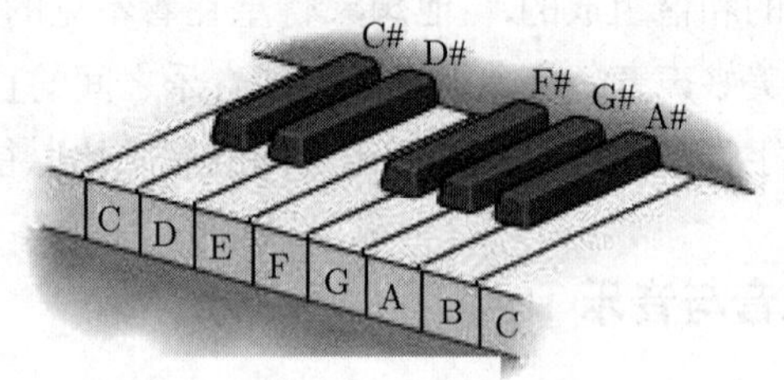

图 11.2　钢琴上的键

思考　中央 A (高于中央 C) 的频率约为 440cps. 比中央 A 高八度和低八度的 A 的频率分别是多少?

音阶

一个八度内的所有乐音组成**音阶** (scale). 希腊人发明了与钢琴上的白键相对应的 7 个音符 (或全音阶) 组成的音阶. 在 17 世纪, 约翰 · 塞巴斯蒂安 · 巴赫 (Johann Sebastian Bach) 采用了一种 12 声音阶, 对应现代钢琴的白键和黑键. 伴随巴赫的音乐, 12 声音阶传遍欧洲, 成为西方音乐的基础. 除此之外, 还存在许多其他形式的音阶, 例如, 非洲音乐中常见的 3 声音阶, 亚洲音乐中出现的多于 12 声的音阶, 当代音乐中有时也使用 19 声音阶.

在 12 声音阶中, 钢琴键盘上的两个连续音符差**半个音级** (half-step). 例如, E 和 F 之间差半级, F 与 F#(读作升 F) 也差半级. 连续两个音符的频率以某相同因子 (记为 f) 倍递增; 例如, C# 的频率就是 C 的频率乘以因子 f, D 的频率为 C# 的频率乘以因子 f, 等等. 于是整个音阶的音符频率关系如下:

$$C \underset{f}{\rightarrow} C\# \underset{f}{\rightarrow} D \underset{f}{\rightarrow} D\# \underset{f}{\rightarrow} E \underset{f}{\rightarrow} F \underset{f}{\rightarrow} F\#$$

$$\underset{f}{\rightarrow} G \underset{f}{\rightarrow} G\# \underset{f}{\rightarrow} A \underset{f}{\rightarrow} A\# \underset{f}{\rightarrow} B \underset{f}{\rightarrow} C$$

由于升高一个八度对应频率变为之前的 2 倍, 因此 f 还满足

$$\underbrace{f \times f \times f \times f \times f \times f \times f \times f \times f \times f \times f \times f}_{12\text{ 个}} = f^{12} = 2$$

因为 $f^{12} = 2$, 因此我们可以得出结论, f 就是 2 的十二次根, 写作 $f = \sqrt[12]{2} \approx 1.059\,46$.

现在我们可以计算 12 声音阶中每个音符的频率了. 从中央 C 开始, 它的频率为 260cps, 乘以因子 $f = \sqrt[12]{2}$ 可得 C# 的频率: $260\text{cps} \times f \approx 275\text{cps}$. 再乘以 f 可得 D 的频率: $275\text{cps} \times f \approx 292$ cps. 依此类推, 可得表 11.1.

表 11.1 的第 4 列给出了几个与中央 C 具有简单比率的音符. 例如,G (音乐家称之为第五音级) 的频率大约是中央 C 的频率的 $\frac{3}{2}$ 倍, 并且 F (音乐家称之为第四音级) 的频率大约是中央 C 的频率的 $\frac{4}{3}$ 倍. 许多音乐家发现了听觉上愉悦的音符组合, 称为**谐音** (consonant tones), 即那些频率比为简单比例的音符的组合.

例 1　音律困境

由于表 11.1 中整数比值不精确, 因此乐器的调音师调音时就存在如下音律问题. 从频率为 260cps 的中央 C 开始. 根据频率之比, 将 C 上调至 A, 那么 A 的频率是多少？如果将 A 再上调至 D, D 的频率是多少？将 D 下调至 G, G 的频率是多少, 然后将 G 下调至 C, C 的频率是多少？这时虽然回到了一开始的音符, 但频率是否与原来一致呢?

表 11.1 中央 C 开始的一个八度内各音符的频率[①]

音符	频率 (cps)	与前一个音符频率之比	与中央 C 频率之比
C	260	$\sqrt[12]{2}\approx 1.059\ 46$	1.000 00=1
C#	275	$\sqrt[12]{2}\approx 1.059\ 46$	1.059 46
D(第二)	292	$\sqrt[12]{2}\approx 1.059\ 46$	1.122 46
D#	309	$\sqrt[12]{2}\approx 1.059\ 46$	1.189 21
E(第三)	328	$\sqrt[12]{2}\approx 1.059\ 46$	$1.259\ 92\approx\frac{5}{4}$
F(第四)	347	$\sqrt[12]{2}\approx 1.059\ 46$	$1.334\ 84\approx\frac{4}{3}$
F#	368	$\sqrt[12]{2}\approx 1.059\ 46$	1.414 21
G(第五)	390	$\sqrt[12]{2}\approx 1.059\ 46$	$1.498\ 31\approx\frac{3}{2}$
G#	413	$\sqrt[12]{2}\approx 1.059\ 46$	1.587 40
A(第六)	437	$\sqrt[12]{2}\approx 1.059\ 46$	$1.681\ 79\approx\frac{5}{3}$
A#	463	$\sqrt[12]{2}\approx 1.059\ 46$	1.781 80
B(第七)	491	$\sqrt[12]{2}\approx 1.059\ 46$	1.887 75
C(八度)	520	$\sqrt[12]{2}\approx 1.059\ 46$	2.000 00 = 2

解 根据表 11.1, C 上调至 A, 其频率变化比约为 $\frac{5}{3}$. 因此, A 的频率是 $\frac{5}{3}\times 260\text{cps}\approx 433.33\text{cps}$. 再上调至 D, 频率比约为 $\frac{4}{3}$, 于是 D 的频率为 $\frac{4}{3}\times 433.33\text{cps}\approx 577.77\text{cps}$, D 下调至 G(因子为 $\frac{2}{3}$), 频率变为 $\frac{2}{3}\times 577.77\text{cps}\approx 385.18\text{cps}$. 最后 D 下调至中央 C(因子为 $\frac{2}{3}$), 这时回到中央 C 了, 但是频率却为 $\frac{2}{3}\times 385.18\text{cps}\approx 256.79\text{cps}$. 注意, 如果使用整数比值, 我们不能正好回到中央 C 的正确频率 260cps. 问题在于整数比率并不准确. 也就是说, $\frac{5}{3}\times\frac{4}{3}\times\frac{2}{3}\times\frac{2}{3}=\frac{80}{81}$, 接近但不精确等于 1.

▶ 做习题 11~14.

指数增长的音阶

一个音阶内频率的增加是一个指数增长的例子. 每个频率都是前一个频率的 $f\approx 1.059\ 46$ 倍, 或增加了 5.9%. 换句话说, 频率以固定的增长率在增加. 因此, 我们可以使用指数函数 (见 9.3 节) 来确定音阶内任意一个音符的频率. 假设我们从频率 Q_0 开始. 那么, 高出 n 个半音的音符的频率 Q 可由下式给出:

$$Q=Q_0\times f^n\approx Q_0\times 1.059\ 46^n$$

例 2 音阶中的指数增长

利用指数增长律确定中央 C 上行至第五个音、上行至比中央 C 高一个八度的第五个音, 以及上行至比中央 C 高两个八度的第五个音的频率.

① **顺便说说**: 第 3 列中所有元素都相同, 因为相邻两个音符的频率之比是固定因子 $f=\sqrt[12]{2}$. 第 1 列括号中的文字指的是音乐家用以描述所示音符和中央 C 之间的音级的用词.

解 我们设中央 C 的频率为音阶的初始值, 即设 $Q_0 = 260\text{cps}$. 表 11.1 给出中央 C 上行至第五音阶实则比中央 C 高出 7 个半音. 因此, 取指数函数中 $n = 7$, 可得 G 的频率为

$$Q \approx Q_0 \times 1.059\ 46^7 \approx 390\text{cps}$$

中央 C 上调一个八度后的第五音阶相当于比中央 C 高出 $12 + 7 = 19$ 个半音. 设 $n = 19$, 可得这个音符的频率为

$$Q \approx Q_0 \times 1.059\ 46^{19} \approx 779\text{cps}$$

比中央 C 高两个八度的第五音阶实际上比中央 C 高 $2 \times 12 + 7 = 31$ 个半音, 设 $n = 31$, 我们发现这个音符的频率是

$$Q \approx Q_0 \times 1.059\ 46^{31} \approx 1\ 558\text{cps}$$

▶ 做习题 15~16.

从音调到音乐①

尽管"纯音"的简单频率是音乐的基石, 但音乐里的声音实际更加丰富、更加复杂. 例如, 弹拨小提琴的琴弦产生的不仅仅是单一的频率. 弦的振动通过琴桥传递到琴弦的顶部, 侧板再将振动传递到乐器的背板. 随着小提琴的上下振动, 整个乐器就好比一个共振腔, 很多原音的谐波被激发并放大了.

同理, 所有乐器都会产生丰富而复杂的声音. 图 11.3 左侧的波代表乐器可能产生的典型声波. 它显然不是图 11.1 所示的简单波形. 相反, 它是由一组简单波组成的, 这些波是基频的谐波. 在这种情况下, 左边的波实际上是右图所示的三个简单波的和. 乐声可以表达为简单谐波之和这一事实无疑是数学和音乐之间最深的联系. 法国数学家让 · 巴普蒂斯 · 约瑟夫 · 傅立叶 (Jean Baptiste Joseph Fourier) 于 1810 年左右首次阐述了这一原理, 这是数学中最深刻的发现之一.

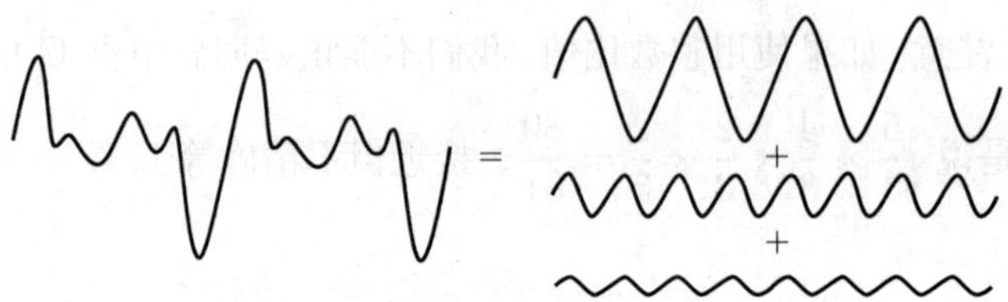

图 11.3 左边的复合声波是右边三个简单波的和

虽然数学有助于更好地理解音乐, 但许多奥秘仍然存在. 例如, 大约 1700 年, 一位名叫斯特拉迪瓦里斯 (Stradivarius) 的意大利工匠制作了至今仍然被认为是有史以来最好的小提琴和大提琴. 尽管数学家和科学家又经过了多年研究, 但仍没有人能成功复制出斯特拉迪瓦里斯乐器的独一无二的声音.

在你的世界里 音乐只为你

在本节中, 我们主要关注的是音乐中有关声音和音阶的数学, 但如今数学与音乐也在其他方面密切相关, 如选择你听的音乐方式. 假设你在使用某种类型的音乐服务, 该服务可以选择你可能喜欢的歌曲. 创建"个人播放列表"需要一些非常复杂的数学和数据分析.

① **顺便说说**: 1 000 多年来, 标准的中学课程包括四个学科领域——算术、几何、音乐和天文学, 即所谓的"四艺"(拉丁语"交叉路口"). 这四门学科最早是由柏拉图 (Plato) 在《理想国》(*The Republic*) 中提出的, 后来成为中世纪大学硕士学位的标准. 直到 19 世纪末, 它们仍然是高中的核心科目.

要了解这些挑战, 首先考虑一些数字. 音乐服务通常提供数千万首歌曲, 比如 3 000 万首. 假设一首歌曲平均时长 $2\frac{1}{2}$ 分钟, 那么播放完所有歌曲大约需要 7 500 万分钟. 假设你可以一直听, 包括睡觉的时候, 那么听完需要 140 年多一点. 显然, 这对任何人来说都是不可能的, 即使听所有音乐中的一小部分.

那么音乐服务如何从你从未听过的数百万首歌曲中猜测你可能喜欢什么歌曲呢? 答案就在于为你选歌时的数据以及筛选数据的数学算法. 以个人播放列表为例, 你可以想象一下, 数据包括两个主要部分: 你和每个其他人. "你" 的数据包括你已经听过的音乐、你听各种歌曲或音乐类型的频率、你可能知道的任何其他音乐爱好 (例如, 对各种歌曲喜欢程度进行打分). 然后数学算法将你的数据与所有使用相同音乐服务的人相比, 找到与你有相似品味的人在听但你可能错过的歌曲.

根据你对之前提供的选择的反应, 推荐给你的内容可能随时间推移进一步完善. 例如, 如果音乐服务推荐了一首新歌, 之后你反复播放, 系统会认为这是个不错的选择. 反之, 如果你听了一次新歌后再也不会收听, 就会推断你不喜欢这首歌. 通过这种方式, 该服务可以在一段时间内完善你的个人资料, 从而能够在未来为你提供更好的建议.

总的来说, 音乐服务使用的软件实际上是一种人工智能形式, 因为随着时间的推移, 它学会了如何为你做出更好的选择. 人工智能不仅在音乐选择方面, 而且在我们生活的许多其他领域, 都变得越来越重要. 实际上它是由数据、计算机程序和数学组合而成的. 因此, 正如你会发现为你选择的音乐并不总是完美的一样, 你也想了解人工智能在影响你的生活的其他领域的优劣和局限性——这意味着至少要对数据、统计和数学有一些了解.

数字时代

当我们谈论声波并将音乐想象成由波组成时, 我们实际是在处理音乐的**模拟** (analog) 图像. 直到 20 世纪 80 年代初, 几乎所有音乐唱片 (留声机唱片、唱片和录音带) 都是基于音乐的模拟图像. 以模拟模式存储音乐需要存储声波的模拟信号. 例如, 在唱片上, 乙烯基表面的凹槽被蚀刻成原始音乐声波的形状. 如果你听过模拟录音, 就知道这个形状很容易变形或损坏.

今天, 我们大多数人都在听音乐的**数字** (digital) 录音. 录音时, (演奏者演奏的) 音乐通过电子设备将声波转换为模拟电信号 (电压变化). 然后这个模拟信号被计算机数字化. 正如在本章开头的实践活动中所讨论的那样, 将模拟波转换为数字文件需要两个基本步骤:

1. 必须在固定间隔内对波进行采样, 这样就可以用一个数字来表示每个采样点的音量. 采样率描述每秒采样的数量; 它通常以赫兹为单位, 赫兹可理解为 "每秒采样". 例如, 10 赫兹的采样率意味着每秒 10 个采样, 因此采样间隔为 1/10 秒. 标准 CD 以 44 100 赫兹的采样率记录, 这意味着每秒 44 100 个采样, 或每 1/44 100 秒采样一次.

2. 每个单独的样本都由一个数字表示, 这个数据实际上告诉我们该点声波的大小 (幅度). CD 是以 16 位格式记录的, 意味着每个音量有 $2^{16} = 65\,536$ 个可能值.

这个数字化过程将模拟波转换为一列数字, 然后这列数字可以存储在 CD 中或作为音乐文件存储在计算机存储器中. 在诸如 CD 播放器或智能手机之类的播放设备中, 计算机再使用相反的过程将数字转换回模拟电信号, 然后由扬声器转换成声波.

除了可以把音乐存储在 CD 或电脑上, 数字化也使音乐 "处理" 变得容易. 例如, 数字信号处理允许检测并移除外部声音 (例如背景噪音). 数字化也可以纠正音乐家导致的错误, 把不同的音乐 (或在不同的时间录制的曲目) 组合在一起, 甚至在没有演奏乐器的情况下添加音乐的声音. 在数字时代, 数学和音乐之间的分界线几乎消失了.

测验 11.1

为以下每个问题选择最佳答案, 并用一个或多个完整的句子来解释原因.

1. 音乐声音通常由 ( ) 产生.
   a. 一个物体击打另一个物体　　b. 物体振动　　c. 物体被拉伸到更长的长度
2. 如果一根弦以每秒 100 个周期的频率上下振动, 则弦的中间 ( ) 达到最高点.
   a. 每秒 100 次　　b. 每秒 50 次　　c. 每 100 秒一次
3. 要得到较高的音高, 你需要一根弦振动时有 ( ).
   a. 更高的频率　　b. 更低的频率　　c. 更高的最大高度
4. 你从特定的弦能听到的最低音高的频率是弦的 ( ).
   a. 每秒振动的周期数　　b. 八度　　c. 基频
5. 当你将声音的音高提高一个八度时, 声音的频率 ( ).
   a. 变为双倍　　b. 以 4 的因子倍上升　　c. 以 8 的因子倍上升
6. 在 12 音阶中, 每个音符的频率是前一音符频率的 ( ) 倍.
   a. 2　　b. 12　　c. $\sqrt[12]{2}$
7. 表 11.1 中最后一行显示频率为 520cps. 哪个音符的频率最接近 $520 \times 1.5 = 780$cps?
   a. D#　　b. E　　c. G
8. 假设你作了一个图, 横轴表示以半个音级为单位增加的音符, 纵轴表示这些音符的频率. 这个图与 ( ) 的图大体类似.
   a. 线性增长的人口　　b. 指数增长的人口　　c. 逻辑斯蒂增长的人口
9. 所有乐音都可以表示为 ( ) 的波形.
   a. 非常简单的固定频率波　　b. 一个或多个固定频率波的和　　c. 一系列半波
10. 如果你可以查看基础计算机代码, 你会发现存储在 CD 或 iPod 上的音乐是由 ( ) 表示的.
   a. 一列数字　　b. 不同形状的波的图像　　c. 12 音阶的音符

习题 11.1

复习

1. 什么是音高? 它与音符的频率有什么关系?
2. 定义基频、谐波和八度. 为什么这些概念在音乐中很重要?
3. 什么是 12 音阶? 12 音阶中音符的频率之间有什么关联?
4. 解释音符是如何通过指数增长产生的.
5. 真正的乐音的波形与简单音调的波形有何不同? 它们有什么关系?
6. 音乐的模拟和数字录音有什么区别? 数字录音的优点是什么?

是否有意义?

确定下列陈述有意义 (或显然是正确的) 还是没意义 (或显然是错误的), 并解释原因.

7. 如果拨弦速度加快, 那么音量也会变高.
8. 杰克把琴弦的长度变成原来长度的 1/4, 音高提高了两个八度.
9. 即使在音阶中也能找到指数增长的例子.
10. 钢琴有 88 个键, 所以它一定包含大约 7 个八度.

基本技能和概念

11. **八度**. 从频率为 220cps 的音符开始, 确定高一个、两个、三个以及四个八度的音符的频率.
12. **八度**. 从频率为 1 760cps 的音符开始, 确定低一个、两个、三个以及四个八度的音符的频率.
13. **音阶中的音符**. 确定从中央 C 上方的频率为 347cps 的 F 上行至第 12 个音符的频率.
14. **音阶中的音符**. 确定从中央 C 上方的频率为 390cps 的 G 上行至第 12 个音符的频率.
15. **指数增长和音阶**. 从频率为 260cps 的中央 C 开始, 确定下列音符的频率:
   a. 比 C 高七个半音.
   b. 中央 C 上方第六个音符 (高九个半音) .

c. 比中央 C 高一个八度后的第五个音符 (高七个半音).

d. 比中央 C 高 25 个半音.

e. 比中央 C 高三个八度和三个半音.

16. **指数增长和音阶**. 从频率为 390cps 的中央 G 开始, 确定下列音符的频率:

a. 比中央 G 高六个半音.

b. 中央 G 上方第三个音 (高四个半音).

c. 提高一个八度后第四个音符 (五个半音).

d. 比中央 G 高 25 个半音.

e. 比中央 G 高两个八度和两个半音.

进一步应用

17. **指数衰减和音阶**. 比中央 A (频率为 437 cps) 低 7 个半音的音符的频率是多少? 比中央 A 低 10 个半音的音符的频率是多少?

18. **音律困境**. 从频率为 437cps 的中央 A 开始, 使用表 11.1 中的整数比率, 如果将 A 上行至 E, E 的频率是多少? 如果将 E 再上行至 B, B 的频率是多少? 如果将 B 下行至 D, D 的频率是多少? 如果再将 D 下行至 A, A 的频率是多少? 回到同一个音符后, 得到相同频率了吗? 请加以说明.

19. **五音循环**. 五音循环指的是从某一特定音符开始, 以五级 (七个半音) 为间隔向上递进形成一个循环. 例如, 从中央 C 开始, 五音循环包括音符 $C \to G \to D' \to A' \to E'' \to B'' \to \cdots$, 其中每个 “′” 表示高一个八度. 最终回到高若干个八度的 C.

a. 证明如果提高了五个音, 那么音符的频率增至 $2^{7/12} = 1.498$ 倍. (提示: 回想一下, 每提高半音相当于频率变为 $f = \sqrt[12]{2}$ 倍.)

b. 如果以五音为单位提高了两次, 那么音符的频率为多少.

c. 从频率为 260cps 的中央 C 开始, 确定循环中每一个音符的频率是多少.

d. 这个循环要进行多少次才能回到 C? 一个完整的五音循环包含几个八度?

e. 循环中最后一个 C 的频率跟第一个 C 相比, 有什么变化?

20. **四音循环**. 从任何一个音符开始, 以四个音程 (五个半音) 的间隔向上递进生成一个四音循环. 如果将一个音符提高四个音程 (五个半音), 频率提高多少倍? 一个完整的四音循环需要多少次四个音程的递增? 一个完整的四音循环覆盖了几个八度?

21. **节奏和数学**. 在本节中, 我们重点关注了音乐声音, 但节奏和数学之间也有着紧密的联系. 例如, “4/4 拍” 就意味着一小节有四个四分音符. 如果两个四分音符持续时间等同于一个半分音符, 那么一小节中有多少个半分音符? 如果两个八分音符持续时间等同于一个四分音符, 那么一小节中有多少个八分音符? 如果两个十六分音符持续时间等于一个八分音符, 那么一小节中有多少十六分音符?

实际问题探讨

22. **数学和音乐**. 访问内容为音乐和数学之间联系的网站. 写一篇一两页的文章, 描述数学和音乐之间至少一种联系.

23. **数学和作曲家**. 许多音乐作曲家, 无论是古典的还是现代的, 他们的作曲中都使用过数学. 研究一位这样的作曲家的生活. 写一篇一两页的文章, 讨论数学在作曲家的生活和音乐中的作用.

24. **数字音乐**. 数字音乐可轻松复制, 这就使得版权问题尤为重要, 特别是在网络音乐版权方面. 查找有关复制数字音乐问题的最新新闻. 讨论该文章及其结论.

25. **你的音乐格式**. 你听的大多数音乐是用哪种格式存储的? 有多少位? 你对音质满意吗? 是否可以改善音质?

26. **数字处理**. 各种应用程序和软件程序可以对音乐、照片和电影进行数字处理. 找一个应用软件并进行试验. 讨论你得到的关于数字处理的发现在现在或未来的用处.

27. **你的听力年龄为多少**? 找一个有各种不同频率的声音的在线“听力测试”. 你能听到的最高频率是多少? 你的听力年龄和实际年龄相符吗? 让几个不同年龄的朋友或家人参加测试. 做一张表格, 列出每个人的年龄和最大听力频率, 并对你的结论做一个简短的总结.

11.2 透视与对称

现在我们将注意力转移到数学和诸如绘画、雕刻以及建筑的视觉艺术之间的联系上. 正如在本章开头的实践活动中看到的, 数学在艺术史上发挥了至关重要的作用. 与视觉艺术联系最深的有三个方面: 透视、对称和比例. 在本节, 我们将探讨文艺复兴时期的数学家和艺术家是如何发现绘画透视技术的, 并将探讨对称这一概念. 比例留至 11.3 节中讨论.

透视

所有文化领域的人在他们的艺术作品中都使用了几何思想和图案. 古希腊人建立了艺术和数学之间紧密的联系, 因为对数学和艺术的探索是其世界观的核心. 希腊人的大部分观点在中世纪遗失了, 但文艺复兴时期又迎来了至少两个新发展, 这些发展使数学成为艺术家必须掌握的工具. 首先, 人们重新燃起了对自然景观的兴趣, 这导致了现实主义绘画. 其次, 当时许多艺术家也是工程师或建筑师.

以三维写实方法描绘风景的想法使文艺复兴时期的艺术家必须面对透视问题. 在试图捕捉二维画布的深度和大小的过程中, 艺术家们创造了绘画科学. 通常认为艺术家布鲁内列斯基 (Brunelleschi, 1377—1446) 和阿尔伯蒂 (Alberti, 1404—1472) 于 1430 年左右给出了一种涉及几何思考的透视理论. 使用透视技巧进行绘画的核心即阿尔伯蒂规则: 绘画就是“投射的一部分”.

假设你想画一个俯视方格地板走廊的简单视图. 图 11.4 展示了艺术家的眼睛、画布和走廊的一个侧视图. 注意分别标记为 L_1, L_2, L_3 和 L_4 的四条线. 走廊两边的侧墙沿着这四条线与地板和天花板相交. 这四条线很重要, 因为在真实场景中它们相互平行, 且垂直于画布 (或画布所在的平面).

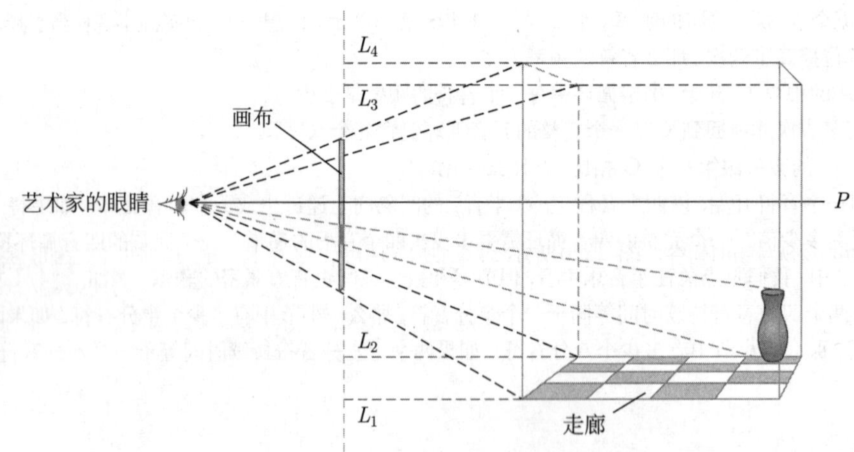

图 11.4　显示了透视理论的走廊的侧视图

现在我们看看艺术家所看到的和所描绘的场景. 图 11.5 所示的是从艺术家角度俯视走廊时所看到的图.

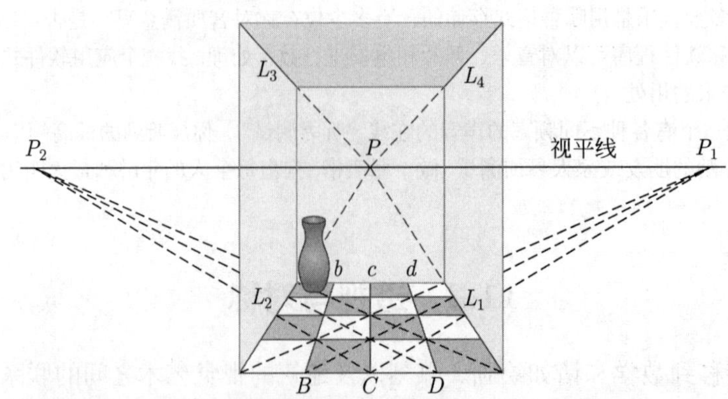

图 11.5　展示了透视理论的艺术家从图 11.4 中看到的走廊

资料来源: 节选自 Morris Kline, *Mathematics in Western Culture*, Oxford University Press, 1953.

实际场景中直线 L_1, L_2, L_3 和 L_4 相互平行. 但是, 在艺术家眼里, 它们不平行, 并且绘画时这些线也不可能相互平行绘制. 实际上, 它们都相交于同一点, 记为 P, 该点被称为**主消失点**(principal vanishing point). 从这一事实可得文艺复兴时期画家们发现的第一条透视原理:

实际场景中所有相互平行且垂直于画面的线条必须相交于主消失点.

其他平行于 L_1, L_2, L_3 和 L_4 的线, 比如走廊地砖形成的直线, 也会相交于主消失点. 例如, 连接点 B 和 b 的直线经过点 P, 连接 C 和 c 的直线以及连接 D 和 d 的直线均满足此性质.

实际场景中相互平行但不垂直于画面的线, 比如, 用虚线表示的地砖对角线, 又会是什么情形呢? 图 11.5 显示这些线也相交于它们自己的消失点, 这些点都在经过主消失点的水平线上. 这条线叫作**视平线**(horizon line). 例如, 斜向右的地砖的对角线在实际场景中是相互平行的, 但在画面中相交于视平线上标为 P_1 的消失点. 同样, 向左倾斜的对角线相交于视平线上的消失点 P_2. 事实上, 所有现实场景中相互平行的线 (平行于视平线的线除外) 都必须相交于视平线上它们各自的消失点.

列奥纳多 · 达 · 芬奇 (1452—1519)[①]对透视学做出了巨大贡献. 从他的很多作品中都可以看出他精通透视学. 研究名作《最后的晚餐》, 你会发现有些实际场景中平行的线在画面里是相交于主消失点的, 这个点位于中心人物基督的后面.

思考 想象一下沿着一组长长的平行线, 比如一组火车轨道或一组电话线, 延伸到远方. 当你向远处看时, 你会觉得这些线之间的距离越来越近. 假如你在画这幅画, 你会把主消失点放在哪里? 为什么?

德国艺术家阿尔布雷希特 · 丢勒 (Albrecht Dürer, 1471—1528) 进一步发展了透视学. 在他生命的尽头, 他写了一本很受欢迎的书, 强调几何学的使用, 并鼓励艺术家们依据数学原理作画.

荷兰艺术家汉斯 · 弗雷德曼 · 德 · 弗雷斯 (Hans Vredeman de Vries, 1527—1604) 在他 1604 年出版的一本书中总结了大量透视学的内容. 图 11.6所示的是他书中的一幅草图, 展示了如何全面分析透视学.

图 11.6 汉斯 · 弗里德曼 · 德 · 弗里斯的素描, 注意几组真实场景中的平行线相交于消失点

思考 确定图 11.6 中的消失点. 针对每个消失点, 请说明真实场景中哪些平行线相交于这一点.

有时透视被有意地误用. 英国艺术家威廉 · 霍加斯 (William Hogarth, 1697—1764) 的版画《伪透视》(请读者自行查阅该图片) 提醒人们, 透视在艺术中是非常重要的. 注意近景中男人的钓鱼线的位置, 以及窗户中的女人如何给远处山丘上的男人点燃烟斗.

▶ 做习题 15~20.

① **历史小知识**: 列奥纳多 · 达 · 芬奇不仅是一位艺术家, 而且是一位伟大的科学家和工程师. 他的笔记本里有许多远超他所在时代的想法. 在哥白尼 (Copernicus) 之前的一个世纪, 他写道, 地球并不是宇宙的中心. 他正确认识到化石是灭绝物种的遗骸, 并提出了地球长期地质变化的可能性. 遗憾的是, 他用密码写笔记, 所以同时代的人对他的想法知之甚少.

对称

“对称”一词有许多含义. 有时它指的是一种平衡. 例如,《最后的晚餐》是对称的, 因为门徒分为四组, 每组三人, 中心人物基督两边各有两组. 人体也是对称的, 因为沿着头部和肚脐形成的竖线可以将身体分成两个 (几乎) 相同的部分.

对称也可以指图案的重复. 美国原住民通常使用简单边线的重复图形装饰陶器. 类似的对称也可见于非洲人、穆斯林和摩尔人的艺术中.

在数学中, 对称指的是物体在某些特定操作下保持不变的性质. 例如, 一个圆绕其中心旋转, 看起来没有改变. 一个正方形如果绕对角线翻转 (见图 11.7), 也不会改变. 许多数学对称性是相当微妙的. 然而, 下列三种对称易于识别:

- **反射对称**(reflection symmetry): 物体沿一条直线反射, 图形保持不变. 例如, 字母 A 关于某条竖线反射对称, 而字母 H 沿某竖线和水平线都具有反射对称性 (见图 11.8).
- **旋转对称**(rotation symmetry): 当物体绕某个点旋转某个角度时, 物体保持不变. 例如, 字母 O 和 S 有旋转对称性, 因为当它们旋转 180° 时图形不变 (见图 11.9).

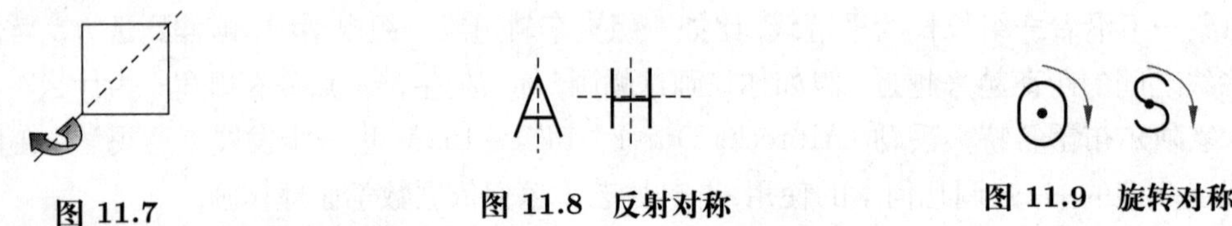

图 11.7　　**图 11.8　反射对称**　　**图 11.9　旋转对称**

- **平移对称**(translation symmetry): 当物体向左或向右移动时, 图形保持不变. 图形 ⋯ × × × ⋯ (× 可以在两个方向上延伸) 具有平移对称性, 因为如果我们将它向左或向右移动 (见图 11.10), 它看起来没有改变. (在数学和物理中, 平移一个物体意味着把它沿着一条直线移动, 不旋转.)

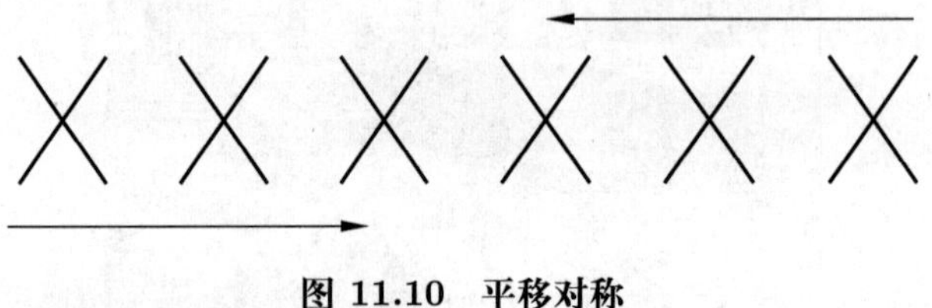

图 11.10　平移对称

例 1　发现对称性

确定图 11.11中每颗星的对称类型.

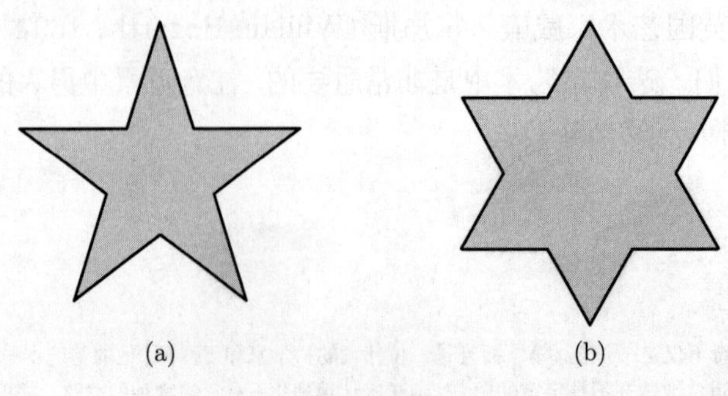

图 11.11

解 a. 五角星中有 5 条线, 绕这 5 条线旋转 (反射), 图形不改变, 所以它有 5 条反射对称线 (见图 11.12(a)). 又因为它有 5 个看起来一致的顶点, 所以旋转周角的 $\frac{1}{5}$ 或者说 $360°/5 = 72°$, 图形不改变. 类似地, 旋转 $2 \times 72° = 144°$, $3 \times 72° = 216°$ 或 $4 \times 72° = 288°$, 其外观仍保持不变. 因此, 这颗星有 4 种旋转对称.

b. 六角星有 6 条反射线, 绕这 6 条线翻转 (反射), 其外形不改变, 所以它有 6 条反射对称线 (见图 11.12(b)). 又由于它有 6 个顶点, 因此当旋转整周角的 $\frac{1}{6}$ 或者说 $360°/6 = 60°$ 时, 它旋转对称. 同样, 如果旋转 $2 \times 60° = 120°$, $3 \times 60° = 180°$, $4 \times 60° = 240°$ 或 $5 \times 60° = 300°$, 图形也不改变. 因此, 该六角星图案具有 5 种旋转对称.

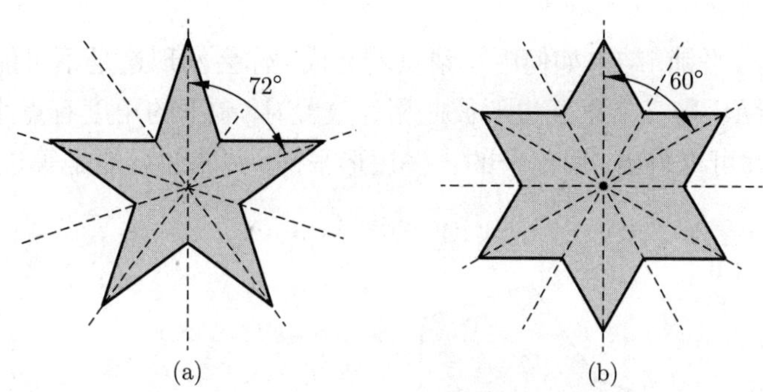

图 11.12 图中每条线代表一种反射对称, 旋转对称要求旋转所示角度的倍数

▶ 做习题 21~27.

艺术中的对称

古斯塔夫 · 多雷 (Gustave Dore, 1832—1883) 雕刻的《净火天》就表现出了极大的旋转对称. 巨大的天神由许多不同天使旋转围绕着, 这些天使看起来大致相似.

有时, 脱离对称反而使艺术变得更有效. 20 世纪匈牙利画家维克多 · 瓦萨雷利 (Victor Vasarely, 1908—1987) 创作的《超新星》一开始可以看作圆和正方形的对称排列, 然后通过模式渐变产生出强有力的视觉效果.

了解了数学和艺术之间的紧密联系, 对计算机通过数学算法 (方法) 可以生成艺术图案, 你就不会觉得奇怪了.

平铺

有一种艺术形式, 称为平铺 (或镶嵌), 指的是用几何图形来覆盖平坦区域, 比如地板. 平铺通常具有规则或对称的图案. 古罗马的马赛克、彩色玻璃窗和阿拉伯清真寺精致的庭院, 以及许多现代的厨房和浴室中都可见平铺.

更确切地说, **平铺** (tiling) 就是多边形 (参见 10.1 节) 的排列, 它们完美互锁但不重叠. 最简单的平铺是只使用一种正多边形. 图 11.13 给出了分别用等边三角形、正方形和正六边形[①]制作的三种平铺. 注意, 任一种情况中, 多边形之间既不存在缝隙也没有相互重叠. 不论哪一种情形, 平铺都是通过在不同方向上平移相同的基本多边形得到的. 也就是说, 这些平铺都具有平移对称性.

① **顺便说说**: 人眼中对光敏感的感光细胞就是以六边形阵列“平铺”在视网膜上的, 与图 11.13(c) 所示的非常相似.

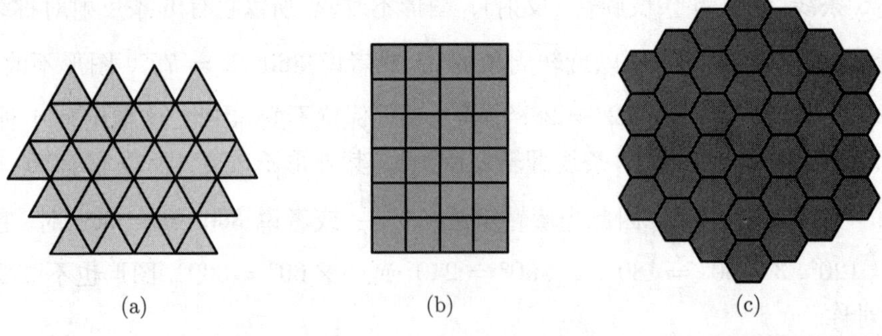

图 11.13　三种可能的由正多边形 (a) 三角形、(b) 正方形、(c) 六边形得到的平铺

如果你试图用五边形进行平铺, 结果如何呢? 请试着完成. 你会发现这是不可能完成的. 正五边形的内角度数为 108°. 如图 11.14 所示, 当三个正五边形彼此相邻放置时, 剩下的角度有点小, 不足以再放下一个正五边形. 实际上, 应用数学定理可以得出, 用单一的正多边形平铺, 可能的只能是等边三角形、正方形和正六边形 (见图 11.13).

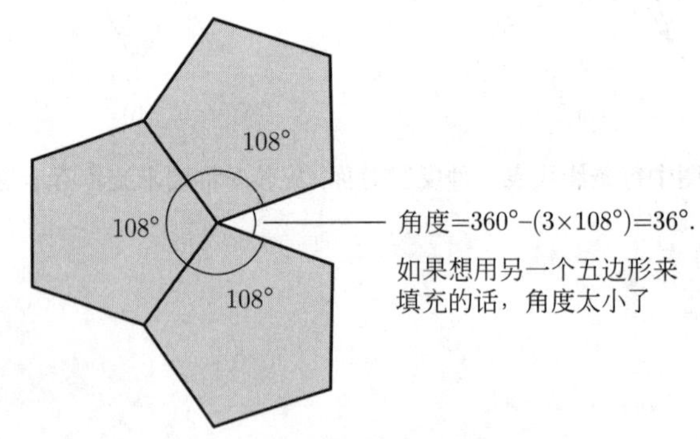

图 11.14　正五边形不能完成平铺

如果我们取消只能使用一种类型的正多边形这一限制, 则可以实现更多平铺. 例如, 如果允许使用不同的正多边形, 但仍然要求多边形在每个顶点 (交点) 周围的排列看起来相同, 则可得到图 11.15 所示的八种平铺模式.

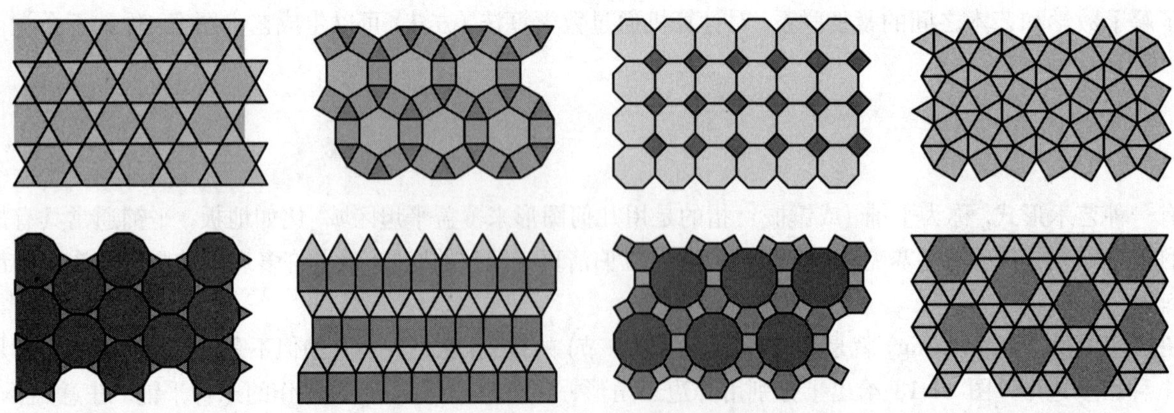

图 11.15　八种平铺, 每一种都由两种或两种以上的正多边形组合而成. 有时也称为阿基米德或半规则平铺

思考　验证图 11.15中, 每种平铺使用的都是正多边形. 这些平铺中分别使用了多少个不同的正多边形? 验证每点处多边形的排列是相同的. (仔细观察图中的多边形, 这个图中实际上是没有圆的.)

使用不规则多边形 (具有不同长度的边) 完成的平铺数不胜数. 例如, 假设我们从一个没有特殊性质 (除了具有三条边) 的任意一个三角形开始. 用这个三角形平铺一个区域, 最简单的方法是将它平行于两条边平移, 如图 11.16 所示. 我们把原来的三角形向右移, 以便新三角形与原三角形只相交于一点. 然后将原来的三角形向下平移, 使得新三角形与原三角形也只相交于一点. 然后重复这种向右/向左以及向上/向下的移动, 移动多少次都行. 这个过程中产生的缝隙就是这个三角形本身, 于是三角形可完美地交织在一起, 形成一个平铺.

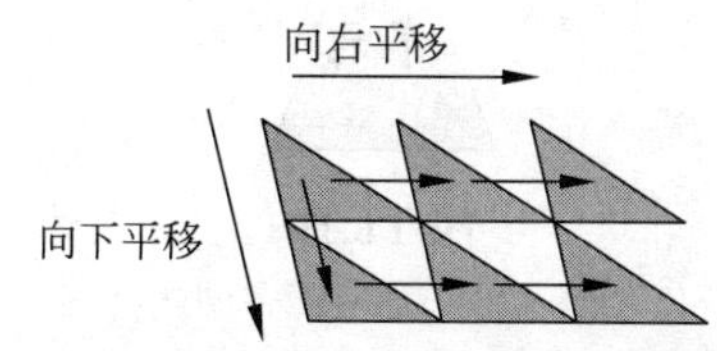

图 11.16　在两个方向上平移三角形所得的平铺

图 11.17给出了另一个例子. 这一次, 我们首先翻转任意一个三角形, 得到一个类似翅膀的物体, 然后把这个物体上/下、左/右移动.

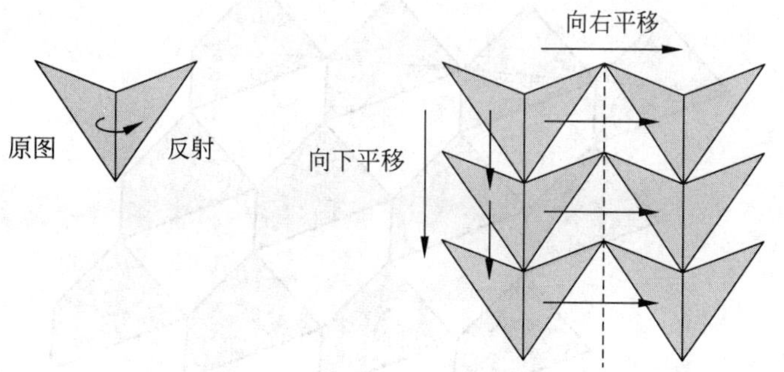

图 11.17　先反转三角形得到一“翼”，然后在两个方向平移所得翼得到的平铺

目前讨论的所有平铺都称为周期性平铺, 因为整个平铺中一直在重复某图案. 近几十年来, 数学家又研究探索了非周期性平铺, 也就是说在整个平铺中没有重复的图案. 图 11.18所示的是英国数学家罗杰 · 彭罗斯 (Roger Penrose) 创建的非周期性平铺. 图中心看起来似乎有一个五重对称 (五角形中的旋转对称). 然而, 如果这个图形在所有方向上无限延伸, 就不可能出现相同模式的图形.

图 11.18　罗杰 · 彭罗斯的非周期性平铺

地板和天花板上的平铺既美观又实用. 然而, 最近的研究还表明, 平铺在自然界可能也是非常重要的. 显然, 许多分子和晶体具有一定的图案和对称性, 我们可以用与研究艺术中的平铺类似的数学方法来研究这些图案和对称性.

例 2 四边形平铺

用图 11.19 所示的四边形创建一个平铺. 当平移四边形时, 要确保留下的缝隙与给定的四边形一致.

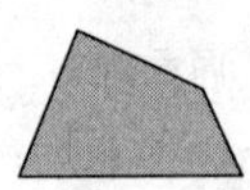

图 11.19

解 我们可以通过试错来找到解. 在不同的方向翻转四边形, 直到得到所需的缝隙形状. 图 11.20 给出了一种解决方案. 注意, 平移是沿着四边形的两条对角线的方向进行的. 四边形之间的缝隙就是给定的四边形, 于是图形完美互锁, 从而可以完成平铺.

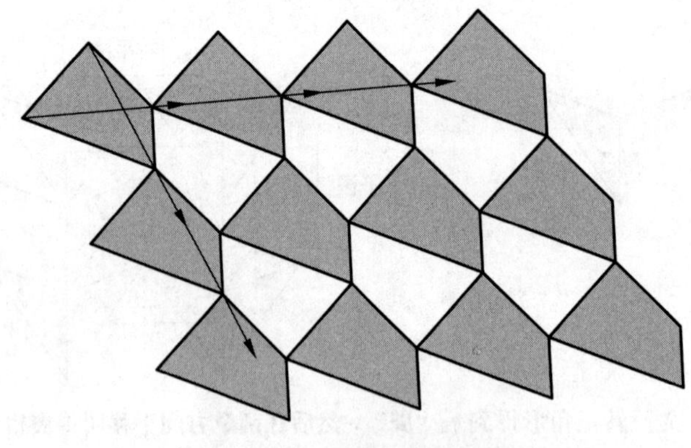

图 11.20 一种四边形平铺

▶ 做习题 28~33.

测验 11.2

为以下每个问题选择最佳答案, 并用一个或多个完整的句子来解释原因.

1. 欲绘制垂直于画布行驶的火车轨道, 那么画面中主消失点位于 ( ).
   a. 真实场景中火车轨道从视线中消失的地方
   b. 画布中两条铁轨相交的地方
   c. 画布中铁轨第一次与天相触的地方
2. 当绘制真实场景中所有平行线时, 它们都需汇聚在 ( ).
   a. 主消失点处　b. 视平线上某一点处　c. 画布边缘某一点处
3. 字母 W 沿直线 ( ) 具有反射对称性.
   a. 穿过其中心的对角线　b. 水平穿过中点的线　c. 垂直穿过中点的线
4. 字母 Z 有 ( ).
   a. 反射对称　b. 旋转对称　c. 平移对称
5. 一个圆 ( ).
   a. 既有反射对称又有旋转对称　b. 只有反射对称　c. 只有旋转对称

6. 下列哪一个正多边形不能用作平铺图形? ( )
   a. 等边三角形　　b. 正六边形　　c. 正八边形
7. 假设你把正五边形排列在一起, 使它们尽可能地紧贴在平坦的地板上. 这个图案是不能形成平铺的, 因为 ( ).
   a. 某些五边形之间有空隙　　b. 正五边形缺少某种对称性　　c. 平铺只可能发生在三角形和四边形的情形中
8. 周期性平铺中 ( ).
   a. 只能使用正多边形　　b. 只能使用三角形　　c. 相同图案一遍又一遍重复

习题 11.2

复习

1. 描述透视和对称的概念.
2. 如何确定一幅画的主消失点?
3. 什么是视平线? 为什么视平线在应用透视的绘画中很重要?
4. 简要描述并区分反射对称、旋转对称和平移对称. 画一幅简单的图, 表示每种对称.
5. 什么是平铺? 画一个简单的例子.
6. 简要解释为什么由一个正多边形组成的平铺图案只有三种可能. 这三种模式是什么?
7. 简要解释为什么如果去掉正多边形的限制, 就可能得到更多平铺.
8. 周期性平铺和非周期性平铺的区别是什么?

是否有意义?

确定下列陈述有意义 (或显然是正确的) 还是没意义 (或显然是错误的), 并解释原因.

9. 一幅画的主消失点很远, 在画中一般看不到.
10. 希德想绘制平坦沙漠, 在底层绘画中不需要使用透视法, 因为沙漠是二维的.
11. 简希望在她的画中, 近的物体看起来在近处, 远的物体看起来在远处, 所以她应该使用透视法.
12. 肯尼喜欢对称, 所以对于 R 和 O, 他更喜欢字母 R.
13. 苏珊发现八边形 (八条边) 地砖在大减价, 所以她可以购买这些地砖, 用以镶嵌厨房地板 (假设不使用其他瓷砖).
14. 弗兰克一直喜欢华盛顿纪念碑 (位于华盛顿特区) 的对称性.

基本方法和概念

15. **消失点**. 考虑图 11.21 中简单绘制的道路和电线杆.
    a. 标出图中的消失点. 它是主消失点吗?
    b. 用正确的透视法在图上再画三个向远处延伸的电线杆.

图 11.21

16. **正确的透视** 考虑图 11.22所示的两个盒子. 哪个盒子相对于单一消失点, 是正确使用透视绘制的? 解释原因.

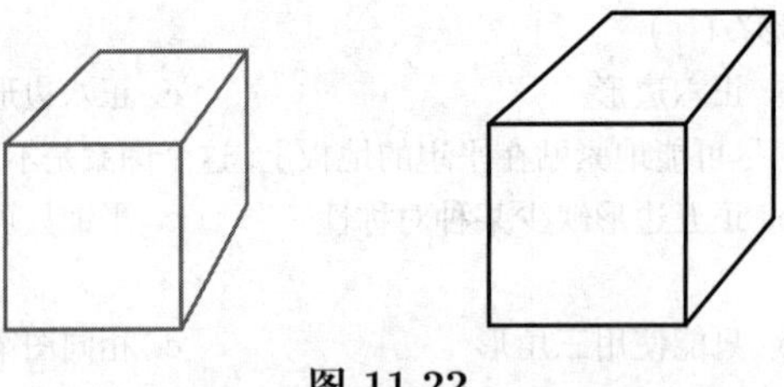

图 11.22

17. **应用透视绘画**. 将图 11.23中的正方形、圆形和三角形分别制作成三维物体: 盒子、圆柱和三棱镜. 将图中给定的图形作为三维物体的正面, 并且所有图形都以给定点 P 为消失点正确绘制.

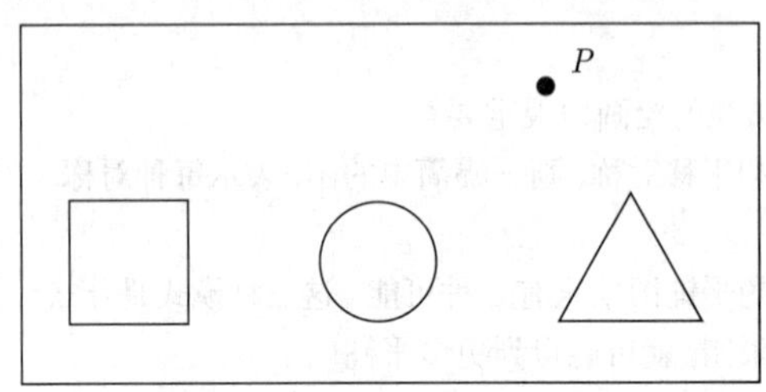

图 11.23

18. **应用透视绘制 MATH**. 正确应用透视方法, 将图 11.24中的字母 M、A、T、H 画成三维立体字母. 给定的字母当作三维字母的正面, 三维图形的深度须与 T 一致, 并且所有字母在绘画时都须以给定点 P 为消失点.

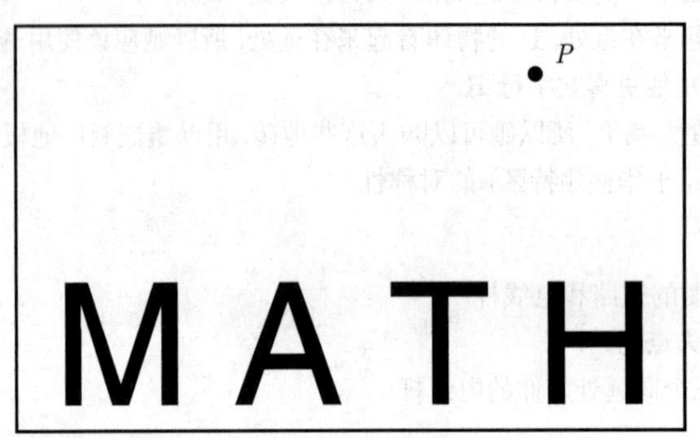

图 11.24

19. **比例和透视**. 图 11.25正确应用了透视法, 基于单一消失点, 绘制出了两根电线杆. 可以发现, 第一个电线杆高 2 厘米, 第二根电线杆与第一根相距 2 厘米 (从电线杆的底部到另一根电线杆的底部) 且高 1.5cm.

图 11.25

a. 正确应用透视方法再画出两条基线上等距放置的电线杆. 假设在实际环境中这些电线杆的高度都相同.

b. 估计新画的两根电线杆在图片中的实际高度.

c. 在实际场景中, 这四根电线杆可能是等距放置的吗? 为什么?

20. **两个消失点**. 图 11.26显示了一条在远处消失的道路. 沿箭头方向绘制与已有道路相交的第二条道路. 同时要确保两条路的消失点位于视平线上.

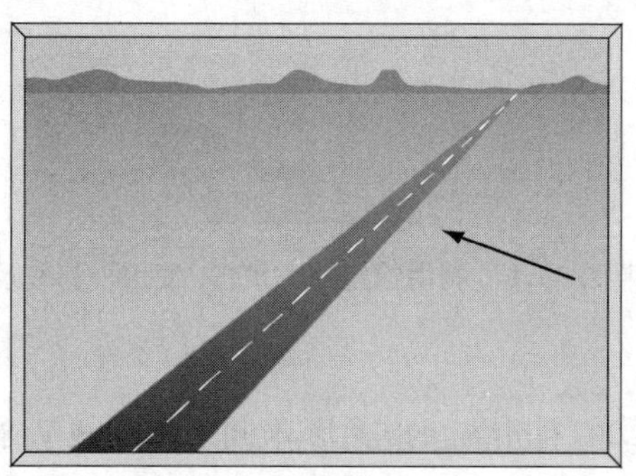

图 11.26

21. **字母中的对称**. 找出字母表中具有下述性质的大写字母:

a. 左右反射对称 (如 A)

b. 上下反射对称 (如 H).

c. 既左右对称又上下反射对称.

d. 旋转对称.

22. **星体的对称性**.

a. 四角星中有多少种反射对称 (见图 11.27(a))? 又有多少种旋转对称?

b. 七角星中有多少种反射对称 (见图 11.27(b))? 又有多少种旋转对称?

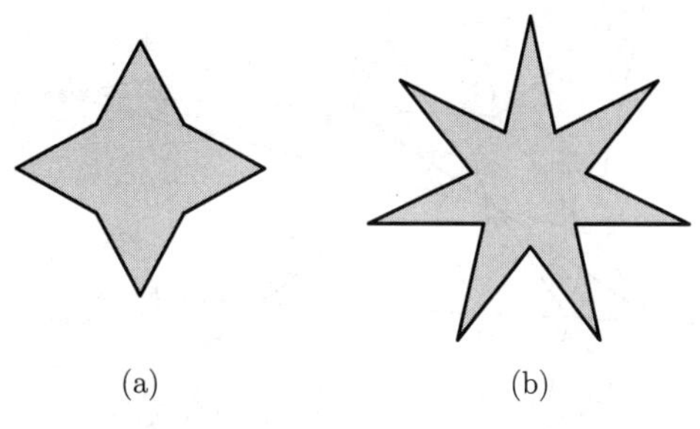

(a)　(b)

图 11.27

23. **几何图形的对称性**.

a. 画一个等边三角形 (三条边的长度相等). 绕其中心旋转多少度, 外观保持不变? (答案不唯一.)

b. 画一个正方形 (四条边的长度相等). 绕正方形的中心旋转多少度, 其外观保持不变?(答案不唯一.)

c. 画一个正五边形 (五条边的长度相等). 绕五边形的中心旋转多少度, 其外观保持不变?(答案不唯一.)

d. 你能从 (a)、(b) 和 (c) 部分看出规律吗? 一个正 n 边形可以绕其中心旋转多少度, 外观保持不变? 对于 n 边形, 有多少个这样的角度?

24~27: **识别对称性**. 识别下列图形中所有的对称性.

24.

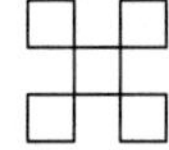

25.

26.

图形可沿两个方向延伸

27.

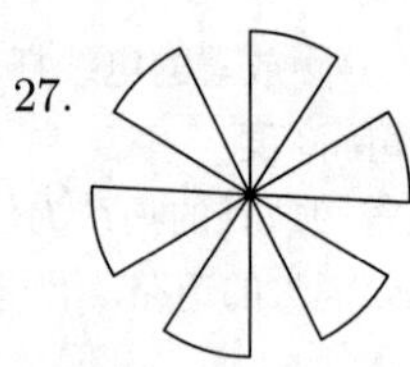

28~29: **平移三角形得到平铺**. 只用图中所给的三角形, 参照图 11.16所示的方法, 通过平移完成平铺.

28.

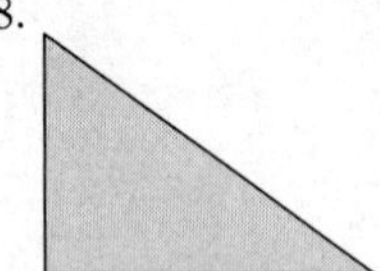

29.

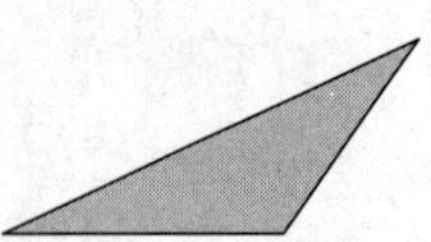

30~31: **平移和反射三角形得到平铺**. 参照图 11.17, 利用给定的三角形, 使用平移和反射完成平铺.

30. 使用习题 28 中的三角形.

31. 使用习题 29 中的三角形.

32~33: **从四边形得到的平铺**. 参照图 11.20, 利用给定的四边形, 使用平移, 完成平铺.

32.

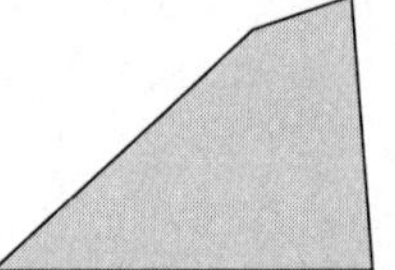

33.

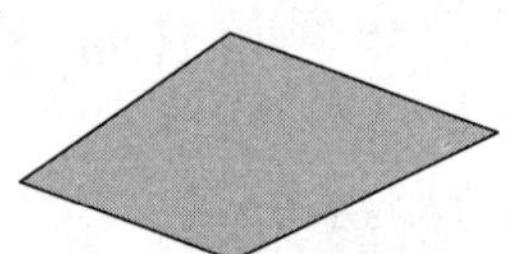

进一步应用

34. **笛沙格 (Desargue) 定理**. 这个定理属于射影几何领域早期的一个定理, 是由法国建筑师和工程师吉拉德 · 笛沙格 (Girard Desargues, 1593—1662) 证明的. 叙述如下: 如果连接两个三角形 (图 11.28中的 $\triangle ABC$ 和 $\triangle abc$) 的对应顶点 (Aa, Bb 和 Cc), 所得三条直线都相交于点 P (相当于一个消失点), 那么延长对应的边 (ac 和 AC, AB 和 ab, BC 和 bc), 它们将交于三个点, 并且这三个点都位于同一直线 L 上. 自己绘制两个满足笛沙格定理的三角形. 验证该定理.

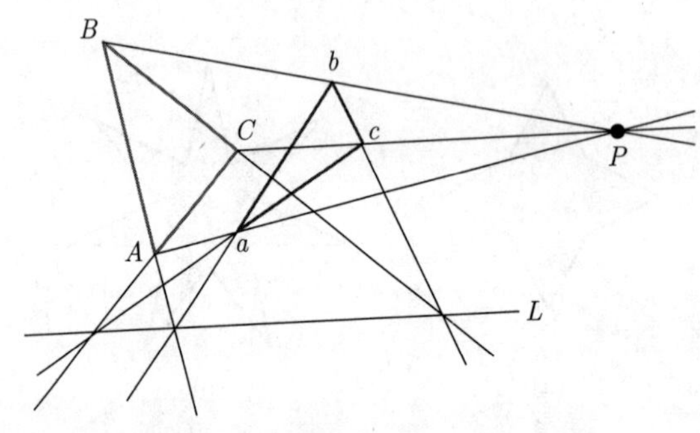

图 11.28

35. **为什么四边形平铺总是可行的**. 考虑图 11.20所示的四边形的平铺. 考虑平铺中四个四边形相交的点. 设这个点为 P. 已知任意四边形的内角和为 360°, 证明点 P 周围的四个角之和也为 360°, 从而证明四边形完全互锁.

36. **菱形平铺**. 菱形是一种四条边边长均相同, 且对边相互平行的四边形. 如何仅使用平移 (如图 11.16所示) 或者先反射再平移 (如图 11.17所示) 完成菱形平铺?

实际问题探讨

37. **生活中的透视**. 至少描述三种使用视觉透视影响你生活的方式.

38. **生活中的对称**. 至少找出三种日常生活中展现某种数学对称性的物体, 并描述该物体的对称性.

39. **艺术和数学**. 访问一个关注艺术和数学之间联系的网站. 写一篇一两页的文章, 描述数学和艺术之间的一种或多种联系.

40. **艺术博物馆**. 选择一个艺术博物馆, 研究它的在线收藏. 针对一些藏品, 描述透视或对称思想的重要性.

41. **埃舍尔**. M.C. 埃舍尔 (M.C. Escher，1898—1972) 的作品常使人们对使用或滥用透视产生困惑. 选择他的一个作品，写一篇短文，描述他在作品中是如何运用透视法的.

42. **彭罗斯平铺**. 进一步了解彭罗斯 (非周期) 平铺的本质和用途. 写一篇短文描述你的发现.

43. **艺术中的对称和比例**. 找一件你喜欢的 20 世纪前的艺术作品和一件 20 世纪或 21 世纪的艺术作品. 尽可能多地使用本节的思想 (包括透视和对称) 写一篇两三页的论文，对这两件选定的艺术品进行分析和比较.

11.3　比例与黄金比例

在 11.2 节中，我们研究了数学如何通过对称和透视的思想对艺术产生影响. 在本节中，我们将注意力转向与艺术有关的第三个重要的数学概念：比例.

黄金分割描述了与比例有关的一个古老的规则. 它可以追溯到毕达哥拉斯时代 (公元前 500 年)，当时学者们提出这样一个问题：如何将线段划分成最具吸引力又最平衡的两部分？

虽然这是一个有关美学的问题，但结论似乎具有普遍一致性. 假设一条线段如图 11.29 所示，被分成两部分. 设较长的那段长度为 L，较短的那段长度为 1.

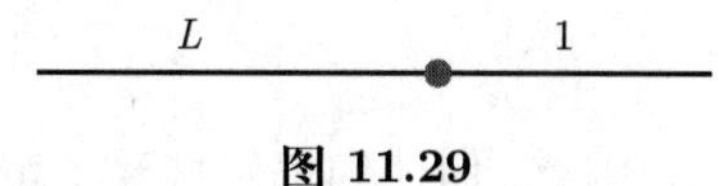

图 11.29

希腊人声称视觉上赏心悦目的划分比例具有如下性质：

较长线段与较短线段的比 = 整条线段与较长线段的比

即

$$\frac{L}{1}=\frac{L+1}{L}$$

通过这个式子可以解出 (参见习题 19) L 的特定值，一般用希腊字母 ϕ (phi，发音为"fie"或"fee") 表示[①]：

$$\phi=\frac{1+\sqrt{5}}{2}=1.618\ 03\cdots$$

一般称数字 ϕ 为**黄金比例** (golden ratio)，有时也称黄金平均、黄金分割、神圣比例. 这是一个无理数，常近似为 1.6 或 $\frac{8}{5}$. 图 11.30 表明，任意一条线段若按照黄金比例分割成两部分，则较长一段与较短一段的比值为

$$\frac{x}{y}=\frac{1.618\ 03\cdots}{1}=\phi\approx\frac{8}{5}$$

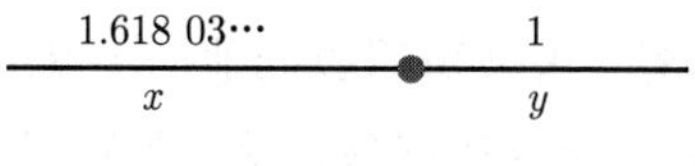

1.618 03···　　1
x　　y

图 11.30

例 1　利用黄金比例进行计算

假设图 11.31 中的线段按黄金比例分成两段. 如果标 x 的较长一段的长度为 5 厘米，那么整条线段的长度是多少？

① **顺便说说**：ϕ 是菲狄亚斯 (Phydias) 姓名的希腊文拼写中的第一个字母. 菲狄亚斯是希腊的一个雕塑家，他在作品中使用了黄金比例.

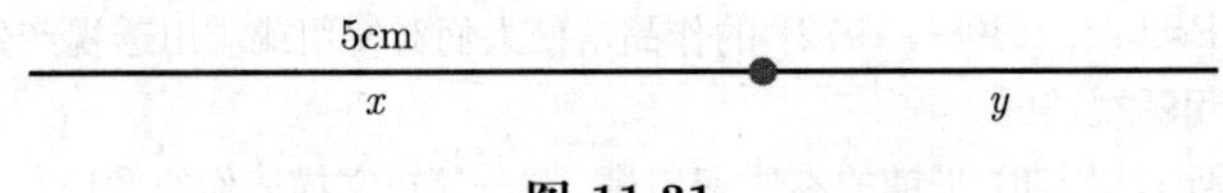

图 11.31

解 因为线段是按照黄金比例进行划分的, 所以 $x/y=\phi$. 两边先同乘 y, 然后同除以 ϕ, 可解得 y.

$$\frac{x}{y}=\phi\rightarrow y=\frac{x}{\phi}$$

将 $x=5$, ϕ 约等于 1.6 代入, 可得

$$y=\frac{5}{\phi}\approx\frac{5}{1.6}\approx 3.1\text{厘米}$$

线段的总长为 $x+y$, 所以总长大约为 $5+3.1=8.1$ 厘米.

▶ 做习题 11~12.

艺术史中的黄金比例

尽管古希腊人对无理数这个概念感到很困惑, 但他们仍然接受了黄金比例. 考虑图 11.32中的五角星①, 这是一个刻在圆圈中的五角星, 中心部位是一个正五边形. 五角星是神秘的毕达哥拉斯兄弟会的印章. 在五角星中黄金比例以不同方式至少出现了 10 次. 例如, 如果假设五角形的边长为 1, 那么这颗星的臂长是 ϕ.

思考 使用尺子, 在图 11.32的五角星中至少再找到一个其他位置, 其中两条线段的长度之比是黄金比例.

从黄金比例再迈一小步可得另一个著名的与比例有关的希腊表达式: **黄金矩形**(golden rectangle)——其中长边是短边的 ϕ 倍. 黄金矩形可以是任意大小的, 但其边长的比率必须为 $\phi\approx\frac{8}{5}$. 图 11.33 给出了一个黄金矩形.

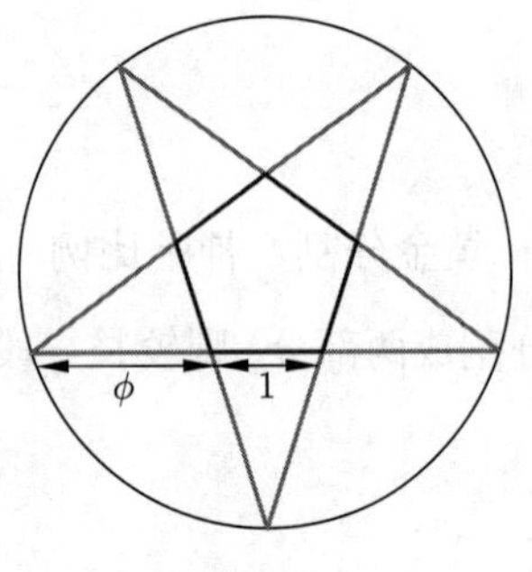

图 11.32

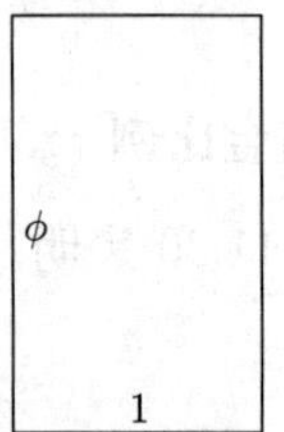

图 11.33 黄金矩形——边长之比为 $\phi\approx\frac{8}{5}$

对希腊人来说, 黄金矩形既实用又神秘. 黄金矩形成为他们美学的基石. 美学及研究审美的学科是一个哲学分支. 关于古代艺术和建筑中使用黄金矩形存在许多猜测. 例如, 许多古代的伟大的纪念碑, 如埃及金字塔, 都宣称是按照黄金矩形设计的, 而且, 无论是有意设计还是偶然, 帕特农神庙②(位于希腊雅典) 的比例也非常接近黄金矩形的比例 (见图 11.34).

① **顺便说说**: 许多文学作品中都有五角星. 近来由于丹 · 布朗 (Dan Brown) 所著的小说以及由此改编的电影《达 · 芬奇密码》, 五角星重获关注.

② **顺便说说**: 帕特农神庙建成于公元前 430 年左右, 是战争女神雅典娜 · 帕特农的神庙. 它位于雅典卫城 (意为 "最高的城市"), 距离雅典约 500 英尺.

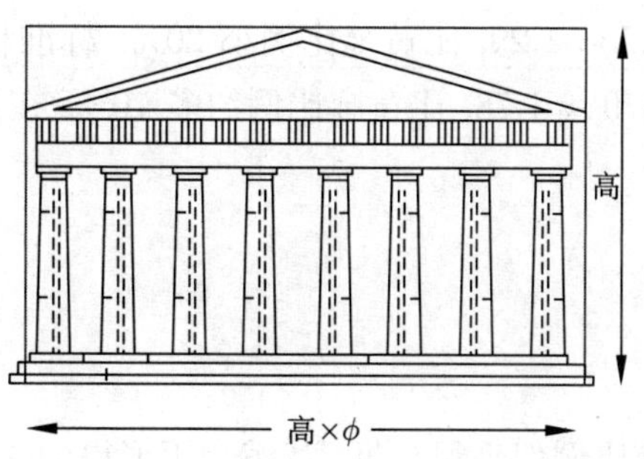

图 11.34 帕特农神庙的比例与黄金矩形比例非常接近，尽管这种说法存在争议

其他许多艺术和建筑作品中也出现过黄金矩形. 达 · 芬奇 1509 年在《神圣比例》(*De Divina Proportione*) 一书中写满了对 ϕ 的引用和使用. 达 · 芬奇未完成的绘画《圣杰罗姆》(*St. Jerome*) 似乎将中心人物置于一个假想的黄金矩形内. 最近, 有一种说法: 法国印象派艺术家乔治 · 修拉 (Georges Seurat) 在每块画布中都使用了黄金比例. 20 世纪荷兰艺术家皮特 · 蒙德里安 (Piet Mondrian) 的抽象几何画也布满了黄金矩形.

今天, 许多日常用品中也能见到黄金矩形. 照片、便签、麦片盒、海报和窗户的比例通常都接近黄金矩形的比例. 但有一个问题仍然存在, 那就是黄金矩形是否真的令人赏心悦目.① 19 世纪后期, 德国心理学家古斯塔夫 · 费希纳 (Gustav Fechner, 1801—1887) 系统地研究了这个问题. 他向很多人展示了几种长度与宽度为不同比值的矩形, 并记录了他们觉得看起来最愉悦以及最差的矩形. 结果见表 11.2, 几乎 75% 的参与者选择了比例最接近黄金矩形的三种矩形.

表 11.2 费希纳的数据

长宽比	令人最满意的矩形 (%)	令人最不满意的矩形 (%)
1.00	3.0	27.8
1.20	0.2	19.7
1.25	2.0	9.4
1.33	2.5	2.5
1.45	7.7	1.2
1.50	20.6	0.4
$\phi \approx 1.62$	35.0	0.0
1.75	20.0	0.8
2.00	7.5	2.5
2.50	1.5	35.7

思考 你认为黄金矩形视觉上比其他矩形更令人赏心悦目吗? 说明理由.

例 2 日常黄金比例

考虑以下具有给定尺寸的家居用品，其中哪一个的比例最接近黄金比例？

- 标准纸张：8.5 英寸 × 11 英寸
- 8 × 10 相框：8 英寸 × 10 英寸
- 高清电视 (HDTV), 有多种尺寸, 但宽度与高度之比始终为 16 : 9

① **顺便说说**：虽然有证据表明黄金矩形和黄金比例具有吸引力, 但也存在相反的论调. 乔治 · 马尔科夫斯基 (George Markowsky) 1992 年的一项研究就对这个说法提出了质疑, 并声称艺术和建筑中的黄金比例是源于巧合和糟糕的科学. 他还声称, 对人们偏好的统计研究, 如费希纳的研究, 并不令人信服 (见习题 26).

解 标准纸张的两边长之比为 $11/8.5 \approx 1.29$, 比黄金比例小 20%. 标准相框的边长比为 $10/8 = 1.25$, 比黄金比例小约 23%. HDTV 的比率为 $16/9 \approx 1.78$, 比黄金比例约多 10%. 在这三个物体中, HDTV 更接近于黄金矩形.

▶ 做习题 13~18.

自然界中的黄金比例

大自然创造的 “艺术品” 中黄金比例似乎很常见. 从黄金矩形得到的螺旋线就是一个很明显的例子. 我们首先将黄金矩形分割, 左侧分成一个正方形, 如图 11.35 (a) 所示. 测量一下正方形右侧的小矩形, 你会发现这也是一个较小的黄金矩形.

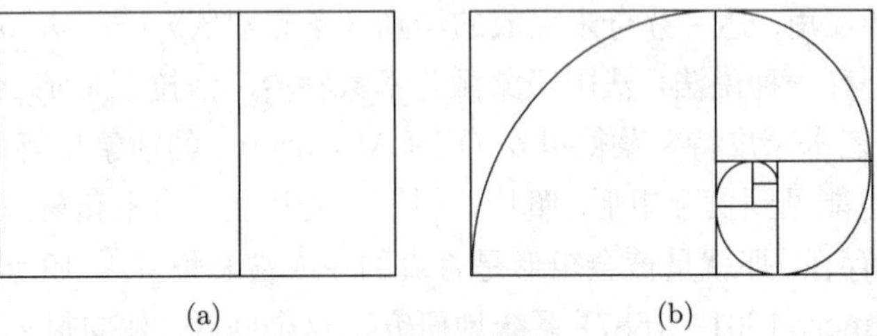

图 11.35 (a) 从黄金矩形左侧画出一个正方形开始的对数螺旋线, (b) 在得到的黄金矩形内重复之前的操作, 然后连接正方形的角就可得对数螺旋线

现在我们在第二个黄金矩形中重复刚才的划分. 这一次在黄金矩形的上部 (而不是左侧) 分割出一个正方形. 这样可得第三个更小的黄金矩形. 继续以这种方式分割每个新得到的黄金矩形, 就得到如图 11.35 (b) 所示的结果. 然后我们用光滑的曲线连接所有正方形的相对顶点. 结果是一个称为**对数螺旋** ((logarithmic spiral) 或等角螺旋) 的连续曲线. 这种螺旋非常接近美丽的鹦鹉螺壳的螺旋形状.

自然界中另一个有趣的与黄金比例相关的联系来自种群生物学问题, 最早是由斐波那契 (Fibonacci) 在 1202 年提出的. 斐波那契提出了如下关于兔子繁殖的问题.

假设有一对兔子, 长两个月它们就算长大成年了. 成年后每个月都会繁殖一对小兔子, 同样的道理, 繁殖的新兔子两个月后也会成年, 具备繁殖能力. 以后每个月也都繁殖一对小兔子. 这里假设兔子不会死亡, 每次都只生一对兔子. 问每个月有多少对兔子?

图 11.36 给出了前 6 个月兔子的数目. 每个月兔子的数目是以 1, 1, 2, 3, 5, 8 开头的一个数列. 斐波那契发现这个数列就以下列方式无限延续:

$$1, 1, 2, 3, 5, 8, 13, 21, 34, 55, \cdots$$

这个序列称为**斐波那契序列** (Fibonacci sequence)[①].

如果我们设 F_n 表示第 n 个斐波那契数, 那么可得 $F_1 = 1$, $F_2 = 1$, $F_3 = 2$, $F_4 = 3$, 依此类推. 斐波那契数列最基本的属性是序列中的下一个数字是前两个数字的和. 例如:

$$F_3 = F_2 + F_1 = 1 + 1 = 2$$
$$F_4 = F_3 + F_2 = 2 + 1 = 3$$

① **顺便说说**: 斐波那契, 也被称为比萨的列奥纳多, 因其在欧洲推广使用印度-阿拉伯数字而受到赞誉. 他的著作《算盘书》于 1202 年出版, 解释了这些数的用法以及数字 0 的重要性.

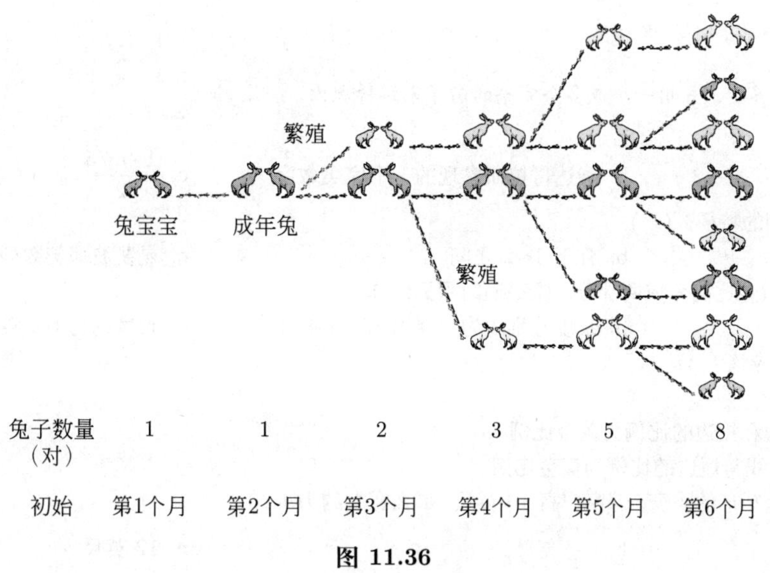

图 11.36

此规则可表示为 $F_{n+1} = F_n + F_{n-1}$.

思考 确认上述规则适用于从 F_3 到 F_{10} 的斐波那契数列. 然后利用该规则计算第 11 个斐波纳契数 F_{11}.

计算两个相邻的斐波那契数的比率, 就可以看出斐波那契数和黄金比例之间的联系了, 计算结果见表 11.3. 需要注意的是, 当我们继续对这个数列计算下去时就会发现两个相邻的斐波那契数的比率越来越接近黄金比例 $\phi = 1.618\ 03\cdots$.

表 11.3 相邻两个斐波那契数的比率

$F_3/F_2 = 2/1 = 2.0$	$F_{11}/F_{10} = 89/55 \approx 1.618\ 182$
$F_4/F_3 = 3/2 = 1.5$	$F_{12}/F_{11} = 144/89 = 1.617\ 978$
$F_5/F_4 = 5/3 \approx 1.667$	$F_{13}/F_{12} = 233/144 = 1.618\ 056$
$F_6/F_5 = 8/5 = 1.600$	$F_{14}/F_{13} = 377/233 \approx 1.618\ 026$
$F_7/F_6 = 13/8 = 1.625$	$F_{15}/F_{14} = 610/377 = 1.618\ 037$
$F_8/F_7 = 21/13 \approx 1.615\ 4$	$F_{16}/F_{15} = 987/610 \approx 1.618\ 033$
$F_9/F_8 = 34/21 \approx 1.619\ 05$	$F_{17}/F_{16} = 1\ 597/987 \approx 1.618\ 034$
$F_{10}/F_9 = 55/34 \approx 1.617\ 65$	$F_{18}/F_{17} = 2\ 584/1\ 597 \approx 1.618\ 034$

自然界有很多斐波那契序列的例子. 向日葵的花朵和雏菊的花瓣可以看作顺时针螺旋叠加在逆时针螺旋上 (两者都是对数螺旋), 如图 11.37所示. 交织螺线的数目是一对斐波那契数, 例如, 21 和 34 或者 34 和 55. 生物学家还观察到, 许多常见花朵的花瓣数目也是斐波那契数 (例如, 鸢尾花有 3 个花瓣, 报春花有 5 个花瓣, 苔藓有 13 个花瓣, 雏菊有 34 个花瓣). 许多植物的茎叶的排列方式也表现出了斐波那契序列的特征. 松果和菠萝上也能看到螺旋状排列的斐波那契数.

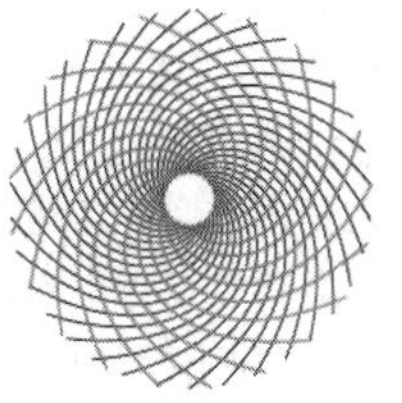

图 11.37

测验 11.3

为以下每个问题选择最佳答案，并用一个或多个完整的句子来解释原因.

1. 黄金比例是 ( ).
   a. 正好是 1.6　　b. 毕达哥拉斯发现的一个完美数字　　c. $\frac{1+\sqrt{5}}{2}$
2. 以下哪项不是黄金比例的特征? ( )
   a. 是一个无理数　　b. 介于 1~2 之间　　c. 是斐波那契数列中的第四个数
3. 将 1 英尺长的线段按黄金比例分成两部分, 那么所得两段 ( ).
   a. 长度相等　　b. 长度分别约为 2 英寸和 10 英寸　　c. 长度约为 0.4 英尺和 0.6 英尺
4. 要做一个黄金矩形, 你应该 ( ).
   a. 把矩形画在圆内
   b. 画一个矩形, 使长边和短边的比例为黄金比例
   c. 画一个矩形, 使对角线与短边的比例为黄金比例
5. 假设你想得到一个黄金矩形的飘窗. 若窗户高 10 英尺, 那么宽大约为 ( ).
   a. 5 英尺　　b. $6\frac{1}{4}$ 英尺　　c. 12 英尺
6. 为什么希腊人倾向于用黄金矩形的比例建造矩形建筑物? ( )
   a. 他们认为这些建筑在视觉上最令人赏心悦目
   b. 他们认为这些建筑结构更坚固
   c. 他们认为这些建筑建造成本最低
7. 假设你从一个黄金矩形开始, 从矩形的一边裁出一个最大的的正方形. 剩下的矩形 ( ).
   a. 也是一个黄金矩形　　b. 是一个正方形　　c. 构成对数螺旋
8. 斐波那契提出的兔子问题是 ( ) 的例子.
   a. 人口呈线性增长　　b. 人口呈指数增长　　c. 人口呈逻辑斯蒂增长
9. 斐波那契数列中第 18、19 和 20 个数字分别是 2 584、4 181 和 6 765. 那么第 21 个数字是 ( ).
   a. $2\ 584 \times 4\ 181$　　b. $4\ 181 + 6\ 765$　　c. $6\ 765 \times 1.6$
10. 黄金比例在斐波那契数列中是以什么方式出现的? ( )
   a. 它是所有两个相邻的斐波那契数之间的比值
   b. 随着数字的增大, 两个相邻的斐波那契数的比率越来越接近黄金比例
   c. 最后一个斐波那契数与第一个斐波那契数之比

习题 11.3

复习

1. 利用线段比例解释什么是黄金比例.
2. 黄金矩形是怎么形成的?
3. 有什么证据表明黄金比例和黄金矩形具有特殊的美?
4. 什么是对数螺旋? 如何从黄金矩形得到?
5. 什么是斐波那契数列?
6. 斐波那契数列和黄金比例之间有什么联系? 给出一些自然界中斐波那契数列的例子.

是否有意义?

确定下列陈述有意义 (或显然是真实的) 还是没意义 (或显然是错误的), 并解释原因.

7. 为得到黄金比例, 玛丽亚把 4 英尺长的拐杖截成两根 2 英尺长的拐杖.
8. 丹把他对某套多米诺骨牌的喜爱归因于这套骨牌的外形是黄金矩形.
9. 地板上的圆形图案很吸引人, 因为它展示了黄金比例.
10. 朱丽叶每一年的年龄都是一个斐波那契数.

基本方法和概念

11. **黄金比例**. 画一条 6 英寸长的线段. 根据黄金比例把它划分为两段. 计算整条线段与较长线段的长度之比，以及较长一段与较短一段长度的比率, 从而检验你的结果.

12. **黄金比例**. 根据黄金比例把一条线分为两段, 其中较短一段长 5 米, 那么整条线的长度是多少?

13. **黄金矩形**. 测量图 11.38中每个矩形的边长, 并计算每个矩形的长边与短边之比. 哪些矩形是黄金矩形?

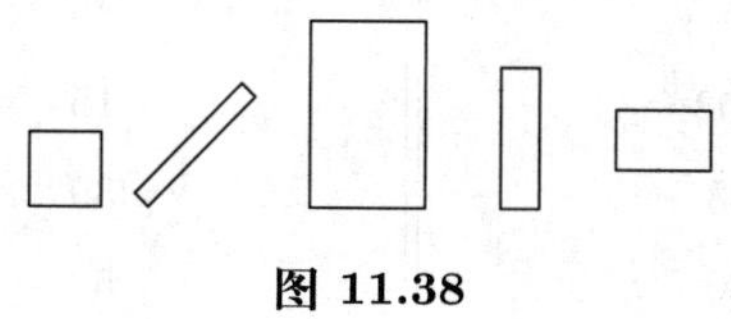

图 11.38

14~17: **黄金矩形的尺寸**. 考虑下面给出的黄金矩形一边的边长, 确定另一边的边长. 注意, 另一边的边长可能大于也可能小于给定的边长. 计算时使用近似值 $\phi \approx 1.62$.

14. 2.7 英寸　　15. 5.8 米

16. 12.6 千米　　17. 0.66 厘米

18. **日常黄金矩形**. 找到至少三个外观是黄金矩形的日常用品 (例如麦片盒、窗户). 对每个例子, 测量相应的边长并计算比率. 这些物体是黄金矩形吗? 请解释.

进一步应用

19. **确定 ϕ**. 黄金比例的性质是由下式定义的:

$$\frac{L}{1} = \frac{L+1}{L}$$

a. 证明: 如果两边都乘以 L 并移项, 这个方程就变成了 $L^2 - L - 1 = 0$.
验证用 ϕ 替换 L 后这个等式仍然成立.

b. 二次求根公式表明, 对于形如 $ax^2 + bx + c = 0$ 的方程, 其根由公式

$$x = \frac{-b + \sqrt{b^2 - 4ac}}{2a}$$

和

$$x = \frac{-b - \sqrt{b^2 - 4ac}}{2a}$$

给出.

使用二次求根公式求解黄金比例公式中的 L, 并证明其中一个根就是 ϕ.

20. **ϕ 的性质**.

a. 在计算器中输入 $\phi = (1+\sqrt{5})/2$. 证明 $1/\phi = \phi - 1$.

b. 现在计算 ϕ^2. 这个数字与 ϕ 有什么关系?

21. **对数螺旋**. 画一个短边边长为 10 厘米的矩形. 按照本书中描述的步骤细分矩形, 直到可以绘制出对数螺旋线. 仔细完成每一步工作, 并给出你的测量值.

22. **卢卡斯序列**. 卢卡斯序列与斐波那契数列有密切关系. 卢卡斯序列以 $L_1 = 1$ 和 $L_2 = 3$ 为初始值, 然后使用类似的关系式 $L_{n+1} = L_n + L_{n-1}$ 生成 $L_3, L_4, \cdots$

a. 计算前十个卢卡斯数.

b. 计算相邻卢卡斯数的比率 L_2/L_1, L_3/L_2, L_4/L_3, 等. 你能确定这些比率是否接近于一个数字吗? 这个数字是多少?

23. **绘制费希纳数据**. 考虑表 11.2 所示的古斯塔夫 · 费希纳的数据. 制作一个柱状图, 用以展示最令人赏心悦目和最不令人赏心悦目的矩形比例的反馈数据.

24. **黄金中心**. 一个古老的理论认为, 平均而言, 一个人的身高与其肚脐的高度之比就是黄金比例. 尽可能多地收集 "肚脐比数据". 利用柱状图绘制比率图, 找出整个样本的平均比率, 并讨论所得结果. 你的数据支持这个理论吗?

25. **莫扎特和黄金比例**. 莫扎特第 19 钢琴奏鸣曲的每一乐章都可清晰地分为两部分 (呈示部、发展和再现部). 在一篇名为《莫扎特的黄金部分和钢琴奏鸣曲》(*Mathematics Magzine*, Vol.68, No.4, 1995) 的论文中, 约翰 · 普茨 (John Putz) 给出了每一乐章的第一部分 (a) 和第二部分 (b) 的长度 (以拍为单位), 数据如下:

a= 第一部分的长度	b= 第二部分的长度	a= 第一部分的长度	b= 第二部分的长度
38	62	40	69
28	46	46	60
56	102	15	18
56	88	39	63
24	36	53	67
77	113		

a. 整个乐章的长度与较长部分的长度之比为 $(a+b)/b$. 在表中添加第三列, 计算该比值.

b. 简要说明 (a) 中计算出的比率是否近似于 ϕ.

c. 请阅读约翰 · 普茨的文章. 你认为莫扎特在创作时考虑黄金比例了吗?

26. **揭示黄金比例的奥秘**. 查找马尔科夫斯基的文章《关于黄金比例的误解》(*College Mathematics Journal*, Vol.23, No.1, 1992). 选择马尔科夫斯基在文中讨论的至少一个误解并做总结, 然后解释你是否觉得他的论点令人信服. 对于艺术家和建筑师在他们的作品中是否有意识地使用黄金比例, 说出你的看法.

实际问题探讨

27. **生活中的比例**. 描述视觉比例影响你生活的至少三种方式.

28. **黄金比率**. 查找最新的大楼或建筑的设计图. 研究这些图, 你觉得图中涉及黄金比例吗?

29. **黄金争论**. 有些网站主要讨论有关黄金分割在艺术中的作用这一具有争议性的问题. 查找争议一方的一个具体论点, 然后用一两页的文章进行总结阐述.

30. **斐波那契数**. 进一步了解斐波那契数列和自然界中可能出现的斐波那契数列. 写一篇关于斐波那契数的你认为有趣的短文.

第十一章　总结

单元	关键词	关键知识点和方法
11.1 节	声波 高音 频率 谐波 八度 音阶 数字录音	理解弦是如何通过弹拨发出声音的 测量频率, 并找出一个频率的谐波 理解音阶和音符之间的频率比 理解一个音阶内音符的频率如何呈指数增长 解释音乐的模拟和数字表示之间的区别
11.2 节	透视 消失点 视平线 对称 　反射 　旋转 　平移	理解透视在绘画中的使用 找出绘画和平铺中的对称 创造使用规则和不规则多边形形成的平铺
11.3 节	比例 黄金比例 黄金矩形 斐波那契数列	黄金比例 $\phi=\dfrac{1+\sqrt{5}}{2}=1.618\ 03\cdots$ 理解人们所说的黄金比例在艺术和自然中的应用 斐波那契数列: 1, 1, 2, 3, 5, 8, 13, 21, 34, 55, $\cdots$

第十二章 数学与政治

几千年来，数学和政治一直是人类文化的一部分，所以历史上它们交织在一起并不奇怪．我们已经研究了在政治决策中数学起重要作用的几个例子，比如美国联邦预算案（4.6 节）．不仅如此，数学和政治之间的联系已经深入民主进程的核心中．在本章中，我们将讨论数学在投票和分配系统中的突出作用．

问题：综合考虑 435 个国会选区，2016 年选举结果显示，共和党候选人获得了众议院全国选票的 49.1%，民主党候选人获得了 48.0%（剩下的 2.9% 为其他党派的候选人）．猜想一下：435 个众议院席位竞争中共和党的平均胜率是多少？

Ⓐ 不到 2 个百分点．

Ⓑ 2~5 个百分点．

Ⓒ 6~10 个百分点．

Ⓓ 11~20 个百分点．

Ⓔ 超过 20 个百分点．

解答：这个问题就是让大家猜测一下，因为如果不参考选举数据，你是无从知道答案的．然而，鉴于两个主要政党的全国选票仅差 1 个百分点（49.1% 比 48.0%），大多数人猜测答案是 A．然而，正确答案是 E，并且实际平均胜率约为 37 个百分点．换句话说，实际的投票结果是共和党获得了 68% 的投票而民主党的投票率不到 32%，比例大约为 2∶1．事实上，对许多获胜者来说，存在一条相似的绝对胜利之路：没有一个认真的候选人会去费力地挑战他们．

当全国选票结果接近平分时，为什么竞争却还能产生如此巨大的平均差距呢？答案在于，选举并不像我们想象的那样简单，因此，党派政客常常有机会对选举结果进行博弈，从而使自己获胜．我们将在下面的实践活动以及 12.4 节中对一些方法进行探讨，但读者应该清楚基本情况：除非你了解关于投票的数学知识，否则你会对现代选举是如何进行的感到非常惊讶．

12.1 节

投票：多数人总是会获得控制权吗？ 调查在两个以上候选人中确定获胜者的方法，为什么不同方法可以导致不同的获胜者．

12.2 节

投票理论： 探讨投票中的公平问题，这会导致令人惊讶的结论：在所有情况下都公平的选举制度是不存在的．

12.3 节

分配：众议院及其他： 研究可接受的几种众议院席位分配的方法，我们会再次看到没有一种方法总是公平的．

12.4 节

分割政治派： 探讨关于选区重划中的一些数学问题——目前美国国会选区的绘制方法——以及为什么这个过程已经成为美国政治最重要和有争议的问题之一．

实践活动 党派选区重划

通过下面的实践活动，对本章要分析的各种问题获得一个直观的认识．

根据法律，国会选区必须依据全国人口普查，每 10 年重新划定一次．然而，各州可以自行决定如何精确划定区域界线，并且在大多数州，划分边界这一过程由政治家控制．我们将在 12.4 节中详细研究划分边界的过程，但是我们需要从各党派如何为了自己的利益而使用这个过程开始探索．

图 12.A 展示了一个简单的只有 64 个投票人的“州”，房子代表一个选民. 假设浅灰色房子代表投票给民主党的选民, 深灰色房子代表投票给共和党的选民. 注意, 民主党人和共和党人的人数是相同的 (32 人). 请小组讨论并回答下列问题.

① 假设这个州必须划分为 8 个国会选区, 并且每个选区须拥有相同数量的选民. 根据民主党和共和党选民的总数, 你觉得每个政党将获得多少国会席位?

②现在看一下图 12.A 画出的 8 个选区. 根据这些地区的边界, 有多少选区将由共和党代表? 又有多少选区由民主党代表? 与①中的“预测”一致吗?

图 12.A　一个只有 64 个选民的简单“州”, 浅灰色房子代表投票给民主党的选民, 深灰色房子代表投票给共和党的选民

③ 仔细研究图 12.A 中的 8 个区域. 有多少选区是“坚定支持共和党”的? 有多少选区是“坚定支持民主党”的? 又有多少属于“摇摆”选区, 即这些选区期望选票比较接近? 根据你的回答, 基于州内选民的总比例, 一个政党获得比预期更多的国会席位的关键因素是什么?

④ 假设你负责图示州的选区重划 (划定新的区域界线). 尝试各种可能的界限 (记住每个地区必须由 8 个选民组成). 你能得到一组反映该州选民整体比例的区域界限吗? 你能否得到另一种不同的区域边界 (与图中所示区域不同), 其结果是强烈支持某一个政党?

⑤ 正如你所看到的, 政治中选区重划的后果之一是, 大量选区的划定都是使它们强烈倾向于一方或另一方, 而保留极少的对应竞争结果的“摇摆”选区. 这一事实可以解释章首的实践问题吗?

⑥ 在 2016 年的选举中, 共和党获得了众议院 241 个席位, 而民主党获得了 194 个席位. 每个政党赢得的席位的百分比是多少? 你如何解释众议院席位的分配比例与全国众议院 (汇总所有选区) 的投票结果 (共和党占 49.1%, 民主党占 48.0%) 之间的差异?

⑦ 在 2016 年的选举中, 获胜的民主党的平均胜率是 41.5%, 共和党的平均胜率为 33.5%, 这个差异是否有助于解释问题⑥ 中发现的差异? 请解释.

⑧ 找一个州的选区地图. 这个州的选区边界是由谁划定的? 他们在绘制边界时考虑了哪些因素? 你认为边界绘制是否公平? 说说你的意见.

12.1 投票: 半数以上总是会获得控制权吗?

通常人们会认为, 选举中得票最多的人获胜, 但选举并不总是这么简单. 例如, 唐纳德 · 特朗普赢得了 2016 年的总统选举, 尽管他比希拉里 · 克林顿少将近 300 万张选票. 为理解这一点以及其他奇怪现象是如何产生的, 我们从选举系统的几个常用规则开始讨论.

半数以上规则

最简单的投票类型只涉及两个候选人或者说两种选择. 当只有两种选择时, 最常见的决定选举结果的方式是**半数以上规则**(majority rule): 获得超过 50% 选票的选举人获胜. 数学上, 半数以上规则具有以下三个重要属性①:

- 每张选票都具有相同的权重. 也就是说, 没有一个人的选票比其他人的选票权重更大或更小.
- 候选人之间有对称性: 如果所有选票都被逆转, 那么原先的失败者将获胜.
- 如果原先投给落选者的投票改投获胜者, 选举的结果将不发生改变.

我们可以用一个简单的例子来说明这些属性. 假设奥利维亚和拉斐尔竞选辩论队的队长. 奥利维亚获得 10 票, 拉斐尔获得 9 票. 第一个属性——所有选票具有相同的权重, 就意味着我们可以只关注选票总数, 而无须关注投票人的姓名. 第二个属性告诉我们, 如果我们改变所有选票, 即奥利维亚获得 9 票, 拉斐尔获得 10 票. 那么拉斐尔就会成为胜利者. 第三个属性告诉我们, 如果原来投给拉斐尔 (输家) 的某张选票现在改投给奥利维亚 (胜利者), 那么奥利维亚仍将获胜: 这一变化使得奥利维亚的得票数提高到了 11 票, 拉斐尔的得票数减少为 8 票.

半数以上规则

半数以上规则表示, 获得超过 50% 选票的候选人为获胜者.

思考 假设将一张投给获胜者的选票改投给落选者. 这时选举结果会改变吗? 解释原因.

美国总统选举②

美国总统选举遵从半数以上规则, 但稍有变化. **普选**(popular vote) 反映了每位候选人获得的总票数. 但是, 总统最终是通过**选举人团投票**(electoral votes) 产生的, 民众将投票者称为选举人团. 当你投票时, 你实际上在选举你所在州的选举人团, 选举之后几周这些选举人团再汇聚在一起进行投票. 这时执行半数以上规则, 因为总统选举的获胜者必须获得半数以上选票. 如果没有候选人获得半数以上选票, 那么将由众议院来决定谁是总统. 这种情况在美国历史上曾发生过两次. 1800 年的选举中没有候选人获得半数以上选票, 众议院选举托马斯 · 杰弗逊为总统; 1824 年的选举也未给出总统人选, 众议院随后选举约翰 · 昆西 · 亚当斯为总统.

美国宪法第 Ⅱ 条规定, 每个州都会获得与州议员 (参议员加众议员) 人数一样多的选举人团票. 美国宪法第 23 修正案增加了代表华盛顿特区的选举人团. 大多数州 (以及华盛顿特区) 的选举人团投票都执行胜者全得规则: 该州的所有选举人团票都会投给该州最受欢迎的候选人. (宪法并没有要求胜者全得规则. 例如, 2017 年两个州没有执行胜者全得规则: 内布拉斯加州以及缅因州.) 如今, 全国选举人团票共计 538 张. 所以要想获得半数以上, 至少需要 270 张选举人团票.

---

① **顺便说说**: 1952 年, 肯尼斯 · 梅 (Kenneth May) 证明了当只有两个候选人时, 半数以上规则是唯一满足所有三个属性的投票系统.

② **历史小知识**: 1800 年的选举是共和党候选人托马斯 · 杰弗逊 (Thomas Jefferson) 和阿伦 · 伯尔 (Aaron Burr) 以及联邦党人约翰 · 亚当斯和查尔斯 · 平克尼之间的较量. 当时, 选票不区分总统和副总统候选人; 选民可以投票选出两名候选人, 第一名即总统, 第二名即副总统. 那些支持杰弗逊和伯尔的人希望选举人团最终只选择杰弗逊, 从而让他获胜, 但最终杰弗逊和伯尔并列第一. 最后众议院花了 7 天时间, 通过 36 次选举, 才最终给出结论: 杰弗逊占据优势. 1804 年通过的美国宪法第 12 修正案开始设定对总统和副总统单独投票.

选举系统解释了最后当选总统的候选人为什么在普选中会失败. 但是, 截至 2000 年之前, 这种可能性只发生过两次: 1876 年拉瑟福德 · 伯查德 · 海斯在选举人团投票中以 185 对 184 获胜, 但是普选票数比塞缪尔 · 蒂尔顿少 264 000 张. 1888 年, 本杰明 · 哈里森在选举人团投票中以 233 对 168 获胜, 但是普选中比格罗弗 · 克利夫兰少 90 000 张选票.

近来选举人团投票和普选之间的差异出现得较多. 赢得普选但没有赢得最终选举的还有 2000 年 (乔治 · 沃克 · 布什在选举人团投票中获胜, 但是普选比戈尔少 500 000 张选票) 以及 2016 年的选举. 第三次也接近发生: 2004 年乔治 · 沃克 · 布什在普选中获得的选票比约翰 · 克里少 3 000 000 张, 但是俄亥俄州只有 60 000 张选票 (该州总共有 560 万选民) 投给了约翰 · 克里, 而没有投给乔治 · 沃克 · 布什, 否则克里就会赢得选举. (这个事实导致两个政党的很多人都认为总统选举结果应该由普选结果决定, 参见 "在你的世界里 计票——不像听起来那么容易".)

例 1 2016 年总统选举

表 12.1 给出了 2016 年总统选举的官方结果. 请讨论普选和选举人团投票的结果.

表 12.1 2016 年总统选举

候选人	普选	选举人团投票
唐纳德 · 特朗普	62 979 984	304
希拉里 · 克林顿	65 844 969	227
加里 · 约翰逊	4 492 919	0
吉尔 · 史坦	1 449 370	0
其他	1 684 908	7*
汇总	136 452 150	538

* 这 7 个选举人团中有 2 个最初承诺投给唐纳德 · 特朗普, 5 个承诺投给希拉里 · 克林顿, 但在大选投票日他们投给了其他候选人.

解 克林顿和特朗普之间普选票数相差

$$65\,844\,969 - 62\,979\,984 = 2\,864\,985$$

也就是说, 克林顿比特朗普多将近 300 万票. 克林顿和特朗普在普选中得票百分比可以用得票数除以所有候选人的总票数计算出来:

$$\text{克林顿：}\quad \frac{65\,844\,969}{136\,452\,150} \approx 0.482\,5 = 48.25\%$$

$$\text{特朗普：}\quad \frac{62\,979\,984}{136\,452\,150} \approx 0.461\,6 = 46.16\%$$

注意, 由于其他候选人也占据了一些投票, 克林顿和特朗普谁都没能赢得半数以上的普选选票.

在选举人团投票中, 特朗普获胜优势为 $304 - 227 = 77$ 张选举人团投票. 选举人团投票总数为 538 票, 故选举人团投票百分比分别为:

$$\text{特朗普：}\quad \frac{304}{538} \approx 0.565\,1 = 56.51\%$$

$$\text{克林顿：}\quad \frac{227}{538} \approx 0.421\,9 = 42.19\%$$

唐纳德 · 特朗普赢得了选举人团投票的半数以上, 当选美国总统.

▶ 做习题 15~24.

思考 注意表 12.1 中有些选举人团并未投票给当初他承诺的候选人. 你认为应该允许这种情况发生吗? 根据你目前所掌握的所有选举知识讨论这个问题.

半数以上规则的变化

许多投票制度都是在半数以上规则基础之上略有改动. 例如, 美国参议院通过法案要求半数以上规则, 但有时仅采用这个规则是不够的. 在投票前, 只要他们愿意, 参议员通常允许就立法议案发表意见. 一位参议员如果反对某项法案, 但担心投票时该项法案会获得半数以上选票, 可能会选择持续发言 (在问题审议时间内), 从而阻止投票的发生. 这种方法, 称为**阻挠**①(filibuster), 只能以 3/5 或 60% 的参议员投票来终结, 这意味着只要 41% 的参议员同意阻挠, 就可以阻止大多数参议员进行投票表决. (美国历史上有多次参议员采取 "阻挠" 技术进行长篇大论. 阻挠的威胁在于会导致议案的搁置, 除非 60% 以上的参议员投票表示要结束阻挠, 这时称该投票终结阻挠.)

在有些情况下, 一个候选人或某个议题必须得到多于投票的半数才能获胜, 如获得 60%、75% 的选票或全票通过. 这时我们可以说需要**超级多数** (super majority) 票. 刑事审判就是这样一个例子: 所有州都要求得到绝对多数陪审团票, 许多州甚至要求一致通过, 才能进行裁决. 如果陪审团不能达到超级多数或一致同意, 那就是所谓的陪审团僵持. 当僵持发生时, 法官宣布审判无效, 在一般情况下, 案件必须重审或撤销.

美国宪法对很多具体问题也要求实行超级多数票规则. 例如, 国际条约必须得到参议院 2/3 超级多数票才能批准. 修改宪法首先要求在众议院和参议院对修正案进行 2/3 超级多数票表决, 然后由 3/4 批准该修正案.

另一例子是**否决权** (veto). 例如, 美国国会提出的议案如果在众议院和参议院获得大多数票同意, 通常经总统签署才可以成为法律. 但是, 如果总统否决了此法案, 则必须得到众议院和参议院 2/3 的超级多数票才可以否定总统的否决, 从而成为法律. 法院也可以有效地否决普选结果. 例如, 即使州选举中一个提案获得了绝大多数以上的选票, 如果法院宣布该提案违反了美国宪法, 它也不会被通过成为法律.②

例 2 半数以上规则

评论下列每个案例的结果.

a. 在美国参议院的 100 位参议员中, 有 59 人赞成新的竞选财政改革议案. 其他 41 位参议员坚决反对并启动阻挠. 议案可以通过吗?

b. 某州的刑事定罪要求获得 3/4 陪审团成员的同意. 在 9 人组成的陪审团中, 有 7 位陪审员投票有罪. 那么被告被定罪了吗?

c. 一项宪法修正案在众议院和参议院都得到了 2/3, 即超级多数票. 每个州都对修正案进行表决. 该修正案获得多数票, 在 50 个州获得了 36 票. 那么可以修正宪法吗?

d. 一项限制总统权力的法案获得了 100 位参议员中 73 人的支持, 435 位众议员中 270 位成员的支持. 但总统说如果该法案通过, 他将否决该法案. 这项法案会成为法律吗?

解 a. 只有通过参议院 3/5 的投票, 即 100 位参议员中有 60 人同意才能终止阻挠议事. 支持该法案的仅有 59 位参议员, 这是无法终止阻挠议事的. 于是阻扰成功, 该法案将不会成为法律.

---

① **顺便说说**: 参议院规定: 不限制参议员说话内容. 在一些议案阻挠中, 为了继续说下去, 参议员可以大声朗读小说. 1964 年, 在南方参议员进行了 75 天的阻挠之后, 国会通过了《民权法案》.

② **顺便说说**: 美国宪法还声称, 如果 2/3 的州要求 "提出修正案公约", 则可以修改. 然而, 这种诉求从未发生过.

b. 9 位陪审员中有 7 人, 代表了 $7/9 = 77.8\%$, 即绝大多数. 这个百分比大于要求的 3/4(75%), 因此被告被定罪.

c. 修正案必须获得 3/4 或 75% 的同意. 但是, 50 个州中 36 个州, 代表了 $36/50 = 72\%$, 所以修正案无法通过.

d. 该法案得到参议院 $73/100 = 73\%$ 和众议院 $270/435 = 62\%$ 的支持. 但要推翻总统的否决, 需要众议院和参议院都以 2/3 的超级多数票通过. 众议院 62% 的支持率不足以推翻总统否决, 所以该法案无法通过, 不能成为法律. (注: 法律要求国会出席成员的 2/3 投同意票; 这个例子中假定所有成员都出席了.)

▶ 做习题 25~26.

有三个或更多选项的投票

表 12.2 给出了三名候选人参加州长选举的假设结果:

表 12.2　三名候选人的州长竞选

候选人	得票百分比
史密斯	32%
金姆	33%
加西亚	35%

没有候选人获得了半数以上选票, 那么应该选谁为州长呢?

决定这种选举的最常见的方法是获得选票最多的人成为州长, 称为**相对多数规则** (plurality).[①] 加西亚的百分比最高, 如果我们以相对多数规则来决定这一选举结果, 那么加西亚将成为州长. 但是, 还可以采用其他方法来决定这次选举结果. 例如, 在许多政治选举中, 如果没有候选人获得半数以上选票, 那么将在排前两位的候选人中再进行一次**复选** (runoff).

就表 12.2 所示情形, 复选意味着金姆和加西亚之间再进行一次选举. 因为投票给史密斯的选民在复选中不能再投票给史密斯, 所以复选结果取决于这些选民的第二选择是金姆还是加西亚. 例如, 假设史密斯的所有支持者相比加西亚都更喜欢金姆, 那么选择史密斯的 32% 的选民将在复选中把票都投给金姆, 这样金姆能够以 65% (他自己的 33% 加上史密斯的 32%) 的选票轻松赢得复选.

注意, 如果所有投史密斯的选民相对加西亚更喜欢金姆, 复选方法似乎较相对多数规则得到一个更好的结果, 因为相对多数规则导致的获胜者 (加西亚) 实际上是 65%的选民的最终选择. 出于这个原因, 许多人认为复选比相对多数规则更好. 但是, 在 12.2 节中我们将会看到, 复选并不总导致更公平的结果, 并且复选通常需要举行第二次选举, 这意味着费用的增加以及竞选季的延长.

例 3　复选的潜在影响

表 12.3 显示了 2016 年美国宾夕法尼亚州、密歇根州和威斯康星州总统选举的结果, 共有 46 张选举人团票. 假设这些州在前两名候选人之间举行复选. 这有可能改变整个国家的选举结果吗? 请解释.

解　唐纳德 · 特朗普在这三个州都赢得了相对多数票, 但未达到大多数. 因此, 在复选中, 我们假设最初投票给其他候选人的选民要么将选票转投给特朗普或者克林顿, 要么根本不投票. 我们无法准确预测这些选民在复选中会做些什么, 但是克林顿和特朗普在这三个州的差距很小意味着复选有可能会改变选举结果 (见

① 在美国, 总统选举 (每个州内) 是由半数以上规则决定的. 然而, 如果在第一轮投票中没有候选人获得大多数票, 许多州和地方选举都需要进行复选. 国际上也广泛采用复选方法.

表 12.3　2016 年宾夕法尼亚州、密歇根州和威斯康星州总统选举结果

候选人	宾夕法尼亚州	密歇根州	威斯康星州
唐纳德 · 特朗普	2 970 733 (48.18%)	2 279 543 (47.50%)	1 405 284 (47.22%)
希拉里 · 克林顿	2 926 441 (47.46%)	2 268 839 (47.27%)	1 382 536 (46.45%)
加里 · 约翰逊	146 715 (2.38%)	172 136 (3.59%)	106 674 (3.58%)
吉尔 · 斯坦	49 941 (0.81%)	51 463 (1.07%)	31 072 (1.04%)
其他	71 648 (1.16%)	27 303 (0.57%)	50 584 (1.70%)
总数	6 165 478	4 799 284	2 976 150

习题 42). 因为这些州总共有 46 张选举人团票, 这些选举人团票从特朗普转到克林顿, 则可以把特朗普的选举人团票总数减少到 $304-46=258$, 并使克林顿的选举人团票总数增加为 $227+46=273$, 这样, 希拉里 · 克林顿将会获胜.

▶ 做习题 27~28.

思考　你认为总统选举应该举行复选吗? 为什么?

偏好表

正如我们所看到的, 复选的结果取决于选民在选举中的第二选择偏好. 如果有三个以上的候选人, 这也取决于他们的第三选择、第四选择等. 因此, 我们可以制作出一种选票, 让选民在候选人中记录他们的所有偏好. 图 12.1 给出了史密斯、金姆和加西亚三个人参加的州长竞选选票的例子.

要想列表显示图 12.1 所示的选票结果, 需要一种特殊的表, 称为**偏好表** (preference schedule). 这个表告诉我们候选人之间的各种特定排名的选票各有多少. 下面的例子说明了如何绘制偏好表.

图 12.1　三方参与的州长竞选使用的显示偏好的样本选票

例 4　制作偏好表①

表 12.4 给出了史密斯、金姆和加西亚参加的州长竞选第一偏好的百分比. 假设总共有 1 000 名选民, 他们的全部偏好如下:

- 有 320 名选民, 史密斯是他们的第一选择, 金姆是他们的第二选择, 加西亚是他们第三 (最末) 选择.
- 有 330 名选民, 金姆是他们的第一选择, 史密斯是他们的第二选择, 加西亚是他们的第三选择.
- 有 175 名选民, 加西亚是他们的第一选择, 史密斯是他们的第二选择, 金姆是他们的第三选择.
- 有 175 名选民, 加西亚是他们的第一选择, 金姆是他们的第二选择, 而史密斯是他们的第三选择.

为这次选举制定一个偏好表.

表 12.4　三个候选人参加的州长竞选的偏好表

第一选择	史密斯	金姆	加西亚	加西亚	
第二选择	金姆	史密斯	史密斯	金姆	← 每列显示选民的偏好顺序
第三选择	加西亚	加西亚	金姆	史密斯	
选民数量	320	330	175	175	← 最后一行显示特定偏好顺序的选民数量

① **说明**: 对于例 4, 还有另外两种可能的次序: 史密斯—加西亚—金姆以及金姆—加西亚—史密斯, 但是没有选民选择. 更一般地说, 有 n 个候选人参与的选举有 $n!$ 种可能的排序方式. 为了方便操作, 本书中的例子只使用了一些可能的排列次序.

解　因为我们给出了四种不同的选民偏好排列，所以偏好表中需要四列来表示不同的偏好．表中的行代表选择 (第一、第二、第三)，这三行下面是每种排序的数量．然后我们将每一种次序以及投票数量放在同一列．第一种次序有 320 张选票，他们的选择顺序是史密斯、金姆、加西亚．因此，偏好表中的第一列是按照该次序列出的候选人，底部显示的是 320 位选民按照该顺序对候选人进行了排名．同样，第二列显示了 330 位选民的偏好顺序，他们的偏好中金姆是第一选择，最后两列显示了两种以加西亚为第一选择的选民的偏好顺序．表 12.4 给出了完整的偏好表．

► 做习题 29~30.

在你的世界里　计票——不像听起来那么容易

本章中的许多例子和习题都给出了选举的实际总票数，但实际上计票并不像听起来那么容易．比较典型的例子如 2000 年的美国总统选举，两位主要候选人是布什和戈尔．戈尔以相当大的优势 (大约 50 万张选票) 赢得了普选，但是在选举人团投票中两人票数非常接近，最终结果取决于佛罗里达州有争议的计票结果．

这场争议主要围绕是否准确计算了选票展开．争议部分涉及原始计票的准确性．因为人们在计票过程中，错误总是不可能避免的 (例如，不小心把一个候选人的选票放入另一个候选人的计票中)，这就是为什么结果相近的选举常常会导致重新计票，这是复查原始票数的一种方法．一个更困难的问题在于佛罗里达州使用了打孔式的投票机，这种机器的投票方式是通过按一下杠杆从而打出一张有孔的小纸片的方式来进行投票的．当纸屑有部分附着 (即 "悬挂的孔屑") 或完全附着但周围有打压痕迹 (表明选民至少按下杠杆) 时就可能导致模棱两可的说法．对于这种情况，很难知道选民的本意是否打算投票给候选人，但结果没有用力推动杠杆．如果是这种情况，那么应该计算选票；还有一种可能，也许投票人是有意停止按压杠杆．如果是后一种情况，那么不应该计算这种选票．这些问题以及其他计票问题导致了法律层面的争议和挑战．于是 2000 年最终选举结果一直推迟到选举日后近 6 周才确定．美国最高法院以 5 比 4 的投票结果裁决 (关于布什-戈尔的案件) 终止佛罗里达州最高法院关于州范围内重新计票的决定．当时，佛罗里达州的计票结果是布什在超过 600 万张选票中以 537 票的优势获胜，从而布什获得了全国选举的胜利．之后对佛罗里达州选票的研究表明，即使重新计票，也没有明确的方法来决定他是否真的得到了最多选票．换言之，本次选举所用选票的性质使得无法准确计算选票总数．

除了这些计票直接导致的问题，还有其他原因，导致人们质疑佛罗里达州的选举结果是否真的代表了选民的选择．特别地，几乎可以肯定的是，选举受到了棕榈滩县 "蝴蝶选票" 的影响，选票中候选人的名字分别排列在选票两边，打孔位置从上到下排列在选票中间．

是否有更好的计票方法？2000 年选举后，有很多围绕制定全国性的投票标准的讨论，希望制定全国投票标准，这样所有州都可以使用相同类型的选票和投票机．但在立法之前，这一努力搁浅了．如果这项工作得以恢复，最有可能的结果是所有州使用电子 (计算机) 投票机，它也会产生一个 "纸迹"；电子投票机虽然可以比人工更准确地计算选票，但纸质投票还可以作为黑客攻击或其他有关电子投票完整性问题的备份．当然，即使计票问题解决了，也有投票资格的问题，这激起了那些认为被剥夺了选举权的人和那些认为选民欺诈是个问题的人的强烈情绪．不管怎样，准确收集以及准确计算选票的问题可能会长期存在．

五种投票方法

到目前为止，我们已经看到，拥有三位或更多候选人的选举可以由相对多数规则或前两位候选人之间进行一次复选来决定．实际上，还有很多其他方法可以确定由多个候选人参加的选举的结果．我们接下来介绍本书将涉及的另外三种方法．

• 我们可以通过**连续复选** (sequential runoff) 决定获胜者. 在这种方法中, 第一位置选票最少的候选人被淘汰, 其他候选人位置则相应上移. 如果此时仍然没有候选人获得大多数第一位置选票, 那么重复该过程, 直到有人获得了选票的大多数. 这种方法通常用于俱乐部和企业选举, 也可用于奥斯卡奖的提名.

• 我们可以用**积分制** (point system) , 也称为**博尔达计数法** (Borda count)[①], 决定获胜者. 我们可以对不同的排名分配不同分值. 例如, 排在第一位可以分配 3 分, 排在第二位分配 2 分, 排在第三位分配 1 分. 积分制在运动领域特别常见. 举例来说, 在每项单独赛事中, 游泳比赛和田径比赛对不同名次分配不同的分数, 比赛的获胜者就是总分最高的团队. 类似地, 对 "最有价值球员" 奖项和 "前 25 名" 这样的排名的投票通常都是基于积分制的.

• 我们可以通过**两两比较** (pairwise comparisons), 也称为**孔多塞法** (Condorcet method), 选择一个获胜者. 在这种方法中, 每位候选人再与其他每位候选人进行比较. 例如, 在史密斯、金姆和加西亚之间的三方竞选中, 我们将进行三场一对一的比较: 史密斯对金姆, 史密斯对加西亚, 金姆对加西亚. 两两比较中获胜次数最多的候选人即选举的获胜者.

下面对这五种选择获胜者的方法进行了总结, 并且例 5 到例 7 给出了这些方法的简单应用.

三个或更多候选人的投票方法:

相对多数规则: 获得最多第一位置选票的候选人获胜.

单次 (前两个) 复选方法: 获得第一位置选票最多的前两名候选人参加复选. 复选的获胜者将成为选举的获胜者.

连续复选法: 举行一系列复选, 每次复选要淘汰第一位置选票最少的候选人. 直到某位候选人的第一位置的选票满足半数以上规则, 这个候选人将成为获胜者.

积分制 (博尔达计数法): 按照每个候选人每张选票的排名 (第一, 第二, 第三, $\cdots$) 打分. 得分最多的候选人获胜.

两两比较 (孔多塞法): 候选人两两进行比较 (一对一), 赢得比赛最多的候选人为获胜者.

例 5 应用这五种方法

考虑表 12.4 中史密斯、金姆和加西亚三方竞争的偏好表. 分别用这五种方法确定哪一位是获胜者.

解 以下是使用五种方法的判断结果, 每一种方法的获胜者都用黑色字体显著标识:

相对多数规则: 表 12.4 的第 3 列和第 4 列说明加西亚排第一的选票数为 $175 + 175 = 350$, 因此, **加西亚**获得的第一位置选票最多, 因此是相对多数规则下的获胜者.

单次复选方法: 复选将在排第一位置的加西亚与排第二位置的金姆之间展开. 因为史密斯没有参加复选, 所以将史密斯作为第一选择的选民现在将选择他们的第二选择. 表 12.4 显示投史密斯的选民都把金姆作为他们的第二选择, 所以**金姆**在复选中获得的选票数为 $330 + 320 = 650$, 轻松击败 350 票的加西亚.

连续复选法: 这个方法告诉我们要去掉最后一名史密斯, 然后在剩下的候选人中重新选举. 因为候选人只剩下了金姆和加西亚, 那么情形跟单次复选完全相同, **金姆**获胜. 一般来说, 只有三名候选人时连续复选和单次复选的结果是一样的. 如果有三个以上的候选人, 第一轮复选后将会有额外的复选, 每次都淘汰前一轮的最后一名.

积分制[②]: 因为有三名候选人, 所以第一位置选票分配 3 分, 第二位置选票分配 2 分, 第三位置选票分配

① **说明**: 实际上博尔达计数法是给每个位置分配一个分值, 即三方参选中的第三位置、四方参选中的第四位置等. 但是标准的博尔达计数法给最后一个位置只分配 1 分, 其他位置再分配其他数值.

② **历史小知识**: 博尔达计数法是以法国数学家和天文学家让 · 查尔斯 · 德 · 博尔达 (Jean-Charles de Borda, 1733—1799) 的名字命名的. 月球上有一个陨石坑也是以博尔达的名字命名的, 并且他的名字也是雕刻在埃菲尔铁塔上的 72 个名字之一.

1 分. 根据表 12.4, 我们发现:

- 史密斯获得 320 张第一位置选票, $330+175=505$ 张第二位置选票, 175 张第三位置选票. 因此, 史密斯的总积分为

$$320\times 3+505\times 2+175\times 1=2\ 145$$

- 金姆获得 330 张第一位置选票, $320+175=495$ 张第二位置选票, 175 张第三位置选票. 因此, 金姆的总积分是

$$330\times 3+495\times 2+175\times 1=2\ 155$$

- 加西亚获得 $175+175=350$ 张第一位置选票, 0 张第二位置的选票, $320+330=650$ 张第三位置选票. 因此, 加西亚的总积分为

$$350\times 3+0\times 2+650\times 1=1\ 700$$

金姆积分最高, 因此积分制下**金姆**获胜.

两两比较[①]: 我们将对三次两两比较进行分析.

- 史密斯对金姆: 在第 1 列和第 3 列中史密斯排名高于金姆, 总共 $320+175=495$ 张选票. 金姆在第 2 列和第 4 列中排名高于史密斯, 这样的票数有 $330+175=505$ 张. 所以在这次比较中金姆获胜.
- 史密斯对加西亚: 在第 1 列和第 2 列中史密斯排名较加西亚靠前, 共有 $320+330=650$ 张选票. 加西亚在第 3 列和第 4 列中排名比史密斯靠前, 这样的选票共有 $175+175=350$ 张. 因此在这次比较中史密斯获胜.
- 金姆对加西亚: 在第 1 列和第 2 列中金姆排名较加西亚靠前, 这样的选票有 $320+330=650$ 张. 在第 3 列和第 4 列中加西亚排名高于金姆, 共 $175+175=350$ 张选票. 因此在这次比较中金姆获胜.

三次比较中金姆赢了两次, 因此在这种方法下**金姆**获胜.

▶ 做习题 31~32 (a)~(c).

例 6　多数规则的落败者

7 个体育记者对三个女子网球队——我们称为 A, B, C, 按照下述偏好表进行排名. 根据相对多数规则以及博尔达计数法确定获胜的是哪一队, 并讨论所得结果.

第一	A	C	B
第二	B	B	C
第三	C	A	A
投票人数	4	1	2

解　根据相对多数规则, A 队获胜, 因为它获得了 7 票中 4 张第一位置选票, 这不仅是多数, 而且超半数. 接着看博尔达计数法, 第一位置分配 3 分, 第二位置分配 2 分, 第三位置分配 1 分, 总分为:

A 队: $4\times 3+1\times 1+2\times 1=15$(分)

B 队: $4\times 2+1\times 2+2\times 3=16$(分)

C 队: $4\times 1+1\times 3+2\times 2=11$(分)

虽然大多数体育记者选 A 队为最佳球队, 但是按照博尔达计数法, B 队排第一. 博尔达计数法中的获胜者可能与相对多数规则下的获胜者不一致, 这是该方法的一个众所周知的缺点.

▶ 做习题 31~32(d).

思考　你认为例 6 中哪个队应排第一? 说说你的看法.

---

① **历史小知识**: 两两比较方法也称为孔多塞方法, 是以玛丽 · 琼 · 安东尼 · 尼古拉斯 · 德 · 卡里塔特, 孔多塞侯爵 (Antoine Nicholas de Caritat, Marquis de Condorcet, 1743—1794) 的名字命名的, 他在成为法国大革命的领导人之前在概率和微积分方面做出了开拓性的工作. 他积极主张妇女享有平等权利, 普及免费教育, 反对死刑. 1794 年, 由于极端分子控制了大革命, 他因贵族背景被捕, 第二天死在了监狱里, 绑架者声称他是自杀身亡.

例 7　孔多塞悖论

考虑以下三个候选人 A、B 和 C 的偏好表, 你能通过两两比较方法确定获胜者吗? 请加以解释.

第一	A	C	B
第二	B	A	C
第三	C	B	A
选民人数	14	12	10

解　可能的两两比较共有三种: A 对 B、B 对 C 以及 A 对 C. 第 1 列和第 2 列说明 A 排在 B 前面, 但第 3 列中 B 又排在 A 前面. 因此两两比较中 A 以 26 比 10 战胜 B. 在 B 与 C 比较时, 第 1 列和第 3 列中 B 都排在 C 前面, 于是 B 以 24 比 12 赢了 C. 同样道理, A 只有第 1 列排在 C 前面, 于是 C 以 22 比 14 赢了 A. 综上所述, 两两比较结果如下:

- A 赢了 B;
- B 赢了 C;
- C 赢了 A.

因为 A 赢了 B, B 赢了 C, 所以这两个结果说明 A 应该赢了 C, 但第三个结果却表明 A 实际上输给了 C. 这个结果通常被称为孔多塞悖论, 这个例子说明两两比较不一定产生一个明显的获胜者.

▶ 做习题 31~32(e).

思考　使用相对多数规则, 例 7 中谁将获胜? 如果使用博尔达计数法呢? 请加以解释.

不同方法和不同赢家

我们已经给出了几个例子, 可以看出并不是所有投票方法都会产生同一个获胜者. 在极端情况下, 甚至有可能五种方法会产生 5 个不同的赢家.

设想一个由 55 人组成的俱乐部, 要在 5 位候选人中选举一个主任. 设 5 位候选人分别为 A、B、C、D 和 E. 每张选票都要求选民按优先顺序对这些候选人进行排序 (见图 12.2). 假设结果如表 12.5 所示, 这个例子是经过仔细研究后设置的, 用以说明不同方法如何导致不同的获胜者.

图 12.2　俱乐部选举中的样本选票

例 8　阅读偏好表

回答以下问题以确保你理解了表 12.5 中的偏好表.

a. 有多少选民按 E、B、D、C、A 的顺序给候选人排序?

b. 有多少选民把候选人 E 作为他们的第一选择?

c. 与候选人 A 相比, 有多少选民更偏向于候选人 C?

表 12.5　俱乐部选举偏好表

第一	A	B	C	D	E	E
第二	D	E	B	C	B	C
第三	E	D	E	E	D	D
第四	C	C	D	B	C	B
第五	B	A	A	A	A	A
选民人数	18	12	10	9	4	2

解

a. 顺序 E、B、D、C、A 出现在表的倒数第二列, 该列的最后一行显示有 4 人选择了该顺序.

b. 在最后两列中, 候选人 E 是第一选择, 说明总共有 $4+2=6$ 个选民将 E 作为他们的第一选择.

c. 观察到第 1 列中 A 为第一选择, C 为第 4 选择, 这说明相比 C 更喜欢 A 的选民有 18 个. 但是, 剩余其他列中候选人 C 排名都比 A 靠前. 例如第 2 列说明 12 个选民将 C 置于第 4 位, 将 A 置于第 5 位, 所以 C 排名高于 A 的总票数为 $12+10+9+4+2=37$.

▶ 做习题 33~36.

相对多数获胜

接下来我们按照已介绍的 5 种方法, 基于偏好表表 12.5, 确定相应的获胜者. 从相对多数规则开始, 这种方法只需要计算第一位置选票:

- A 获得 18 张第一位置选票 (第 1 列).
- B 获得 12 张第一位置选票 (第 2 列).
- C 获得 10 张第一位置选票 (第 3 列).
- D 获得 9 张第一位置选票 (第 4 列).
- E 获得 $4+2=6$ 张第一位置选票 (第 5 列和第 6 列).

候选人 A 的支持者可以宣称, A 获得相对多数票, 因此 A 获胜.

▶ 做习题 37~41(a) 和 (b).

单次复选

"不要那么快做出决定!" 候选人 B 的支持者大声喊道, 他们建议在获得第一位置选票较多的第一名候选人 A 和第二名候选人 B 之间再进行一次复选. 利用表 12.5 看一下复选的结果是什么.

- 候选人 A 仍将获得 18 票, 因为有 18 个人将 A 排在第一位.
- 候选人 B 将获得 12 票, 因为有 12 人将 B 排在第一位.
- 在复选中, 将 C、D 或 E 排第一的投票者都必须在 A 和 B 之间做出选择. 注意, 在所有最初分别选择 C、D 或 E 为第一位置的 25 人的选择中, B 的优先级都高于 A.(事实上, 他们都将 A 排在了最后一位.)
- 因此, 在复选中, 原本投给 C、D 或 E 的共 25 张选票都投给了 B. 再加上 B 原来获得的 12 票, 那么复选中 B 获得 37 票.

于是我们可以得出结论, 在复选中, 候选人 B 将以 37 票对 18 票的优势获胜. 候选人 B 的支持者现在可以宣称他们支持的候选人获胜.

▶ 做习题 37~41(c).

连续复选①

现在候选人 C 的支持者也站出来了. 他们声称, 单次复选是不公平的, 因为它忽略了第二名之后的候选人, 从而他们提议进行连续复选. 因为候选人 E 的票数最少 (最后两列显示了 E 排第一的选票只有 $4+2=6$ 票), 于是第一次复选中去除候选人 E. 为了看明白接下来会发生什么, 我们重复原来的偏好表 (见表 12.5), 但是, E 的位置突出显示:

① **顺便说说**: 连续复选 (也称为排序复选) 的变动允许选民在多个候选人投票中按照自己的意愿对多个候选人 (自己想选择几个就选择几个) 进行排序. 然后通过顺序去除末位候选人直到有一个候选人获得大多数选票, 从而决定选举结果. 世界上许多国家, 包括澳大利亚、印度和爱尔兰, 都使用该方法.

(重复) 表 12.5　突出显示 E 的位置的偏好表

第一	A	B	C	D	E	E
第二	D	E	B	C	B	C
第三	E	D	E	E	D	D
第四	C	C	D	B	C	B
第五	B	A	A	A	A	A
选民人数	18	12	10	9	4	2

当去掉 E 时, E 以下的候选人位置都会上升, 表 12.6 显示了新的排名. 例如, 第一列最初按照顺序 A、D、E、C、B 有五个选择; 去掉 E 后只留下了 A、D、C、B 四个选项.

表 12.6　第一次复选 (淘汰 E) 后的排序

第一	A	B	C	D	B	C
第二	D	D	B	C	D	D
第三	C	C	D	B	C	B
第四	B	A	A	A	A	A
选民人数	18	12	10	9	4	2

注意, D (单元格突出显示) 现在获得最少的第一位置选票 (9 票), 因此在第二次复选中被剔除.

在新的排名中, 候选人 D 有 9 张第一位置选票, 比 A (18 张)、B (12+4=16 张) 或 C (10+2=12 张) 的第一位置选票都要少. 因此, 第二次复选中我们淘汰 D, 只留下三个选择 (A、B、C). 剔除表 12.6 中突出显示的 D, 我们得到表 12.7 所示的新排名. 注意, 原先有 9 张选票将 D 排第一位置, 现在成了 C 排第一位置.

表 12.7　第二次复选 (D 被淘汰) 后的排序

第一	A	B	C	C	B	C
第二	C	C	B	B	C	B
第三	B	A	A	A	A	A
选民人数	18	12	10	9	4	2

B (单元格突出显示) 现在具有最少的第一位置选票, 因此在第三次复选中被剔除.

候选人 C 现在是第一位置选票的领先者, 有 10+9+2=21 张 (见第 3、4 和 6 列); 其次是候选人 A, 有 18 张第一位置选票 (第 1 列). 候选人 B 的第一位置选票最少 ($12+4=16$), 因此在最后一次复选中 B 被淘汰. 表 12.8 给出了候选人 B 被淘汰后的结果.

表 12.8　第三次复选 (B 被淘汰) 后的排序

第一	A	C	C	C	C	C
第二	C	A	A	A	A	A
选民人数	18	12	10	9	4	2

现在 A 有 18 张第一位置选票 (只出现在第 1 列中), C 有 $12+10+9+4+2=37$ 张第一位置选票.

注意, C 现在拥有大多数第一位置选票, 即 37 张, 因此连续复选方法中 C 获胜.

▶ 做习题 37~41(d).

积分制

接下来轮到候选人 D 的支持者了, 他们建议使用积分制. 因为有 5 名候选人, 所以第一位置选票分配 5 分, 第二位置分配 4 分, 依此类推, 第五位置只分配 1 分. 由此可以将表 12.5 中每列的选票数乘以分配的分值, 然后相加来计算出每个候选人的总分数:

$$\text{A 的得分} = 18\times 5+12\times 1+10\times 1+9\times 1+4\times 1+2\times 1=127(\text{分})$$

$$\text{B 的得分} = 18\times 1+12\times 5+10\times 4+9\times 2+4\times 4+2\times 2=156(\text{分})$$

$$\text{C 的得分} = 18\times 2+12\times 2+10\times 5+9\times 4+4\times 2+2\times 4=162(\text{分})$$

$$\text{D 的得分} = 18\times 4+12\times 3+10\times 2+9\times 5+4\times 3+2\times 3=191(\text{分})$$

$$\text{E 的得分} = 18\times 3+12\times 4+10\times 3+9\times 3+4\times 5+2\times 5=189(\text{分})$$

因为 D 得分最高, 所以 D 获胜.

▶ 做习题 37~41(e).

两两比较

现在轮到候选人 E 的支持者了. 他们指出关于选举排名的一个重要事实. 他们声称: 假设投票只在 E 和 A 之间进行, 没有其他候选人参加. 表 12.5 的第 1 列显示 A 的排名比 E 靠前, 于是这 18 个人会选择 A 而不是 E. 但是其余列中 E 的排名比 A 靠前, 所以 E 会得到剩下的 37 张选票 (总共 55 张). 也就是说, 在 E 与 A 的单独比较中 E 以 37 比 18 击败了 A.

接下来假设投票只在 E 和 B 之间进行. 第 1、4、5 和 6 列 (见表 12.5) 中 E 的排名高于 B, 因此 E 得到了 $18+9+4+2=33$ 张选票. 剩下的 22 票投给了 B, 也就是说, 在 E 与 B 的单独比较中 E 以 33 比 22 赢了 B. 只有 E 和 C 参加的竞选也可得到类似分析, 结果显示 E 以 $36:19$ 获胜, E 和 D 比较时 E 以 $28:27$ 赢了 D.

因为候选人 E 在两两比较中击败了其他所有候选人, E 的支持者可通过两两比较的方法宣布 E 获胜.

▶ 做习题 37~41(f).

总结: 选择获胜者并不容易

我们用 5 种不同的方法对表 12.5 进行了分析, 并且发现每种方法产生的获胜者是不同的. 因此, 在这种情况下, 所有 5 个候选人都可以合理地宣称自己是赢家. 对于其他选举来说, 结果可能不会像这个例子这样模糊不清, 但有一点是肯定的: 当候选人多于两个时, 不同的人都可以合理地不认可最终所谓的获胜者. 事实上, 在 12.2 节中我们将会看到, 存在一个数学定理, 这个定理说明当候选人多于两个时, 没有绝对公平的选举方法.

▶ 做习题 37~41(g).

测验 12.1

为下列每个问题选择最佳答案, 用一个或多个完整句子解释原因.

复习题

1. 是否所有选举结果都可以由半数以上规则决定?

   a. 是的

b. 否; 当选举中候选人只有两位时半数以上规则才能保证产生获胜者

c. 否; 只有复选时半数以上规则才可能产生获胜者

2. 根据表 12.1, 在 2016 年的总统选举中, 希拉里 · 克林顿获得了 ( ).

a. 普选的半数以上选票

b. 选举人团的半数以上选票

c. 普选的相对多数票

3. 在美国参议院中, 阻挠议事允许 ( ).

a. 大多数反对的情况下少数议员也可通过立法

b. 少数议员可阻止大多数议员通过法案

c. 大多数议员可无视少数人的意愿

4. 考虑表 12.3 中 2016 年总统选举的结果. 如果选举采用复选方法, 那么谁不会获胜? ( )

a. 特朗普　　b. 克林顿　　c. 约翰逊

5. 偏好表的基本目的是什么? ( )

a. 允许选民在多个候选人中给出他们的第一选择

b. 允许选民在选举中对每位候选人按从最喜欢到最不喜欢排序

c. 允许选民在选举中对每一位候选人按 1~5 打分

6. 假设某一选举中有 4 位候选人. 如果你使用偏好表进行投票, 你 ( ).

a. 只需要说明你的第一选择

b. 只需要给出你的第一和第二选择

c. 说明你的第一、第二、第三和第四选择

7. 研究表 12.5, 候选人 A 获得了多少第二位置的选票? ( )

a. 0　　b. 12　　c. 18

8. 研究表 12.5, 候选人 D 获得了多少第三位置的选票? ( )

a. 9　　b. 12　　c. 18

9. 研究表 12.5. 哪个候选人获得的第一位置选票最少? ( )

a. A

b. E

c. A、B、C 以及 D 打了个平手, 他们都获得最少的第一位置选票

10. 从表 12.5 给出的偏好表中, 能得到的主要经验是什么?( )

a. 如果计划得好, 你总能想出一种清晰的方法来决定选举结果

b. 选举的获胜者依赖于采用的方法

c. 积分制是最公平的方式

习题 12.1

复习

1. 什么是半数以上规则? 什么时候它能明确决定选举结果?
2. 比较美国总统大选中的普选和选举人团选举.
3. 什么是阻挠议事? 要想结束阻挠需要达到百分之多少的投票?
4. 什么是超级多数? 举几个需要超级多数决定投票结果的例子.
5. 什么是否决权? 否决权如何影响多数规则?
6. 描述相对多数规则或复选是如何决定有三个候选人的选举的结果的. 这两种方法一定能得出相同的结果吗? 解释为什么.
7. 什么是偏好表? 举例说明如何制作偏好表.
8. 使用表 12.5 中的偏好表, 解释五种不同方式是如何分别决定投票结果的.

是否有意义?

确定下列陈述有意义 (或显然是正确的) 还是没意义 (或显然是错误的), 并解释原因.

9. 在只有两位候选人的选举中, 两位候选人都获得了 50% 以上的选票.
10. 苏珊只获得 43% 的选票, 但她获得了相对多数票.
11. 赫尔曼赢得了相对多数票, 但汉娜在连续复选中获得了胜利.
12. 在积分制 (博尔达计数法) 中弗雷德击败了弗兰, 但弗兰在两两比较 (孔多塞方法) 中获胜.
13. 在美国总统选举中, 候选人里根在普选中获胜, 在选举人团选举中也取得了胜利.
14. 被告被判无罪, 尽管 9 名陪审员中只有 4 人反对定罪.

基本方法和概念

15~24: **总统选举**. 下面的表格给出了两位主要总统候选人在普选以及选举人团选举中的票数. 最后一行的普选总票数包含了主要候选人之外的其余候选人的票数, 并且给出了他们的选举人团票数.

a. 计算每个候选人的票数在普选总票数中的百分比. 哪个候选人获得了半数以上选票?

b. 计算每个候选人选举人团票数占总票数的百分比. 选举人团选举的胜利者是普选的胜利者吗?

15.

年度	候选人	选举人团投票	普选
1876	拉瑟福德 · 海斯	185	4 034 142
	塞缪尔 · 蒂尔顿	184	4 286 808
	普选总票数		8 418 659

16.

年度	候选人	选举人团投票	普选
1880	詹姆斯 · 加菲尔德	214	4 453 337
	温菲尔德 · 汉考克	155	4 444 267
	普选总票数		9 217 410

17.

年度	候选人	选举人团投票	普选
1888	本杰明 · 哈里森	233	5 443 633
	格罗弗 · 克利夫兰	168	5 538 163
	普选总票数		11 388 846

18.

年度	候选人	选举团投票	普选
1916	伍德罗 · 威尔逊	277	9 126 868
	查尔斯 · 休斯	254	8 548 728
	普选总票数		18 536 585

19.

年度	候选人	选举人团投票	普选
1992	比尔 · 克林顿	370	44 909 806
	乔治 · W. 布什	168	39 104 550
	普选总票数		104 423 923

20.

年度	候选人	选举人团投票	普选
1996	比尔 · 克林顿	379	47 400 125
	罗伯特 · 多尔	159	39 198 755
	普选总票数		96 275 401

21.

年度	候选人	选举人团投票	普选
2000	乔治 · 布什	271	50 456 002
	艾伯特 · 戈尔	266	50 999 897
	普选总票数		105 405 100

22.

年度	候选人	选举人团投票	普选
2004	乔治 · 布什	286	62 040 610
	约翰 · 克里	251	59 028 439
	普选总票数		122 293 548

23.

年度	候选人	选举人团投票	普选
2008	奥巴马	365	69 498 516
	约翰 · 麦凯恩	173	59 948 323
	普选总票数		131 313 820

24.

年度	候选人	选举人团投票	普选
2012	奥巴马	332	65 907 213
	米特 · 罗姆尼	206	60 931 767
	普选总票数		129 064 662

25. **超级多数票**.

a. 美国参议院的 100 名参议员中, 62 人赞成一项关于医疗改革的新法案. 反对的参议员开始阻挠议案通过. 这项法案有可能通过吗?

b. 在某州, 刑事定罪需要由 2/3 的陪审团成员投票通过. 在一个由 11 名成员组成的陪审团中, 7 名陪审员投票定罪. 被告会被定罪吗?

c. 美国某项宪法修正案已通过所需的众议院和参议院超过 2/3 的超级多数投票. 每个州再次对这一修正案进行投票, 得到了 50 个州中除 14 个州外的大多数州的同意. 那么宪法可以修正吗?

d. 增税法案得到了 100 名参议员中的 68 人以及众议院 435 名议员中的 270 人的支持. 总统称, 如果该法案获得通过, 他将否决该法案. 这项法案有可能成为法律吗?

26. **超级多数票**.

a. 根据公司章程的规定, 需要 2/3 的股东投票支持某项并购. 针对这项并购, 10 100 名股东进行了投票, 6 650 人赞成. 该并购会发生吗?

b. 在某州, 刑事定罪需要 3/4 的陪审团成员投票通过. 在一个由 12 名成员组成的陪审团中, 8 名陪审员投票决定定罪. 被告会被定罪吗?

c. 美国某项宪法修正案已通过所需的众议院和参议院超过 2/3 的超级多数投票. 现每个州再次对修正案进行投票, 获得了 50 个州中 35 个州的同意. 宪法可以得到修正吗?

d. 增税法案得到了 100 名参议员中的 68 人以及众议院 435 名议员中的 292 人的支持. 总统称, 如果该法案获得通过, 他将否决该法案. 这项方案有可能成为法律吗?

27. **1992 年总统选举**. 1992 年, 美国总统选举有三位主要候选人, 投票结果如下. 对于本习题, 我们假设所有选票都投给了这三位候选人中的一位.

候选人	普选	选举人团投票
比尔 · 克林顿	44 909 889	370
乔治 · 布什	39 104 545	168
罗斯 · 佩罗	19 742 267	0

a. 计算普选中每位候选人获得了百分之多少的选票. 按照相对多数规则, 谁获胜了? 有候选人赢得大多数票吗?

b. 计算选举人团投票中每个候选人获得了百分之多少的选票. 按照相对多数规则, 谁获胜了? 有候选人赢得大多数票吗?

c. 假设佩罗退出选举, 布什有可能赢得普选吗? 在这种情况下, 布什有可能成为总统吗? 请解释为什么.

d. 假设布什退出选举, 佩罗有可能赢得普选吗? 在这种情况下, 佩罗有可能成为总统吗? 请解释为什么.

28. **2000 年佛罗里达州选举结果**. 下表给出了 2000 年总统选举时佛罗里达州的投票结果, 正是这个结果决定了最终谁当选总统.

候选人	投票
乔治 · 布什	2 912 790
艾伯特 · 戈尔	2 912 253
拉尔夫 · 纳德	97 421
帕特 · 布坎南	17 484
其他	23 102

a. 计算布什和戈尔所得票数占总票数的百分比. 布什的胜率是多少?

b. 民意调查显示, 投纳德的选民大部分更倾向于戈尔而非布什, 而投布坎南的选民大部分更倾向于布什而非戈尔. 假设纳德和布坎南都退出了选举, 纳德选票中的 60% 给了戈尔, 剩下的 40% 的选票给了布什, 而布坎南的选票的 60% 给了布什, 剩下的 40% 给了戈尔. 这时每人获得的选票分别为多少? 选举结果又如何?

c. 考虑 (b) 中的问题, 但是纳德的选票分出 51% 给戈尔, 布坎南选票中分出 51% 给布什.

d. 棕榈滩县使用了令人困惑的 “蝴蝶选票” (参见 “在你的世界里 计票——不像听起来那么容易”), 在这个地方布坎南获得了总选票的 0.8%, 或者说得到了 3 407 票. 布坎南在棕榈滩县的得票率与全州的得票率相比如何?

e. 蝴蝶选票的设计使得选民在打算投票给戈尔的时候很容易投给布坎南. 为了赢得总统, 戈尔需要获得棕榈滩县的布坎南选票的多少? 布坎南所在政党 (改革派) 估计, 他在棕榈滩县的支持率不超过 0.3%. 如果棕榈滩县布坎南所得的其余选票本来都是准备投给戈尔的, 并且选票一开始能设计得更好一点, 戈尔能获胜吗?

29. **三个候选人的偏好表**. 考虑 A、B 和 C 三个候选人之间的一场竞选. 根据以下结果制作一个偏好表:

- 22 名选民的选择顺序为 A、B、C(从第一到最后).
- 20 名选民的选择顺序为 C、B、A.
- 16 名选民的选择顺序为 B、C、A.
- 8 名选民的选择顺序为 C、A、B.

30. **四名候选人的偏好表**. 考虑四名候选人 (不妨设为 A、B、C 和 D) 参加的竞选. 参考以下结果制作一个偏好表:

- 39 人的排列顺序为 D、C、A、B (从第一选择到最后选择).

- 32 人的排列顺序为 B、C、D、A.
- 27 人的排列顺序为 C、D、A、B.
- 21 人的排列顺序为 A、C、B、D.
- 12 人的排列顺序为 D、A、B、C.

31~32. **寻找获胜者**. 在习题 31~32 中, 通过以下五种方法确定获胜者:

a. 多数规则

b. 单次复选

c. 连续复选

d. 积分制 (博尔达计数法)

e. 两两比较 (孔多塞法)

31. 依据习题 29 的偏好表确定获胜者.

32. 依据习题 30 的偏好表确定获胜者.

33~36. **解释偏好表**. 根据表 12.5 的偏好表回答下列问题.

33. 有多少选民相对于候选人 E 更倾向于候选人 B?

34. 有多少选民相对于候选人 C 更倾向于候选人 D?

35. 如果候选人 E 退出选举 (表中其他候选人位置上移), 那么其他四名候选人将获得多少选票?

36. 如果候选人 C 退出选举 (表中其他候选人位置上移), 那么其他四名候选人将获得多少选票?

37~41. **偏好表**. 考虑给定的偏好表.

a. 一共有多少张选票?

b. 按照相对多数规则, 谁获得了胜利? 这个获胜者得到了半数以上选票吗? 请解释.

c. 在前两名候选人之间进行复选, 谁获胜了?

d. 用连续复选方法确定获胜者.

e. 用博尔达计数法确定获胜者.

f. 通过两两比较的方法确定获胜者 (如果有的话).

g. 总结以上不同方法. 根据这些结果, 是否有明确的赢家? 如果有, 请说明原因. 如果没有, 那么选择哪个候选人作为获胜者? 为什么?

37.

第一	B	D	C	A	D	C
第二	D	A	D	D	A	A
第三	C	C	A	C	B	B
第四	A	B	B	B	C	D
选票数量	20	15	10	8	7	6

38.

第一	B	D	D	C	E
第二	A	B	B	A	A
第三	C	A	E	B	D
第四	D	C	C	D	B
第五	E	E	A	E	C
选票数量	9	7	6	4	3

39.

第一	A	A	B	B	C	C
第二	B	C	A	C	A	B
第三	C	B	C	A	B	A
选票数量	30	5	20	5	10	30

40.

第一	A	B	D
第二	B	A	C
第三	C	D	B
第四	D	C	A
选票数量	10	10	10

41.

第一	E	B	D
第二	D	C	A
第三	A	E	B
第四	B	A	C
第五	C	D	E
选票数量	40	30	20

进一步应用

42. **2016 年选举结果有多接近?** 考虑表 12.3, 其中给出了 2016 年宾夕法尼亚州、密歇根州和威斯康星州总统选举的结果.

a. 如果克林顿赢得了宾夕法尼亚州、密歇根州和威斯康星州的选举, 最终的选举结果会是什么?

b. 在这三个州, 前两名候选人的总票数相差多少?

c. 假设特朗普和克林顿在这三个州进行了复选, 并且所有投其他候选人的选民现在都投特朗普或克林顿. 对于这三个州中的任意一个, 分别计算克林顿要想赢得全州选票还需得到其他候选人选票的百分之多少.

43. **三名候选人的选举**. 考虑结果如下表所示的选举.

候选人	百分比
阿贝尔	35%
贝斯特	42%
克朗	23%

a. 按相对多数规则谁获胜了? 有候选人得到了大多数票吗? 请解释.

b. 要赢得复选, 阿贝尔需要克朗的百分之多少的选票?

44. **三名候选人的选举**. 考虑结果如下表所示的选举.

候选人	百分比
戴维斯	26%
欧内斯特	27%
菲利波	47%

a. 按相对多数规则谁获胜了? 有候选人得到了大多数票吗? 请解释.

b. 要赢得复选, 欧内斯特需要戴维斯的百分之多少的选票?

45. **三名候选人的选举**. 考虑结果如下所示的选举.

候选人	投票数
乔达诺	120
哈杜克	160
欧文	205

a. 按相对多数规则谁获胜了? 有候选人得到了大多数票吗? 请解释.

b. 要赢得复选, 哈杜克需要多少张乔达诺的选票?

46. **三名候选人的选举**. 考虑结果如下所示的选举.

候选人	投票数
约克	255
金	382
洛德	306

a. 按相对多数规则谁获胜了? 有候选人得到了大多数票吗? 请解释.

b. 要赢得复选, 洛德需要多少张约克的选票?

47. **孔多塞赢家**. 如果一个候选人在与其他候选人进行的所有两两比较中都获胜, 那么该候选人称为孔多塞赢家. 自然, 孔多塞赢家也是两两比较 (孔多塞法) 中的获胜者. 考虑四名候选人参加的偏好表. 存在孔多塞赢家吗? 请解释.

第一	B	B	A	A
第二	A	A	C	D
第三	C	D	D	C
第四	D	C	B	B
选票数量	30	30	30	20

48. **孔多塞悖论**. 考虑以下偏好表. 可以通过两两比较的方法找出获胜者吗? 请解释.

第一	C	B	A
第二	A	C	B
第三	B	A	C
选票数量	8	9	10

49. **两两比较**.

a. 假设有 4 名候选人, 使用两两比较的方法, 那么需要比较多少次?

b. 假设有 5 名候选人, 使用两两比较的方法, 那么需要比较多少次?

c. 假设有 6 名候选人, 使用两两比较的方法, 那么需要比较多少次?

50. **博尔达问题**. 在 6 名候选人、30 张选票的偏好表中, 使用通常的博尔达计数权重, 所有候选人的总分数是多少?

51. **博尔达问题**. 假设有 30 位选民对 4 名候选人 A、B、C 和 D 进行排序. 利用通常的博尔达计数权重, A 得 100 分, B 得 80 分, C 得 75 分. 那么 D 得多少分? 谁赢得了选举? 请解释.

实际问题探讨

52. **美国投票设备**. 至少研究四种美国不同地区所使用的不同投票设备 (可采用 VerifiedVoting.org 上的资源). 每种设备的优点和缺点分别是什么? 如果想在全国范围内统一投票设备，那么你建议采用哪一种? 为什么要选择这种设备?

53. **有争议的选举**. 选择近年来结果有争议的选举, 并且检验争论双方的论据. 撰写一份报告, 讨论该争议并就结果是否反映选民意愿给出你自己的观点.

54. **世界各地的选举**. 选择一个被认为是自由和公平选举的国家, 描述它的选举是如何进行的. 投票过程的哪些方面跟美国相似? 写一页的总结, 阐述美国可以向你选择的国家学习的地方.

55. **奥斯卡奖**. 奥斯卡奖 (电影) 的选举过程包括几个阶段以及几种不同的投票方式. 利用奥斯卡奖的网站调查奥斯卡奖的完整选举过程. 描述过程并对其公平性进行评价.

56. **体育民意测验**. 每个赛季都会有定期的针对大部分男女大学生的主要体育项目的民意调查. 选择一项特殊的运动, 调查团队的排名, 描述对团队进行排名的方法, 给出一些典型结果, 并讨论该方法的公平性.

12.2　投票理论

在 12.1 节中, 我们看到方法不同将会导致不同的结果. 除此之外, 数学家、经济学家以及政治学家还有其他意想不到的发现. 本节我们将继续研究这些内容.

哪种方法最公平？

一个选举如果只有两名候选人, 很明显获得半数以上选票的候选人是赢家. 12.1 节中我们研究了五种不同的方法, 用以确定选举的赢家. 正如 12.1 节所示 (见 “在你的世界里　计票——并不像听起来那么容易”), 如果有三个或更多候选人, 选出一个优胜者就要困难得多.

有时, 这五种方法都产生同一个获胜者. 有时, 不同方法会产生不同的获胜者. 甚至存在极端情况, 如表 12.5 给出的投票结果, 五种方法会产生五个不同的赢家. 那么关键问题是: 哪种方法最公平呢?

公平准则

公平的判断必然是主观的. 但是, 数学家和政治学家提出了一种公平的投票方法应具备的四条基本准则. 下面给出了这四条准则.[①]

公平准则

准则 1: 如果一个候选人获得了半数以上第一位置选票, 那么毫无疑问他应该是获胜者.

准则 2: 如果在两两比较中某候选人赢了其他任何一位候选人, 那么这个候选人应该被宣布为获胜者.

准则 3: 假设候选人 X 被宣布为选举的获胜者. 假设又举行了第二次选举. 如果第二次选举中候选人 X 的排名比第一次选举中靠前 (其他候选人顺序不变), 那么在第二次选举中 X 仍会获胜.

准则 4: 假设候选人 X 被宣布为选举的获胜者, 且又举行了第二次选举. 如果一个 (或更多) 失败的候选人退出选举, 并且选民的偏好不变, 那么在第二次选举中 X 仍会获胜.

基于表 12.5 (12.1 节) 给出的选举结果, 五种不同的投票方法可以产生五个不同的获胜者, 你可能已经猜到结果了, 那就是这些方法中不存在一种方法, 对任意选举来说这四条公平准则都满足. 为了更好地理解这些准则, 我们再来看几个例子, 通过这些例子检验每条准则.

例 1　不公平的相对多数方法

考虑下面的偏好表. 假设获胜者是按照相对多数规则选举产生的. 请问满足四条公平准则吗？

① **说明**: 选举学家将这四条准则分别称为多数准则、孔多塞准则、单调性准则和无关替代独立准则.

第一	A	B	C
第二	B	C	B
第三	C	A	A
选票数量	5	4	2

解 候选人 A 拥有的第一位置选票最多, 因此在相对多数规则下, A 获胜. 我们应用四条公平准则讨论这个结果.

准则 1: 选举中没有候选人获得半数以上第一位置选票, 因此第一条准则不适用.

准则 2: 为了检验这一准则, 我们需要在候选人之间进行两两比较. 因此需要考虑三种比较: A 对 B、A 对 C 以及 B 对 C. 结果如下:

• 在第 1 列中 A 领先 B (5 票), 而在第 2 列和第 3 列中 A 排在 B 之后 (4 + 2 =6 票). 因此, B 以 6 票对 5 票获胜.

• 在第 1 列中 A 领先 C (5 票), 但在第 2 列和第 3 列中 C 领先 A (4 + 2=6 票). 因此, C 以 6 比 5 赢 A.

• 在第 1 列和第 2 列中 B 领先 C (5+4=9 票), 但在第 3 列中落后于 C (2 票). 因此, B 以 9 比 2 击败 C.

根据准则 2, B 应该是赢家, 因为在两两比较中 B 击败了 A 和 C. 但 B 不是相对多数规则下的获胜者, 因此在这种情况下, 相对多数规则不公平.

准则 3: 我们假设举行了第二次选举. 在第二次选举中 A 的排名移到了一个更高的位置, 但是并没有改变 B 和 C 的排名顺序. 通过第二次选举来检验这个准则. 这时第一列没变, 因为 A 已经排在第一位. 第 2 和第 3 列中将 A 的排名往前移, 这将使 A 获得更多的第一位置选票, 不会减少 A 的第一位置选票. 因此, A 仍然是赢家, 所以准则 3 满足.

准则 4: 我们同样假设举行了第二次选举. 第二次选举中一个失败者退出了选举. 假设 C 退出. 因此在第 3 列中, B 移到了第一位置, 于是 B 得到了这一列的 2 张第一位置选票. 因为第 2 列中 B 已经有 4 张第一位置选票了, 这样 B 共获得 6 张第一位置选票, 于是 B 以 6 : 5 超过了 A, 赢得了选举. 也就是说, 在这种情况下, 相对多数规则是不公平的, 因为当 C 退出后 A 输给了 B.

综上所述, 多数规则违反了这四条公平准则中的两条. 如果我们再回顾一下不满足的准则, 那么基本问题就清楚了: 大多数选民更倾向于候选人 B 而不是候选人 A, 但相对多数规则下 A 却获胜了.

▶ 做习题 9~14.

例 2 不公平的复选

考虑下面的偏好表. 通过单次复选, 谁获胜了？是否满足四条公平准则？

第一	C	A	C	B
第二	B	C	A	A
第三	A	B	B	C
投票数量	9	13	5	11

解 A 的第一位置选票有 13 张 (第 2 列), B 的第一位置选票 (第 4 列) 有 11 张, C 的第一位置选票有 $9+5=14$ 张 (第 1 列和第 3 列). 因此, 复选在 A 和 C 之间进行. 有 11 个选 B 为第一位置的选民把 A 排在第二位置 (第 4 列), 所以复选中 A 拿到了这些选票, 因此在复选中 A 以 24 票对 14 票赢得了选举. 现在我们用公平准则来检验这个结果.

准则 1 不适用, 因为在选举中没有候选人获得半数以上 (大多数) 的选票. 准则 2 也不适用, 因为没有候选人在两两比较中都获胜. (读者应该自己检验一下, 在两两比较中, B 赢 A, A 赢 C, C 赢 B).

准则 3 说, 如果 A 获得额外的第一位置选票, A 将仍然是赢家. 现假设第 3 列的 5 个选民将 A 的位置上移至第一位置, 那么第 2 列和第 3 列中 A 都排第一位置, 这样 A 的第一位置总票数是 13+5= 18, 而 C 只在第 1 列有第一位置选票, 这样 C 的第一位置选票减少到 9. 但 B 的第一位置选票总数仍是 11. 因为 C 现在具有最少的第一位置选票, 于是复选在 A 和 B 之间进行. 注意在第 1 列和第 4 列中 B 排在 A 的前面, 所以复选中 B 得到来自这些列的 9+11=20 张选票, 即全部 38 票中的大多数, 因此 B 获胜. 我们看到公平准则 3 不满足, 因为第一位置选票的增加最终导致了选举的失败.

准则 4 说, 如果一个 (或更多) 失败的候选人退出选举, A 仍应当是赢家. 如果复选中候选人 B 退出, 选举结果不会受到影响. 然而, 如果 C 退出, B 从第 1 列中获得 9 个第一位置选票, 从第 3 列中获得 5 个第一位置选票. 这个变化将使 A 的第一位置选票增加到 13 + 5 = 18 张, 但 B 的第一位置选票数不变, 总计为 9 + 11 = 20, 因此 B 获胜. 因此, 公平准则 4 也不满足.

▶ 做习题 15~21.

例 3　公正的选举

请考虑下面的偏好表. 相对多数规则满足四条公平准则吗？

第一	A	B	C
第二	B	C	B
第三	C	A	A
投票数量	10	4	2

解　用相对多数规则来判断, A 获得 10 票, 胜! 因为票数 10 也达到了 16 张选票中的半数以上, 所以准则 1 是满足的. 接下来两两比较, 我们发现 A 以 10 : 6 击败 B, A 也以 10 : 6 击败 C. 因此, A 是两两比较中的获胜者, 准则 2 也满足. 准则 3 也满足, 因为我们假设在第二次选举中 A 将获得额外的选票, 这些选票只会增加 A 半数以上更多的选票. 最后, 准则 4 说的是第二次选举中一个 (或更多) 失败者退出会发生什么. 去掉 B 或 C 都不会减少 A 的大多数票, 所以 A 仍然获胜. 总而言之, 在本次选举中, 相对多数规则满足四条公平准则.

▶ 做习题 22~33.

思考　例 1 给出的是由相对多数规则决定获胜者的选举. 此时并非四条公平准则全满足. 例 3 给出的选举也是由相对多数规则决定获胜者，但所有标准确实都符合. 注意, 例 3 中的相对多数也达到了大多数. 一般来说, 由半数以上规则决定的选举都是公平的. 这个说法正确吗? 请解释.

阿罗的不可能性定理①

之前讨论了五种方法，现在我们从中任意挑选一种，继续检验公平准则. 有时四条准则都满足, 如例 3, 那么我们可以宣称这次选举是公平的. 但是有时, 如例 1 和例 2, 有一条或多条公平准则不满足.

尽管存在有些选举公平、有些选举不公平的事实, 但我们还是可以找到一些通用规则. 例如, 由相对多数规则决定的选举总满足公平准则 1 和准则 3, 但有时不满足准则 2 和准则 4. 其他投票方法的类似分析见表 12.9.

---

① **顺便说说**：肯尼斯 · 阿罗 (Kenneth Arrow) 对投票系统进行了数学分析，从而得到了不可能性定理, 这使肯尼斯 · 阿罗获得了 1972 年诺贝尔经济学奖.

表 12.9 公平准则和投票系统

	多数规则	前两名之间复选	连续复选	博尔达计数	两两比较
准则 1	Y	Y	Y	N	Y
准则 2	N	N	N	N	Y
准则 3	Y	N	N	Y	Y
准则 4	N	N	N	N	N

注: Y: 准则总是成立的, N: 准则可能不成立.

表 12.9 传达的令人不安的信息是, 五个投票系统中没有一个总能产生公平的结果. 在美国和法国革命之后的两个世纪里, 政治理论家试图设计出一个更好的投票系统——一个总能产生公平结果的系统. 遗憾的是, 他们的追求是徒劳的, 因为永远不可能找到一个完美的投票系统. 1952 年, 经济学家肯尼斯 · 阿罗用数学方法证明了不可能找到永远都满足四条公平准则的投票系统. 这个结果是将数学应用于社会学理论的一个里程碑式的成就, 也被称为**阿罗不可能性定理** (Arrow's impossibility theorem).

阿罗不可能性定理

不存在一个投票系统, 使得任意情况下四条公平准则都满足.

思考 阿罗不可能性定理告诉我们, 没有一个投票系统是完美的. 然而, 有些系统可能仍然优于其他系统. 在我们讨论过的投票系统中, 如果是总统选举, 你会选择哪种方法? 为什么?

认可投票制

传统上, 民主投票制度是基于一人一票的原则. 然而, 鉴于不存在完美的投票制度, 一些政治理论家提出了其他投票方法. 阿罗不可能性定理告诉我们, 这些方法都不可能是完美的, 但是一种新的方法可能比传统方法更容易得到公平的结果.

这个替代方法, 称为**认可投票制** (approval voting), 要求选民确定他们赞成或不赞成每个候选人. 选民可以认可多位候选人, 最后获得认可最多的候选人胜出.

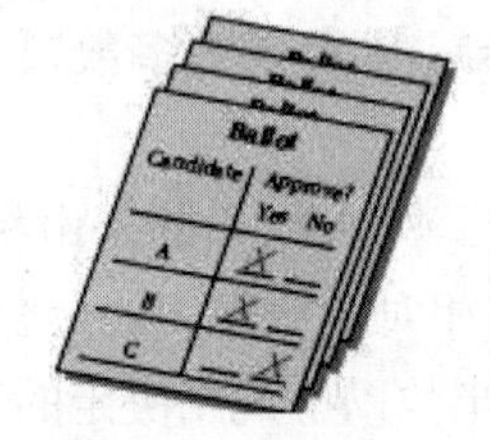

图 12.3 认可投票制中的样本选票

举个例子, 考虑候选人 A、B 和 C 通过认可投票制竞选州长, 选票样式如图 12.3 所示.

假设选民对候选人的意见如下 (也许因为候选人 A 和 B 的政治观点比较一致, 而候选人 C 的政治观点与他们相对立):

- 32% 的选民把 A 作为第一选择, 但也认可 B.
- 32% 的选民把 B 作为第一选择, 但也认可 A.
- 1% 的选民将 A 作为第一选择, 但是既不认可 B 也不认可 C.
- 35% 的选民将 C 作为第一选择, 但既不认可 A 也不认可 B.

注意, 总数必须为 100%. 利用认可投票制, 我们发现:

A 获得了 32% + 32% +1%=65% 的认可.

B 获得了 32%+32%=64% 的认可.

C 获得了 35% 的认可.

通过认可投票制, A 成为新的州长, C 显然排在最后. 然而, 如果这次选举是由相对多数规则决定的, 那么 C 将以 35%, 具有最多的第一位置选票的票数当选.

思考 在这次选举中, 你认为认可投票制比相对多数规则更好吗? 在通常情况下, 你认为这是一种更好的方法吗? 阐述你的观点.

例 4 认可投票制的缺点

三个候选人竞选州长, 选民意见如下:

- 26% 的选民将 A 作为第一选择, 但也认可 B.
- 25% 的选民将 A 作为第一选择, 但既不认可 B 也不认可 C.
- 15% 的选民将 B 作为第一选择, 但既不认可 A 也不认可 C.
- 18% 的选民将 C 作为第一选择, 但也认可 B.
- 16% 的选民将 C 作为第一选择, 既不认可 A 也不认可 B.

注意, 总数是 100%. 比较认可投票制和相对多数规则的选举结果.

解 通过认可投票制, 可得:

A 获得 26%+25%=51% 的认可.

B 获得 26%+15%+18%=59% 的认可.

C 获得 18%+16%=34% 的认可.

因此, 根据认可投票制, B 获胜. 但是, 如果我们只计算第一选择, 由相对多数规则可得如下结果:

A 获得 $26\% + 25\% = 51\%$ 的第一选择;

B 获得 15% 的第一选择;

C 获得 $18\% + 16\% = 34\%$ 的第一选择.

大多数选民将 A 作为州长的第一选择. 然而, 更多选民认为 B 是"可接受的", 所以 B 在认可投票制中获胜. 实际上, 这个例子不符合公平准则 1, 因为 A 获得了大多数的第一位置选票, 但未赢得选举.

▶ 做习题 34~35.

思考 例 4 指出, 虽然认可投票制确保获胜的候选人被最多的人接受, 但另一名候选人可能是大多数选民的第一选择. 认可投票制的支持者认为, 认可投票制的这个缺点要比其他投票系统的缺点小. 你的意见呢?

投票权

到目前为止, 我们想当然地认为每一个投票人与其他每个投票人一样, 都有相同的权重来影响选举, 然而, 事实未必总是如此, 例如, 一个公司的股东通常按他们拥有的股份的数量来分配投票权. 持有 10 份的股东可获得 10 票, 持有 1 000 份的股东可获得 1 000 票. 在股东大会上, 并不是每一位股东都有同等权力来影响选举结果.

政治中也会有类似情形发生, 比如对某一特定事件都赞成的选民就会形成团体或**联盟** (coalitions). 联盟的成立可以通过极大地影响个人选民的投票权来影响投票结果.

当选民拥有的投票权力不一致时, 就需要设计一些方法技巧, 用以衡量不同选民的有效权力. 虽然这里我们不讨论这些技术细节, 但可以简要地了解一下. 例如, 假设美国参议院的 100 名成员分别为: 民主党人 49 名, 共和党人 49 名, 剩余两名为独立议员. 此外, 假设所有 49 名民主党人都支持某项法案, 而 49 名共和党人都反对, 两名独立议员可能并不关心投票结果. 但如果他们一起投票, 这两名独立议员的投票将决定选举结果. 民主党人和共和党人都会很努力地争取独立选民的支持, 最终结果可能是通过独立派支持的法案. 因此, 独立派的这两票要比 100 人中的其他两票影响力大.

例 5 错过了重要投票

一个小公司有 4 位股东. 该公司 1 万股股份划分如下:

股东 A 拥有 2 650 股 (占公司股份的 26.5%).

股东 B 拥有 2 550 股 (占公司股份的 25.5%).

股东 C 拥有 2 500 股 (占公司股份的 25%).

股东 D 拥有 2 300 股 (占公司股份的 23%).

该公司安排了一次关于收购另一家公司的重要投票. 每个股东的投票都按照其拥有的股份数量的比例计数. 假设股东 D 错过了投票, 关系大吗?

解 乍看起来, 一个大股东错过了影响公司未来的一个机会似乎是极糟糕的事. 但是, 注意, 三大股东中的任何两个都可以通过共同投票达到大多数:

A 和 B: $26.5\% + 25.5\% = 52\%$

A 和 C: $26.5\% + 2\% = 51.5\%$

B 和 C: $25.5\% + 25\% = 50.5\%$

相比之下, 股东 D 不可能成为大多数股东的一部分, 除非至少有两位其他股东与 D 投票结果一致. 但实际上, 那两位股东的投票方式已经可以决定投票结果. 所以, 股东 D 实际上无权影响选举结果.

▶ 做习题 36.

例 6 选举权

在 2016 年总统选举中, 加利福尼亚州有 55 张选举人团票, 怀俄明州有 3 张选举人团票. 这两个州的人口分别约为 3 980 万和 59 万. 按照每个居民的选举人团投票数, 对比加利福尼亚州和怀俄明州的投票权.

解 在加利福尼亚州, 3 980 万人拥有 55 张选举人团票, 每张选举人团票所代表的人数为

$$\frac{39\ 800\ 000}{55} \approx 720\ 000(\text{人/选举人团票})$$

在怀俄明州[①], 590 000 人拥有 3 张选举人团票, 每张选举人团票所代表的人数为

$$\frac{590\ 000}{3} \approx 197\ 000(\text{人/选举人团票})$$

把这两个数除一下, 我们发现加利福尼亚州的每张选举人团票代表的人数是怀俄明州选民的

$$\frac{720\ 000}{197\ 000} \approx 3.7$$

倍. 通过这个分析, 怀俄明州的选民的投票权几乎是加利福尼亚州每个选民的投票权的 4 倍.

▶ 做习题 37~41.

在你的世界里 选举人团和总统

选举人团制度, 即美国总统是由选举人团投票而不是普选决定的, 长期以来一直备受争议. 20 世纪围绕这一点的讨论基本上都是学术性的, 因为 2000 年以前的每一次总统选举, 无论是普选还是选举人团投

---

① **顺便说说**: 投票权的另一衡量标准是 20 世纪 50 年代乔治敦大学法学教授约翰 · 班茨哈夫 (John Banzhaf) 提出的, 称为班茨哈夫权力指数. 它根据个人或团体可以投出改变选举结果的关键一票的方式的数量来分析投票权. 根据这一标准, 加利福尼亚州的投票权相当高, 尽管每张选举人团票代表大量选民. 原因在于胜者全得制度, 在这一制度下, 加利福尼亚州的 55 张选举人团票比小州的较少选举人团票有更大的机会左右选举.

票, 都指向同一个获胜者. 然而, 在过去的五次总统选举中有两次选举 (即 2000 年和 2016 年), 普选票数多的候选人在选举人团选举中并未胜出, 而且如 12.1 节所讨论的, 这一问题几乎又要发生 (2004 年), 因此该问题又有了新的意义. 注意, 这个问题会影响到两个主要政党: 尽管 2000 年和 2016 年最终都是共和党候选人受益, 但 2004 年 "几乎" 发生的案例导致总统职位花落民主党 (约翰 · 克里), 实际上克里以巨大差距 (超过 300 万张选票) 在普选中落败.

那些赞成废除选举人团制度的人通常引用下述三个主要原因:

1. 如例 6 所述, 选举人团赋予不同州的公民不同的投票权, 反对这一制度的人认为这是不公平的.

2. 选举人团制度将导致候选人关注少数摇摆州——选票预计会很接近, 即竞争激烈的州, 从而牺牲了坚定支持共和党或者坚定支持民主党的大量州. 选举人团制度的反对者声称, 这将导致候选人把注意力集中在狭隘的、局部的问题上, 而忽略了对大多数美国人来说可能更重要的问题.

3. 统计数据显示, 选举人团制度降低了非摇摆州的投票率, 因为这些州的选民知道, 他们的总统投票不太可能改变结果. 选举人团制度的反对者认为, 这实际上剥夺了选民的选举权, 并可能对出现在同一张选票上的非总统竞选产生负面影响.

支持保留选举人团制度的人提出的反对意见大体相同, 但对选举结果的解释不同. 例如, 支持者认为, 投票权的差异对小州是有益的, 因此符合美国的建国规则, 并且集中在摇摆州可确保候选人关注乡村选民和少数族裔关心的问题, 如果取消选举人团制度, 那么主要的人口中心将会受到重视, 而这些乡村选民以及少数族裔往往会被忽略.

总的来说, 民意调查显示, 两党中绝大多数人支持废除选举人团制度, 这一改变需要宪法修正案 (因为选举人团制度是在宪法第二条中确立的). 然而, 一项名为 "全国普选州际契约" 的提案提出了一种替代方案, 可以在不修改宪法的情况下确保总统选举的获胜者是普选的获胜者. 这个提议要求各州通过一项法案, 该法案要求: 一旦签署州的代表足以赢得选举人团投票所需的 270 张选举人团票, 签署契约的州将把所有选举人团票投给普选的赢家. 这将确保全国普选的获胜者自动赢得选举人团票.

截至 2017 年, 《全国普选州际契约》已经被 10 个州和哥伦比亚特区采用, 总共代表了 165 张选举人团票. 如果有足够多的州加入, 达到 270 张选举人团票的门槛, 它的合宪性可能会受到挑战, 因此最终决定很可能取决于最高法院. 当然, 即使它被废除, 宪法修正案的选择也存在. 不管怎样, 在未来的几年里, 关于选举人团制度应该保留还是废除将会持续受到关注.

测验 12.2

为以下每个问题选择最佳答案, 并用一个或多个完整的句子来解释原因.

1. 公平的选举须满足四条公平准则中的多少条?

 a. 至少一条 b. 至少两条 c. 所有

习题 2~7 都基于以下偏好表, 其中候选人有三个, 100 人参与了投票.

第一	伯曼	弗里德曼	戈德史密斯
第二	弗里德曼	戈德史密斯	弗里德曼
第三	戈德史密斯	伯曼	伯曼
投票数量	43	39	18

2. 如果这次选举是由相对多数规则决定的, 谁会获胜? ( )

 a. 伯曼 b. 弗里德曼 c. 戈德史密斯

3. 如果这次选举是由单次复选方法决定的, 谁会获胜? ( )

a. 伯曼 b. 弗里德曼 c. 戈德史密斯

4. 对于这次选举, 公平准则 1( ).

a. 满足 b. 不满足 c. 不适用

5. 假设伯曼被宣布为这次选举的获胜者. 公平准则 2 是否满足? ( )

a. 是

b. 不满足, 因为大多数选民认为弗里德曼排序高于伯曼和戈德史密斯

c. 不满足, 因为大多数选民没有给伯曼第一位置选票

6. 假设弗里德曼被宣布为这次选举的获胜者. 准则 2 是否满足? ( )

a. 是

b. 不满足, 因为伯曼比弗里德曼获得更多的第一位置选票

c. 不满足, 因为大多数选民没有把第一位置选票给弗里德曼

7. 注意, 如果戈德史密斯退出, 弗里德曼将获得大多数第一位置选票. 这意味着准则 4( ).

a. 只有当弗里德曼被宣布为获胜者时才满足

b. 只有当伯曼被宣布为获胜者时才满足

c. 在任何情况下都满足

8. 下列哪一项不能从阿罗不可能性定理得到? ( )

a. 不存在无条件公平的选举系统

b. 公平选举是不可能的

c. 民主政府在数学上不完美

9. 以下哪项不是认可投票制的优势? ( )

a. 它确保获胜者是多数选民能接受的候选人

b. 满足所有公平标准

c. 它阻止多数选民反对的候选人最终成为赢家

10. 美国所有 50 个州都有两名参议员. 一般来说, 这意味着在参议院选举中拥有最多投票权的选民是 ( ).

a. 那些为获胜候选人投票的选民

b. 人口最多的州的选民

c. 人口最少的州的选民

习题 12.2

复习

1. 简要总结四条公平准则. 对每一条准则, 举例说明, 如果不满足准则, 那么选举是不公平的.
2. 什么是阿罗不可能性定理? 总结其意义和重要性.
3. 什么是认可投票制? 它与一人一票的传统观念有何不同?
4. 举一个例子, 其中不同选民在选举中权重不一样.

是否有意义?

确定下列陈述有意义 (或显然是正确的) 还是没意义 (或显然是错误的), 并解释原因.

5. 凯伦在两两比较中击败了所有其他候选人. 所以凯伦觉得她应该获胜, 即使她在使用复选方法的选举中输了.
6. 凯赢得了半数以上选票, 但在积分制 (博尔达计数法) 中输掉了选举. 他觉得他应该被宣布为选举的胜利者.
7. 温迪要求进行第二次选举, 因为她在相对多数规则中以非常接近的票数输给了沃尔特. 在第二次选举中, 温迪的一部分支持者投票支持沃尔特, 但温迪仍旧设法取得了胜利 (假设其他投票保持不变).
8. 认可投票制是选举的最佳方法, 因为它满足四条公平准则中的每一条.

基本方法和概念

9. **相对多数规则和准则 1**. 用文字解释为什么相对多数规则总是满足公平准则 1.
10. **相对多数规则和准则 2**. 考虑下面的偏好表. 哪位候选人是相对多数规则的获胜者? 这一选择是否满足公平准则 2? 请解释.

第一 第二 第三	A B C	B C A	C B A
选票数量	3	2	2

11. **相对多数规则和准则 2**. 设计一个由三名候选人 (A、B 和 C) 和 11 名选民组成的偏好表, 其中 C 是相对多数规则下的赢家, 而 A 在两两比较中击败 C 和 A. 解释你的设计.
12. **相对多数规规则和准则 3**. 用文字解释为什么相对多数规则总满足公平准则 3.
13. **相对多数规则和准则 4**. 假设一项选举是基于下面的偏好表的, 并且使用相对多数规则. 请问满足公平准则 4 吗? 请解释.

第一 第二 第三	A B C	B C A	C B A
选票数量	6	2	5

14. **相对多数规则和准则 4**. 设计一个具有 3 个候选人和 9 个投票者的偏好表, 当使用相对多数规则时这项选举不满足公平准则 4, 并加以解释.
15. **复选方法和准则 1**. 用文字解释为什么复选和连续复选方法总满足公平准则 1.
16. **连续复选和准则 2**. 假设以下偏好表中使用了连续复选方法. 请问满足公平准则 2 吗? 请解释.

第一 第二 第三	A B C	B C A	C B A
选票数量	10	7	2

17. **连续复选和准则 2**. 假设在以下偏好表中使用了连续复选法进行决策. 是否满足公平准则 2? 请解释.

第一 第二 第三	A B C	B C A	C B A
选票数量	10	7	8

18. **连续复选和准则 2**. 设计一个具有 3 个候选人和 3 种排序的偏好表, 当使用连续复选法时这项选举不满足公平准则 2, 并加以解释.
19. **连续复选和准则 3**. 假设以下偏好表采用了连续复选法. 请问满足公平准则 3 吗? 请解释.

第一 第二 第三	A B C	B C A	A C B	C A B
选票数量	7	8	4	10

20. **连续复选和准则 4**. 假设在以下偏好表中使用了连续复选法. 请问满足公平准则 4 吗? 请解释.

第一 第二 第三	A C B	B C A	C B A
选票数量	8	6	3

21. **连续复选和准则 4**. 设计一个具有 3 个候选人的偏好表, 当使用连续复选法时这项选举不满足公平准则 4, 并加以解释.

22. **积分系统和准则 1**. 考虑下面 3 个候选人的偏好表, 按照积分制 (博尔达计数法) 谁获胜? 满足公平准则 1 吗? 解释你的工作.

第一	A	B
第二	B	C
第三	C	A
选票数量	3	2

23. **积分制和准则 1**. 设计一个具有 3 个候选人、3 种排序以及 7 个投票人的偏好表, 当使用积分制 (博尔达计数法) 时这项选举不满足公平准则 1, 并加以解释.

24. **积分制和准则 2**. 假设以下偏好表使用的是积分制 (博尔达计数法). 请问是否违反公平准则 2? 请加以解释.

第一	A	B	C
第二	B	C	B
第三	C	A	A
选票数量	5	2	2

25. **积分制和准则 2**. 设计一个有 4 个候选人的偏好表, 当使用积分制 (博尔达计数法) 时这项选举不满足公平准则 2.

26. **积分制和准则 3**. 解释积分制 (博尔达计数法) 为什么总满足公平准则 3.

27. **积分制和准则 4**. 假设积分制 (博尔达计数法) 是基于以下偏好表的. 请问满足公平准则 4 吗? 请加以解释.

第一	C	B	A
第二	A	C	B
第三	B	A	C
选票数量	5	4	3

28. **积分制和准则 4**. 设计一个具有 3 个候选人的偏好表, 当使用积分制 (博尔达计数法) 时这项选举不满足公平准则 4, 并加以解释.

29. **两两比较和准则 1**. 解释两两比较方法为什么总满足公平准则 1.

30. **两两比较和准则 2**. 解释两两比较方法为什么总满足公平准则 2.

31. **两两比较和准则 3**. 解释两两比较方法为什么总满足公平准则 3.

32. **两两比较和准则 4**. 假设两两比较方法是基于以下偏好表的. 请问满足公平准则 4 吗? 加以解释.

第一	A	A	E	C	D
第二	E	C	B	B	B
第三	C	D	A	A	A
第四	D	E	C	D	E
第五	B	B	D	E	C
选票数量	1	1	1	1	1

33. **两两比较和准则 4**. 设计一个有 5 个候选人的偏好表, 当使用两两比较方法时这项选举不满足公平准则 4.

34. **认可投票制**. 假设候选人 A 和 B 具有相对温和的政治立场, 而候选人 C 相对保守. 选民对候选人的意见如下:

- 30% 的人希望 A 作为他们的第一选择, 但也认可 B.
- 29% 的人希望 B 作为他们的第一选择, 但也认可 A.
- 1% 的人希望 A 作为他们的第一选择, 但既不认可 B 也不认可 C.
- 40% 的人希望 C 作为他们的第一选择, 但既不认可 A 也不认可 B.

a. 如果所有选民只能给他们的第一选择投票, 那么哪个候选人会以相对多数票获胜?

b. 认可投票制下哪位候选人获胜?

35. **认可投票制**. 假设候选人 A 和 B 的政治立场较为温和, 而候选人 C 属于自由派. 选民对候选人的意见如下:

- 28% 的人希望 A 作为他们的第一选择, 但也认可 B.
- 29% 的人希望 B 作为他们的第一选择, 但也认可 A.
- 1% 的人希望 B 作为他们的第一选择, 并且不认可 A 也不认可 C.
- 42% 的人希望 C 作为他们的第一选择, 并且既不认可 A 也不认可 B.

a. 如果所有选民只能给他们的第一选择投票, 那么哪个候选人会以相对多数票获胜?

b. 认可投票制下哪位候选人获胜?

36. **投票权**. 假设一个小公司有 4 个股东, 分别持有 26%、26%、25% 和 23% 的公司股票. 假设投票是按持股比例分配的 (例如, 如果总共有 100 票, 4 个人分别获得 26 票、26 票、25 票和 23 票). 同时假设决策是由严格的多数规则决定的. 请解释: 虽然每个人持有公司大约 1/4 的股份, 但实际上 23% 的持有人在投票中没有有效的权力.

37~41: **选举人团权重**. 使用下表回答以下问题.

州	人口 (2016 年)	选举人团票
阿拉斯加州	742 000	3
伊利诺伊州	12 802 000	20
纽约州	19 745 000	29
罗得岛州	1 056 000	4

37. 阿拉斯加州与伊利诺伊州相比, 哪个州的人均投票权重更大?
38. 阿拉斯加州与纽约州相比, 哪个州的人均投票权重更大?
39. 罗得岛州与伊利诺伊州相比, 哪个州的人均投票权重更大?
40. 伊利诺斯州与纽约州相比, 哪个州的人均投票权重更大?
41. 将 4 个州的人均投票权重从高到低排序.

进一步应用

42~46: **公平准则**. 考虑以下 4 个候选人的偏好表.

第一	A	B	C	D
第二	D	A	B	C
第三	B	D	A	A
第四	C	C	D	B
选票数量	16	10	8	7

42. 假设获胜者是由相对多数规则决定的. 分析是否满足四条公平准则.
43. 假设获胜者是由单次复选法决定的. 分析是否满足四条公平准则.
44. 假设获胜者是由连续复选法决定的. 分析是否满足四条公平准则.
45. 假设获胜者是由博尔达计数法 (积分制) 决定的. 分析是否满足四条公平准则.
46. 假设获胜者是由两两比较决定的. 分析是否满足四条公平准则.

47~51: **公平准则**. 考虑以下 5 个候选人的偏好表 (12.1 节的表 12.5).

第一	A	B	C	D	E	E
第二	D	E	B	C	B	C
第三	E	D	E	E	D	D
第四	C	C	D	B	C	B
第五	B	A	A	A	A	A
选票数量	18	12	10	9	4	2

47. 假设获胜者是由相对多数规则决定的. 分析这项选举是否满足四条公平准则.
48. 假设获胜者是由单一复选法决定的. 分析这项选举是否满足四条公平准则.
49. 假设获胜者是由连续复选法决定的. 分析这项选举是否满足四条公平准则.
50. 假设获胜者是由博尔达计数法 (积分制) 决定的. 分析这项选举是否满足四条公平准则.
51. 假设获胜者是由两两比较法决定的. 分析这项选举是否满足四条公平准则.
52. **摇摆选票**. 假设参议院成员所属政党数据如下: 民主党 49 名成员、共和党 49 名成员以及独立派 2 名成员. 进一步假设所有民主党和共和党人投票时都按照所属党派进行投票. 假设一项法案需要获得大多数票通过, 解释为什么独立派的 2 名成员尽管只占 2% 的参议院席位, 却能有效地拥有等同于任何一个大党派的权力.

实际问题探讨

53. **选举变质了**. 找到一篇因选举腐败或选举制度而导致选举失败的新闻报道. 依据本节提出的公平准则讨论该事件.
54. **其他公平准则**. 公平准则并不仅仅局限于本节中所讨论的准则. 请研究其他准则 (如最喜欢背叛准则、不利结果强准则和防御策略弱准则). 讨论这些准则的优点和缺点.
55. **认可投票制**. 许多政治体系采用认可投票制, 并且许多政治组织都强烈倡导认可投票制. 研究认可投票制的细节, 列举使用该投票方法的国家, 并讨论其优缺点.
56. **投票权和联盟**. 利用互联网研究某一特定国家 (例如以色列) 的国家级政治联盟. 描述这些联盟、它们的规模以及有效投票权.
57. **一般投票权**. 查找一篇关于并非所有参与者都拥有相同投票权的新闻报道. 哪些因素会影响投票权?
58. **《全国普选州际契约》**. 确定《全国普选州际契约》的现状 (“在你的世界里　选举人团和总统”). 选择一个州. 请问这个州通过了这项契约还是正在考虑? 契约前景如何? 你认为这是一种好方法吗? 陈述并论证你的观点.

12.3　分配: 众议院及其他

美国参议院共有 100 名参议员, 其中每州两名. 但各州的众议员人数各不相同. 众议院共 435①个席位, 那么每个州应拥有多少名众议员呢? 这就是一个**分配** (apportionment) 问题, 因为众议院的席位须以公平的方式在各州之间分配. 本节我们将讨论与分配相关的数学基础.

> **定义**
>
> 对于美国众议院而言, **分配**就是在各州之间划分席位的过程. 更一般地说, 分配就是在不同个体或群体之间划分一些人或物体的过程.

宪法背景

大部分分配所涉及的数学方法都属于来自美国宪法文字和精神方面的历史性尝试. 根据宪法规定, 美国政府的议会 (立法) 机构由两部分组成: **参议院** (Senate) 和**众议院** (House of Representatives).

美国《宪法》(第 1 条第 3 款) 指定了一种简单方法来分配参议员: 每个州两名参议员. 根据最初的《宪法》, 参议员由州议会选出. 然而, 1913 年采用的宪法第 17 修正案改为由选民直接选举产生. 议员任期为 6 年.

众议院就复杂得多. 《宪法》规定, 众议院的席位应根据各州人口数量在州之间进行分配, 且每个州至少应有一个席位. 它允许国会设定总议员人数, 要求 1 个席位代表人数不超过 30 000 人.

---

① **历史小知识**: 1789 年 3 月 4 日, 众议院 59 名成员参加了在纽约联邦大楼举行的第一次国会会议. 之后人数逐渐增长, 1912 年达到了 435 人, 之后这个数字一直保持在 435 人, 直到 1959 年夏威夷和阿拉斯加两个州加入美国, 这一年增加了两个代表. 下一次分配时, 众议员人数又回到了 435 人.

《宪法》要求国会在每 10 年一次的人口普查后重新分配一次议会席位. 但是,《宪法》对具体的分配程序未做规定. 正如我们即将看到的, 选择分配程序并不容易, 并且没有哪个程序总是公平的.

例 1　美国众议院

众议院有 435 名议员, 现在需要基于 2010 年人口普查结果 (总人口 3.09 亿人) 进行分配. 利用这次人口普查数据, 请问每名议员平均代表多少民众? 假设议员总数参照《宪法》规定的平均每 3 万人一名议员的比例, 议员总数设为多少合适?

解　将总人口 3.09 亿人除以 435 名代表, 我们发现, 每名议员平均代表人数为

$$\frac{\text{人口}}{\text{议员数量}} = \frac{309\ 000\ 000}{435} \approx 710\ 000(\text{人})$$

也就是说, 在 2010 年, 平均每位议员代表大约 710 000 人. 如果要求每 3 万人产生一名议员, 那么 2010 年议员的总数为

$$\frac{\text{人口}}{30\ 000} = \frac{309\ 000\ 000}{30\ 000} = 10\ 300(\text{名})$$

也就是说, 按照宪法规定, 是允许设定超过 10 000 名议员的, 但实际数量为 435 名.

▶ 做习题 13~14.

分配问题

例 1 显示, 根据 2010 年①的人口普查数据, 平均每名众议员代表 71 万人. 如果每个州的人口都是 710 000 的整数倍, 那么分配就很容易. 例如, 如果一个州的人口为 142 万人, 即 $2 \times 710\ 000$, 那么这个州将分配 2 名议员. 同样, 如果一个州的人口为 7 100 000 人, 即 $10 \times 710\ 000$ 人, 那么将分配 10 名议员.

当然, 各州人口数量不可能恰好这么完美. 例如, 罗得岛州 2010 年人口普查数据约 1 050 000 人, 大约等于 $1.5 \times 710\ 000$. 因此, 我们可能会说, 罗得岛州 "有权" 分配 1.5 名议员, 但议员是人, 不能用分数表示. 所以罗得岛州可以分配一名或两名议员, 但不能是 1.5 名议员.

罗得岛州希望获得两个议员席位, 因为这样可以加强其在众议院的声音. 然而, 其他州的人可能更希望罗得岛州只获得一个席位, 从而可以为其他州留下更多席位.

本质上讲, 分配问题就是确定罗得岛州该得到一个还是两个席位的方法的问题. 该系统必须保证对所有州都尽可能公平, 且席位总数保持在 435 个.

标准除数和配额

我们再来看看罗得岛州 "有资格" 获得 1.5 个议员这个结果是如何得到的. 首先, 我们将美国总人口数量除以议员总数, 发现每名议员平均代表 71 万人. 然后, 我们将罗得岛州的人口数除以 710 000, 发现应分得 1.5 个席位.

用分配的术语来说, 710 000 这个平均值被称为这个问题的**标准除数** (standard divisor). 1.5 名议员被称为罗得岛州议员的**标准配额** (standard quota). 如果允许用分数表示, 那么它代表罗得岛州将会得到的数字配额. 注意, 这时只有一个标准除数. 实际上, 每个州都有自己的标准配额.

---

① **顺便说说**: 2010 年的分配使 18 个州的议员数量与之前的数量不一致. 得克萨斯州增加了 4 个席位, 佛罗里达州增加了 2 个席位, 亚利桑那州、佐治亚州、内华达州、南卡罗来纳州、犹他州和华盛顿州各增加了一个席位. 同时有些州席位减少了. 纽约州和俄亥俄州各减少了 2 个席位, 伊利诺伊州、爱荷华州、路易斯安那州、马萨诸塞州、密歇根州、密苏里州、新泽西州和宾夕法尼亚州各减少了一个席位.

标准除数和配额

标准除数就是相对于美国总人口, 每个席位 (众议院) 代表的平均人数:

$$标准除数 = \frac{美国人口总数}{席位数}$$

一个州的**标准配额**指的是如果席位允许用分数表示, 每个州有权获得的席位数:

$$标准配额 = \frac{州人口数量}{标准除数}$$

标准除数和标准配额也适用于除众议院席位分配以外的其他分配问题. 可以简单地用问题中的事物数量替换席位数量, 用相关人口替代州人口.

例 2 确定标准配额①

2010 年人口普查显示蒙大拿州的人口为 98.9 万人, 怀俄明州的人口为 56.4 万人. 使用这些普查数据, 确定每个州的标准配额. 2010 年的分配结果是这些州按照《宪法》关于下限的要求, 各获得一个席位. 比较分析这些州的标准配额以及实际席位数.

解 所有州的标准除数都是相同的. 如例 1, 每名议员代表 71 万人. 对蒙大拿州来说, 基于 2010 年人口普查, 标准配额为

$$标准配额 = \frac{州人口数}{标准除数} = \frac{989\ 000}{710\ 000} \approx 1.4$$

对怀俄明州来说, 标准配额等于

$$标准配额 = \frac{州人口数}{标准除数} = \frac{564\ 000}{710\ 000} \approx 0.79$$

蒙大拿州的标准配额是 1.4, 但实际只分配了一个议员. 蒙大拿州的居民可以正当地宣称他们州在国会中的议员配备不足. 怀俄明州尽管标准配额只有 0.79, 但也得到了最低配额: 一名议员. 至少基于人口数据, 怀俄明州在国会中的席位比例相对较高.

▶ 做习题 15~18.

例 3 学校教师分配问题

一个学区要在区内三所小学之间重新分配 14 名小学教师, 学校学生人数如下: 华盛顿小学有 197 名学生; 林肯小学有 106 名学生; 罗斯福小学有 145 名学生. 根据学生人数确定每所学校的教师标准配额.

解 这个问题与议员分配问题类似, 只是这次要分配的是教师, 而不是议员. 标准除数为整个地区每名教师平均对应的学生数. 我们将总学生数除以教师数量可得标准除数:

$$标准除数 = \frac{总学生数}{教师数量} = \frac{197 + 106 + 145}{14} = 32$$

我们再将学校的注册学生数除以标准除数来得到每所学校的标准配额. 表 12.10 给出了计算和结果. 注意, 标准配额的总数 (总和) 等于要分配的教师总数.

① **顺便说说**: 除了 100 名参议员和 435 名众议员之外, 美国国会还包括来自波多黎各的居民代表以及来自美属萨摩亚、哥伦比亚特区、关岛、北马里亚纳群岛和维尔京群岛的代表. 这六人可以参加自由讨论以及在委员会中投票表决, 但截至 2017 年, 他们没有大会上的投票权.

表 12.10 确定每所学校应分配教师的标准配额

学校	华盛顿小学	林肯小学	罗斯福小学	总数
注册人数	197	106	145	448
标准配额	$\frac{197}{32}=6.156\ 25$	$\frac{106}{32}=3.312\ 5$	$\frac{145}{32}=4.531\ 25$	14

注册人数除以标准除数 32→

▶ 做习题 19~20.

思考 注意, 表 12.10 中的三个标准配额都是分数, 但每所学校分得的教师数量必须是整数. 根据标准配额, 你决定如何在这三所学校间分配 14 名教师? 根据你的分配方案, 每所学校平均班级规模是多少?

分配中面临的挑战

在 50 个州之间分配 435 名议员, 席位分配问题就变得更复杂了. 为进一步理解这个问题, 我们使用人口较少的一组州来分析这个问题, 这样计算会简单点. 现假设只有四个州, A、B、C 和 D, 人口如表 12.11 所示. 注意, 总人口是 10 000 人.

表 12.11 四个州之间分配 100 个席位对应的标准配额

州	A	B	C	D	总数
人口数	936	2 726	2 603	3 735	10 000
标准配额	9.36	27.26	26.03	37.35	100

州人口数除以标准除数 100→

注: 总人口为 10 000, 标准除数为 100.

假设这四个州决定成立一个有 100 个席位的立法机构. 那么标准除数是

$$\text{标准除数} = \frac{\text{总人口数}}{\text{席位数量}} = \frac{10\ 000}{100} = 100$$

表 12.11 的第二行显示了用此标准除数计算出的标准配额. 标准配额总和必须等于 100.

在实际分配中我们不能使用分数形式的标准配额. 实际上, 我们必须找到一种将标准配额调整为整数的方法. 最直接的解决办法是根据标准舍入规则得到四舍五入后的配额. 在这种情况下, 所有四个标准配额都会减小, 因为四个配额的小数部分都小于 0.5. 然而, 以这种方式四舍五入后导致总共有 $9+27+26+37=99$ 个席位, 比预期要分配的 100 个席位少了一个. 这种基于标准舍入规则但未能满足 100 个席位的方法意味着我们必须找到另一种不同的方法从标准配额中调整出整数. 这就是分配问题中存在的挑战: 从标准配额调整出整数有许多合理的方法, 但这些方法的结果不一定都一致.

汉密尔顿方法

美国 1790 年进行了第一次人口普查, 宪法批准提交国会后第一项任务就是立即分配席位. 财政部长亚历山大 · 汉密尔顿① 提出了一种简单的分配方法, 过程如下.

汉密尔顿的分配方法

确定每个州的标准配额后:

① **顺便说说**: 亚历山大 · 汉密尔顿 (Alexander Hamilton, 1757—1804) 因获奖的《音乐剧: 汉密尔顿》再次声名鹊起. 该剧由林-曼努尔 · 米兰达 (Lin-Manuel Miranda) 创作, 最初也是他主演. 米兰达的灵感来自罗恩 · 彻诺 (Ron Chernow) 的传记《亚历山大 · 汉密尔顿》. 该剧于 2015 年 8 月在百老汇首演, 2017 年开始在美国巡演.

- 首先, 将标准配额均按照下调的方法取整, 确定每个州的席位数. (例如, 3.99 取下整为 3.) 这个数字就是该州的**最小配额** (minimum quota, 或最低配额).
- 如果每个州都得到其最小配额之后还有剩余的席位, 那么检查每个州的**分数余数** (fractional remainder)——标准配额减最小配额所得的差. 然后将多余的第一个席位分配给分数余数最大的州, 第二个剩余席位分配给分数余数第二大的州, 重复这个过程, 直到席位分配完毕.

我们将汉密尔顿方法应用于表 12.11 四个州的分配中. 最简单的方法是如表 12.12 所示, 扩展表 12.11. 前两行 (人口数和标准配额) 保持不变. 第三行显示的是将标准配额取整后所得的最小配额. 注意, 最小配额总和为 99, 剩余 1 个席位, 留待继续分配. 第四行显示的是取整后剩余的分数余数部分. 额外的席位将分配给分数余数最大的州, 即 A. 最后一行显示的是最终分配结果. 需要注意的是, A 获得了比最小配额多 1 的席位数, 而其他州获得的是最小配额.

表 12.12　将汉密尔顿方法应用于表 12.11 中四个州的数据

	州	A	B	C	D	总数
	人口数	936	2 726	2 603	3 735	10 000
州人口数除以标准除数 100→	标准配额	9.36	27.26	26.03	37.35	100
标准配额向下取整→	最小配额	9	27	26	37	99
取整后的余数→	分数余数	0.36(最大)	0.26	0.03	0.35	1
将剩余席位分配给分数余数最大的州 (州 A)→	最终分配	10	27	26	37	100

例 4　应用汉密尔顿方法

应用汉密尔顿方法确定例 3 中在学校之间分配教师的问题.

解　表 12.13 重复了例 3 中学生的注册人数和标准配额. 汉密尔顿方法告诉我们首先要舍去所有标准配额的分数部分, 于是可得第三行的最小配额. 最小配额总和为 13, 比分配总数 14 少 1. 分数余数 (第四行) 最大的罗斯福小学将获得这名额外的教师名额. 在最后的分配中, 华盛顿小学和林肯小学分别按照最小配额获得了 6 名、3 名教师, 而罗斯福小学获得了 5 名教师, 不等于最小配额 4 名.

表 12.13　将汉密尔顿方法应用于表 12.10 教师分配问题

	学校	华盛顿小学	林肯小学	罗斯福小学	总数
	注册人数	197	106	145	448
注册人数除以标准除数 32→	标准配额	$\frac{197}{32} \approx 6.156\ 25$	$\frac{106}{32} \approx 3.312\ 5$	$\frac{145}{32} \approx 4.531\ 25$	14
标准配额向下取整→	最小配额	6	3	4	13
取整后的余数→	分数余数	0.156 25	0.312 5	0.531 25(最大)	1
将额外一名教师分配给分数余数最大的学校 (罗斯福小学) →	最终分配	6	3	5	14

▶ 做习题 21~24.

第一次总统否决

汉密尔顿方法简单, 看起来也公平. 因此, 参议院和众议院在 1791 年进行了投票, 决定采纳汉密尔顿方法进行分配. 但是, 要知道, 一项法案被通过成为法律, 不仅要参议院和众议院通过, 还必须由总统签署同意. 如

果总统否决了某项法案, 推翻总统否决则需要获得众议院和参议院 2/3 的超级多数票 (见 12.1 节). 1792 年, 授权使用汉密尔顿方法进行分配的法案就遭遇了美国历史上第一次总统否决.

国会未能推翻总统否决, 于是通过了另一项法案, 该法案授权采用当时的国务卿托马斯 · 杰弗逊提出的另一种分配方法[①]. 我们很快将讨论杰弗逊方法.

汉密尔顿方法的公平性

尽管汉密尔顿方法在提出的时候未能通过成为法律, 但 1850 年又被重新引入并采用, 直到 1900 年一直被采用.[②] 在此期间, 围绕汉密尔顿方法出现了几个问题, 其中最著名的就是**亚拉巴马悖论** (Alabama paradox).

1880 年人口普查之后, 人口普查办公室的主管 C. W. 西顿使用汉密尔顿方法计算各州可能分配的席位数. (与现在不同, 当时, 众议院规模每次都可以发生变化). 他发现如果设置 299 名议员, 亚拉巴马州将获得 8 个席位. 但如果设置 300 名议员, 亚拉巴马州却只能获得 7 个席位. 这个奇怪的结果使得汉密尔顿方法看起来不太公平[③], 因为当席位总数增加时, 亚拉巴马州反而获得了比席位增加前更少的席位.

亚拉巴马悖论

在一个公平的分配制度下, 增加额外的席位不得导致任何州的席位减少. 如果席位总数增加了, 但某个 (或更多) 州可获得的席位数目却减少了, 那么说明发生了**亚拉巴马悖论**. 使用汉密尔顿方法时, 这种情形是可能发生的.

1882 年的分配中亚拉巴马州实际上并没有失去席位, 因为国会选择了一个更大的众议院规模 (325 人), 所以亚拉巴马悖论并未出现. 但是了解这种悖论可能会减少对汉密尔顿方法的支持, 于是 1900 年国会放弃了这种方法.

1900 年后, 众议院席位分配不再采用汉密尔顿方法, 但在对汉密尔顿方法的研究中又发现了另外两个悖论. 1900 年左右发现了**人口悖论** (population paradox), 因为按照汉密尔顿方法, 人们发现缅因州会比之前的分配方案多获得一个席位, 原因是弗吉尼亚州人口增加了, 虽然弗吉尼亚州人口的增长率大于缅因州.

人口悖论

当人口增长导致分配比例发生变化时, 我们预计增长迅速的州将以牺牲缓慢增长的州的利益为代价获得更多席位. 如果相反的情况发生了——一个增长较慢的州以牺牲增长较快的州的利益为代价而获得了席位, 就出现了**人口悖论**.

1907 年, 当俄克拉何马州宣布成为美国第 46 个州时, 发生了**新州悖论** (new states paradox). 由于没有时间重新分配, 国会决定为俄克拉何马州增加新的席位. 根据其人口, 俄克拉何马州显然有权获得 5 个席位, 因

---

① **历史小知识**: 总统华盛顿否决了汉密尔顿方法, 随后采用的是杰弗逊方法. 方法的改变实际影响的只有两个州. 一个是特拉华州. 如果采用汉密尔顿方法, 它将获得 2 个席位; 如果采用杰弗逊方法, 它只能获得 1 个席位. 另一个是弗吉尼亚州. 按照汉密尔顿方法, 弗吉尼亚州将获得 18 个席位, 但如果采用杰弗逊方法, 弗吉尼亚州可以获得 19 个席位. 也许并非巧合, 弗吉尼亚州正好是杰弗逊的家乡.

② **历史小知识**: 汉密尔顿方法由俄亥俄州议员塞缪尔 · 温顿 (Samuel Vinton) 重新提交给国会. 然而, 温顿显然不了解 50 多年前汉密尔顿的提议. 结果, 该方法当时被称为温顿方法.

③ **历史小知识**: 在 1876 年的选举中, 民主党人塞缪尔 · J. 蒂尔登赢得了普选, 但在选举人团选举中以一票之差输给了共和党人卢瑟福 · B. 海斯. 当时围绕选举人团投票的争议相对激烈, 因为一些州的选举人团中出现了支持竞争对手的选举人团. 蒂尔登在 "1877 年的妥协" 中选择退出, 于是海斯于 1877 年 3 月 4 日就职. 有趣的是, 如果选举人团是按照法律规定的汉密尔顿方法来分配的, 蒂尔登一开始就获胜了. 但是, 选举人团是根据几年前制定的妥协分配的, 尽管这个妥协违反了法律规定.

此国会将议会席位数量从 386 个增加到 391 个. 令人惊讶的是, 如果使用汉密尔顿方法计算, 为俄克拉何马州增加的 5 个席位将会导致纽约州失去 1 个席位, 缅因州因此多获得 1 个席位.

新州悖论

当因为新加入的州而增加席位时, 我们不希望这一变化改变原有州之间席位的分配结果. 如果改变了, 就是所谓的**新州悖论**.

例 5　四州分配时出现的阿拉巴马悖论

假设席位共有 101 个而不是 100 个, 使用汉密尔顿方法重新计算表 12.12 中的席位分配. 亚拉巴马悖论是否会发生? 请加以说明.

解　总人口为 10 000 人, 那么 101 个席位时对应的标准除数是总人口数 10 000 除以 101.

$$\text{标准除数} = \frac{\text{总人口数}}{\text{席位数}} = \frac{10\ 000}{101} \approx 99.009\ 9$$

接下来, 我们将各州人口数除以标准除数来得到每个州的标准配额. 自行计算确认表 12.14 所示的标准配额. 注意, 它们与表 12.12 所示的 100 个席位时的标准配额略有不同. 表 12.14 的第三行显示了最小配额, 与表 12.12 中的结果一致. 然而, 分数余数 (第四行) 有变化, 这将改变最终分配结果.

表 12.14　假设有 101 个席位时重新计算的分配方案

	州	A	B	C	D	总数
	人口数	936	2 726	2 603	3 735	10 000
州人口数除以标准除数 99.009 9→	标准配额	9.453 6	27.532 6	26.290 3	37.723 5	101
标准配额向下取整 →	最小配额	9	27	26	37	99
取整后的余数→	分数余数	0.453 6	0.532 6(第二大)	0.290 3	0.723 5(最大)	2
多余的两个席位给了分数余数 → 最大的两个州 (D 和 B)	最终分配	9	28	26	38	101

这样按照最小配额分配后, 还有两个额外的席位. 按照汉密尔顿方法, 这两个席位将分配给 D 州和 B 州, 因为它们的分数余数比较大. 这样, A 州最终获得最小限额——9 个席位, 但在表 12.12 中它拥有 10 个席位. 换句话说, 当席位总数从 100 个增加到 101 个时, A 州的席位却减少了——这就是亚拉巴马悖论的一个例证.

▶ 做习题 25~28.

杰弗逊方法

总统华盛顿否决了汉密尔顿方法, 然后通过了托马斯 · 杰弗逊方法, 从而该方法被写入法律. 杰弗逊方法本质上是试图通过寻求可以把所有席位都用完的最小配额来避免处理分数余数. 正如我们所看到的, 汉密尔顿方法中的最小配额——简单地说即标准的舍弃余数方法——往往会留下额外的席位. 杰弗逊意识到他可以通过将标准配额改为新的值 (称为**修正配额** (modified quotas)) 来实现自己的目标, 这样新的最小配额可以用光所有席位.

确定修正配额意味着州人口数除以**修正除数** (modified divisor), 即不同于 (小于) 标准除数的数. 杰弗逊方法中的诀窍是选择一个修改后的除数, 从而得到想要的结果, 即要求从这个数得到的最小配额用光所有席位. 选择修正除数通常需要反复试验: 如果第一次选择的数不合适, 再换一个数尝试, 直至找到一个可以使用的除数.

杰弗逊方法

首先找到标准除数、标准配额以及最小配额 (与汉密尔顿方法中的一致). 如果每个州按照最小配额分配后没有额外席位剩余, 则分配完成. 如果还有剩余, 则按以下方式开始计算.

• 选择一个小于标准除数的**修正除数**. 将州人口数除以修正除数得到**修正配额**. 将这些修正配额向下取整, 得到一组新的最小配额.

• 如果这些最小配额正好用光所有席位, 则分配完成. 否则, 执行以下操作之一:

1. 如果按照新的最小配额分配后仍有额外座位, 则使用一个更小的修正除数, 然后重新计算.

2. 如果没有足够的席位可以满足新的最小限额, 则使用一个更大 (但仍小于标准除数) 的修正除数重新计算.

接下来我们看一下, 将杰弗逊方法应用于之前的问题时所得的结果. 表 12.15 的前三行与表 12.12 中的内容一致, 没有变. 最小配额 (第三行) 是标准除数为 100 时计算所得的数据. 如果按最小配额分配还有额外的席位剩余, 按照杰弗逊方法的描述, 我们需要尝试新的 (更小的) 除数. 仔细研究表 12.15, 领会杰弗逊方法是如何应用的.

表 12.15 将杰弗逊方法应用于表 12.12 中的数据

	州	A	B	C	D	总数
	人口	936	2 726	2 603	3 735	10 000
州人口数除以标准除数 100→	标准配额	9.36	27.26	26.03	37.35	100
标准配额向下取整→	最小配额	9	27	26	37	99
州人口数除以修正除数 99→	修正配额 (除数取 99)	9.45	27.54	26.29	37.73	101.1
修正配额向下取整→	最小配额 (除数为 99)	9	27	26	37	99
州人口数除以修正除数 98→	修正配额 (除数取 98)	9.55	27.82	26.56	38.11	102.04
修正配额向下取整, 所有席位都用光, 所以分配完毕 →	最小配额 (除数为 98)	9	27	26	38	100

• 因为标准除数等于 100, 因此我们尝试较小的修正除数 99. 州人口数除以 99, 得到第四行中的修正配额. 第五行即修正配额向下取整后新的最小配额.

• 按照新的修正配额进行分配仍有额外的席位剩余, 因此需要尝试更小的修正除数 98. 最后两行显示的是使用 98 得到的修正配额和最小配额. 这次最小配额和为 100, 所以分配完成.

注意, 根据杰弗逊方法, A 州获得 9 个席位, 不同于汉密尔顿方法的 10 个席位 (见表 12.12). 与此同时, 杰弗逊方法中 D 州获得 38 个席位, 比汉密尔顿方法多了一个.

杰弗逊方法公平吗?

前面我们已了解到汉密尔顿方法容易产生一些悖论, 从而觉得汉密尔顿方法不公平. 那么杰弗逊方法是否好一点呢?

数学家对这些方法进行了仔细研究. 杰弗逊方法不会产生汉密尔顿方法会出现的三个悖论 (亚拉巴马悖论、人口悖论和新州悖论). 但是, 杰弗逊方法有时会导致其他问题.

注意, 分配时如果允许使用分数, 那么标准配额就是应该分配的数量. 例如, 我们之前发现罗得岛州的标准配额为 1.5, 表明它 "有权" 获得 1.5 个席位. 因此, 我们希望任何 "公平" 的分配方法的最终结果或者是这个标准配额向上取整, 让罗得岛州拥有两个席位; 或者是向下取整, 让罗得岛州拥有一个席位. 但如果罗得岛州最终得到零席位或得到等于或多于 3 个席位, 我们就可以得出结论: 这一分配方法也是不公平的. 任何州的实际所得配额应该是其标准配额的上整或下整, 这个要求称为**配额准则** (quota criterion).① 一种分配方法如果不符合配额准则, 那么通常也认为是不公平的. 下面这个例子说明了杰弗逊方法有时是不符合配额准则的.

配额准则

在一个公平的分配方案中, 每个州所获得的席位数应该是其标准配额的上整或下整.

例 6 杰弗逊方法和配额准则

考虑四个州组成的一个拥有 100 个席位的立法机构, 其中四个州的人口分别为: A 州 680 人; B 州 1 626 人; C 州 1 095 人; D 州 6 599 人. 应用杰弗逊方法分配这 100 个席位. 是否满足配额准则?

解 首先我们计算标准除数, 其中总人口数为 10 000, 席位数为 100.

$$\text{标准除数}=\frac{\text{总人口数}}{\text{席位数量}}=\frac{10\ 000}{100}=100$$

表 12.16 显示了杰弗逊方法的计算结果. 第二行给出的是标准配额, 第三行给出的是对应的最小配额, 此时有 3 个额外席位剩余, 所以应用杰弗逊方法, 应该尝试一个更小的修正除数. 表中第四行给出了除数为 98 时所得的修正配额, 最后一行显示了基于这组修正配额所得的新的最小配额. 由于这组新的最小配额正好用光 100 个席位, 因此得到最终的分配结果.

注意, D 州的标准配额为 65.99. 按照配额准则, D 州应该获得 65 个或 66 个席位. 然而, D 州最终有 67 个席位, 所以这个分配方案不满足配额准则.

▶ 做习题 29~32.

表 12.16 杰弗逊方法不符合配额准则的例子

	州	A	B	C	D	总数
	人口数	680	1 626	1 095	6 599	10 000
州人口除以标准除数 100→	标准配额	6.80	16.26	10.95	65.99	100
标准配额向下取整 →	最小配额	6	16	10	65	97
州人口数除以修正除数 98→	修正配额 (除数取 98)	6.94	16.59	11.17	67.34	102.04
修正配额向下取整 →	最小配额 (除数取 98)	6	16	11	67	100

杰弗逊方法的使用

自 1792 年经华盛顿总统签署写入法律, 一直到 19 世纪 30 年代, 席位分配一直采用的是杰弗逊方法. 但是, 1820 年和 1830 年人口普查之后, 人们发现这种方法不符合配额准则. 而且, 当配额准则不满足时, 一般是较小州的利益被牺牲了, 从而较大的州获益. 于是, 1840 年人口普查后放弃了杰弗逊方法.

其他分配方法

正如上面讨论的, 1840 年舍弃了杰弗逊方法, 1850 年采用的汉密尔顿方法也于 1900 年被舍弃. 其实, 其他一些分配方法也被提出过, 但是众议院采用过的只有两种方法.

① **历史小知识**: 汉密尔顿方法总满足配额准则, 因为这个方法得到标准配额后先向下取整. 然后可能最多再增加 1——这相当于标准配额向上取整. 汉密尔顿法以及总满足配额准则的其他分配方法统称为配额方法. 相比之下, 改变除数的方法, 如杰弗逊方法, 以及有时不满足配额准则的方法, 称为除数方法.

韦伯斯特方法

1832 年, 马萨诸塞州的议员兼著名演说家丹尼尔 · 韦伯斯特提出了基于杰弗逊方法的另一种方法. 1840 年人口普查之后, 分配采用的是韦伯斯特方法. 1850 年由于更倾向于汉密尔顿方法, 于是韦伯斯特方法又被舍弃. 但 1900 年再次被采用, 然后一直到 1940 年使用的都是韦伯斯特方法.

韦伯斯特方法与杰弗逊方法类似, 除了一点: 韦伯斯特方法不是寻找一组可以全部向下取整以得到恰好的席位总数的修正配额, 而是寻找一组修正配额, 按照标准的四舍五入舍入规则, 得到正好的席位总数. 也就是说, 当修正配额的小数部分大于等于 0.5 时, 向上取整; 当小数部分小于 0.5 时, 向下取整. 注意, 杰弗逊方法中的修正除数总是小于标准除数, 而韦伯斯特方法中的修正除数可能大于也可能小于标准除数.

例 7 应用韦伯斯特方法

四个州要成立一个拥有 100 个席位的立法机构, 其中四个州人口如下: A 州 9 48 人; B 州 749 人; C 州 649 人; D 州 7 654 人. 使用韦伯斯特方法在四个州之间分配 100 个席位.

解 总人口数为 10 000 人, 席位为 100 个, 因此标准除数为 100 (与例 6 一致). 表 12.17 给出了韦伯斯特方法的计算结果. 第二行给出的是标准配额, 第三行给出的是对应的最小配额; 总数为 98 个席位, 这意味着我们仍然需要补充两个席位才能达到 100 席. 韦伯斯特方法告诉我们要尝试新的修正除数, 然后将修正配额四舍五入到最接近的整数. 第四行显示的是除数为 99.85 时的修正配额. 找到一个合适的除数通常需要一些尝试和试错 (这里没有给出具体试错过程). 最后一行显示的是取整后的配额, 它代表了最终的分配方案, 因为这时恰好用完所有的 100 个席位.

▶ 做习题 33~34.

表 12.17 应用韦伯斯特方法

	州	A	B	C	D	总数
	人口数	948	749	649	7 654	10 000
州人口数除以标准除数 100→	标准配额	9.48	7.49	6.49	76.54	100
标准配额向下取整→	最小配额	9	7	6	76	98
州人口数除以修正除数 99.85→	修正配额 (除数取 99.85)	9.494 2	7.501 3	6.499 7	76.655 0	100.150 2
将修正配额取为最接近的整数→	配额取整	9	8	6	77	100

思考 考虑例 7 的最终分配结果是否满足配额准则? 说明原因.

希尔-亨廷顿方法

1911 年, 担任美国人口普查局首席统计师的约瑟夫 · 希尔提出了另一种分配方法, 哈佛大学数学家爱德华 · 亨廷顿进一步完善了该方法. 于是这种方法被称为希尔-亨廷顿方法. 1941 年该方法取代了韦伯斯特方法, 并沿用至今. 与政治中的通常情况类似, 采用希尔-亨廷顿方法不仅是基于政治考量, 而且出于公平考虑. 在 1941 年的分配 (基于 1940 年的人口普查) 工作中, 美国国会发现韦伯斯特方法会给倾向于共和党的密歇根州一个额外的席位, 而希尔-亨廷顿方法会将席位分配给阿肯色州, 阿肯色州倾向于民主党. 由于民主党人在国会拥有大多数席位, 所以他们投票使用希尔-亨廷顿方法, 从而给倾向于民主党的阿肯色州增加了额外的席位. 罗斯福总统 (也是民主党人) 签署了这个方法并将它写入了法律.

希尔-亨廷顿方法与韦伯斯特方法几乎相同, 区别在于决定修正配额该向上取整还是向下取整的规则. 韦伯斯特方法采用的是通常的四舍五入规则, 即如果小数部分大于等于 0.5, 则向上取整, 如果小于 0.5, 则向下取整. 在希尔-亨廷顿方法中, 舍入取决于修正配额相邻两个整数的**几何平均值** (geometric mean).

定义

任意两个数 x 和 y 的**几何平均值**定义为 $\sqrt{x\times y}$. 我们通常熟悉的均值 $\dfrac{x+y}{2}$ 称为**算术平均值** (arithmetic mean). 一般来说, 除非另有说明, 我们说的 “均值” 均指算术平均值. (这意味着本书其他地方的均值指的都是算术平均值.)

如果修正配额小于两个相邻整数的几何平均值, 则向下取整; 如果大于几何平均值, 则向上取整. 例如, 假设一个州的修正配额为 2.47, 取整后可能为 2 或 3. 根据韦伯斯特方法, 我们将它向下取整为 2, 因为 2.47 的小数部分小于 0.5. 在希尔-亨廷顿方法中, 我们首先找到 2 和 3 的几何平均值, 即

$$\sqrt{2\times 3}=\sqrt{6}\approx 2.45$$

因为修正配额 2.47 大于这个几何平均值, 所以在希尔-亨廷顿方法中应向上取整为 3.

注意, 两个连续整数的几何平均值总是小于它们的算术平均值. 例如, 2 和 3 的几何平均值是 2.45, 比算术平均值 2.5 小 0.05. 然而, 随着相邻整数的增大, 这两个平均值的差越来越小. 例如, 10 和 11 的几何平均值是 $\sqrt{10\times 11}=\sqrt{110}\approx 10.488$, 只比它们的算术平均值 10.5 小 0.012. 实际上, 在希尔-亨廷顿方法中使用几何平均值会增加将额外席位分配给较小州而不是较大州的机会.

例 8　应用希尔-亨廷顿方法

在例 7 中应用希尔-亨廷顿方法. 所得分配方案与韦伯斯特方法相同吗?

解　表 12.18给出了相关计算结果. 前三行与表 12.17 相同, 因为这两种方法中它们的标准配额和最小配额的计算方式相同. 第四行给出了修正除数为 100.06 时的修正配额. 同样, 确定一个可用的修正除数需要经过尝试和试错 (这里并未给出试错过程). 为了得到取整后的配额, 我们先求出几何平均值 (第五行). 希尔-亨廷顿方法告诉我们如果修正配额小于几何平均值, 则向下取整, 否则向上取整. 最后一行给出了取整后的配额; 因为 100 个席位全部用完了, 所以分配完成. 注意, C 州和 D 州与例 7 中应用韦伯斯特方法得到的席位数不同.

表 12.18　希尔-亨廷顿方法应用于四州席位分配

	州	A	B	C	D	总数
	人口数	948	749	649	7 654	10 000
州人口数除以标准除数 100→	标准配额	9.48	7.49	6.49	76.54	100
标准配额向下取整→	最小配额	9	7	6	76	98
州人口数除以修正除数 100.06→	修正配额 (除数取 100.06)	9.47	7.49	6.49	76.49	99.94
修正配额相邻两个整数的 → 几何平均值	几何平均值	$\sqrt{9\times 10}$ ≈ 9.487	$\sqrt{7\times 8}$ ≈ 7.483	$\sqrt{6\times 7}$ ≈ 6.481	$\sqrt{76\times 77}$ ≈ 76.498	
如果修正除数小于几何平均 → 值, 则向下取整, 否则向上取整	配额取整	9	8	7	76	100

▶ 做习题 35~36.

思考　考虑例 7 和例 8 的结果. C 州倾向于哪种分配方法? D 州倾向于哪种分配方法? 请解释原因.

有没有最佳的分配方法?

三个悖论 (亚拉巴马悖论、人口悖论和新州悖论) 的存在说明汉密尔顿方法是不公平的. 杰弗逊方法也被证明是不公平的, 因为它可能违反配额准则. 如何比较韦伯斯特方法和希尔-亨廷顿方法呢?

数学家通过模拟许多可能的分配方案来研究这些方法. 结果表明, 类似于杰弗逊方法, 韦伯斯特方法和希尔-亨廷顿方法也有可能违反配额准则. 但是, 与杰弗逊方法相比, 韦伯斯特方法或希尔-亨廷顿方法违反配额准则的概率要低, 这使得它们看起来更公平些.

例如, 如果一直使用杰弗逊方法, 那么自 1850 年以来几乎所有的分配都将不符合配额准则. 但是, 韦伯斯特方法和希尔-亨廷顿方法都不会违反配额准则. 模拟结果表明, 韦伯斯特和希尔-亨廷顿方法在数百次分配中只有一次违反了配额准则. 有趣的是, 韦伯斯特方法似乎比希尔-亨廷顿方法更不容易违反配额准则, 这表明它略微公平些.

是否存在一种分配制度, 无论何种情况下它都一定是公平的呢? 这种分配制度在任意情况下都必须满足配额准则, 并且不受汉密尔顿方法产生的三个悖论的影响. 遗憾的是, 数学家巴林斯基 (M. L. Balinsky) 和杨 (H. P. Young)证明了一个定理, 称这样的系统是不存在的.

实质上, 关于分配的**巴林斯基-杨定理** (Balinsky and Young theorem) 类似于投票的阿罗不可能性定理 (见 12.2 节). 它告诉我们, 不能仅基于公平去选择一种分配程序. 因此, 分配总是会涉及政治决定, 可以预见未来围绕它的讨论也将继续存在.

测验 12.3

为以下每个问题选择最佳答案, 并用一个或多个完整的句子来解释原因.

1. 以下哪项不是美国《宪法》规定的? ( )
   a. 每个州都有两名参议员
   b. 每个州在众议院至少有一名议员
   c. 众议院共有 435 名成员
2. 我们所说的众议院的分配是指 ( ).
   a. 决定众议院席位总数
   b. 选择如何在各州之间分配众议院所有席位
   c. 为一个州内的每个选区设置边界
3. 到 2020 年, 美国人口预计将达到 3.35 亿人. 如果根据这个人口重新分配席位, 标准除数 ( ).
   a. 等于 3.35 亿 ÷435　　b. 等于 435÷3.35 亿　　c. 仍然是 2010 年的值 710 000
4. 假设 2030 年人口普查显示平均一个众议院席位将代表 100 万人. 一个拥有 150 万人口的州的标准配额是 ( ).
   a. 1　　b. 1.5　　c. 2
5. 考虑一个拥有 50 所学校、1 000 名教师和 25 000 名学生的学区. 如果目标是在学校之间分配教师, 使所有学校的师生比都相同, 那么标准除数应该是 ( ).
   a. 20　　b. 25　　c. 50
6. 考虑习题 5 所描述的学区. 如果一所学校有 220 名学生, 其教师的标准配额是 ( ).
   a. 11　　b. 8.8　　c. 4.4
7. 要在 3 所学校间分配教师, 标准配额如下所示: 道格拉斯小学, 7.2 名教师; 金小学, 7.3 名教师; 帕克斯小学, 7.4 名教师. 假设共有 22 名教师. 根据汉密尔顿方法, 哪个学校将分配到 8 名教师?( )
   a. 道格拉斯小学　　b. 金小学　　c. 帕克斯小学
8. 本节讨论了四种不同的分配方法. 这四种方法有什么特别之处? ( )
   a. 它们是已知的仅有的四种分配方法
   b. 它们是最公平的四种分配方法
   c. 它们是美国众议院席位分配实际采用的四种分配方法
9. 根据现行法律, 2020 年人口普查后, 美国众议院的席位重新分配将采用何种方法? ( )
   a. 杰弗逊方法　　b. 汉密尔顿方法　　c. 希尔-亨廷顿方法
10. 总满足公平准则的分配方法 ( ).
   a 不可能有　　b. 可能, 但尚未找到　　c. 韦伯斯特方法

习题 12.3

复习

1. 什么是分配? 这对美国众议院意味着什么?
2. 简要描述分配的本质. 这个问题是如何从宪法要求中产生的?
3. 解释汉密尔顿方法如何分配众议院席位. 简述汉密尔顿方法的历史.
4. 什么是亚拉巴马悖论? 汉密尔顿方法还会产生其他悖论吗? 当悖论产生时为什么该方法会显得不公平?
5. 解释杰弗逊方法是如何分配众议院席位的. 简述杰弗逊方法的历史.
6. 什么是配额准则? 为什么违反这一准则就认为是不公平的?
7. 简述韦伯斯特方法和希尔-亨廷顿方法与杰弗逊方法的不同之处.
8. 解释为什么认为韦伯斯特方法和希尔-亨廷顿方法比杰弗逊方法更公平, 但在所有情形下仍然是不公平的. 巴林斯基-杨定理的意义是什么?

是否有意义?

确定下列陈述有意义 (或显然是正确的) 还是没意义 (或显然是错误的), 并解释原因.

9. 迈克是一家大公司的总裁, 公司有 12 个部门. 他计划采用一种分配方法来决定每个部门应分配多少名售后人员.
10. 夏琳是花样滑冰比赛的总裁判. 她计划用一种分配方法来决定如何将评委的分数分配给滑冰运动员.
11. 希尔-亨廷顿方法比其他分配方法优越, 因为它用到了更高深的数学知识.
12. 今年梅多拉克学区新聘了 10 名教师. 荷瑞中学的学生在学区所占比例与去年相当, 但今年分配到的教师人数比去年减少了 3 名. 所以分配教师时所采用的分配方法不公平.

基本方法和概念

13. **国会议员**. 如果美国人口增加到 3.5 亿人 (2030 年的预计人口), 议员人数仍为 435 人, 那么每名议员平均代表多少人? 假设人口数量不变, 如果议员的数量是按照《宪法》限定的, 即每 30 000 人有一名议员, 那么国会中应设置多少议员?
14. **国会议员**. 如果美国人口增加到 4 亿人 (2050 年预计人口), 议员人数增加到 500 人, 那么每名议员平均代表多少人? 假设人口数量不变, 如果议员的数量是依据《宪法》限定的, 即每 30 000 人有一名议员, 那么国会中应设置多少议员?

15~18: **州议员**. 下表列出了 2010 年四个州的人口数以及它们在众议院的席位数量. 确定每个州的标准配额, 并将其与该州的实际席位数进行比较. 然后解释该州在众议院的议员人数是相对不足还是过多. 假设 2010 年美国总人口为 3.09 亿人, 众议院席位为 435 个.

州	人口数	众议院席位
康涅狄格州	3 574 097	5
佐治亚州	9 687 653	14
佛罗里达州	18 801 310	27
俄亥俄州	11 353 140	16

15. 康涅狄格州
16. 佐治亚州
17. 佛罗里达州
18. 俄亥俄州

19. **商业中的标准配额**. 一家大公司有 4 个分部, 员工分别有 250、320、380 和 400 名. 现在假设有 35 名计算机技术人员要根据分部的规模进行分配. 确定每个部门的标准配额.
20. **教育中的标准配额**. 某师范大学有 5 个学院, 在校学生分别为 560、1 230、1 490、1 760 和 2 340 名. 现要根据学院的规模分配 18 名学术导师. 确定每个学院的标准配额.

21~22. **练习使用汉密尔顿方法**. 下表是用汉密尔顿方法进行分配的表格. 请完成这些表格. 假设每种情况下需要分配的议员都是 100 名.

21.

州	A	B	C	D	总数
人口数	914	1 186	2 192	708	5 000
标准配额					100
最小配额					
分数余数					—
最终分配					100

22.

州	A	B	C	D	总数
人口数	1 342	2 408	4 772	1 478	10 000
标准配额					100
最小配额					
分数余数					—
最终分配					100

23. **汉密尔顿方法**. 使用汉密尔顿方法确定习题 19 中计算机技术人员的分配.

24. **汉密尔顿方法**. 使用汉密尔顿方法确定习题 20 中学术导师的分配.

25~28: **亚拉巴马悖论**. 假设 100 名议员必须在若干州之间进行分配, 州人口如下所示. 使用汉密尔顿方法确定每个州的议员人数. 然后假设议员的数量增加到 101 名, 再次使用汉密尔顿方法确定每个州的议员人数. 说明议员总数的变化是否会导致亚拉巴马悖论.

25. A: 950；B: 670；C: 246.

26. A: 2 540；B: 1 140；C: 6 330.

27. A: 770；B: 155；C: 70；D: 673.

28. A: 562；B: 88；C: 108；D: 242.

29~32: **杰弗逊方法**. 假设要在若干州之间分配 100 名议员, 采用杰弗逊方法. 州人口如下所示. 请分别说明是否满足配额准则.

29. A: 98；B: 689；C: 212 (修正除数为 9.83).

30. A: 1 280；B: 631；C: 2 320 (修正除数为 42.00).

31. A: 69；B: 680；C: 155；D: 75 (修正除数为 9.60).

32. A: 1 220；B: 5 030；C: 2 460；D: 690 (修正除数为 92.00)

33. **韦伯斯特方法**. 用韦伯斯特方法确定习题 19 中计算机技术人员的分配.

34. **韦伯斯特方法**. 用韦伯斯特方法确定习题 20 中学术导师的分配.

35. **希尔-亨廷顿方法**. 用希尔-亨廷顿方法确定习题 19 中计算机技术人员的分配.

36. **希尔-亨廷顿方法**. 用希尔-亨廷顿方法确定习题 20 中学术导师的分配.

进一步应用

37~38: **新州悖论**. 三个州人口如下. 使用汉密尔顿方法确定如何在这些州之间分配 100 名代表. 然后假设一个人口为 500 人的新州加入进来, 席位增加 5 个. 重新确定席位分配结果 (假设前三个州人口保持不变). 新州的加入是否会减少其他州的议员人数?

37. A: 1 140；B: 6 320；C: 250.

38. A: 5 310；B: 1 330；C: 3 308.

39~42: **比较方法**. 假设要将 100 名代表分配到若干州, 各州人口数是给定的.

a. 用汉密尔顿方法进行分配.

b. 用杰弗逊方法进行分配.

c. 用韦伯斯特方法进行分配.

d. 用希尔-亨廷顿法进行分配.

e. 比较各种方法的结果. 哪些方法得出的结果相同? 满足配额准则吗? 总的来说, 你认为哪种方法最适合? 为什么?

39. A: 535；B: 344；C: 120.

40. A: 144；B: 443；C: 389.

41. A: 836；B: 2 703；C: 2 626；D: 3 835.

42. A: 1 234；B: 3 498；C: 2 267；D: 5 558.

43~46: **非众议院分配**. 下面的习题描述了非众议院的几种分配问题. 对每道题目请完成以下问题:

a. 用汉密尔顿方法进行分配.

b. 用杰弗逊方法进行分配.

c. 用韦伯斯特方法进行分配.

d. 用希尔-亨廷顿法进行分配.

e. 比较各种方法的结果.

43. 一所高中正在成立一个学生委员会, 用以分配课后教室的使用. 委员会由 10 名学生组成, 分别从 3 个兴趣小组中选出: 社会小组 48 人; 政治小组 97 人; 体育小组 245 人.

44. 一个城市计划购买 16 辆新的应急车辆. 应急车辆在 485 名警察、213 名消防员和 306 名救护员中进行分配.

45. 一家五金连锁店要根据每月销售额在位于不同地点的 4 个商店中重新任命 25 名经理. 这 4 家商店的销售额如下: 博尔德 250 万美元; 丹佛 760 万美元; 布鲁姆菲尔德 390 万美元; 柯林斯堡 550 万美元.

46. 市公园委员会计划新建 9 个公园, 按人口分配给 3 个社区: 格林伍德, 4 300 人; 柳树溪, 3 040 人; 切瑞维尔, 2 950 人.

实际问题探讨

47. **人口普查分配**. 在最近的分配中, 选择一个州, 请问这个州所得席位是否公平? 人口变化是如何影响这个州的标准配额的? 总的来说, 你认为分配结果对这个州来说公平吗?

48. **地方分配**. 查找有关当地或州一级的分配问题的最新新闻报道. 讨论所使用的分配程序. 结果看起来公平吗?

49. **你所在州的议员**. 选定一个州, 请问这个州在众议院有多少席位? 这个数字与你所在州的标准配额相比如何? 根据你的调查结果, 这个州的议员是代表过高还是代表不足? 请解释原因.

12.4 分割政治派

12.3 节我们讨论了分配问题. 分配问题就是每十年一次, 研究众议院席位如何在各州之间划分. 然而, 从政治角度看, 分配仅仅是与选举相关的政治问题的开端.①

对于至少有两个席位的州来说, 席位是根据州内的国会选区来划分的, 目的是使每一个选区内都有相同数目的民众. 例如, 如果一个州有 6 个席位, 那么这个州就要划分成 6 个选区, 每个区选出一名议员. 每隔十年, 在人口普查之后, 必须重新划分选区边界, 以对应人口的变化. 重新划分选区边界的过程, 称为**选区重划** (redistricting). ②

当代问题

虽然对选区重划的指责一直没有停止, 但大多数政治观察家都认为近年来争议更大了. 两个主要政党——共和党和民主党通常都会参与到公开的政治争斗中, 诸如每十年一次的选区重划.

当然, 党派争吵并不是什么新鲜事, 甚至有些人认为争吵对国家有利. 所以问题就来了: 有没有证据表明选区重划正在为民主制造麻烦? 答案似乎是肯定的.

表 12.19 比较了不同总统选举年度总统选举以及众议院选举的统计数据. 注意, 总统候选人普选选票往往非常接近; 事实上, 自 1984 年以来, 没有一位总统在普选中平均获胜优势超过 10 个百分点. 相比之下, 正如我们在开篇的实践活动中所讨论的那样, 投票中平均获胜优势是巨大的, 但是众议院席位几乎没有变化, 即使在总统党派变更年 (2000 年、2008 年、2016 年). 这些事实表明, 整个国家几乎整体上势均力敌地分成两种政治观点, 但众议院选区的设计方式似乎是将志同道合的选民聚集在一起. 因此, 许多政治观察家认为, 与总体人口相比, 议员往往具有更强的党派观点.

---

① 如果好处 (pro) 的对立面是坏处 (con), 那么进展 (progress) 的对立面是什么? ——当国会的全民认可度达到新低时流传的一个玩笑.

② **顺便说说**: 不同的州选区重划方法是不一样的. 有 7 个州只有一个议员席位, 所以整个州就是一个选区; 有 37 个州主要使用州立法机构绘制的选区地图, 尽管有时也需要指导委员会的指令或州长的授权. 2017 年, 有 6 个州的地图由认为完全独立于两党的委员会绘制, 即亚利桑那州、加利福尼亚州、夏威夷州、爱达荷州、新泽西州和华盛顿州.

表 12.19　总统与众议院选举统计比较

年份	总统普选获胜优势 (百分点)	众议院获胜的平均优势 (百分点)	政党改变席位的百分比
2000	−0.5*	39.9	3.9
2004	2.4	40.5	3.0
2008	7.3	37.1	7.1
2012	3.9	31.9	10.3
2016	−2.1*	36.7	4.4

* 百分比是负数, 因为选举人团投票的获胜者未赢得普选.

资料来源: U.S. Clerk's Office; Fairvote.com.

思考　找出你所在的国会选区在最近一次选举中的平均胜率. 你所在的地区是否具有竞争性, 或者它是否强烈倾向于某一方? 你认为这一事实对你所在区的议员持温和态度还是更偏向某党派有无影响?

例 1　北卡罗来纳州的党派优势

北卡罗来纳州拥有美国众议院的 13 个席位. 其选区重划过程由州立法机构控制. 2000 年人口普查之后, 立法机关由民主党人控制, 他们绘制了 2002—2010 年选区地图 (尽管这些地图在遭到法院质疑后进行了修改). 2010 年人口普查之后, 立法机构由共和党人控制. 他们绘制了 2012—2020 年的选区重划地图. 表 12.20 显示了新的 (基于 2010 年人口普查) 地图生效前后的北卡罗来纳州的整体选举结果. 通过对数据进行分析, 确定州立法机关的党派优势如何影响众议院席位选举的结果.

表 12.20　北卡罗来纳州选举结果

	民主党众议员州得票率	共和党众议员州得票率	选举的民主党议员数量	选举的共和党议员数量
2010 年 (民主党地图)	45%	54%	7	6
2012 年 (共和党地图)	51%	49%	4	9

解　有很多方法可以用以分析数据, 但需要注意以下几点:

• 2010 年, 民主党只获得全州投票的 45%, 却赢得了北卡罗来纳州众议院 $7/13 \approx 54\%$ 的席位. 换句话说, 民主党人在众议院议员中的人数占比比投票比例高出 9 个百分点.

• 2012 年, 民主党获得全州选票的 51%, 但众议院的席位下降到 $7/13 \approx 31\%$. 因此, 与全州投票比例相比, 民主党 2012 年议员人数不足的比例达到约 20 个百分点.

• 总而言之, 2012 年民主党投票份额比 2010 年高出 6 个百分点, 但他们在北卡罗来纳州众议院议员团的议员比例下降了约 23 个百分点.

从数学角度来看, 这一点是很明显的: 只需改变选区边界, 就有可能导致州内议员比例的变化. 正如这个例子所显示的, 一方可以在席位争夺上获胜, 即使另一方赢得了选举.

▶ 做习题 13~17.

杰利蝾螈

以政治利益为目的[①]绘制选区界限的做法如此普遍, 以至于它都有了专业的名称——**杰利蝾螈** (Gerrymandering). 该术语源于 1812 年, 当时马萨诸塞州州长埃尔布里奇 · 杰利创建了一个形如蝾螈的选区, 受

① **顺便说说**: 在 2016 年众议院投票中, 共和党获得全国选票的 49.13%, 民主党获得选票的 48.03%, 获胜优势刚超 1 个百分点. 但是席位分配上, 共和党获胜优势为 241 对 194, 或者说 55.4% 对 44.6%, 获胜优势超过 10 个百分点.

到了批评和嘲笑. 一部著名的政治漫画贴有“杰利蝾螈”的标签, 从那时起就开始使用该术语了.

定义

杰利蝾螈指的是为满足掌控边界绘制过程的政治家的利益而绘制出的选区边界.

为了了解杰利蝾螈是如何影响选举结果的, 我们挑选一个州, 这个州内民主党和共和党选民一样多, 但是州立法机构中民主党占多数, 并且立法机构负责绘制这个州的选区边界. 在这种情况下, 民主党可以划出边界, 将共和党选民集中在一个或几个选区. 这样, 共和党人将在这几个少数选区赢得巨大的胜利, 但是民主党在其他选区占大多数. 参见下面这个例子.

例 2 杰利蝾螈规则

假设一个州获得 6 个席位, 将在 6 个选区 (第 1 区到第 6 区) 中选出 6 名议员, 每个区有 100 万人. 假设该州一半选民是民主党人, 一半选民是共和党人, 选民总是投票支持自己的政党.

a. 如果选区边界是随机划定的, 那么 6 个席位的分配最有可能的结果是什么?

b. 假设不知何故, 立法机关划定第 1 区的界限, 使这一区的 100 万人都是民主党人. 如果剩下的人口在其他 5 个选区随机分配, 那么 6 个席位最有可能的分配结果是什么?

解 a. 如果区域是随机划分的, 那么最有可能的结果是议员真实反映选民分布情况, 即席位将平均分配, 3 名民主党人和 3 名共和党人.

b. 由于第 1 区由 100 万民主党人 (没有共和党人) 组成, 该地区将选出一名民主党人. 其余 5 个区总共有 300 万共和党人和 200 万民主党人. 如果这些地区的边界反映了人口的这种总体分布, 那么共和党人将在这 5 个选区以 3 比 2 的比例超过民主党人——因此共和党人将赢得所有这 5 个选区的选举. 最终结果是: 尽管有有相同数量的民主党和共和党选民, 但这个州最终有 5 名共和党议员和 1 名民主党议员.

▶ 做习题 18~23.

边界绘制的例子

例 2 中 (b) 部分描述的情况是一种极端情况, 现实中不可能发生, 因为在绘制选区边界时必须遵守一些规则. 事实上, 最高法院已经裁定, 区域不可能这么公然地以党派目的来划分. 然而, 在实际中, 法院对选区重划的限制很少, 部分原因在于很难证明边界的绘制是为了党派目的而不是其他可能更合理的目的. 例如, 郊区往往比城市地区集中了更多的共和党人. 因此, 如果一个地区以复杂的模式环绕城市地区, 这是否意味着它是为了集中共和党选民或给予有共同利益的人——那些生活在郊区的人——更强大的声音?

鉴于难以回答这些问题, 法院通常允许非常错综复杂的选区边界, 只要它们不违反任何具体的法律规定并符合以下两个标准:

1. 特定州内所有选区的人口都非常接近. 这项要求基于“一人一票”的规则, 这一规则在 20 世纪 60 年代开始的一系列最高法院裁决中得以阐述.

2. 每个选区必须是连续的, 这意味着该选区的每个部分都必须与其他部分相连. 例如, 一个选区不能由州内两个独立的部分组成.

了解在这些限制条件下杰利蝾螈是如何产生的, 最佳方法是考虑比真正的国会选区简单得多的样本选区. 图 12.4 给出了一个只有 64 名选民的“州”, 其中一半民主党 (浅灰色房子) 和一半共和党 (深灰色房子), 并且这个州要分成 8 个选区, 每个选区有 8 名选民. 注意, 政党选民在地理上呈现一定程度的集中, 就像现实世界中的情况一样. (这与本章开篇的实践活动中使用的是同一个州的数据.)

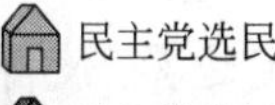

图 12.4　这个简单的州只有 64 名选民 (每名选民由房子来表示), 其中一半是共和党人, 一半是民主党人. 这个州须分为 8 个选区, 每个选区有 8 名选民

资料来源: Brian Gaines, On Partisan Fairness, *Redistricting Illinois*, the Institute of Government and Public Affairs, University of Illinois.

思考　继续阅读之前, 在图 12.4 中绘制一组简单的区域边界, 确保每个区域有 8 名选民. 按照你的分界线, 民主党将赢得多少选区? 共和党人将赢得多少选区? 几个选区是平局?

如果选举结果反映了该州人口的整体党派关系, 那么最终会有相同数量的民主党人和共和党人当选. 但实际结果可能会有很大差异, 具体取决于边界绘制的方式. 图 12.5 给出了可能产生的 6 种不同的选区边界, 尽管人口按政治偏好是一致的, 但最终结果可能是一个或另一个政党赢得大多数胜利. 实际上, 其中两种情形 (c) 和 (f) 允许一方以 6 对 2 的优势得到议员数量.

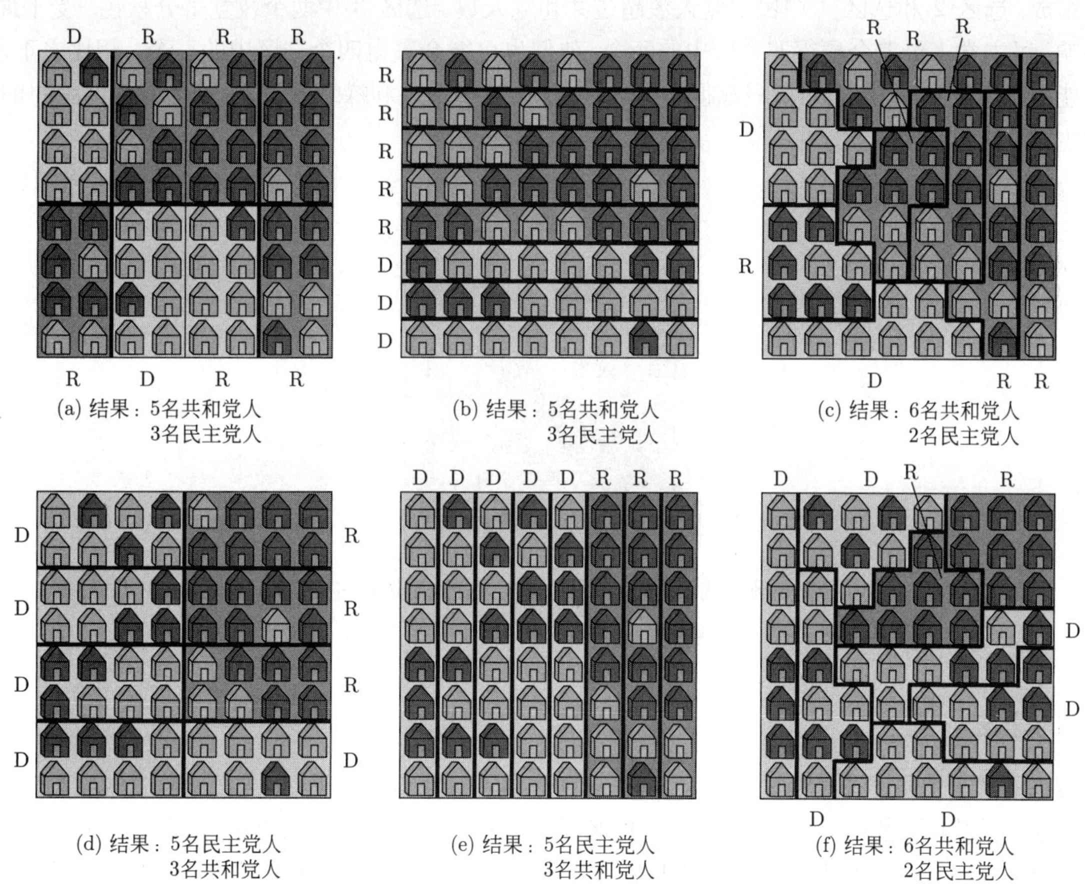

图 12.5　图 12.4 所示的州的 6 种不同的可能选区边界

资料来源: Brian Gaines, On Partisan Fairness, *Redistricting Illinois*, the Institute of Government and Public Affairs, University of Illinois.

例 3 奇怪的选区形状

图 12.5 中的区域都是相对简单、紧凑的多边形, 但如果允许其他形状, 则可巧妙地得到杰利蝾螈. 图 12.6 给出了一个拥有 16 名选民 (一半民主党人和一半共和党人) 的州. 假设该州必须分为 4 个选区, 每个选区有 4 名选民. 你能否找到一种方法来划定边界, 使得其中一个选区内都是共和党人, 而其他三个选区内民主党人占大多数或持平? 记住每个选区必须是连续的, 除此之外没有其他限制条件.

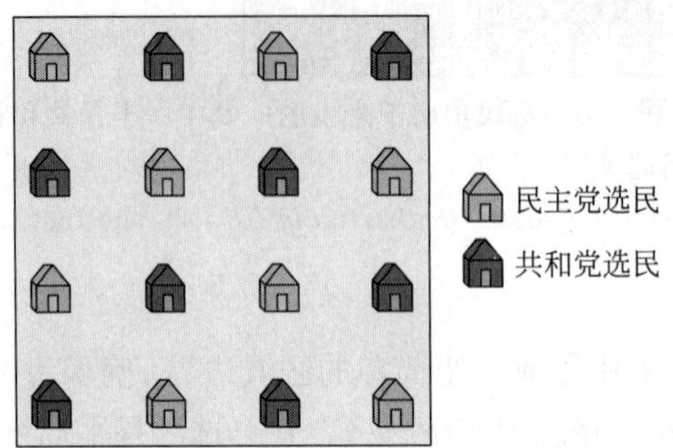

图 12.6 该州共有 16 名选民, 其中一半为民主党人, 另一半为共和党人, 这个州必须划分为 4 个选区, 每个选区四名选民. 选区可以是任意形状, 只要是连续的

解 图 12.7 给出了一种绘制选区边界的方法, 最终民主党人在席位数量方面占优. 注意, 此时, 选区 1 全部由共和党人组成, 选区 2 和选区 4 中民主党人数超过共和党人数. 选区 3 中两个政党平分秋色. 受平局如何被打破的影响, 民主党人最差会赢得四个区中的两个, 他们也可能会赢得四个选区中的三个. 相比之下, 共和党人最多只能赢两个选区, 他们也可能只赢得一个选区. 这就是一个杰利蝾螈的例子, 因为即使选民的偏好一致, 但最终民主党人在结果上占优.

▶ 做习题 24~32.

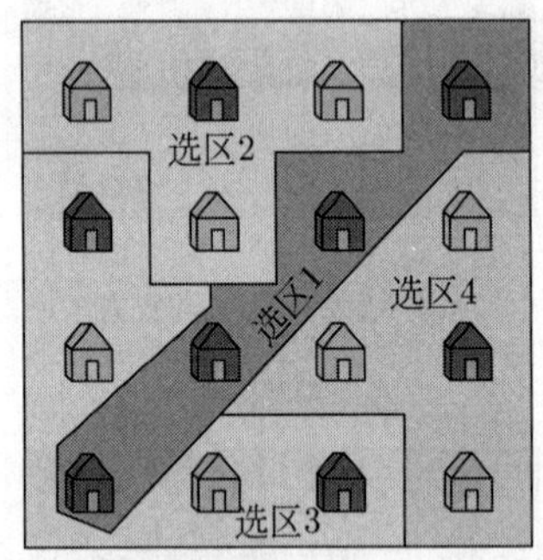

图 12.7 图 12.6 所示的州的选区边界, 使得民主党人在两个选区占据优势, 选区 3 不分伯仲, 而共和党人只在一个选区占据优势

有关改革的想法

我们考虑的例子中虽然选民数量较少, 但这些规则适用于实际的选区重划. 当某一政党的成员负责绘制选区地图时, 他们可以收集数据, 包括过去选举中选区对选区的结果、选民所属政党, 以及基于人口普查数据的详细地图 (包括收入水平、种族等信息). 这些数据使他们能够在非常小的地理范围内估计可能投民主党和共和党的选民人数——通常细化到个别街区. 通过复杂的计算机程序, 该小组使用这些数据绘制数十、数百或数千种不同的选区地图集, 然后从中选择预期可以最大化其政党在国会中的席位的地图.

正如我们所看到的, 这种借助于计算机的选区重划是非常有效的, 它有助于解释为什么今天只有这么少的国会选区竞争特别激烈. 仅此一点就可能引起关注, 但许多政治观察家认为, 这一事实也是今天美国国会日益广泛的党派分歧的根源. 在竞争席位的选举中, 各方都有动机, 想得到一个能够吸引大量中间人的候选人. 但是, 在一个民主党几乎可以保证获胜的选举中, 真正的竞争发生在初选而不是大选. 由于初选倾向于吸引那些具有明确的党派利益的较少数量的选民, 结果是非竞争性地区倾向于选出具有更极端党派观点的议员, 而不是吸引广泛的政治中间派的议员.①

有没有办法改革这个制度, 以防止这种公然的党派选区重划? 目前提出了两种方法. 第一, 选区重划可以转交给独立的无党派小组, 例如评审小组. 许多国家使用这样的独立小组来处理选区重划问题——包括英国、澳大利亚和加拿大, 美国少数几个州也这样做. 但是, 也有人认为没有人是真正的无党派, 并且这项制度仍然留有太多的政治操纵空间.

第二种改革方法是提出一种数学算法, 该算法可以独立于任何输入来绘制边界, 从而保证不会产生任何党派优势. 遗憾的是, 这是一个非常困难的数学问题. 不可能使用一组特定的简单区域形状 (例如三角形或矩形), 因为它们并不总是能正确拼叠在一起 (参见 11.2 节中关于平铺的讨论) 或者一定具有相同数量的选民. 一旦我们摆脱简单的几何形状, 数学处理将变得更加复杂. 例如, 有提议说区域形状只要求"紧凑", 非任意奇特形状, 但是在已知的数学概念中我们无法定义"紧凑".

最重要的是, 选区重划是一个数学问题. 至少目前, 它利用复杂的数学为政治家提供了获得巨大党派优势的机会. 也许将来数学可以帮助人们摆脱这种困境, 如果有人能够提出一种可接受的数学算法, 就可以脱离党派绘制选区边界.

测验 12.4

为以下每个问题选择最佳答案, 并用一个或多个完整的句子来解释原因.

1. 众议院的选区重划指的是 ( ).
   a. 决定众议院议席总数
   b. 选择如何在 50 个州中分配众议院议席总数
   c. 设定州内每个选区的边界
2. 以下哪一项最能概括为什么选区重划是一个重要的政治问题? ( )
   a. 选区重划的提案必须在大选中由选民投票表决
   b. 选区重划的方式可以使一个政党获得比预估席位多的席位, 预估席位是基于全体选民的
   c. 选区重划可以阻止一些人投票
3. 如果将总统选举的结果与众议院选举的结果进行比较, 我们发现 ( ).
   a. 总统选举和众议院选举的结果一般是由非常相似的获胜优势决定的
   b. 一般来说, 众议院选举的获胜优势更大
   c. 一般来说, 众议院选举的获胜优势更小
4. 2010 年, 北卡罗来纳州的共和党人获得了全州 54% 的选票, 以及 13 个议席中的 6 个. 这意味着 ( ).
   a. 选区边界公平地代表了北卡罗来纳州选民的偏好
   b. 选区边界的划分更有利于共和党
   c. 选区边界的划分更有利于民主党
5. 2012 年, 北卡罗来纳州的民主党人获得了全州 51% 的选票, 但赢得了北卡罗来纳州 13 个议席中的 4 个. 这意味着 ( ).
   a. 选区边界公平地代表了北卡罗来纳州选民的偏好
   b. 选区边界的划分更有利于共和党
   c. 选区边界的划分更有利于民主党

---

① **顺便说说**: 2010 年加利福尼亚州实施了两项改革, 希望弱化党派关系: (1) 成立两党共同参加的委员会以处理选区重划问题; (2) 主要是无党派人士, 无论属于哪个党派, 前两名候选人都会当选. 政治分析人士正在密切关注这些改革是否具有预期效果.

6. 什么是杰利蝾螈?
   a. 选区重划的另一个名称
   b. 不规则形状的选区的绘制
   c. 为了党派利益而进行的选区的绘制
7. 假设你负责对一个区进行选区重划, 这个州中共和党和民主党选民各占一半, 总共有 25 个席位. 如果你想划出一种边界, 最大化民主党能赢得的席位. 你应该 ( ).
   a. 划出的边界将绝大多数共和党人集中在几个选区
   b. 划出的边界将绝大多数民主党人集中在几个选区
   c. 划出的边界使所有选区的民主党和共和党人数相等
8. 以下哪项不是在特定州内划定选区边界的一般要求? ( )
   a. 所有选区的人口应几乎相等
   b. 选区应具有简单的几何形状, 如矩形或五边形
   c. 每个选区都要求连通
9. 考虑一个州, 该州民主党和共和党选民数量相同, 席位数为 30 个. 假设每个人都按照党派投票, 无论你如何划分选区, 下面哪一个结果都是不可能的? ( )
   a. 30 名民主党人和 0 名共和党人
   b. 15 名民主党人和 15 名共和党人
   c. 12 名民主党人和 18 名共和党人
10. 一个选区内某个政党人数占大多数, 什么样的候选人几乎可以保证当选? ( )
   a. 代表大多政治中间派的候选人
   b. 代表极端党派观点的候选人
   c. 第三方候选人

习题 12.4

复习

1. 什么是选区重划? 什么时候必须选区重划?
2. 在过去的几十年里, 众议院席位竞争结果如何? 这对民主有什么坏处?
3. 什么是杰利蝾螈? 这个词是怎么来的?
4. 简要描述如何通过边界的划定给一个政党带来优势, 即使两党选民数量一致.
5. 绘制选区边界地图时必须满足哪些要求?
6. 简要介绍关于改革选区重划的两种观点以及各自的潜在利弊.

是否有意义?

确定下列陈述有意义 (或显然是正确的) 还是没意义 (或显然是错误的), 并解释原因.

7. 某州上一次选举中, 48% 的人投票支持民主党人, 但是民主党人赢得了州众议院 65% 的席位.
8. 某州 46% 的选民注册为共和党人, 但某个选区 72% 的选民是共和党人.
9. 民意调查显示, 某州有一半选民计划投票给民主党人. 因此, 可以肯定地预期将来州议员中有一半是民主党人.
10. 某州有 800 万人口, 有 8 个议席. 但该州某选区只有 20 万名选民.
11. 某选区包括州西北部的一个乡村地区以及东南部的另一个乡村地区, 但不包括中部地区.
12. 如果能禁止杰利蝾螈, 将减少众议院中持极端观点的议员人数.

基本方法和概念

13~17: **选区重划和众议院选举**. 2010 年的人口普查导致纽约州和俄亥俄州众议院席位减少了两个, 宾夕法尼亚州众议院席位减少了一个, 佛罗里达州众议院席位增加了两个, 得克萨斯州众议院席位增加了 4 个. 考虑 2010 年 (选区重划之前) 和 2012 年 (选区重划之后) 这些州所有选区的投票数. 所有数字都以千计. 其他政党的投票忽略.

a. 求出 2010 年和 2012 年共和党和民主党候选人的得票百分比.

b. 求出 2010 年和 2012 年共和党和民主党候选人席位的百分比.

c. 投票情况有效反映了席位的分配情况吗?

d. 基于 2010 年人口普查, 讨论选区重划是否影响投票和议员的分配.

13. 俄亥俄州

年份	共和党候选人的选票 (千)	民主党候选人的选票 (千)	共和党席位	民主党席位
2010	2 053	1 611	13	5
2012	2 620	2 412	12	4

14. 佛罗里达州

年份	共和党得票 (千)	民主党得票 (千)	共和党席位	民主党席位
2010	2 234	1 529	19	6
2012	4 157	3 679	17	10

15. 得克萨斯州

年份	共和党得票 (千)	民主党得票 (千)	共和党席位	民主党席位
2010	3 058	1 450	23	9
2012	4 429	2 950	24	12

16. 纽约州

年份	共和党得票 (千)	民主党得票 (千)	共和党席位	民主党席位
2010	1 854	2 601	8	21
2012	2 252	4 127	6	21

17. 宾夕法尼亚州

年份	共和党得票 (千)	民主党得票 (千)	共和党席位	民主党席位
2010	2 034	1 882	12	7
2012	2 710	2 794	13	5

18~23: **平均和极端选区**. 考虑以下假设的州的人口统计数据. 回答以下问题. 假设每个人都按党派倾向投票.

a. 如果随机抽取选区, 那么席位分配最有可能的结果是什么?

b. 如果可以不受限制地划定选区 (无限制地杰利蝾螈), 那么共和党议员的最多数量以及最少数量分别有可能是多少? 解释每个结果是如何得到的.

18. 该州有 10 名议员, 600 万人口; 其中 50% 为共和党人, 50% 为民主党人.

19. 该州有 16 名议员, 1 000 万人口; 其中 50% 为共和党人, 50% 为民主党人.

20. 该州有 10 名议员, 1 000 万人口; 其中 50% 为共和党人, 50% 为民主党人.

21. 该州有 12 名议员, 800 万人口; 其中 50% 为共和党人, 50% 为民主党人.

22. 该州有 10 名议员, 500 万人口; 其中 70% 为共和党人, 30% 为民主党人.

23. 该州有 15 名议员, 750 万人口; 其中 80% 为共和党人, 20% 为民主党人.

24~25: **绘制选区集合** I. 图 12.8 给出了一个拥有 64 名选民、8 个选区的州的选民的地理分布. 选民一半是民主党人, 一半是共和党人. 假设选区边界必须由图中所示的网格线组成, 并且每个选区必须连续.

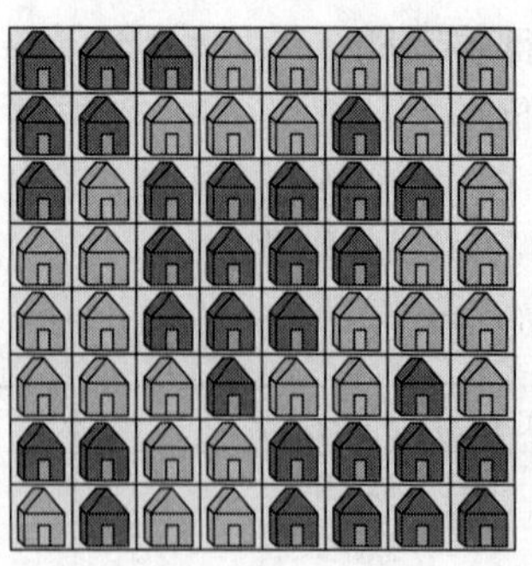
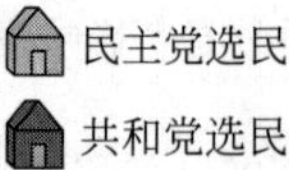

图 12.8

24. 给出一种边界划分方法, 使得预计 5 名共和党议员和 3 名民主党议员当选.

25. 给出一种边界划分方法, 使得预计 4 名共和党议员和 4 名民主党议员当选.

26~27: **绘制选区集合 Ⅱ**. 图 12.9 给出了一个拥有 64 名选民和 8 个选区的州的选民的地理分布. 选民一半是民主党人, 一半是共和党人. 假设选区边界必须由图中所示的网格线组成, 并且每个选区必须连续.

26. 给出一种边界划分方法, 使得预计 4 名共和党议员和 4 名民主党议员当选.

27. 给出一种边界划分方法, 使得预计 5 名共和党议员和 3 名民主党议员当选.

图 12.9

28~29: **绘制选区集合 Ⅲ**. 参考图 12.6 (本节例 3 所用图). 对于这些习题, 你可以绘制任意形状的区域, 只要该区域是连续的. 能绘制出具有以下分配结果的选区边界吗? 如果你认为不可能, 请解释为什么.

28. 两个共和党人和两个民主党人.

29. 一个共和党人和三个民主党人.

30~32: **绘制选区集合 Ⅳ**. 图 12.10 给出了拥有 15 名民主党选民和 10 名共和党选民以及每个选区 5 名选民的州的选民分布情况. 对于这些习题, 你可以使用任何形状绘制选区, 只要选区连续.

图 12.10

30. 划出选区边界, 以便选出四名民主党人和一名共和党人.
31. 划定选区边界, 以便选出三名民主党人和两名共和党人.
32. 有没有可能设计出一种选区边界, 让两名民主党人和三名共和党人当选? 请解释.

进一步应用

33. **网格中选区的可能性**. 对于图 12.11 (36 名选民, 4 个选区, 50% 的共和党人) 中的选民分布, 确定是否可以划出直线边界, 使得分别有 1 名共和党人、2 名共和党人、3 名共和党人和 4 名共和党人当选. 如果可以, 请画出对应的选区边界, 如果不能, 请解释原因. 假设选区边界必须由图中所示的网格线组成, 并且每个选区必须连续.

图 12.11

34. **任何形状的选区边界**. 对于图 12.12 (36 名选民, 4 个选区, 50% 的共和党人) 中的选民分布, 确定是否可以划定选区边界, 使得分别有 1 名共和党人、2 名共和党人、3 名共和党人和 4 名共和党人当选. 选区可以是任何形状, 只要连续. 如果可以, 给出对应的选区划分, 如果不能, 解释原因.

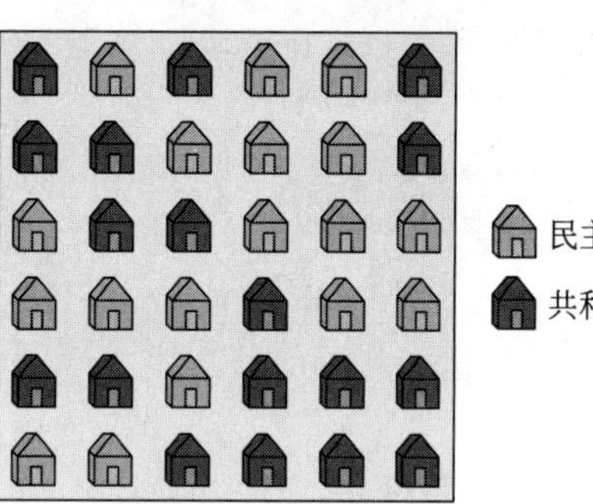

图 12.12

35. **分配党派关系**. 图 12.13 显示了一个有 25 名选民位置的州. 假设该州将有 5 名议员, 并且每个选区必须是图中所示网格线组成的矩形. 假设共有 15 名共和党人和 10 名民主党人, 在 25 个地方写上党派关系 (D 或 R), 不管矩形选区边界如何划分, 都不会有民主党人当选.

图 12.13

36. **画出你所在的州**. 绘制一个州, 其中有 36 名选民 (一半民主党, 一半共和党) 以及 6 个选区. 可以任意安排选民的地理位置. 至少画出 4 组可能的选区, 并解释每种情况预计的选举结果.

37. **一致同意**. 假设有一个州, 其中有两个或两个以上选区, 共和党选民和民主党选民正好各占一半, 但每个选区的选民数量是奇数 (例如, 总共有 20 名选民和 4 个选区, 所以每个选区有 5 名选民). 一个政党有可能赢得所有席位吗? 为什么?

38. **项目: 失去席位**. 考虑图 12.4 和 12.5 所示的州. 假设下一次人口普查后, 该州选民人数少了一个, 因此也去掉了第八个选区 (因此最终有 63 名选民和 7 个选区). 在图中去掉一名选民, 并为 7 个选区重新划定边界. 讨论失去一个选区后可能产生的影响.

实际问题探讨

39. **选区重划的争议**. 找到一篇最近关于某州选区重划的争议的新闻报道. 根据本节的讨论总结报道所谈及的问题.

40. **选民和人口数据**. 美国众议院办事员办公室保存着所有州国会议员选举的最终结果 (1920 年至今). 找到一个你感兴趣的州, 分析众议院 2010 年前和 2010 年后的选举结果. (如果你在 2022 年以后读到本教材, 请分析 2020 年前后选区重划的结果.) 确定各政党的选民和议员的百分比. 讨论选区重划是否对议员人数产生影响.

41. **选区地图**. 网上可以找到当前国会选区的地图. 选择一个你感兴趣的州, 打印一张选区地图, 收集该州选民和人口数据, 讨论该州的选区划分是否公平.

42. **选区重划过程**. 选择一个你感兴趣的州, 了解它当前的选区重划过程. 例如, 谁绘制的选区边界? 在创建边界时必须满足什么标准? 写一两页的调查总结.

43. **改革方面的努力**. 调查选区重划进程方面的改革以及现状. 在过去的几年里有什么重大变化吗? 不久的将来有正在酝酿的重大变化吗? 写一篇短文总结你的发现.

44. **改革所用的数学算法**. 查找选区重划中提议的可能的数学算法. 对一种算法进行研究, 并撰写一份简短的报告, 解释它的目标、局限性和实际使用前景.

45. **吉尔诉惠特福德**. 找到最高法院在 2017 年关于吉尔诉惠特福德 (Gill v. Whitford) 案件的裁决. 裁决产生了什么影响? 这一裁决是否会影响你对杰里蝾螈的看法? 应该如何解决这一问题?

第十二章　总结

单元	关键词	关键知识点和方法
12.1 节	多数法则 普选 选举人团选举 阻挠 超级多数 否决权 相对多数法则 偏好表	理解美国总统选举 理解相对多数法则的变化 应用五种方法，确定当候选人有三个或更多时的获胜者 五种方法有： 　相对多数法则 　单一（在前两名之间）复选 　连续复选 　积分制（博尔达计数法） 　两两比较（孔多塞法）
12.2 节	公平准则 阿罗不可能性定理 认可投票制	应用四条公平准则 了解不存在一种选举方法，在任何情形下满足所有公平准则（阿罗不可能性定理） 理解赞成投票可作为选举的备选方法 理解当并非所有投票人都具有相同权重时投票权的改变
12.3 节	分配 标准除数 标准配额 最小配额 亚拉巴马悖论 人口悖论 新州悖论 修正除数 修正配额 配额准则	了解分配数学的历史 应用四种分配方法 　汉密尔顿方法 　杰弗森方法 　韦伯斯特方法 　希尔-亨廷顿方法 了解每一种分配方法的潜在缺陷 理解巴林斯基-杨定理的意义
12.4 节	（国会）选区 选区重划 杰利蝾螈	理解为什么选区重划既涉及政治又涉及数学 了解为什么选区重划可以导致席位的竞争性 理解杰利蝾螈背后的原理 应用选区重划的法律要求，包括人口数量一致以及选区连续性 注意当前使用的选区重划的后果以及带来的改革机会

Authorized translation from the English language edition, entitled Using & Understanding Mathematics: A Quantitative Reasoning Approach, 7e, 9780134705187 by Jeffrey Bennett, William Briggs, published by Pearson Education, Inc., Copyright © 2019, 2015, 2011 by Pearson Education, Inc.

图书在版编目（CIP）数据

大学文科数学. 量化与推理: 第 7 版. 下册 / (美) 杰弗里 · 班尼特 (Jeffrey Bennett), (美) 威廉 · 布里格斯 (William Briggs) 著; 龙永红, 王红艳, 魏二玲译. --北京: 中国人民大学出版社, 2023. 6

（国外经典数学译丛）

ISBN 978-7-300-31558-4

Ⅰ. ①大… Ⅱ. ①杰… ②威… ③龙… ④王… ⑤魏… Ⅲ. ①高等数学—高等学校—教材 Ⅳ. ①O13

中国国家版本馆 CIP 数据核字(2023)第 052346 号

国外经典数学译丛

大学文科数学——量化与推理（第 7 版）（下册）

[美] 杰弗里 · 班尼特 / 威廉 · 布里格斯 著

龙永红　王红艳　魏二玲　译

Daxue Wenke Shuxue——Lianghua yu Tuili

出版发行	中国人民大学出版社		
社　址	北京中关村大街 31 号	邮政编码	100080
电　话	010-62511242（总编室）		010-62511770（质管部）
	010-82501766（邮购部）		010-62514148（门市部）
	010-62515195（发行公司）		010-62515275（盗版举报）
网　址	http://www.crup.com.cn		
经　销	新华书店		
印　刷	唐山玺诚印务有限公司		
开　本	890mm×1240mm　1/16	版　次	2023 年 6 月第 1 版
印　张	21.75　插页1	印　次	2023 年 6 月第 1 次印刷
字　数	688 000	定　价	56.00 元

尊敬的老师：

您好！

为了确保您及时有效地申请培生整体教学资源，请您务必完整填写如下表格，加盖学院的公章后传真给我们，我们将会在 2~3 个工作日内为您处理。

请填写所需教辅的开课信息：

<table>
<tr><td>采用教材</td><td colspan="2"></td><td>□中文版 □英文版 □双语版</td></tr>
<tr><td>作　者</td><td></td><td>出版社</td><td></td></tr>
<tr><td>版　次</td><td></td><td>ISBN</td><td></td></tr>
<tr><td rowspan="2">课程时间</td><td>始于　年 月 日</td><td>学生人数</td><td></td></tr>
<tr><td>止于　年 月 日</td><td>学生年级</td><td>□专 科　□本科 1/2 年级
□研究生　□本科 3/4 年级</td></tr>
</table>

请填写您的个人信息：

<table>
<tr><td>学　校</td><td colspan="3"></td></tr>
<tr><td>院系/专业</td><td colspan="3"></td></tr>
<tr><td>姓　名</td><td></td><td>职　称</td><td>□助教 □讲师 □副教授 □教授</td></tr>
<tr><td>通信地址/邮编</td><td colspan="3"></td></tr>
<tr><td>手　机</td><td></td><td>电　话</td><td></td></tr>
<tr><td>传　真</td><td colspan="3">/</td></tr>
<tr><td>official email (必填)
(eg:×××@ruc.edu.cn)</td><td></td><td>email
(eg:×××@163.com)</td><td></td></tr>
<tr><td colspan="4">是否愿意接受我们定期的新书讯息通知：　□是　□否</td></tr>
</table>

系 / 院主任：__________（签字）

（系 / 院办公室章）

___年___月___日

资源介绍：

--教材、常规教辅（PPT、教师手册、题库等）资源：请访问 www.pearsonhighered.com/educator；（免费）

--MyLabs/Mastering 系列在线平台：适合老师和学生共同使用；访问需要 Access Code；（付费）

100013　北京市东城区北三环东路 36 号环球贸易中心 D 座 1208 室 100013

Please send this form to：copub.hed@pearson.com

Website: www.pearson.com

中国人民大学出版社　理工出版分社

教师教学服务说明

中国人民大学出版社理工出版分社以出版经典、高品质的数学、统计学、心理学、物理学、化学、计算机、电子信息、人工智能、环境科学与工程、生物工程、智能制造等领域的各层次教材为宗旨。

为了更好地为一线教师服务，理工出版分社着力建设了一批数字化、立体化的网络教学资源。教师可以通过以下方式获得免费下载教学资源的权限：

★ 在中国人民大学出版社网站 www.crup.com.cn 进行注册，注册后进入“会员中心”，在左侧点击“我的教师认证”，填写相关信息，提交后等待审核。我们将在一个工作日内为您开通相关资源的下载权限。

★ 如您急需教学资源或需要其他帮助，请加入教师 QQ 群或在工作时间与我们联络。

中国人民大学出版社　理工出版分社

教师 QQ 群：1063604091(数学2群) 183680136(数学1群) 664611337(新工科)
教师群仅限教师加入，入群请备注(学校+姓名)

联系电话：010-62511967，62511076

电子邮箱：lgcbfs@crup.com.cn

通讯地址：北京市海淀区中关村大街 31 号中国人民大学出版社 507 室(100080)